U0924369

普通高等教育"十一五"国家级规划教材

普通高等院校教材

机械工程材料（第2版）

MECHANICAL ENGINEERING MATERIALS (SECOND EDITION)

王　忠　编著
郑明新　主审

清华大学出版社
北京

内容简介

本书系统介绍了机械工程中常用的金属材料和非金属材料的基础理论，特别是金属材料的基本理论。书中第 1～3 章是全书的基础内容；第 5 章主要论述用热处理的方法提高和改善钢的性能；第 4 章及第 6～8 章主要是论述碳钢、合金钢、铸铁、有色金属及合金等的成分、性能和应用；第 9 章讨论高分子、陶瓷和复合材料等非金属材料的化学组成和应用；第 10 章和第 11 章作为前沿和扩充知识向读者介绍。第 12 章是为读者选材和应用提供一个简单的方法和思路。

本书注重基本理论和基本概念的阐述。力求理论正确、概念清楚，同时又注重可读性和应用性。

本书可作为高等工科院校机械类冷加工各专业本科、专科等有关专业用书。也可作有关工科技术人员参考。

图书在版编目(CIP)数据

机械工程材料/王忠编著. —2 版. —北京：清华大学出版社，2009.10（2021.12 重印）
ISBN 978-7-302-20669-9

Ⅰ. 机… Ⅱ. 王… Ⅲ. 机械制造材料—高等学校—教材 Ⅳ. TH14

中国版本图书馆 CIP 数据核字(2009)第 124712 号

责任编辑：宋成斌
责任校对：赵丽敏
责任印制：曹婉颖

出版发行：清华大学出版社
网　　址：http://www.tup.com.cn，http://www.wqbook.com
地　　址：北京清华大学学研大厦 A 座　　**邮　　编**：100084
社 总 机：010-62770175　　**邮　　购**：010-62786544
投稿与读者服务：010-62776969，c-service@tup.tsinghua.edu.cn
质量反馈：010-62772015，zhiliang@tup.tsinghua.edu.cn
印 装 者：三河市龙大印装有限公司
经　　销：全国新华书店
开　　本：185mm×260mm　　**印　　张**：22.25　　**字　　数**：533 千字
版　　次：2009 年 10 月第 2 版　　**印　　次**：2021 年12月第12次印刷
定　　价：64.00 元

产品编号：033503-04

序

本书是王忠老师深入分析国内现行工程材料教材，结合自己长期的教学实践和体会撰写的一部新的机械工程材料教材。读后，觉得有一些特色。

第一，书的体系清楚、务实。过去我们的教材曾长期采用了金属学和热处理的原理、工艺和材料的经典三大块结构，现在国外工程材料普遍采用的是金属、陶瓷、高分子和复合材料四大部分结构，本书的体系汲取了它们的长处。本教材主次分明，概念清楚，尽量科学地体现材料整体以及各类具体材料的成分、工艺、组织、性能、应用的规律性。目前一些教材存在一种趋向，希望把所有材料从理论(组织与性能的关系)上简单地统一起来进行阐述。这是很牵强、很困难的，也没有必要，因为它会造成理论与应用相互脱节，使得讲理论复杂化，谈应用枯燥无味。可见，本书所采用的体系应该是一种比较好的安排或选择。

第二，书的内容强调基础性，重视概念的准确性。作为技术基础课，工程材料的基本理论、基本概念、基本知识和取材都必须是基础而且是成熟的。本教材充分体现了这一特点。教材的水平不完全在于讲解的理论多么高深和知识多么新颖，而主要在于满足教学的基本要求。现在有少数教材，偏重于讲一些新鲜的理论、尖端的技术或最高级的材料，但未给学生留下多少实际的基础知识。实际上，基础教材大可不必如此，激情完全可让教师在课堂上发挥。

第三，书中给出了大量必要的关于理论、工艺和材料的典型数据、资料和实例，而且主要是中国自己的。这对于培养学生理论联系实际，解决实际问题的能力是非常重要的，也是我国教材建设长期坚持的基本经验。美国的基础教材有许多优点，例如内容广、知识新、信息量大、思想活跃等，但存在着目的性不强和实践性太差的问题。本教材针对这些问题一一作了改进。

第四，本书绝大部分篇幅阐述金属材料，而对非金属材料的叙述较少，基本上反映了机械工程方面的实际用材情况。目前这样编写和如此程度重视金属材料的教材已不太多见。本书的编写基本上保持了我国主流教材严谨、求实、讲究水平的良好传统。

郑明新

2005 年 7 月

前言

Foreword

本课程的特点是概念性强，比较抽象，名词又多，初学者不易理解。本书力求基本理论正确，基本概念清楚。讲授时要循序渐进，例如，不宜违背教学规律，将后续的内容和名词提前讲解，只有这样才能为此专业基础课打好基础。

本书的编写思路是以材料的成分、结构(原子的分布和排列的方式)、组织(相的分布形态)和性能为主线进行分析和论述；并找出它们之间的规律，特别是它们之间的内在联系，最后落实到应用。

本次修订加入了纳米材料和技术应用概论一章，主要是考虑自从纳米材料和技术应用以来，已经为人类社会创造了巨大的经济和社会效益。作为发展的前沿，纳米材料的技术应用已经对金属、陶瓷和高分子等三大主体工程材料性能的提高起到了显著的作用，特别是对陶瓷增韧的作用更明显。纳米材料的知识和纳米表面技术作为前沿知识和扩充知识而编入，供读者参考。

书中选用的国家标准是最新和正在使用的，认真执行国家标准，利于新技术的推广也便于与国际技术接轨。

由于作者水平有限，难免有不足和错误，请多批评和指正。

作　者

于2009年8月

第1版前言

Foreword

机械工程材料是高等工科院校机械类各冷加工专业的技术基础课程，它为学好后续课程和今后的工作打下了必要的基础。

本书主要内容包括金属材料、非金属材料和表面技术。

第1～3章是全书的基础内容，讨论了金属的晶体结构和结晶、金属的塑性变形和再结晶、二元合金和相图，其中重点论述金属和合金的结构、结晶、变形和强度等基础理论以及成分改变时性能变化的规律。

热处理是充分发挥金属材料性能的一种重要方法，第5章主要论述在不改变成分的条件下，用热处理的方法来提高和改善钢的性能。

第4章及6～8章介绍机械工程中常用的碳钢、合金钢、铸铁和有色金属及其合金的成分、性能和实际用途。它们是上述基本理论的扩展和应用，有很强的实用性。

第9章介绍高分子材料、陶瓷材料和复合材料等非金属材料的化学组成、结构、性能及应用等一般知识。

第10章介绍电镀、化学镀、热喷涂、气相沉积技术和高能束表面改性的原理、性能和应用，这些表面技术的应用已日益广泛。

第11章讨论了机械工程材料的选用原则和要求。

本书以金属材料的成分、结构、组织与性能的关系及其变化规律为主线进行论述和分析，对非金属材料和表面技术只作简单介绍。通过本书的学习，读者能够正确、合理地选用工程材料，并具有确定金属材料热处理工艺和妥善安排工艺路线的初步能力。

书中尽量选用金属材料的最新国家标准和牌号，所采用的以前制定的国家标准和牌号也已经国家有关部门审查和认定，并且正在使用。

在本书的编写过程中，长春工业大学刘文泉教授审阅和修改了第1章和第2章，吉林大学陆建培教授和陈维常教授审阅和修改了第9章。

清华大学郑明新教授对全书进行了评审，并为本书作序。

本书是在吉林大学材料科学与工程学院材料系主任、博士生导师曹占义教授直接指导下完成的，本书的出版还得到了吉林大学教材科领导的关心和支持。在此一并致以诚挚的谢意。

由于作者水平有限，书中难免存在不足，欢迎读者批评指正。

作　者

2005年6月于吉林大学

目录

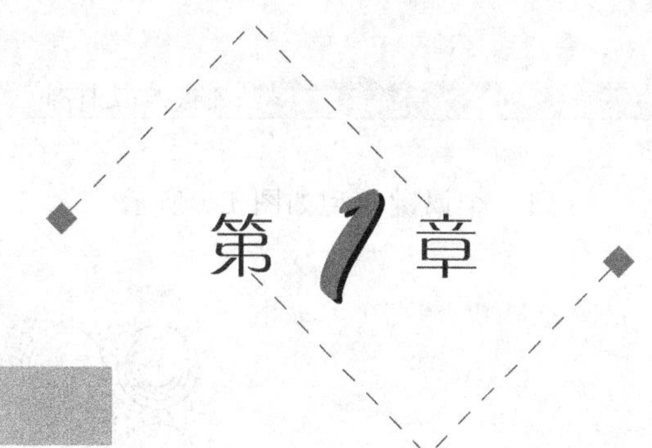

第1章 金属的晶体结构和结晶

在科学技术突飞猛进的今天，材料的重要作用正在日益为人们所认识。在元素周期表的109种元素中，金属占86种，即金属占绝大部分。任何先进机器、成套设备和机械产品都缺少不了金属，特别是钢铁，当前仍然是机械工业的基本材料。性能优良的材料是整机的重要保证。正确选择好材料，并充分发挥材料性能的潜力，是每个工程技术人员的一项重要任务。为此，必须对金属材料的成分、结构、组织和性能之间的关系及其变化规律有深入的了解。下面从有关金属的基本概念开始研究和分析。

1.1 金属键、金属晶体和金属特性

自然界中所有固体物质的原子在空间的排列方式有两种：

(1) 原子在空间不规则排列所形成的物体称为非晶体。例如，玻璃、松香和沥青等固态物质均属于非晶体。

(2) 原子在空间规则排列所形成的物体称为晶体。在一般情况下，金属固体都是晶体。

下面分别介绍金属键、金属晶体和金属特性。

1.1.1 金属键

固态金属是金属原子的集合体，它是由许多金属原子组成的固体。金属原子的特点是价电子少，而且容易失去，使其变为金属正离子和自由电子。而自由电子也有可能进入金属正离子的外层轨道，使金属正离子变为金属原子。当金属原子组成金属固体时，其中金属原子状态是极少数，而绝大多数是以金属正离子和自由电子状态存在。

根据量子力学研究确定，金属中原子的核外电子都是处于微观运动状态，并形成电子云，只是不同电子有不同的电子云图形。自由电子运动也形成自由电子云，而且它在空间分布的图形都是球面对称的，这表明自由电子在原子核外各个方向上出现的几率相同。在这样的条件下，任意相邻金属正离子之间都可通过自由电子云相互结合起来。**固态金属原子就是通过金属正离子和自由电子云的相互吸引而结合在一起，这种结合方式称为金属键。**

由此可见"金属中，原子或离子是由自由电子云联结在一起的"①，从而使其成为固态金

① 见《理论金属学概论》第32页.(苏)科垂耳著，肖纪美等译.北京：中国工业出版社，1961

属。金属键模型如图 1-1 所示。

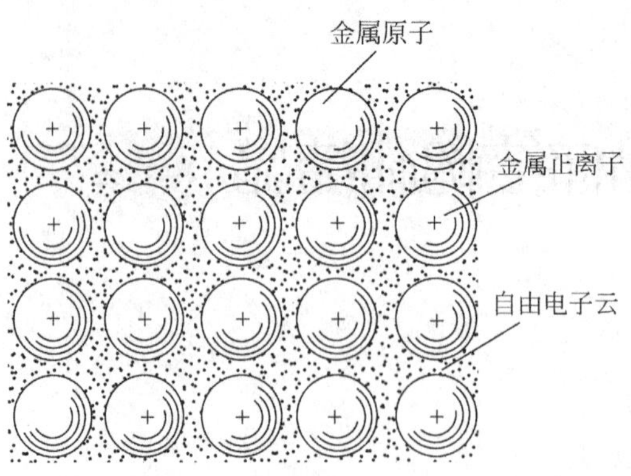

图 1-1　金属键模型

1.1.2　金属晶体

固态金属原子是以金属键的方式结合在一起,它是以正离子状态为主来实现的。金属正离子的结构是以原子核为中心,在其外面有电子呈壳层分布,从统计规律看,金属正离子的电荷在原子核周围的分布具有球面对称性质。由于金属正离子带正电荷,是带电体(+),这种带电体和它所形成的电场或电场力也具有球面对称性质,在球面对称电场力的作用下,必然使金属原子以对称的方式规则排列堆集,结果金属正离子在自由电子云中作简单的、周期性的、有规律的排列,形成了晶体,即金属原子在一般条件下形成的固体都是金属晶体。

1.1.3　金属特性

根据金属晶体金属键的结合方式可以解释金属的一般特性。

(1) 金属导电性好　当金属原子组成晶体时,由于金属内有大量的自由电子存在,如果金属的两端存在着电势差或外加电场时则自由电子便会定向流动,形成电流。在宏观上金属具有良好的导电性能。

值得指出的是,金属的导电性随它所处的温度的升高而降低,这是由于金属的导电性在受热后所产生的变化。原因是受热后金属的规则性被破坏,金属中离子热振动振幅增大和自由电子无规律的热运动增加,从而减弱了自由电子的定向运动,使电阻增加。因此,金属的电阻随温度的升高而增加,即金属具有正的电阻温度系数。它是金属独有的特性,其他绝大部分固体都没有这一特性。

(2) 金属导热性好　导热性是指传递热量的能力。当金属两端有温差时,金属通过正离子热交换,传递了热量,同时热端高能量电子通过运动把能量传递给冷端,使其能量增加,增高了温度。因此,金属具有良好的导热性能。

(3) 金属不透明　固态金属由于入射光束产生的交变电磁场作用,引起金属内电子振动,从而吸收了可见光所有波长的光能量,即金属能强烈地吸收可见光。即使是很薄的金属片,也不能透过可见光,因此金属是不透明的。

(4) 金属具有特殊光泽　金属因其电子吸收入射光的能量处于不稳定的高能量状态，当不稳定的高能量电子回到低能量状态时放射出能量产生辐射，即被光波辐射激发了的电子，当跳回较低能级时发出辐射，光线几乎全部被金属反射，使金属具有特殊的光泽。

(5) 金属塑性好　塑性是表示金属变形的能力。金属晶体变形时微观上是金属晶体内原子作相对的移动，而移动后的金属原子或正离子还是通过自由电子云连接在一起，即仍然保持着金属键结合。在宏观上使金属表现出一定的变形能力，即金属塑性好。

1.2　金属的晶体结构

晶体中原子的分布和排列方式称为晶体结构，简称结构。它对金属材料的性能起着重要作用。金属晶体结构不同，性能也不同。若想了解金属材料的性能，必须深入研究金属的晶体结构。为便于理解和研究金属晶体中原子的分布和排列情况，需要说明几个基本概念。

晶格　组成晶体的原子作有规则排列所形成的空间格架称为晶格。晶格格架的交点称为结点。晶格和结点是人们为研究晶体结构，用几何观点抽象出来的，它表示金属内原子分布及排列的几何方式。晶格的主要特征是晶体中任意部位的原子分布和排列方式完全相同。

晶胞　组成晶格的最基本的几何单元称为晶胞。它代表着晶格的几何特征。可把晶格看作是在空间由许多相同大小、形状和位向的晶胞所组成，即晶格是由晶胞在空间作周期而重复的排列所构成的。

晶格常数　晶胞各边的尺寸称为晶格常数。它表示晶胞的大小。若晶胞各边长度用 a、b、c 表示，且 $a=b=c$，又相互间成 90°，则晶胞形状为立方体，同时晶胞在三维空间各边的长度，即为立方晶胞的晶格常数，它们决定于金属晶体中原子的大小和排列方式。其测量单位用 Å(埃)，$1Å=10^{-10}$m。

1.2.1　金属中常见的晶格类型

若晶胞的形状为立方体，并在立方体的各个顶角上分别有一个原子，则这个晶胞称为简单立方晶胞，其中 $\alpha=\beta=\gamma=90°$。由简单立方晶胞所组成的晶体和晶格分别称为简单立方晶体和简单立方晶格。图 1-2 为简单立方晶体、简单立方晶格和简单立方晶胞的示意图。

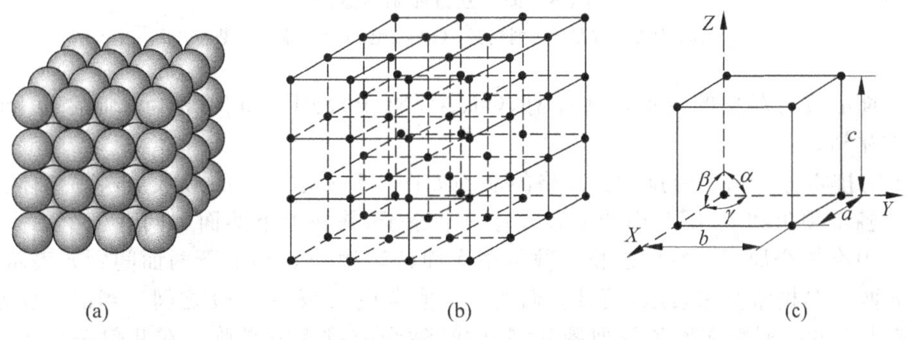

图 1-2　简单立方晶体示意图

(a) 简单立方原子排列；(b) 简单立方晶格；(c) 简单立方晶胞

在各种晶体物质中，由于其原子构造和原子间结合力的性质不同，组成了不同的晶体结构。由于非金属晶体的对称性低，一般组成的晶体的晶格类型都比较复杂。而金属晶体由于对称性很高，致使金属晶体的晶格类型十分简单。在金属元素中，约有 90%以上的金属晶体都属于以下三种基本晶格类型。

(1) 体心立方晶格　体心立方晶格的晶胞如图 1-3 所示，它是个立方体。在体心立方晶胞的每个顶角和中心各有一个原子，故它称为体心立方晶胞。因为它的晶格常数为 $a=b=c$，因此可用 a 表示晶格常数。

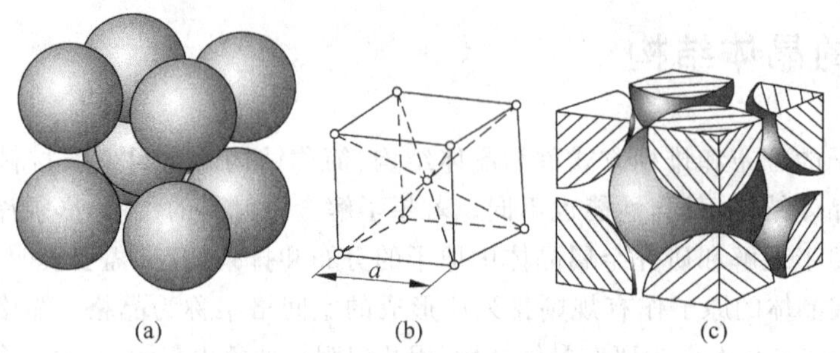

图 1-3　体心立方晶胞示意图

(a) 体心立方原子排列模型；(b) 晶胞；(c) 晶胞原子数

属于体心立方晶格的金属有 Na、K、Cr、Mo、W、V、Ta、Nb、α-Fe 和 β-Ti 等。通常用 bcc 表示体心立方晶格。

(2) 面心立方晶格　面心立方晶格的晶胞如图 1-4 所示。它也是个立方体。在面心立方晶胞的每个顶角和面的中心各有一个原子，故它称为面心立方晶胞。它的晶格常数 $a=b=c$，因此，也可用 a 表示晶格常数。

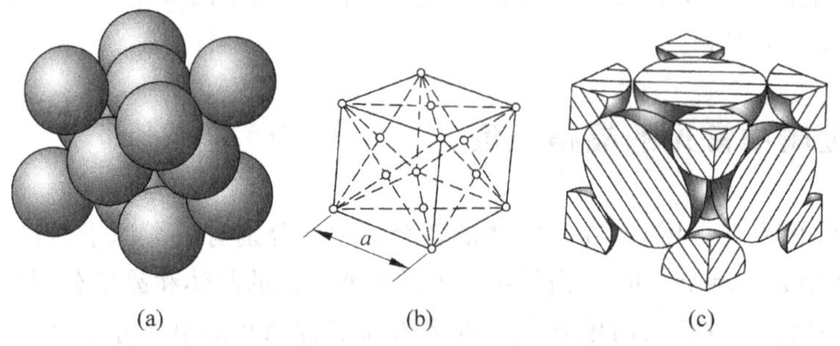

图 1-4　面心立方晶胞示意图

(a) 面心立方原子排列模型；(b) 晶胞；(c) 晶胞原子数

属于面心立方晶格的金属有 Au、Ag、Cu、Al、Ni、Pb、γ-Fe 和 β-Co 等。通常用 fcc 表示面心立方晶格。

(3) 密排六方晶格　密排六方晶格的晶胞如图 1-5 所示。它的形状是六方柱体。在六方晶胞的各个顶角和上、下两面的中心各有一个原子，并在上下两面中间有三个原子，即在六方柱体中有三个原子。它的晶格常数常用底面棱边边长 a 和上下两面间距 c 表示，即常用 a 和 c 两个晶格常数来表示，而且它们的 c/a 值常在 1.58～1.89 之间。当晶格常数 c 和 a 的比值为 1.633 时金属原子排列最紧密，此时称为密排六方晶胞。在几何关系上，$c/a=2\sqrt{\frac{2}{3}}=\sqrt{\frac{8}{3}}=1.633$。

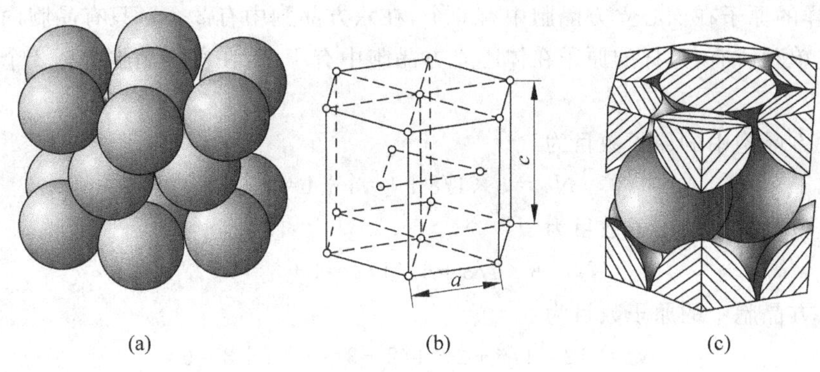

(a)　(b)　(c)

图 1-5　密排六方晶胞示意图

(a) 六方结构原子排列模型；(b) 晶胞；(c) 晶胞原子数

属于六方晶格的金属有 Mg、Zn、Cd、Be 等。通常用 hcp 表示六方晶格。

由上可看出，立方结构可用一个晶格常数 a 表示晶胞的大小。而非立方结构，则必有一个以上的晶格常数。例如，对于六方结构为两个，即 a 和 c。

表 1-1 给出一些常见金属的晶格类型和晶格常数。

表 1-1　常见金属的晶格类型及晶格常数(室温)

面心立方晶格		体心立方晶格		密排六方晶格			
金属	晶格常数 a/Å①	金属	晶格常数 a/Å	金属	晶格常数 a/Å	晶格常数 c/Å	轴比(c/a)
Al	4.0496	Cr	2.8845	Mg	3.2094	5.2103	1.623
γ-Fe②	3.6468	Mo	3.1466	Zn	2.6649	4.9468	1.856
Ni	3.5236	W	3.1648	Cd	2.9788	5.6181	1.886
Cu	3.6147	Nb	3.3007	Be	2.2856	3.5843	1.568
Ag	4.0857	Ta	3.3206	α-Ti	2.9504	4.6833	1.587
Pt	3.9239	Na	4.2906				
Au	4.0788	K	5.344				
Bb	4.9502	α-Fe	2.8664				

注：① 1Å=0.1nm，下同。

② γ-Fe 是在 916℃下测得的。

从表 1-1 中可看出，在大多数六方结构的金属中，其 c/a 值都偏离 1.633。例如，镁的 c/a 值为 1.623，锌为 1.856，镉为 1.886，铍为 1.568，α-Ti 为 1.587，从 c/a 值可知，它们都不属于真正的密排六方晶体结构，而是一般六方结构的金属晶体，只有镁近似于密排六方晶体结构。

1.2.2　晶胞中的原子数

晶胞中的原子数是指在一个晶胞中实际包括的原子数目，常用 N 表示。可按下述方法计算，在立方晶胞中顶角处的原子为 8 个晶胞所共有，即有 1/8 个原子为该晶胞所有，这样的原子在晶胞中共有 8 个。在六方晶胞中顶角处的原子为 6 个晶胞所共有，即有 1/6 个原子为该六方晶胞所有，这样的原子在六方晶胞中共有 12 个。而晶胞面上的原子为 2 个晶胞所共有,这样的原子在面心立方晶胞中有 6 个,在六方晶胞中有 2 个。只有晶胞内的原子才为 1 个晶胞单独所有,这样的原子在体心立方晶胞中有 1 个,在六方晶胞中有 3 个。因此有如下结论。

体心立方晶胞中的原子数目为

$$N_{体}=8\times1/8+1=1+1=2$$

面心立方晶胞中的原子数目为

$$N_{面}=8\times1/8+6\times1/2=1+3=4$$

密排六方晶胞中的原子数目为

$$N_{密}=12\times1/6+2\times1/2+3=2+1+3=6$$

1.2.3 晶体的致密度

金属晶胞中原子所占有的总体积与该晶胞体积之比称为晶体的致密度,它表示金属晶体中原子排列的密集程度。根据晶胞中的原子数目、原子的大小和晶格常数可算出晶体的致密度为

$$\text{晶体的致密度}=\frac{\text{晶胞中的原子数目}\times\text{原子体积}}{\text{晶胞体积}}$$

$$\text{体心立方晶体的致密度}=\frac{2\times4\pi r^3/3}{a^3}=\frac{2\times4\times\left(\frac{\sqrt{3}}{4}a\right)^3\pi/3}{a^3}=68\%=0.68$$

$$\text{面心立方晶体的致密度}=\frac{4\times4\pi r^3/3}{a^3}=\frac{4\times4\times\left(\frac{\sqrt{2}}{4}a\right)^3\pi/3}{a^3}=74\%=0.74$$

$$\text{密排六方晶体的致密度}=\frac{6\times4\pi r^3/3}{6\times\frac{\sqrt{3}}{4}a\times a\times c}=\frac{6\times4\times\left(\frac{1}{2}a\right)^3\pi/3}{6\times\frac{\sqrt{3}}{4}\times1.633\times a^3}=74\%=0.74$$

从以上三种典型的金属晶体来看,体心立方晶体中原子只占据了总体积的 68%,面心立方晶体是 74%,密排六方晶体也只有 74%。同时可看出面心立方和密排六方具有相同的致密度。金属晶体内其余的 32%和 26%,分别为体心立方晶体内和面心立方晶体或密排六方晶体内的空隙。通过以上可以看出,晶体致密度计算较为复杂,通常采用配位数来表示晶体中原子排列的密集程度。

1.2.4 晶体的配位数

在晶体中距任一原子最近且等距离的原子数目称为晶体的配位数。实际上它是在晶体中与任一原子紧挨着的原子数目。经分析和计算,在常见三种金属晶体中的配位数分别为:

体心立方晶体的配位数为 8,用 C8 表示。面心立方晶体的配位数为 12,用 C12 表示。密排六方晶体的配位数为 12,用 H12 表示。

晶体的配位数越大,原子排列紧密程度就越大。

表 1-2 列出了三种常见的金属晶格的有关数据。

表 1-2 三种典型金属晶格的有关数据

晶格类型	晶胞中的原子数	原子半径	配位数	致密度
体心立方	2	$\sqrt{3}a/4$	8	0.68
面心立方	4	$\sqrt{2}a/4$	12	0.74
密排六方	6	$a/2$	12	0.74

1.2.5 晶面和晶向

1. 晶面和晶面指数的确定

晶面　在晶体中由任一系列原子所组成的平面称为晶面。它代表着晶体内某方位的原子面。表示晶面在晶体内空间方位的符号称为晶面指数，常用(×××)表示。晶面指数用来确定晶面在晶体内空间的方位。

立方晶体中晶面指数的确定步骤如下：

(1) 在晶格中取任一结点为原点，通过原点，以晶胞的三个棱边作为坐标轴 OX、OY 和 OZ，以相应的晶格常数 a、b 和 c 为测量单位，求出所需确定的晶面在三坐标轴的截距(若晶面与某轴平行，则在该轴上的截距为∞)。

(2) 将所得的三个截距值变为倒数。通过这一步可消除符号中的∞。

(3) 将各倒数所得的三个数值，化为最小整数。通过这一步可消除其中的分数值，最后可以得到一个完全由最小整数组成的符号，然后加上圆括号，即为该晶面的晶面指数。

根据上述三个步骤可分别求出如图 1-6 所示立方晶格中三种典型的晶面指数，即(100)、(111)和(110)。在括号内的三个整数不用标点分开，因为这些数字已经是最小整数。

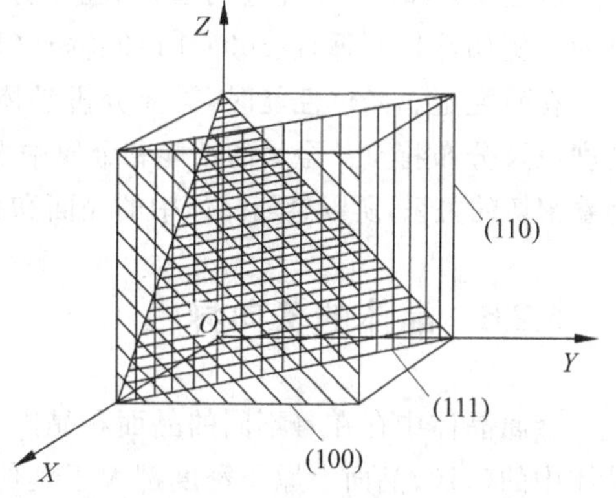

图 1-6 立方晶格中的三种重要晶面

应当指出，晶面指数表示晶面在晶体中的方位。由于坐标原点在晶格中是任意选择的，所以在晶体中可能有许多晶面平行，并且具有相同的原子分布。因此，也可以说晶面指数在晶体中是代表着位向相同且相互平行的晶面，即晶面指数实际上是代表着晶体中一系列原子分布相同和相互平行的晶面。

图 1-6 所示为立方晶格中三种重要晶面。

同样，用上述步骤可在立方晶体内求出(100)、(010)和(001)三个晶面，从图 1-6 中可看出，它们的位向虽然不同，但原子排列完全相同。我们把(100)、(010)和(001)等统称为同一晶面族，用{100}符号表示。它代表着在立方晶体中原子排列相同，但方位不同的一族晶面。

2. 晶向和晶向指数的确定

晶向　在晶体中由任一系列原子所组成的直线称为晶向。它代表着晶体内原子排列的方向。表示晶向在晶体内空间方向的符号称为晶向指数，常用[×××]表示。用晶向指数可确定晶向在晶体内的方向。

立方晶体中晶向指数的确定步骤如下：

(1) 在晶格中通过所选择的坐标原点引一直线，使其平行于所求的晶向。

(2) 以相应的晶格常数 a、b 和 c 为测量单位，求出该直线上任一点的三个坐标值。

(3) 将求出的三个坐标数值按比例化为最小整数，加一方括号，即为所求的晶向指数。

根据上述三个步骤可分别求出如图 1-7 所示的在简单立方晶体中几种典型的晶向指数。

例如，若求图 1-7 中 AB 的晶向指数，可通过原点 O 作 OP 线，使之平行于 AB，选 OP 线上的任意点，并使之坐标化简，求出为[110]。同时也可分别求出[100]、[010]、[001]和[111]等晶向指数。其中的[100]、[110]和[111]晶向具有重要意义。同时在图 1-7 中还可看出，在[100]、[010]和[001]的晶向上具有相同的原子排列，我们把[100]、[010]和[001]称为同一晶向族，统一用〈100〉表示，它代表了在立方晶格中所有原子排列相同的一族晶向。

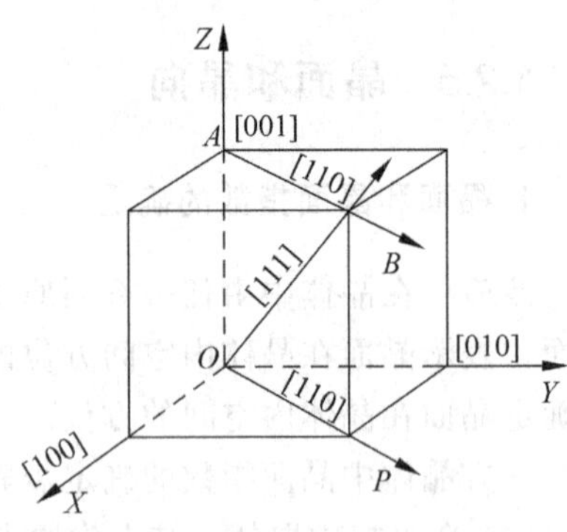

图 1-7　立方晶格中的三个重要晶向

从图 1-6 和图 1-7 中还可看出，在立方晶体中，凡具有相同指数的晶面和晶向是相互垂直的。例如，[100]垂直(100)、[110]垂直(110)和[111]垂直(111)等。

在研究金属晶体性能时，需要分析晶体结构的规律性和不同晶面或晶向上原子的排列密度以及分布特点。金属的性能和金属中发生的许多现象，都与晶体中的特定的晶面和晶向有着密切的关系，所以金属晶体中的晶面和晶向上原子分布状况具有特殊的重要性。

1.2.6　晶体的各向异性

金属晶体中存在着不同的晶面和晶向，它们的原子排列密度也不同。例如，在体心立方晶体中的(110)晶面上原子密度都大于其他晶面。而且原子排列密度大的晶面之间的距离也大，晶面之间的作用力小。又如，[111]晶向上原子密度也都大于其他晶向。按一般的规律是原子密度大时原子之间的作用力或结合力就强，而原子密度小时原子之间的作用力或结合力就弱。

在晶体内由于各晶面和各晶向上的原子分布和排列紧密程度的不同，从而使晶体内在不同晶面和不同晶向上产生不同的性能，这种在不同方位上具有不同性能的现象称为晶体的各向异性。它使晶体的性能具有方向性，其中包括晶体的力学、物理和化学性能。

1.2.7　金属晶体的特点

金属晶体的最大特点就是晶体内部原子按一定规律整齐地排列着，它也是晶体和非晶体的最大不同。在这种情况下，金属晶体还表现出下列特点：

(1) 金属晶体具有一定的熔点　例如 Fe 的熔点为 1538℃、Cu 的熔点为 1083℃ 和 Al 的熔点为 660℃。而非晶体的玻璃、松香等都没有固定的熔点。

(2) 具有各向异性　例如，体心立方晶体的 α-Fe 的弹性模量 E，在[111]方向上是 248 200MPa，而在[100]方向上仅为 132 300MPa。又如，α-Fe 在磁场中时沿[100]晶向比沿[111]晶向容易磁化等。

(3) 有规则几何外形　当液态金属向金属晶体变化时，若金属原子在堆积过程中不受阻碍则可形成有规则的几何外形，即此时可得到有规则几何外形的金属晶体。

1.3　金属的结晶

由液态金属向原子规则排列形成金属晶体的过程称为结晶，它是液态金属向金属晶体的转变过程。结晶也是金属制品，特别是铸件生产的必经之路。铸件由于体积和形状的不同，在铸件内不同的部位，有不同的冷却速度，比较复杂。为了提高铸件的性能和产品质量，必须深入分析了解金属结晶规律，并正确掌握和控制金属的结晶过程，用以指导生产。

1.3.1　液态金属的结构

根据现代理论研究证明，在液态金属中有很多局部小区域的"原子集团"，其内部的原子排列是有规则的，它被称为"近程有序"排列。这种原子集团是时而出现，时而消失。为区别起见，人们把在固态金属晶体内的原子规则排列称为"远程有序"排列。

在研究液态金属时，还了解到固态金属在熔化时其体积变化不大，一般是增加 3%～5%左右，最大也不超过 6%。只有锑(−0.95%)、铋(−3.5%)、镓(−3.32%)和锗等，由固态转变为液态时，它们的体积有所减少，其原因是它们在固态时的配位数只有 3，而在液态时其配位数为 7～8。

综上所述，说明液态金属和金属晶体的原子间距相差不大，液态金属和金属晶体的结构很相近。

1.3.2　金属结晶的热力学条件

根据热力学研究确定，任何物系总是力求处于自由能 F 最低的状态，此时物系才能稳定。同一种液态金属和金属晶体的自由能 F 随温度 T 而变化的规律如图 1-8 所示。它们都随温度升高而降低，但液态金属的自由能降低得更快，两条曲线相交于 T_0 温度，此时液态金属和金属晶体的自由能相等。T_0 称为理论结晶温度。由此，根据热力学条件可知，当系统所处的温度低于 T_0 时，金属晶体的自由能低于液态金属的自由能，液态金属将结晶为金属晶体。当温度高于 T_0 时，金属晶体将熔化为液态金属。

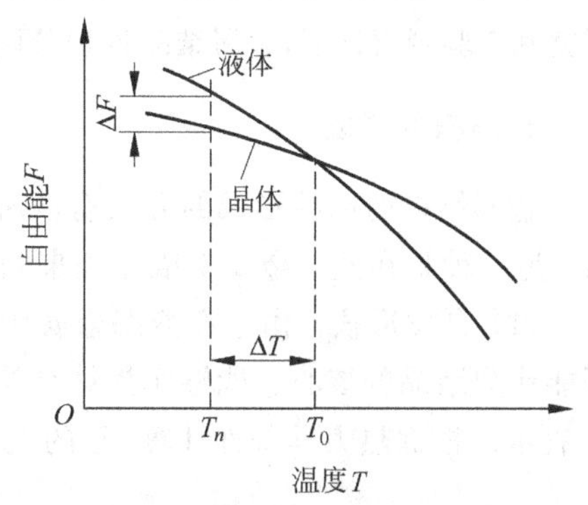

图 1-8　液体和晶体自由能与温度的关系曲线

自由能降低($F_{液} > F_{固}$，$\Delta F = F_{固} - F_{液} < 0$)是液态金属结晶的热力学条件。

1.3.3 金属结晶时的现象

金属结晶是液态金属原子规则排列的过程，一般情况下，人们无法看到。但当冷却时液态金属的温度随时间的延长而降低，结果形成了金属结晶时的冷却曲线，如图 1-9 所示。从图 1-9(a)可看出，金属所处的温度随时间的延长而逐渐降低。当温度降至 T_0 时，由于释放结晶潜热，而补偿了向外界散失的热量，从而使冷却曲线出现了“平台”现象。在结晶完了后继续冷却时，其温度又逐渐降低，在冷却曲线上所得的结晶温度 T_0，即为理论结晶温度。它是金属液体在无限缓慢冷却条件下得到的。需要指出的是，在 T_0 温度时，由于液态金属和金属晶体二者自由能相等，此时液态金属可转变为金属晶体，但同时也有可能由金属晶体转变为液态金属，应该说，此时金属结晶是很难实现的。从热力学条件看，金属结晶必须低于理论结晶温度 T_0，例如 T_n 温度下才能进行，如图 1-9(b)所示，T_n 称为金属的实际结晶温度。

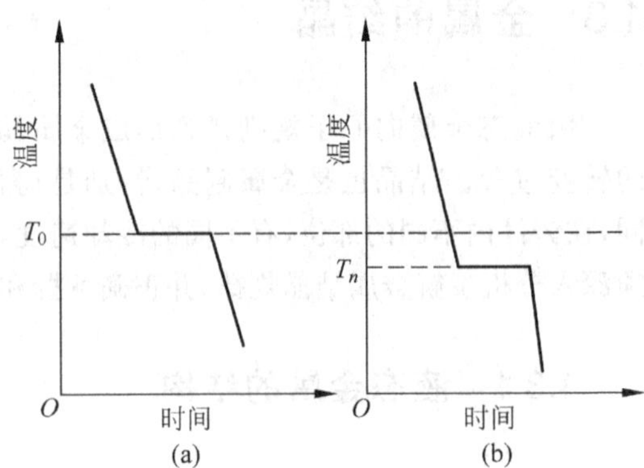

图 1-9 纯金属结晶时的冷却曲线

液态金属结晶时必须冷却到理论结晶温度 T_0 以下才能进行，这种现象称为过冷。实际结晶温度 T_n 和理论结晶温度 T_0 之差称为过冷度，用 ΔT 表示，即 $\Delta T = T_0 - T_n$。过冷度 ΔT 与冷速有关，一般的规律是冷却速度越大，过冷度 ΔT 越大。根据热力学条件得知，过冷是金属结晶的必要条件，因为只有过冷，才能产生自由能差 ΔF，它是金属结晶的推动力，自由能差 ΔF 越大，金属结晶的推动力越大，金属的结晶越容易进行。在实际生产条件下，用增加冷却速度来促进结晶的进行。

1.3.4 金属结晶的过程

因为金属结晶是液态金属原子规则排列的过程，所以它不可能在一瞬间完成。通过理论研究和实验观察证明，金属结晶过程分两个步骤进行，即结晶核心的形成和晶核的长大。

1. 晶核的形成

金属结晶时晶核形成的方式有两种：一种是在液态金属中直接产生晶核，称为自发形核；另一种是在液态金属中依靠外来固体粒子形成的晶核，称为非自发形核。

(1) 自发形核　由于在液态金属中有“近程有序”的原子集团，当它达到一定大小时有可能作为结晶的核心。能够作为结晶核心的最小“原子集团”称为临界晶核，其临界半径用 r_k 表示。根据热力学条件计算，r_k 的大小决定于下式：

$$r_k = -\frac{2\sigma}{\Delta F}$$

式中，σ——液态金属和金属晶体之间界面的表面张力；

ΔF——液态金属和金属晶体的自由能差。ΔF 为负值，表示结晶时自由能减少。

在液态金属中"近程有序"的原子集团半径大于 r_k 时，可以成为结晶的核心。从式中可看出 r_k 和 ΔF 成反比关系，即 ΔF 愈大，则 r_k 愈小，在液态金属中形核几率就愈大。在生产上用增加冷却速度使自由能差 ΔF 增加，临界晶核 r_k 减小，形核几率增大，从而加速了金属的结晶过程。因为它是从液态金属中直接产生的晶核，所以称为自发形核。由于生产上不可能无限制地增加冷却速度，因此这种办法增加形核的几率是有限的。

（2）非自发形核　生产上在液态金属中实际总有些杂质，它一般是由金属冶炼、熔化和浇注系统带入。杂质和金属晶体的结构愈相近，则杂质作为结晶核心的可能性就愈大。在通常情况下，是特意向液态金属中加入些杂质，以增加形核的数目。例如，向液态铜中加入铁，向液态铝中加入钛，向铸铁水中加入硅和钙等都可促进晶核的形成和加速结晶过程。在液态金属中，因它是以外来高熔点杂质为核心而形核，所以这种形核过程称为非自发形核。

金属结晶时自发形核有限，而且很少，因此，在实际生产条件下，金属的结晶是以非自发形核为主，它在金属结晶过程中起着决定性的作用。

2. 晶核的长大

晶核形成后结晶是靠晶核长大进行，它是液态金属的原子向晶核的聚集过程。当然是在过冷条件下实现的，而过冷使液态金属温度降低，粘性增加，使金属原子的移动和聚集困难，即液态金属中原子的扩散系数降低了，反而使金属结晶的速度下降，因此，金属结晶时过冷度要适当，不能过大，也不能过小。液体与晶体的自由能差和扩散系数与过冷度间的关系如图 1-10 所示。

金属结晶的充分和必要条件是液态金属必须过冷，以增加晶核的形成几率，但液态金属的温度也要足够高，使原子有一定的活动能力，以促进晶核的长大。晶核的形成和晶核的长大是金属结晶的普遍规律。

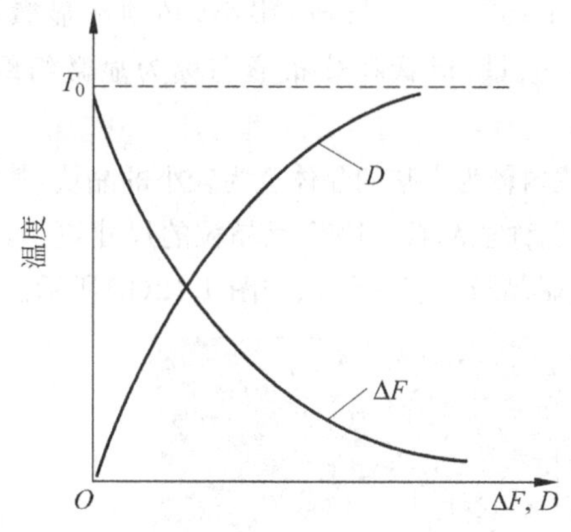

图 1-10　液体与晶体的自由能差 ΔF 和扩散系数 D 与过冷度 ΔT 的关系

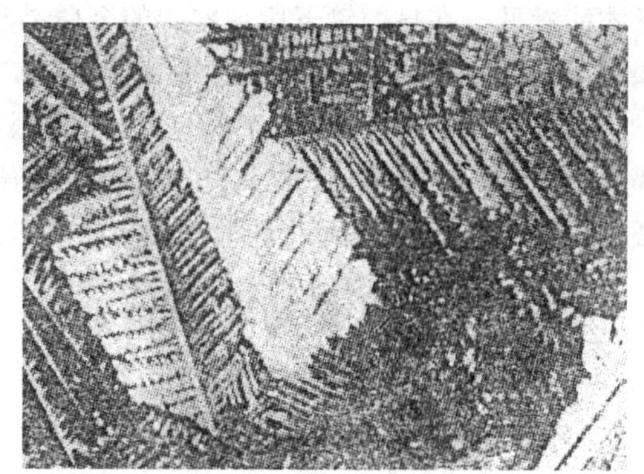

图 1-11　锑锭表面的树枝状晶体

3. 晶体长大的方式

根据研究和实验证明，金属的结晶是以树枝状的方式进行为主，如图 1-11 所示。当液态金属达到一定的过冷度后开始结晶，并在晶体和液体的界面上产生结晶潜热，这样在液/固界面前沿液态金属中温度 T 分布是随离开界面距离 X 的增加而降低，这种温度分布称为"负温度梯度"，用 $\frac{dT}{dX}<0$ 表示。在"负温度梯度"条件下，当界面上微小区域偶然凸起，而伸入到过冷液体中时，由于 $\frac{dT}{dX}<0$ 的作用，对生长有利，长大速度越来越大，而它本身放出的结晶潜热，不利于近旁的晶体生长，只能在较远处形成凸起。我们把首先长出的晶枝称为一次晶轴，在一次晶轴长粗的同时，由于释放潜热使晶枝侧旁液体也呈现"负温度梯度"，于是在一次晶轴上又会长出小晶枝轴。由此继续下去而形成树枝状骨架，故称为树枝状晶体，简称枝晶。树枝状晶体是在有足够的生长空间以及枝晶有条件自由生长时才能形成。

如果高纯度金属结晶完毕后，枝与枝之间的接触面上全为金属所填满，就连接在一起分不出枝状了，只看到几个晶粒的边界(晶界)。如果枝与枝之间最后结晶的部位留存有杂质，其枝状仍然可见。

在金属结晶时液态金属内绝大部分杂质被推挤到两晶体的边界处，最终形成了不规则的边界，称为晶界。由晶界包围部分的晶体称为晶粒。

1.4 金属的实际晶体结构和缺陷

1.4.1 金属的实际晶体结构——多晶体

工程上用的金属绝大多数是由许多晶粒和晶界组成，一般称为多晶体。金属内晶粒和晶界的结构对金属性能分别起着不同的作用。金属多晶体结构分述如下：

晶粒 在金属多晶体内有许多不同大小、形状、位向和分布的晶粒。以数量而论，它在多晶体内是多数。在钢铁中，晶粒的典型尺寸一般为 $10^{-2}\sim10^{-1}$ mm，很小，必须在显微镜下才能看见。在显微镜下所观察到的金属晶粒大小、数量、形状和分布形态称为显微组织，如图 1-12(a)所示。

亚晶粒 在晶粒内因有杂质和受力等原因，使晶粒内较为完整的晶体变为较小的晶块，其内部近似于理想的晶体，这种结构称为亚结构或嵌镶块，也称亚晶粒。因为亚晶粒的尺寸更小，故必须在高倍显微镜下或经特殊处理才能观察到。金属亚晶粒的显微组织如图 1-12(b)所示。

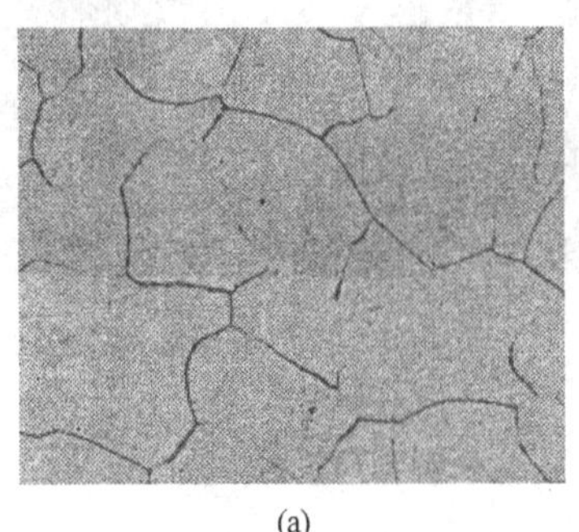

(a)

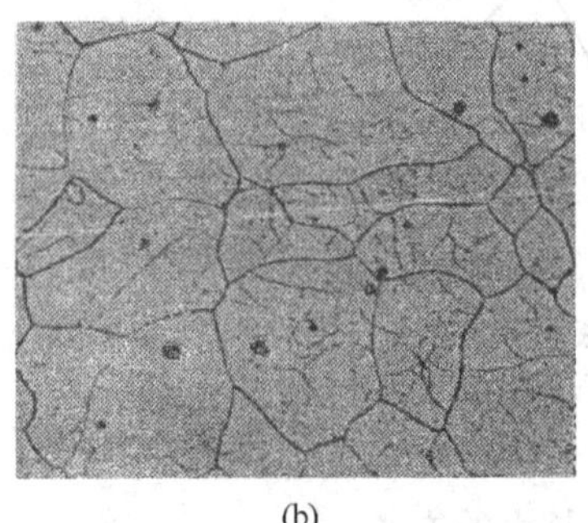

(b)

图 1-12 金属多晶体结构

(a) 工业纯铁，退火，多晶体显微组织，4%硝酸酒精(160×)；

(b) 工业纯铁，高温退火，多晶体内亚晶粒显微组织，2g 苦味酸+2%硝酸酒精(150×)

晶界　在金属结晶过程中，由于杂质，特别是低熔点的杂质易被推挤到晶体的边界处，形成晶界和枝晶。同时枝晶之间互相插入，使金属液体添入不足，在结晶后造成显微空洞等，所有这些都使晶界上原子排列不规则。

亚晶界　在晶粒内由于不同亚晶粒之间的位向有微小差别而形成。当然，原子排列也不规则。

畸变　在多晶体内，由于晶界和亚晶界上原子排列不规则，原子在不同方向上受力不等，使其离开平衡位置，处于受力状态，在能量上是处于较高的不稳定状态，这种状态称为畸变状态，即晶界和亚晶界上的原子是处于畸变状态。

多晶体金属的晶界和亚晶界性能特点如下：

(1) 室温下由于晶界和亚晶界上原子排列不规则，原子受力时长距离相对移动困难，若想移动必须增加外力，显示出很高的强度，即室温下晶界和亚晶界强度高于晶内强度。因此室温下晶粒和亚晶粒越小，金属多晶体的强度越高。它说明了细化晶粒可使金属强度提高。

(2) 晶界和亚晶界由于是处于高能量的不稳定状态，热力学稳定性差，故抗化学腐蚀能力差，因此晶界和亚晶界易被腐蚀。

虽然金属多晶体内晶界和亚晶界在数量上是少数，但它们对金属多晶体的性能起着重要的作用。

在金属多晶体的晶粒和亚晶粒内原子是规则排列或近似规则排列的，由于它们在不同方向上原子排列密度不同，使之具有不同的性能，表现出晶体的各向异性。但工程上使用的金属是由许多晶粒和亚晶粒组成的，使金属多晶体的晶粒和亚晶粒的各向异性互相抵消，因此金属多晶体的性质不具有方向性，这种性质称为多晶体的“伪无向性”，它给工程上使用多晶体金属材料创造了方便条件。

1.4.2 晶体的缺陷

金属晶体的实际结构是以多晶体为主，其中晶界的不规则结构实质上也是一种缺陷，就是在晶粒内部也不是理想的原子规则排列，而是存在着很多缺陷，它们按几何形式可分为以下三类。

1. 点缺陷

(1) 空位　在金属晶体中，由于热运动等原因，使原子离开了平衡位置，出现了空结点，形成了空位。

(2) 间隙原子　离开平衡位置的原子或杂质原子等存在于晶体的间隙位置上，这种原子称为间隙原子。

(3) 置换原子　金属中杂质原子占据在金属晶体原子的位置上，即结点的位置，代替了金属原来的一个原子，这种杂质原子称为置换原子。晶体中的各种点缺陷如图 1-13 所示。

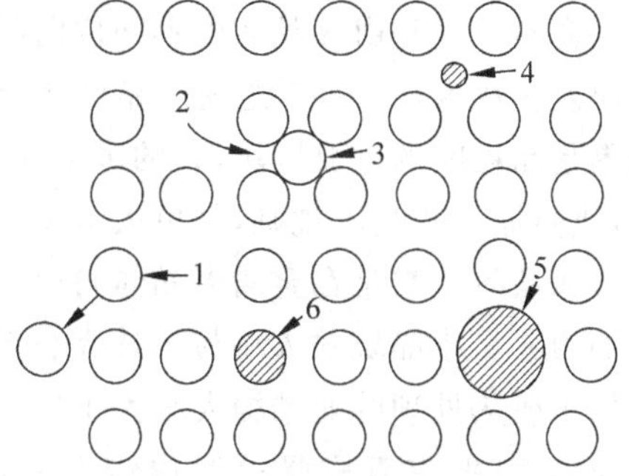

图 1-13　晶体中的点缺陷

1，2—空位；3，4—间隙原子；5，6—置换原子

空位、间隙原子和置换原子都是晶体中的点缺陷，它们破坏了晶体原子的平衡状态，使晶格发生扭曲，在这些部位和其周围的原子都处于畸变状

态，它对金属起着强化的作用。

2. 线缺陷

由于应力或杂质等的作用，在晶体中某部位出现有一列或数列原子发生了有规律的错排现象，而且常在一维方向上发生，这种缺陷称为线缺陷。例如，在晶体中某处多或少一个原子面时出现的线缺陷。常见的线缺陷是位错，其中最简单的是刃型位错，如图 1-14 所示。

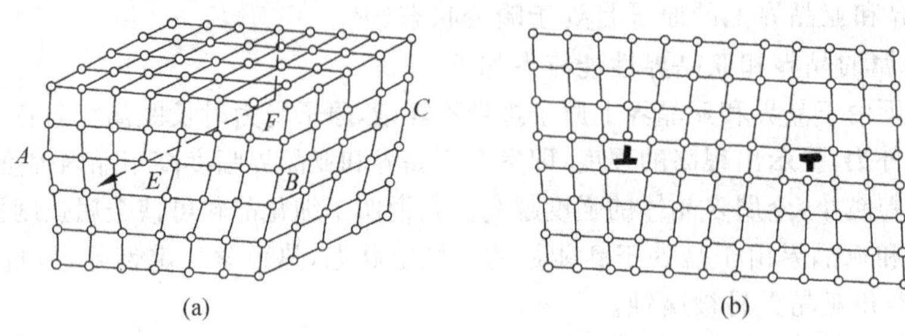

图 1-14 刃型位错示意图

在图 1-14(a)中的 *EF* 线即为位错线，并在图 1-14(b)表示有“正位错”和“负位错”，其符号分别为“⊥”、“⊤”。在晶体中 *ABC* 晶面 *E* 点的上部多一排原子面，在 *ABC* 晶面另一处的下部多一排原子面。在位错线 *EF* 和其周围的原子都是处于畸变状态，它们的周围有应力场存在，比点缺陷的强化作用范围更大，对金属的性能有重要影响。因为位错是一条线，可用单位面积中位错线的根数或单位体积中位错线的长度来表示金属晶体中位错密度。例如：

高纯度单晶体　$0\sim10^3$ 根/cm^2 或 $0\sim10^3\,cm/cm^3$；

普通单晶体　$10^5\sim10^6$ 根/cm^2 或 $10^5\sim10^6\,cm/cm^3$；

退火多晶体　$10^7\sim10^8$ 根/cm^2 或 $10^7\sim10^8\,cm/cm^3$；

冷压力加工多晶体　$10^{11}\sim10^{12}$ 根/cm^2 或 $10^{11}\sim10^{12}\,cm/cm^3$。

3. 面缺陷

面缺陷主要是指金属多晶体的晶界和亚晶界，其缺陷范围更大。

晶界　它是由多晶体中不同位向晶粒边界形成的，一般称为大角度晶界。两个晶粒的位向差多数为 30°～40°之间。晶界在金属多晶体中呈壳层状，其断面或平面一般呈网络状。晶界是晶粒间的过渡区域，它的宽度通常为 5～10 个原子间距，而且又是杂质较为集中的区域，当然原子排列不规则，是更大范围的晶体缺陷。

亚晶界　它是在金属多晶体内由于晶粒内存在许多小尺寸和位向差很小的小晶块而形成的边界。小晶块的大小与形成条件有关：铸态金属的亚结构大小，一般为 10^{-3} mm。压力加工或热处理的亚结构大小为 $10^{-7}\sim10^{-5}$ mm。亚晶界是由小晶块之间相互倾斜小角度形成的，可把它看成是刃型位错堆积形成的“位错壁”。亚结构小晶块的位向差一般是 10′～20′小角度，最大倾斜角度不超过 1°～2°。

上述晶体中的缺陷可随温度和压力等作用的不同而发生变化，它们之间可发生交互作用，也可合并和消失。

总之，金属多晶体内由于晶界、亚晶界、位错等缺陷的存在，都使金属晶体中很大部分原子处于畸变状态，这些结构对金属的性能起着很重要的作用。晶界和亚晶界的示意图如图1-15所示。

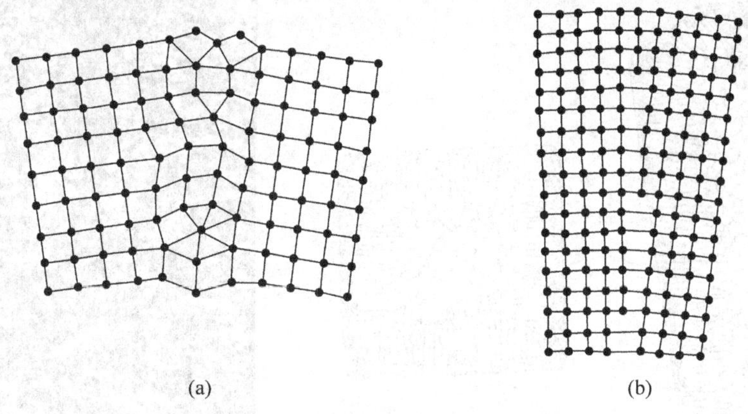

图1-15 晶界及亚晶界示意图

(a) 晶界；(b) 亚晶界

1.5 金属的铸锭和铸件

金属结晶是铸造工艺的基础，了解金属的结晶规律及其影响因素具有十分重要的意义。生产上常见的铸锭和铸件都是由结晶过程来实现的。

1.5.1 金属铸锭组织

铸锭常用于钢铁生产。在钢铁厂绝大多数钢液是注入钢锭模使其冷却结晶成为铸锭，由于铸锭模内钢液不可能实现均匀一致的冷却，结晶必有先后，因此其组织的晶粒常常是不均匀的。若铸锭较大，是大体积液态金属的结晶，在其横截面上具有典型的宏观组织的特点，一般是形成三个区域，也称为三带组织，如图1-16所示。

从图1-16中可看出，在铸锭内由外向内依次分布着细晶粒区、柱状晶粒区和中心等轴晶粒区。

(1) 表面层细晶粒区　当高温液态金属注入铸模后，与铸模壁接触部分的液态金属受到激烈的冷却，过冷度很大。同时由于铸模壁表面粗糙不平，起着非自发形核的作用，促进了结晶的进行，因为有大量晶核出现，结果形成了很薄一层的细小晶粒区。

(2) 柱状晶粒区　随着细晶粒区的形成，铸模变热，对液态金属的冷却能力变小，即过冷度 ΔT 变小，形核几率降低。同时由于模壁的散热是沿着垂直于铸模壁向外方向进行，因此晶体只能由外向里长大，同时晶粒的长大又受到四周正在长大晶体的限制，结果形成彼此相互平行的柱状晶粒区。

(3) 中心等轴晶粒区　随着柱状晶粒区的发展，散热条件变慢，同时由于大量柱状晶粒

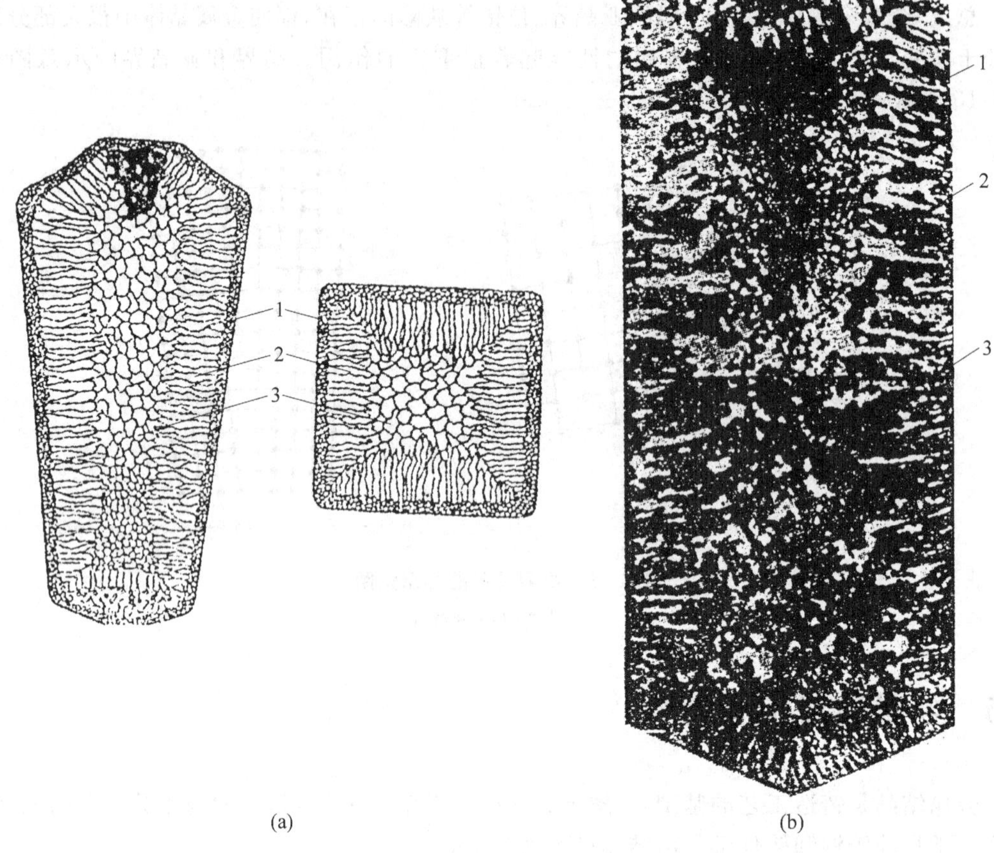

图 1-16 金属铸锭示意图及铁硅合金铸锭低倍组织

(a) 金属铸锭；(b) 铁硅合金铸锭低倍组织

1—表面层细晶粒区；2—柱状晶粒区；3—中心等轴晶粒区

区的形成，放出潜热，结果在柱状晶粒区的前沿部位温度升高，致使剩余液态金属的温度变得更为均匀。当液态金属达到一定过冷度时出现晶核，并向各方向长大，冷却速度慢，结果形成等轴粗大晶粒区。

在铸锭内三个晶粒区的分布规律为细晶粒区是很少、很薄的一层，通常可忽略。在铸锭组织中柱状晶粒区和粗大等轴晶粒区是主要的部分，它们在性能上各有优缺点。在生产条件下，不同金属铸锭的柱状晶粒区和等轴晶粒区的相对数量是不同的。

柱状晶粒区的优点是由于柱状晶粒区的枝晶得不到发展，显微孔洞少，铸锭密度大。缺点是在柱状晶和柱状晶的交界处常有低熔点、低强度的杂质和非金属夹杂物使强度下降，出现弱面，在性能上使之有方向性，沿柱状晶方向的强度高于垂直方向的强度。当对金属铸锭进行压力加工时易在这些弱面产生开裂，甚至在快冷时也易沿弱面产生开裂。

对于熔点高、杂质多的金属，如铁和镍及其合金等不希望有柱状晶粒出现。但对于熔点低、杂质少、塑性好的金属，如铝和铜等有色金属及其合金等，则希望得到柱状晶粒组织，这些金属即使全部是柱状晶，也可进行热轧和热锻等。一般是纯金属、浇注温度高、浇注速度快和使用金属模时易得到柱状晶组织。

等轴晶粒区的优点是晶粒间晶枝彼此互相插入，交叉结合很牢固，没有明显弱面，性能均匀，无方向性。缺点是因有枝晶存在，显微孔洞多，密度稍差。在一般情况下，金属特别是钢铁铸锭和铸件要求得到这样的组织。浇注温度低，冷却速度小，有利截面温度均匀，可促进等轴晶粒区的形成。

1.5.2 金属铸件组织

在现代工业中有很多零件是由铸造而成。铸件的组织对产品的质量和性能起着重要的作用。由于铸造技术的进步，铸件的质量和精度在提高，而铸件性能的关键还是在于控制铸件的组织。其主要要求如下。

(1) 细晶粒组织　因为室温下金属晶粒愈细小，金属强度就愈高，塑性和韧性也愈好，所以在工业生产中经常通过细化晶粒的途径来改善和提高金属铸件的性能，常用的细化晶粒方法有以下两种。

① 增加过冷度　液态金属的结晶过程是晶核形成和晶核长大同时进行。金属结晶的速度决定于生核率(形核数目/cm^3·s，用N表示)和成长率(cm/s，用G表示)。晶粒的大小是N和G的函数，生核率大，成长率小，则晶粒细小。一般的规律是晶核生成率N和晶核成长率G都随过冷度的增加而增加，但N的增加速率更快些，如图1-17所示。从图中可以看出，过冷度ΔT越大，晶粒越细。在生产上经常采用金属模等方法来加速冷却，以细化晶粒。这种方法虽然容易实现机械化和自动化，能够提高生产率，但因为大型铸件中心部位很难实现快速冷却，所以这种方法是有限的。同时在生产上冷却速度也不允许无限地增加，否则容易造成铸件变形或开裂等弊病，特别是形状复杂的铸件，更不允许无限地提高冷却速度。

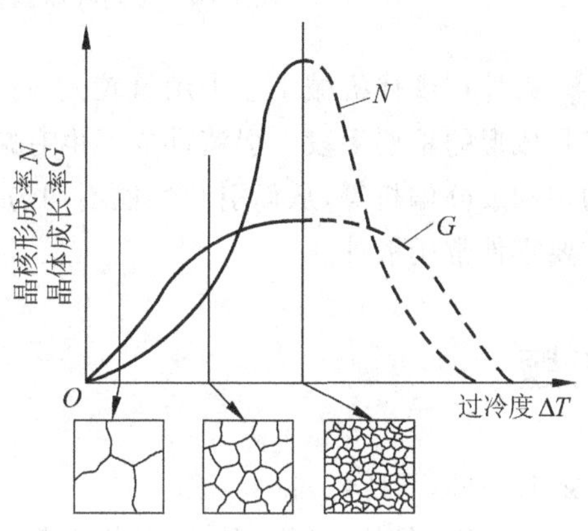

图1-17　金属结晶时形核率和长大速度与过冷度的关系

② 变质处理　由于大型和形状复杂的铸件很难用快冷或不宜用快冷来细化晶粒，所以在实际生产中通常是往液态金属中加入一些高熔点的固体粒子，起非自发形核的作用，以增加形核数目，或加入些阻碍晶核长大的物质等，以细化晶粒，提高金属性能，这种方法称为变质处理或孕育处理，所加的物质称为变质剂或孕育剂。例如，在铝液中加入钛、钒等，在钢液中加钛、铝等都可增加形核数目，同时还可脱氧，往铝硅铸造合金中加入钠盐，钠能吸附在硅的表面阻碍晶粒长大，使合金的组织细化。

变质处理是铸造生产细化晶粒很重要的方法，它在铸造生产上起着其他方法不可替代或很难替代的作用。虽然是非自发形核，但在生产上起着细化晶粒的主要作用。

总之，从铸件组织看，细晶粒组织是最理想的，它的强度高，而且性能均匀。在铸造工艺上需要解决的问题是要控制晶粒的大小、形状和分布的均匀性，减少缩孔、气孔和夹杂物以及消除残余应力等。

(2) 设计铸件时尽量采用圆角　若铸件有尖锐的直角，且液态金属中杂质较多，当冷却速度快时，在其弱面易产生开裂，特别是易产生柱状晶的金属。在柱状晶的交界处或柱状晶的顶端，因常有低熔点杂质和非金属夹杂物等造成弱面，强度降低，使之产生破坏，所以从金属组织来看，设计时有圆角过渡为好，即使是形成了柱状晶粒区域也能减轻它的危险性。从铸造工艺看，铸件采用圆角也容易实现。当然对于多数铸件组织，一般都希望消除柱状晶粒区。

直角柱状晶粒区和圆角柱状晶粒区的示意图如图 1-18 所示。

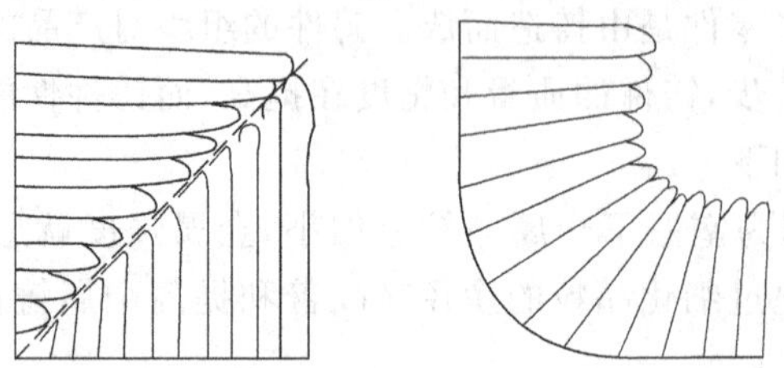

图 1-18　直角柱状晶粒区和圆角柱状晶粒区的示意图

铸件在现代机械工业中用量较大，特别是形状复杂的零件很多是用铸件制成。铸件生产是成形的重要手段。但铸件成形也有缺点，主要是由于在高温下铸造使晶粒粗大、组织不均匀和成分偏析等，从而引起性能不均匀，因此铸件的应用范围也是有限的，通常机器中的重要零件常用锻件。

习题

1. 解释下列名词：

金属键、晶体、晶格、晶胞、晶格常数、晶面、晶向、单晶体、多晶体、致密度、配位数、单晶体的各向异性、晶粒、亚晶粒、晶界、理论结晶温度、实际结晶温度、过冷度、负温度梯度、树枝状晶体、变质处理、变质剂、晶体结构、晶界结构。

2. 常见的金属晶体结构有哪几种？它们的原子排列和晶格常数有什么特点？α-Fe、γ-Fe、Cu、Al、Cr、V、Mo、Mg 和 Zn 等各属于何种晶体结构？

3. 为什么单晶体具有“各向异性”，而多晶体在一般情况下是“各向同性”？

4. 实际金属中存在哪些缺陷？它们对金属的性能有什么影响？

5. 何谓结晶？为什么在理论结晶温度或平衡结晶温度时，结晶不能有效地进行？必须具备什么条件结晶才能进行？

6. 金属结晶的基本规律是什么？受哪些因素影响？

7. 过冷度和冷却速度有何关系？它对金属结晶过程有何影响？对铸件晶粒大小有何影响？

8. 在铸造生产中，采用哪些措施控制晶粒的大小？变质处理为什么可以细化晶粒？

9. 什么是金属铸锭和金属铸件？它们有什么区别？其组织有什么特点？

10. 如果其他条件相同，试比较在下列条件下，铸件晶粒的大小。

(1) 金属模浇注与砂模浇注。

(2) 高温浇注与低温浇注。

(3) 铸成薄件与铸成厚件。

(4) 浇注采用振动与不采用振动。

11. 为什么钢锭希望减少柱状晶区？而铝锭和铜锭则希望扩大柱状晶区？

12. 金属熔化时，首先是在晶界处熔化还是在晶粒内部熔化？说明其原因。

13. 为什么晶界比晶内腐蚀得快？说明其原因。

第2章 金属的塑性变形和再结晶

铸件生产虽然是零件成形的手段，但由于铸态组织的不足之处，金属铸件有时满足不了工程上的要求。对于机器上的重要零件，常用锻件生产，它是金属成形的另一重要手段，同时又能改善金属组织，使晶粒细化、组织均匀和消除成分偏析等，从而提高了金属零件的性能和产品质量。因为金属有很好的塑性，所以金属材料在工程上能够得到广泛的应用。

在工程上重视金属变形的另一原因是在机器零件中，如机床床身、齿轮和轴类等在使用时受力必须在弹性变形范围内，最好不变形，若变形也是越小越好，绝不允许出现塑性变形；否则，就会影响切削加工精度和使机器不能正常运转等。为保证机器的性能，一般需要提高机器零件的强度和硬度，以减少或防止变形。

从上述分析中可看出，在工业生产中，一方面是应用变形，特别是塑性变形，金属的塑性变形是金属进行压力加工和成形的依据；另一方面是减少或防止变形，保证机械的正常运转。因此，对金属的弹性变形和塑性变形要作深入的分析和了解。

2.1 金属的变形现象

金属在外力作用下发生形状和尺寸的改变称为变形。通常用室温下的拉伸试验来研究金属材料的变形行为。图 2-1 为软钢在拉伸时的 σ-ε 曲线。根据这种拉伸曲线可把低碳钢（软钢）的变形过程分为四个阶段。

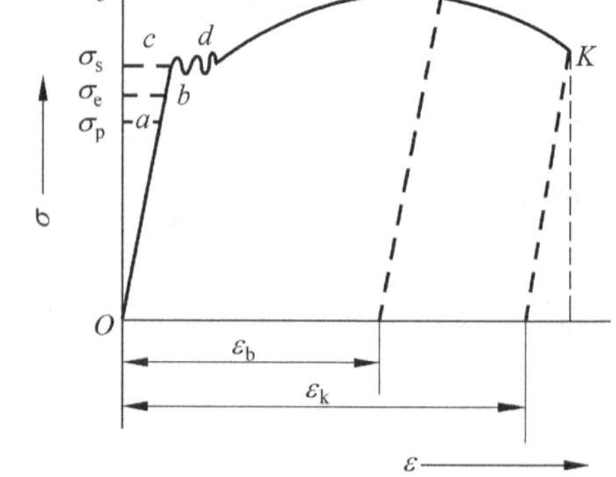

图 2-1 低碳钢在拉伸时的 σ-ε 曲线

(1) *Ob* 段　弹性变形阶段，*Oa* 段内变形与外力成正比关系，严格按胡克定律关系变化，其 σ_p 是 *Oa* 段的比例极限。外力去除后，试样恢复原来的形状和尺寸。*ab* 段虽然变形与外力之间稍有偏离直线关系，但仍属于弹性变形阶段。σ_e 称弹性极限。

bc 段除弹性变形外，还有部分塑性变形。

(2) *cd* 段　屈服变形阶段，在这个阶段，当外力增至 *c* 点后即使外力不再增加，试样也会继续变形，其变形是塑性变形，而 c 点表示屈服阶段塑性变形开始，到 d 点为止，这种现象称为屈服，大多数金属材料没有明显的屈服现象。σ_s 称为屈服极限。

(3) dB 段 均匀塑性变形阶段，在这个阶段内只有在增加外力的条件下，才能产生均匀塑性变形，外力一旦去除，变形将停止。σ_b 称为强度极限。

(4) BK 段 不均匀塑性变形阶段，外力到达 B 点后塑性变形集中在局部区域进行，即产生“颈缩”现象。由于“颈缩”处断面减小，使变形所需要的外力下降，到 K 点处试样断裂。

根据低碳钢拉伸曲线上应力和应变的关系可看出，金属最基本的变形有弹性变形和塑性变形两种。

2.1.1 弹性变形

金属在外力作用下产生变形，外力不大时变形也不大，外力去除后变形恢复到原来的形状，这种变形称为弹性变形。固态金属原子在未受外力作用时处于平衡位置，当受外力作用时原子离开平衡位置，其离开的距离与外力成正比，但最大不超过原子间距的 1/1000。因此它没有脱离周围邻近的原子，即没有改变它们的相对位置，只有原子间产生了内力，内力和作用到原子上的外力平衡，使原子处于弹性变形状态。由许多原子离开平衡位置累计起来形成了弹性变形阶段。当外力去除后，内力使原子立刻恢复到平衡位置，宏观上弹性变形立即消失，这也说明弹性变形是可逆的。

2.1.2 塑性变形

当外力增大时变形也增大，外力去除后变形仅恢复一部分，但不能恢复到原来的形状，这种变形称为弹-塑性变形。其中在外力去除后恢复的部分变形称弹性变形，不能恢复而保留下来的部分变形称塑性变形。在外力作用到固态金属的原子上时，当晶格的扭曲程度超过了弹性变形之后，原子间的联系被破坏，原子便离开平衡位置移动到新的平衡位置，原子移动，离开原位置的距离取决于所受外力的大小。移动后的原子在新的平衡位置与新的邻近原子产生了内力，它使得在离开原位置有一定距离的基础上又离开新的平衡位置。因此，当外力去除后只恢复到新的平衡位置，而不能恢复到原位置，宏观上有了剩余变形，即外力去除后只恢复了变形的一部分，没有恢复的变形称为塑性变形，而且是不可逆的变形。

研究金属的塑性变形的过程和机理，对于改进金属材料的加工工艺、提高产品质量和合理使用金属材料等都具有重要意义。

2.2 金属的塑性变形

工程上实际使用的金属材料大多数是多晶体，其塑性变形较为复杂。由于多晶体是由许多晶粒和晶界组成，而晶粒一般可以认为近似于单晶体，为了便于了解和研究塑性变形的实质，首先讨论单晶体的塑性变形。

2.2.1 单晶体的塑性变形

在常温下单晶体的塑性变形主要有滑移和孪生两种方式，其中滑移是主要方式。

1. 滑移

晶体的一部分沿着一定晶面（滑移面）和一定晶向（滑移方向）相对于晶体另一部分作相对移动的现象称为滑移。

(1) 滑移要点　通过大量的研究证明，可将滑移变形的要点总结如下。

① 滑移只能在切应力的作用下产生　对金属单晶体试样进行拉伸时，外力作用到滑移面上都可分解为正应力 σ 和切应力 τ，如图 2-2(a)所示。正应力 σ 只能使晶格发生弹性伸长，若正应力足够大时可使晶体中的原子离开，金属断裂。而切应力 τ 则使晶格扭曲，并进而产生晶体原子的相对移动。实验证明，若使金属单晶体发生滑移，必须使作用到滑移面上的切应力在滑移方向上的分量达到一定的临界值，这个值称为临界切应力。从上述分析得出，滑移只能在切应力的作用下发生，而与正应力无关。

② 滑移是沿着晶体中原子密度最大的晶面和晶向发生　当金属单晶体受外力作用而发生变形时，其内部原子，如面心立方晶体中的(100)晶面上原子移动的可能情况，可用图 2-3 进行分析。从图 2-3 中可看出 A 方向上的原子比 B 方向上的原子容易产生相对的移动。由于 A 方向上的原子密度大，原子间距小，原子间结合力强，要分开这样的原子就需要用较大的外力，因此，在 A 方向上的原子只能作相对的移动，即滑移，而且比 B 方向容易，在 B 方向上阻力大，滑移困难。A 方向上比 B 方向上的原子密度大，所以金属晶体的滑移是沿着原子密度最大的晶面和晶向发生。能够产生滑移的晶面和晶向分别称为滑移面和滑移方向。

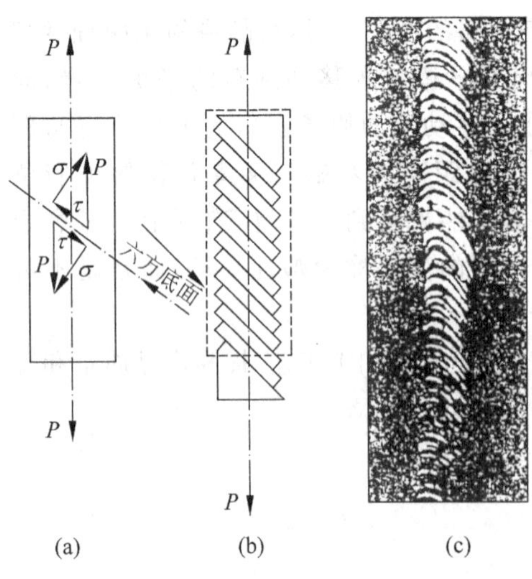

图 2-2　单晶体拉伸变形

(a) 外力在晶面上的分解；(b) 在切应力 τ 作用下的变形；(c) 锌单晶体拉伸时的照片

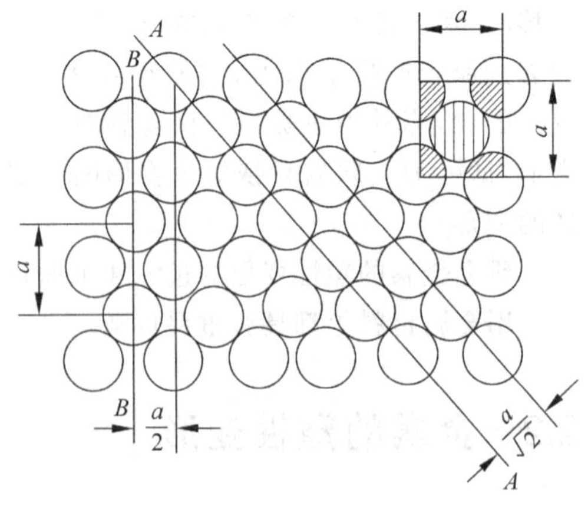

图 2-3　滑移面示意图

③ 滑移的距离一般为原子间距的整数倍 金属晶体受力后的滑移距离取决于外力的大小，且成正比关系。一般滑移的距离为原子间距的整数倍。通常在滑移面上沿滑移方向的滑移量可达几千埃，即滑移距离为几千埃。

④ 滑移发生后滑移面要转动和旋转 当外力作用到金属晶体内的滑移面时，可分解为正应力 σ_n 和切应力 τ_m（也是最大切应力）。同时最大切应力 τ_m 在滑移面上又分解为沿滑移方向的 τ_s 和垂直滑移方向的 τ_b。P 是外力，ϕ 是外力与滑移面法线方向的夹角，λ 是外力与滑移面最大切应力 τ_m 方向的夹角，即外力与滑移面的最小夹角，α 是滑移方向与外力在滑移面最大切应力方向的夹角，如图 2-4 所示。由图可看出，产生滑移后的滑移面，由正应力 σ_n 和 σ_n'组成力偶，以外力与在滑移面上的垂线为轴，转向外力 P 方向，即滑移面向外力方向转动。如果滑移面的滑移方向与最大切应力方向不一致，而成 α 角时，则由分切应力 τ_b 和 τ_b'组成力偶，以滑移面的法线为轴转向最大切应力方向，即滑移面上的滑移方向转向最大切应力方向。以上两种转动的综合结果，相对于外力 P 方向是一种旋转。从上述分析可看出，滑移面的转动和旋转将力图使 λ 和 α 减小，结果使滑移面和滑移方向逐渐趋向外力 P 方向。

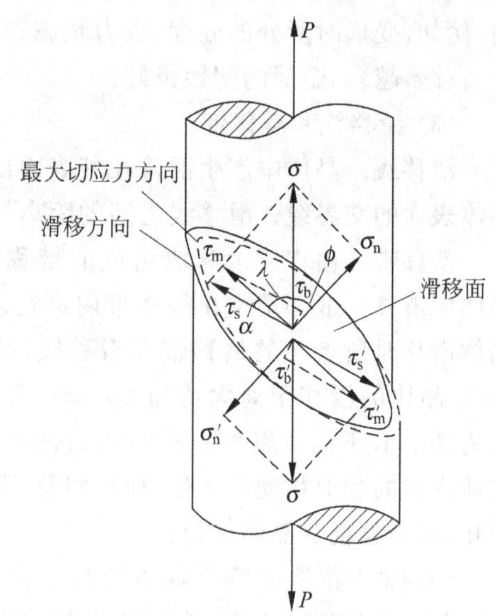

图 2-4 单晶体滑移时的应力分解图

(2) 滑移系 在金属的塑性变形中可用滑移系表明金属的变形能力。一个滑移面与其上的一个滑移方向组成一个滑移系，因此滑移系的数目可用滑移面数和滑移方向数的乘积来表示。表 2-1 列出了三种常见金属晶体中原子密度最大的晶面、晶向和滑移系。

表 2-1 三种典型金属晶格的滑移系

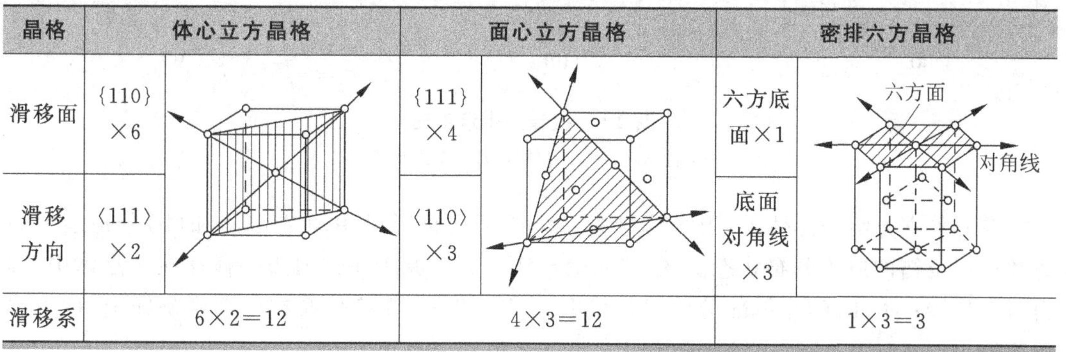

晶格	体心立方晶格		面心立方晶格		密排六方晶格	
滑移面	{110} ×6		{111} ×4		六方底面×1	六方面 对角线
滑移方向	⟨111⟩ ×2		⟨110⟩ ×3		底面对角线 ×3	
滑移系	6×2=12		4×3=12		1×3=3	

实验表明，滑移系数目愈大，则产生滑移愈容易，金属的塑性愈好。经研究还证实滑移方向比滑移面在塑性变形中的作用要大，因为滑移方向适应外力使之产生变形的能力比滑移面要大，故当滑移系数目相同时，滑移方向愈多，滑移愈容易，产生塑性变形的能力愈强。例如，面心立方晶体和体心立方晶体的滑移系都是 12，但面心立方晶体的滑移方向多，所以面心立方晶体比体心立方晶体的塑性变形能力好。影响金属塑性变形能力的因素是多方面

的，例如，变形时所处的温度、应力状态和晶粒大小等，因此，只能说在其他条件相同的情况下滑移系越多，金属的塑性越好。

(3) 滑移线和滑移带

滑移线　晶体中产生滑移在其表面出现的滑移痕迹称为滑移线。它是晶体中滑移面与晶体表面的交界线。滑移线之间的距离约为几十至几百埃。

滑移带　由许多滑移线组成的带称为滑移带。金属晶体中滑移一般都集中在滑移带内进行。图 2-5 为 Al 单晶体滑移时所产生的滑移带和滑移线示意图。图中表明 Al 单晶体的滑移距离大约为 200nm，滑移线之间的距离约为 20nm，不同金属将有不同的数据。因为滑移是由于晶体内部的相对移动而产生，所以滑移不引起晶体结构的变化，即滑移前后晶体结构相同。

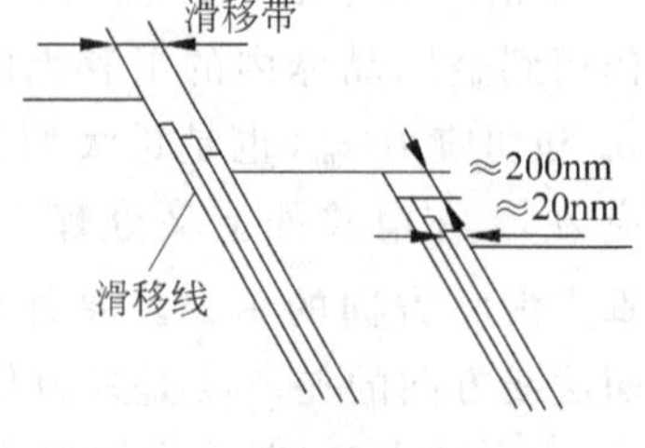

图 2-5　Al 单晶体的滑移带和滑移线示意图

(4) 关于位错的两个基本类型　以简单立方晶体结构为例。当晶体受力后，若在其内部产生滑移，它必将在晶体中一定的滑移面上出现已滑移区 B 和未滑移区 A，在图 2-6(a)上的"$\boldsymbol{b}$"，一般称为柏氏矢量，表示滑移方向和滑移量的大小。已滑移区 B 和未滑移区 A 的分界线构成了位错线。在图中位错线形成一个环形，所以称为位错环，如图 2-6(a)所示。环中 E 部位形成了刃型位错，它是"$\boldsymbol{b}$"与位错线垂直的部分，其形态如图 2-6(b)中 AB 线所示。环中 S 部位形成了螺型位错，它是"$\boldsymbol{b}$"与位错线平行的部分，其形态如图 2-6(c)中 AB 线部位所示。

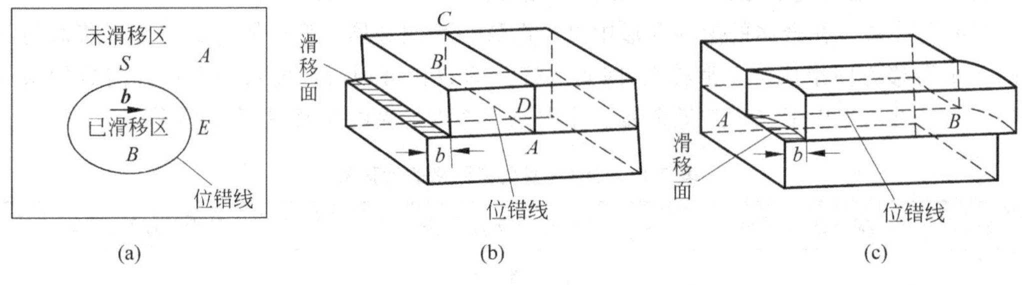

图 2-6　位错产生示意图

(a) 位错环；(b) 刃型位错；(c) 螺型位错

在简单立方结构晶体中，当滑移量为一个原子间距时可用图 2-7(a)和(b)分别表示刃型和螺型位错的原子分布状态。图(a)中 AB 线上部分原子面像刀刃一样存在于晶体中，称为刃型位错；图(b)的晶体部分中 AB 线上原子 1，2，…，8 等分布在一个螺旋线上，称为螺型位错。

从上述分析可看出，在晶体中刃型位错和螺型位错是同时出现的，当然这两种位错都属于较典型的特殊情况。一般情况下，在晶体中的位错线和滑移方向既不平行，也不垂直。至于金属中常见晶格类型中其他结构的位错线上原子分布就更加复杂。原子排列和分布介于刃型位错和螺型位错之间形态的位错称为混合型位错。

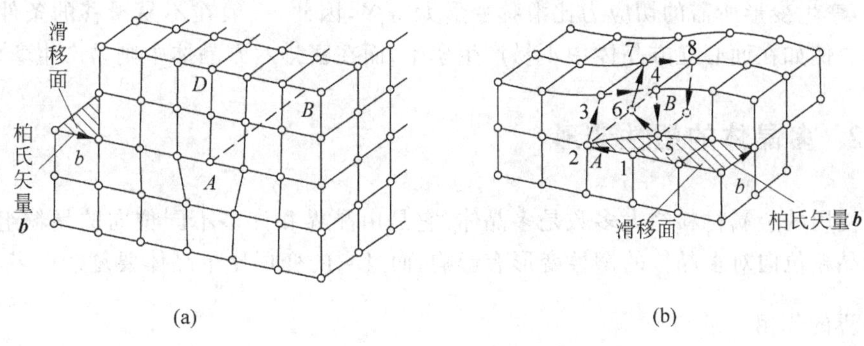

图 2-7 简单立方结构位错原子分布示意图

(a) 刃型位错的原子分布；(b) 螺型位错的原子分布

2. 孪生

在切应力作用下晶体的一部分相对于另一部分以一定的晶面(孪生晶面)及晶向(孪生方向)产生剪切变形，这种变形方式称为孪生，如图 2-8 所示。发生剪切变形的晶面称为孪晶面。发生孪生的晶体称为孪晶或双晶。孪生的结果使孪生面两侧的晶体成镜面对称。

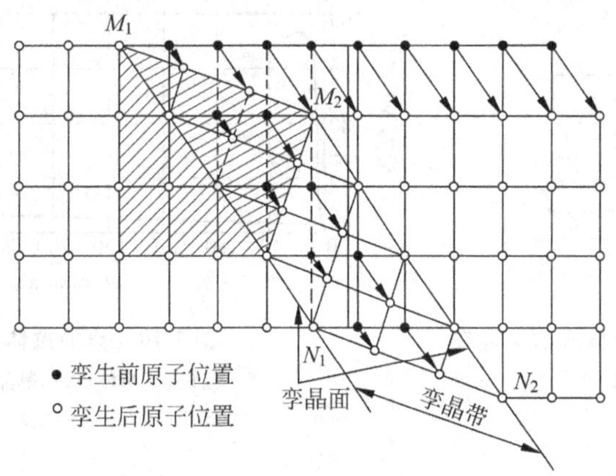

图 2-8 孪生变形

滑移和孪生虽然都是在切应力作用下产生的，但孪生所需要的切应力比滑移所需要的切应力要大得多。当密排六方晶体和体心立方晶体在低温或受到冲击时容易产生孪生。孪生对塑性变形的直接贡献不大，但孪生能引起晶体位向的改变，有利于滑移发生。

孪生和滑移的主要区别如下。

(1) 孪生变形使孪晶内晶体发生均匀的切变，并改变其位向；而滑移变形是晶体中两部分晶体发生滑动，并不发生晶体位向的变化。

(2) 孪生时孪晶带内原子沿孪生方向的位移都是原子间距的分数倍，而且相邻原子面原子的相对位移量小于一个原子间距，并与距孪晶面的距离成正比；而滑移时原子在滑移方向的相对位移是原子间距的整数倍。

(3) 在晶体滑移和孪生变形的比较中可了解到，孪生变形区域包含许多原子面，即变形区内有许多原子在同时移动；而滑移变形是在滑移面一层原子面上移动，且又是逐步滑移的。当然，孪生变形所需的切应力比滑移变形大得多，因此，一般在不易滑移的条件下产生孪生变形。例如在面心立方晶体中不易产生孪生，而在密排六方晶体中则易产生孪生。

2.2.2 多晶体的塑性变形

实际使用的金属材料绝大多数是多晶体，它是由晶界和许多不同位向的晶粒组成。当然晶界和晶粒位向对多晶体的塑性变形有影响，而且它的变形比单晶体要复杂得多。

1. 晶界的作用

由于晶界是处于两个晶粒之间的过渡区域，因此原子排列不规则，晶格扭曲，并有杂质和显微孔洞存在，其位错密度很大。所以从滑移条件看，晶界对滑移是不利的，它将阻碍滑移，即使滑移困难，并且也使晶粒内部的滑移不易通过晶界转到另一晶粒中去。结果使晶体的变形呈现“竹节状”，这是在研究由两个晶粒组成的锡晶体时发现的，如图 2-9 所示。它证明了室温下的晶界强度高于晶内强度。由于金属晶粒小，则晶界的相对数量多，对滑移的阻碍作用大。若使之滑移必须得消耗更多的能量，需要更大的外力，当然强度就高，图 2-10 说明金属多晶体的强度比单晶体高。这充分表明了晶界对金属强度起着很重要的作用。

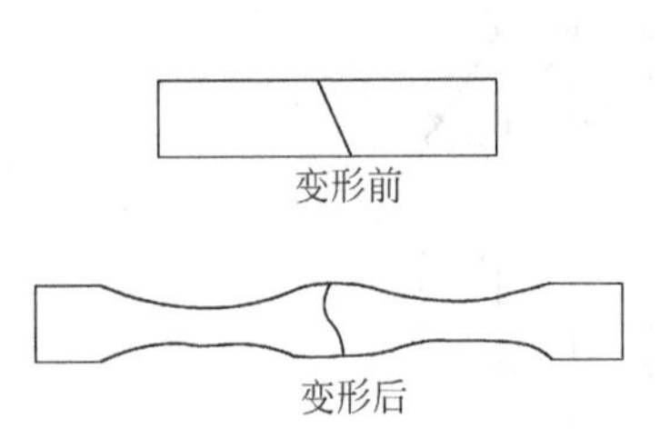

图 2-9 由两个晶粒所做成的试样在拉伸时的变形

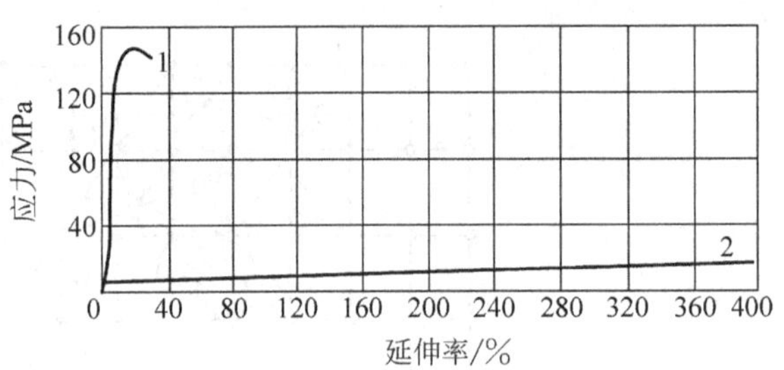

图 2-10 锌的拉伸曲线

1—多晶体；2—单晶体

2. 晶粒位向的作用

由于多晶体是由不同位向的晶粒组成，其滑移面和滑移方向的分布不同，故在外力作用下，在每个晶粒内滑移面和滑移方向的分切应力便不同。从材料力学中得知，在拉伸试验时试样的切应力是在与外力成 45°角方向上为最大，在与外力垂直和平行的方向上最小。因此在多晶体试样中，凡是滑移面和滑移方向处于或接近于与外力成 45°夹角位向的晶粒必将首先产生滑移变形。而其他位向的晶粒将逐步产生滑移变形，即晶粒滑移变形在多晶体中是逐次产生的。结果使各晶粒的变形及晶粒内不同区域的变形也是不均匀的，有的变形大，有的变形小，有的产生塑性变形，有的还处于弹性变形阶段，故当外力去除后弹性变形恢复原状，而塑性变形则保留下来。

金属多晶体在变形时由于各晶粒的大小、形状、位向和分布情况不同，因而各晶粒的受力状态也不同，较复杂。每个晶粒变形必将影响到其周围的晶粒，同时也将受到其周围晶粒的限制。有的受压、拉、弯曲和扭转等力，造成晶粒之间互相影响，结果阻碍滑移，变形困难，多晶体金属强度增加。如图 2-10 所表明的多晶体锌的强度比单晶体高很多。总之，多晶体金属晶粒越细，其强度越高。同时金属晶粒越细，有利于滑移的位向的晶粒就越多，滑移晶粒多的同时，也会使变形分散到较多的晶粒内，而不易产生应力集中，结果使金属多晶体能够承受较大的塑性变形，即多晶体金属的塑性好，而且晶粒越细，其塑性越好。

由此可得出结论，常温下细晶粒金属比粗晶粒金属的强度和塑性都好，而且韧性也好。应当指出，金属只有在强度和塑性都好时，其韧性才好。例如，钢的强度和塑性都好，其韧性就好；而铸铁的强度高，塑性不好；铅虽然塑性好，但强度低，所以铸铁和铅的韧性都不好。

2.3 塑性变形对金属组织和性能的影响

金属经过塑性变形可使其组织和性能发生很大的变化。

2.3.1 对金属结构和组织的影响

(1) 晶粒破碎、亚结构细化和位错密度增加　当变形量不大时，晶粒内出现了滑移，在滑移面附近的晶格发生扭曲和紊乱，进一步滑移形成滑移带，随变形量增大滑移带增加。经X射线进行结构分析证明，变形的晶粒也逐渐"碎化"成许多细小亚结构，即亚结构细化。亚晶界增加，并在其上聚集有大量位错，结果金属中位错密度显著增加。例如，一般退火金属的位错密度为10^6～10^7根/cm^2，而冷压力加工后金属的位错密度则为10^{11}～10^{12}根/cm^2。在亚结构内虽然原子排列规则，但其原子还是处于弹性变形状态。

(2) 晶粒沿变形方向被拉长，并形成"纤维组织"　当变形量达到一定量时，晶粒沿变形方向被拉长、拔长和压扁等。金属所有变形都将引起晶粒外形和尺寸的变化，随着变形量的增加，晶粒形状的改变也增大，使等轴晶粒沿变形方向被拉长。当变形量很大时晶粒变成细条状，晶界变得模糊不清。同时金属中夹杂物也沿着变形方向被拉长，若变形量继续增大，则金属多晶体将形成"纤维组织"。图2-11为纯铜经不同程度变形后的显微组织。

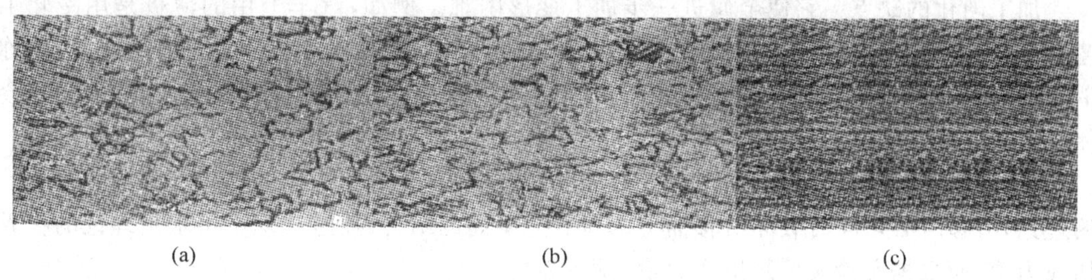

(a)　(b)　(c)

图2-11　纯铜经不同程度冷变形后的显微组织

(a) 30%压下量；(b) 50%压下量；(c) 99%压下量

(3) 形变织构形成　在多晶体金属中，由于各晶粒位向的无规则排列，宏观上的性能表现出"伪无向性"。当金属经过大量变形后，晶粒的位向，例如，滑移方向力图与外力方向一致，它是由晶粒内滑移面和滑移方向的转动和旋转而引起，结果造成了晶粒位向的一致性。金属经形变后形成晶粒位向的这种有序结构称为织构。由于它是由形变而造成，因此，也称为形变织构。

2.3.2 对金属性能的影响

(1) 产生加工硬化现象　由金属拉伸曲线可知,在均匀塑性变形阶段,只有不断增加外力才能使塑性变形继续下去。而在不均匀塑性变形阶段虽然由于塑性变形集中在"颈缩"部位而使外力下降,但从其真实的应力-应变看,应如图 2-12 所示,它表示金属在试验中的真实应力和真实应变的关系。真实应力是瞬时载荷除以瞬时面积。该曲线的特点是应力随应变的增加而一直升高。曲线的变化,说明了金属多晶体在变形过程中为了继续变形必须增加外力。它表示金属进一步变形困难,宏观上强度增加。金属变形使强度增加、塑性降低的性质称为加工硬化,也称冷作硬化或形变强化。

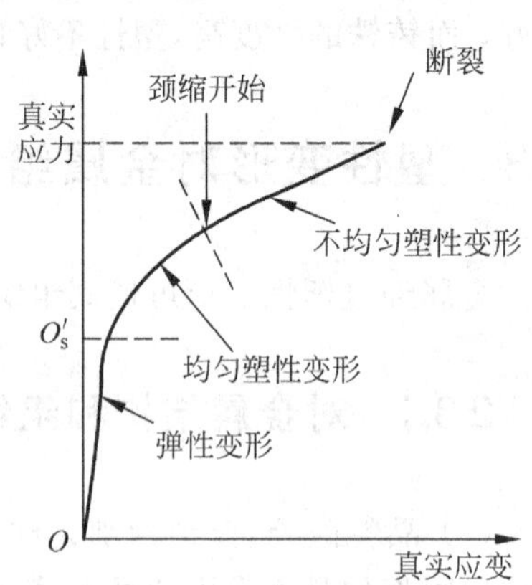

图 2-12　真实应力-应变曲线

产生加工硬化的原因是在实际金属晶体原有晶粒、亚结构、晶格畸变和位错等基础上,由于变形使晶粒和亚结构碎化、晶格畸变几率和严重程度增加以及大量位错的产生,同时还由于位错的运动和复杂的交互作用,使位错堆积和缠结现象出现。变形愈大,晶粒和亚结构的碎化程度愈大,亚结构的数量愈多,位错密度增加,造成更多更大的应力场,这成为进一步滑移的障碍,使金属变形抗力增大,产生加工硬化,直到断裂。

加工硬化的应用　在工业生产中它是一种非常重要的强化手段,尤其是对那些不能用热处理方法强化的金属材料,如冷拉高强度钢丝和冷卷弹簧等,主要是利用冷加工变形来提高它们的强度和弹性极限。坦克和拖拉机履带板、破碎机的颚板和铁路的道岔等都是利用加工硬化来提高它们的硬度和耐磨性。在金属的冷拔和深冲压等工艺上要利用加工硬化敏感的性质来保证金属的均匀变形,否则这个工艺很难完成。

加工硬化的缺点　它使金属进一步加工变形困难。例如,汽车上用的薄板是用冷轧工艺制成的,在轧制过程中必须安排一些中间退火的工序,通过加热消除加工硬化现象,也称消除硬化退火或再结晶退火。在加工硬化的同时,不仅金属的机械性能发生变化,而且还会使金属的抗蚀性降低、电阻增加等,所有这些在设计和制造各种零部件时都应予以考虑。

金属强度和位错的关系　根据滑移是晶体的一部分相对于晶体的另一部分的相对滑动的理论,滑移时必须同时破坏滑移面上的所有原子间的结合,按这个理论可求出理论的临界切应力值,而根据实验又可测出实验值(见下表)。

Fe 和 Cu 的理论计算值及实验测定值

金属	理论计算值/MPa	实验测定值/MPa
Fe	2300	29
Cu	1540	1

从上述数据看,实测值比理论计算值要小得多,这说明把滑移看成是滑移面上所有原子的刚性滑动的理解是不对的。

根据近几十年来大量的理论研究证明,滑移是由于滑移面上的位错在滑移方向的运动造成的，而且滑移的过程又是以位错依次破坏原子间结合的方式进行的。图 2-13 表示滑移的过程，是一个正刃型位错在切应力作用下在滑移面的滑移方向上的运动过程。从图中可看出晶体中有一个正刃型位错，在切应力作用下，它从左向右移动，即位错中心从左向右移动，当位错移出晶体的右边缘时便造成了一个原子间距的滑移。从图 2-14 中可看出晶体中当位错中心上面的正刃型位错的原子向右移动时，只需位错中心附近的两列少量原子向右作微量的位移，而位错中心下面的原子向左作微量的位移。由于位移中心附近极少量原子微量位移的结果，便可造成一个原子间距的滑移，微量位移所需要的切应力远远小于刚性滑移所需要的临界切应力。滑移是由于晶体中局部区域位错的逐步移动而引起，即滑移是由位错运动而逐步进行的，它不是晶体的刚性滑动造成的。位错容易移动的性质称为位错的易动性，它使晶体容易产生滑移变形，从而大大降低了金属晶体的强度，由此要求金属晶体中位错越少越好。当晶体中位错密度极少或没有时金属晶体即可接近或达到其理论强度。

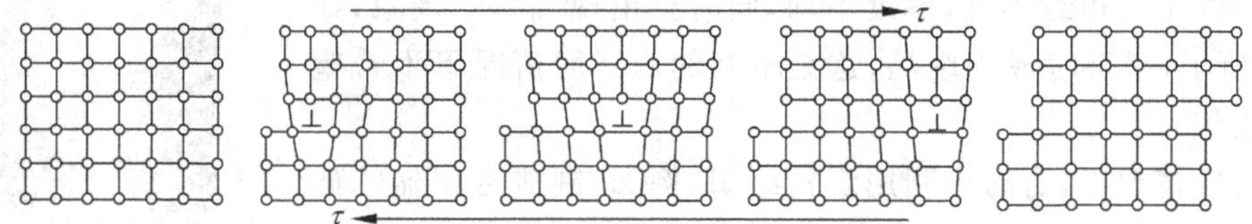

图 2-13 通过位错移动造成滑移示意图

根据研究证明，在位错密度较低时位错的增加会加剧金属结构的不完整，位错容易移动，即促进了滑移，结果使金属强度降低，位错愈多则金属强度愈低，当位错密度达到大约为 10^6 ～ 10^8 根/cm^2 时金属强度达到最低值，它相当于金属的退火状态。在此基础上位错密度再增加，由于它们相互作用的增强，位错运动阻力增大，使位错堆集和缠结阻碍了滑移，位错密度越大，位错的易动性越差，阻碍作用就越大，金属的强度也越高，最终形成了金属强度 σ_b 和位错密度 ρ 之间的关系曲线，如图 2-15 所示。从图中可看出，降低位错密度和增加位错密度都是提高金属强度的有效途径。当前工业生产中主要是以增加位错密度来提高金属材料的强度，并取得了很大进展。而用降低位错密度的方法提高金属强度则受到条件的限制。目前还不能生产出大尺寸低位错密度的金属材料，只能制出一些极细的金属细丝和晶须，其使用价值受到限制。

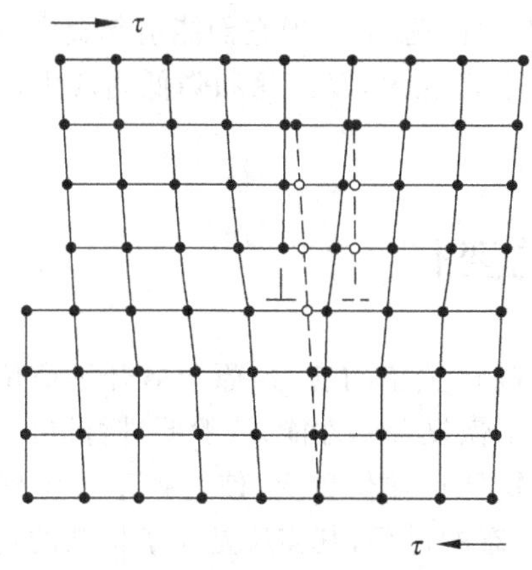

图 2-14 位错移动示意图

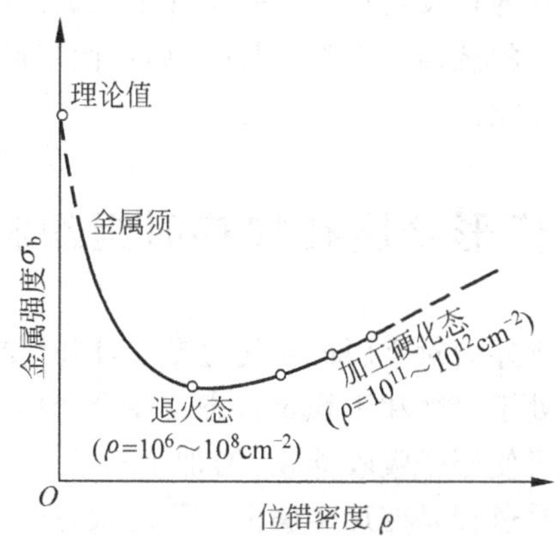

图 2-15 金属强度与位错密度之间的关系曲线

(2) 使金属性能具有方向性　当多晶体金属在其变形量很大时，晶粒变为细条状，晶粒的滑移带、晶界和夹杂物等也沿变形方向被拉长，结果使金属多晶体形成"纤维组织"，它使多晶体金属性能具有方向性，垂直纤维方向的强度和塑性都低，而沿着纤维方向的强度和塑性都高。一般在零件的工艺要求上使纤维方向要沿着工件外形的方向分布，例如曲轴、气阀等零件。

随着变形的发生，当变形量达到一定值时，由于晶粒位向的转动和旋转，使之逐渐趋于外力的方向，而形成织构组织，它在不同方向的性能差别很大，即多晶体金属织构的形成使其性能具有方向性。在垂直织构方向上，其强度和塑性都低，沿着织构方向则高。也使金属材料进一步变形具有了方向性，结果造成变形出现了不均匀现象。例如，在用具有织构的铜板制成环形或筒形工件时，垂直或平行于碾压方向的延伸率仅为40%，而在与变形方向成45°角方向的延伸率则达到75%，结果会使加工后的工件边缘不齐，厚度不均，同时会出现"制耳"现象，如图2-16所示，严重时成为废品，这是不利的。一般情况下不希望有织构组织。

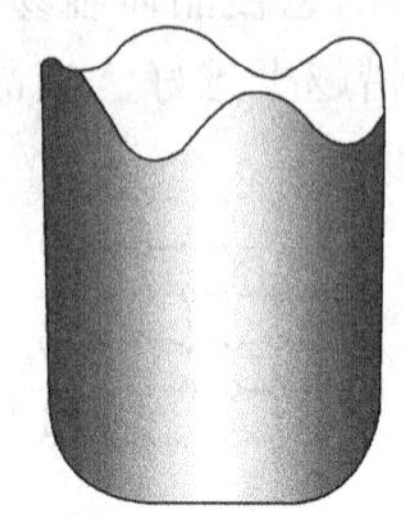

图 2-16　冷冲压件的制耳现象

在特殊情况下，有时也利用织构组织，例如，制造变压器的硅钢片，在其体心立方晶体的〈100〉晶向上易被磁化。如用具有〈100〉织构的硅钢片，并在制作中注意使其〈100〉晶向平行于磁场，将使铁芯的导磁率显著增加，磁滞损耗大为减少，提高了变压器的效率。

(3) 使金属产生内应力　金属塑性变形时外力对金属所做的功，除用于改变形状外，其中约有90%以上的能量变成热能使金属温度升高，随后散失掉，而小于10%的能量被保留在金属内部称为储存能，其表现方式为残余应力，它是一种内应力，是由于金属晶体内变形不均匀而引起的。金属表层和心部之间或其他不同部位之间变形不均匀造成的内应力称为第一类内应力，也称为宏观内应力。相邻晶粒或晶粒内不同部位变形不均匀造成的微观内应力称为第二类内应力。由于位错、空位等缺陷的增加，使原子偏离平衡位置产生晶格畸变造成原子间的内应力称为第三类内应力，它是变形金属的主要内应力。在变形金属储存能中80%～90%属于晶格畸变能，它使变形金属的能量提高，并处于不稳定状态，它有向稳定状态变化的自发趋势。第一类和第二类内应力虽然占的比例不大，但它们能引起金属变形，并使金属的抗蚀性下降，因此金属塑性变形后通常要进行退火，以消除和降低内应力，从而提高其性能。

2.4　变形金属在加热时组织和性能的变化

由于外力对金属做功使之变形，同时使金属原子间产生了内应力，原子离开平衡位置，并使之处于畸变和不稳定状态。在冷变形加工后，为了恢复金属性能，一般要进行退火。退火加热可使原子吸收能量，增加活动能力，促使它恢复到正常位置上，使之处于稳定状态。因此加热过程是变形金属由不稳定状态转变为稳定状态的过程，其实质是原子扩散的过程，也是畸变状态消除的过程。退火的目的有时是为了保留其加工硬化性能，仅减少内应力或改善某些物理化学性能，进行低温消除应力退火；有时是为了消除加工硬化，以便进一步加工，如冷轧、冷拔和冷冲过程中的中间退火。为了正确掌握这些不同目的的退火工艺，有必要了解随温度升高在变形金属中产生的一系列变化。随加热温度的升高，在变形金属内的变化可分成三个阶段，即回复、再结晶和晶粒长大。

2.4.1 回复

变形金属内常发生亚结构细化和位错密度增加，同时有许多“空位”等缺陷，当加热温度低时，由于原子活动能力小，只能是原子产生短距离的移动，在晶体内的空位向晶体表面、晶界和位错等部位扩散，使晶格逐渐恢复较规则状态，内应力基本消除。但位错密度下降不大，晶粒大小和形状尚无明显变化，因此变形金属的强度和硬度等机械性能变化不大，而电阻和应力腐蚀等理化性能则显著降低。图2-17所示为变形金属在加热时晶粒大小和性能变化的示意图。

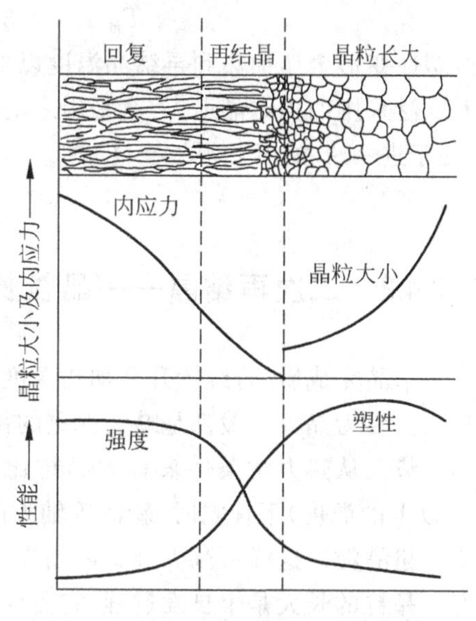

图2-17　变形金属在不同加热温度时晶粒大小和性能变化示意图

在工业生产中利用冷变形金属的回复现象，是将已加工硬化的金属在较低温度下进行加热，消除内应力，而保留其强化的机械性能，这种处理称为去应力退火。例如，用冷拉钢丝卷制弹簧，在卷成之后要进行一次250～300℃的低温加热退火，以消除内应力，使其定形。

2.4.2 再结晶

通过回复虽然金属中的点缺陷空位等大为减少，晶格畸变有所降低，但整个变形金属的晶粒破碎、拉长等状态未改变，组织仍处于不稳定状态，随着加热温度升高，原子活动能力增加，当加热到一定温度时，在变形金属内重新进行生核和晶核长大的结晶过程。

晶核的形成　金属在变形过程中由于各晶粒的位向、大小和分布等的不同，使不同部位和各晶粒处于不同的受力状态，所以变形是不均匀的，其畸变状态也不一样。在畸变最严重的部位原子最不稳定，受热后它最容易移动，而重新排列形成晶核。即在畸变最严重的部位形核，形核后变为较稳定的区域。

晶核的长大　在变形金属内局部区域形核后，其周围仍处于畸变状态而不太稳定，在一定温度下，处于畸变状态的原子必然会脱离畸变状态，而向较为稳定的核心移动，并按核心原子的位向排列起来，即晶核长大。这个过程是靠消耗不稳定的区域而进行的。最终在多晶体内被拉长的晶粒，便形成新的等轴晶粒。

在变形金属内由于加热重新形成晶核和晶核长大也是结晶过程，为了和液态金属结晶相区别，把这一结晶过程称为再结晶。再结晶使金属的显微组织基本上恢复到无变形状态，也使金属在塑性变形时所造成的各种晶体缺陷完全消除。因此金属的各种性能也基本恢复到变形前的状态，其强度和硬度有所降低，但塑性升高。再结晶后新晶粒的结构(指晶格类型)和未变形前晶粒的结构相同，即再结晶前后没有晶格类型的变化，只有多晶体金属晶粒大小、形状和分布的变化，这是组织的变化。

塑性变形金属不是在任何温度都可发生再结晶，它必须加热到某一温度以上才能开始再结晶，人们把开始进行再结晶的最低温度称为再结晶温度。实验证明，纯金属和工业纯金属的再结晶温度与其熔化温度之间有如下关系：

$$T_{再} = (0.35 \sim 0.40) T_{熔} \quad (\mathrm{K})$$

把冷塑性变形金属加热到再结晶温度以上使其发生再结晶的处理过程称为再结晶退火。生产上广泛采用的再结晶退火，就是用来消除经冷变形而产生的加工硬化，提高其塑性变形能力，便于进一步加工，使之最终成形，工业上再结晶温度的选择是在再结晶温度以上100～200℃。

2.4.3 二次再结晶——晶粒长大

再结晶完成后，若继续升高加热温度或延长加热保温时间，则金属内新的等轴晶粒将继续长大。因为晶界一般都是畸变严重的部位，并处于不稳定的状态，所以它有向稳定状态转变的趋势。从热力学条件来看大晶粒比小晶粒更稳定，因此在继续加热或在某一定温度($T_{再}$ 以上的温度)下保温时，新的等轴大晶粒会以“吞并”小晶粒的方式进行长大，即由细晶粒变为粗晶粒。这样可减少金属内晶界畸变状态的不稳定因素，从而使金属处于更稳定的状态。晶粒的长大是个自发过程，它需要晶界的移动，而晶界的移动又与曲率有关，晶界曲率愈大，其表面积愈大，也越不稳定，因此一个弯曲率大的小晶粒的晶界必然向弯曲率小的大晶粒的晶界移动，这必然要引起晶粒粗化。晶粒长大示意图如图 2-18 所示。

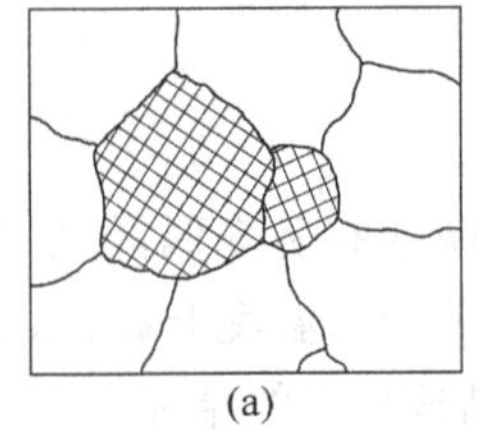
(a)

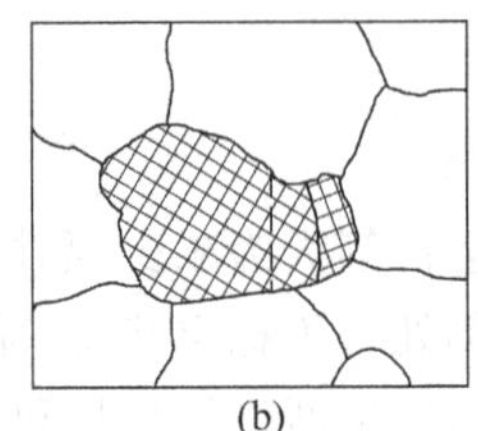
(b)

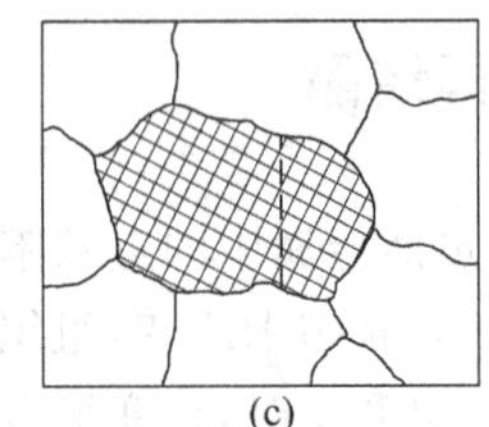
(c)

图 2-18 晶粒长大示意图

通常在再结晶后获得细而均匀的等轴细晶粒的情况下，晶粒长大并不很大。如果原来金属多晶体变形不均匀，经过再结晶后得到大小不均匀的晶粒，由于大小晶粒的稳定性不同，小晶粒的稳定性差，所以很容易发生大晶粒“吞并”小晶粒，出现晶粒长大现象，从而得到异常粗大的晶粒。为了与通常的晶粒长大相区别，常把这种晶粒不均匀急剧长大的现象称为“二次再结晶”。晶粒粗大会使金属的强度，特别是塑性、韧性降低，这是不希望发生的。因此实际生产中再结晶退火的温度不能太高。再结晶是一个不可逆过程，如果再结晶后晶粒长大，除非经过再次冷压力加工，否则是不可能细化的。塑性变形后的金属进行再结晶对无相变的金属是改变晶粒度的有效工艺。表 2-2 是常见工业金属材料的再结晶退火和去应力退火温度范围。

表 2-2　常见工业金属材料的再结晶退火和去应力退火的温度　℃

金属材料		去应力退火温度	再结晶退火温度
钢	碳素结构钢及合金结构钢	500～650	680～720
	碳素弹簧钢	280～300	
铝及其合金	工业纯铝	≈100	350～420
	普通硬铝合金	≈100	350～370
铜及其合金(黄铜)		270～300	600～700

2.4.4 影响再结晶后晶粒大小的因素

如前所述,金属材料晶粒的大小对其机械性能有很大影响,不仅影响其强度、塑性和韧性,还将对后续的冷变形加工产品的质量有很大的影响。例如,对于冷冲压的铜板,一般要求它具有均匀的细晶粒,如果晶粒过粗或粗细不匀就会产生裂纹,因此很有必要了解金属材料在再结晶退火时晶粒大小的变化规律及其影响因素。

(1) 加热温度和保温时间的影响　加热温度越高,保温时间越长,晶粒越大,如图 2-19 所示。因此,再结晶退火的加热温度不能太高,保温时间也不能太长,防止晶粒长大使机械性能变坏。一般是加热温度的影响比保温时间的影响要大。

(2) 变形度的影响　变形度对再结晶后晶粒大小的影响特别显著,如图 2-20 所示。从理论上分析,没有变形就没有再结晶。当变形度很小时可形核的数目少,其他部位没有变形,也没有长大的条件,不能引起再结晶,因此晶粒保持原来大小和形状。当变形度达到一定程度,畸变状态能够形核的数目达到一定值时,形核长大,且长大很显著,主要是由于形核少、长大条件好造成的。晶粒急剧长大的变形度称为临界变形度。例如,铁的临界变形度为 2%～10%,钢约为 5%～10%,铝约为 2%,铜及黄铜约为 5%。在生产上要尽量避免采用在临界变形度范围内进行冷加工变形。变形度大,形核几率增加,相互影响,限制长大,结果形成细小晶粒。在冷轧金属薄板时一般采用 30%～60%的变形度。图 2-21 是纯铝的再结晶晶粒度与变形度关系的显微组织图。

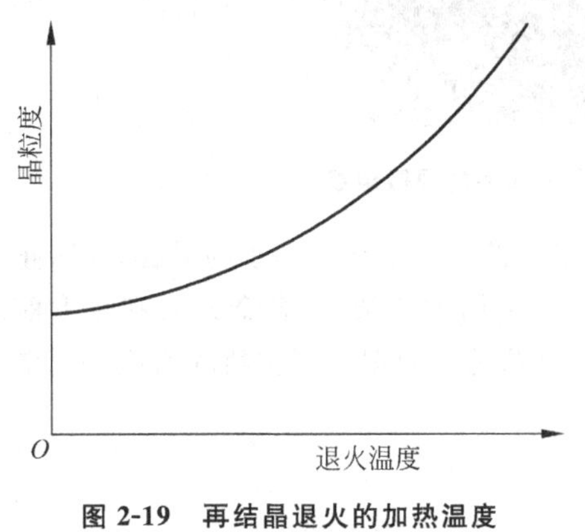

图 2-19　再结晶退火的加热温度对晶粒大小的影响

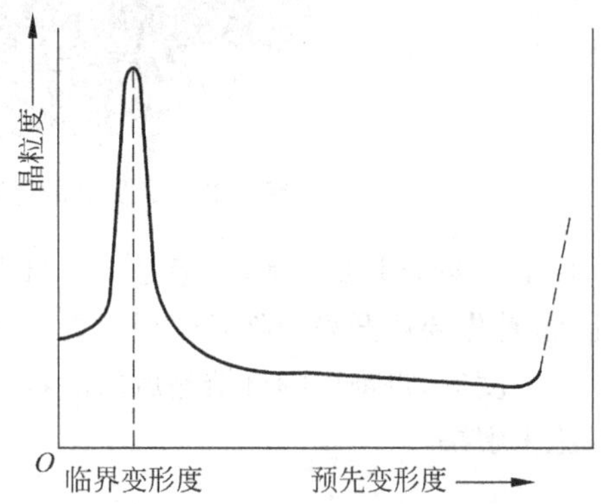

图 2-20　再结晶退火时的晶粒大小与预先变形度的关系

图 2-22 为铝板上的弹孔经再结晶退火后的显微组织。在弹孔周围由于不同变形度的变形,经再结晶退火后出现了不同大小的晶粒。由图可见,弹孔周围至远离弹孔处,由于变

形度不同，所显示出的晶粒度不同。弹孔周围变形度大，晶粒很细小，稍远处为临界变形度范围内变形，出现粗大晶粒区，更远处变形很小或没有变形，结果还是原始的细晶粒区。

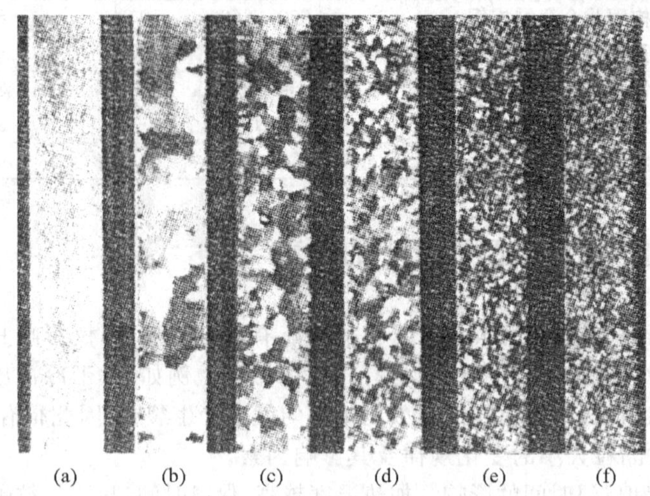

图 2-21 纯铝的再结晶晶粒度与变形度关系的显微组织

变形度：(a) 0；(b) 3%；(c) 6%；(d) 9%；(e) 12%；(f) 15%(拉伸变形后在 550℃退火 30min)

图 2-22 铝板上的弹孔经再结晶退火后的显微组织

以上是两个主要因素，一般是变形量大和退火温度低有助于获得细小的晶粒，为防止晶粒粗大，首先要避开采用临界变形度进行变形。此外，金属中的杂质、合金元素和变形前的原始晶粒度等，也都影响再结晶后的晶粒大小，所有这些都要根据金属材料的冶炼等因素采取措施来解决。

2.5 热加工

金属的变形加工经常在高温下进行，如锻压、热轧等工艺。因为在再结晶温度以上进行，则在变形过程中会发生回复和再结晶软化，使得变形容易进行。

2.5.1 热加工和冷加工的区别

大多数金属在室温下进行塑性变形,可使强度提高和塑性降低,产生加工硬化。如果金属在一定温度下进行塑性变形,在引起加工硬化的同时,还由于再结晶使强度降低、塑性提高而产生软化。金属变形时的软化和硬化与再结晶温度有密切关系,一般在再结晶温度以上对金属进行变形是以软化为主,此时变形称为热加工;而在再结晶温度以下对金属进行变形是以硬化为主,此时的变形称为冷加工。例如,钨的 $T_{再}$ 为 1200℃,即使在 1000℃变形,仍会造成硬化,仍属于冷加工;而铅和锡的 $T_{再}$ 在室温以下,它们在室温变形也属于热加工。

近年来经研究表明,硬化过程是随变形的进行而立即产生,但软化过程由于涉及原子的扩散、位错的移动和重新组合,因而与变形时的温度高低、变形度大小和变形速率的大小有关。当变形温度高、变形度大、变形速率小时就容易产生软化,使金属继续变形的应力减小。否则,变形温度低、变形速率大,同时变形度小,位错密度低,使金属处于较稳定的状态,金属软化驱动力就小,不易软化,而产生硬化,使继续变形的应力增加。综上分析,按更严格的区分,可将金属在变形中伴随着硬化,使变形所需的应力随变形的进行而不断增加的变形加工称为冷加工。而热加工,则是在变形的同时,由于回复和再结晶等的软化作用,结果在硬化现象得以消除,使变形所需的应力逐渐下降的变形加工称为热加工。

2.5.2 热加工对金属组织和性能的影响

由于金属在高温下强度降低,塑性提高,所以在高温下对金属进行塑性变形加工就比低温容易得多。一般在工业生产中将钢材或毛坯加热至高温进行压力加工,例如锻造和热轧等,它们是零件初成形的重要手段。它的主要优点是金属塑性好,变形阻力小,能量消耗少,需要的功率小,产生裂纹的危险性也小,同时可以改善组织,消除粗大的枝晶和柱状晶等,从而细化晶粒,使组织均匀。由此可见金属的组织和性能得到了改善。凡是受力复杂、负荷较大的重要工件经常用热加工的方式来制造。它多数是用在大件和大批量的生产上。但对于小件,要求尺寸精确度高的及要求表面光洁度好的薄板等以冷加工为好。

在热加工的过程中金属内各种夹杂物、偏析、第二相、晶粒和晶界等也沿着热变形方向被拉长,使金属组织呈现"纤维状",也称流线。流线的形成使金属性能出现了方向性,沿流线方向具有较高的机械性能,而垂直流线方向的机械性能较低。表 2-3 列出了轧制正火状态 45 钢的机械性能与其纤维方向的关系。由表可看出,顺着纤维方向,钢材具有较好的机械性能,而在横向上则性能较差,特别是塑性和韧性要低得多。因此,锻件在热加工时应力求其流线有正确分布。零件宏观组织的流线分布与加工方式有密切关系。如图 2-23(a)和(b)分别为锻造曲轴和切削加工曲轴的流线分布示意图。可见锻造曲轴的流线是连续的,性能较好,而经切削加工的流线分布不当,从而使曲轴在工作时极易沿着轴肩处发生断裂。图 2-24 所示为曲轴的宏观组织,可见曲轴锻坯的流线沿其轮廓分布时,它在工作中的最大拉应力将与其流线平行,而冲击力与其流线垂直,曲轴不易断裂。

表 2-3　45 钢机械性能和纤维方向的关系

取样方向	σ_b/MPa	$\sigma_{0.2}$/MPa	δ/%	ψ/%	a_k/(kJ/m²)
纵　向	701.1	460.8	17.5	62.8	608
横　向	658.9	431.5	10.0	31.0	294

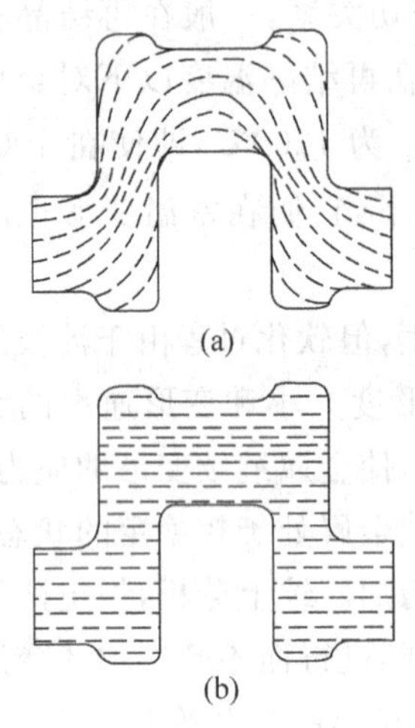

图 2-23　曲轴的流线示意图

(a) 锻造；(b) 切削

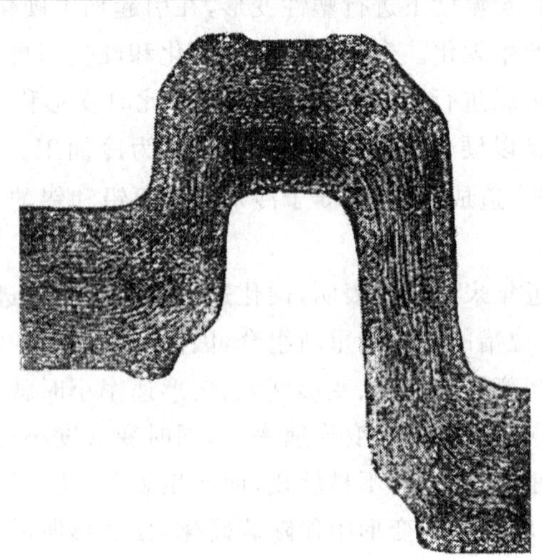

图 2-24　曲轴的宏观组织

热加工时由于金属表面氧化，不能保证工件的光洁度和尺寸精度，并有大量烧损，这始终是热加工的不足之处。

习题

1. 解释下列名词：

滑移、滑移系、滑移带、孪生(双生)、加工硬化、回复、再结晶、二次再结晶、临界变形度、临界切应力、流线。

2. 在做低碳钢拉伸时的应力-应变曲线图上，可获取哪些力学性能指标？

3. 金属单晶体的塑性变形有哪几种主要方式？其主要区别是什么？并说明滑移的要点(或滑移的机制)是什么？

4. 在简单立方晶体中用图形说明位错两个基本类型的原子是如何分布的。

5. 简述多晶体塑性变形的要点及其力学性质。

6. 试说明金属晶体的加工硬化与其真实应力-应变是什么关系。

7. 什么是加工硬化？它有什么利弊？

8. 说明下列现象产生的原因：

(1) 滑移面是原子密度最大的晶面，滑移方向是原子密度最大的方向。

(2) 在金属晶体中实际测得滑移所需的临界切应力比理论计算的数值小。

(3) 在常温下晶界处的滑移阻力比晶内大。

(4) Cu、Zn和α-Fe的塑性不同。

9. 金属的塑性变形可造成哪几种残余内应力，它们对机械零件有哪些利弊？

10. 已知金属W、Fe、Pb和Sn的熔点分别为3380℃、1538℃、327℃和232℃，试分析说明W和Fe在1100℃下的加工、Pb和Sn在室温(20℃)下的加工各为何种加工？

11. 为什么金属的晶粒越细，则其强度越高，而塑性和韧性也越好？

12. 为什么在生产中一般应尽量避免在临界变形度这一范围内进行压力加工变形？

13. 在室温下对铅板进行弯折，愈弯愈硬，而稍隔一段时间后再进行弯折，铅板又像最初一样柔软，这是什么原因？

14. 在冷拔钢丝时，如果变形量很大，而且又不能一次成形，则中间需穿插几次退火工序，这是为什么？中间退火温度选多高合适？

15. 在一般情况下，锻件比铸件的性能好，试说明其原因。

16. 用布氏硬度计测量工业纯铁的硬度时，第一个压痕的硬度值为80HB，第二个压痕紧靠着第一个压痕。问此时的硬度值比第一次的高还是低？说明原因。

17. 简述结晶和再结晶的异同点。

第3章 二元合金和相图

纯金属由于有良好的导电性、导热性、塑性和金属光泽等，在人类生活和生产中得到广泛的应用。但它的机械性能，例如强度、硬度和耐磨性较差，不适于制作机械性能要求较高的各种机械零件。同时纯金属制取困难，价格较贵，性能也有局限性，在大多数情况下，纯金属满足不了工程上的要求，很少使用，工业上实际使用的是合金，占绝大部分。

在生产中通过配制不同成分的合金，以显著改变金属材料的结构和组织，从而提高和改善金属材料的性能。制造合金可以改变金属材料的成分，使金属材料除具备纯金属的基本特性外，还拥有比纯金属更好的机械性能和某些特殊性能，并具有良好的工艺性能。随着科学技术的发展，能满足更高要求的合金将有广阔的发展前途。

3.1 合金及其种类

把金属元素和另外元素（一种或多种、金属或非金属）熔合在一起，所得到的具有金属特性的物质称为合金。由两种元素组成的合金称为二元合金。合金可使原金属的性质得到一定程度的改善和提高，当然改善和提高的程度依赖于合金的成分、结构和组织。由于合金涉及另一种元素，而加入元素的原子结构和性质及各元素之间的相互作用，都将影响合金的性质。

按照合金组成元素原子的存在方式，可将合金分为两大类，分别为固溶体和金属化合物。

3.1.1 固溶体

在固态下组成元素之间能互相溶解而形成均匀的合金称为固溶体。固溶体中元素多的称为溶剂，元素少的称为溶质。根据溶质原子在固溶体晶格中存在的位置，固溶体又可分为间隙固溶体和置换固溶体。当溶质原子占据溶剂晶格结点的位置时，即原结点处的溶剂原子被溶质原子所置换，这种固溶体叫置换固溶体；如果溶质原子存在于溶剂晶格的间隙位置，这种固溶体叫间隙固溶体。两种固溶体的类型如图 3-1 所示。

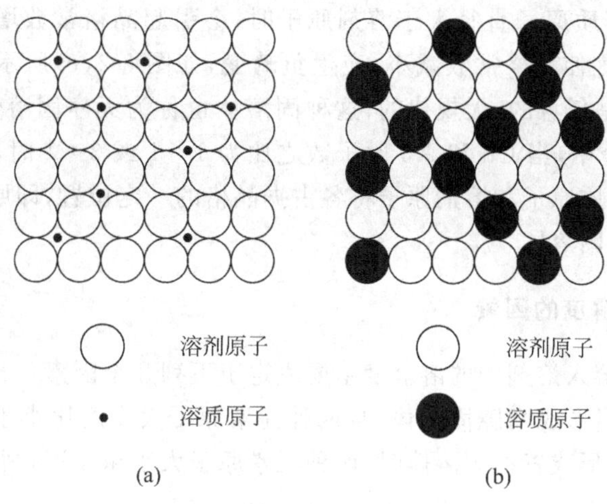

图 3-1　固溶体类型示意图

(a) 间隙固溶体；(b) 置换固溶体

1. 间隙固溶体

形成间隙固溶体的条件是溶质原子直径 $D_{溶质}$ 和溶剂原子直径 $D_{溶剂}$ 之比小于 0.59。这就要求溶剂晶格中必须有足够大的间隙，而溶质原子应该足够小。一般情况下，间隙固溶体的溶剂元素大都是过渡族金属元素，例如，Fe、Cr、Mo、W 和 V 等。而溶质元素则是尺寸较小的非金属元素 C、N、O、H 和 B 等原子。而且这些溶质原子的大小都比常见晶格如体心立方、面心立方和密排六方类型晶格的间隙要大，因此溶质原子在晶体间隙中存在时，必然造成溶剂原子的位移和晶格常数的增大。由于溶质原子在晶格空隙中分布是不规律的，溶剂原子的位移也是不对称的。一般地说，间隙原子都引起晶格常数增大，使之产生正畸变，如图 3-2(a)所示。因为晶体的间隙是有限的，不能无限制地溶解溶质原子，所以间隙固溶体的溶解度一般都很小。这种固溶体也称为有限固溶体。

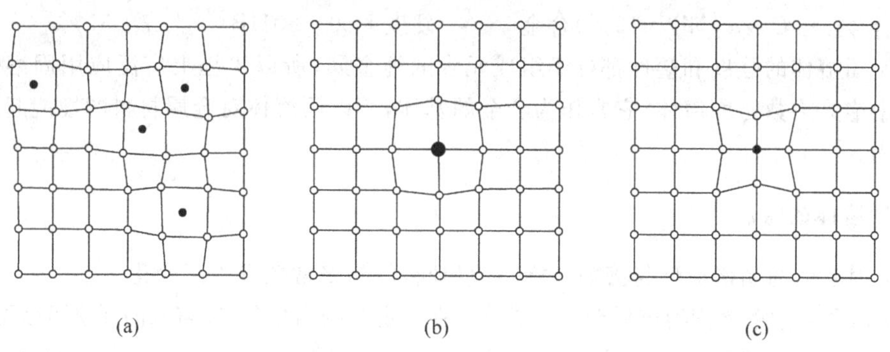

图 3-2　形成固溶体时晶格的畸变

(a),(b) 正畸变；(c) 负畸变

2. 置换固溶体

形成置换固溶体的条件是溶质原子直径和溶剂原子直径之比在 0.85～1.15 范围内。符合这个条件的一般是金属元素和金属元素之间，原子大小是形成置换固溶体的重要因素。

在置换固溶体中,若溶质原子直径大于溶剂原子时,会引起晶格常数增大,产生正畸变,如图 3-2(b)所示。反之则使晶格常数减小,产生负畸变,如图 3-2(c)所示。通常溶质原子在置换固溶体中的分布是任意的,无规律的,这种固溶体也称为无序固溶体。但是,在一定条件下,例如 Cu-Au 合金中,当 Cu 和 Au 原子数之比为 1∶1 或 3∶1 时,在缓冷或在某一温度保温时,固溶体中溶质原子和溶剂原子将各占据晶格的一定位置,即原子由无序分布过渡到有序分布,形成有序固溶体。

3. 影响固溶体溶解度的因素

合金的溶质原子溶入溶剂中的溶解度主要决定于下列几个因素:

(1) 原子大小　当形成间隙固溶体,且两种元素原子大小之比小于 0.59 时,二者相差越大,溶解度越大。在形成置换固溶体时,两种元素原子大小越相近,则溶解度越大,否则溶解度减小。

(2) 晶格类型　组成元素的晶格类型相同,其溶解度增加,否则溶解度减小。晶格类型相同是形成无限互溶固溶体的必要条件。

(3) 负电性　当两种元素的负电性越相近,则其溶解度越大。当两种元素的负电性相差较大时,则不利于形成固溶体,即使形成了其溶解度也很小。

除上述因素外,其他外在因素,如温度和压力等都对固溶体溶解度有影响。

4. 固溶强化和固溶体的性质

固溶体由于有溶质元素的加入而引起滑移变形困难,要变形必须增加外力,使强度增加,这种现象称为固溶强化。其效果随晶格畸变的几率和严重程度的加大而增加。合金在固溶强化的同时,合金的塑性和韧性也有所增加。例如:

纯　铜	铸造状态	硬度=30～50HB	δ=25%～45%
	加工硬化	硬度=60～80HB	δ=1%～2%
铜合金	Cu(w(Ni)=19%)合金	硬度=60～80HB	δ=50%

由于固溶体的强度和塑性都好于组成元素的纯金属,所以工程上广泛应用固溶体。金属材料中绝大多数是固溶体,它常作为合金的基体,所以固溶体对金属材料的性能起着决定性的作用。

5. 固溶体的特点

(1) 固溶体的晶格类型与溶剂晶格类型相同,但晶格常数发生了变化。

(2) 溶质元素溶入固溶体后合金的成分可在一定范围内变化,即溶入的元素可多可少。

(3) 溶质元素的原子溶入越多,固溶体的畸变越严重,产生畸变的几率越大,固溶强化的效果越显著。

3.1.2　金属化合物

在合金中,当组成元素的原子结构和性质相差较大以及溶质元素量超过固溶体的溶解度时,合金组成元素之间相互作用而生成金属化合物。它可以由金属和金属元素或金属和非金属元素组成。大多数金属化合物,除离子键和共价键外,还有金属键参与结合,因此金属化合物具有明显的金属性质。

根据合金中金属化合物的形成规律和结构特点,可将金属化合物分为以下几种。

1. 正常价化合物

它是指符合一般化合物的原子价规律的金属化合物。它们有严格的化合比和固定的成分,可用化学式表示,例如 Mg_2Si、Mg_2Sb、Cu_2Se 等,它们以离子键为主。还有的以共价键为主,例如 ZnS。这类化合物性能的特点是硬度高,但脆性大,它们在金属材料中数量不多。

2. 电子化合物

决定电子化合物晶体结构的主要因素是电子浓度。在合金中,价电子数目(e)和原子数目(a)之比称为电子浓度。尺寸因素和电化学性质对结构亦有影响。电子化合物的晶体结构和合金的电子浓度(e/a)有以下关系:把电子浓度 $e/a=\frac{21}{14}\left(=\frac{3}{2}\right)$的电子化合物称为β相,把 $e/a=\frac{21}{13}$的电子化合物称为γ相,把 $e/a=\frac{21}{12}\left(=\frac{7}{4}\right)$的电子化合物称为ε相。表3-1列出了常见电子化合物及其类型。此表说明了一定的晶体结构对应于一定的电子浓度,同时也可用化学式表示。它也可溶解一定数量的组成元素,形成以电子化合物为基的固溶体,例如,Cu-Zn 合金中β相的含 Zn 量可在36.6%~56.5%之间变化,此即说明β相有一定的溶 Zn 的能力。电子化合物主要是金属键结合,具有明显的金属性质,如导电性。它的熔点和硬度都很高,但塑性差,在许多有色合金中是重要的强化相。

表3-1 合金中常见的电子化合物

合金系	$\frac{21}{14}\left(=\frac{3}{2}\right)$β相	$\frac{21}{13}$γ相	$\frac{21}{12}\left(=\frac{7}{4}\right)$ε相
	体心立方	复杂立方	密排六方
Cu-Zn	CuZn	Cu_5Zn_8	$CuZn_3$
Cu-Sn	Cu_5Sn	$Cu_{31}Sn_8$	Cu_3Sn
Cu-Al	Cu_3Al	Cu_9Al_4	Cu_5Al_3

3. 间隙化合物

间隙化合物是由原子直径较大的过渡族金属(Fe、Cr、Mn、Mo、W、V 等)和原子直径较小的非金属(C、N、H、B 等)组成。其中金属原子有规律地分布在晶格的结点上,而非金属原子则有规律地分布在晶格的空隙中。根据间隙化合物结构复杂程度的不同,可将它们分为简单结构间隙化合物和复杂结构间隙化合物两种。

(1) 简单结构间隙化合物 当金属(M)和非金属(X)的原子直径之比$\frac{D_X}{D_M}<0.59$时,可形成具有简单结构的化合物,这种化合物也称为间隙相。它们常见的晶格类型有面心立方、密排六方和体心立方等。例如,面心立方的有 TaC、TiC、VC、Mo_2N 和 Fe_4N 等,密排六方的有 Fe_2N、Cr_2N、W_2C 和 Nb_2C 等,体心立方的有 VN 和 TiN 等。间隙相能溶解其组成元

素，形成以间隙相为基的固溶体。间隙相具有极高的硬度和熔点，但很脆。它们是以金属键和共价键这两种方式相结合。

(2) 复杂结构间隙化合物　当金属和非金属的原子直径之比$\frac{D_X}{D_M}>0.59$时，形成复杂结构的间隙化合物。例如，Fe_3C、$(FeCr)_3C$、Cr_7C_3、$Cr_{23}C_6$、Fe_3W_3C、Fe_4W_2C等。它们的结构都很复杂，主要以金属键结合，具有金属特性，也具有很高的硬度和熔点。但与间隙相比较，它们的硬度和熔点较低，而且在加热时又易分解。表 3-2 为钢中常见的一些碳化物的熔点和硬度。

表 3-2　钢中常见碳化物的硬度和熔点

类　型	间　隙　相							复杂结构间隙化合物	
成分	TiC	ZrC	VC	NbC	TaC	WC	MoC	$Cr_{23}C_6$	Fe_3C
硬度/HV	2850	2840	2010	2050	1550	1730	1480	1650	～860
熔点/℃	3410	3805	3023	3770±125	4150±140	3867	2960±50	1520	1227

4. 金属化合物的特点

(1) 金属化合物各组成元素原子之间有一定的比例，并且各原子在晶格中占有固定的位置。晶胞内原子较多，有的晶胞由几十个原子所组成。

(2) 金属化合物的晶格类型与原组成元素的晶格类型不同，一般都比较复杂。因为金属化合物的结构复杂，滑移系、滑移面和滑移方向少，所以金属化合物很少能进行塑性变形，脆性很大。

(3) 具有高硬度、高熔点和高电阻，因为金属化合物的性质是硬而脆，所以一般不作为金属材料的基体，而是以硬质点的形式分布于合金材料的基体中起着强化作用。它们的合理存在和分布可有效地提高金属材料的性能。虽然在金属材料中它们是少数，但是不可缺少的，金属化合物对金属材料的性质具有重要的意义和作用。

3.2　二元合金相图和杠杆定理

合金的成分和结构对合金的性能起着决定性的作用，但合金的性质也与固溶体和金属化合物的数量、大小、形状和分布有着很大关系。因此有必要探求合金的成分、结构的形成、组织的特点及变化规律。合金相图就是研究这些规律的有效工具。

合金相图是表示合金的状态与成分和温度之间的关系图解。合金相图也称平衡图和状态图，它是研究合金性能的重要理论基础。

根据热力学规律及其参数等从理论上可以通过计算来建立相图，但目前还较困难。现在多数相图都是通过以实验为主建立起来的，它是根据不同成分的合金在不同温度下，合金的结构也不同，从而引起合金的物理和化学性质的改变，所以可用物理化学分析法等测定相图。常用的方法有热分析法、热膨胀法、磁性分析法、电阻分析法和 X 射线分析法等。它们都各有其优缺点，要相互配合。在选择各种不同方法时要以合金结构变化时所反映出来的最显著的物理化学现象为依据。

3.2.1 二元合金相图的建立

以热分析法建立 Cu-Ni 合金相图为例，它的依据是合金结晶时放出的结晶潜热较大，冷却时其温度容易测定。其建立的具体步骤如下。

(1) 按质量百分比配制不同成分的合金样品，例如，Cu 质量分数分别为 100%、80%、60%、40%、20%、0，Ni 质量分数分别为 0、20%、40%、60%、80%和 100%组成合金。

(2) 分别作出它们的冷却曲线(温度-时间坐标曲线)，并找出结晶开始和终了的温度，如图 3-3(a)所示。

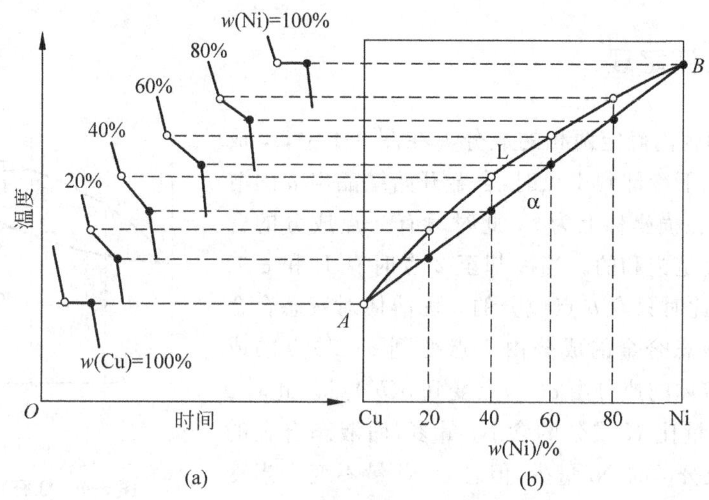

图 3-3 用热分析法建立 Cu-Ni 合金相图

(a) Cu-Ni 合金系的冷却曲线；(b) Cu-Ni 合金相图的建立

(3) 在温度-成分坐标曲线上找出它们相应的结晶开始点和终了点，然后连接具有相同意义的各结晶开始点和终了点，最终形成相图，如图 3-3(b)所示。

显然，用这种方法，选择的合金成分样品越多，冷速越慢，测得的相图越准确。

3.2.2 相图分析

相

在金属和合金中，凡是成分相同、结构相同，并与其他部位有界面分开的均匀组成部分称为相。

相线

$\overset{\frown}{AB}$ 它是合金结晶开始温度的连线，在$\overset{\frown}{AB}$线以上的合金为液体，因此称为液相线。它也称为不同温度下液体对 α 固溶体饱和溶解度曲线。

$\overset{\smile}{AB}$ 它是合金结晶终了温度的连线，$\overset{\smile}{AB}$ 线以下的合金为 α 固溶体，因此称为固相线。也是 α 固溶体中溶 Ni 量随温度而变化的曲线，从图可看出，α 固溶体中含 Ni 量随温度升高而增加。

相区

单相区　L和α两个。

L　是由Cu和Ni组成的液体,在高温下存在。

α　是由Cu和Ni互相溶解而组成的固溶体。

双相区　α+L一个。

相图可以告诉我们不同成分的合金在不同温度下合金所处的状态和温度改变时合金的变化。当然在单相内合金的成分和相对数量很易确定,而在双相区内两相的成分和相对数量就很难确定。为了更好地掌握合金的性能,必须了解合金在二相区中两相的成分和相对数量以及温度改变时的变化规律。这要借助于一定的工具,即要用杠杆定理来解决。

3.2.3 杠杆定理

(1) 在二相区内确定两相的成分　在图3-4中,K成分的合金在高温下冷却到1点时,合金开始结晶出α固溶体,其成分为c,在横坐标上为c',此时只有c'点成分的合金才对液态合金是饱和的。当冷却至2点时有L和α二相同时存在,而此时只有b'点成分的α固溶体对液态合金是饱和的。而液态合金的成分由1点变到$a(a')$点的成分。同时α固溶体的成分由$c(c')$点变到$b(b')$点。此时α固溶体的含Ni量比K成分的含Ni量多,而液态合金的含Ni量比K成分的含Ni量少,但总含Ni量不变。当冷却至3点时合金都结晶为K成分的α固溶体。从以上分析可看出,当合金系统中有二相存在,例如2点时,则可通过2点作水平线相交于液相线的a点和固相线的b点,它们在横坐标的投影a'和b'分别为二相的成分。同时由此还可看出,当合金有二相存在并继续结晶时,其液相的成分沿液相线变化,即沿$1a$线变化,而固相的成分沿固相线变化,即沿$cb3$线变化。

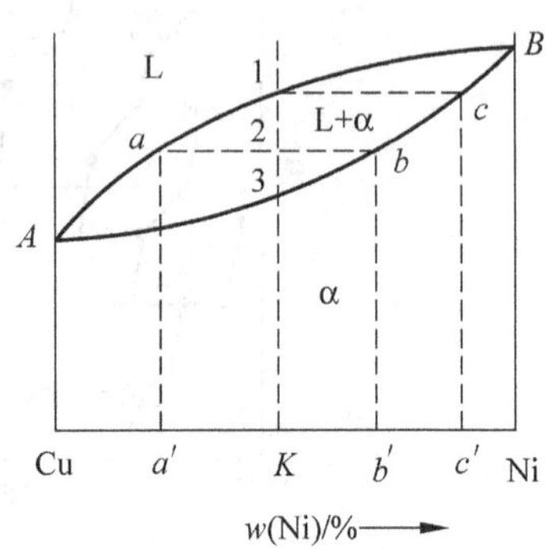

图3-4　杠杆定理证明

(2) 在二相区内确定两相的相对数量　例如,求K成分合金在2点温度时液相和固相的相对数量。

设合金总质量为Q_K,液相质量为Q_L,固相质量为Q_α,则

$$Q_K = Q_L + Q_\alpha \tag{1}$$

而a'、K和b'又分别表示液相、原合金和固相中Ni的浓度,此时它们的含Ni量又分别为$Q_L a'$、$Q_K K$和$Q_\alpha b'$,而且

$$Q_K K = Q_L a' + Q_\alpha b' \tag{2}$$

解方程(1)、(2)得

$$\frac{Q_\alpha}{Q_L} = \frac{K - a'}{b' - K} \tag{3}$$

由图3-4可见

$$K - a' = a2, \quad b' - K = 2b$$

代入式(3),即得

$$\frac{Q_\alpha}{Q_L} = \frac{a2}{2b}$$

这个关系式像力学中杠杆定理的比喻，如图3-5所示，因此也称为杠杆定理。由此可看出，当K成分合金冷却至2点时，有L相和α相同时存在，它们的相对数量用通过2点作水平线相交于液相线的a点和固相线的b点间的线段表示，此时，可用它们的反比线段表示其相对数量，即由$a2$线段长度表示α相的相对数量，用$2b$线段长度表示L相的相对数量。杠杆定理只适用于二相区，单相区不需要计算，而三相区无法应用此公式。

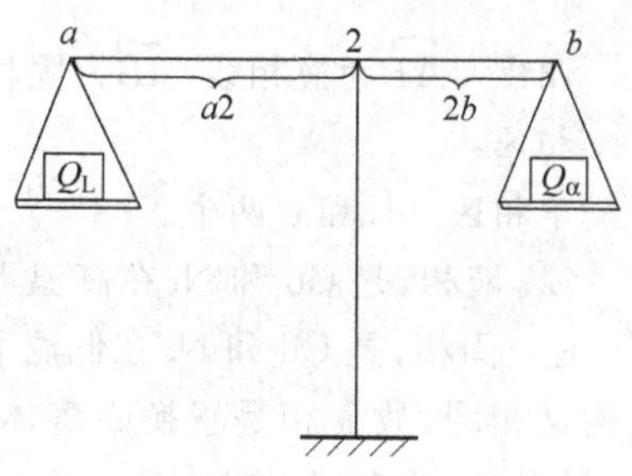

图3-5 杠杆定理的力学比喻

综上所述，利用二元合金相图和杠杆定理可以有效地掌握不同成分的合金在不同温度下所处的状态、合金中各相的成分和相对数量，从而进一步掌握合金的性能。相图和杠杆定理是研究合金的基础和依据。

3.3 匀晶相图

当两元素在液态和固态均无限相互溶解时所构成的相图称为二元匀晶相图。具有这种类型相图的合金主要有Cu-Ni、Cu-Au、Au-Ag、Fe-Ni、Fe-Cr和W-Mo等，现以Cu-Ni合金相图为例进行分析。

3.3.1 相图分析

图3-6所示为Cu-Ni合金匀晶相图和合金的冷却曲线。相图中，A为Cu的熔点，1083℃，B为Ni的熔点，1455℃。Cu和Ni都是面心立方结构，Cu和Ni的原子半径分别为1.28Å和1.25Å。

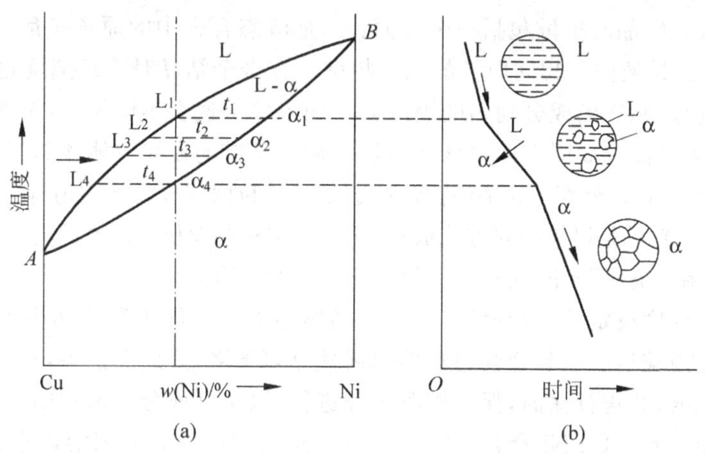

图3-6 Cu-Ni合金匀晶相图和冷却曲线

(a) Cu-Ni合金匀晶相图；(b) 合金的冷却曲线

相线 $\widehat{AB}$为液相线，$\smile{AB}$为固相线。

相区

单相区 L和α两个。

L 液相，是Cu和Ni在高温下相互溶解形成的液体。

α 固相，是Cu和Ni在低温下相互溶解而形成的固溶体。由于它们的原子半径相近，结构又相同，故α相是置换固溶体，又是无限互溶置换固溶体。当Ni质量分数小于50%时，是以Cu为基，Ni溶入Cu，当Ni质量分数大于50%时，以Ni为基，Cu溶入Ni形成α固溶体。

双相区 L+α二相共存，一个。

只有满足形成无限互溶置换固溶体条件的两元素组成的合金才能形成匀晶相图。

3.3.2 结晶过程分析

(1) 纯金属的结晶 Cu和Ni的结晶，从前面用冷却曲线建立相图时即可看出，纯金属的结晶是在固定的温度下进行，即Cu在1083℃、Ni在1455℃时开始结晶，直到完全成为晶体为止。

(2) 合金的结晶 以K成分合金为例，将液态合金冷却至t_1温度时从液态合金中结晶出成分为α_1的固溶体。再继续冷却直到t_4温度，在$t_1 \sim t_4$温度范围内合金在冷却过程中各相的成分和相对数量的变化是液体的成分沿$L_1 \sim L_4$变化，固溶体的成分沿$\alpha_1 \sim \alpha_4$变化，同时α固溶体逐渐增多，而液体逐渐减少，最终合金都形成α固溶体。从上述分析可见，合金的结晶过程是在一个温度范围内进行的，而不是在固定温度下进行。

3.3.3 晶内偏析及其消除

合金的结晶是由原子无序运动状态转变为有序排列状态，这需要原子的移动，一般将原子移动称为扩散。结晶时扩散包括三个方面：一是液态合金中的原子扩散；二是α固溶体中的原子扩散；三是液固二相间原子的相互扩散。在合金结晶时冷却速度足够慢的情况下原子扩散充分进行，则得到成分均匀的固溶体。如果冷却速度不够缓慢，扩散来不及充分进行，结果形成了先结晶的α固溶体中含Ni量多，而后结晶的α固溶体含Ni量少。在一个晶粒内其内部的含Ni量比外部的含Ni量多，即造成了晶粒内成分的不均匀，这种现象称为晶内偏析。由于实际晶粒总是以树枝状方式成长，所以又称枝晶偏析。通常是先结晶的熔点高，后结晶的熔点低。在一般情况下，所得的α相是不均匀的α固溶体。

晶内偏析的程度决定于冷却速度、元素在晶体中的活动能力和相图中液相线与固相线之间的距离。晶内偏析会引起合金的塑性和韧性显著下降，因此要消除，其办法是将这种合金加热到一定温度，并进行保温，保证扩散充分进行，以达到成分均匀化的目标，这种方法称为扩散退火。图3-7为Cu-Ni合金的铸态组织。从图中可看到α固溶体呈树枝状，先结晶的枝晶富Ni，不易被腐蚀，故呈白亮色；而后结晶的枝晶富Cu，易被腐蚀，呈暗黑色。图3-8为Cu-Ni合金经扩散退火而获得完全均匀的多面体晶粒组织。在生产上常采用扩散退火来消除晶内偏析，以改善和提高合金的性能。

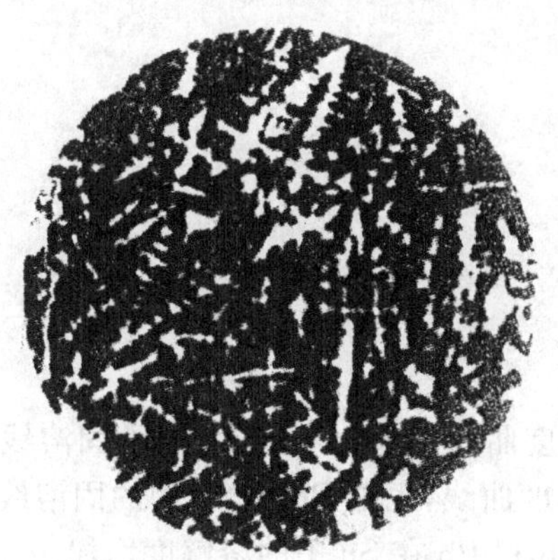
图 3-7 Cu-Ni 合金的铸态组织

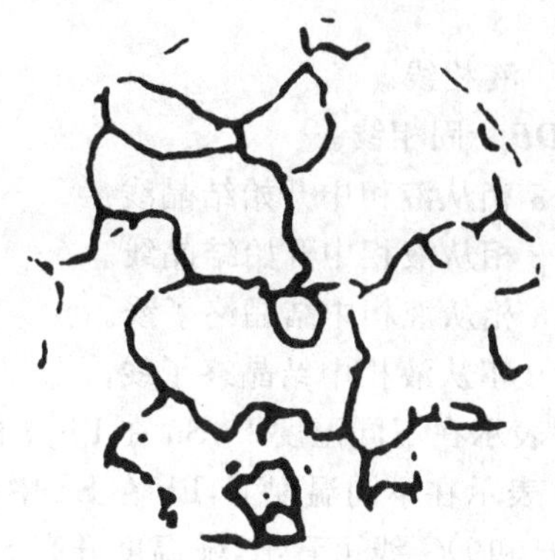
图 3-8 Cu-Ni 合金退火的显微组织

3.4 共晶相图

当两元素在液态无限互溶、固态有限互溶，并发生共晶转变而形成的相图称为二元共晶相图。具有这类相图的合金主要有 Pb-Sb、Pb-Sn、Al-Si 和 Ag-Cu 等，现以 Pb-Sn 合金相图为例进行分析。

3.4.1 相图分析

图 3-9 是 Pb-Sn 合金相图。

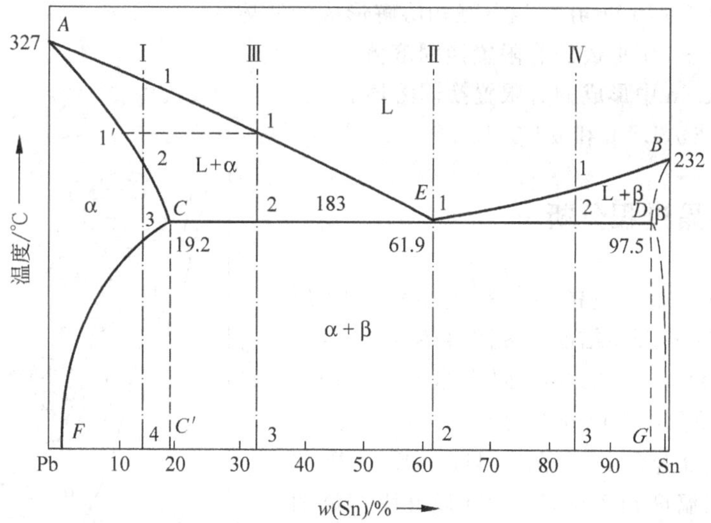

图 3-9 Pb-Sn 合金相图

A 为 Pb 的熔点，327℃，原子半径为 1.75Å，面心立方结构。

B 为 Sn 的熔点，232℃，原子半径为 1.58Å，其结构为 α-Sn，金刚石立方结构(灰锡)<13.2℃<β-Sn 正方结构(白锡)。

相线

AEB 液相线。

ACEDB 固相线。

AE α 相从液相中开始结晶线。

BE β 相从液相中开始结晶线。

AC α 相从液相中结晶终了线。

BD β 相从液相中结晶终了线。

CF 表示在不同温度下，Sn 在 Pb 中的溶解度曲线，也称 Sn 在 Pb 中的固溶线。

DG 表示在不同温度下，Pb 在 Sn 中的溶解度曲线，也称 Pb 在 Sn 中的固溶线。

从 *CF* 和 *DG* 线可看出，随温度升高 Sn 在 Pb 和 Pb 在 Sn 中的溶解度增加。

CED 水平线，共晶转变线，若合金成分在 *CED* 范围内，不论其成分如何变化，当温度到 183℃时合金中液体的成分必定是 *E* 点（Sn 质量分数为 61.9%）成分，此时在液体中要发生下列反应：

$$L_E \xrightarrow{183℃} \alpha_C + \beta_D \qquad 共晶反应$$

从液体中同时结晶出两种晶体的转变称为共晶转变或共晶反应。它所处的温度（Pb-Sn 合金是 183℃）称为共晶温度，其成分（Pb-Sn 合金是 Sn 质量分数为 61.9%）为共晶成分，而 *E* 点称为共晶点。

由此可看出，共晶转变是在温度一定和成分一定的条件下产生。合金成分凡是通过 *CED* 线的都有共晶转变，在 *E* 点成分时有 100%的共晶转变，在 *CED* 线上其他各点相应地减少，远离 *E* 点时减少得更多。总之，只要在 *CED* 线内的合金都有共晶转变，只是有多少之分。

相区

单相区 L、α 和 β 共三个。

L 液相，是 Pb 和 Sn 在高温下互相溶解形成的液体。

α Sn 溶入 Pb 中形成的有限置换固溶体。

β Pb 溶入 Sn 中形成的有限置换固溶体。

双相区 L+α、L+β 和 α+β 共三个。

3.4.2 结晶过程分析

(1) Ⅰ成分合金 它的冷却曲线如图 3-10 所示。1—2 点，从 1 点开始结晶出 α 固溶体，到 2 点全部结晶为 α 固溶体。2—3 点，α 固溶体不发生任何结构变化，只是使晶粒内成分更均匀化。3—4 点，冷却到 3 点是Ⅰ成分合金中 Sn 在该温度下溶入 Pb 的最高溶解度。当温度到 3 点以下，Sn 以 β 固溶体的形式从 α 固溶体中析出。随温度下降 β 量逐渐增多，而 α 量相对减少，此时 α 和 β 的成分分别沿 *CF* 和 *DG* 线变化（图 3-9）。当温度到 4 点时 α_F 和 β_G 的相对数量为 $\frac{\alpha_F}{\beta_G}=\frac{4G}{F4}$，其成分分别为 *F* 点和 *G* 点。

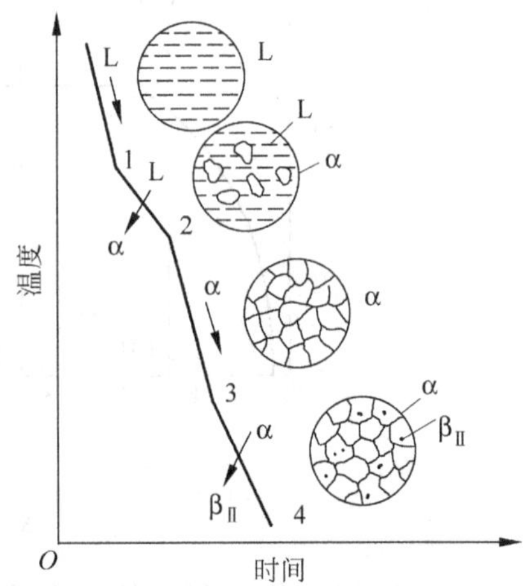

图 3-10 合金Ⅰ的冷却曲线及组织变化示意图

为了区别从液体中结晶出的β相，而把从α固溶体中析出的β相称为二次结晶，其β相也称为二次固溶体或次生固溶体，用β_{II}表示。

由于它是在较低温度下产生的，原子扩散能力小，析出的β_{II}不易长大，而且数量少，常以点状分布在晶粒内部，在个别(例如，温度高，保温时间长等)条件下，也可能分布在晶界上。在合金的固溶体内结晶出分布均匀和高度弥散的第二相硬质点，阻碍滑移，使强度和硬度提高，塑性下降的现象称为弥散强化。若析出的第二相晶体呈网状分布于晶界上，而且又很脆，则将导致合金的塑性和韧性显著降低，必须设法改善。

(2) Ⅱ成分合金　它的冷却曲线如图 3-11 所示。该合金是共晶成分($w(\text{Sn})=61.9\%$)，从高温冷却至183℃时在液体中同时结晶出α_C和β_D两种固溶体，而且结晶只在183℃恒温下进行，直到液体全部消失为止，它的反应式为

$$L_E \xrightarrow{183℃} \alpha_C + \beta_D$$

而且α_C和β_D是相间存在，继续冷却时固溶体α_C和β_D的溶解度随温度降低而减小，此时将从α_C和β_D中分别析出β_{II}和α_{II}，但由于α_{II}和β_{II}与共晶的α、β融合在一起，所以不易分辨出来。

因此，Ⅱ成分合金在室温下的最终组织为α和β相间存在的共晶体，也称为共晶组织，如图 3-12 所示。

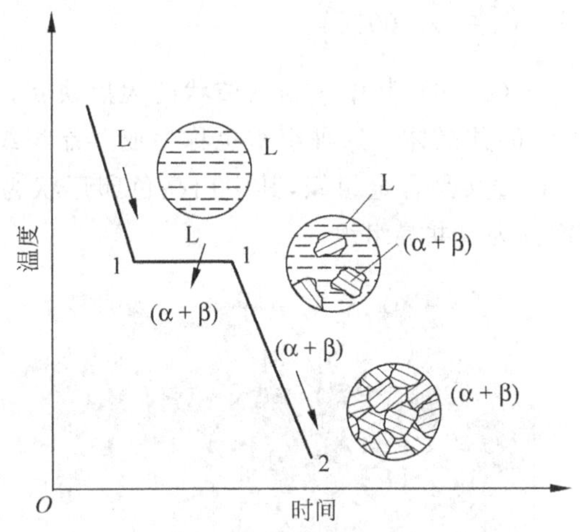

图 3-11　合金Ⅱ的冷却曲线及组织变化示意图

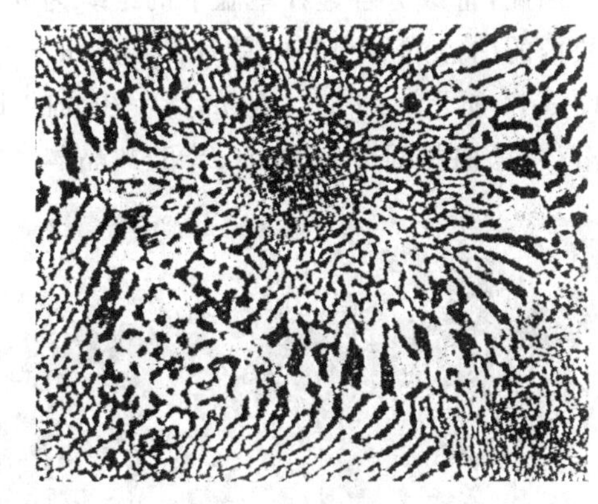

图 3-12　Pb-Sn 共晶合金显微组织(150×)

(3) Ⅲ成分合金　它的冷却曲线如图 3-13 所示。在 Pb-Sn 合金相图(见图 3-9)中，凡是成分在CE范围的合金都称为亚共晶合金，它们的结晶过程可用Ⅲ成分合金代表。其结晶过程如下，1—2 点，从 1 点开始，随温度下降不断结晶出α固溶体，此时液体 L 的成分沿IE线变化，结晶出α固溶体的成分沿$1'C$线变化，随温度下降液体逐渐减少，而α固溶体不断增加。2 点，当温度下降到 2 点时，α固溶体为C点成分，剩余液体为E点成分，此时两相的相对数量为$\frac{\alpha_C}{L_E}=\frac{2E}{C2}$。其中$L_E$成分的液体便发生共晶反应，即$L_E \xrightarrow{183℃} \alpha_C+\beta_D$，此反应直到液体消失为止。所得到的合金由$\alpha_C+(\alpha_C+\beta_D)$组成，它们的相对数量为α固溶体$=\frac{2E}{CE}\times 100\%$，(α+β)共晶$=\frac{C2}{CE}\times 100\%$。2—3 点，随温度下降固溶体的溶解度降低，将从$\alpha_C$和共

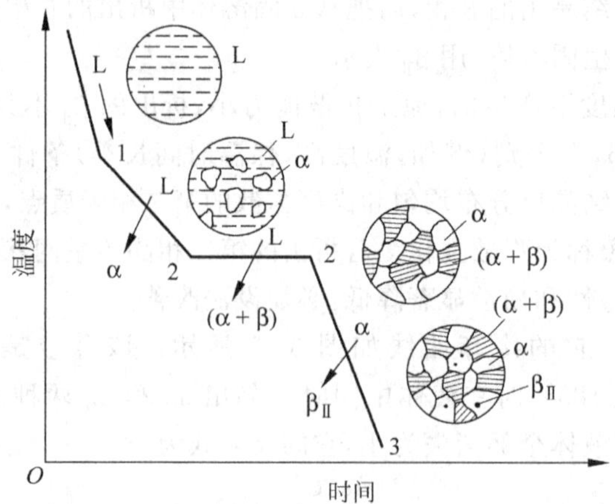

图 3-13 合金Ⅲ的冷却曲线及组织变化示意图

晶 α_C 中析出 $\beta_{\text{Ⅱ}}$ 以及从共晶 β_D 中析出 $\alpha_{\text{Ⅱ}}$，但从共晶($\alpha_C+\beta_D$)中析出的 $\beta_{\text{Ⅱ}}$ 和 $\alpha_{\text{Ⅱ}}$ 量很少，可忽略。3 点，到 3 点时合金由 $\alpha_F+\beta_{\text{Ⅱ}}+(\alpha_F+\beta_G)$ 组成，其中 $\beta_{\text{Ⅱ}}$ 的相对数量为

$$\beta_{\text{Ⅱ}}=\left(\frac{2E}{CE}\times 100\%\right)\times\left(\frac{FC'}{FG}\times 100\%\right)$$

因此，Ⅲ成分合金在室温下的组织为 $\alpha+\beta_{\text{Ⅱ}}+(\alpha+\beta)$，其中 α 为树枝状的大黑块状，在黑块内的白点或周围的白圈为 $\beta_{\text{Ⅱ}}$，而(α+β)为细的共晶体。这种组织也称为亚共晶组织，如图 3-14 所示。图 3-15 是 $w_{(\text{Sn})}=70\%$ 的 Pb-Sn 过共晶合金组织，其中白亮色卵形状为 β 固溶体，黑白相间分布的为(α+β)共晶体。它们称为过共晶组织。

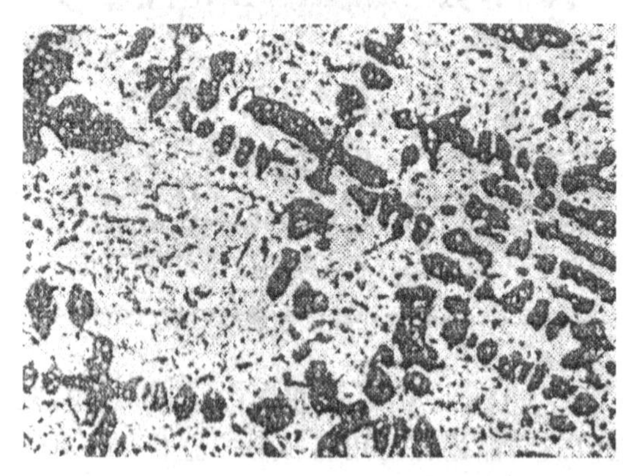

图 3-14 50%Pb-Sn 合金① 的显微组织(200×)

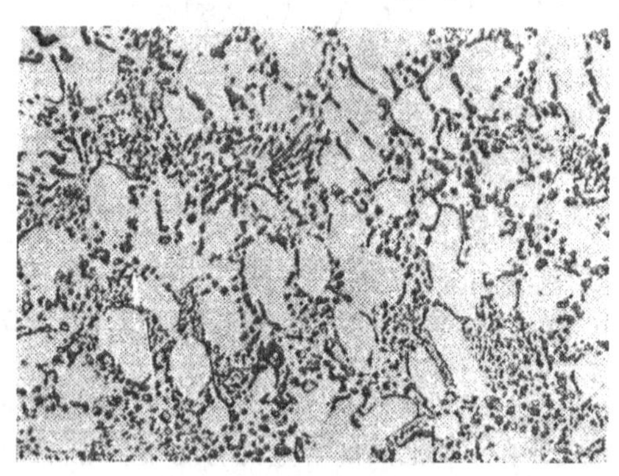

图 3-15 70%Pb-Sn 合金的显微组织(200×)

E 点以右，*ED* 范围成分的合金，因大于共晶成分故称过共晶合金，其结晶过程类似于Ⅲ成分的合金，而 *D* 点以右成分合金的结晶过程类似于Ⅰ成分合金的结晶过程，此处从略。

综合上述，Pb-Sn 合金于 *FCEDG* 范围内，在 *FC* 成分内由 $\alpha+\beta_{\text{Ⅱ}}$ 组成，*CE* 成分内由 $\alpha+\beta_{\text{Ⅱ}}+(\alpha+\beta)$ 组成，*E* 点成分内由 α+β 组成，*ED* 成分内由 $\beta+\alpha_{\text{Ⅱ}}+(\alpha+\beta)$ 组成，而 *DG* 成分内由 $\beta+\alpha_{\text{Ⅱ}}$ 组成。

---

① 表示 Sn 的质量分数为 50%的 Pb-Sn 合金，下同。

3.4.3 相组成物和组织组成物

从合金(Pb-Sn)结晶过程中所得到的 α、β、α_{II}、β_{II} 和($\alpha+\beta$)，虽然它们分别是从液相和固相中产生出来的，而且又各有其分布的特征，但从相结构(晶格类型)来说，其中 α、α_{II} 和($\alpha+\beta$)中的 α 都是 Sn 溶入 Pb 中所形成的置换固溶体，即它们的晶体结构是一样的，只是它们的数量、大小、形状及分布的部位不同而已。同理，β、β_{II} 和($\alpha+\beta$)中的 β 都是 Pb 溶入 Sn 中所形成的置换固溶体，当然其结构也是相同的。

相组成物　组成相的物质称为相组成物。在 *FCEDG* 范围内就合金的晶体结构来说，只有 α 固溶体和 β 固溶体两个相，此时，相的组成物为 $\alpha+\beta$，如图 3-9 所示。

组织组成物　在图 3-9 中的 *FCEDG* 范围内，由于不同成分合金的结晶，而分别得到 α、$\alpha+\beta_{\text{II}}$、$\alpha+\beta_{\text{II}}+(\alpha+\beta)$、$(\alpha+\beta)$、$\beta+\alpha_{\text{II}}+(\alpha+\beta)$、$\beta+\alpha_{\text{II}}$ 和 β，它们都是由 α 和 β 两个相分布的不同形态而表现出来的，表示了相和相之间的关系，并各有其结构、一定的形成机制和特殊的分布形态，而且在显微镜下它们都有一定的特征，可以分辨出来。由此可看出，α 和 β 各具有不同的成分和结构，是两个不同的相，只是由于其形成的机制不同，而使合金中两种相的大小、数量、形状和分布具有不同的形态，即它们是两个相的不同分布形态。

在金属和合金中各相的分布形态称为组织。通常把组成组织的物质称为组织组成物。上述的 α、$\alpha+\beta_{\text{II}}$、$\alpha+\beta_{\text{II}}+(\alpha+\beta)$、$(\alpha+\beta)$、$\beta+\alpha_{\text{II}}+(\alpha+\beta)$、$\beta+\alpha_{\text{II}}$ 和 β 等构成了组织组成物，在合金相图上，这种写法是组织组成物的填法，如图 3-16 所示。这样可更深入地了解金属和合金的各种性能。

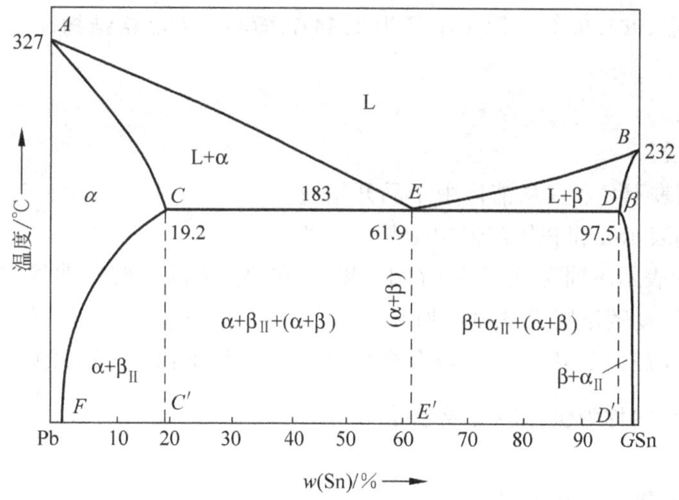

图 3-16　用组织组成物填写的 Pb-Sn 合金相图

合金的相结构(固溶体、金属化合物)对合金的性能起着决定性的作用，但它们的分布形态，即合金的组织对合金性能也有很重要的影响。例如高熔点和高硬度的细小点状化合物分布于晶粒内，一般其大小在 0.01～0.1μm 范围内时对合金的强化效果最好。若高熔点和高硬度的化合物分布于晶界呈网壳状时，则使合金变脆，性能降低，因此对合金组成物的形态及其分布绝不能忽略，它对合金的性能起着关键性的作用。

3.5 包晶相图

两元素在液态无限互溶、固态有限互溶，并发生包晶转变而形成的相图称为二元包晶相图。具有这类相图的合金主要有 Pt-Ag、Ag-Sn、Al-Pt、Fe-C、Fe-Ni、Fe-Mn 等，现以 Pt-Ag 合金相图为例进行分析。图 3-17 是 Pt-Ag 合金相图及结晶过程分析。

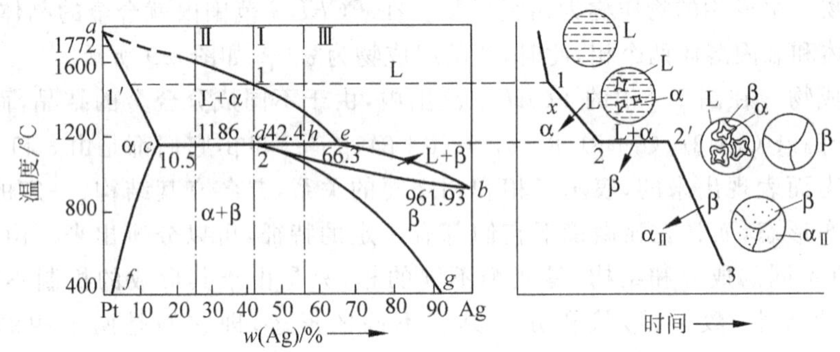

图 3-17 Pt-Ag 合金相图和结晶过程分析

3.5.1 相图分析

a Pt 的熔点，1772℃。原子半径为 1.38Å，面心立方晶格结构。

b Ag 的熔点，961.93℃。原子半径为 1.44Å，面心立方晶格结构。

相线

aeb 液相线。

acdb 固相线。

ae*、*eb 分别表示 α 和 β 从液体中结晶开始线。

ac*、*db 分别表示 α 和 β 从液体中结晶终了线。

cf*、*dg 分别表示不同温度下 Ag 在 Pt 和 Pt 在 Ag 中的溶解度曲线，也称固溶线。同时可见它们的溶解度随温度升高而增加。

cde 水平线，是包晶转变线。若合金成分在 *cde* 范围内，于 1186℃时都将发生 $\alpha_c + L_e \xrightarrow{1186℃} \beta_d$ 反应，它称为包晶转变或包晶反应。

相区

单相区　L、α 和 β 三个。

L 液相，是 Pt 和 Ag 在高温下互相溶解形成的液体。

α Ag 溶入 Pt 中形成的有限置换固溶体。

β Pt 溶入 Ag 中形成的有限置换固溶体。

双相区　L＋α、L＋β 和 α＋β 共三个。

3.5.2 结晶过程分析

(1) Ⅰ成分合金　它是 $w(Ag)=42.4\%$ 的 Pt-Ag 合金。其结晶过程如下：1—2 点，合金冷却到 1 点开始从液体中结晶出 α 固溶体。随温度下降，α 固溶体增加，L 相减少，同时它们的成分分别沿 ac 和 ae 变化。2 点，温度到 1186℃时 L 相成分为 e 点，α 相成分为 c 点，它们的相对数量分别为

$$\alpha_c=\frac{de}{ce}\times 100\%=\frac{66.3-42.4}{66.3-10.5}\times 100\%=42.9\%$$

$$L_e=\frac{cd}{ce}\times 100\%=\frac{42.4-10.5}{66.3-10.5}\times 100\%=57.1\%$$

此时成分为 α_c 和 L_e，数量为 42.9% 和 57.1% 的两相转变为 100% 的 β_d 固溶体的单相，即全部发生了 $\alpha_c+L_e\longrightarrow\beta_d$ 包晶反应。在包晶转变过程中，由于 β 相是在 α 相和 L 相的交界面上形核，而且包围着 α 相，随后 α 固溶体消失，β 固溶体长大，直到液体消失为止。因为是 L_e 包围 α_c，它们相互作用的结果是转变为 β_d，所以这种转变称为包晶转变。2—3 点，继续冷却时将从 β_d 中析出 α_{II}，直到 3 点为止。最终它的组织为 β_g 和 α_{II}。

在 Pt-Ag 合金中，β_d 含 Ag 量大于 α_c，而小于 L_e，因此在 β_d 长大过程中其 Ag 原子须向 α_c 扩散，而 L_e 中 Ag 原子须向 β_d 扩散，这种扩散都比较困难，因此包晶转变时易产生晶内偏析。

(2) Ⅱ、Ⅲ成分合金　它们分别是 cd 和 de 范围内的合金，于包晶反应得到 β_d 以后在合金中分别还有剩余的 α_c 和 L_e 出现。在继续冷却时将从 L_e 中结晶出 β，到结晶完了，从 β 中析出 α_{II} 和从 α 中析出 β_{II}，直至室温为止。其他与共晶相图低温部分相似。

在合金中常有匀晶反应、共晶反应和包晶反应等相图，应用得也多。

3.6 具有共析转变的相图

图 3-18 是一种包括共析反应的相图，上部是有匀晶反应，而下部是具有共析反应的相图，它与共晶反应相似，但不同点在于水平线上的共析反应，它不是从液相中，而是从 α 固相中同时结晶出（常称析出）β_1 和 β_2 两种新相，即

$$\alpha_c \xrightarrow{dce\ \text{温度}} \beta_{1d}+\beta_{2e}\qquad \text{共析反应}$$

这一反应称为共析反应或共析转变。dce 水平线称为共析线，其反应产物称为共析体。发生共析反应的成分称为共析成分。共析反应所在温度称为共析温度。共析转变是固态转变，它是固态下由一相向二相的转变，当然其结构也要发生变化，即它们之间有相结构的变化。它除具有液态结晶规律外，还有固态转变的一些特点：

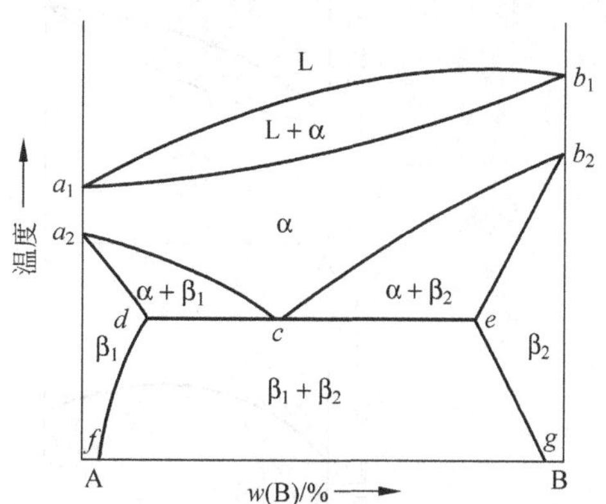

图 3-18　具有共析反应相图的示意图

(1) 固态转变由于原子移动、扩散困难,原子不易重新排列组成新的晶体,若转变必须增加转变的动力,因此,固态转变过冷度较大。

(2) 固态转变因为过冷度大,形核几率增加,而且新相晶核多数在晶粒边界上形成,因此,晶粒越细,转变越快。综上所述,共析转变产物比共晶转变产物更细密。

(3) 固态转变时由于新旧相的晶体结构和它们的晶格常数有可能不同,因此常有体积和比容的不同,所以,固态转变经常有较大的内应力存在。

以上所分析的相图都是合金中最基本的相图。而实际使用的二元合金相图大多数都比较复杂,但它可以看作是由若干基本相图组成。因此只要掌握了这些基本相图,对复杂相图就可以化繁为简地进行分析。

合金相图和杠杆定理的主要用途 利用合金相图可以分析不同成分的合金在不同温度下有哪些相?何时为液相?何时为固相?温度和成分改变时合金可能发生什么转变?利用杠杆定理可以知道合金在二相区内二相的成分和二相的相对数量及其变化规律。由此可知道合金的成分、相结构和组织状态,并预测合金的性质,以便于更好地用于工程中。

3.7 合金的性能和相图之间的关系

合金中元素间相互作用产生了新的相结构,并建立了相图。每一种相图都对应着一定的相结构和组织。已知不同成分合金中的相和组织有不同的性质,即合金的性能和合金相图有一定的对应关系。在室温下,这种关系尤为重要。

3.7.1 合金的机械性能和相图的关系

通过对各类相图的分析,可以了解到二元合金中的相和组织主要有两种类型:一是单相固溶体;二是由固溶体和金属化合物组成的两相混合物,如图 3-19 所示。

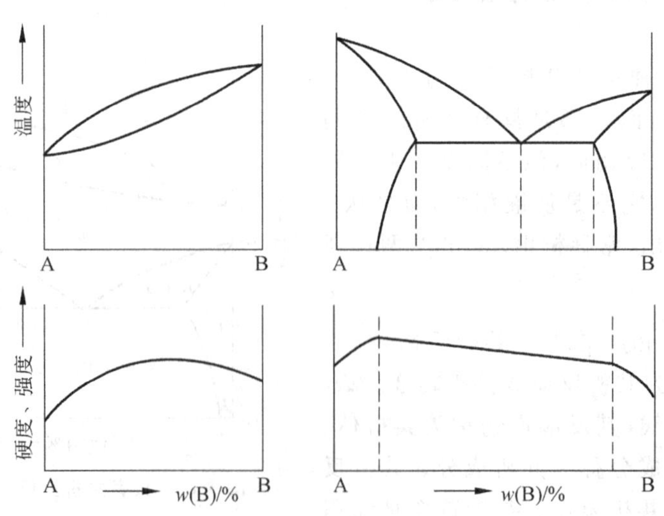

图 3-19 合金硬度和强度与相图的关系

由于合金是由以溶剂金属为主和适量的溶质元素所组成，因此，合金中溶剂金属的性质对合金的性能起着决定性的作用。按一般的规律是溶剂金属的熔点越高，其强度和硬度也越高。对于固溶体的性能，在主要决定于溶剂金属性质的同时，还与溶质元素的性质和溶入量也有很大的关系。在合金中总的变化规律是溶入的溶质越多，其强度和硬度也越高，并与成分呈曲线关系变化，当溶剂和溶质质量分数各占50%时达到极大值。

合金中有两相机械混合物的机械性能大致是两个组成相的平均值。当两相形成共晶组织和共析组织时，各相的分散度对合金的性能有很大的影响，其结果是组织越细，合金的强度和硬度越高，且与成分呈直线关系变化。

3.7.2 合金的铸造性能和相图的关系

合金的铸造性能主要表现在流动性（即液体充填铸型的能力）、缩孔、偏析及热裂的倾向等方面。合金铸造性能从相图来看，首先取决于合金相图中液相线与固相线之间的距离，即决定于两相线之间的水平距离和垂直距离，如图3-20所示。

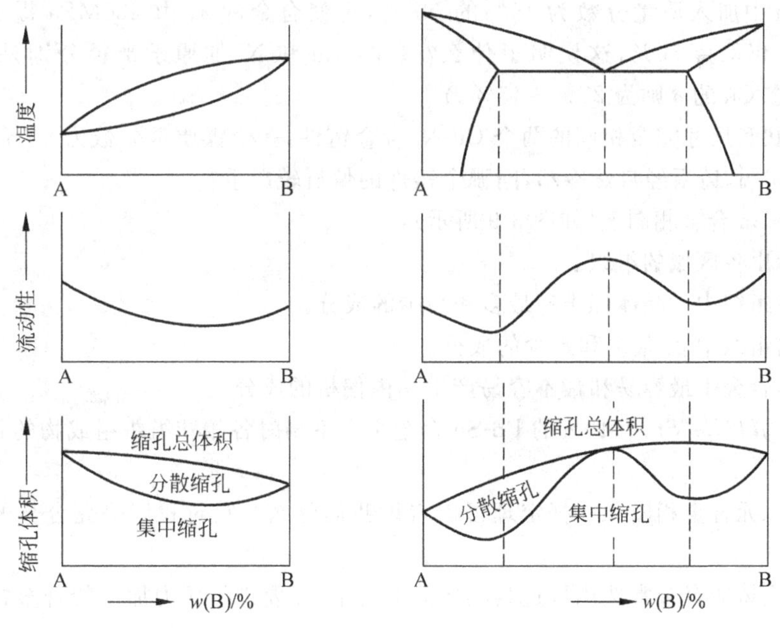

图3-20 合金的铸造性能与相图的关系

实验表明，液相线和固相线之间的水平距离和垂直距离越大，则合金的流动性越差，固溶体和枝晶偏析越严重。

图3-20表明，合金液体中形成固溶体时的流动性不如纯金属，而且在液相线和固相线的最大间距处达到最低点。在具有共晶转变的合金中，共晶成分合金的流动性最好，因为此处液相线与固相线间距为零，而且熔点最低。由于熔点低，合金的流动性好，所以结晶后易形成集中缩孔，而分散缩孔（疏松）少，偏析和热裂的倾向小。因此铸造合金宜选择接近共晶成分的合金。

总之，从铸造性能看，共晶成分的合金最好，低熔点金属次之，高熔点金属再次之。在固溶体中，当溶剂元素和溶质元素质量分数各占50%时最差，使合金的流动性达到最低点。

综上所述，可以利用合金相图大致判断不同成分的合金在不同温度下的性能及其变化规律。利用合金相图也可以作为选择和配制合金的参考和依据。

习题

1. 解释下列名词：

合金、相、相图、固溶体、固溶强化、金属化合物、晶内偏析、置换固溶体、间隙固溶体、弥散硬化、二次结晶、组织、共晶转变、共析转变、包晶转变。

2. 说明下列元素在 α-Fe 中形成什么样的固溶体。C、N、Mn、Si 和 Cr(注：它们的原子半径分别是 0.77Å、0.71Å、1.12Å、1.43Å 和 1.28Å，Fe 为 1.28Å)。

3. 分别说明固溶体和金属化合物都有哪些特点？

4. 固溶体和纯金属的结晶有何异同点？

5. 向 Cu 中加入质量分数为 19%的 Ni 时，可使合金的 σ_b 由 220MPa 提高至 380～400MPa，而 δ 仍保持 50%，这说明了什么？(注：Cu 和 Ni 的原子半径分别是 1.28Å 和 1.25Å，而铸态 Cu 的 δ 则为 25%～45%。)

6. 有形状和尺寸完全相同的两个 Cu-Ni 合金铸件，一个镍质量分数为 90%，另一个镍质量分数为 50%，铸后经自然冷却，问哪个铸件的偏析较严重？

7. 在 Pb-Sn 合金相图上(如图 3-9 所示)，

(1) 试标出各区域的组织。

(2) 指出组织中共晶体(α+β)最多和最少的成分。

(3) 指出组织中 β_{II} 最多和最少的成分。

(4) 指出合金中最容易和最不容易产生晶内偏析的成分。

(5) 试计算出 $w(Sn)=40\%$ 的 Pb-Sn 合金中在室温时各相和组织组成物的相对数量各是多少。

8. 说明二元合金相图和杠杆定理可以告诉我们什么。它对我们研究合金的性能有什么意义。

9. 为什么铸造合金常选用接近共晶成分的合金，而要进行压力加工的合金常选用单相固溶体成分的合金？

10. 简述合金相图和合金的力学性能与铸造性能的关系，并说明其原因。

11. 简述共晶转变和共析转变的异同点。

铁碳合金

铁碳合金是以铁为主，加入少量碳而形成的合金。由于铁有两个同素异构转变，它的晶体结构多，而且还可得到多种组织，因此铁碳合金性能的变化范围很宽，能满足生产上对多种性能的要求。它的强度和塑性也有很好的配合。铁的储藏量多，又集中，易于开采和生产。所以铁碳合金在现代工农业生产中得到广泛的应用。

4.1 铁碳合金相图

铁是铁碳合金的基本成分，碳虽然很少，但碳可溶入 Fe 中形成固溶体，还可和 Fe 化合形成多种金属化合物，例如 Fe_3C、Fe_2C 和 FeC 等。也可形成具有多种金属化合物的相图，其中包括 Fe-Fe_3C、Fe_3C-Fe_2C、Fe_2C-FeC 和 FeC-C 等相图。由于含碳量[①]超过6.69%(Fe_3C)时的几个部分的铁碳合金的性能很脆，没有使用价值，因此具有实际使用意义的只有 Fe-Fe_3C 部分，通常称为 Fe-Fe_3C 相图，如图 4-1 所示。图中各点的温度、含碳量及其意义示于表 4-1 中。由于实验条件的不同，各特性点的具体数据在不同资料上略有不同。但随着合金纯度及测试技术的提高，其数据也将不断趋于准确。

表 4-1 Fe-Fe_3C 相图中各点的温度、碳质量分数及含义

符 号	温度/℃	C 的质量分数/%	含 义
A	1538	0	纯铁的熔点
B	1495	0.53	包晶转变时液态合金的成分
C	1148	4.30	共晶点 $L_C \rightleftharpoons A_E + Fe_3C$
D	1227	6.69	渗碳体的熔点
E	1148	2.11	碳在 γ-Fe 中有最大溶解度
F	1148	6.69	渗碳体的成分
G	912	0	α-Fe ⇌ γ-Fe 同素异构转变点(A_3)
H	1495	0.09	碳在 δ-Fe 中的最大溶解度
J	1495	0.17	包晶点 $L_B + \delta_H \rightleftharpoons A_J$
K	727	6.69	渗碳体的成分

① 文字叙述中，含碳量表示碳的质量分数。余同，不一一注明。

续表

符　号	温度/℃	C的质量分数/%	含　义
N	1394	0	γ-Fe⇌δ-Fe同素异构转变点(A_4)
P	727	0.0218	碳在α-Fe中的最大溶解度
S	727	0.77	共析点(A_1)A_S⇌F_P+Fe_3C
Q	600	0.0057	600℃(或室温)时碳在α-Fe中的溶解度
	室温	(0.0008)	

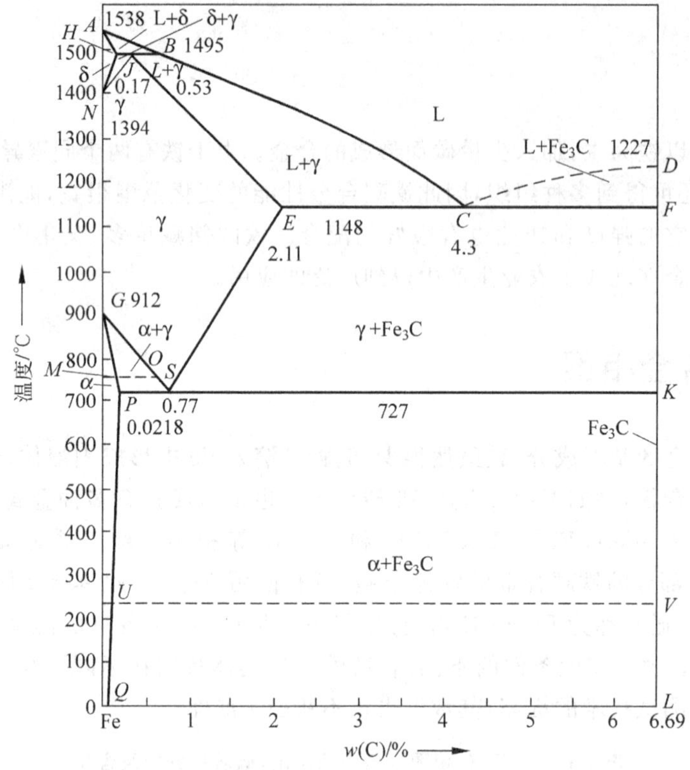

图 4-1　$Fe-Fe_3C$二元合金相图

4.1.1　铁碳合金中的铁

铁的熔点为1538℃，室温下的密度为7.87g/cm^3。纯铁的冷却曲线如图4-2所示。从图中可看出，铁的结晶温度为1538℃(熔点)，纯铁从液态结晶为固态后，在固态下冷却时先后有两次晶格类型的转变，其过程为

$$L \xrightleftharpoons{1538℃} \underset{\text{体心}}{\delta\text{-Fe}} \xrightleftharpoons{1394℃} \underset{\text{面心}}{\gamma\text{-Fe}} \xrightleftharpoons{912℃} \underset{\text{体心}}{\alpha\text{-Fe}}$$

金属和合金在固态下发生晶格类型的转变称为同素异构转变，也称为同素异型转变或多型性转变。由此可知，铁在固态下有两种同素异构转变。其中γ-Fe是面心立方晶格，而δ-Fe和α-Fe都是体心立方晶格，只是为了区别它们存在温度范围的不同，将Fe在高温存在的体心立方晶格用δ-Fe表示，将Fe在低温存在的体心立方晶格用α-Fe表示。纯铁的同素异构转变

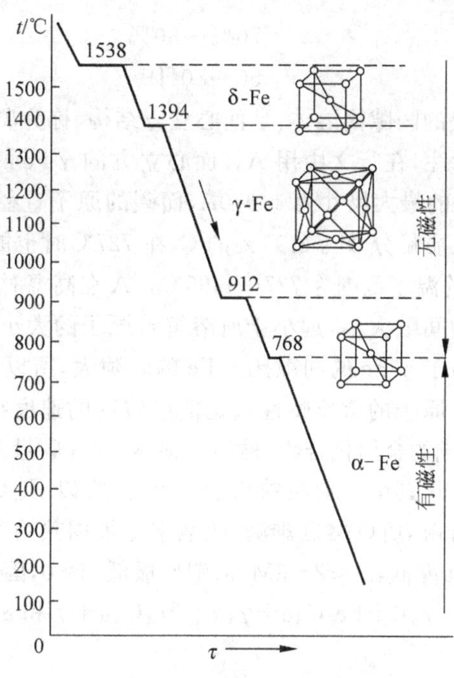

图 4-2　铁的冷却曲线

具有很大的实际意义，因为 Fe-C 合金性能的多样化主要来源于铁在固态下晶格类型的转变。

纯 Fe 的机械性能因纯度和晶粒大小的不同而有差别，其机械性能大致如下：

抗拉强度极限(σ_b)	176～274MPa
抗拉屈服极限($\sigma_{0.2}$)	98～166MPa
伸长率(δ)	30%～50%
断面收缩率(ψ)	70%～80%
硬度	50～80HB

4.1.2　Fe-Fe_3C 相图中的相区

(1) 单相区有 L、δ、α、γ 和 Fe_3C 共五个。

L　Fe 和 C 在高温下形成的液体。

δ　碳溶入 δ-Fe 中形成的间隙固溶体，呈体心立方晶格结构。因存在温度较高，故称为高温铁素体或 δ 固溶体。用 δ 表示，存在范围小，一般很少见到。

α　碳溶入 α-Fe 中形成的间隙固溶体，也是体心立方晶格结构，称为铁素体或 α 固溶体，用 α 或 F 表示，α 常在相图上用于标注，而在行文中常用 F。在 20℃时体心立方的 α-Fe 的致密度为 0.68，孔隙多而分散，孔隙的最大尺寸也只有 0.7192Å，碳的原子直径为 1.54Å，难以溶入 α-Fe，但由于实际晶体中存在有空位、位错和晶界等缺陷，从而可溶解微量的碳。在 727℃时最大溶碳量为 0.0218%，室温下的溶碳量仅为 0.0008%，因此，室温下铁素体的机械性能和纯铁相近：

抗拉强度极限(σ_b)	180～280MPa
抗拉屈服极限($\sigma_{0.2}$)	100～170MPa
伸长率(δ)	30%～50%

断面收缩率(ψ) 70%～80%

硬度 50～80HB

γ 碳溶入γ-Fe中形成的间隙固溶体，是面心立方结构，称为奥氏体或γ固溶体，用γ或A表示，γ常在相图上用于标注，在行文中用A。面心立方的γ-Fe的致密度为0.74，孔隙少，但比较集中，在950℃时孔隙的最大尺寸为1.070Å，而碳的原子直径为1.54Å，A的溶碳能力比F大。在1148℃时可溶入质量分数为2.11%的C，在727℃时也能溶入质量分数为0.77%的C，在铁碳合金中A存在的温度范围为727～1495℃。A在高温时塑性变形能力强。

铁原子组成立方晶体的间隙大小，远小于所溶解碳原子的大小。因此，每个溶入的碳原子附近都有明显的畸变。由于γ-Fe的间隙比α-Fe的间隙大，所以γ-Fe的溶碳能力比α-Fe要大得多。溶质元素间隙碳原子的重要特性就是能以较高的速度在晶体内移动扩散。

Fe_3C 是Fe和C所形成的金属化合物，称为渗碳体，其含碳量为6.69%。由于碳在铁中溶解度很小，特别是在常温下更小。碳在铁碳合金中主要以Fe_3C形式存在，它的熔点为1227℃，因为它在受热时易分解，所以熔点难测，此数字是根据热力学计算而得。它的晶体结构复杂，硬度高，约800HB，强度低，$\sigma_b \approx 2 \sim 3$MPa，塑性极低，$\delta \approx 0$，因此$Fe_3C$的性能是硬而脆。

(2) 双相区有L+δ、L+γ、L+Fe_3C、δ+γ、γ+Fe_3C、α+γ和α+Fe_3C共七个。

4.1.3 Fe-Fe_3C相图中的相线

1. Fe-Fe_3C相图中的相线

ABCD 液相线，在*ABCD*线以上合金为液体。

AHJECF 固相线，在*AHJECF*线以下合金为固体。

HN*、*JN 分别是合金在冷却时δ固溶体向γ固溶体转变开始线和终了线，或合金在加热时γ固溶体向δ固溶体转变开始线和终了线。

GS*、*GP 分别是合金在冷却时从γ固溶体中析出α固溶体的开始线和终了线，或加热时α固溶体向γ固溶体转变开始线和终了线。

PQ*、*ES 分别是碳在α固溶体和γ固溶体的溶解度曲线。从*PQ*线和*ES*线可看出，碳在α固溶体和γ固溶体中的溶解度随温度升高而增加。

2. Fe-Fe_3C相图中三条重要的转变水平线

(1) ***HJB*线** 包晶反应线

$$L_B + \delta_H \xrightleftharpoons{1495℃} \gamma_J \quad \text{包晶反应或包晶转变}$$

此反应仅在$w(C)=0.09\% \sim 0.53\%$的合金中产生，其反应产物为奥氏体。

(2) ***ECF*线** 共晶反应线

$$L_C \xrightleftharpoons{1148℃} \gamma_E + Fe_3C \quad \text{共晶反应或共晶转变}$$

此反应在$w(C)=2.11\% \sim 6.69\%$的合金中产生，其反应产生奥氏体和渗碳体的混合物，称为莱氏体，用符号Le表示。

(3) ***PSK*线** 共析反应线

$$\gamma_S \xrightleftharpoons{727℃} \alpha_P + Fe_3C \quad \text{共析反应或共析转变}$$

此反应在 $w(\mathrm{C})=0.0218\%\sim6.69\%$ 的合金中产生，其反应产物为铁素体和渗碳体的混合物，称为珠光体，用符号 P 表示。

3. $Fe\text{-}Fe_3C$ 相图中的三个重要特性点

(1) ***J* 点** 包晶点

当合金中液相 L 的成分为 $B(w(\mathrm{C})=0.53\%)$ 点，固相 δ 的成分为 $H(w(\mathrm{C})=0.09\%)$ 点，在 1495℃时发生包晶反应，生成的固相为 $J(w(\mathrm{C})=0.17\%)$ 点成分的 γ_J 固溶体，*J* 点称为包晶点。

(2) ***C* 点** 共晶点

当合金中液相 L 的成分为 $C(w(\mathrm{C})=4.3\%)$ 点，在 1148℃时发生共晶反应，生成由 $E(w(\mathrm{C})=2.11\%)$ 点成分的 γ 固溶体和 $F(w(\mathrm{C})=6.69\%)$ 点成分的渗碳体组成的莱氏体，*C* 点称为共晶点。

(3) ***S* 点** 共析点

当合金中固相 γ 的成分为 $S(w(\mathrm{C})=0.77\%)$ 点，在 727℃时发生共析反应，生成由 $P(w(\mathrm{C})=0.0218\%)$ 点成分的 α 固溶体和 $K(w(\mathrm{C})=6.69\%)$ 点成分的渗碳体组成的珠光体，*S* 点称为共析点。

在 *J*、*C* 和 *S* 点上发生的反应说明，包晶反应、共晶反应和共析反应是在成分一定和温度一定的条件下发生的，而且转变产物是 100%，即 *J* 点反应后全部是 γ 固溶体，*C* 点反应后全部是莱氏体，而 *S* 点反应后全部是珠光体。离开这三点成分的合金所发生转变产物的量分别都相对减少，而且离开这三点成分越远的合金，其转变产物量越少，直到没有。

4. $Fe\text{-}Fe_3C$ 相图上的两条磁性转变水平线

(1) ***MO* 线** 768℃，是 α-Fe 和 α 固溶体的磁性转变线。

$$\alpha\text{-Fe}_{\text{铁磁}}\text{ 或 }\alpha_{\text{铁磁}}\xrightleftharpoons{768℃}\alpha\text{-Fe}_{\text{顺磁}}\text{ 或 }\alpha_{\text{顺磁}}$$

(2) ***UV* 线** 230℃，是 Fe_3C 的磁性转变线。

$$Fe_3C_{\text{铁磁}}\xrightleftharpoons{230℃}Fe_3C_{\text{顺磁}}$$

磁性转变时没有晶格类型的变化，它们也都是在等温条件下发生，即磁性转变也是等温转变。

4.2 典型铁碳合金结晶过程的分析

在 $Fe\text{-}Fe_3C$ 相图上的各种合金，根据含碳量和室温组织的不同，一般可分为如下三类：

(1) 工业纯铁 $w(\mathrm{C})\leqslant0.0218\%$

(2) 钢 $w(\mathrm{C})=0.0218\%\sim2.11\%$
- 亚共析钢 $w(\mathrm{C})=0.0218\%\sim0.77\%$
- 共析钢 $w(\mathrm{C})=0.77\%$
- 过共析钢 $w(\mathrm{C})=0.77\%\sim2.11\%$

(3) 白口铸铁 $w(\mathrm{C})=2.11\%\sim6.69\%$
- 亚共晶白口铸铁 $w(\mathrm{C})=2.11\%\sim4.3\%$
- 共晶白口铸铁 $w(\mathrm{C})=4.3\%$
- 过共晶白口铸铁 $w(\mathrm{C})=4.3\%\sim6.69\%$

为了了解各种铁碳合金组织的形成规律，选择以下七种典型合金来分析它们的平衡结晶过程。选择的合金成分在 $Fe-Fe_3C$ 相图上如图 4-3 所示，主要是分析它们在平衡结晶过程中其结构和组织如何变化，以及室温下的显微组织是什么。

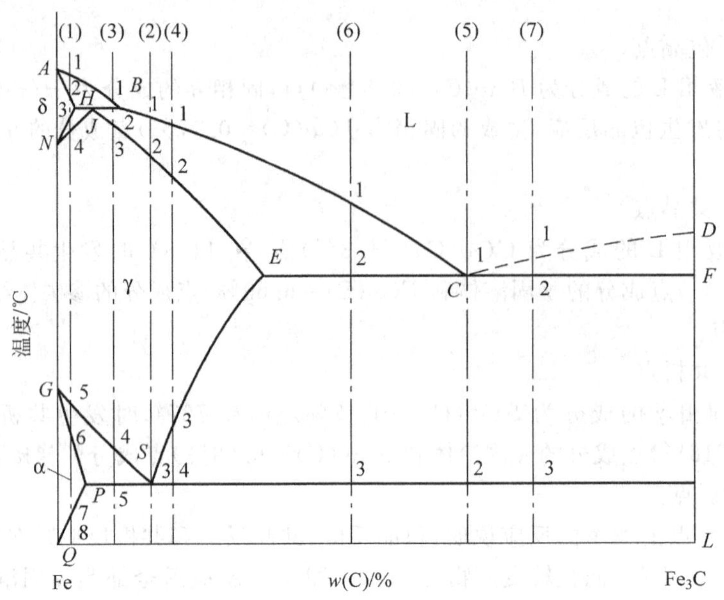

图 4-3　典型铁碳合金在 $Fe-Fe_3C$ 相图中的位置

4.2.1　工业纯铁的结晶

以 $w(C)=0.01\%$ 的铁碳合金为例，它的冷却曲线和平衡结晶过程如图 4-4 所示。

1 点以上　合金全部为液相 L。

1—2 点　在合金冷却到 1 点时，开始从液相 L 中结晶出 δ 固溶体，随温度下降，δ 固溶体量逐渐增多，冷却至 2 点时全部为 δ 固溶体。

2—3 点　δ 固溶体数量不变，只是使 δ 固溶体成分更加均匀化。

3—4 点　从 δ 固溶体中不断析出 γ 固溶体，即 δ 固溶体转变为 γ 固溶体，到 4 点全部 δ 固溶体变为 γ 固溶体。

4—5 点　γ 固溶体数量不变，只是使 γ 固溶体成分更加均匀化。

5—6 点　当合金冷却至 5 点时，开始从 γ 固溶体中不断析出 α 固溶体，它随温度下降而增加，到 6 点时全部转变为 α 固溶体。

6—7 点　α 固溶体数量不变，只是使其成分更加均匀化。

7—8 点　随冷却时温度逐渐下降，α 固溶体中溶碳量降低，此时 α 固溶体中碳以 Fe_3C 形式从 α 固溶体中析出，这种 Fe_3C 称为 Fe_3C_{III}。它常以两种形态出现，一种是以点状的形态分布在 α 固溶体的晶粒内部，对 α 固溶体起着强化作用，这是最常见的形态；另一种是当冷速非常缓慢，碳原子能够得到充分扩散时，使析出的 Fe_3C_{III} 能够集中到 α 固溶体的晶界处，因为 Fe_3C 的性能是硬而脆，对性能不利。这种形态较难得到，很少见。室温下组织为 α 和 Fe_3C_{III}。

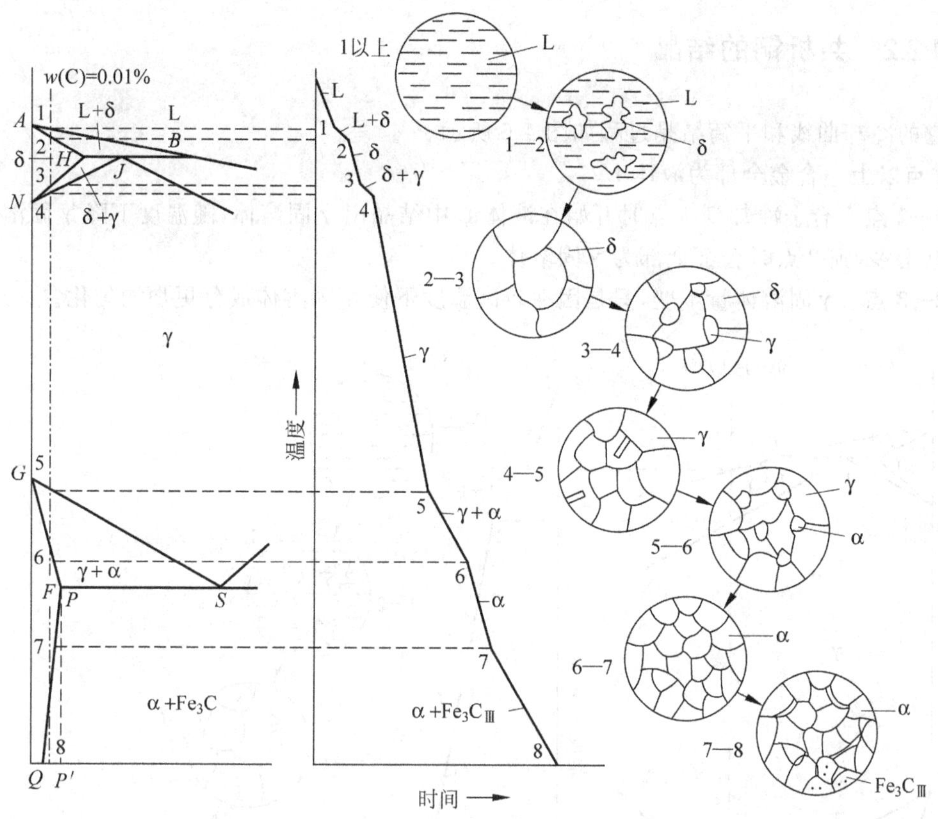

图 4-4　工业纯铁(w(C)＝0.01%)结晶过程示意图

由以上分析可知，w(C)＝0.01%的合金冷却到 8 点(即室温时)的组织为 $\alpha+Fe_3C_{Ⅲ}$，它代表了合金成分在 Q(w(C)＝0.0008%)点～P(w(C)＝0.0218%)点范围内的组织，即它们都是由 $\alpha+Fe_3C_{Ⅲ}$ 组成，而且随含碳量增加，$Fe_3C_{Ⅲ}$ 数量逐渐增多，到 P 点时 $Fe_3C_{Ⅲ}$ 数量达到最大值。根据杠杆定理可算出 P 点成分，室温时 α 和 $Fe_3C_{Ⅲ}$ 的相对数量为 $\frac{\alpha}{Fe_3C_{Ⅲ}}=\frac{P'L}{QP'}$，它们的相对数量分别为

$$\alpha=\frac{P'L}{QL}=\frac{6.69-0.0218}{6.69-0.0008}\times100\%$$

$$=\frac{6.6682}{6.6892}\times100\%\approx99.7\%$$

$$Fe_3C_{Ⅲ}=\frac{QP'}{QL}=\frac{0.0218-0.0008}{6.69-0.0008}\times100\%$$

$$=\frac{0.021}{6.6892}\times100\%\approx0.3\%$$

由此可看出，工业纯铁中 $Fe_3C_{Ⅲ}$ 量很少，最多也只能达到 0.3%，可忽略不计。因此，工业纯铁的室温组织全部为 α 固溶体，即全部是铁素体，如图 4-5 所示。

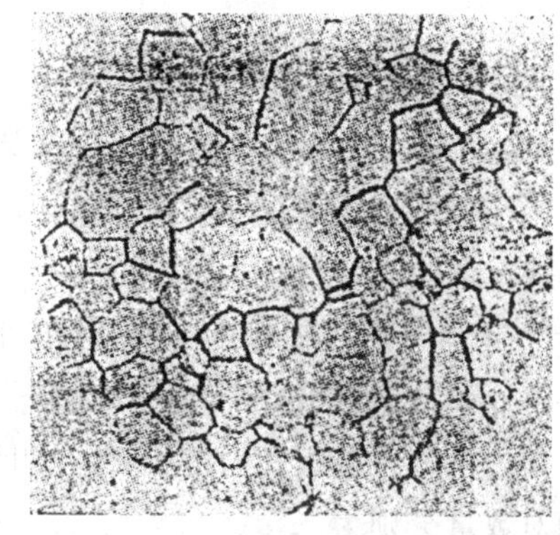

图 4-5　工业纯铁(w(C)＝0.01%)室温平衡状态显微组织(300×)

4.2.2 共析钢的结晶

它的冷却曲线和平衡结晶过程如图 4-6 所示。

1 点以上 合金全部为液体 L。

1—2 点 合金冷却到 1 点时开始在液体 L 中结晶出 γ 固溶体，随温度下降 γ 固溶体数量逐渐增多，到 2 点时合金全部为 γ 固溶体。

2—3 点 γ 固溶体量不变，只是因在较高温度下使 γ 固溶体成分更加均匀化。

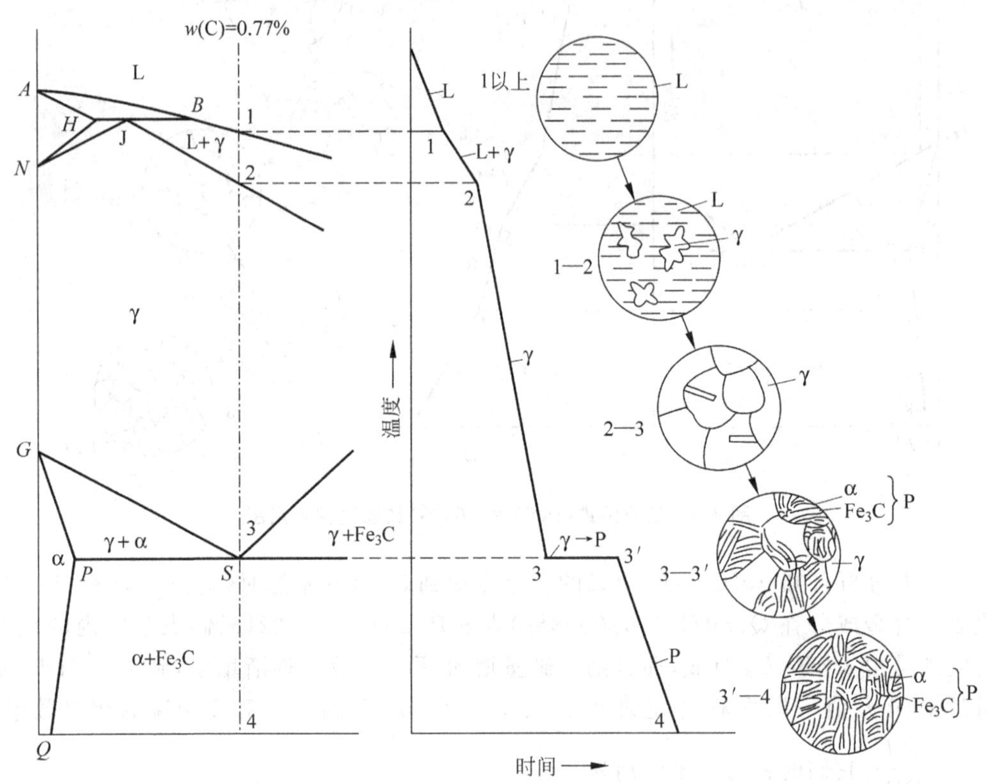

图 4-6 共析钢结晶过程示意图

3 点 此时成分为 S 点的 γ 固溶体在 727℃时发生了共析反应，即 $\gamma_S \xrightarrow{727℃} \alpha_P + Fe_3C$。α 和 Fe_3C 呈片状相间存在，这种组织称为珠光体，用符号 P 表示。图 4-7 为珠光体组织在不同放大倍数下的特征。

3—4 点 随冷却温度下降，从 P 中的 α 固溶体中，同样可析出 $Fe_3C_{Ⅲ}$，其量也更少，可忽略不计。室温下 $w(C)=0.77\%$的合金组织是 P，且呈片状。

共析钢的室温组织全部为 P，在组织 P 中的相组成物分别是 α 和 Fe_3C，它们在室温下的相对数量分别为

$$\frac{\alpha}{Fe_3C} = \frac{4L}{Q4}$$

$$\alpha = \frac{4L}{QL} \times 100\% = \frac{6.69 - 0.77}{6.69 - 0.0008} \times 100\% \approx 88\%$$

$$Fe_3C = \frac{Q4}{QL} \times 100\% = \frac{0.77 - 0.0008}{6.69 - 0.0008} \times 100\% \approx 12\%$$

或

$$Fe_3C = 1 - 88\% = 12\%$$

由此可看出，P中α固溶体占有88%，是绝大多数，常作为合金的基体。而Fe_3C只占12%，是少数，它呈片层状分布于α固溶体的基体内，起着强化作用。因P中α固溶体占大多数，所以P的性能更接近于α固溶体，P的硬度约为180HB，而不接近于Fe_3C的800HB。

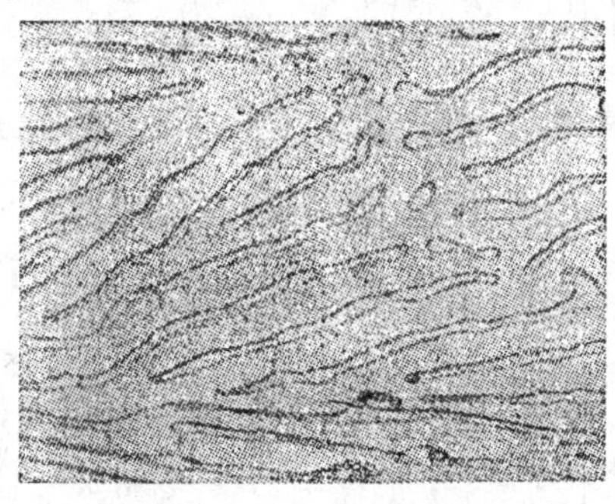

(2500×)

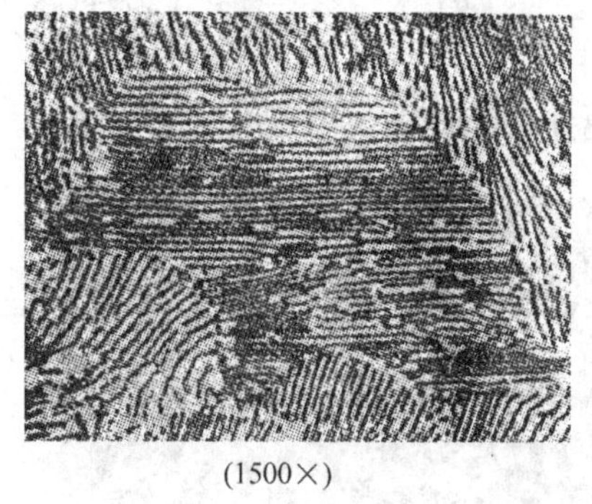

(1500×)

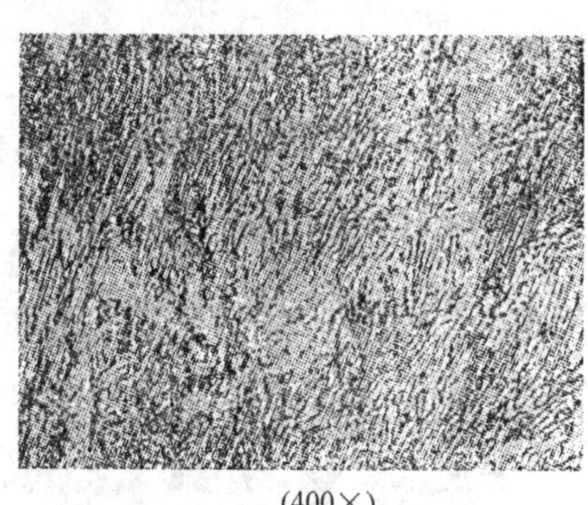

(400×)

图4-7 不同放大倍数下的珠光体组织特征

4.2.3 亚共析钢的结晶

w(C)＝0.0218%～0.77%的铁碳合金都属于亚共析钢，现以w(C)＝0.4%的合金为例，分析它的结晶过程，其冷却曲线如图4-8所示。图4-9为亚共析钢不同含碳量的显微组织。

1点以上 合金全部为液体L。

1—2点 从1点开始，随温度下降，在液体L中结晶出δ固溶体并逐渐增多，同时液体L和δ固溶体的成分分别沿着1B线和AH线变化。在2点时液体L的成分为B(C质量分数为0.53%)，δ固溶体的成分为H(C质量分数为0.09%)，其相对数量为$\frac{L_B}{\delta_H}=\frac{H2}{2B}$，并在1495℃产生包晶反应，即$L_B+\delta_H \xrightarrow{1495℃} \gamma_J$。当2点在$JB$范围内时，所有包晶转变后都有剩余的液体L。

2—3点 随温度下降，从剩余液体L中继续结晶出γ固溶体，到3点结晶完了，合金全部为γ固溶体。

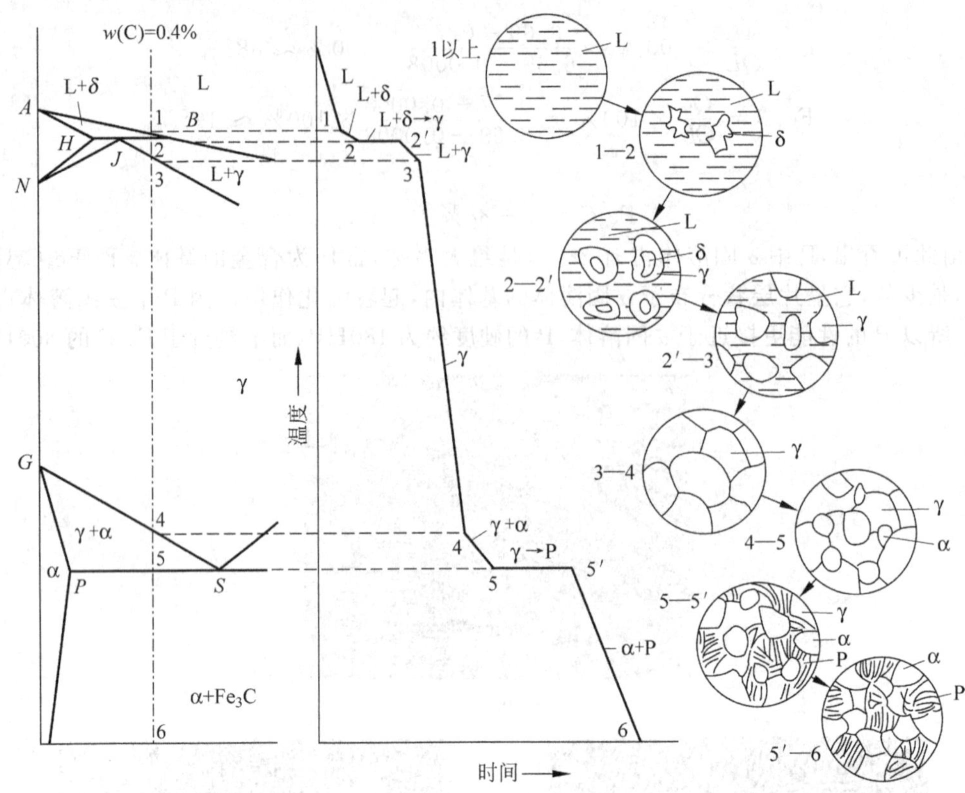

图 4-8　亚共析钢结晶过程示意图

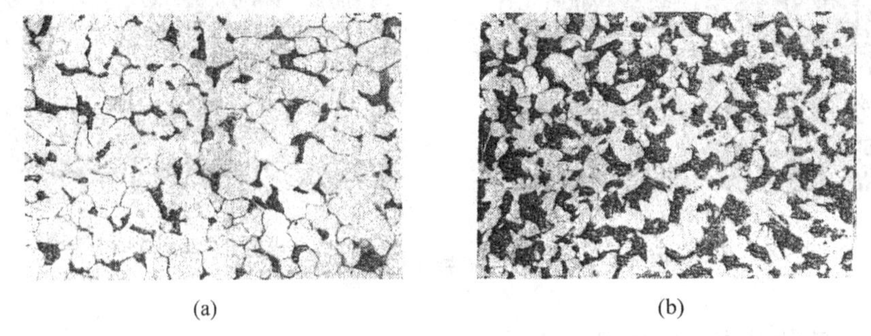

(a)　　(b)

图 4-9　亚共析钢室温显微组织(200×)

(a) 0.10%C；(b) 0.30%C

3—4 点　γ 固溶体数量不变，在高温下只是使 γ 固溶体成分更均匀化。

4—5 点　当合金冷却到 4 点时，开始从 γ 固溶体中析出 α 固溶体，随温度下降，其量逐渐增加；同时 γ 固溶体和 α 固溶体的成分分别沿着 4S 线和 GP 线变化。到 5 点时 γ 固溶体和 α 固溶体的成分分别为 S 点和 P 点，此时成分为 S 点的 γ 固溶体产生共析反应，即 $\gamma_S \xrightarrow{727℃} \alpha_P + Fe_3C$，成为 P。而 α 固溶体保留下来，因此 5 点后，合金的组织为 α 固溶体和 α 固溶体与渗碳体组成的 P。

5—6 点　需要指出的是，在该温度范围内，从单独 α 固溶体和 P 中的 α 固溶体中也都因温度下降、溶碳量降低而析出 $Fe_3C_{Ⅲ}$，但因其量很少，可忽略。因此，室温下 C 质量分数为 0.4%的合金得到的组织为 α＋P。经 HNO_3 酒精溶液腐蚀后，在显微镜下观察 α 固溶体呈白亮色块状，而P呈片层状，在低放大倍数下呈黑色块状。

室温下在亚共析钢中相(α、Fe_3C)和组织(α、P)的相对数量以及钢中含碳量的计算方法如下(还是以C质量分数为0.4%的合金为例)。

(1) 相(α、Fe_3C)的相对数量计算

这个合金在室温下的相为α和Fe_3C两个，可用杠杆定理计算，它们的相对数量为$\frac{\alpha}{Fe_3C}=\frac{6L}{Q6}$，若分别计算则为

$$\alpha=\frac{6L}{QL}\times 100\%=\frac{6.69-0.4}{6.69-0.0008}\times 100\%=94\%$$

$$Fe_3C=\frac{Q6}{QL}\times 100\%=\frac{0.4-0.0008}{6.69-0.0008}\times 100\%=6\%$$

或

$$Fe_3C=1-94\%=6\%$$

(2) 组织(α、P)的相对数量计算

C质量分数为0.4%的合金在室温下的组织为α和P，它们相对数量的计算方法，因为是组织组成物，不能直接用杠杆定理计算相对数量，但由于P是由γ固溶体转变得到，所以可选择在二相(α、γ)区内，把γ的相对量算出后即可得到P的数量。在二相α和γ区域内可用杠杆定理，它们的相对数量为$\frac{\alpha}{\gamma}=\frac{5S}{P5}$，再分别计算$\alpha$和$\gamma$量则为

$$\alpha=\frac{5S}{PS}\times 100\%=\frac{0.77-0.4}{0.77-0.0218}\times 100\%=49\%$$

$$\gamma=\frac{P5}{PS}\times 100\%=\frac{0.4-0.0218}{0.77-0.0218}\times 100\%=51\%$$

$$P=\gamma=51\% \quad 或 \quad P=1-49\%=51\%$$

由此也可算出C质量分数为0.4%的合金相(α、Fe_3C)的相对数量。因α固溶体已有49%单独存在，同时在51%的P中还有α固溶体，已知P中的α固溶体为88%，所以，α固溶体总量为49%+51%×88%=49%+44.88%≈94%。而Fe_3C量完全在51%的P中，已知P中Fe_3C量为12%，所以Fe_3C量为51%×12%=6.12%≈6%，此结果与计算方法(1)相同。

(3) 亚共析钢中含碳量的估算

在亚共析钢中根据显微镜下观察的组织中P的相对面积，可估算钢中含碳量的方法是：因为钢中α固溶体的含碳量很少，可忽略，这样可以认为钢中碳量完全存在于P中，而P的含量又为0.77%，因此钢中的含碳量可近似用下式计算，即钢中含碳量为$w(C)=P\%\times 0.77\%$。从已知含碳量为0.4%的钢中P的相对数量为51%，即可得到验证其含碳量为$w(C)=51\%\times 0.77\%\approx 0.39\%\approx 0.4\%$。

4.2.4 过共析钢的结晶

以C质量分数为1.2%的合金为例，分析它的冷却曲线和平衡结晶过程，如图4-10所示。

1点以上 合金全部为液体L。

1—2点 当合金冷却到1点时开始从液体L中结晶出γ固溶体。随温度下降，γ固溶体逐渐增多，到2点时γ固溶体结晶结束，合金冷却到2点后全部为γ固溶体。

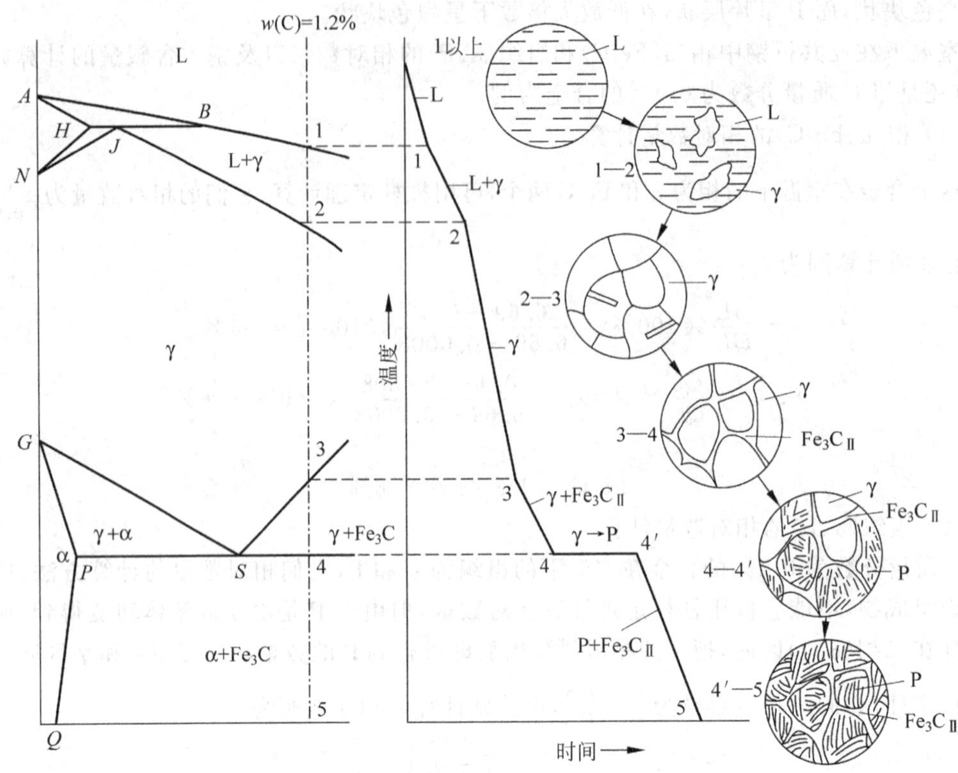

图 4-10 过共析钢结晶过程示意图

2—3 点 γ 固溶体数量不变，只是因在高温下使 γ 固溶体成分更加均匀化。

3—4 点 当合金冷却到 3 点时开始在 γ 固溶体的边界析出 Fe_3C，它被称为 $Fe_3C_{Ⅱ}$。随温度下降，合金中 Fe_3C 量逐渐增加，而 γ 固溶体中含碳量沿着 3S 线变化，到 4 点时 γ 固溶体的成分为 S 点，结果又发生了共析转变，即 $\gamma_S \xrightarrow{727℃} \alpha_P + Fe_3C$，成为 P。

4—5 点 4 点反应后的组织为 $P+Fe_3C_{Ⅱ}$，直到 5 点的室温都是 $P+Fe_3C_{Ⅱ}$。因为 $Fe_3C_{Ⅱ}$ 是从 γ 固溶体中析出，并分布于其边界处，所以在室温下的组织为 $Fe_3C_{Ⅱ}$ 呈网状分布在片状 P 的周围。当然 P 中的 α 固溶体也析出 $Fe_3C_{Ⅲ}$，但其量非常少，可忽略。过共析钢室温的显微组织如图 4-11 所示。

C 质量分数为 1.2% 的钢在室温下的组织为 $P+Fe_3C_{Ⅱ}$，若算出其相对数量，同样要选择在二相(α、γ)区 4 点以上范围内。用杠杆定理算出 γ 固溶体的相对数量后，经共析转变成 P。因此，$P+Fe_3C_{Ⅱ}$ 的相对数量则为 $\frac{P}{Fe_3C_{Ⅱ}}=\frac{\gamma}{Fe_3C}=\frac{4K}{4S}$，再分别算出：

$$P=\gamma=\frac{4K}{SK}\times 100\%=\frac{6.69-1.2}{6.69-0.77}\times 100\%=93\%$$

$$Fe_3C_{Ⅱ}=Fe_3C=\frac{S4}{SK}\times 100\%=\frac{1.2-0.77}{6.69-0.77}\times 100\%=7\%$$

或

$$Fe_3C_{Ⅱ}=1-93\%=7\%$$

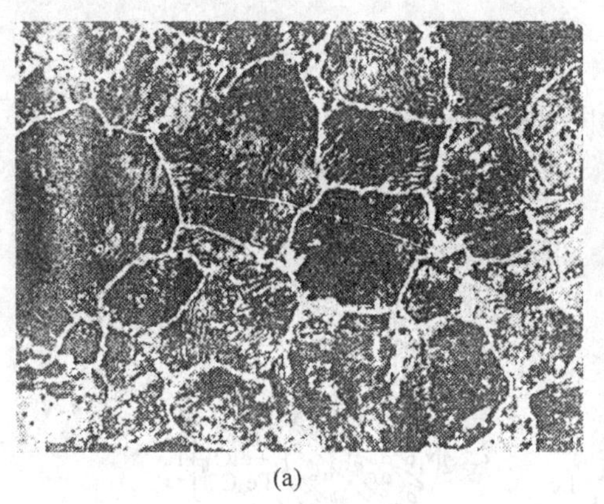
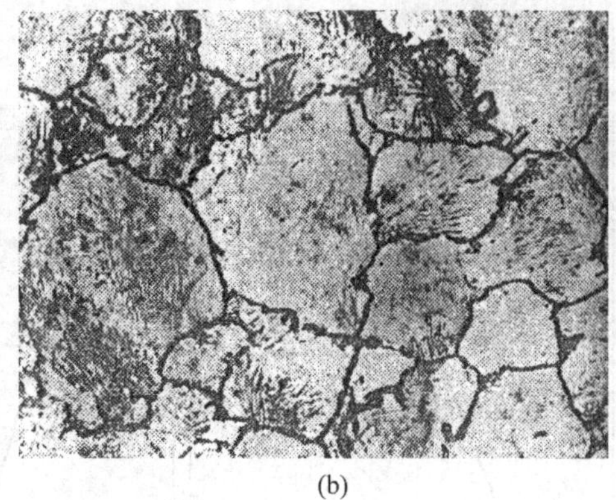

(a) (b)

图 4-11 过共析钢的显微组织

(a) 4%硝酸酒精浸蚀(300×)(P呈黑色块状，Fe_3C_{II}呈白色网状)；
(b) 碱性苦味酸钠溶液浸蚀(300×)(P呈白色块状，Fe_3C_{II}呈黑色网状)

C质量分数为1.2%的钢在室温下的相组成物为$\alpha+Fe_3C$，其相对数量为$\frac{\alpha}{Fe_3C}=\frac{5L}{Q5}$，再分别算出：

$$\alpha=\frac{5L}{QL}\times 100\%=\frac{6.69-1.2}{6.69-0.0008}\times 100\%=82\%$$

$$Fe_3C=\frac{Q5}{QL}\times 100\%=\frac{1.2-0.0008}{6.69-0.0008}\times 100\%=18\%$$

或

$$Fe_3C=1-82\%=18\%$$

4.2.5 共晶白口铸铁的结晶

C质量分数为4.3%的共晶白口铸铁的冷却曲线和平衡结晶过程如图4-12所示。

1点 C质量分数为4.3%的合金发生共晶反应，即$L_C \xrightarrow{1147℃} \gamma_E+Fe_3C$，这种混合物称为莱氏体，用Le表示。

1—2点 随温度下降，从Le中的γ固溶体逐渐析出Fe_3C_{II}，并分布在γ固溶体周围，但与Le中的Fe_3C连成一片，到2点时Le是由$\gamma_S+Fe_3C_{II}+Fe_3C$组成。

2—3点 在2点发生共析转变$\gamma_S \rightarrow P$后，莱氏体是由$P+Fe_3C_{II}+Fe_3C$组成，这种莱氏体称为变态莱氏体，用Le′表示。因此，共晶白口铸铁在室温下的组织只有变态莱氏体Le′，如图4-13所示。

C质量分数为4.3%的合金在室温下的组织和相组成物如下。

组织组成物 $Le'(P+Fe_3C_{II}+Fe_3C)$，100%

相组成物 $\alpha+Fe_3C$，其相对数量$\frac{\alpha}{Fe_3C}=\frac{3L}{Q3}$，再分别求出：

$$\alpha=\frac{3L}{QL}\times 100\%=\frac{6.69-4.3}{6.69-0.0008}\times 100\%=36\%$$

$$Fe_3C=\frac{Q3}{QL}\times 100\%=\frac{4.3-0.0008}{6.69-0.0008}\times 100\%=64\%$$

或

$$Fe_3C=1-36\%=64\%$$

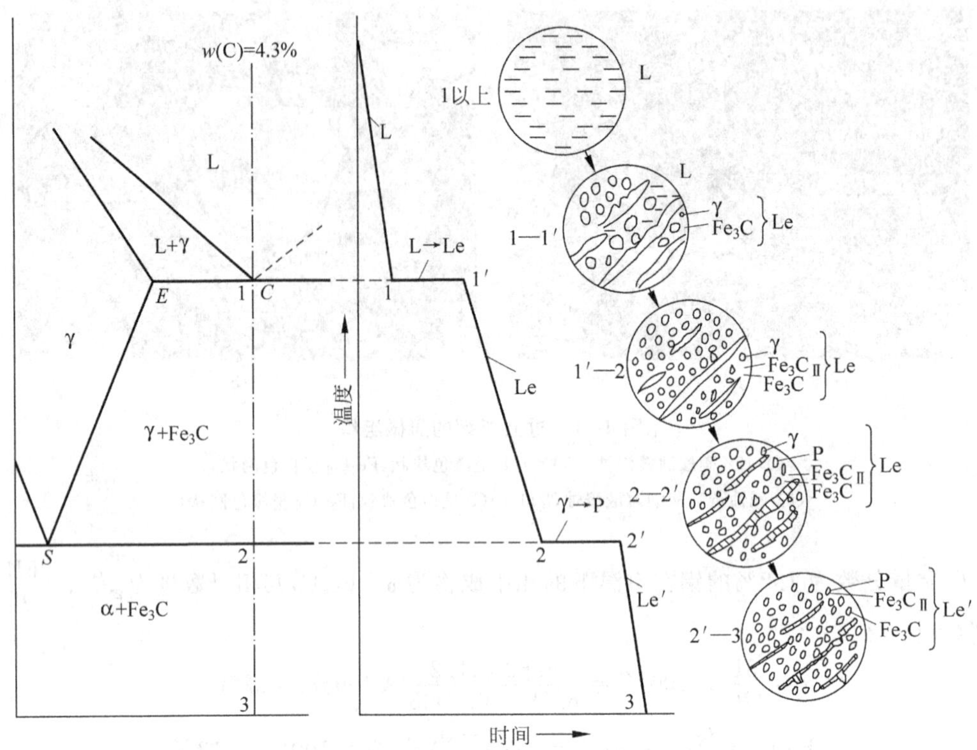

图 4-12 共晶白口铸铁结晶过程示意图

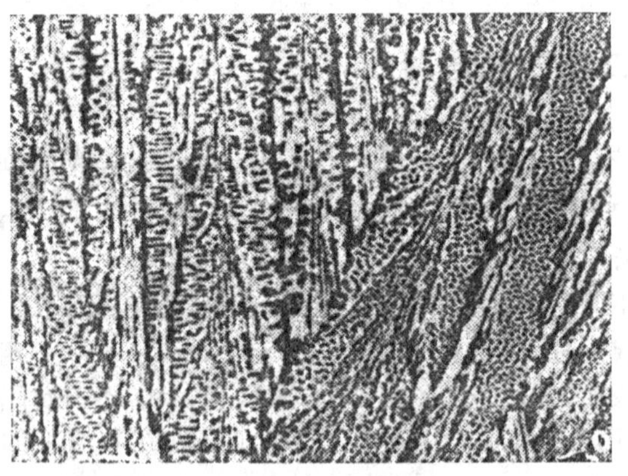

图 4-13 共晶白口铸铁的显微组织(250×)

从共晶白口铸铁的相组成物中可了解到其中的 Fe_3C 占 64%,是绝大部分,形成基体,而 α 固溶体只占 36%,是少部分。因为 Fe_3C 是大部分,且为基体,它的性能是硬而脆,所以白口铸铁的硬度很高,但很脆。

4.2.6 亚共晶白口铸铁的结晶

以 C 质量分数为 3.0%的合金为例,它的冷却曲线和平衡结晶过程如图 4-14 所示。

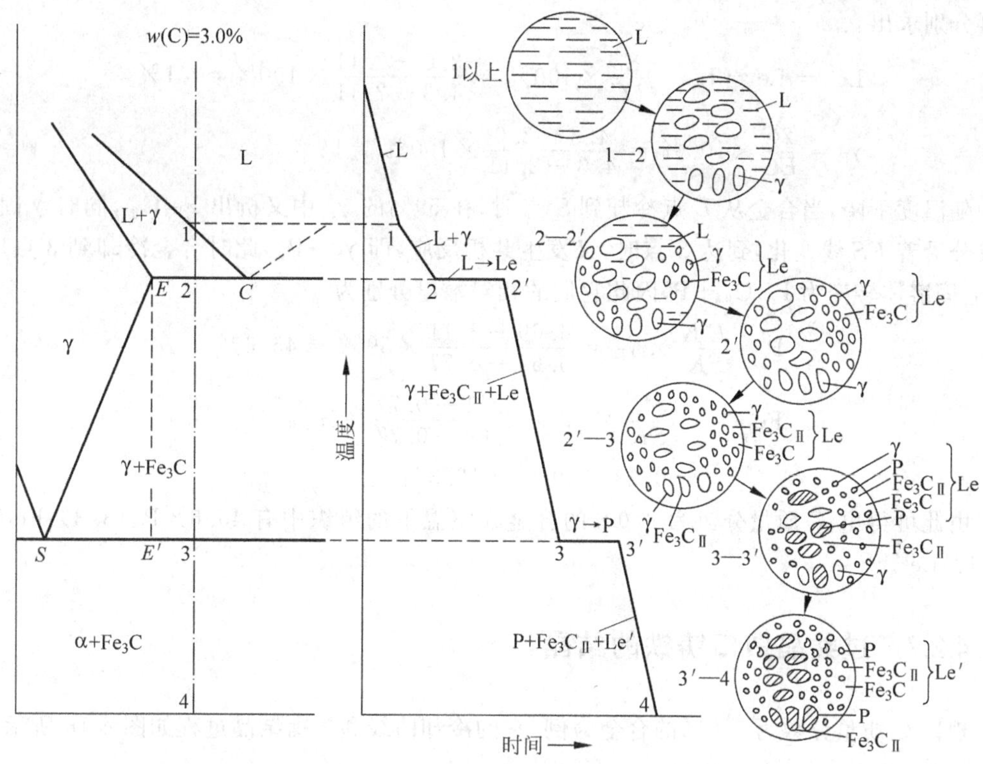

图 4-14 亚共晶白口铸铁结晶过程示意图

1 点以上 合金全部为液体 L。

1—2 点 冷却到 1 点时，开始从液体 L 中结晶出 γ 固溶体。随温度下降 γ 固溶体逐渐增加，到 2 点时合金中的液体成分为 C 点，而 γ 固溶体成分为 E 点，此时$\frac{L_C}{\gamma_E}=\frac{E2}{2C}$，而相对数量为$\frac{E2}{EC}$的 L_C 发生共晶反应，$L_C \xrightarrow{1148℃} (\gamma_E + Fe_3C)Le$。

2—3 点 2 点反应后合金中有 γ_E 固溶体和 Le，随温度下降，从 γ 固溶体和 Le 中的 γ 固溶体中析出 $Fe_3C_{Ⅱ}$，同时 γ 固溶体的成分沿着 ES 线变化，到 3 点时发生共析反应，即发生 $\gamma_S \xrightarrow{727℃} P(\alpha + Fe_3C)$。

3—4 点 3 点后合金的组织为 $P + Fe_3C_{Ⅱ} + Le'(P + Fe_3C_{Ⅱ} + Fe_3C)$。直到室温，组织不再发生变化。

亚共晶白口铸铁在室温下的显微组织如图 4-15 所示。

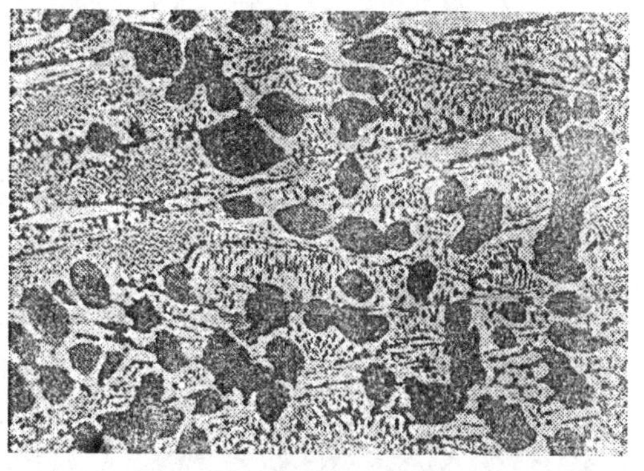

图 4-15 C 质量分数为 3.0%的亚共晶白口铸铁的显微组织(200×)

根据杠杆定理可算出 C 质量分数为 3.0%的合金在室温下的组织 $P+Fe_3C_{Ⅱ}+Le'$ 的相对数量。因为 Le′是由 Le 转变而得，Le 又是从 L 得来，而 P 和 $Fe_3C_{Ⅱ}$ 是从高温中 γ_E 固溶体经冷却而得。在高温下，$\frac{L_C}{\gamma_E}=\frac{E2}{2C}$，可再分别求出：

$$\mathrm{Le}' = \mathrm{Le} = \mathrm{L}_C = \frac{E2}{EC} \times 100\% = \frac{3.0 - 2.11}{4.3 - 2.11} \times 100\% = 41\%$$

$$\gamma_E = \frac{2C}{EC} \times 100\% = \frac{4.3 - 3.0}{4.3 - 2.11} \times 100\% = 59\%$$

随温度下降，当合金从 E 点冷却到 S 点时，在 59% 的 γ_E 中又析出 Fe_3C_{II}，同时 γ 固溶体成分沿着 ES 线变化，到达 S 点时，又发生共析反应，即 $\gamma_S \rightarrow \mathrm{P}$。此时合金冷却到 3 点后，从 γ_E 固溶体转变为 $Fe_3C_{\mathrm{II}}+\mathrm{P}$，因此它们的相对数量分别为

$$\mathrm{P} = \frac{E'K}{SK} \times \gamma_E = \frac{6.69 - 2.11}{6.69 - 0.77} \times 59\% = 45.6\%$$

$$Fe_3C_{\mathrm{II}} = \frac{SE'}{SK} \times \gamma_E = \frac{2.11 - 0.77}{6.69 - 0.77} \times 59\% = 0.23 \times 59\% = 13.3\%$$

由此可得出，C 质量分数为 3.0% 的合金在室温下的组织中有 45.6%P、13.3%Fe_3C_{II} 和 41%Le′。

4.2.7 过共晶白口铸铁的结晶

现以 C 质量分数为 5.0% 的合金为例，它的冷却曲线和平衡结晶过程如图 4-16 所示。

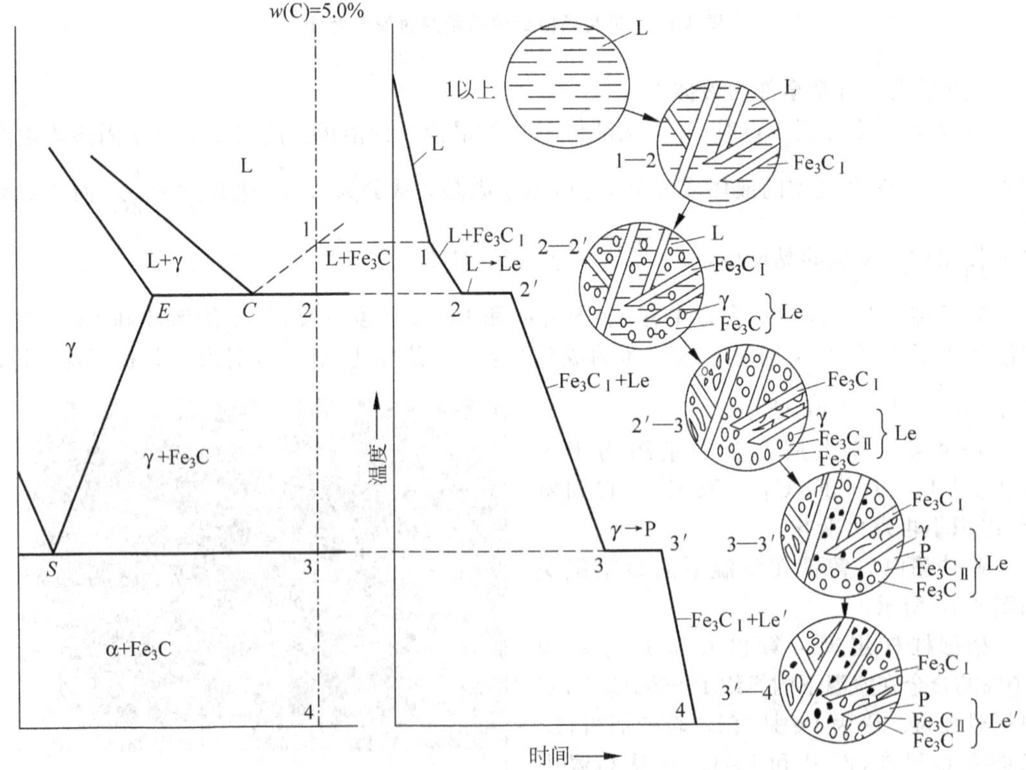

图 4-16 过共晶白口铸铁结晶过程示意图

1点以上 合金全部为液相L。

1—2点 从1点开始在液体L中结晶出Fe_3C,称为$Fe_3C_Ⅰ$。冷却到2点时液体L的成分为C点,并发生共晶反应,即$L_C \xrightarrow{1148℃} Le(\gamma_E + Fe_3C)$。

2—3点 2点共晶反应后组织中有Le和$Fe_3C_Ⅰ$。随温度下降,从Le中的γ固溶体中析出$Fe_3C_Ⅱ$,而$Fe_3C_Ⅰ$量不变。到3点时γ固溶体成分为S点,并发生共析反应$\gamma_S \xrightarrow{727℃} P$。

3—4点 随温度下降,可从Le'中的α固溶体中析出$Fe_3C_Ⅲ$,但数量非常少,可忽略。到4点室温时的组织为Le'和$Fe_3C_Ⅰ$,其显微组织如图4-17所示。

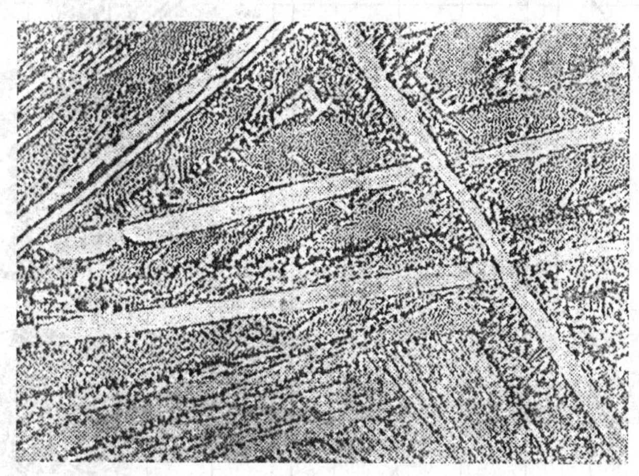

图4-17 过共晶白口铸铁的显微组织(250×)

根据杠杆定理可算出它们的相对数量。

组织组成物 Le'和$Fe_3C_Ⅰ$,它们的相对数量可用$\frac{L_C}{Fe_3C}=\frac{2F}{C2}$求出。再分别求出:

$$Le' = Le = \frac{2F}{CF} \times 100\% = \frac{6.69-5.0}{6.69-4.3} \times 100\% = 71\%$$

$$Fe_3C_Ⅰ = Fe_3C = \frac{C2}{CF} \times 100\% = \frac{5.0-4.3}{6.69-4.3} \times 100\% = 29\%$$

相组成物 α和Fe_3C,它们的相对数量可用$\frac{\alpha}{Fe_3C}=\frac{4L}{Q4}$求出,再分别算出:

$$\alpha = \frac{4L}{QL} \times 100\% = \frac{6.69-5.0}{6.69-0.0008} \times 100\% = 25.3\%$$

$$Fe_3C = \frac{Q4}{QL} \times 100\% = \frac{5.0-0.0008}{6.69-0.0008} \times 100\% = 74.7\%$$

综上所述,根据在Fe-Fe_3C相图中对各种典型合金结晶过程的分析,可了解到在不同成分和不同温度下,可得到不同的Fe-C合金组织,结果得到了如图4-18所示的以组织组成物形式表示的Fe-Fe_3C相图。这种Fe-Fe_3C相图是根据所得到的组织而形成的相图,它是由组织组成物所标注的Fe-Fe_3C相图。这种相图更具有实际使用价值,特别是在生产实践中有很重要的指导意义。

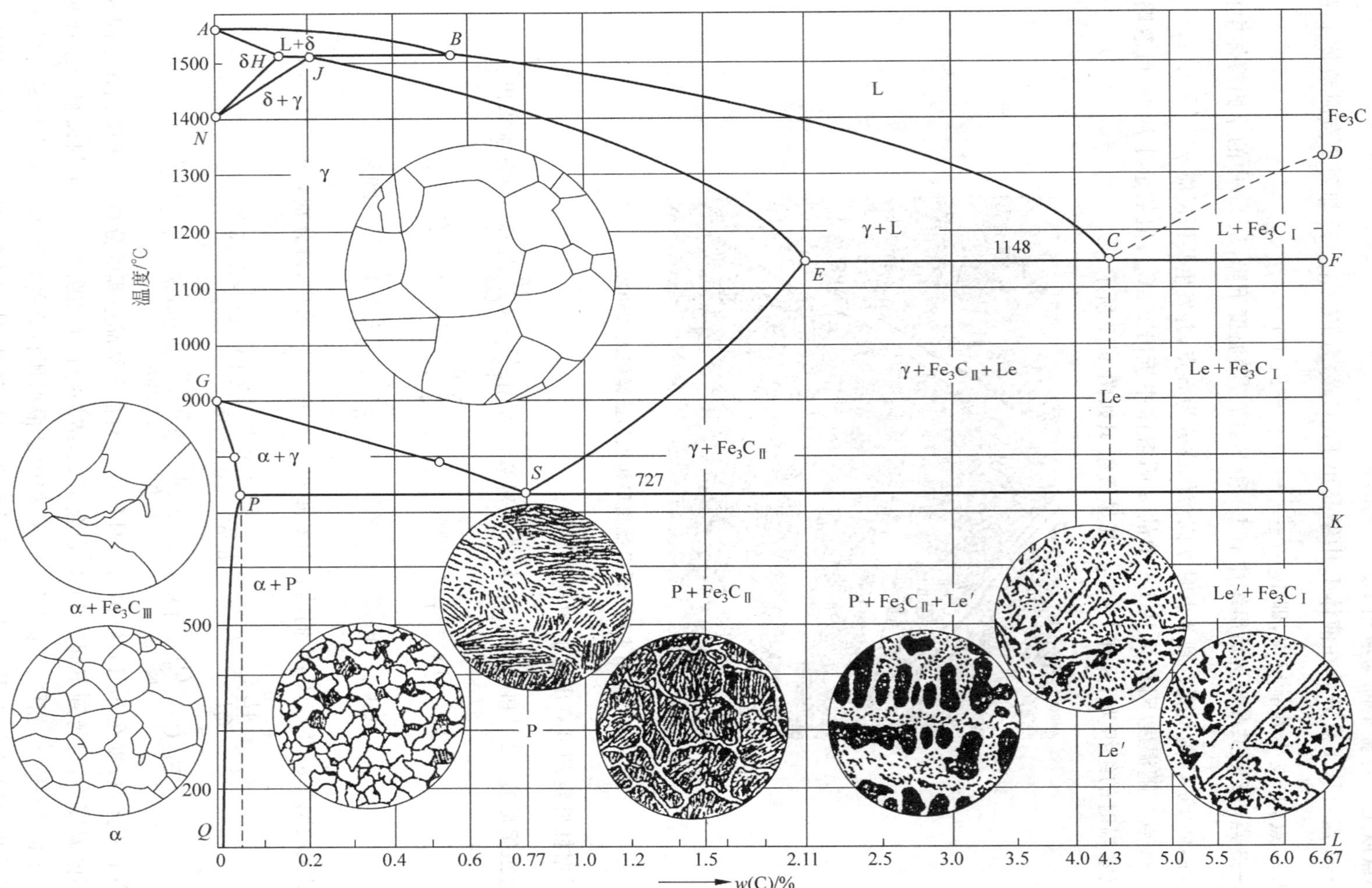

图 4-18 以组织组成物表示的 $Fe-Fe_3C$ 相图

4.2.8　碳对铁碳合金的组织和性能的影响

在 Fe-Fe_3C 相图中，根据杠杆定理可知，铁碳合金随含碳量增加，组织中 Fe_3C 数量也增多。因为 α 固溶体硬度低，塑性好，而 Fe_3C 又硬而脆，所以它们的相对数量和分布状况等对铁碳合金的性能有重要影响，特别是 Fe_3C 的数量和分布形态对合金机械性能的影响更显著。

在以 α 固溶体为基体的铁碳合金中，Fe_3C 的出现，一般是起着强化的作用，其规律是它的数量越多、越细小和分布越均匀，则钢的强度越高，即含碳量增加，强度升高，直到C质量分数达到 0.8%左右，强度达到最高值。当含碳量超过共析成分后，由于强度很低的 Fe_3C 沿着P晶界出现，使钢的强度增加变慢。当C质量分数超过 0.9%时 Fe_3C 在P晶界形成网状，易产生裂纹，使钢的强度降低。结果形成了如图 4-19 所示的钢中含碳量和机械性能的关系曲线。

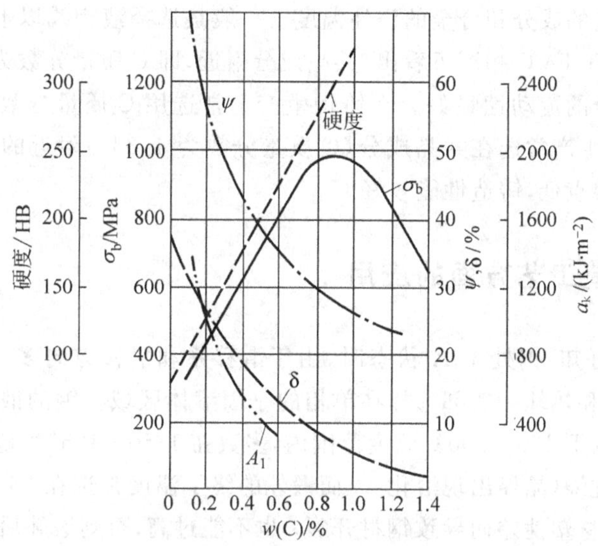

图 4-19　含碳量对钢的机械性能的影响(热轧空冷状态)

当合金中含碳量增加较多时，形成以 Fe_3C 为基体的白口铸铁时其塑性和韧性就大大降低了，这就是过共析钢和白口铸铁脆性高的原因。

为了保证工业用钢具有足够的强度及一定的塑性和韧性，钢中 Fe_3C 数量不应过多，钢中含碳量一般不超过 1.3%。

4.3　Fe-Fe_3C 相图的应用

4.3.1　在选用材料方面的应用

根据 Fe-Fe_3C 相图中合金的成分、结构、组织和性能之间关系的变化规律，可为工程上选择材料提供依据。

低碳钢(C 质量分数为 0.10%～0.25%) 适用于要求塑性和韧性好的材料。例如,建筑结构、各种型钢和容器用钢等。

中碳钢(C 质量分数为 0.25%～0.60%) 适用于要求强度、塑性和韧性较好的材料。例如,各种机器零件等。

高碳钢(C 质量分数为 0.60%～1.3%) 适用于要求硬度高、耐磨性好的材料。例如,各种工具等。

白口铸铁 虽然有脆性,但硬度高,具有很好的耐磨能力。可用于需要耐磨而不受冲击的零件。例如,拉丝模、冷轧辊、犁铧和球磨机的铁球等。

4.3.2 在铸造工艺方面的应用

根据合金在铸造时对流动性的要求,主要是依熔点低和结晶温度区间较小为好的原则,在相图上可选择合金的成分和合金的浇注温度。一般是选择液相线以上 50～100℃作为浇注温度为适宜。从 $Fe\text{-}Fe_3C$ 相图可看出,共晶成分附近,即 C 质量分数为 4.3%成分附近和接近纯铁成分的合金的流动性最好。在铸钢生产上常选用 C 质量分数为0.15%～0.60%成分的合金,而铸铁生产常选在共晶成分(C 质量分数为 4.3%)附近的合金。因为它们的结晶温度区间小或熔点低,铸造性能较好。

4.3.3 在锻造工艺方面的应用

在塑性变形中可知,钢处于 A 状态时,由于滑移系和滑移方向多,具有较好的变形能力。因此,钢的锻造和热轧一般都选择在单相的 γ 固溶体区域。钢的锻造和热轧的开始温度常选择在固相线以下 100～200℃温度范围内,多数在 1150～1250℃范围内,不能高,否则钢材会过于氧化或过烧(晶界出现溶化)。而锻轧的终了温度常选在 750～850℃范围内,不能过低,否则会因钢材塑性差而导致钢材开裂;也不能过高,否则锻轧后再结晶可引起 γ 固溶体的晶粒粗大,使钢材性能变坏。一般是亚共析钢取接近上限温度,否则可能有带状分布的铁素体出现,使性能变坏。而过共析钢取接近下限温度。

4.3.4 在热处理工艺方面的应用

$Fe\text{-}Fe_3C$ 相图对于钢的热处理工艺有着很重要的意义。特别是在钢的热处理时可作为选择加热温度的根据,没有 $Fe\text{-}Fe_3C$ 相图,钢的热处理将无法或很难进行。

4.4 碳钢

碳钢容易冶炼和加工,并且具有一定的机械性能,在一般情况下,它能够满足工农业生产的要求,加之价格低廉,所以在国民经济各部门得到广泛的应用。为了合理选择和正确使用各种碳钢,必须对碳钢深入分析和了解。

4.4.1 碳钢中的常存杂质

在碳钢的生产冶炼过程中，由于炼钢原材料的带入和工艺的需要，而有意加入一些物质，使钢中有些常存杂质元素，它们主要有 Mn、Si、S 和 P 四种。

(1) 锰　锰是由炼钢时使用锰铁脱氧而带入的。锰具有较强的脱氧能力，同时还能减少钢中的含硫量。在炼钢时脱氧和脱硫过程中，都需要加入 Mn，它们在钢中发生下列反应：

$$Mn+FeO \longrightarrow Fe+MnO$$（进入溶渣排出）

$$Mn+FeS \longrightarrow Fe+MnS$$

为保证炼钢时的脱氧和脱硫能力，必须加入一定数量的锰，而且还要保证有剩余。通常在碳钢中有质量分数为0.25%～0.8%的 Mn。锰能溶入 α 固溶体，形成置换固溶体，对钢起强化作用，使钢的强度和硬度增加。锰还可溶入 Fe_3C，使之形成合金渗碳体 $(FeMn)_3C$，这些都使钢的强度提高。锰是钢中的有益元素。

(2) 硅　硅是炼钢时的主要脱氧剂，比锰的脱氧能力更强。它在钢中发生下列反应：

$$Si+2FeO \longrightarrow 2Fe+SiO_2$$（进入溶渣排出）

硅能有效消除钢中的 FeO，改善钢的品质。一般在碳钢中含硅量<0.35%，钢中的 Si 绝大部分溶入 α 固溶体，使其强化，从而提高了钢的强度。硅在钢中是有益元素。

(3) 硫　硫是在炼钢时由原材料矿石和燃料而带入。硫不溶于铁，常以化合物 FeS 形式存在，并与 Fe 形成低熔点(985℃)的共晶体(Fe+FeS)，分布于 γ 固溶体晶界上，在热加工时由于共晶体的熔化，沿 γ 固溶体晶界开裂，钢的脆性增加，这种现象称为热脆性。

钢中加锰可消除和减少硫的有害作用。因为锰和硫化合形成 MnS，它的熔点高达1625℃，在铸态下呈颗粒状分布于晶粒中，高温时有一定的塑性，所以锰能消除钢的热脆性。硫对改善钢的切削加工性有一定的作用。

(4) 磷　磷是在炼钢时由原材料矿石和生铁而带入，能溶入 α 固溶体，使其强化，从而使钢的强度和硬度提高；但在室温下使钢的塑性和韧性降低，特别是低温时更为严重，这种现象称为冷脆性。磷的存在使钢的焊接性能变坏，因此在钢中磷是有害杂质，必须严格控制。

4.4.2 碳钢的分类、编号和用途

钢的品种很多，为便于生产、使用和管理，将钢加以分类和编号。

碳钢主要有以下几种分类方法：

(1) 按钢的含碳量分
- 低碳钢　$w(C) \leqslant 0.25\%$
- 中碳钢　$w(C)=0.25\%\sim0.60\%$
- 高碳钢　$w(C)>0.60\%$

(2) 按钢的质量分
- 普通碳素钢　$w(S) \leqslant 0.055\%$，$w(P) \leqslant 0.045\%$
- 优质碳素钢　$w(S) \leqslant 0.040\%$，$w(P) \leqslant 0.040\%$
- 高级优质碳素钢　$w(S) \leqslant 0.030\%$，$w(P) \leqslant 0.035\%$

(3) 按用途分
- 碳素结构钢——用于制造各种工程构件(如桥梁、船舶、建筑构件等)和机械零件(如齿轮、轴、连杆等)
- 碳素工具钢——用于制造各种工具(如刃具、量具等)

下面介绍碳钢的编号和用途。

(1) 碳素结构钢　这类钢主要是保证机械性能。

根据国家标准 GB 700—2006 对于普通碳素钢的牌号表示方法及符号作了如下规定，钢的牌号由代表屈服点的字母、屈服点数值、质量等级和脱氧方法四个部分按顺序组成。例如，Q235-A、F，Q 为钢材层服点“屈”字汉语拼音首位字母；数字为屈服点 235MPa；A、B、C 和 D 分别为质量等级，表示含 S、P 量不同，A 级含 S、P 量高……D 级含 S、P 量低；F 为沸腾钢，b 为半镇静钢，Z 为镇静钢，TZ 为特殊镇静钢。但在组成方法中 Z 和 TZ 符号按规定予以省略。

表 4-2 和表 4-3 分别列出了碳素结构钢的牌号、等级、化学成分、脱氧方法和机械性能。

表 4-2　碳素结构钢牌号及化学成分(摘自 GB/T 700—2006)

牌　号	等　级	化学成分(%)，不大于					脱氧方法
		w_C	w_{Mn}	w_{Si}	w_S	w_P	
Q195	—	0.12	0.50	0.30	0.040	0.035	F、Z
Q215	A	0.15	1.20	0.35	0.050	0.045	F、Z
	B				0.045		
Q235	A	0.22	1.40	0.35	0.050	0.045	F、Z
	B	0.20			0.045		
	C	0.17			0.040	0.040	Z
	D				0.035	0.035	TZ
Q275	A	0.24	1.50	0.35	0.050	0.045	F、Z
	B	0.22			0.045		Z
	C	0.20			0.040	0.040	Z
	D				0.035	0.035	TZ

表 4-3　碳素结构钢力学性能(摘自 GB/T 700—2006)

牌号	等级	拉　伸　试　验													冲击试验	
		屈服点 σ_s/MPa						抗拉强度 σ_b/MPa	断后伸长率 δ_5(%)					温度/℃	V 形冲击吸收功(纵向) A_K/J
		钢材厚度(直径)/mm							钢材厚度(直径)/mm						
		≤16	>16～40	>40～60	>60～100	>100～150	>150～200		≤40	>40～60	>60～100	>100～150	>150～200		
		不小于							不小于						不小于
Q195	—	195	185	—	—	—	—	315～430	33	—	—	—	—	—	—
Q215	A	215	205	195	185	175	165	335～450	31	30	29	27	26	—	—
	B													20	27
Q235	A	235	225	215	215	195	185	370～500	26	25	24	22	21	—	—
	B													20	27
	C													0	
	D													−20	
Q275	A	275	265	255	245	225	215	410～540	22	21	20	18	17	—	—
	B													+20	27
	C													0	
	D													−20	

碳素结构钢在一般情况下都不进行热处理，在供应状态下直接使用。

Q195、Q215和Q235　由于碳量少，有一定的强度，塑性好和焊接性能好。常轧制成型材、薄板、钢筋和焊接钢管等。可用于桥梁、建筑等结构用钢，也可制造普通的铆钉、螺钉、螺母、垫圈、地角螺栓、轴套和销轴等。

Q275　强度较高，塑性和韧性较好，可进行焊接。通常轧制成型钢、条钢和钢板作结构件以及制造连杆、键、销、简单机械上的齿轮和联轴等。

(2) 优质碳素结构钢　这类钢是保证它的化学成分和机械性能。

根据国家标准GB/T 699—1999对优质碳素结构钢作如下规定，其牌号是采用两位数字表示钢中的平均含碳量的万分之几。例如，45钢，表示钢中平均含碳量为0.45%；08钢，表示钢中平均含碳量为0.08%。这类钢还有含锰量较高的，需将锰元素标出。例如，平均含碳量为0.45%，含锰量为0.70%～1.00%的钢，其钢号为45Mn或45锰。

由于优质碳素结构钢含S、P量较少，纯洁度、均匀度及表面质量都比较好，所以这类钢的塑性和韧性都较高。

优质碳素结构钢主要用于制造机器零件，一般都要经过热处理以提高其机械性能。它的产量大，价格便宜，应用广泛。

优质碳素结构钢的化学成分和机械性能分别列于表4-4和表4-5。

表4-4　优质碳素结构钢牌号和化学成分(摘自GB/T 699—1999)

序号	牌号	主要化学成分的质量分数/%							
		C	Si	Mn	P[①]	S[①]	Ni	Cr	Cu
1	08F	0.05～0.11	≤0.03	0.25～0.50	≤0.035	≤0.035	≤0.30	≤0.10	≤0.25
4[②]	08	0.05～0.11	0.17～0.37	0.35～0.65	≤0.035	≤0.035	≤0.30	≤0.10	≤0.25
5	10	0.07～0.13	0.17～0.37	0.35～0.65	≤0.035	≤0.035	≤0.30	≤0.15	≤0.25
7	20	0.17～0.23	0.17～0.37	0.35～0.65	≤0.035	≤0.035	≤0.30	≤0.25	≤0.25
11	40	0.37～0.44	0.17～0.37	0.50～0.80	≤0.035	≤0.035	≤0.30	≤0.25	≤0.25
12	45	0.42～0.50	0.17～0.37	0.50～0.80	≤0.035	≤0.035	≤0.30	≤0.25	≤0.25
15	60	0.57～0.65	0.17～0.37	0.50～0.80	≤0.035	≤0.035	≤0.30	≤0.25	≤0.25
16	65	0.62～0.70	0.17～0.37	0.50～0.80	≤0.035	≤0.035	≤0.30	≤0.25	≤0.25
20	85	0.82～0.90	0.17～0.37	0.50～0.80	≤0.035	≤0.035	≤0.30	≤0.25	≤0.25
22	20Mn	0.17～0.23	0.17～0.37	0.70～1.00	≤0.035	≤0.035	≤0.30	≤0.25	≤0.25
26	40Mn	0.37～0.44	0.17～0.37	0.70～1.00	≤0.035	≤0.035	≤0.30	≤0.25	≤0.25
27	45Mn	0.42～0.50	0.17～0.37	0.70～1.00	≤0.035	≤0.035	≤0.30	≤0.25	≤0.25
30	65Mn	0.62～0.70	0.17～0.37	0.90～1.20	≤0.035	≤0.035	≤0.30	≤0.25	≤0.25

注：① GB/T 699—1999规定，优质钢 $w(P)<0.035\%$，$w(S)<0.035\%$；高级优质钢 $w(P)<0.030\%$，$w(S)<0.030\%$；特级优质钢 $w(P)<0.025\%$，$w(S)<0.020\%$。

② 序号为原国标序号，下同。

表 4-5　优质碳素结构钢的力学性能和供应状态下的硬度值(摘自 GB/T 699—1999)

序号	牌号	试样毛坯尺寸/mm	推荐热处理			力学性能					钢材交货状态硬度/HB	
			正火温度/℃	淬火温度/℃	回火温度/℃	σ_b/MPa	σ_s/MPa	δ_5/%	ψ/%	$A_k(a_k)$/J	未热处理	退火钢
1	08F	25	930			≥295	≥175	≥35	≥60		≤131	
4	08	25	930			≥325	≥195	≥33	≥60		≤131	
5	10	25	930			≥335	≥205	≥31	≥55		≤137	
7	20	25	910			≥410	≥245	≥25	≥55		≤156	
11	40	25	860	840	600	≥570	≥335	≥19	≥45	47(6)	≤217	≤187
12	45	25	850	840	600	≥600	≥355	≥16	≥40	39(5)	≤229	≤197
15	60	25	810			≥675	≥400	≥12	≥35		≤255	≤229
16	65	25	810			≥695	≥410	≥10	≥30		≤255	≤229
20	85	试样		820	480	≥1130	≥980	≥6	≥30		≤302	≤255
22	20Mn	25	910			≥450	≥275	≥24	≥50		≤197	
26	40Mn	25	860	840	600	≥590	≥355	≥17	≥45	47(6)	≤229	≤207
27	45Mn	25	850	840	600	≥620	≥375	≥15	≥40	39(5)	≤241	≤217
30	65Mn	25	810			≥735	≥430	≥9	≥30		≤285	≤229

根据含碳量的不同，优质碳素结构钢的用途也不同。

08、08F、10、10F　塑性和韧性高，具有优良的冷成形性能和焊接性能。常冷轧成薄板。用于制造仪表外壳、汽车和拖拉机上的冷冲压件，如汽车和拖拉机驾驶室的蒙皮等。08F 和 10F 钢是在炼钢时只用 Mn 脱氧，因含 Si 量少，脱氧不完全，故钢中有大量的 FeO。同时因钢中有 C 原子，发生 $FeO+C \longrightarrow Fe+CO$ 反应，产生大量的 CO，可使钢水沸腾。钢中碳量少，在钢锭表面附近碳和杂质也较少，钢锭表面质量好，塑性好，适用于制作冷轧薄板。只有薄板用沸腾钢，其他结构钢都是用镇静钢。

15、20、25 钢　用于制作尺寸较小、负荷较轻、表面要求耐磨、心部强度要求不高的渗碳零件，如活塞销、样板等。

30、35、40、45、50 钢　经热处理(淬火＋高温回火)后具有较好的综合机械性能，即具有较高的强度和较好的韧性。用于制造轴类零件，例如，40、45 钢制作汽车及拖拉机的曲轴、连杆，以及一般机床主轴、机床齿轮和其他受力不大的轴类零件。

55、60、65 钢　经热处理(淬火＋中温回火)后具有较高的弹性极限。常用于制作负荷不大、尺寸较小(截面尺寸＜12～15mm)的弹簧，如调压调速弹簧、柱塞弹簧、测力弹簧和冷卷弹簧等。

(3) 碳素工具钢　根据国家标准 GB/T 1298—2008 规定，这类钢的编号原则是在碳或 T 字的后面加数字来表示，数字表示钢中平均含碳量的千分之几。例如，T8、T10 分别表示钢中平均含碳量为 0.8%和 1.0%的碳素工具钢。若为高级优质碳素工具钢，则在钢号后面加“高”字或“A”字，例如，T12A 钢。碳素工具钢的化学成分和硬度列于表 4-6 中。

表 4-6 碳素工具钢的化学成分和硬度(摘自 GB/T 1298—2008)

<table>
<tr><th rowspan="2">钢 号</th><th colspan="5">主要化学成分的质量分数/%</th><th colspan="2">硬 度</th></tr>
<tr><th>C</th><th>Mn</th><th>Si</th><th>S</th><th>P</th><th>退火态/HBS</th><th>淬火态/HRC</th></tr>
<tr><td>T7</td><td>0.65～0.74</td><td rowspan="2">≤0.40</td><td rowspan="8">≤0.35</td><td rowspan="8">≤0.030</td><td rowspan="8">≤0.035</td><td>≤187</td><td rowspan="8">≥62</td></tr>
<tr><td>T8</td><td>0.75～0.84</td><td>≤187</td></tr>
<tr><td>T8Mn</td><td>0.80～0.90</td><td>0.40～0.60</td><td>≤187</td></tr>
<tr><td>T9</td><td>0.85～0.94</td><td rowspan="5">≤0.40</td><td>≤192</td></tr>
<tr><td>T10</td><td>0.95～1.04</td><td>≤197</td></tr>
<tr><td>T11</td><td>1.05～1.14</td><td>≤207</td></tr>
<tr><td>T12</td><td>1.15～1.24</td><td>≤207</td></tr>
<tr><td>T13</td><td>1.25～1.35</td><td>≤217</td></tr>
</table>

注:高级优质钢在牌号后加“A”;而且 S、P 含量分别≤0.02、≤0.03。

碳素工具钢经热处理(淬火+低温回火)后具有高硬度、耐磨等。因此用于制作各种工具,例如刃具、量具和模具等。

碳素工具钢由于含碳量的不同,也在不同场合下使用。

T7、T7A、T8、T8Mn 和 T8MnA 等 用于制造要求较高韧性、承受振动和冲击负荷的工具,例如,小型冲头、凿子、手锤、剪刀、镰刀、木工用锯和锻模等。

T9、T9A、T10、T10A、T11 和 T11A 等 用于制造要求中等韧性的工具,例如,钻头、丝锥、车刀、冲模、拉丝模、锯条、尺寸较小和形状简单的量规、塞规及样板等。

T12、T12A、T13 和 T13A 等 因为具有高硬度、高耐磨性,但韧性低,用于制造不受冲击的工具,例如,量规、塞规、样板、锉刀、刮刀和精车刀等。

(4) 铸钢 在机械制造工业中,有些零件形状比较复杂,难于通过锻造或切削加工成形,并且受力较大,对于机械性能要求较高,采用铸铁不能满足要求,因此采用铸钢件。例如,大型水压机的汽缸,上、下横梁和立柱,轧钢机的机架,汽车、拖拉机齿轮叉,气门摇臂等。

根据国家标准 GB 11352—1989 规定,铸钢代号用铸和钢二字的汉语拼音字头“ZG”表示,后面有两组数字,第一组数字代表最低屈服强度值(MPa),第二组数字代表最低抗拉强度值(MPa)。

铸造碳钢的牌号、化学成分、机械性能及应用举例分别列于表 4-7。

表 4-7 一般工程用铸造碳钢(摘自 GB 11352—1989)

牌 号	主要化学成分的质量分数/%					室温力学性能					用途举例
	C	Si	Mn	P	S	$\sigma_s(\sigma_{0.2})$/MPa	σ_b/MPa	δ/%	ψ/%	A_{KV}/J(α_{KU}/J·cm^2)	
ZG200-400	≤0.20	≤0.50	≤0.80	≤0.04		≥200	≥400	≥25	≥40	≥30(60)	有良好的塑性、韧性和焊接性。用于受力不大、要求韧性好的各种机械零件,如机座、变速箱壳等

续表

牌号	主要化学成分的质量分数/%					室温力学性能					用途举例
	C	Si	Mn	P	S	σ_s($\sigma_{0.2}$)/MPa	σ_b/MPa	δ/%	ψ/%	A_{KV}/J(α_{KU}/J·cm^2)	
ZG230-450	≤0.30	≤0.50	≤0.90	≤0.04		≥230	≥450	≥22	≥32	≥25(45)	有一定的强度和较好的塑性、韧性，焊接性良好。用于受力不大、要求韧性好的各种机械零件，如砧座、外壳、轴承盖、底板、阀体、犁柱等
ZG270-500	≤0.40	≤0.50	≤0.90	≤0.04		≥270	≥500	≥18	≥25	≥22(35)	有较高的强度和较好的塑性，铸造性良好，焊接性尚好，切削性好。用作轧钢机机架、轴承座、连杆、箱体、曲轴、缸体等
ZG310-570	≤0.50	≤0.60	≤0.90	≤0.04		≥310	≥570	≥15	≥21	≥15(30)	强度和切削性良好，塑性、韧性较低。用于载荷较高的零件，如大齿轮、缸体、制动轮、辊子等
ZG340-640	≤0.60	≤0.60	≤0.90	≤0.04		≥340	≥640	≥10	≥18	≥10(20)	有高的强度、硬度和耐磨性，可切削性中等，焊接性较差，流动性好，裂纹敏感性较大。用作齿轮、棘轮等

铸钢和铸铁相比，流动性差，而且在结晶过程中收缩率较大。为改善流动性，需采用较高的浇注温度。为防止铸钢件在结晶时收缩而开裂，除加大浇注冒口外，应严格限制铸钢成分。含碳量一般选在0.15%～0.60%范围以内，含碳量过高，塑性不足，会产生开裂。硫、磷含量最好限制在0.05%以下，因为硫有促进热裂的倾向，磷使钢的脆性增加。

铸钢件由于浇注温度高，铁素体晶粒粗大，且成粗大针状，使钢的塑性和韧性降低。因此铸钢件常采用正火或退火处理消除上述组织缺陷，改善性能，并消除铸造应力。

习题

1. 何谓金属的同素异构转变？试画出纯铁的结晶冷却曲线，并写出其同素异构转变的反应式。

2. α-Fe和γ-Fe的比容是怎样的？一根长度一定的纯铁丝，当从高温γ-Fe ⟶ 低温α-Fe转变时其长度将如何变化？

3. 什么是F、A、Fe_3C、P和Le′？并说明它们的结构、组织和性能各有何特点？

4. 画出 $Fe\text{-}Fe_3C$ 相图，标出各点、线的符号、成分、温度和各区的相和组织组成物。

5. 根据 $Fe\text{-}Fe_3C$ 相图，分别画出含碳量为 0.6%、0.77%、1.2%、3.0%、4.3%和 5.5%的缓冷至室温的冷却曲线和室温下的组织。

6. 指出下列名词的主要区别和组织特征：

(1) 莱氏体和变态莱氏体。

(2) $Fe_3C_{Ⅰ}$、$Fe_3C_{Ⅱ}$、$Fe_3C_{Ⅲ}$、$Fe_3C_{共析}$和 $Fe_3C_{共晶}$。

7. 根据 $Fe\text{-}Fe_3C$ 相图计算：

(1) 室温下，C 质量分数为 0.60%的钢中相和组织组成物的相对数量。($Fe_3C_{Ⅲ}$忽略)

(2) 室温下，C 质量分数为 1.2%的钢中相和组织组成物的相对数量。($Fe_3C_{Ⅲ}$忽略)

(3) 室温下共晶白口铸铁中相和组织组成物的相对数量。

(4) 在 Fe-C 合金中，$Fe_3C_{Ⅱ}$和 $Fe_3C_{Ⅲ}$的最多百分含量是多少？

8. 工厂分两堆存放的碳素钢，因弄混钢号，从每堆中分别取样，经金相分析确定：一种钢中有 F+P，其中 P 的面积约占 40%；另一种钢中有 $P+Fe_3C_{Ⅱ}$，其中 P 的面积约占 93%。问这两种钢的含碳量大约是多少？相当于什么钢号？

9. 在 $Fe\text{-}Fe_3C$ 相图上标出锻造和铸造的大致温度范围，并说明其原因。

10. 钢中的常存杂质有哪些？它们对钢的性能有何影响？

11. 低碳钢、中碳钢和高碳钢是如何根据含碳量区分的？分别举例说明它们的用途。

12. 说明下列各种钢的类别、各牌号的含义和用途。

Q255-A•F、45、45Mn、T10、T10A、ZG270-500。

第5章 钢的热处理

前几章已讨论过金属和合金的性能决定于它们的化学成分、结构和组织。在合金中是用不同的化学成分得到不同的结构和组织，从而能够较好地满足工程上对使用性能和工艺性能的要求。本章主要讨论钢在不改变化学成分的条件下，用热处理的方法改变钢的结构和组织，以改善和提高钢的性能，进而满足工程上对性能的更高要求。

用热处理来改变金属材料性能是一种非常重要的工艺方法。例如，先将 T8 钢在 780℃加热，使之处于 A 状态，经适当保温烧透后用水冷却，结果它的硬度由 180HB 提高到 627～653HB(61～63HRC)，即提高了 3～4 倍。然后在 180℃保温 1～2h，冷却到室温，此时 T8 钢硬度可达到 613～640HB(60～62HRC)。由此可看出，金属材料通过加热、保温和冷却处理，也是提高其性能的重要途径。因此，在机械工业中，绝大部分的重要机器零件都要进行热处理。

钢的热处理是将钢通过加热、保温和冷却的方法，以改变其结构和组织，从而获得所需要性能的一种综合操作工艺过程。它可用温度-时间的关系曲线来表示，这条曲线称为热处理曲线，如图 5-1 所示。在热处理工艺过程中加热温度和冷却速度是两个最重要的工艺参数和手段，它们对热处理后钢的性能起着关键性的作用。

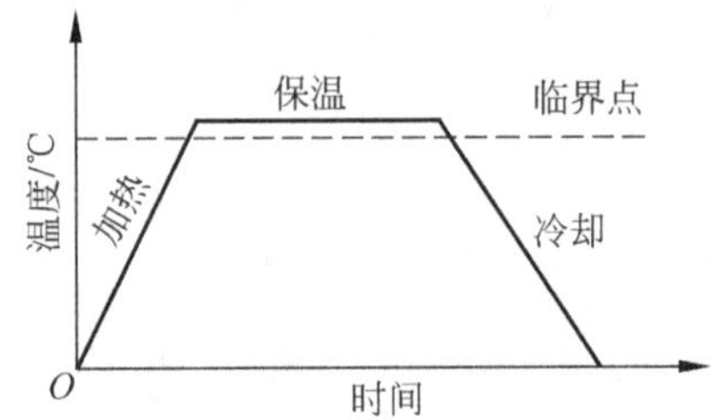

图 5-1　热处理工艺曲线示意图

钢能够进行热处理的条件是钢在加热、保温和冷却时其内部要发生结构和组织的变化，只有这样才能引起钢性能的变化，否则对钢进行热处理将毫无意义。对钢进行热处理的目的是提高和改善它的性能。热处理可使金属材料更充分发挥其性能的潜力，同时也扩大了应用范围。

5.1　钢的相变和临界点

根据 $Fe\text{-}Fe_3C$ 相图可知，钢在加热和冷却时都要经过 *PSK*、*GS* 和 *ES* 线，而且在 F、A 和 Fe_3C 之间有结构的相互转变，即它们之间有结构的变化。金属和合金的结构随温度而变化的现象称为相变。相变所在的温度称为临界点。在钢中常用 *A* 表示临界点。例如：

$\mathbf{A_0}$　表示 $Fe_3C_{铁磁} \xrightleftharpoons{230℃} Fe_3C_{顺磁}$ 转变。

$\mathbf{A_1}$　表示 $P \xrightleftharpoons{727℃} A$ 转变，在 *PSK* 线上。

A_2 表示α-$Fe_{铁磁}$或$F_{铁磁}\xrightleftharpoons{768℃}$α-$Fe_{顺磁}$或$F_{顺磁}$转变,在$MO$线上。

A_3 表示F向A溶解终了线或F从A析出开始线。A_3随成分而变化,并且只存在于亚共析钢。在GS线上。

A_{cm} 表示Fe_3C向A溶解终了线或Fe_3C从A析出开始线,在ES线上。A_{cm}也随成分而变化,并且只存在于过共析钢。

在钢的热处理中,因A_0和A_2属于磁性转变,没有结构和组织变化,通常不用。而常用的是A_1、A_3、A_{cm}三个临界点,在Fe-Fe_3C相图上由于是在无限缓慢冷却速度的条件下得到的,一般称为平衡临界点。实际上应该说,冷却速度越缓慢,所得的临界点越准确。它们虽具有平衡性质,但经常是偏离了平衡临界点,因为相的转变是在固态下铁原子和碳原子的重新排列与改组,原子间作用力大,使转变困难,所以更需要过热和过冷,加大自由能差(ΔF),以增加转变的动力。结果使A_1、A_3和A_{cm}等临界点的位置产生偏移,并且在加热时偏高,冷却时偏低,与平衡临界点稍有不同。因此,在热处理时常把钢在加热时的临界点加上一个"c"字,即用Ac_1、Ac_3和Ac_{cm}表示。把钢在冷却时的临界点加上一个"r"字,即用Ar_1、Ar_3和Ar_{cm}表示。钢在加热和冷却时的临界点如图5-2所示。

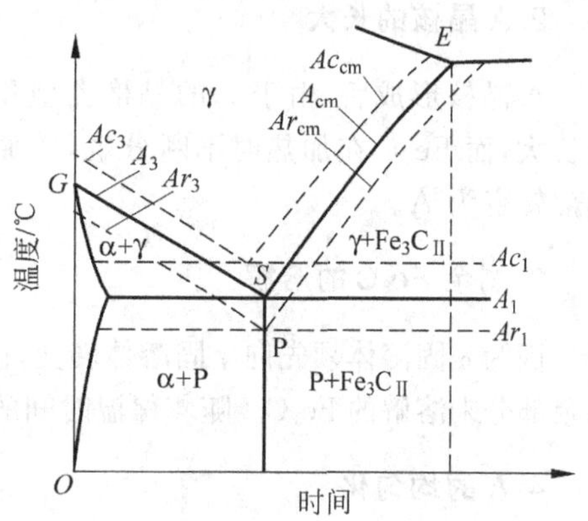

图5-2 加热和冷却对钢临界点的影响

钢的相变和临界点是钢在热处理时的重要依据,没有它们钢的热处理将无法进行。因此,Fe-Fe_3C相图、相变和临界点在理论和实践上都具有非常重要的指导意义。

5.2 钢在加热时的转变

钢在热处理时加热是一个必经的重要手段。在一般情况下,都要加热到临界点(Ac_1、Ac_3和Ac_{cm})以上。对钢进行加热时将首先经过Ac_1点,即首先要发生P$\xrightarrow{727℃}$A转变。在亚共析钢和过共析钢中,随温度升高,除有P→A转变外,还分别有F和Fe_3C逐渐溶入A的过程,最终达到完全的A状态。从此可看出,钢在加热时P→A的转变是最基本的过程。

5.2.1 P→A转变过程(A的形成)

以共析钢T8为例,P→A转变,即钢在加热时A的形成过程,分四个步骤:A晶核的形成、A晶核的长大、剩余Fe_3C的溶解和A的均匀化过程,如图5-3所示。

1. A晶核的形成

钢在加热至Ac_1以上温度时,在P内的F和Fe_3C的交界处,由于原子排列不规则和碳原子分布的不均匀性,使之处于不稳定状态,为A晶核的形成提供了有利条件。结果在边界上首先形成了A的晶核,即A在边界形核。

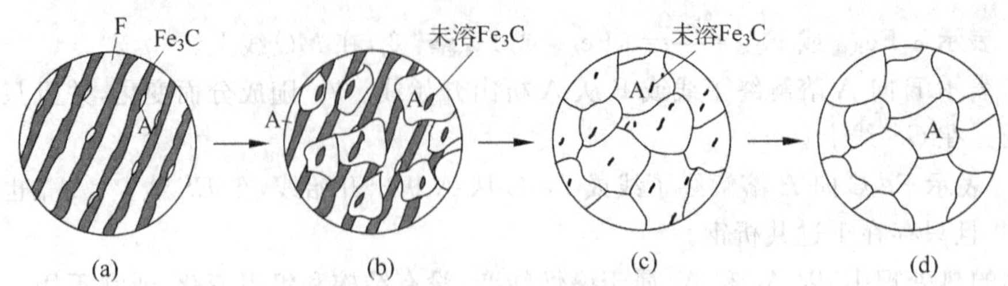

图 5-3 共析碳钢中奥氏体形成过程示意图

(a) A 形核；(b) A 长大；(c) 剩余 Fe_3C 溶解；(d) A 均匀化

2. A 晶核的长大

A 晶核形成后，由于 F 的晶格类型和碳浓度比 Fe_3C 更接近于 A，所以 A 晶核优先向 F 内长大，而 Fe_3C 在加热时不断分解，碳原子逐渐溶入 A。结果使 A 晶核逐渐长大，直到 F 全部转变为 A。

3. 剩余 Fe_3C 的溶解

因为 α 固溶体领先向 γ 固溶体转变，而 Fe_3C 还需溶解和改组，这种滞后使 A 形成后，还有剩余部分未溶解的 Fe_3C。随着保温时间的延长，剩余 Fe_3C 还要不断溶解，并且晶格改组为 A。

4. A 的均匀化

A 形成后，其内部的碳浓度是不均匀的，在原 F 部位碳浓度偏低，原 Fe_3C 部位碳浓度偏高。因此必须继续延长保温时间或提高加热温度，使碳原子扩散，以达到使 A 中碳分布均匀化。

对于亚共析钢和过共析钢的 A 化过程，基本上与共析钢相同，但由于它们分别还有 F 和 Fe_3C，必须相应加热到 Ac_3 和 Ac_{cm} 以上的温度，才能使 F 和 Fe_3C 向 A 转变完成，最后得到全部的 A 组织。

从 P→A 转变的基本过程看，它不是钢一达到 A 化温度就马上形成 A，而是需要一个过程，必须有充分的时间。同时也因为 P 向 A 转变是在边界或界面上形核，其形核部位较多，结果使一个 P 晶粒转变为许多个 A 晶粒。所以 P 向 A 转变是个晶粒细化的过程，即它得到的是比原 P 晶粒更细小的 A 晶粒。

5.2.2 A 晶粒的长大及其影响因素

1. A 晶粒的长大

P 向 A 转变完成后获得的是细小的 A 晶粒，随温度升高和保温时间的延长会出现 A 晶粒长大的现象。因为晶界是处于相对不稳定的状态，它有向使合金系统自由能降低和稳定状态变化的趋势，使晶界相对面积减少，必然要引起 A 晶粒长大，而且是个自发的过程，它是通过晶界上的原子移动和扩散的方式来实现的。

2. A 晶粒度

晶粒度是表示晶粒大小的尺度。它在钢的热处理时是个很重要的参数。常见的有以下三种 A 晶粒度：

(1) 起始晶粒度 它是P向A转变完成后,刚形成的A晶粒度。它比原P晶粒要细小,但随温度升高和保温时间延长而长大。

(2) 本质晶粒度 它是指钢在加热时A晶粒长大的倾向,是表示钢在加热条件下A晶粒长大倾向的大小。随温度升高晶粒长大倾向小的钢称为本质细晶粒钢,晶粒长大倾向大的钢称为本质粗晶粒钢,如图5-4所示。

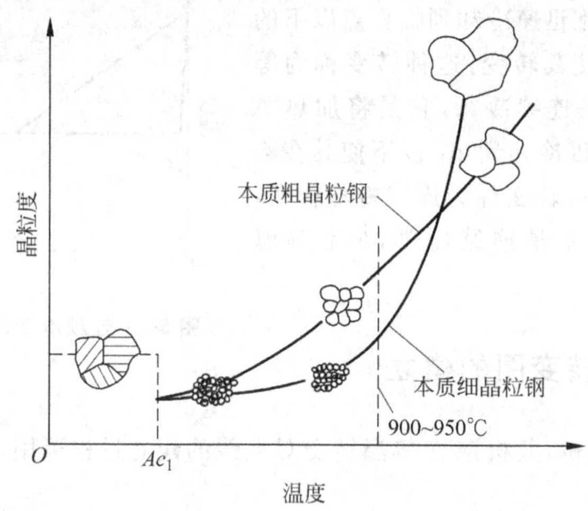

图5-4 钢的本质晶粒示意图

(3) 实际晶粒度 它是指钢在具体加热条件下实际所形成的A晶粒度。它一般比起始晶粒度大。实际晶粒度对钢的性能有直接的影响。在钢的热处理时只有清楚地了解和掌握A的实际晶粒度,才能有效地控制钢的性能。

由于A晶粒的大小对冷却后组织内晶粒的大小有直接关系,一般情况下,A晶粒小,冷却后所得组织内晶粒也细小,钢的强度高,塑性和韧性也好;若A晶粒粗大,则冷却后组织内晶粒也粗大,使钢的性能变坏,特别是冲击韧性更差。因此,钢在热处理时要严格控制加热温度和保温时间,以获得细小而均匀的A晶粒,它是保证钢热处理产品质量的关键因素之一。

3. 影响A晶粒大小的因素

(1) 加热温度和保温时间的影响 一般是加热温度高和保温时间长,则A晶粒长大;否则相反。

(2) 合金元素的影响 钢中加入合金元素,也影响A晶粒长大,不同元素有不同影响。

① 阻止A晶粒长大的元素 主要有Ti、Nb、V、Mo、W和Al等。它们是形成稳定的碳化物或其他化合物的元素,形成的化合物弥散分布在A晶界上,起着阻碍A晶粒长大的作用。

② 对A晶粒长大没有影响或影响不大的元素 主要有Ni、Si和Cu等。

③ 促进A晶粒长大的元素 主要有Mn和P等。它们溶入A晶粒后,使Fe原子移动扩散加快,促进A晶粒长大。因此,在钢中有Mn和P元素时,要特别注意热处理时加热温度不能过高和保温时间不能太长,以防止A晶粒长大使钢的性能变坏。

5.3 钢在等温冷却时的转变

钢在热处理时最关键的工序是冷却，冷却过程和条件决定着钢的结构、组织和性能。钢的热处理冷却方式主要有两种：一种是等温冷却，它是将加热A化后的钢迅速冷却到临界点以下的一定温度进行保温而使其转变，这种转变称为等温冷却转变；另一种是连续冷却，它是将加热A化后的钢，以一定的速度冷却到A_1以下使其在不同温度下进行转变，这种转变称为连续冷却转变，如图5-5所示。图中a是连续冷却，b是等温冷却。

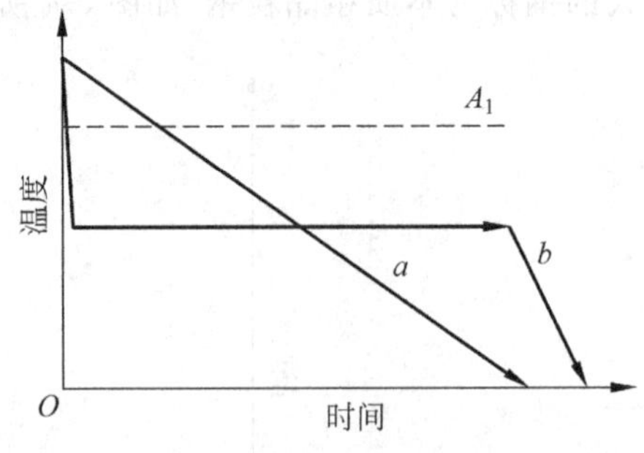

图 5-5　连续冷却曲线与等温冷却曲线

5.3.1 A等温转变图的建立

现以共析钢T8为例，共析钢A等温转变C曲线的建立过程可用图5-6说明，其具体步骤如下。

加热　将T8钢制成若干试样，在760～780℃加热和保温使之得到均匀的A。

冷却　将得到的A试样分成几组后进行等温冷却。其方法如下：

(1) 分别放入低于A_1温度以下各不同温度，例如，700℃、650℃、…、200℃中进行等温冷却。

(2) 分别测定出在不同等温下A的转变开始时间和终了时间。

(3) 在温度-时间坐标上分别找出不同温度下转变开始和终了时间，并把具有相同意义的各点进行连接，结果形成了像“C”字形状的曲线，因此称为C曲线。

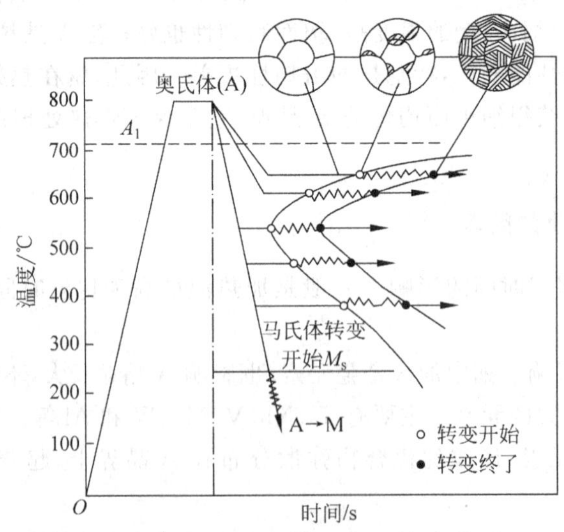

图 5-6　共析碳钢奥氏体等温转变曲线建立方法示意图

在共析钢的C曲线中，转变开始点的连线称为转变开始线，转变终了点的连线称为转变终了线。

与 C 曲线有关的几个概念如下。

A过 它称为过冷奥氏体。A过 是在 $A_1 \sim M_s$ 之间和转变开始线以左的区域存在，因它是 A 状态，而且又是在 A_1 温度以下存在，所以把它称为过冷 A，用 A过 表示。

A过的孕育期 因为 A过 是不稳定的，孕育着要转变。A过 孕育要转变的时期称为孕育期。在 C 曲线上用从纵坐标到转变开始线之间的距离来表示 A过 在不同温度下的孕育期。在一定温度下孕育期越长，表示 A过 的稳定性越好。从图中可看出，不同过冷度下，即不同温度下，A过 的孕育期是不一样的。

C 曲线鼻子 从 C 曲线上可看出，不同温度下 A过 的孕育期不同，孕育期最小处是 A过 最不稳定所在的温度，此时最容易转变，而且转变所需时间最短。人们把 A过 转变最快处称为 C 曲线鼻子。共析钢 C 曲线鼻子大约在 550℃处。

共析钢的等温冷却转变曲线如图 5-7 所示。这种曲线也称 C 曲线或 TTT 曲线。

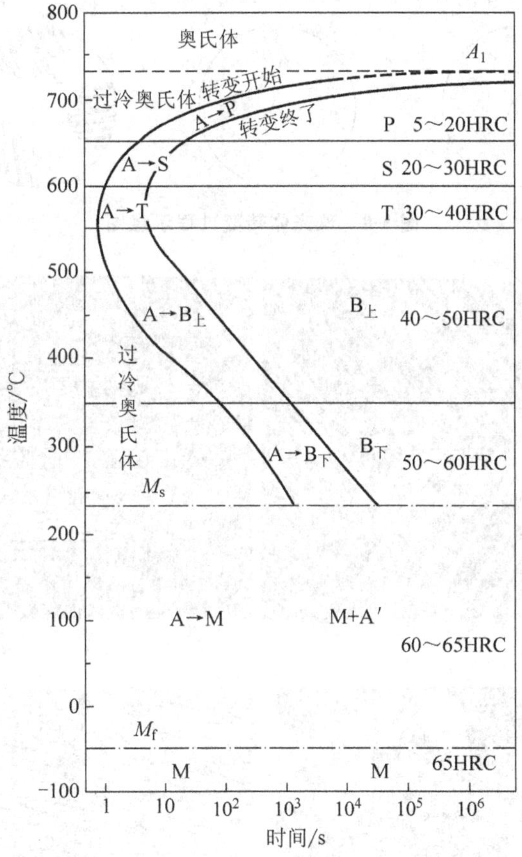

图 5-7 共析钢 C 曲线

5.3.2 A过 等温转变过程和转变产物

A 在 A_1 以下处于不稳定的状态，A过 有要发生转变的趋势。根据 A 过冷度的不同，A过 在等温条件下将产生两种转变，即珠光体转变和贝氏体转变。

珠光体转变过程 $A_{过}$ 在 A_1～550℃范围内时，首先在A晶界上产生 Fe_3C 晶核，随后通过原子的扩散，它不断吸收两侧A中的碳，使晶核长大，并形成 Fe_3C 片。同时也由于 Fe_3C 片周围含碳量降低部分的A转变为F，因为F溶碳能力差，又使过剩的碳排斥到相邻的A中，使A的含碳量增加，这又为新 Fe_3C 的形成创造了条件。如此反复进行使A转变为F和 Fe_3C 相间存在的片状P。可见A向P转变也是形核和长大的过程。这种转变是一种扩散型转变，它是Fe和C原子进行扩散形成P组织的过程。随过冷度的增加，P中的F和 Fe_3C 片减小，即P片变为细小，进而又分别形成P、S和T三种P类型组织。我们把P称为珠光体，S称为索氏体，T称为屈氏体，它们虽然名称不同，但都是片状F和 Fe_3C 的混合物，只是片状的大小不同，也都称为P类型组织。珠光体转变过程示意图如图5-8所示。珠光体类型(P,S,T)的显微组织见图5-9。

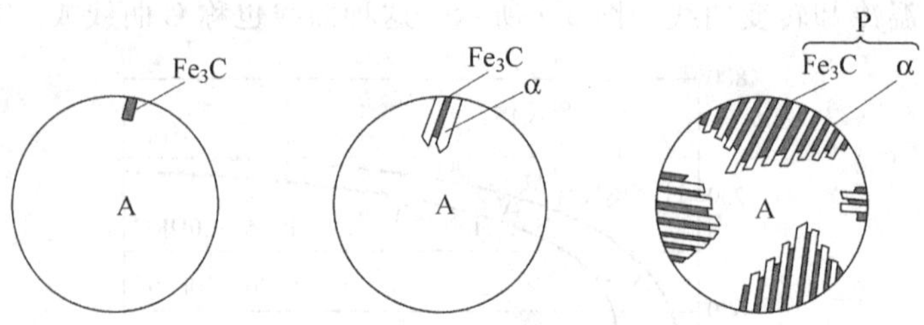

图 5-8 珠光体转变过程示意图

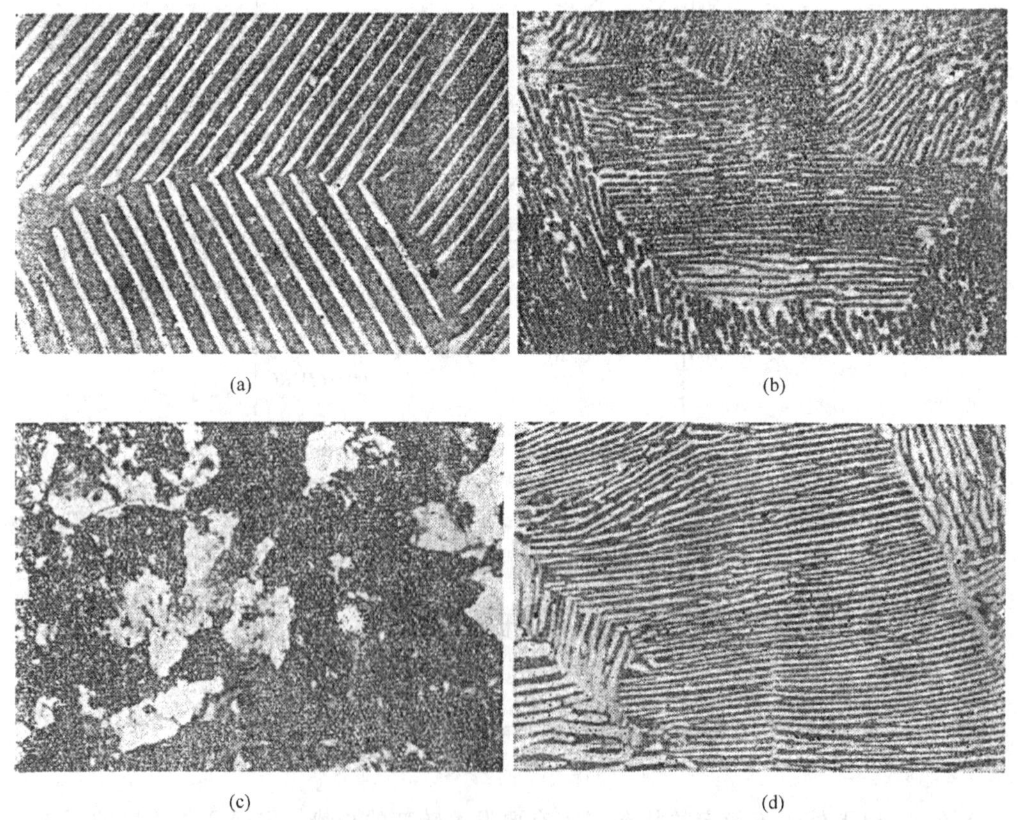

图 5-9 珠光体类型(P,S,T)显微组织

(a) 片状珠光体(5000×)；(b) 片状索氏体(1500×)；(c) 片状屈氏体(1500×)；(d) 片状屈氏体(5000×)

贝氏体转变过程　$A_{过}$ 在 550～230℃范围内产生贝氏体转变。根据不同过冷度又分为上贝氏体转变和下贝氏体转变。

上贝氏体转变　上贝氏体的形成温度为 550～350℃。其转变是首先在 $A_{过}$ 边界上的贫碳区域形成稍过饱和的 F 晶核，它的含碳量虽然低于 A 的平均碳量，但仍高于 F 的平衡碳量(C 质量分数为 0.0218%)，因此它是碳稍过饱和的 F，并且向 A 内以平行生长的方式长大。随着 F 长大的同时，F 中的碳原子向 F 平行条间的 A 集聚，为形成短条状 Fe_3C 创造了条件，结果形成了羽毛状的上贝氏体，用 $B_{上}$ 表示。

上贝氏体和下贝氏体的转变过程以及它们的显微组织分别如图 5-10～图 5-13 所示。

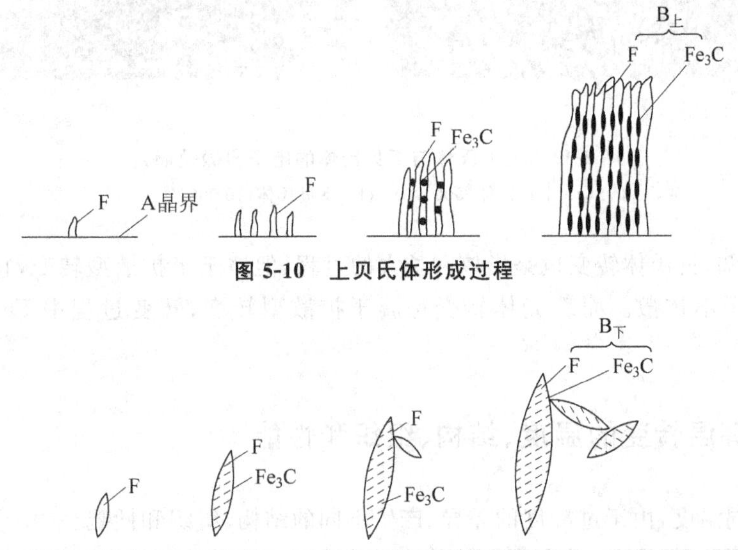

图 5-10　上贝氏体形成过程

图 5-11　下贝氏体形成过程

图 5-12　上贝氏体与下贝氏体的光学金相照片

(a) 上贝氏体(1000×)；(b) 下贝氏体(500×)

下贝氏体转变　下贝氏体的形成温度为 350～230℃。首先 F 在 A 边界形核，向 A 内长大，并形成针状。F 内含碳量较多，即它是碳稍过饱和的 α 固溶体。由于温度低，碳的扩散能力差，所以只能在 F 内以断续的小片状或点状 Fe_3C 形式析出，并且在 F 内与 F 长轴方向呈 55°～65°有规律地分布，形成了针状的下贝氏体组织，用 $B_{下}$ 表示。

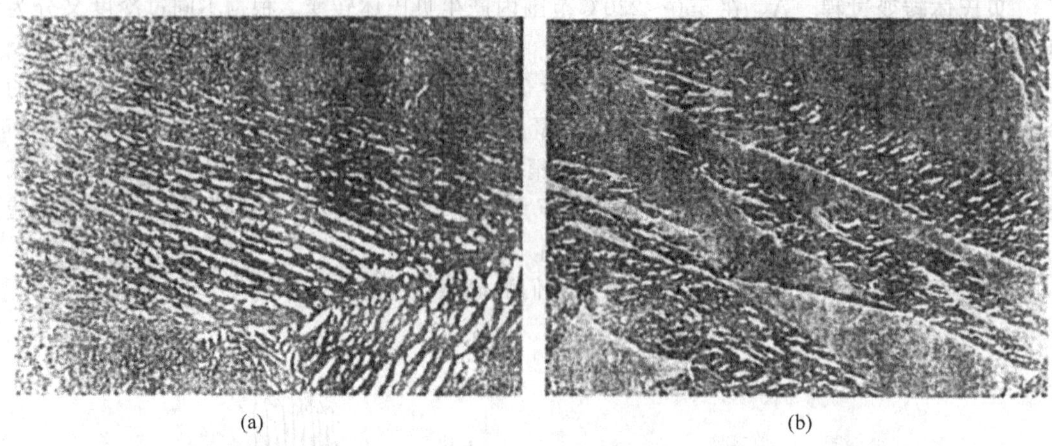

(a) (b)

图 5-13 上贝氏体与下贝氏体的电子显微镜照片

(a) 上贝氏体(5000×)；(b) 下贝氏体(10 000×)

由上述可知，贝氏体转变也是形核和长大的过程，但属于半扩散型转变，它只有 C 原子的扩散，Fe 原子不扩散。而珠光体转变是属于扩散型转变，转变过程中 Fe 和 C 原子都扩散。

5.3.3 等温转变的温度、结构、组织和性能

$A_{过}$ 在不同温度，由于过冷度的差异、产生不同的结构、组织和性能。

温度		结构	组织	硬度
A_1～550℃	A_1～650℃	粗大片 F 和 Fe_3C	P	170～220HB
	650～600℃	适中片状 F 和 Fe_3C	S	20～30HRC
	600～550℃	细小片状 F 和 Fe_3C	T	30～40HRC
550～230℃	550～350℃	$F_{稍过}$平行片间分布着短条状 Fe_3C(羽毛状)	$B_上$	40～50HRC
	350～230℃	$F_{过}$ 针内规则分布着点状 Fe_3C(针状)	$B_下$	50～60HRC
230～－50℃		连续冷却范围，得到 $F_{过}$(针状)	M	60～65HRC

综上所述，在 P 转变中随过冷度增加，组织变细，钢的强度和硬度增加，符合金属和合金结晶时过冷度与组织和性能变化的规律。在 B 转变的 $B_上$ 中所得组织虽然也符合结晶规律，但由于 $F_{稍过}$ 片间有短条状 Fe_3C 存在，所以 $B_上$ 的脆性较大，强度低，生产上很少使用。在 $B_下$ 中，由于 $F_{过}$ 内含碳量有一定的过饱和度，而且在其内部还有细小点状的 Fe_3C 均匀分布，因此 $B_下$ 有较高的强度和硬度，同时还有良好的塑性和韧性，即 $B_下$ 具有优良的综合机械性能。$B_下$ 是生产上常用的组织。

5.3.4 影响C曲线的因素

（1）含碳量的影响　在正常加热条件下，亚共析钢随碳量的增加使C曲线右移，过共析钢随碳量增加使C曲线左移。因此，在碳钢中以共析钢的过冷A最稳定。在碳钢中由于碳的加入使C曲线移动的同时，还使M_s和M_f点降低。

与共析钢相比，亚共析钢和过共析钢的C曲线上部，各多一条先析出线，如图5-14所示。在亚共析钢中于过冷A转变为P之前有铁素体先析出，在过共析钢中有渗碳体先析出。

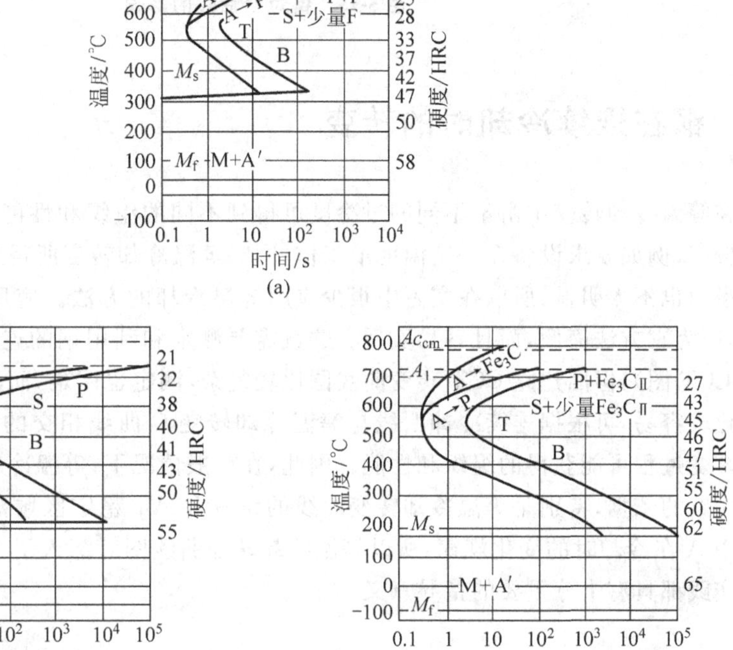

(a)　(b)　(c)

图5-14　亚共析钢、共析钢及过共析钢的C曲线比较

（a）亚共析钢；（b）共析钢；（c）过共析钢

（2）合金元素的影响　除Co和Al质量分数为2.5%以上外，所有溶入A的合金元素都使C曲线右移，同时使M_s和M_f点下降。钢中形成碳化物元素量较多时，还使C曲线的形状发生改变，甚至使C曲线分开，形成上下两个C曲线，即使C曲线右移的同时，还使C曲线上下分开形成两个C曲线鼻子，如图5-15所示。

（3）加热温度和保温时间的影响　加热温度高，保温时间长，可使A的成分更均匀化，晶粒也长大，晶界数量减少和未溶碳化物减少，结果使$A_{过}$转变时形核几率减少，增加$A_{过}$的稳定性，使C曲线右移。对于同一种钢，由于加热条件的不同，所得“C”形状稍有不同，因此，在了解和使用钢的C曲线时，一定要注意它的加热温度或A晶粒度的大小对C曲线的影响。

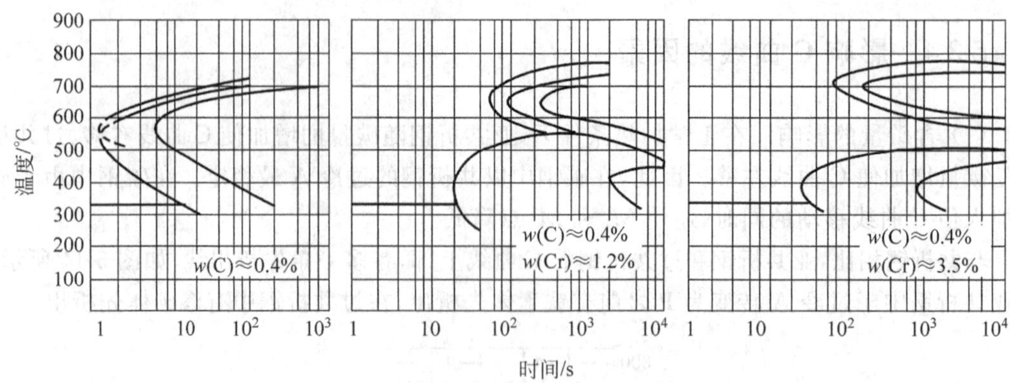

图 5-15 铬对 C 曲线的影响

5.4 钢在连续冷却时的转变

在等温冷却转变中由于不同的过冷度可得到不同的组织和性能，但因要求所用设备的条件较高，例如要求设备在一定温度下工作，同时等温冷却转变所得组织和性能对提高钢性能的潜力也不太明显，所以在实际中很少应用等温冷却的方法。应用最多的是连续冷却的方法，因为它方法简便，而且容易实现。这就需要测定和利用钢的连续冷却转变曲线图（也称为 CCT 图），但因建立 CCT 转变曲线图比较复杂，测定也困难，而等温冷却转变曲线图的测定比较容易，可根据连续冷却曲线与等温冷却转变 C 曲线相交的位置，大致判断出连续冷却转变过程可能获得的组织和性能。因此，在一般情况下，等温冷却转变曲线图可以作为生产实践的依据，特别是等温冷却转变曲线的位置和 $A_{过}$ 稳定区域范围。同时它也能反映出钢中 A 在冷却时的变化规律，所以等温冷却转变曲线图对深入了解和掌握钢的热处理理论和实践都具有十分重要的指导意义。

5.4.1 冷却速度和转变产物

在生产实践中常用等温冷却转变曲线图来研究钢的连续冷却转变。通常用不同冷却速度的曲线与等温冷却转变 C 曲线相交的位置，来判明所能获得的组织和性能，如图 5-16 所示。

V_1 炉冷（随炉冷却），冷速约为 10℃/min，在 700～650℃与 C 曲线相交，得到的组织为 P。

V_2 和 V_3 空冷（在静止空气和高压空气中冷却），冷速约为 10℃/s，在 650～600℃与 C 曲线相交，得到的组织为 S 和 T。

V_4 油冷（在室温油中冷却），冷速约为 150℃/s，在 600～450℃与 C 曲线相交，得到的组织为 T 和 M。

V_K 只与 C 曲线相切，冷速用 V_K 表示，它是得到 M 的最小冷速，称为临界冷却速度。

V_5 水冷（在室温水中冷却），冷速约为 600℃/s，$A_{过}$ 从 M_s（230℃）开始转变到 M_f（−50℃）转变终止。转变是在 M_s～M_f 点温度范围内连续冷却条件下实现的，室温下得到的组织为 M 和 $A_{残}$。

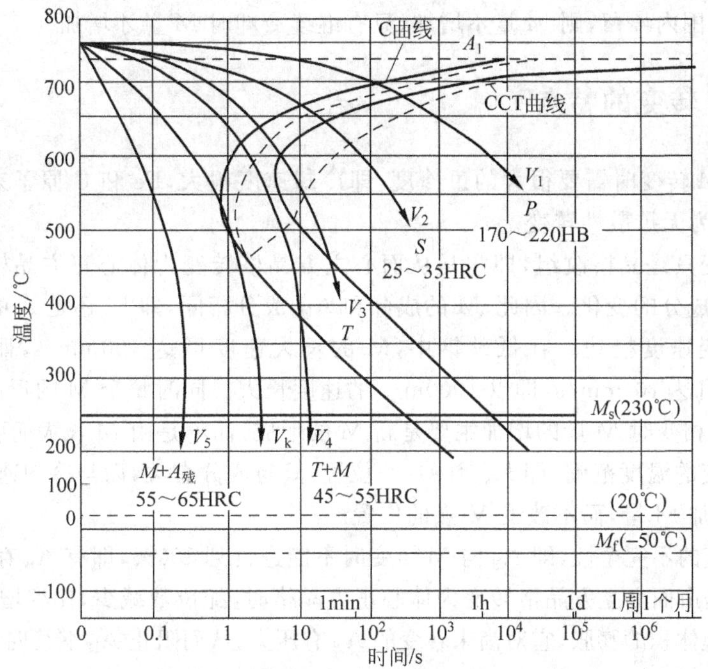

图 5-16　用 A 等温转变 C 曲线近似描述连续冷却时的转变

综上所述，共析钢在连续冷却时的转变与等温冷却时的转变相比有以下不同点：

(1) 共析钢在连续冷却转变时得到的 P 类型(P,S,T)组织，因为是在一个温度范围内不同过冷度下得到，其中 F 和 Fe_3C 片大小不同，所以得到的组织是不均匀的；而等温冷却转变所得的 P 类型组织是均匀的。

(2) 在连续冷却转变时 A 向 P 转变的温度比等温转变温度低，所需要的时间也长，即连续冷却转变比等温冷却转变滞后，所以它的位置处于等温冷却转变 C 曲线的右下方。

(3) 共析钢在连续冷却转变时得不到 B 组织，即没有 C 曲线的下半部分。原因是共析钢的 $A_{过}$ 在贝氏体转变温度范围内很稳定，即孕育期较长，尚未发生转变就已过冷到 M_s 点，发生了 M 转变，而不出现或很少出现 B 转变。

5.4.2　临界冷却速度

从图中的冷却速度可看出，V_5 冷却速度与 C 曲线相切，$A_{过}$ 尚未发生转变就过冷到 M_s 温度开始向 M 转变。同时也可看出，它是得到 M 的最小冷却速度。我们把在连续冷却时只得到 M 组织的最小冷却速度称为临界冷却速度，用 V_K 表示。

5.4.3　M 转变的条件和过程

条件　$A_{过}$ 向 M 转变时，其冷却速度必须大于 V_K，使 $A_{过}$ 在高温时不被分解，直接过冷到 M_s 点温度，开始在冷却中向 M 转变。

过程　当 $A_{过}$ 以大于 V_K 的冷却速度冷却到 M_s 点时开始向 M 转变。继续冷却 M 量逐渐增加，冷却到 M_f 点转变终止，即 $A_{过}$ 是在连续降温冷却过程中向 M 转变。若 $A_{过}$ 在

M_s～M_f 温度范围内停留，则 M 量不增加，只有继续冷却时 M 量才增加。

5.4.4 M 转变的特点

(1) A 向 M 转变时需要很大的过冷度，即冷却速度很大，Fe 和 C 原子来不及扩散，因此 M 转变也称为无扩散性转变。

(2) M 转变只是晶格改组，即它是从面心立方晶格转变为体心正方晶格，有晶格的变化，而没有化学成分的变化。因此，M 的成分和 $A_{过}$ 成分相同，即 M 还是 A 的成分。

(3) M 转变速度极快。在低碳钢中，M 的长大速度可达 100mm/s，而在高碳钢中，M 的长大速度可达 10^6mm/s，即以 1000m/s 的速度长大。同时每个 M 的形成时间也很短，大约为 10^{-7}s。相变时 M 量的增加主要是新 M 的形成，而不是由 M 长大而引起。

(4) M 转变的温度范围，即 M_s 和 M_f 的位置，只与成分有关，而与冷却速度无关。冷却速度增加，只增加 M 量，而不改变 M 点的位置。

(5) M 转变的不完全性，即 $A_{过}$ 向 M 转变时不能进行到 100%，即有 $A_{残}$ 存在。原因是因 $A_{过}$ 转变为 M，是由面心立方晶格转变为体心正方晶格时，配位数减少，比容增加，因此 $A_{过}$ 向 M 转变时要引起体积的膨胀，它对尚未转变的 $A_{过}$ 有压力，从而阻止 $A_{过}$ 继续向 M 转变。当 M 对尚未转变 $A_{过}$ 的压力和尚未转变的 $A_{过}$ 向 M 转变的膨胀力相等时，则 $A_{过}$ 向 M 转变停止，最终必有部分 $A_{过}$ 不能转变，而成为 $A_{残}$。当钢中含碳量在 0.4% 以上时这种现象更明显。在生产上因共析钢的 M_f 点为 −50℃，而冷却时又因人为地停留在室温(20℃)，结果 A 量就更多。

凡是使 M_s 和 M_f 点下降的因素都使 $A_{残}$ 量增加。含碳量对 M_s、M_f 和 $A_{残}$ 量的影响如图 5-17 所示。

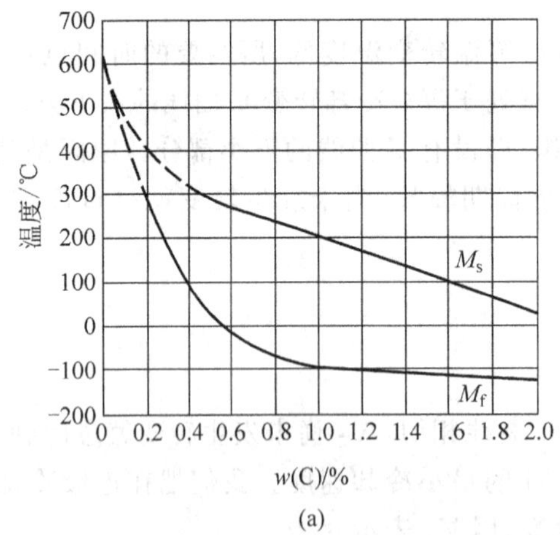

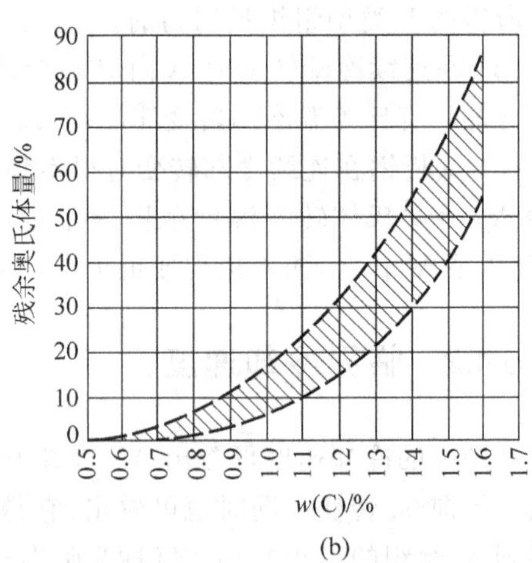

图 5-17 奥氏体的含碳量对 M_s、M_f 和 A 残量的影响

(a) 奥氏体的含碳量对马氏体转变温度的影响；(b) 奥氏体的含碳量对残余奥氏体量的影响

5.4.5 M 的结构和组织

结构 M 是 C 过饱和的 α 固溶体，具有体心正方晶格结构，$c/a>1$，如图 5-18 所示。c/a 称为正方度。C 量越多，M 的正方度越大，过饱度越大，晶格畸变越多，也越严重。

组织 根据 M 中含碳量不同，其形态可分为高碳针状 M 和低碳板条状 M 两种。

高碳 M(针状、片状、孪晶 M) 在光学显微镜下呈针状或竹叶状。而且是先形成的M大，后形成的 M 小。M 的长大受 A 晶界、第二相、滑移线和先形成 M 的阻碍而停止。同时由于后形成的 M 对先形成的 M 有撞击作用，因此在高碳 M 中有显微裂纹产生。在针状M 内有大量的孪晶。

铁原子
碳原子可能位置
铁原子振动范围
c
a
b

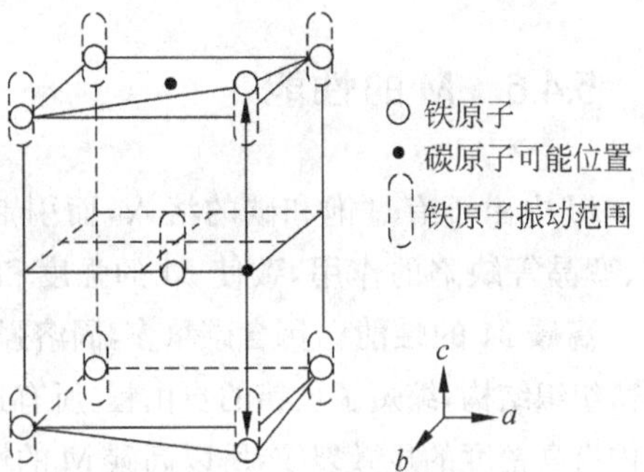

图 5-18 马氏体晶格示意图

低碳 M(板条状、位错 M) 在光学显微镜下呈板条状或群集状。它们常成排平行分布，而且在其内部有大量位错存在。M 形成时撞击机会少，出现显微裂纹的可能性小。

M 组织如图 5-19 所示。

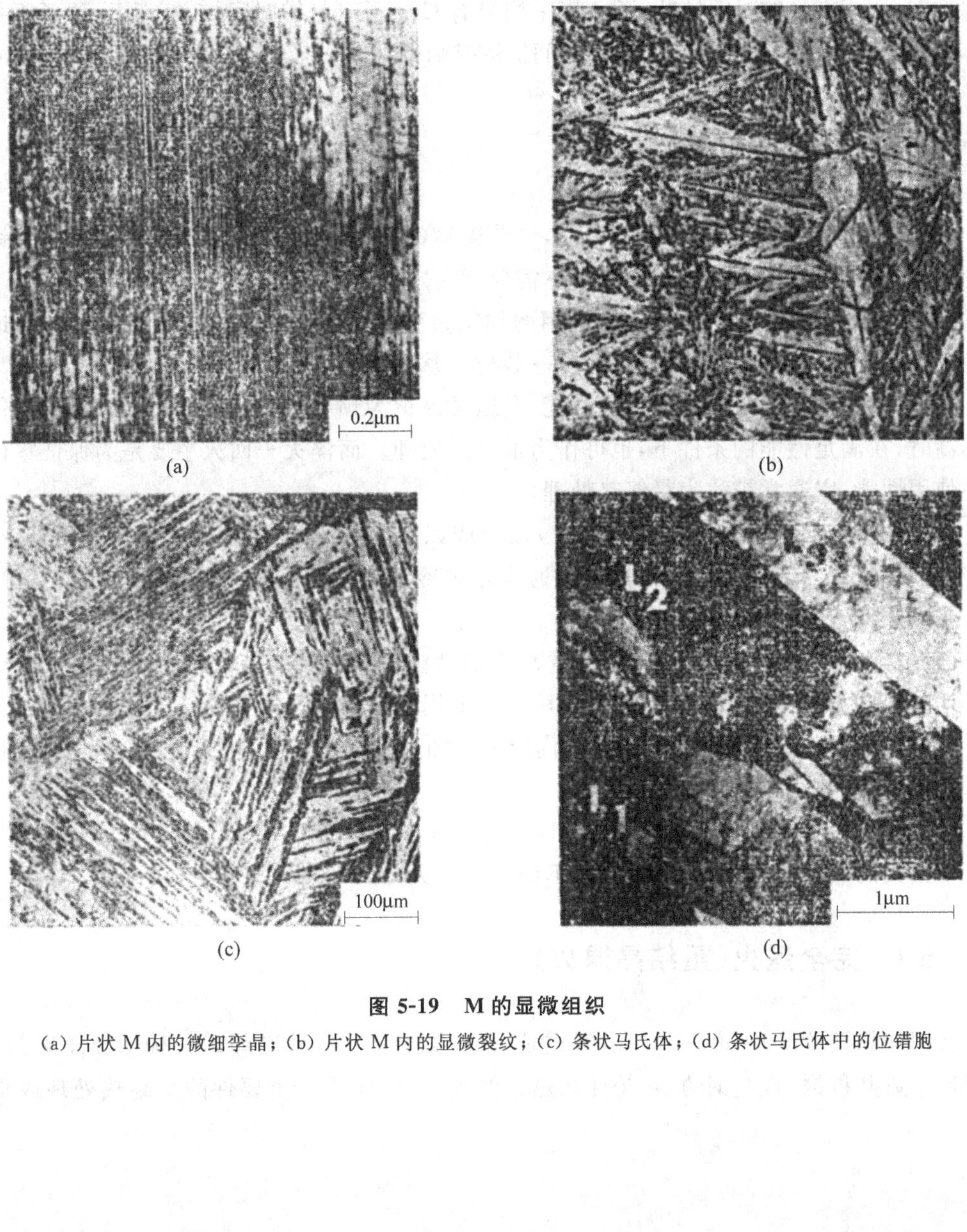

0.2μm
(a)
(b)
L2
L1
100μm
1μm
(c)
(d)

图 5-19 M 的显微组织

(a) 片状 M 内的微细孪晶；(b) 片状 M 内的显微裂纹；(c) 条状马氏体；(d) 条状马氏体中的位错胞

5.4.6 M的性能

M中由于有过饱和碳的溶入，而引起晶格畸变，铁原子的不对称位移以及晶体中的位错、孪晶等缺陷的作用，致使M的强度和硬度较高，其强化效果是随含碳量的增多而增加。

高碳M的性能 因含碳量多，固溶强化效果显著，在M片内因有大量的精细孪晶等分割了显微组织结构，缩短了位错的自由程，所有这些都阻碍滑移，使强度提高，脆性增加。还由于在组织内有高密度的显微裂纹，所以高碳M的性能是硬而脆。针状M的硬度大约为60～65HRC。

低碳M的性能 因M内有一定的碳量，产生固溶强化和板条内有大量的位错以及弥散分布的细小碳化物，所以低碳M既有一定的强度和硬度，又有较好的塑性和韧性，即板条M具有较好的综合机械性能。板条M的硬度大约为36～45HRC。

综上所述，钢在冷却过程中$A_{过}$可能转变为P、B和M。从原子扩散的角度来考虑相变时，当C和Fe原子有足够时间扩散时得到P；当只有C原子有足够时间扩散，而Fe原子不扩散时得到B；当C和Fe原子都没有足够时间扩散时则得到M。当然它们的性能也不同。

5.5 钢的退火和正火

根据钢在加热和冷却时的不同转变，可获得钢的不同结构、组织和性能，它为扩大钢的应用范围创造了条件。在工业生产中，它需要用一定的工艺过程来完成。

在生产实践中，一般的机械零件常用的加工过程是：下料→锻造或铸造成毛坯→退火或正火→粗加工→淬火＋回火→精加工→装配。从加工过程的需要看，退火和正火是为粗加工做准备，主要是为改善切削加工性能，它通常被称为预备热处理。但是当对机械零件要求不高时，在满足性能的条件下，也可作为最终热处理。而淬火＋回火主要是为保证零件的最终使用性能，它通常被称为最终热处理。

退火 将钢加热至临界点(Ac_1、Ac_3)以上或以下某一温度经过适当保温后缓慢冷却，一般是随炉冷却的一种工艺操作过程。通常是炉冷至500℃后进行空冷，其目的主要是为提高工作效率。退火的目的如下：

(1) 改善组织和使成分均匀化，以提高钢的性能。钢件经铸造或锻造成形时常出现组织不均匀、晶内偏析等现象，使机械性能降低。要用退火提高和改善性能。

(2) 消除不平衡的强化状态，例如，内应力或加工硬化等，以防止或避免工件变形、开裂和降低硬度，改善切削加工性能。

(3) 经过重结晶以细化晶粒、改善组织，为最终热处理做好组织上的准备。

根据钢的成分、组织和退火目的的不同可将退火分以下几种。

5.5.1 完全退火(重结晶退火)

将钢加热至Ac_3＋(30～50)℃，经过适当保温烧透后随炉冷却的一种操作工艺过程。主要用于亚共析钢，合金钢的锻、铸件和热轧件等，一般作为不重要件的最终热处理或重要件的预先热处理。

加热温度 $Ac_3+(30\sim50)$℃。

保温时间 根据工件大小、装炉量和热源种类而定。

冷却 随炉冷却到500℃后空冷。

组织 一般是F和P。

5.5.2 球化退火(不完全退火)

球化退火是将钢加热至$Ac_1+(30\sim50)$℃,经适当保温后随炉冷却至500℃后空冷的一种操作工艺过程。主要用于过共析钢、工具钢和轴承钢等。目的是降低硬度,改善切削加工性,并为最终热处理做组织准备。

球化退火的组织为在F基体上分布着细小颗粒状碳化物,称为球状P。通过球化处理把过共析钢的片状P和二次网状Fe_3C变为球状P,其硬度由240~270HB降至187~207HB,使切削加工性能得到改善。

对于有网状Fe_3C_{II}的过共析钢,在球化退火之前,一般要进行正火处理,以消除网状Fe_3C_{II},便于球化处理。

退火工艺一般是炉冷,所需时间较长,为了缩短时间、提高工效,经常将亚共析钢加热到$Ac_3+(30\sim50)$℃,过共析钢加热到$Ac_1+(30\sim50)$℃,保温后较快地降至Ar_1以下某一温度,并保温一定时间,使转变完成后出炉空冷的一种操作工艺,这种退火称为等温退火。等温退火是为提高完全退火和球化退火的工作效率而采用的办法,得到的组织也比较均匀,可大大缩短退火时间,提高效率。

5.5.3 去应力退火(低温退火)

去应力退火是将钢加热至A_1以下某一温度,大约500~600℃,经保温后随炉冷却的一种操作工艺。由于加热温度低,只用于消除内应力,没有结构和组织的变化。它用于消除铸件、锻件、焊接件和热轧件等的残余内应力,以防止变形和开裂。

5.5.4 再结晶退火

再结晶退火是将钢加热至再结晶温度以上150~250℃,一般是采用650~700℃,适当保温后缓慢冷却的一种操作工艺。主要用于冷拔、冷拉和冷冲压等冷变形钢件,使冷变形被拉长、破碎的晶粒重新生核和长大成为均匀的等轴晶粒,从而消除形变强化状态和残余应力,为下道工序作准备,属于中间退火。再结晶退火过程中没有结构变化,但有组织的变化。

5.5.5 扩散退火(均匀化退火)

扩散退火是将钢加热至熔点以下100~200℃,保温时间一般为10~15h,使晶内偏析通过充分扩散达到均匀化,以提高性能。一般碳钢的加热温度为1100~1200℃,合金钢为

1200～1300℃。扩散退火主要用于重要的合金钢锻铸件，消除化学成分偏析和组织的不均匀性。

扩散退火由于加热温度高，保温时间长，钢的晶粒粗大，可用完全退火或正火来细化晶粒，以提高和改善钢的性能。扩散退火由于成本高，一般很少采用。

5.5.6 正火

正火是将钢加热至 Ac_3 或 Ac_{cm} 以上 30～50℃，经适当保温后在空气中冷却的一种操作工艺过程。由于正火的冷却速度比退火快，得到的组织是较细小的 P，能细化晶粒、改善组织、消除应力，防止变形和开裂。正火的目的如下。

(1) 普通结构件的最终热处理，正火可使粗大组织细化、均匀化，例如 45 钢经正火后得到细小而均匀的 F 和 P 晶粒，使钢的性能得到改善和提高。

(2) 重要零件的预先热处理，例如，半轴、凸轮轴等零件，为改善切削加工性能要进行正火处理。同时还减少淬火时变形和开裂的倾向，提高零件的质量。

(3) 对于过共析钢、轴承钢和工具钢等用正火消除网状 Fe_3C，以利于球化退火，同时细化晶粒，并为淬火做组织准备。

碳钢的各种退火和正火工艺规范如图 5-20 所示。

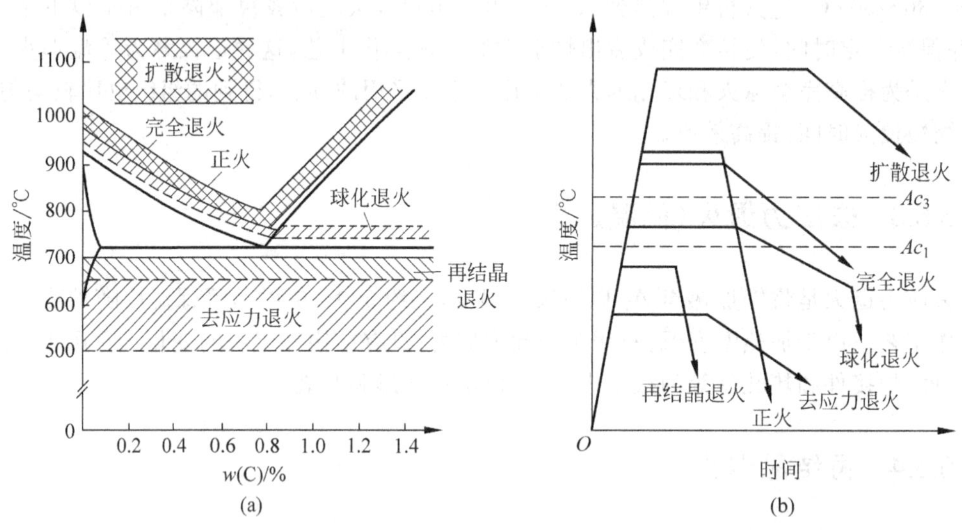

图 5-20　碳钢各种退火及正火工艺规范示意图

(a) 加热温度范围；(b) 工艺曲线

5.5.7 正火和退火的选择

正火和退火的相同之处是对同种类型钢进行热处理后得到近似相同的组织，只是正火的冷速快些，转变温度低些，获得的组织更细小。对它们的选择原则如下。

正火　对于低碳钢，为改善切削加工性能和零件形状简单时，一般选用正火处理。

退火　对于中、高碳钢，为改善切削加工性能和零件形状复杂时，可选用退火处理。

在生产上，因正火比退火的生产周期短，可节省时间、操作简便、生产率高、成本低，所以在一般情况下尽量用正火代替退火。因此正火得到了广泛的应用。

5.6　钢的淬火

淬火是将钢加热到临界点 Ac_3 或 Ac_1 以上 30～50℃，经保温烧透后快冷，使A向M转变的一种操作工艺过程。目的是提高钢的强度和硬度，经适当回火后，可改善钢的性能。淬火后使钢获得M组织，得到了强化，它是钢的重要强化手段，也是挖掘和发挥钢铁材料性能潜力的很有效方法。

5.6.1　淬火加热温度的选择

加热温度选择的依据是钢的化学成分和临界点。

亚共析钢的加热温度为 $Ac_3+(30\sim50)$℃，因为淬火的目的是提高钢的强度和硬度，得到的组织是M。若加热温度低于 Ac_1，则淬火冷却时将得不到M；如果加热在 $Ac_1\sim Ac_3$ 之间，则淬火冷却后有F出现，使钢的强度降低；温度太高，将使晶粒粗大，钢的性能变脆，因此淬火温度不能过低和太高。

共析和过共析钢的加热温度为 $Ac_1+(30\sim50)$℃，该温度下，共析钢为A，而过共析钢由于在淬火前一般要经过正火和球化退火处理，当加热到 $Ac_1+(30\sim50)$℃时钢中有A和少量的球状 Fe_3C。淬火后的组织为M和颗粒状 Fe_3C，这时可使钢的强度、硬度和耐磨性达到较好的效果。如果将过共析钢加热到 Ac_{cm} 以上，$Fe_3C_{Ⅱ}$ 溶入A，使其含碳量增加，降低了钢的 M_s 和 M_f 点，结果使钢晶粒粗大的同时又使钢中 $A_{残}$ 量增加。在一般情况下，它们都使钢的性能变坏，有软点和脆性增加的现象，也增加了钢件变形和开裂的倾向。碳钢的淬火加热温度范围如图5-21所示。

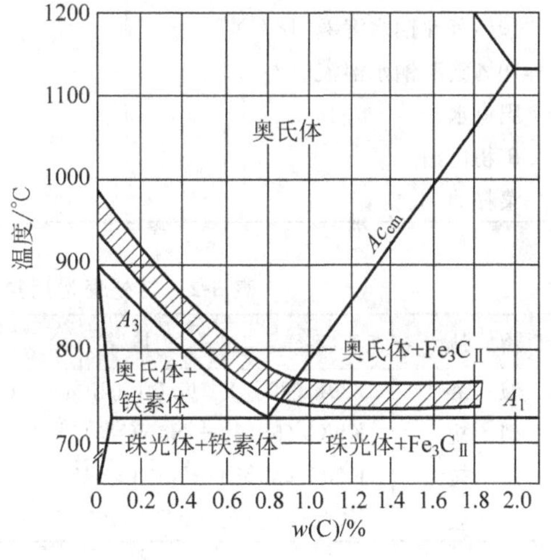

图5-21　碳钢的淬火加热温度范围

加热保温时间决定于钢的化学成分、工件尺寸、形状、装炉量、热源和加热介质等因素。也可用实验方法确定或根据经验公式和数据来估算。

5.6.2　冷却介质的确定

淬火冷却的目的是得到M，其冷却速度必须大于 V_K，要快冷就不可避免地在工件内产生较大的内应力，使工件变形或者开裂。内应力的产生主要来源于冷却时的冷缩热胀而引起的热应力和 $A_{过}$ 向M转变时比容的差异而引起的组织应力。

理想冷却介质　淬火得到M时，要使零件不开裂和变形尽量小的理想冷却曲线应如图5-22所示。若淬火成M，只有在C曲线“鼻尖”附近快冷，使冷却曲线不与C曲线相交，保证$A_{过}$不被分解。而在“鼻尖”上部和下部要慢冷，以减少热应力和组织应力。但到目前为止，还找不到这样完全理想的冷却介质。这条理想的冷却曲线在工艺操作上也很难实现。

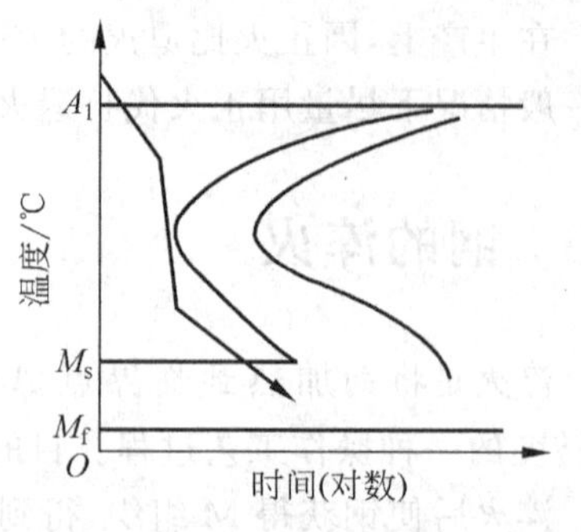

图5-22　淬火时的理想冷却曲线示意图

常用的冷却介质　在生产上淬火常用的冷却介质有水、盐水、碱水、油和熔融盐碱等。详见表5-1和表5-2。

表5-1　常用淬火冷却介质的冷却特点

淬火冷却介质	冷却能力/(℃/s)	
	650～550℃	300～200℃
水(18℃)	600	270
水(26℃)	500	270
水(50℃)	100	270
水(74℃)	30	200
10%食盐水溶液(18℃)	1100	300
10%苛性钠水溶液(18℃)	1200	300
10%碳酸钠水溶液(18℃)	800	270
肥皂水	30	200
矿物机油	150	30
菜籽油	200	35

表5-2　热处理常用盐浴的成分、熔点及使用温度

熔　盐	成　　分	熔　点/℃	使用温度/℃
碱　浴	KOH(80%)+NaOH(20%)+H_2O(6%，外加)①	130	140～250
硝　盐	KNO_3(55%)+$NaNO_2$(45%)	137	150～500
硝　盐	KNO_3(55%)+$NaNO_3$(45%)	218	230～550
中性盐	KCl(30%)+NaCl(20%)+$BaCl_2$(50%)	560	580～800

注：① KOH(80%)和NaOH(20%)分别表示质量分数为80%的KOH和质量分数为20%的NaOH，余同，不一一注明。

水　在650～550℃范围内冷却能力较大，是冷却介质中最常用的，但要注意使用温度，水温不能超过30～40℃，否则冷却能力下降。主要用于形状简单和大截面碳钢零件的淬火。

盐水　5%～10%NaCl或NaOH等水溶液，它们的冷却能力比水更强，但在300～200℃温度范围时，其冷却能力仍很强，同样对减少变形不利，因此它们也只能用于形状简单、截面尺寸较大的碳钢工件。

油　一种应用广泛的冷却介质，主要是各种矿物油，例如，机油、锭子油、变压器油和柴油等。油在300～200℃范围内冷却能力较低，有利于减少工件的变形和开裂。但在650～

550℃时冷却能力差，不利于碳钢的淬火。因此，油主要用于合金钢和小尺寸碳钢工件的淬火。使用时油温不能过高，否则易着火，流动性增加，提高了冷却能力。一般控制在40～100℃，同时油长期使用会老化，要注意防护。油冷后要清洗。

熔融盐碱　为了减少零件淬火时的变形和开裂，常用盐浴和碱浴作为淬火冷却介质，它们的使用范围一般为150～500℃，冷却能力介于油和水之间，其特点是高温区间有较强的冷却能力，而在接近使用温度时冷却能力迅速下降，有利于减少零件变形和开裂。这种冷却介质适用于形状复杂、尺寸较小和变形要求较严格的零件，经常用于分极淬火和等温淬火等工艺。

近几年来经研究又出现了聚乙烯醇、三乙烯醇和高浓度硝盐等水溶液作为淬火的冷却介质。

5.6.3　淬火方法

为了使零件得到M，并防止变形和开裂，通常选择适宜的淬火方法来实现，常用的有以下几种。

(1) 单液淬火法　将加热好的工件放入一种冷却介质中一直连续冷却至室温的操作方法。例如，碳钢在水中冷却、合金钢在油中冷却等均属单液淬火法。这种淬火方法操作简单，容易实现。一般淬透性小的钢件在水中淬火，淬透性较大的合金钢件及尺寸较小的碳钢件(直径小于3～5mm)在油中淬火。

(2) 双液淬火法　将加热好的工件先放入一种冷却能力较强的介质中冷却，以避免发生P转变，当冷至接近M_s温度时，立即转入另一种冷却能力较弱的介质使之发生M转变的方法。例如，先水冷后油冷、先水冷后空冷、先油冷后空冷等。这种方法的关键是从一种介质转入另一种介质时要掌握好时间或温度。一般情况下，对于一定钢材的零件是由实验来确定在一种介质中停留时间来实现的，而温度的确定较难实现。这种方法主要用于形状复杂的高碳钢和较大的合金钢等零件。

(3) 分级淬火法　将加热好的工件放入稍高于M_s点温度的盐浴或碱浴中冷却，待工件内温度均匀一致后，再取出冷却淬火的方法。在盐浴或碱浴中停留时间和其后的冷却方式可由实验决定。主要用于形状复杂和截面不均匀的碳钢件(直径小于10～12mm)和合金钢件(直径小于20～30mm)，特别是尺寸小、要求变形小和精度高的零件。这种方法能有效地减小内应力，使工件的变形和开裂的倾向减少。

(4) 等温淬火法　将加热好的工件放入稍高于M_s点温度的盐浴或碱浴中，保持一定时间，使$A_{过}$完全转变为$B_{下}$，然后进行冷却的方法。等温温度和时间可由等温C曲线确定。它得到的不是M，与淬火定义虽有不符，但和分级淬火法是相同的操作方法，所以把它称为等温淬火法。这种方法处理的零件具有强度高、塑性和韧性好的特点，即具有良好的机械性能，适用于形状复杂、精度要求高和尺寸较小的零件。

各种淬火方法和工艺操作如图5-23所示。

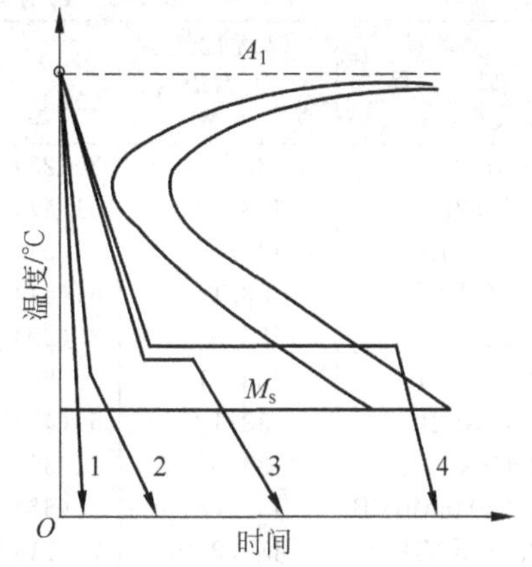

图5-23　不同淬火方法示意图

1—单介质淬火；2—双介质淬火；3—分级淬火；4—等温淬火

5.6.4 钢的淬硬性和淬透性

钢的淬硬性 钢在淬火时能够达到的最高硬度称为淬硬性。它表示钢淬火硬化的能力。它主要决定于钢中的含碳量，含碳量越多，硬度越高，抵抗滑移变形的能力越强，即钢的强度越高。钢中含碳量是决定淬火钢强度和硬度的内在因素，含碳量是提高钢强度和硬度的前提条件，若钢中含碳量很少，使钢达到高强度和高硬度是很困难的或干脆达不到。合金元素对淬火钢强度和硬度影响不大。

钢的淬透性 钢在淬火时获得M的能力或接受淬火的能力称为淬透性。通常用淬硬层深度来表示。凡是使C曲线右移的因素都增加钢的淬透性，但合金元素的作用是最主要因素，因为它对C曲线位置的影响最显著。C曲线愈右移，V_K 愈小，在钢件内形成M的深度就愈大，表明钢的淬透性就愈好。钢的淬透性决定于C曲线的位置，由此也决定了 $A_{过}$ 的稳定性和临界冷却速度。

下面介绍淬透性的表示方法。

根据国家标准GB 225—1963的末端淬火法规定，由表层M到内里的半M区(含有50%M+50%非M)的距离作为淬透层的标准。半M区可用硬度法和金相法来确定，所得的淬透性曲线和数据可作为机械零件设计的依据。各种钢的淬透性曲线可在有关的手册中查到。在末端淬火法中用淬透性值 $J=\frac{HRC^*}{d}$ 表示，J 表示末端淬透性值，HRC 为半M区的硬度，d 为距顶端半M区的距离。例如，J42/5，表示距顶端5mm处的硬度值为 HRC=42。可用淬透性值比较不同钢材淬透性的好坏，它可作为机械零件设计时的参考。若 HRC 值相同，d 值越大，表示淬透性越好。

在生产上也常用临界淬透直径来衡量钢的淬透性。临界淬透直径是指钢在某种冷却介质中能够淬透的最大直径，用 D_C 表示。在相同条件下，D_C 值越大，钢的淬透性越好。

表5-3是常用钢材的淬透性值和临界淬透直径。

表5-3 部分常用钢材的淬透性值和临界淬透直径 mm

牌号	淬透性值 $\left(J=\frac{HRC}{d}\right)$	D_C 水(20℃)	D_C 油(矿物油)	牌号	淬透性值 $\left(J=\frac{HRC}{d}\right)$	D_C 水(20℃)	D_C 油(矿物油)
20Mn2	J33/5	26(23)	12(13.5)	12Cr2Ni4	J30/33	—	84(96)
20Mn2B	J33/12	51(47)	36(34)	45	J43/3	16(15)	8(8.5)
20MnTiB	J33/8	38(34)	21(22)	40Cr	J43/7.5	36(32)	20(21)
20MnVB	J33/15	61(57)	43(42)	40CrMn	J43/12	51(47)	36(34)
20Cr	J33/5	26(23)	12(13.5)	40CrV	J43/10	45(40)	27(29)
20CrMnB	J33/17	66(64)	45(47)	40Mn2	J43/9	41(36)	25(26)
20CrMoB	J33/12	51(47)	36(34)	35SiMn	J40/9	41(36)	25(26)
20CrNi	J33/9	41(36)	25(26)	30CrMnSi	J40/15	61(57)	43(42)
20CrMnMoVB	J33/18	68(66)	48(50)	30CrMnTi	J40/12	51(47)	36(34)
20SiMnVB	J33/20	75(71)	54(56)	20CrMnTi	J33/9	41(36)	25(26)
12Cr2Ni3	J30/30	—	78(84)	30CrMo	J40/10	45(40)	27(29)

* HRC 为斜体时，表示硬度的符号；为正体时，表示硬度的单位，余同。

续表

牌 号	淬透性值 $\left(J=\frac{HRC}{d}\right)$	D_C 水 (20℃)	D_C 油 (矿物油)	牌 号	淬透性值 $\left(J=\frac{HRC}{d}\right)$	D_C 水 (20℃)	D_C 油 (矿物油)
40Cr2MoV	J43/15	61(57)	43(42)	GCr9	J55/7.5	32(33)	20(21)
40MnB	J43/15	61(57)	43(42)	GCr9SiMn	J55/14	58(55)	39(40)
40MnVB	J43/18	71(66)	51(50)	GCr15	J55/9	41(36)	25(26)
40CrMnB	J43/22	84(77)	60(62)	GCr15SiMn	J55/18	71(66)	51(50)
40CrMnMoVB	J43/39	—	94(115)	9Mn2V	J55/13.5	57(52)	38(37)
40CrNi	J43/21	80(76)	58(60)	5SiMnMoV	J45/6	31(28)	15(17)
40CrNiMo	J43/23	87(78)	66(63)	5Si2MnMoV	J45/21	81(76)	59(60)
65	J50/9.5	43(39)	26(28)	9SiCr	J55/12	51(47)	36(34)
65Mn	J50/10	45(40)	27(29)	Cr2	J55/12	51(47)	36(34)
55Si2Mn	J50/6.5	32(29)	16(18)	CrMn	J55/6	31(28)	15(17)
50CrV	J45/15	61(57)	43(42)	CrW	J55/5.5	28(25)	17(15)
50CrMn	J45/17	66(64)	45(47)	9CrV	J55/7	35(31)	18(19)
50CrMnV	J45/33	—	84(96)	9CrWMn	J55/32	—	80(90)
T9	J55/5	26(23)	12(13.5)	CrWMn	J55/13.5	57(52)	38(37)

注：① 淬透性值中 *HRC* 指半马氏体区的硬度；

② 括号内的数值是根据淬透性曲线和淬透性标准图查得的数据。

淬透性在热处理中具有很重要的意义。淬透性好，V_K 小，淬硬层深，能够提高钢的强度，可充分发挥金属材料性能的潜力，也是提高金属材料性能很重要的途径。由于 V_K 小，可做大截面和形状复杂的机械零件。同时也给热处理操作创造了方便条件。

应当指出的是，并不是在任何情况下都要求淬透性越高越好，在有些情况下，而是希望淬透性要小些。例如，承受弯曲和扭转力的轴类和齿轮类等零件，其外层受力较大，而心部受力较小，此时，希望用淬透性较低的钢，获得一定淬硬层深度即可。对于轴类，通常只要求淬硬层深度为轴半径的 1/3 或 1/2。

5.6.5 影响工件实际淬硬层深度的因素

在设计和使用金属材料零件时要确切了解它所能达到的最高强度和机械零件各断面上性能的变化，即需要准确了解工件能够被淬透的淬硬层深度。只有这样才能准确选择金属材料和它的热处理工艺，在设计时选用的数据才能有充分依据。决不能把机械零件的局部性能作为整体性能的依据和标准来使用，即要把零件的性能进行准确的分析。因此，必须深入了解影响实际淬硬层深度的因素。它主要决定于以下几种因素：

(1) 钢的淬透性　淬透性越好，实际淬硬层深度就越大。因为淬透性主要与钢的化学成分有关，特别是合金元素，绝大多数合金元素的加入或溶入 A 后都使 C 曲线右移，增加 $A_{过}$ 的稳定性，降低 V_K，得到 M 的深度就大，即使钢的实际淬硬层的深度增加。

(2) 冷却介质　因为 V_K 要用一定的冷却介质才能达到，冷却介质的冷却能力越大，使零件能够达到 V_K 的深度就越大，淬硬层的深度就深；而用冷却能力小的介质进行冷却时使

工件达到 V_K 的深度就小，即实际淬硬层的深度就小。

(3) 工件尺寸　零件尺寸大则加热后所带的热量就多，由于每种冷却介质的冷却能力是一定的，大尺寸零件的热量多，使达到 V_K 的深度浅，所得的实际淬硬层深度就小；小尺寸零件的实际淬硬层深度就大。这种随工件尺寸而变化的热处理强化效果的现象称为尺寸效应，在设计和使用工件时要给予充分注意。

5.7 淬火钢的回火

钢在淬火后得到的组织一般是 M 和 $A_{残}$，同时有内应力，这些都是不稳定的状态，特别是含碳量大于 0.4%的钢，不能直接使用，必须进行回火，否则零件在使用过程中就要发生变化，这是不允许的。淬火后要立即进行回火，只淬火不回火不行，不淬火而只进行回火，也没有实际意义。

回火　将淬火钢加热到 Ac_1 以下某一温度，经适当保温后冷却到室温的一种操作工艺过程称为回火。回火的目的如下。

(1) 淬火后的钢组织，一般为 M 和 $A_{残}$，它们是不稳定的，通过回火使其转变为稳定的组织，以防止零件在使用过程中发生尺寸和形状的变化，特别是精密零件。

(2) 淬火后 M 的性能很脆，并有内应力，为防止变形和开裂，降低脆性，必须及时回火。

(3) 通过回火调整零件的强度、硬度、塑性和韧性，以满足对零件设计和使用性能的要求。

5.7.1 回火时组织的变化

一般情况下，淬火钢的室温组织是 M 和 $A_{残}$，它们都处于不稳定的状态。回火加热时随回火温度的升高，将由不稳定的组织状态转变为较稳定的组织状态。回火时淬火钢的组织大致发生以下四个阶段的变化。

1. M 分解(20～200℃)

20～100℃　这个温度范围内在低碳 M 中发生 C 原子偏聚于位错附近的间隙位置。而在高碳片状 M 内由于其结构为双晶，它没有足够的间隙位置容纳 C 原子，只能使 C 原子聚集在一定的原子面上。由于增加了晶格畸变，故使钢的强度和硬度有所提高。

100～200℃　在高碳 M 中析出片状的 $\eta\text{-}Fe_2C$，形成回火 M。由于它易受腐蚀，在光学显微镜下呈黑针状 M 形态。在低碳 M 中不析出碳化物，只是 C 原子偏聚得更完全。

2. $A_{残}$分解(200～300℃)

(1) 碳化物析出　随回火温度的升高，M 继续分解，当温度升高到 250℃时从高碳 M 中析出细小片状 $\chi\text{-}Fe_5C_2$(Hagg 于 1934 年发现)，所以又称为 Hagg(黑格)碳化物。当钢中含碳量小于 0.4%时不形成 $\chi\text{-}Fe_5C_2$。在含碳量小于 0.2%时也不析出 $\eta\text{-}Fe_2C$。

(2) $A_{残}$分解　当温度升高到 200～300℃，$A_{残}$ 分解为 F 和 Fe_3C，225℃时 Fe_3C 为球

状，其大小为5nm。由于M的继续分解，使其正方度下降，减轻了M对$A_{残}$的压力，因此$A_{残}$发生向F和Fe_3C的转变，而且是主要的转变，所以称为$A_{残}$分解阶段。

3. Fe_3C形成（300～400℃）

随回火温度的升高，由于已析出的η-Fe_2C和χ-Fe_5C_2的稳定性差，它们逐渐转变为θ-Fe_3C。从325℃开始到350℃以上完全转变为θ-Fe_3C，即Fe_3C形成。M的正方度已基本恢复到1，内应力消除。其组织为在F基体上分布着细小的颗粒状Fe_3C，称为回火T，用$T_{回}$表示。

4. Fe_3C长大和F再结晶（400～650℃）

Fe_3C随温度升高而聚集长大，同时F中含碳量恢复为平衡含碳量，但其形状还未完全丧失其M片状原形。在450℃以上F发生再结晶，由片状转变为多边形。组织为在F基体上分布着颗粒状的Fe_3C，称为回火索氏体，用$S_{回}$表示。钢的组织和回火温度的关系如图5-24所示。

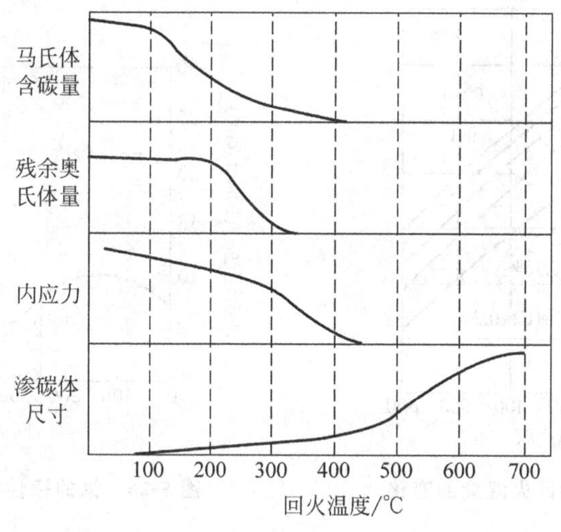

图5-24　淬火钢中马氏体含碳量、残余奥氏体量、内应力及渗碳体尺寸与回火温度的关系

从回火的四个阶段中可看出，淬火钢回火时，随回火温度的升高，M中的含碳量、$A_{残}$的数量、Fe_3C的粗细和内应力的大小等都在发生变化，它们都由不稳定向较为稳定的组织状态变化，这必然要引起钢性能的变化。

5.7.2　回火时性能的变化

1. 强度和塑性的变化

随回火温度升高，其变化规律是强度和硬度下降，塑性和韧性增加，其中稍有特殊的是在200℃以下，由于在M中有大量的细小碳化物（η-Fe_2C）析出，使钢的硬度并不下降。对于高碳钢，还略有升高。在200～300℃范围内时，高碳钢中由于$A_{残}$转变为F和Fe_3C，使钢的硬度会再次升高。而在300℃以上由于 Fe_3C 析出和粗化，M 转变为 F，使钢的硬度下降加快。

淬火钢的硬度和回火温度的关系如图 5-25 所示。

2. $S_回$ 和 $S_连$ 性能的比较

$S_回$ 和 $S_连$ 在组织形态上的不同是：$S_回$ 中的 Fe_3C 为颗粒状，而 $S_连$ 中的 Fe_3C 为条状或片状。在外力作用下片状 Fe_3C 的顶端部位易引起应力集中，形成裂纹，使工件破坏。而 $S_回$ 中为颗粒状 Fe_3C，不易引起应力集中或断裂。因此连续冷却所得到的 T 和 S 的性能不如回火时得到的 $T_回$ 和 $S_回$ 的性能，特别是冲击韧性。所以重要的零件要采用淬火加回火处理，而不采用连续冷却处理。

3. 回火脆性

淬火钢在回火时随温度升高有两次出现使钢的韧性下降的现象，即出现两个韧性最低点，如图 5-26 所示。

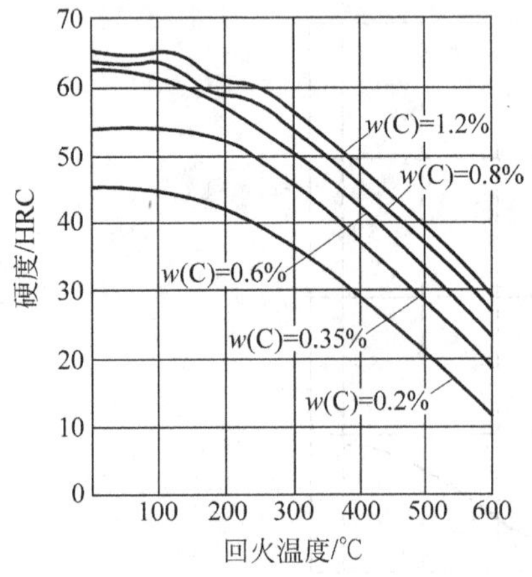

图 5-25 钢的硬度随回火温度的变化

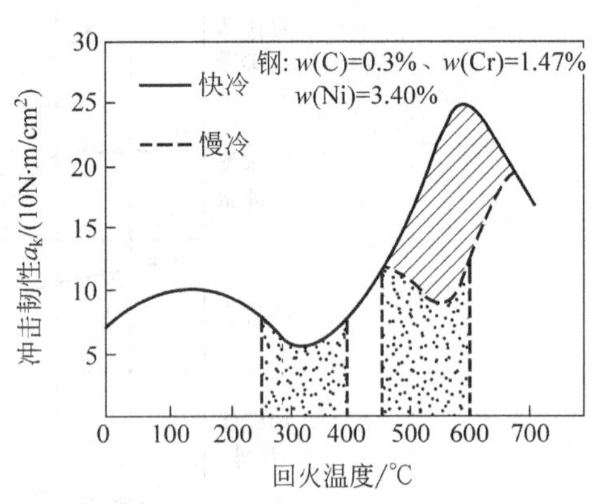

图 5-26 钢的韧性和回火温度的关系

(1) 低温回火脆性 发生在250～350℃范围内，其原因是在 M 条或片间析出薄片状的 χ-Fe_5C_2 或 θ-Fe_3C，割裂了 M，出现了脆性，$A_残$ 的分解也可能会增加脆性，但不是主要原因。几乎所有钢在该温度回火都出现韧性下降，而且目前还没有办法消除。所以，一般不能在250～350℃范围进行回火，这种回火脆性也称第一类回火脆性或不可逆回火脆性。

(2) 高温回火脆性 含有 Mn、Ni 和 Cr 等合金元素的淬火钢在450～575℃范围内回火后慢冷时出现这种脆性，也称为第二类回火脆性或可逆回火脆性。它出现的原因，一般认为主要是 P、Sb、Sn 和 As 等杂质元素在原 A 边界上偏聚，它是这些元素在高温回火后缓慢冷却时扩散而产生的。但也有人认为是在原 A 边界上析出化合物而引起，使 a_k 值下降。这种脆性出现后可将钢件重新加热到600℃以上后快冷来消除，若慢冷又可出现脆性，因此也称为可逆回火脆性。

从图 5-27(a)中可看出回火后慢冷时在原 A 边界上析出杂质元素或化合物，它使钢产生回火脆性。而快冷如图 5-27(b)中则没有这些现象，即快冷时不出现第二类回火脆性。

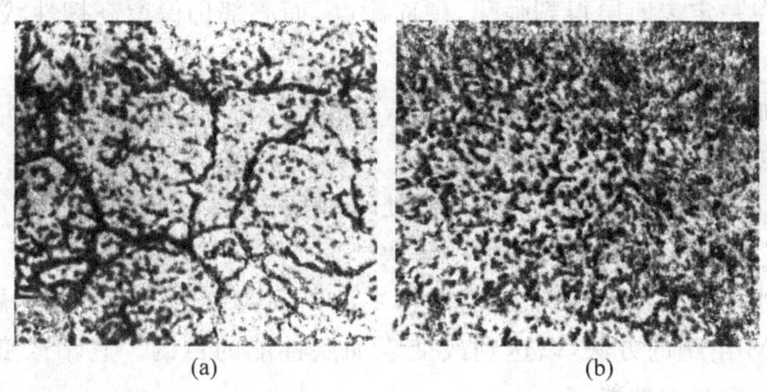

(a)　(b)

图 5-27　Cr-Ni 钢在 550℃回火后的显微组织

(a) 慢冷；(b) 快冷

消除高温回火脆性可用快冷或加入合金元素的办法解决。

5.7.3　回火的分类和应用

重要的机器零件一般都要进行淬火和回火，它们是提高和改善钢性能的重要手段。淬火钢回火后的性能主要决定于回火温度。按着对钢件性能的要求和回火温度，可将回火分为以下三种：

(1) 低温回火(150～250℃)　目的是降低淬火应力，提高钢的韧性，保持淬火的高硬度和耐磨性，其组织为回火 M，用 $M_{回}$ 表示。硬度常在 58～64HRC(共析钢和过共析钢)范围内。多用于高碳工具钢、冷模具、量具、轴承和渗碳表面淬火等零件。

(2) 中温回火(350～450℃)　目的是得到高的屈服极限和高弹性极限，同时具有一定的韧性。其组织为 $T_{回}$，硬度常在 35～45HRC 范围内。主要用于各种弹簧的热处理。

(3) 高温回火(450～650℃)　目的是得到具有高强度、高塑性和高韧性的性能，即得到较好的综合机械性能，其组织为 $S_{回}$。它的硬度常在 25～35HRC 范围内。主要用于重要的结构件，例如，连杆、螺栓和轴类等零件。

在生产上一般把淬火＋高温回火的热处理称为调质处理。目的是得到综合机械性能较好的 $S_{回}$，常作为提高和保证性能的最终热处理。对于重要零件也可作为预备热处理用。

回火保温时间　一般采用 1～2h，目的是通过扩散使钢的组织发生变化，以保证性能。

回火后的冷却　一般对钢的组织和性能影响不大，通常的回火冷却都采用在空气中冷却的方式，很简便。只有某些带有合金元素的钢，为防止高温回火脆性而采用快冷(水冷或油冷)，但快冷有时会产生内应力，此时要采用一次低温退火来消除内应力。

5.8　钢的表面热处理

对于有些要求承受弯曲、扭转、冲击和磨损的零件，其表面要具有高强度、高硬度、耐磨性好和耐疲劳的性能，而心部则要具有足够的强度和韧性。例如，齿轮、凸轮轴、花键轴和曲轴等。这些零件的受力沿零件断面是不均匀的，靠近表面应力大，而中心则应力小。因此，这些零件只要求在一定表面层得到强化，硬而耐磨，而心部仍保留高韧性状态。解决的方法有以下两种。

(1) 改变表面层组织，使表面层得到 $M_{回}$，而心部保持原来的 F、P 或 S 等组织。它是用表面热处理的方法解决。

(2) 改变表面层的化学成分后再进行热处理，使表面层得到 $M_{回}$，而中心部位得到 $M_{低}$、S 或 P 等组织。它是用化学热处理的方法解决。

钢的表面热处理　它也称钢的表面淬火，主要是利用快速加热将表面层 A 化后喷水冷却使表面层获得 M 组织的方法，以达到改变表面层性能的目的。它不改变钢的化学成分，只改变钢的表面层组织和性能。

表面热处理用钢　一般采用中碳钢和中碳合金钢。例如，40、45、40Cr、40MnB 和 40CrNi 等。

最常用的表面热处理方法有两种：一种是感应加热表面淬火法；另一种是火焰加热表面淬火法。目前主要用的是感应加热表面淬火法。

1. 感应加热表面淬火法

使绕制在空心紫铜管感应器的线圈通入交变电流，则在线圈内外产生交变磁场。若工件在感应器线圈内，它在交变磁场的作用下产生与感应器线圈内电流频率相同、方向相反的感应电流。这个电流在工件内自成回路，称为“涡流”，它使电能变为热能将工件加热。它是由交变电能→磁能→感应电能→热能的过程来实现的。由于“涡流”在工件内分布不均匀，主要是集中于工件的表面层。因钢具有电阻，在工件表面层集中电流的作用下使表面层迅速被加热，在几秒钟内可使温度升高到 800～1000℃，而心部温度仍接近于室温。加入交变电流的频率越高，感应加热电流越集中于工件表面，而心部的电流密度几乎等于零，这种现象称为交流电的集肤效应。这就是高频感应电流能使表面层加热的依据。加热得到 A 化表面层后，立即喷水冷却获得 M。

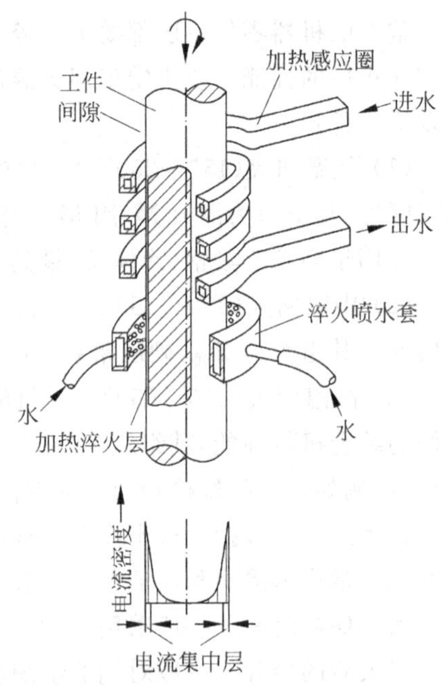

图 5-28　感应加热表面淬火示意图

感应加热表面淬火示意图如图 5-28 所示。

感应加热表面层深度 δ 和交变电流频率 f 之间的关系如下：

碳钢
$$\delta=\frac{500}{\sqrt{f}}$$

式中，δ——感应加热深度，mm；

f——交变电流频率，Hz。

合金钢
$$\delta=503\sqrt{\frac{\rho}{\mu f}}$$

式中，δ——感应加热深度，mm；

ρ——被加热零件的电阻率，$\Omega \cdot mm^2/m$；

μ——被加热零件的导磁率，H/m；

f——交变电流频率，Hz。

从上述两式可看出，电流频率越高，感应加热表面层深度越浅。感应加热设备的种类、主要特征和应用范围见表5-4。

表5-4 感应加热设备的种类、主要特征和应用范围

设备名称		频率范围/kHz	功率/kW	特征和应用范围
高频感应淬火设备		100～500	5～500	电流透入深度很小，约为0.5～3mm，用于 ① 小模数齿轮的表面淬火 ② 较小轴类零件的表面淬火
中频设备	发电机式	0.5～10	15～1000	电流透入深度较大，约为高频的10～20倍，用于 ① 中、小模数的齿轮、凸轮轴的表面淬火 ② 轴类零件的透热淬火 ③ 中、小轴类零件的调质
	晶闸管变频式	0.18～8	15～1000	
工频设备		0.05	100～2000	电流透入深度很大，约为高频的100～200倍，但功率因数低，主要用于大型轧辊和柱塞的淬火

一般情况下，表面层性能应保证有足够的强度、韧性和耐疲劳性。通常淬硬层深度为圆柱形零件半径的1/10左右时可得到强度、韧性和耐疲劳性的很好配合。对于小直径(10～20mm)零件，其淬硬层深度可取半径的1/5。

2. 感应加热表面淬火的特点

(1) 感应加热速度极快，过热度大，使P向A转变温度高，转变所需时间短，一般只需几秒或几十秒。

(2) 由于加热速度快，A来不及长大，因此冷却淬火后可得到很细小的M组织，使表面淬火组织很细，其硬度比普通淬火高2～3HRC，具有较低的脆性，并有较高的抗疲劳强度。

(3) 因为感应加热速度快，零件表面不易氧化和脱碳，变形也小，对表面精度要求不高，可在表面淬火后直接使用。

(4) 淬硬层深度容易控制，而且易于实现机械化和自动化。

感应加热表面淬火的缺点是所用设备的费用高，维修和调整较困难，而且只适用于形状较为简单的零件，例如，轴类件和平面件等。

感应加热表面淬火的回火，一般是利用感应电流加热水冷后的余热自行回火，通常不单独进行回火。

5.9 钢的化学热处理

用改变表面层的化学成分，然后用热处理的方法，来改变表面层的组织和性能，这种综合工艺过程称为化学热处理。它是通过表面层化学成分的变化，用热处理改变其结构和组织的方法，以达到改变表面层性能的目的。

按钢件表面渗入元素的不同，化学热处理可分为渗碳、渗氮、碳氮共渗（氰化）、渗硼、渗铝和渗铬等。通过化学热处理能有效地提高钢件表面层的耐磨性、耐蚀性、抗氧化性和抗疲劳性等。

化学热处理的特点是不受工件形状的限制，而且还可得到特殊性能。

根据工件工作条件和对性能的要求，可选择不同的化学热处理方法。在一般机械制造业中，最常用的有渗碳和氮化等。

5.9.1 渗碳

向钢件表面渗入碳原子的过程称为渗碳。其主要目的是提高工件表面的硬度、耐磨性和抗疲劳强度，同时保持心部的良好韧性。渗碳主要用于表面受严重磨损并承受较大冲击载荷的零件。例如，汽车齿轮、活塞销和套筒等。

渗碳用钢　常用的有低碳钢和低碳合金钢，例如，20、20Cr、20CrMnTi、20Mn2TiB、20SiMnVB、18Cr2Ni4WA 等。

1. 渗碳的三个基本过程

它由分解、吸收和扩散三个过程组成。

(1) 分解　它是由活性介质化合物中分解出活性炭原子[C]的过程，目的是获得活性炭原子[C]。例如：

$$2CO \longrightarrow CO_2 + [C]$$

$$CH_4 \longrightarrow 2H_2 + [C]$$

$$CO + H_2 \longrightarrow H_2O + [C]$$

这些反应都是在一定温度条件下发生裂化和分解后获得活性炭原子[C]。

(2) 吸收　是活性炭原子[C]被工件表面吸收。它是活性炭原子[C]与钢件表面金属原子键合而进入金属表面层的过程，即活性炭原子[C]向钢的固溶体中溶解或与钢中元素形成化合物的过程。

(3) 扩散　是活性炭原子[C]向工件表面内部扩散，它是[C]向工件深处的迁移过程。扩散的结果形成一定深度的渗碳层。在渗碳层内，一般达到过共析成分，其含碳量大约为1.0%。当然是形成过共析组织。

上述的分解、吸收和扩散是一切化学热处理的三个基本过程。

2. 渗碳工艺

渗碳是由一定的工艺过程来实现的，说明如下。

(1) 渗碳的加热温度　常采用 920～930℃。

(2) 渗碳方法

① 气体渗碳法　向密封的炉内通入渗碳气氛。例如，煤油、苯、丙酮液体、甲醇、煤气和天然气等，使其在高温下裂化分解成渗碳气氛，得到活性炭原子[C]。气体渗碳法示意图如图 5-29 所示。

加热保温时间 3～9h

渗碳层深度 0.4～1.4mm

气体渗碳法的优点是它的生产率高，渗碳层质量好，劳动强度低，便于直接淬火。其缺点是碳量和渗碳层深度不易精确控制，消耗能量大。它适用于大批量生产。

② 固体渗碳法 将工件埋在固体渗碳剂中，装箱密封，送入炉中加热，并保温一定时间后出炉。固体渗碳剂是由主渗剂（木炭，按尺寸要求制成一定大小的块状）＋催渗剂（$BaCO_3$ 质量分数为5%或 Na_2CO_3 质量分数为10%）混合组成。加热分解得到活性炭原子[C]。固体渗碳装箱示意图如图5-30所示。

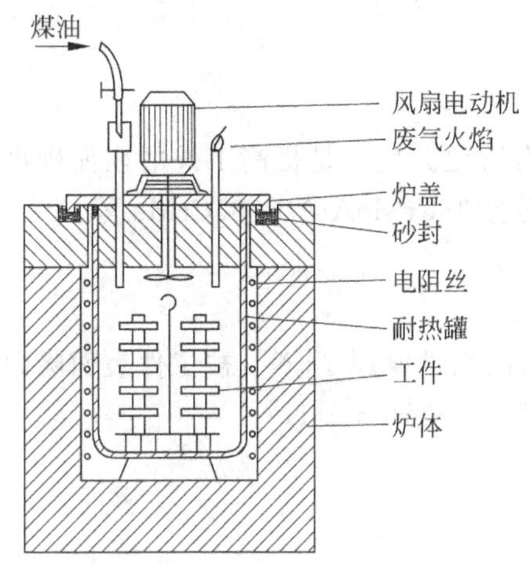

图 5-29 气体渗碳法示意图

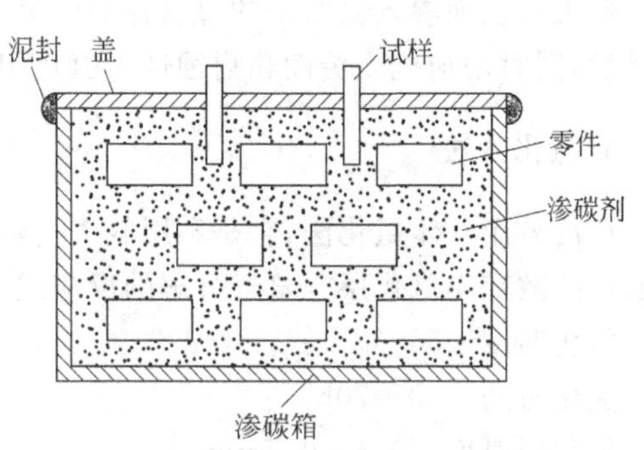

图 5-30 固体渗碳装箱示意图

加热时间 10～15h

渗碳层深度 0.8～1.5mm

固体渗碳法的优点是操作简单，设备费用低。其缺点是劳动条件差，质量不易控制。适用于小批量生产。

(3) 渗碳层的成分和组织 低碳钢工件渗碳后，其表面的含碳量为0.85%～1.05%，而且由表面向内部碳量逐渐降低。渗碳缓冷后的组织，由表面向中心依次为：珠光体＋网状二次渗碳体→珠光体→珠光体＋铁素体混合的亚共析原始组织，如图5-31所示。若渗碳层含碳量少，表面耐磨性差，抗疲劳性能也差；而碳量多，则渗碳层变脆，易脱落。

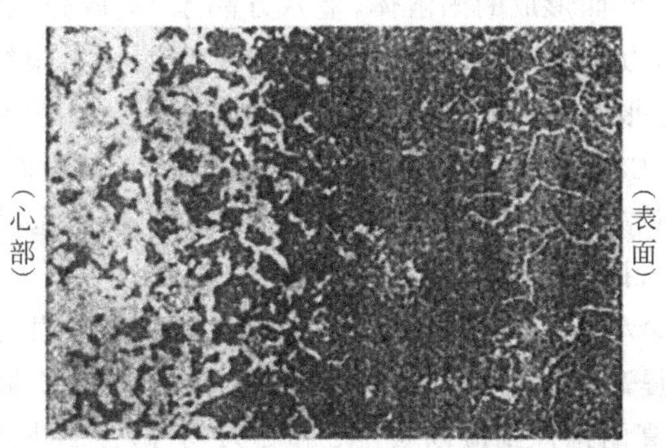

图 5-31 低碳钢渗碳缓冷后的组织

3. 渗碳后的热处理和所得组织与性能

热处理　工件渗碳后必须进行热处理，否则就会失去渗碳的意义。渗碳后热处理一般是采用淬火＋低温回火。

表面层的组织　$M_{回}$＋少量细小颗粒状 Fe_3C，其硬度为 58～63HRC。

中心的组织　对于大工件的中心组织，一般为低碳钢的原始组织，即为 F＋P。对于小工件的中心组织可得到 $M_{低}$ 或 $M_{低}$＋F＋P。其中大工件的中心组织的性能为 10～15HRC，而小工件的中心组织的性能为 30～42HRC。

5.9.2　渗氮（氮化）

向工件表面渗入氮原子的过程称为渗氮，也称为氮化。目的是提高工件的表面硬度和耐磨性，同时增加抗疲劳性和耐蚀性。氮化用钢主要有 38CrMoAlA 和 35CrMo 等。

1. 氮化方法

广泛采用气体氮化法，它是利用氨气受热分解出的活性氮原子[N]，被工件表面吸收后向心部扩散获得氮化层。氨气分解的反应式为 $2NH_3 \longrightarrow 3H_2 + 2[N]$。

氮化温度　560℃

氮化时间　40～70h

氮化层厚度　0.4～0.5mm

2. 氮化层的结构、组织和性能

通过适当的工艺过程，可获得一定深度的氮化层，其具体结构和组织分布如下。

表面　ζ　ε　$\varepsilon+\gamma'$　γ'　$\gamma'+\alpha$　α　中心

从上可看出，在室温下氮化层由表面到内部依次出现的结构和组织是 ζ、ε、$\varepsilon+\gamma'$、γ'、$\gamma'+\alpha$ 和 α 等。下面分别分析和讨论各单相 ζ、ε、γ' 和 α 的结构和性能。

ζ　它是 N 溶入 Fe_2N 形成的固溶体，即以金属化合物 Fe_2N 为基体、N 溶入而形成的固溶体。其结构为正方晶系，它的成分范围很窄，大约是 $w(N)=11.0\%\sim11.35\%$，其硬度很高，大约为 65～67HRC。

ε　它是 N 溶入 Fe_3N 而形成的固溶体，呈六方晶系，其成分范围为 $w(N)=8.25\%\sim11.0\%$。硬度很高，大约为 65～72HRC。但受热不稳定，易于聚集粗化，使硬度降低。

上述两相中，ζ 相量很少，在显微组织中一般看不到。在显微镜下，一般只能看出 ε 相。ζ 和 ε 相抗腐蚀能力很强，即耐蚀性能好。呈白亮色，硬而脆，但很耐腐蚀。对自来水、湿空气、过热蒸气和碱溶液都有很高的耐腐蚀性。由于硬而脆，易于剥落，所以，除抗蚀氮化外，若以硬化耐磨为目的的氮化时不允许有 ζ 和 ε 相存在。

图 5-32 为 Fe-N 合金相图，从图中可看出在较低温度时其单相组织为 α、γ'、ε 和 ζ 共四个。其中普通氮化是为提高硬度、耐磨性和抗疲劳性能，同时提高耐蚀性，在组织中是以获得 α 和 γ' 为主。若为提高耐蚀性则应以获得 ε 和 ζ 为主，即含 N 量要高。

γ'　它是 N 溶入 Fe_4N 而形成的固溶体，存在于 $w(N)=5.7\%\sim6.1\%$ 范围，呈面心立

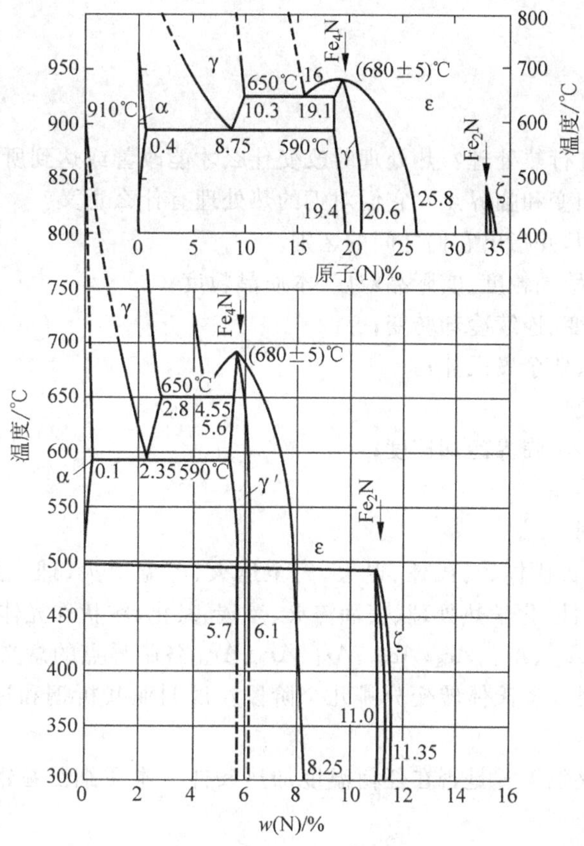

图 5-32 Fe-N 合金相图

方结构。在680℃以上能溶于ε相，但在低温时也可从ε相中析出。硬度高。

α 它是N溶入α-Fe中所形成的固溶体，实质上应是N、C共同溶入α-Fe中所形成的固溶体。它的比容大，在氮化层中使之产生很高的压应力，结果大大提高了零件的抗疲劳强度。

若用38CrMoAlA钢氮化，则由于N和合金元素的相互作用，先后有AlN、Mo_2N和CrN等氮化物亚结构产生，其尺寸很小，大约为200～500Å。它们可极大地提高硬度，能使硬度达到65～72HRC。同时又可使Fe_2N、Fe_3N和Fe_4N直到500℃时不聚集粗化，保持高硬度，因此使氮化层具有较高的红硬性。

氮化的特点 氮化层硬度很高，耐磨、耐疲劳和耐腐蚀等，因此氮化后不需要热处理。

氮化的用途 由于氮化时间长、成本高，所以氮化只用于耐蚀、耐热和精度要求高的耐磨零件。例如，发动机汽缸、排气阀、阀杆、阀门、精密机床主轴和镗床镗杆等零件。有些重要零件还要调质处理后氮化，使心部获得$S_{回}$，以提高心部机械性能和氮化层质量。

在生产上，目前还采用一些新工艺，例如，离子氮化、碳氮共渗的软氮化和氰化等。它们都具有时间短、零件变形小等优点。当然也各有其缺点，有待改进。

在化学热处理方面，由于渗入元素的不同，可使工件表面具有不同的性能。例如，渗铝可提高耐热抗氧化性，渗铬使工件表面提高硬度、增加耐磨性，渗硅可提高耐酸性，渗硫可提高工件的减摩性能等。

习题

1. 钢为什么要进行热处理？热处理时改变什么才能改善或达到所需要的钢的性能？

2. 什么是钢的相变和临界点？它们对钢的热处理有什么意义？

3. 解释下列名词，并指出它们之间的区别。

(1) 奥氏体的起始晶粒度、实际晶粒度、本质晶粒度；

(2) 等温冷却转变、连续冷却转变；

(3) 过冷奥氏体、残余奥氏体；

(4) 淬透性、淬硬性；

(5) 实际冷却速度、临界冷却速度；

(6) 再结晶、重结晶。

4. 解释下列名词：

索氏体、屈氏体、贝氏体、马氏体、退火、完全退火、等温退火、球化退火、正火、淬火、回火、调质处理、回火脆性、化学热处理、表面淬火、渗碳、氮化、粒状珠光体。

5. 指出 A_1、A_3、A_{cm}、Ac_1、Ac_3、Ac_{cm}、Ar_1、Ar_3、Ar_{cm}各临界点的意义？

6. 共析钢加热时向奥氏体转变分哪几个阶段？说明亚共析钢和过共析钢向奥氏体转变时有什么特点。

7. 何谓本质细晶粒钢？是否在任何温度加热条件下本质细晶粒钢的奥氏体晶粒都比本质粗晶粒钢的细？

8. 加入 Ti、Nb、V、Mo、W 和 Al 等合金元素的钢都可得到本质细晶粒钢，为什么？奥氏体晶粒的大小对转变产物的机械性能有何影响？

9. 画出共析钢的 C 曲线，说明各区域、各条线的物理意义，并指出影响 C 曲线形状和位置的主要因素。

10. 试比较共析钢的过冷奥氏体等温转变曲线和连续转变曲线的异同点。

11. 临界冷却速度(V_K)的大小受哪些因素的影响？它与钢的淬透性有何关系？在生产上有何意义？

12. 从组织和性能上说明，为什么等温淬火一般要求得到下贝氏体组织，而避免得到上贝氏体组织？

13. 试比较马氏体和下贝氏体的结构和组织有何不同。

14. 简述共析钢过冷奥氏体在等温转变时的温度、结构、组织和性能。

15. 试述获得马氏体的条件、组织形态及其主要影响因素。

16. 说明马氏体中的含碳量与其结构和组织形态有什么关系？它对钢的硬度、塑性和韧性有何影响？

17. 共析钢淬火冷却至室温时能否获得全部马氏体？采用什么方法可以减少钢中的残余奥氏体量？

18. 钢在淬火时为什么要变形，甚至开裂？采用什么方法减少变形或防止开裂？

19. 正火和退火的主要区别是什么？在实际生产中怎样选择？

20. 如何进行球化退火？为什么过共析钢必须采用球化退火，而不采用完全退火？

21. 指出下列零件的锻造毛坯进行正火的主要目的是什么？正火后的显微组织又是什么？

(1) 20钢齿轮；

(2) T12钢锉刀。

22. 常用的淬火方法有哪几种？说明它们的主要特点及其应用范围。

23. 为什么在实际工作中要特别注意工件的实际淬硬层的深度？影响它的因素有哪些？

24. 淬火的目的是什么？含碳量不同的碳钢怎样选择淬火温度？并说明其原因。

25. 淬火钢为什么一定要回火后才能使用？常用的回火是如何分类的，都应用于哪些零件？

26. 淬火钢回火时其组织是怎样变化的？分哪几个阶段？

27. 简述索氏体和回火索氏体的异同点。

28. 将20钢(Ac_3 850℃)和60钢(Ac_3 760℃)同时加热到880℃经保温后哪种钢晶粒粗大？为什么？它们水冷后的组织和性能怎样？

29. 将T12钢(Ac_1 730℃、Ac_{cm} 820℃)分别加热到700℃、760℃、880℃和1000℃烧透水冷后的组织和性能怎样？

30. 何谓淬透性值和临界淬透直径？如何表示？并说明其含义。

31. 为什么感应加热能实现表面淬火？它的加热依据是什么？

32. 感应加热表面淬火和化学热处理各有什么特点？

33. 什么是氮化？它有哪些特点？为什么氮化后不需要热处理？

第6章 合金钢

碳钢通过选择不同的含碳量和适当的热处理来满足许多工业生产上的要求，同时也因为其价格低廉、生产工艺简单等原因，成为目前应用最广泛的金属材料，大约占钢材总用量的 80%以上。但碳钢的淬透性低，不适于制作大截面和形状复杂的零件；它在受热时强度和硬度较低，不适于在高温条件下工作；它的冲击韧性也低。因此，随着工业生产和科学技术的迅速发展，碳钢已满足不了对金属材料的更高要求，特别是不适应那些要求高强度、高硬度、高耐磨性以及耐热性和耐蚀性的场合。

本章介绍的是通过加入合金元素和随后热处理的方法来改变钢的成分、结构和组织，从而能更好地满足上述各种性能的要求。

合金钢是为改善和提高钢的性能加入合金元素而形成的以 Fe 为基的合金。为改善和提高钢的性能而有意加入的元素称为合金元素。向钢中加入合金元素的目的是为了提高钢的强度和塑性，以获得较好的综合机械性能或者获得所需要的特殊性能，例如，耐磨性、耐热性和耐蚀性等。

6.1 简述钢的合金化

钢是以 Fe 为基的 Fe-C 合金，加入的合金元素与 Fe 和 C 之间以及合金元素之间的相互作用是合金结构和组织变化的基础。各种合金元素原子的大小、结构和性质对合金钢的结构和组织起着决定性的作用。其中的关键是合金元素对钢中基本相、Fe-Fe_3C 相图和热处理等分别起着不同的影响和作用。

6.1.1 合金元素对钢中基本相的影响

在碳钢中铁素体占绝大多数，常作为基体，而渗碳体是少数。虽然根据它们的数量、形状和分布形态，可将碳钢分为亚共析钢、共析钢和过共析钢，但它们的基本相还是铁素体和渗碳体。即使经过热处理，钢中的基本相主要还是铁素体和渗碳体。下面分别分析和讨论合金元素对它们的影响。

1. 合金元素对铁素体的影响

当合金元素溶入铁素体形成合金铁素体时必然有固溶强化作用。其强化原因是由于合金元素的溶入，使晶格扭曲产生畸变，降低了位错的易动性，也使嵌镶块细化，从而提高了变形的抗力，产生了强化。不同合金元素产生的强化效果主要决定于合金元素原子的大小和晶体结构。与基体 Fe 元素相差愈大，强化效果愈显著，如图 6-1 所示。

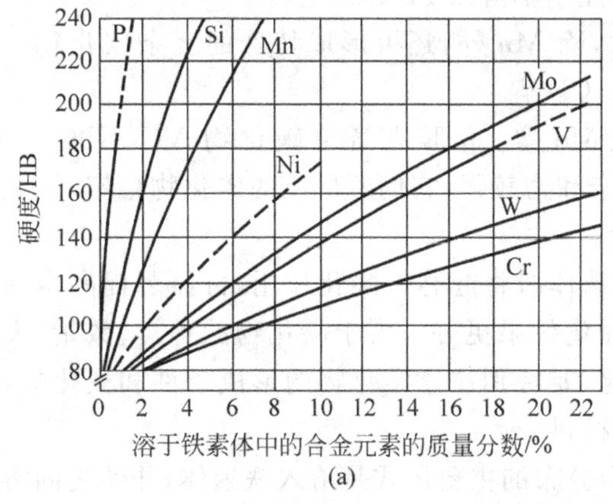

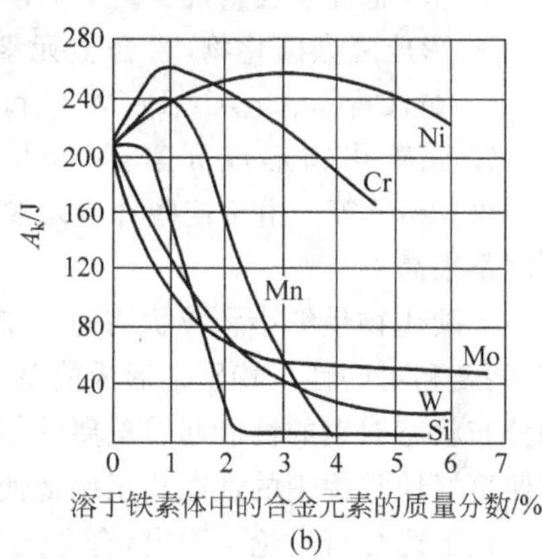

图 6-1　合金元素对铁素体性能的影响(退火状态)

(a) 对硬度的影响；(b) 对韧性的影响

几种常用合金元素的原子半径和晶体结构示于表 6-1。

表 6-1　几种常用合金元素的原子半径和晶体结构

强化顺序	Fe	P	Si	Mn	Ni	Mo	V	W	Cr
原子半径/Å	1.28	1.09	1.43	1.12	1.25	1.36	1.36	1.41	1.28
晶体结构	体	斜方晶系	金刚石立方	金刚石立方	面	体	体	体	体

从图 6-1(a)中可看出，P、Si、Mn 强化效果大，而 Mo、W、Cr 等强化效果小。合金元素溶入铁素体时使韧性的变化规律，如图 6-1(b)所示。其中 Si 质量分数在 0.6%以下、Mn 质量分数在 1.0%以下时其韧性随 Si、Mn 量的增加而提高，含量超过此限时它们的韧性随含量增加而降低。当 $w(Cr)\leqslant 2\%$、$w(Ni)\leqslant 5\%$时随 Cr、Ni 量增多而韧性还很高。因此，在钢中使用合金元素的量是有一定限度的。

2. 合金元素对渗碳体的影响

渗碳体在碳钢中虽然是少数，但它是钢中不可缺少的组成相，其数量、大小、形状和分布状态对钢的性能起着重要的作用。通过热处理虽然可改变 Fe_3C 的形状和分布状态，从而能获得不同的组织和性能，但使钢性能的变化是有限的。

合金元素加入钢中能溶入铁素体，特别是非碳化物形成元素几乎都能溶入铁素体。而碳化物形成元素除一部分溶入铁素体外，还要溶入渗碳体或与碳形成新的碳化物。根据合金元素与碳亲和能力的强弱，可将它们分为以下几种。

(1) 非碳化物形成元素：Si、Cu、Ni、Co 等元素，它们主要是溶入铁素体，使之强化。

(2) 碳化物形成元素：Fe、Mn、Cr、Mo、W、V、Nb 和 Ti 等。它们又分为以下两种。

① 弱碳化物形成元素，Mn 和 Cr 等，除溶入铁素体外，还可形成以下两种合金碳化物。

- 形成合金 Fe_3C，例如，$(Fe \cdot Mn)_3C$、$(Fe \cdot Cr)_3C$ 等。它们的硬度随 Mn、Cr 量增多而增加，同时提高 Fe_3C 的稳定性。Mo 由于尺寸较大，溶入后使 Fe_3C 的稳定性降低，而且溶入量很少。V、Nb 和 Zr 等几乎不溶入 Fe_3C。
- 形成复杂碳化物，当合金元素较多时，除 Mn 外，还可形成特殊的复杂碳化物。例如，Cr_7C_3、$Cr_{23}C_6$、Fe_4W_2C 和 $Fe_{21}Mo_2C_6$ 等。

② 强碳化物形成元素，V、Nb、Ti、W、Mo 等，可形成简单碳化物 VC、NbC、TiC、WC 和 Mo_2C 等。由于这些合金元素与碳的亲和力较强，它们所形成的碳化物稳定，熔点和硬度都很高。

当碳化物呈细小颗粒状均匀分布于钢的基体时将起弥散强化作用，可显著提高钢的强度、硬度和耐磨性。特别是形成简单碳化物强化效果更好。由于碳化物的种类、数量、大小和分布状态对钢的性能起着重要的作用，因此，要特别注意碳化物的形成条件和变化规律，以便更好地掌握钢的性能和正确地使用钢铁材料。

从上述分析讨论可看出，合金元素在钢中分布的主要形式是溶入铁素体，并使之固溶强化和形成碳化物强化相；其次是形成非金属夹杂物，如 MnS、SiO_2 等；还有的以自由状态存在于钢中，如 Pb、Cu、Be 等。

6.1.2 合金元素对 Fe-Fe_3C 相图的影响

合金元素不仅对钢中基本相有影响，而且对钢中相平衡关系也有很大的影响。合金元素的加入，主要表现在使 Fe-Fe_3C 相图发生变化，特别是 γ 区范围、S 点和 E 点位置的变化。

1. 扩大 γ 区的元素

Mn、Ni 和 Co 等元素加入钢中可使 γ 区域扩大，A_1 和 A_3 点下降。当钢中加入大量的扩大 γ 区的元素时能使 A_3 点降到室温，例如，当 $w(Mn)>13\%$（ZGMn13，耐磨钢）时可在室温下获得 A 组织的钢。而 C 和 N 等元素加入后使 γ 区扩大，但由于溶解度小，所以 γ 区的扩展有限。正是由于这种扩展使钢在固态时出现相变，因此使钢的热处理得以进行。

2. 缩小 γ 区的元素

Cr、W、Mo、V、Ti、Al、Si 等元素加入钢中使 γ 区域缩小，有的也可使 δ 相和 α 相区相连，使 A_3 和 A_1 点上升。当上述元素量很多时可使钢在高温或室温下得到稳定的 F 组织，例如，当 $w(Cr)>13\%$时 A 区域消失，可在室温下得到单相 F 称为 F 钢，如 1Cr17 钢，属于 F 不锈钢。而 B、Nb、Zr 和 Ta 等虽使 γ 区域缩小，其中 B 的作用显著，但因溶解度小使 γ 区域不封闭。图 6-2 为合金元素 Mn 和 Cr 对 Fe-Fe_3C 相图的影响。

3. S 点和 E 点的左移

不论是扩大 γ 区还是缩小 γ 区的元素，加入后都使 S 点和 E 点左移。共析钢的含碳量

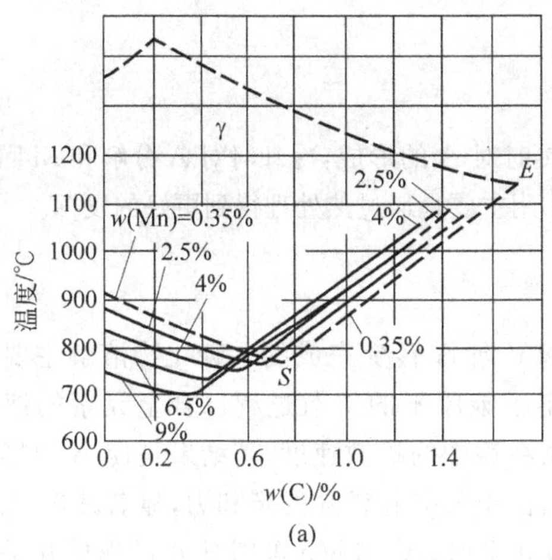

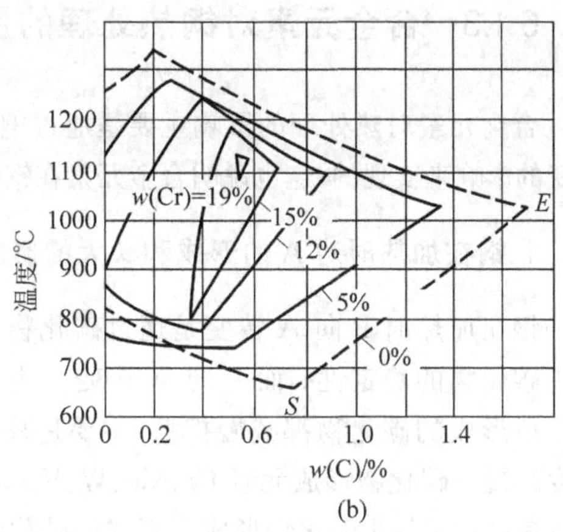

图 6-2 Mn 和 Cr 对 $Fe\text{-}Fe_3C$ 相图的影响

不再是 0.8%，而是小于 0.8%。由于合金元素的加入，使原来的亚共析钢有可能变为共析钢或过共析钢。例如，含碳量为 0.4%的碳钢是亚共析钢，当加入质量分数为 13%的 Cr 时，可使共析点含碳量变为 0.3%左右，所以此时成为过共析钢，例如，4Cr13 钢。*E* 点左移，也可使在含碳量小于 2.11%的合金钢中出现共晶的莱氏体组织。例如，含碳量为 0.7%～0.8%的 W18Cr4V 等高速钢。

由于 *S* 点左移，使共析成分降低，与同样含碳量的亚共析钢相比，P 量增加，使钢的强度得到提高。但 *E* 点左移，因莱氏体组织的出现，使钢的性能变脆。

合金元素对钢共析成分 *S* 点和共析温度 A_1 点的影响，如图 6-3 和图 6-4 所示。

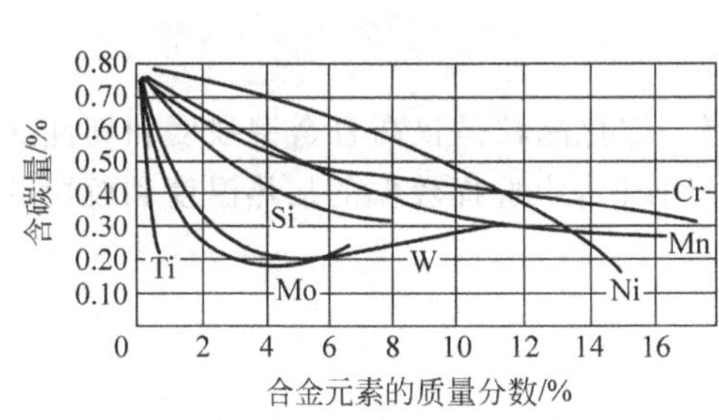

图 6-3 合金元素对共析成分 *S* 点的影响

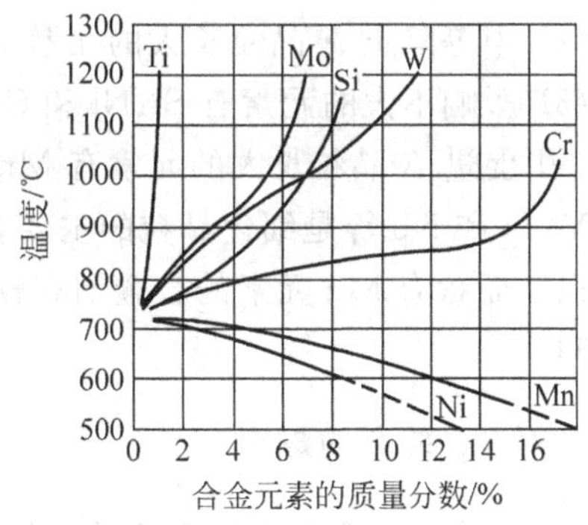

图 6-4 合金元素对共析温度 A_1 的影响

4. S 点的上下移

合金元素扩大 γ 区域时使 *S* 点下降，即共析温度 A_1 下降，当然 A_3 同时下降，如含 Mn 和 Ni 的合金钢，在热处理时要适当降低温度。当合金元素缩小 γ 区时 *S* 点上移，A_1 和 A_3 也上移，如含有 Cr、W、Mo、V 的合金钢等在热处理时要适当提高加热温度。对于大多数合金钢在热处理时的加热温度，在一般情况下都高于同样含碳量的碳钢，其原因是便于合金元素在钢中的扩散，为此，有时还要延长保温时间，以促进钢在加热时的转变。

6.1.3 合金元素对钢热处理的影响

合金元素对热处理的影响主要是通过钢在加热时对A的形成,冷却时对A分解和M回火转变的影响来实现的,这也说明合金元素在钢中的作用主要是通过热处理得到更好的发挥。

1. 钢在加热时对A的形成和长大的影响

钢在加热时P向A转变是通过碳化物溶解和F向A转变完成的。碳化物溶解主要决定于碳化物的稳定性;而F向A转变则主要决定于碳原子的扩散过程。合金元素的溶入和它所形成的碳化物都减慢扩散,主要是减慢了碳在钢中的扩散速度,其结果是使A的形成速度减慢。碳化物形成元素Cr、Mo、W、V和Ti等,由于与碳有很强的亲和力,显著减慢A的形成速度;部分非碳化物形成元素或弱碳化物形成元素Si、Al和Mn等则对A的形成几乎没有影响;而非碳化物形成元素Ni和Co等则对A的形成有一定的加速作用。

碳化物形成元素由于形成的合金碳化物稳定而很难溶解,所以有这类合金元素的钢在热处理时加热温度比碳钢高,保温时间也长。

合金元素对钢在热处理加热时A晶粒的大小有不可忽略的影响。下面分别讨论它们在钢加热时的作用。

(1) 强烈阻止A晶粒长大的元素主要有V、Ti、Nb和Zr等。由于A晶粒长大是通过晶界移动来实现的,它是通过晶界上Fe原子自扩散而长大,上述各合金元素的加入使Fe原子自扩散减慢,结果阻止了A晶粒的长大。V的碳化物使A晶粒到1150℃时不长大,而Ti、Nb和Zr的细小碳化物可在1200℃时使A晶粒不长大,这样的碳化物通常有VC、TiC、NbC和ZrC等,能很稳定地阻止A晶粒长大。

(2) 中等阻止A晶粒长大的元素主要有W、Mo和Cr等。

(3) 影响不大的元素有Si、Ni和Cu等。

(4) 促进A晶粒长大的元素有Mn和P等。

V、Ti和Nb等是细化晶粒的主要合金元素。细化晶粒是提高合金钢强度和韧性的重要手段。而含有Mn元素的合金钢有较强的过热倾向,应选择较低的加热温度和较短的保温时间。

2. 对$A_{过}$转变的影响

$A_{过}$在冷却时要发生向P、B和M的转变。合金元素的加入使它们的转变分别发生不同的变化。

(1) $A_{过}$→P、B转变　除Co外,所有合金元素只有溶入A才会降低原子的扩散速度,减慢A的分解,增加$A_{过}$的稳定性和孕育期,使C曲线右移,提高钢的淬透性。若两种元素同时加入,则效果更好。非碳化物形成元素Ni、Mn和Cu等只增加孕育期,不改变C曲线形状。而碳化物形成元素Cr、Mo、W和V等在增加孕育期的同时,还改变C曲线的形状,使C曲线的上部变为P转变区,下部变为B转变区,即由一个“鼻子”变为两个“鼻子”,并在二者之间出现了一个A稳定区域。应该指出的是,碳化物形成元素只有溶入A才能提高淬透性。若碳化物未溶解,可成为P转变的核心,反而使$A_{过}$稳定性下降,C曲线左移,钢的淬透性降低。

综上所述,几乎所有合金元素都延缓 $A_{过}$ 向 P 和 B 的转变,其中 P 转变是通过形核和长大的过程实现,即通过 Fe、C 和合金元素的扩散实现的。而 B 转变虽然也是形核和长大的过程,但只有 C 原子的扩散,而没有 Fe 和合金元素的扩散或再分布。

(2) $A_{过}$→M 转变　对 $A_{过}$ 向 M 转变的影响是 Co 和 Al 使 M_s 和 M_f 点升高外,其余所有元素都使 M_s 和 M_f 点下降,增加 $A_{残}$ 量。当 Mn 和 Ni 等元素大量加入时可使转变温度低于室温。

合金元素对 M_s 点和 $A_{残}$ 量的影响,如图 6-5 和图 6-6 所示。

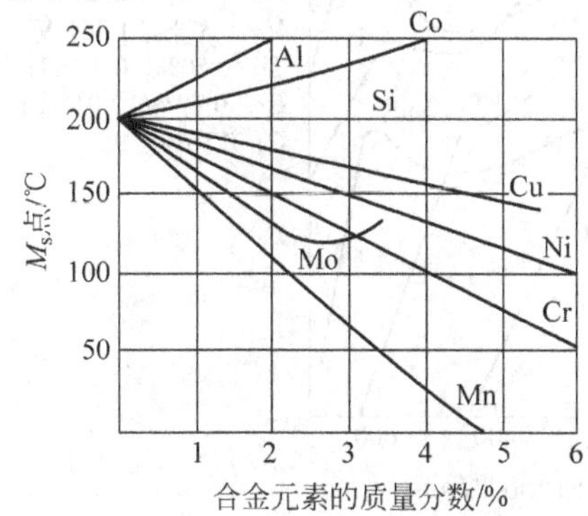

图 6-5　合金元素对马氏体开始转变温度 M_s 点的影响

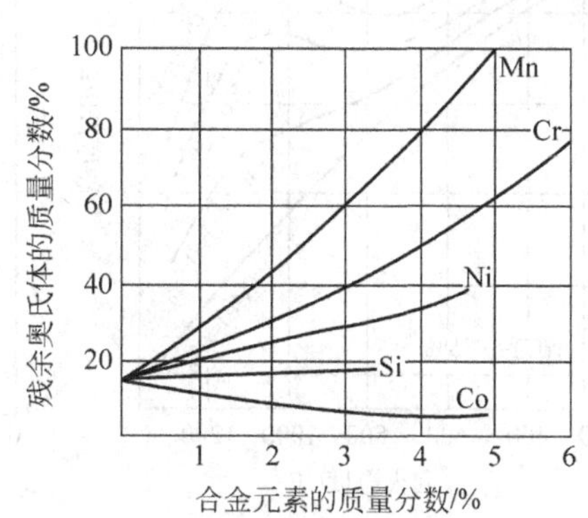

图 6-6　合金元素对残余奥氏体量的影响(C 质量分数为 1.0%的钢在 1150℃时淬火)

3. 对回火转变的影响

淬火钢在回火时转变的主要过程是 M 分解,$A_{残}$ 转变,碳化物形成和长大,F 相回复和再结晶。其变化的结果是随回火温度的升高,淬火钢的强度和硬度下降。而合金元素一般都使上述过程减慢或将它们推迟到较高温度进行,使淬火钢强度和硬度下降缓慢。有的合金钢在回火时硬度不但不降低,反而重新升高。

合金元素使淬火钢回火时分别产生以下几种现象。

(1) 回火稳定性　淬火钢在回火时强度和硬度下降缓慢的现象称为回火稳定性。合金元素一般都使淬火钢在回火时的强度和硬度下降缓慢。不同合金元素使之下降的缓慢程度不同。

低温回火稳定性　合金元素中 Si 的效果最好,它能显著降低 M 分解。

高温回火稳定性　Cr、Mo、V、Ti 和 Nb 等元素,使 M 分解由 200～300℃推迟到 400～500℃,在这个温度下也使 M 分解减慢和阻碍碳化物析出长大。

Cu 和 Ni 等非碳化物形成元素不影响碳化物的析出,即对回火稳定性的作用不大。

(2) 二次硬化　当钢中含有较多的 Mo、W、V 和 Ti 等强碳化物形成元素,在回火温度低于 450℃时从钢中析出合金 Fe_3C,并长大,使钢的强度和硬度降低,但在 450℃以上时由于原子尺寸较大的 Mo 和 W 等元素的溶入形成合金 Fe_3C 不稳定而溶解,转而析出更加细小弥散的特殊碳化物 Mo_2C、W_2C 和 VC 等,且不易集聚长大,在钢中起弥散强化作用,并在 500～600℃回火时硬度升高最显著。合金钢在回火时由于析出细小弥散分布均匀的碳化物，使强度和硬度重新升高的现象称为二次硬化。

合金元素对淬火钢回火产生二次硬化的影响，如图 6-7 所示。图(a)为含 Mo 量对回火后硬度的影响，图(b)为合金元素对钢回火后硬度的不同影响。从图中可看出合金元素 Mo、V 和 Ti 的二次硬化效果较为显著。

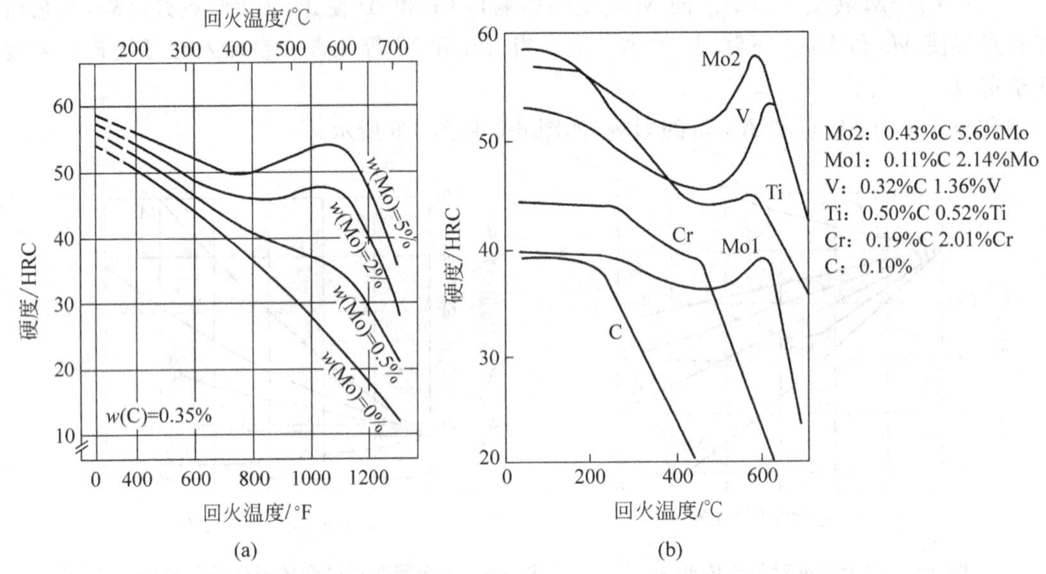

图 6-7　合金元素对钢回火后硬度的影响

(a) 0.35%C-Mo 钢的回火软化曲线；(b) 合金元素对钢回火后硬度的影响

(3) 二次淬火　在碳和合金元素(Co 和 Al 除外)较多的钢中淬火后有较多的 $A_{残}$。一般在中碳钢中含有 3%～5%的 $A_{残}$，高碳钢中可达 10%～15%的 $A_{残}$。而在高合金钢中，例如，高速钢淬火后 $A_{残}$ 量可达 25%～30%。在一般合金钢中 $A_{残}$ 于 200～300℃回火时转变为 F 和碳化物。但在淬火的高合金钢中于 500～600℃时导致从 $A_{残}$ 中析出碳化物，使 $A_{残}$ 中合金元素含量下降，并使 $A_{残}$ 向 M 转变温度升高到室温以上，因此冷却后 $A_{残}$ 转变为 M，从而提高了钢的硬度。在高合金钢中回火冷却时 $A_{残}$ 转变为 M 的现象称为二次淬火，当然它也会使硬度升高。在高速钢和高铬钢中常有二次淬火现象出现。

(4) 消除回火脆性　含有 Mn、Ni 和 Cr 等合金元素的淬火钢于 500～600℃高温回火时出现第二类回火脆性，它是由于在回火后缓慢冷却时在原 A 边界上析出杂质元素或化合物而产生的，所以在可能的条件下可用回火后快冷的方法消除。但对于复杂零件或大截面零件则不易做到快冷，加入质量分数为 1%的 W 或质量分数为 0.3%～0.5%的 Mo 能有效地阻止杂质元素或化合物在原 A 边界上析出，从而消除或减轻第二类回火脆性的发生。

从以上所述可见，合金元素在钢中应用很广泛。

合金钢分类　合金钢分类的方法很多，按化学成分分，如 Mn 钢、Cr 钢和 Ni 钢等；按合金元素总质量分，如低合金钢(合金元素总质量分数小于 5%)、中合金钢(合金元素总质量分数为 5%～10%)和高合金钢(合金元素总质量分数大于 10%)；最常用的是按用途分，通常有以下几种。

(1) 合金结构钢　包括低合金结构钢、渗碳钢、调质钢、非调质钢、弹簧钢、轴承钢和易削钢等。

(2) 合金工具钢 包括刃具钢(低合金工具钢、高速钢和硬质合金)、模具钢(冷热模具钢)和量具钢等。

(3) 特殊钢 包括不锈钢、耐热钢和耐磨钢等。

6.2 合金结构钢

合金结构钢是用来制造各种机器零件和金属工程结构的钢材,常用的σ_b、$\sigma_{0.2}$、δ、ψ和a_k等机械性能指标是判断结构钢在工作条件下性能的重要依据。合金结构钢是合金钢中用途最广、用量最大的钢种。

在设计和生产中根据工作条件可把合金结构钢大致分为工程构件用钢和机器零件用钢。在国民经济各部门中所需要的各种构件用钢称为工程结构钢,这种钢热处理简单或使用时不用热处理,其机械性能一般由钢铁厂保证,经常需要的是焊接性能,所以其含碳量要低。而各种机器零件用钢称为机械结构钢,其热处理较复杂,一般不需要焊接,其含碳量和合金元素可在较大范围内变化。

6.2.1 工程结构钢

典型的工程结构钢是低合金高强度结构钢,详见GB/T 1591—1994。它是在碳钢的基础上加入少量合金元素(质量分数一般小于3%)而形成的具有较高强度的结构钢,其性能是具有较好的塑性、冷成形性、焊接性和抗蚀性。通常是在热轧退火(或正火)状态下,以板材和型材供应使用,常用于制作各种大型金属结构,如桥梁、车辆、起重机械、压力容器、船舶以及石油、化工、电站和国防等工业。下面介绍工程结构钢的化学成分。

含碳量 $w(C)<0.2\%$。为了保证有较好的焊接性、冷成形性和低温韧性,一般含碳量均比较低。

合金元素有以下几种。

Mn 因为低合金结构钢中含碳量较低,在其组织内基本是F,所以使F强化是关键,加入Mn的目的,主要是产生固溶强化。同时由于Mn使A向F和P转变温度降低,增加了过冷度,使所得组织晶粒细化,钢的强度和韧性提高。因此,Mn是低合金结构钢强化的主要元素,一般加入量为$w(Mn)<1.8\%$,超过这个量值则使钢的塑性、韧性和焊接性能降低。

Nb、V、Ti 在钢中形成NbC、VC和TiC,可阻止A晶粒长大,冷却后F晶粒细小,也有部分溶入A,在冷却时从基体中以碳化物形式析出,起着弥散强化的作用,从而提高钢的屈服强度、强度极限和低温冲击韧性。

GB 1591—1994低合金高强度结构钢牌号的表示方法为:钢的牌号由代表屈服点的汉语拼音字首(Q)、屈服点数值及质量等级符号(A、B、C、D、E)三个部分按顺序排列组成。

例如,Q390A。

表6-2是GB/T 1591—1994列出的低合金高强度结构钢牌号和化学成分。

表 6-2　低合金高强度结构钢牌号和化学成分（GB/T 1591—1994）

牌号	质量等级	主要化学成分的质量分数/%										
		C	Mn	Si	P	S	V	Nb	Ti	Al	Cr	Ni
Q295	A	≤0.16	0.80～1.50	≤0.55	≤0.045	≤0.045	0.02～0.15	0.015～0.060	0.02～0.20	—		
	B	≤0.16	0.80～1.50	≤0.55	≤0.040	≤0.040	0.02～0.15	0.015～0.060	0.02～0.20	—		
Q345	A	≤0.20	1.00～1.60	≤0.55	≤0.045	≤0.045	0.02～0.15	0.015～0.060	0.02～0.20	—		
	B	≤0.20	1.00～1.60	≤0.55	≤0.040	≤0.040	0.02～0.15	0.015～0.060	0.02～0.20	—		
	C	≤0.20	1.00～1.60	≤0.55	≤0.035	≤0.035	0.02～0.15	0.015～0.060	0.02～0.20	≥0.015		
	D	≤0.18	1.00～1.60	≤0.55	≤0.030	≤0.030	0.02～0.15	0.015～0.060	0.02～0.20	≥0.015		
	E	≤0.18	1.00～1.60	≤0.55	≤0.025	≤0.025	0.02～0.15	0.015～0.060	0.02～0.20	≥0.015		
Q390	A	≤0.20	1.00～1.60	≤0.55	≤0.045	≤0.045	0.02～0.20	0.015～0.060	0.02～0.20	—	≤0.30	≤0.70
	B	≤0.20	1.00～1.60	≤0.55	≤0.040	≤0.040	0.02～0.20	0.015～0.060	0.02～0.20	—	≤0.30	≤0.70
	C	≤0.20	1.00～1.60	≤0.55	≤0.035	≤0.035	0.02～0.20	0.015～0.060	0.02～0.20	≥0.015	≤0.30	≤0.70
	D	≤0.20	1.00～1.60	≤0.55	≤0.030	≤0.030	0.02～0.20	0.015～0.060	0.02～0.20	≥0.015	≤0.30	≤0.70
	E	≤0.20	1.00～1.60	≤0.55	≤0.025	≤0.025	0.02～0.20	0.015～0.060	0.02～0.20	≥0.015	≤0.30	≤0.70
Q420	A	≤0.20	1.00～1.70	≤0.55	≤0.045	≤0.045	0.02～0.20	0.015～0.060	0.02～0.20	—	≤0.40	≤0.70
	B	≤0.20	1.00～1.70	≤0.55	≤0.040	≤0.040	0.02～0.20	0.015～0.060	0.02～0.20	—	≤0.40	≤0.70
	C	≤0.20	1.00～1.70	≤0.55	≤0.035	≤0.035	0.02～0.20	0.015～0.060	0.02～0.20	≥0.015	≤0.40	≤0.70
	D	≤0.20	1.00～1.70	≤0.55	≤0.030	≤0.030	0.02～0.20	0.015～0.060	0.02～0.20	≥0.015	≤0.40	≤0.70
	E	≤0.20	1.00～1.70	≤0.55	≤0.025	≤0.025	0.02～0.20	0.015～0.060	0.02～0.20	≥0.015	≤0.40	≤0.70
Q460	C	≤0.20	1.00～1.70	≤0.55	≤0.035	≤0.035	0.02～0.15	0.015～0.060	0.02～0.20	≥0.015	≤0.70	≤0.70
	D	≤0.20	1.00～1.70	≤0.55	≤0.030	≤0.030	0.02～0.15	0.015～0.060	0.02～0.20	≥0.015	≤0.70	≤0.70
	E	≤0.20	1.00～1.70	≤0.55	≤0.025	≤0.025	0.02～0.15	0.015～0.060	0.02～0.20	≥0.015	≤0.70	≤0.70

表 6-3 列出了 GB/T 1591—1994 与 GB 1591—1988 标准中的低合金结构钢新旧牌号对照和用途。

表 6-3　新旧低合金结构钢标准牌号对照和用途

GB/T 1591—1994	摘自 GB 1591—1988	用　　途
Q295	09MnV、09MnNb、09Mn2、12Mn	用作建筑结构、桥梁、车辆、油罐、低压锅炉、冲压件等
Q345	12MnV、14MnNb、16Mn、16MnRe、18Nb	用作桥梁、建筑结构、车辆、化工容器、油罐、船舶、石油钻井架、广播塔、压力容器、起重运输设备、起重机架结构和各种管道等
Q390	15MnV、15MnTi、16MnNb	用作桥梁、船舶、高、中压容器、起重机架、车辆、电站设备、油罐等
Q420	15MnVN、14MnTiRe	用作高压容器、大型船舶、桥梁、车辆、电站设备、大型焊接结构等
Q460		用于大型桥梁和船舶、中温高压容器（<120℃）、锅炉、石油化工高压厚壁容器（<100℃）

6.2.2　机械结构钢

它是合金结构钢的重要组成部分。许多机器零件都要求有良好的综合机械性能、较高的硬度和耐磨性以及优良的工艺性能等。按用途把它分为渗碳钢、调质钢、非调质钢、弹簧钢和轴承钢等，以下分别介绍。

1. 渗碳钢

(1) 要求 在现代工业机器的零件中，由于工作条件复杂，在零件的工作表面上要求受很强的摩擦与磨损以及交变应力的作用；要求有很高的硬度、耐磨性和抗疲劳的性能；同时还要求承受较高的载荷，特别是冲击载荷的作用，这就要求有很高的韧性、足够的强度和较高的抗弯曲能力。例如，汽车、拖拉机上的变速箱齿轮、发动机上的凸轮和活塞销等，它们都要求表面有高硬度和耐磨性，而中心则要求有一定的强度和韧性。对于尺寸小、受轻载荷的零件，采用低碳钢；而对于尺寸大、受重载荷的零件，可采用淬透性好的低碳合金钢。

(2) 化学成分

① 含碳量 $w(C)=0.10\%\sim0.25\%$，主要是保证渗碳零件在淬火和低温回火后心部有足够的强度和韧性。

② 合金元素 它在钢中分别起以下作用。

- 提高淬透性和强化F 主要有Cr($w(Cr)<2\%$)、Ni($w(Ni)<4.5\%$)、Mn($w(Mn)<2\%$)和B($w(B)=0.001\%\sim0.004\%$)等。这些元素除具备上述作用外，还可改善渗碳零件心部组织和性能，同时提高渗碳层的强度和韧性，尤其以Ni为最好。
- 防止渗碳过热，阻止A晶粒长大，细化晶粒 主要是加入强碳化物形成元素，例如，V($w(V)<0.5\%$)、W($w(W)<1.2\%$)、Mo($w(Mo)<0.6\%$)和Ti($w(Ti)<0.15\%$)。因为渗碳零件要在长时间、高温(930℃)下进行渗碳，加入上述合金元素可有效地防止晶粒长大，最终得到细晶粒组织，这样也可简化后续的热处理工序，同时提高钢的强度和韧性。

(3) 常用渗碳钢

① 低淬透性渗碳钢 在水中淬透直径小于35mm，$\sigma_b=800\sim1000$MPa。主要有20Cr、20CrV、20Mn2和20MnV等，用于制造尺寸较小的零件，如柴油机的凸轮轴、小齿轮和小活塞销等。

② 中淬透性渗碳钢 在油中淬透直径为25～60mm，$\sigma_b=1000\sim1200$MPa，主要有20CrMn、20CrMnTi、20Mn2TiB和20SiMnVB等。用于制造承受高速、中速、冲击和在剧烈摩擦条件下工作的零件，例如汽车、拖拉机的变速箱齿轮、后桥齿轮、齿轮轴和离合器轴等。

③ 高淬透性渗碳钢 在油中淬透直径大于100mm，有的可在空冷条件下淬透，$\sigma_b>1200$MPa，例如，18Cr2Ni4WA和20Cr2Ni4等。用于制造大截面、高负荷以及高耐磨性和良好韧性的重要零件，如飞机、坦克和高速柴油机的曲轴、大型轴和齿轮等重要零件。

常用渗碳钢的成分、热处理、机械性能和用途列于表6-4。

(4) 渗碳钢的热处理 主要是渗碳＋淬火＋低温回火。

渗碳 气体渗碳，930℃，6～8h，钢在渗碳后表面层的成分的质量分数为0.85%～1.05%的C，其平衡组织为过共析组织$P+Fe_3C_{II}$，而中心则为F＋P。

淬火 有直接淬火、预冷直接淬火、一次淬火和二次淬火等。采用的淬火方法决定于钢中合金元素的量和对性能的要求。多数合金渗碳钢都采用渗碳后直接淬火，再低温回火。对于要求较高的渗碳零件和晶粒易长大的渗碳钢要在渗碳后进行一次淬火或二次淬火，然后再进行低温回火。

表 6-4 常用合金渗碳钢的成分、热处理、机械性能和用途(摘自 GB/T 3077—1999)

牌号	主要化学成分的质量分数/%							热处理温度/℃				机械性能					毛坯尺寸/mm	用途
	C	Mn	Si	Cr	Ni	V	其他	渗碳	第一次淬火	第二次淬火	回火	σ_b/MPa	σ_c/MPa	δ/%	ψ/%	a_k/(J·cm^{-2})		
20Mn2	0.17~0.24	1.40~1.80	0.17~0.37					930	850 水、油		200	≥785	≥590	≥10	≥40	≥47	15	常用于制作渗碳小齿轮、小轴，要求不高的活塞销、十字销头、汽门顶杆等
20Cr	0.18~0.24	0.50~0.80	0.17~0.37	0.70~1.00				930	880 水、油	780~820 水、油	200	≥835	≥540	≥10	≥40	≥47	15	常用于制作心部强度要求高、表面耐磨、尺寸较大、形状复杂而载荷不大的渗碳零件，如齿轮、齿轮轴、凸轮和活塞销等
20MnVB	0.17~0.23	1.30~1.60	0.17~0.37			0.07~0.12	B 0.0005~0.0035①	930	880 水、油		200	≥1080	≥885	≥10	≥45	≥55	15	用于制作模数较大、载荷较重的中小尺寸的渗碳件，如重型机床上的齿轮和轴，汽车后桥和变速箱齿轮等
20MnMo	0.17~0.23	0.40~0.70	0.17~0.37	0.80~1.10			Mo 0.15~0.35	930	880 水、油		500	≥885	≥685	≥12	≥50	≥78	15	用于制作高级渗碳零件，如齿轮、轴等
20CrMn	0.17~0.23	0.90~1.20	0.17~0.37	0.90~1.20				930	850 油		200 水、油	≥930	≥735	≥10	≥45	≥47	15	用于截面不大、承受中等压力而冲击载荷不大的零件，如蜗杆、齿轮、轴和摩擦轮等
20CrMnTi	0.17~0.23	0.80~1.10	0.17~0.37	1.00~1.30			Ti 0.04~0.10	930	880 油	870 油	200 水、空	≥1080	≥835	≥10	≥45	≥55	15	常用渗碳钢，用于制造截面尺寸在 30mm 以上的承受高速、中等或重载荷以及有冲击、摩擦的重要渗碳件，如齿轮、齿圈、齿轮轴、十字头和蜗杆等
20MnTiB	0.17~0.24	0.30~1.60	0.17~0.37				Ti 0.04~0.10 B 0.0005~0.0035	930	860 油		200 水、空	≥1130	≥930	≥10	≥45	≥55	15	用作汽车、拖拉机上截面较小、中等载荷的齿轮及其他渗碳件
20CrNiMo	0.17~0.23	0.60~0.95	0.17~0.37	0.40~0.70	0.35~0.75			930	850 油		200 空	≥980	≥785	≥9	≥40	≥47	15	常用于中小型汽车、拖拉机的发动机和传动系统的齿轮，也可代替 12Cr2Ni3 钢制造性能较高的渗碳件
18Cr2Ni4WA	0.13~0.19	0.30~0.60	0.17~0.37	1.35~1.65	4.00~4.50		W 0.80~1.20	930	950 空	850 空	200	≥1175	≥835	≥10	≥45	≥78	15	常用高级渗碳钢，用作大截面渗碳件，如大型齿轮、曲轴、花键轴和活塞销等

注：① B0.0005~0.0035 指质量分数为 0.0005%~0.0035%的 B，以后的表格中此类情况意义相同，不一一注明。

低温回火　180～200℃，1～2h

热处理后的组织和性能：

表面　组织　$M_{回}$＋点状碳化物＋少量$A_{残}$

　　　性能　58～60HRC

中心　小件　组织　$M_{低}$ 或F＋S

　　　大件　组织　$M_{低}$＋F＋P或S

　　　性能　30～45HRC

现以20CrMnTi合金渗碳钢为例，在制造汽车变速箱齿轮时，根据工艺路线的安排，来说明其热处理工艺方法的选择和作用。

根据技术要求确定20CrMnTi钢制造汽车变速箱齿轮的生产过程和工艺路线如下。

锻造→正火→加工齿形→局部镀铜→渗碳→预冷淬火→低温回火→喷丸处理→研磨→装配。

对齿轮的要求是渗碳层厚度为1.2～1.6mm，表层含碳量为1.0%左右，齿面硬度58～60HRC，心部硬度30～45HRC。

根据要求确定它的热处理工艺曲线如图6-8所示。

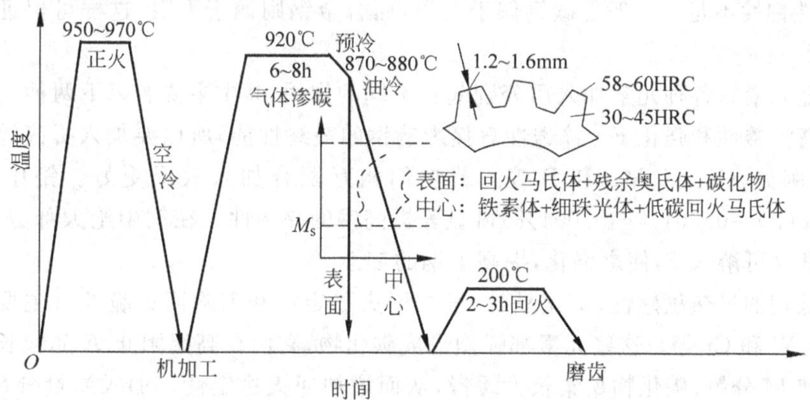

图6-8　20CrMnTi钢的热处理工艺规范

现就与热处理工艺有关的工序说明如下。

正火　改善由于锻造温度高和各部位变形的不同造成的晶粒粗大而不均匀，用正火改善组织以细化晶粒，同时消除硬化状态，降低硬度，以利切削加工。正火的组织为F＋S，其硬度为170～210HB，适合于切削加工。

局部镀Cu　在不需要渗碳部位镀Cu，以防止渗碳。

渗碳　930℃气体渗碳6～8h，渗碳层厚度为1.2mm，渗层内含碳量大约为1.0%。

预冷　从930℃预冷到870～880℃，目的如下。

① 降低温度，减小淬火时产生的热应力，防止或减少变形和开裂。

② 在预冷中从渗碳层析出碳化物，提高渗碳层中A的M_s点，随后淬火时减少了渗碳层的$A_{残}$量，使耐磨性提高。

淬火　油冷，表面层为M＋碳化物，中心则为$M_{低}$ 或F＋S。

低温回火　180℃回火2h。表面层为$M_{回}$＋点状碳化物，其硬度为58～60HRC，而中心

为 $M_{低}$ 或 F+S,其硬度为 30～45HRC。

喷丸处理　用直径为 0.5mm 的钢粒,以 50～60m/s 的速度打在零件的表面上,造成形变强化,并使之产生表面残余压应力,以提高抗疲劳的能力,同时消除氧化铁皮。在一般情况下,喷丸处理后可直接装配使用。有时还要进行研磨,但仅磨去表层 0.02～0.05mm 的厚度,可以提高齿面光洁度,但对强化效果影响不大。

2. 调质钢

(1) 要求　在受高负荷的冲击载荷条件下工作的零件,要求有高强度和高韧性,即要有优良的综合机械性能,因此钢的淬透性好才能保证整个截面上强度一致。使钢在淬火后得到 M 组织,经高温回火后得到高强度和高韧性的 $S_{回}$ 组织,例如,连杆、连接螺栓等。对于截面受力不均的零件,如机床主轴、汽车半轴、变速箱花键轴等承受弯曲和扭转应力,只要求受力较大处(一般是零件的表面处)有较好的性能,其他部位可放宽些,即不一定要求全部淬透。

(2) 化学成分

① 含碳量　$w(C)=0.25\%\sim0.50\%$,含碳量过低,则淬火和回火后强度不够;含碳量过高,则零件韧性不足。一般是碳钢偏于上限,而合金钢则偏于下限,这样可保证要求的综合机械性能。

② 合金元素　各种元素加入后分别起着不同的作用,其中主要有以下两种。

- 提高淬透性和强化 F　淬透性直接影响钢的最终性能,所以要加入提高淬透性的元素,例如,Cr、Ni、Mn 和 B 等。若它们相互配合加入效果更好。钢中加入微量 B($w(B)=0.001\%\sim0.004\%$)可显著提高钢的淬透性。在钢中绝大部分是 F,这些元素又可溶入 F,使之强化,提高了钢的韧性。
- 降低钢的过热敏感性、细化晶粒、增加回火稳定性和消除回火脆性　主要有 V、Ti、Mo、W 和 Cr 等。这些元素都强烈形成碳化物,它们在高温阻止 A 晶粒长大和回火时使 M 分解、碳化物聚集长大缓慢,从而增加回火稳定性。加入质量分数为 0.5% 的 Mo 或质量分数为 1%的 W 可消除第二类回火脆性。

③ 常用调质钢

- 低淬透性调质钢　在油中淬透直径为 30～40mm,主要有 40Cr、40Mn2、40MnB 等。这类钢有较好的机械性能和工艺性能,但它们的淬透性不够高,广泛用于制造较小的中等载荷零件,例如,连杆、螺栓和曲轴等。其中用量最多的是 40Cr。
- 中淬透性调质钢　在油中淬透直径为 40～60mm,主要有 40CrNi、40CrMnB、35CrMo 和 40MnVB 等。因为这类钢含有较多的合金元素,淬透性较高,可用于制造截面尺寸比较大的中型零件,例如,大截面的曲轴、连杆等。
- 高淬透性调质钢　在油中淬透直径为 60～100mm,主要有 40CrMnMo、40CrNiMo、37CrNi3 等。这类钢多数是 Cr-Ni 钢,并含有 Mo、W、V 等。由于合金元素含量多,淬透性高,所以它们主要用于制造大截面、重载荷的零件,例如,大型轴和齿轮、汽轮机主轴、叶轮等。其中常用的有 40CrNiMoA 钢。

一般的选择原则是大截面和重载荷的零件选择高淬透性钢,否则选择低淬透性钢。

常用合金调质钢的成分、热处理、机械性能和用途列于表 6-5 中。

表 6-5 常用合金调质钢的成分、热处理、机械性能和用途(摘自 GB/T 3077—1999)

牌号	主要化学成分的质量分数/%								热处理			机械性能					退火状态/HBS	用途
	C	Mn	Si	Cr	Ni	Mo	V	其他	淬火温度/℃	回火温度/℃	毛坯尺寸/mm	σ_b/MPa	σ_s/MPa	δ_5/%	ψ/%	a_k/(J·cm^{-2})		
40MnB	0.37～0.44	1.10～1.40	0.17～0.37					B0.0005～0.0035	850 油	500 水、油	25	≥980	≥785	≥10	≥45	≥47	≤207	小截面的调质零件,如汽车的转向轴、半轴、花键轴、机床主轴、齿轮等
40MnVB	0.37～0.44	1.10～1.40	0.17～0.37				0.05～0.10	B0.0005～0.0035	850 油	520 水、油	25	≥980	≥785	≥10	≥45	≥47	≤207	可代替 40Cr 或 42CrMo,作汽车、拖拉机和机床上的调质零件,如轴、齿轮等小截面的零件
40Cr	0.37～0.44	0.50～0.80	0.17～0.37	0.80～1.10					850 油	520 水、油	25	≥980	≥785	≥9	≥45	≥47	≤217	最常用的调质钢,用于较重要的调质零件,及中等转速、中等截面的零件,如齿轮、轴、主轴、曲轴、心轴、连杆螺栓等
40CrMn	0.37～0.45	0.90～1.20	0.17～0.37	0.90～1.20					840 油	550 水、油	25	≥980	≥835	≥9	≥45	≥47	≤229	用于高速、高弯曲载荷条件下工作的轴、连杆,高速、高载荷无强力冲击载荷的齿轮轴、离合器、小轴心轴等
38-CrMoAlA	0.35～0.42	0.30～0.60	0.20～0.45	1.35～1.65		0.15～0.25		Al0.70～1.10	940 水、油	640 水、油	30	≥980	≥835	≥14	≥50	≥71	≤229	高级渗碳钢,要求耐磨性高和高疲劳强度及尺寸精确的零件,如仿模汽缸套、齿轮、检规、样板和高压阀门等
40CrNi	0.37～0.44	0.50～0.80	0.17～0.37	0.45～0.75	1.00～1.40				820 油	500 水、油	25	≥980	≥785	≥10	≥45	≥55	≤241	用于制造截面尺寸较大,在热态下锻造和冲压的重要零件,如轴、齿轮、连杆、曲轴、螺钉等
37-SiMn2MoV	0.33～0.99	1.60～1.90	0.60～0.90			0.40～0.50	0.05～0.12		870 水、油	650 水、空	25	≥980	≥835	≥12	≥50	≥63	≤269	用于大截面承受重载荷的重要零件,如重型机械的轴类、齿轮、转子、连杆等
40CrMnMo	0.37～0.45	0.90～1.20	0.17～0.37	0.90～1.20		0.20～0.30			850 油	600 水、油	25	≥980	≥785	≥10	≥45	≥63	≤217	用于截面较大、高强度高韧性的零件,如 3 吨载重车后桥半轴、轴、偏心轴、齿轮轴、齿轮和连杆等
40-CrNiMoA	0.37～0.44	0.50～0.80	0.17～0.37	0.80～0.90	1.25～1.75	0.15～0.25			850 油	600 水、油	25	≥980	≥835	≥12	≥55	≥78	≤269	用于韧性好、强度高、大尺寸的重要调质件,如重型机械的轴类,直径大于 250mm 的汽轮机轴、叶片、紧固件曲轴、齿轮等

④ 调质钢的热处理　一般是选用淬火＋高温回火，这种工艺称为调质处理。合金调质钢多数用油冷淬火。

组织和性能　组织是 $S_{回}$，它是在 F 基体上分布着颗粒状碳化物，因为在 α 固溶体基体中有合金元素溶入使之强化，同时又有碳化物均匀分布，所以 $S_{回}$ 的性能具有较高的强度和韧性，其性能为 30～42HRC。

调质钢制零件，除了要求具有良好的综合机械性能外，有的还要求表面层具有良好的耐磨性能，在进行调质处理后还要进行感应加热表面淬火。根据需要，调质钢也可在中、低温回火状态下使用，其组织分别为 $T_{回}$ 或 $M_{回}$，它们比 $S_{回}$ 具有较高的强度和硬度，但冲击韧性低。有时为了保证必要的韧性和减少残余应力，一般使用 $w(C)\leqslant 0.3\%$ 的合金调质钢进行低温回火。

下面以 40Cr 钢制造连杆螺栓为例，说明生产工艺路线的安排和热处理工艺方法的选定。

连杆螺栓是发动机中的重要零件，在工作时它承受冲击性周期变化的拉应力和装配时的预应力。在发动机运转中，若连杆螺栓破断，则会引起严重事故。因此要求它具有足够的强度、冲击韧性和抗疲劳性能。

连杆螺栓的生产路线常作如下安排：

下料→锻造→退火（或正火）→冷加工→调质→精加工→装配。

用 40Cr 钢制造连杆螺栓的热处理工艺曲线如图 6-9(a)所示。

正火　870℃加热后空冷，目的是改善锻造的不均匀组织，细化晶粒，降低硬度，便于切削加工，并为淬火做组织准备。所得组织为细小 F 和 S。

淬火　加热温度为 840℃，油冷淬火，所得组织为 M，目的是提高强度。

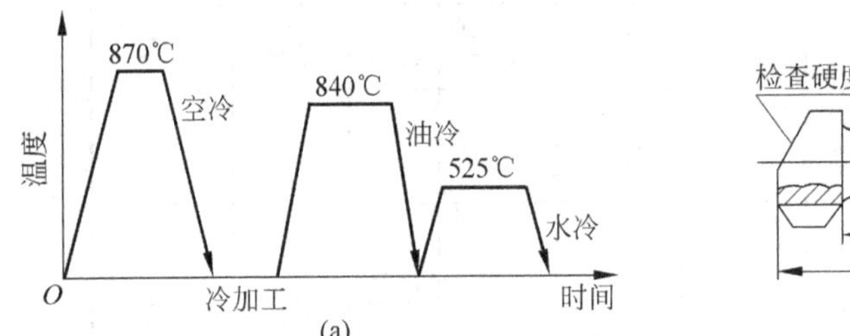

(a)

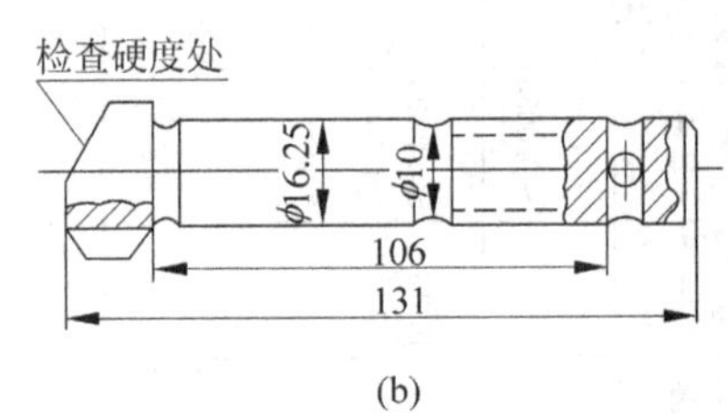

(b)

图 6-9　连杆螺栓及热处理工艺曲线

(a) 热处理工艺曲线；(b) 连杆螺栓零件图

回火　加热温度为 525℃，保温 1～2h 后水冷。回火后水冷的目的是防止出现第二类回火脆性。其组织为 $S_{回}$，具有良好的综合机械性能。

调质处理后组织为在 F 基体上均匀分布着颗粒状碳化物，不允许有块状 F 出现，否则会降低强度和韧性。其性能为 30～38HRC(263～322HB)。

3. 非调质钢(非调质机械结构钢)

非调质钢是自 20 世纪 80 年代以来研制和开发的节能型新钢种，以代替需要经调质处理的合金结构钢。这种钢是利用微量合金元素在中碳钢中产生强化相质点和细化晶粒来改善和提高钢的综合力学性能的。新钢种具有高强度($\sigma_b\geqslant 850\sim 1000$MPa)、较好的抗疲劳性和耐磨性，以及良好的切削加工性。它只经锻造成形和适当加工后就能制成所需要的机械零件。由于新钢种省去了复杂的调质热处理工序，减少了热处理设备，防止零件因淬火而产生的变形或开裂，还减少了工时，简化了工艺，缩短了生产周期，降低了生产成本，节能效果非常显著，得到了广泛的应用。

我国已于20世纪80年代初开始研制非调质钢，并结合国家资源特点，制定了我国的非调质钢国家标准GB/T 15712—1995，其牌号、化学成分和力学性能如表6-6所示。

中碳非调质钢中添加的微量合金元素主要有Mn、V、N、Nb和Ti等，它们在钢中的作用如下。

Mn　非调质钢的组织为F和P。加入Mn可增加P的相对量，降低A转变温度和细化晶粒，并能产生置换固溶强化，使屈服强度提高，还可改善钢的韧性。Mn在非调质钢中有促进VN溶解的作用，因此，一般要加入质量分数为1.0%～1.2%的Mn，过高(w(Mn)>1.5%)使钢中出现贝氏体，强度虽然升高，但韧性下降。

V　是碳化物形成元素，一般是以VC或V_4C_3形式存在。当钢中的w(V)=1.0%、w(C)=0.30%～0.5%时可算出VC和V_4C_3全部溶于A的温度分别为879～910℃和846～875℃。而实测结果表明，在800℃时有50%的V溶解，到1100℃时则VC和V_4C_3全部溶入A中。在生产中于1150℃加热锻轧时V全部溶入A，在随后空冷（正火）的过程中，它以VC和V_4C_3形式从F中析出，其强化效果非常显著。它是在F基体上析出碳化物粒子，阻止F滑移，使Fe_3C界面处的应力集中松弛，延缓Fe_3C开裂，并阻止显微裂纹的扩展，提高了钢的抗拉强度。V是非调质钢的主要添加元素，即使是采用合理搭配微合金化多元素的加入，V也是必不可少的元素。中碳非调质钢V的加入量，一般是w(V)=0.05%～0.20%。

经过国内外对微合金化中碳非调质钢的研究证实，这种节能型的新钢种的强度、硬度、耐磨性和抗疲劳性能可与合金调质钢相媲美，它的切削性能则优于调质钢。此外，非调质钢的性能均匀，变形度和弯曲度小，用空冷非调质钢V钢制曲轴的变形度是调质钢的1/5，弯曲度是调质钢的1/3。

目前，非调质钢已成功用于制造汽车、拖拉机和建筑机械的曲轴、连杆、齿轮和螺栓等。在我国也用于机床和农业机械的零件制造。

表6-7列出了非调质钢的特性和用途。

4. 弹簧钢

它是一种专用结构钢。主要用来制造各种弹簧，如板状弹簧、螺旋弹簧等。

(1) 要求　弹簧的服役条件是承受弯曲、扭转和周期交变应力的作用，而且其应力在表面上达到最高；还经常在动负荷条件下使用，受振动和冲击载荷的作用，通过弹性变形吸收和释放能量，缓和冲击；还可储存能量使机件完成某种动作，如仪表弹簧等。因此弹簧钢应具有高的弹性极限，以保证有足够的弹性变形能力。由于弹簧是在交变载荷作用下工作，弹簧钢还应具有高的疲劳强度，以免产生疲劳破坏；还要有好的淬透性，必须使整个截面淬透；保证小的脱碳敏感性；要求有好的表面质量，不能有裂纹、折叠等。

(2) 化学成分

① 含碳量　w(C)=0.5%～0.7%，含碳量低，则强度不够；含碳量高，则塑性差，韧性低，抗疲劳能力下降。

表 6-6　非调质钢的牌号、化学成分和力学性能(摘自 GB/T 15712—2008)

牌　号	主要化学成分的质量分数/%							直径或边长不大于 40mm 易削非调质钢力学性能					硬度/HB
	C	Si	Mn	S	P	V	其他	σ_b/MPa	σ_s/MPa	δ_5/%	ψ/%	A_k/J	
F35VS	0.32～0.39	0.20～0.40	0.60～1.00	0.035～0.075	≤0.035	0.06～0.13		≥590	≥390	≥18	≥40	≥47	≤229
F40VS	0.37～0.44	0.20～0.40	0.60～1.00	0.035～0.075	≤0.035	0.06～0.13		≥640	≥420	≥16	≥35	≥37	≤255
F45VS	0.42～0.49	0.20～0.40	0.60～1.00	0.035～0.075	≤0.035	0.06～0.13		≥685	≥440	≥15	≥30	≥35	≤257
F35MnVS	0.32～0.39	0.30～0.60	1.00～1.50	0.035～0.075	≤0.035	0.06～0.13		≥735	≥460	≥17	≥35	≥37	≤257
F40MnVS	0.37～0.44	0.30～0.60	1.00～1.50	0.035～0.075	≤0.035	0.06～0.13		≥785	≥490	≥15	≥33	≥32	≤275
F45MnVS	0.42～0.49	0.30～0.60	1.00～1.50	0.035～0.075	≤0.035	0.06～0.13		≥835	≥510	≥13	≥28	≥28	≤285

表 6-7　非调质钢的特性和用途

牌号	主 要 特 性	用　途
F35VS F40VS	热轧空冷后具有良好的综合机械性能,可加工性优于调质的 40 钢	用于制造 CA15 发动机和空气压缩机的连杆及其他零件,可代替 40 钢
F45VS	属于 685MPa 级易切削非调质钢,比 F35VS 钢具有更高强度	用于制造汽车发动机曲轴、凸轮轴、连杆以及机械行业的轴类、蜗杆等零件,可代替 45 钢
F35MnVS	比 F35VS 钢具有更好的综合机械性能	用于制造 CA6102 发动机连杆及其他零件,可代替 55 钢
F40MnVS	塑性和疲劳性能均优于调质 45 钢,加工性能优于 45、40Cr、40MnB 钢	用于制造汽车、拖拉机和机床的零部件,可代替 45、40Cr 和 40MnB 钢
F45MnVS	属于 785MPa 级易切削非调质钢,与 F40MnVS 比,耐磨性高,韧性稍低,可加工性优于调质 45 钢,疲劳性能和耐磨性亦佳	用于制造拖拉机、机床等的轴类零件,主要代替调质 45 钢

② 合金元素　由于碳素弹簧钢淬透性低，只能制作小截面的弹簧，截面尺寸不能超过 12mm。当截面尺寸大于 12～15mm 时，在油中淬不透，而用水冷淬火变形较大，此时只能选用合金弹簧钢。加入的合金元素一般有以下两种：

- 提高淬透性和强化 F 的元素，例如 Si 和 Mn 等。它们可增加强度、提高弹性极限以及疲劳极限。
- 提高回火稳定性和降低过热敏感性的元素，例如 Cr、V 和 W 等。

Si 和 Mn 加入后，虽然能提高淬透性和强化 F，但 Si 还促进热处理时钢的脱碳，使疲劳强度降低。Mn 易使钢过热，晶粒粗大，使钢的强度和韧性降低。因此，要求较高的弹簧钢需要加入 Cr、V 和 W 等元素以克服这些缺点，同时增加回火稳定性。

(3) 常用弹簧钢

65Mn　最常用的弹簧钢，淬透性比碳素弹簧钢好，但有过热倾向。用于制造截面尺寸小于 15mm 的中、小型低应力弹簧，例如，小尺寸扁、圆弹簧，坐垫弹簧，弹簧发条，离合器簧片和刹车弹簧等。

60Si2MnA　由于 Si、Mn 同时加入，提高淬透性的效果较好，还可以强化 F。可用于截面尺寸为 25～30mm 的工件，在油中即可淬透。用于制造板状弹簧和螺旋弹簧，还可用于在 250℃以下工作的耐热弹簧等。

50CrVA　淬透性比 60Si2MnA 还好，可用于直径为 50mm 的弹簧钢丝制作的弹簧，用油冷却即可淬透。它具有较高的弹性极限和强度，同时具有较高的耐冲击性和高温强度。还可用于工作温度在 300℃以下的弹簧，如柴油机气阀弹簧等。

常用弹簧钢的牌号和化学成分列于表 6-8 中，弹簧钢的特性及用途列于表 6-9 中。

表 6-8　弹簧钢的牌号和化学成分(摘自 GB 1222—2007)

<table>
<tr><th rowspan="2">牌　号</th><th colspan="9">主要化学成分的质量分数/%</th></tr>
<tr><th>C</th><th>Si</th><th>Mn</th><th>Cr</th><th>其他合金元素</th><th>Ni</th><th>Cu</th><th>P</th><th>S</th></tr>
<tr><td>65</td><td>0.62～0.70</td><td>0.17～0.37</td><td>0.50～0.80</td><td>≤0.25</td><td>—</td><td rowspan="4">≤0.25</td><td rowspan="14">≤0.25</td><td rowspan="7">≤0.035</td><td rowspan="7">≤0.035</td></tr>
<tr><td>70</td><td>0.62～0.75</td><td>0.17～0.37</td><td>0.50～0.80</td><td>≤0.25</td><td>—</td></tr>
<tr><td>85</td><td>0.82～0.90</td><td>0.17～0.37</td><td>0.50～0.80</td><td>≤0.25</td><td>—</td></tr>
<tr><td>65Mn</td><td>0.62～0.70</td><td>0.17～0.37</td><td>0.90～1.20</td><td>≤0.25</td><td>—</td></tr>
<tr><td>55SiMnVB</td><td>0.52～0.60</td><td>0.70～1.00</td><td>1.00～1.30</td><td>≤0.35</td><td>V0.08～0.16
B 0.0005～0.0035</td><td rowspan="10">≤0.35</td></tr>
<tr><td>60Si2Mn</td><td>0.56～0.64</td><td>1.50～2.00</td><td>0.70～1.00</td><td>≤0.35</td><td>—</td></tr>
<tr><td>60Si2MnA</td><td>0.56～0.64</td><td>1.60～2.00</td><td>0.70～1.00</td><td>≤0.35</td><td>—</td></tr>
<tr><td>60Si2CrA</td><td>0.56～0.64</td><td>1.40～1.80</td><td>0.40～0.70</td><td>0.70～1.00</td><td>—</td><td rowspan="7">≤0.030</td><td rowspan="7">≤0.030</td></tr>
<tr><td>60Si2CrVA</td><td>0.56～0.64</td><td>1.40～1.80</td><td>0.40～0.70</td><td>0.90～1.20</td><td>V0.10～0.20</td></tr>
<tr><td>55CrMnA</td><td>0.52～0.60</td><td>0.17～0.37</td><td>0.65～0.95</td><td>0.65～0.95</td><td>—</td></tr>
<tr><td>60CrMnA</td><td>0.56～0.64</td><td>0.17～0.37</td><td>0.70～1.00</td><td>0.70～1.00</td><td>—</td></tr>
<tr><td>50CrVA</td><td>0.46～0.54</td><td>0.17～0.37</td><td>0.50～0.80</td><td>0.80～1.10</td><td>V0.10～0.20</td></tr>
<tr><td>60CrMnBA</td><td>0.56～0.64</td><td>0.17～0.37</td><td>0.70～1.00</td><td>0.70～1.00</td><td>B0.0005～0.004</td></tr>
<tr><td>30W4Cr2VA</td><td>0.26～0.34</td><td>0.17～0.37</td><td>≤0.40</td><td>2.00～2.50</td><td>V0.5～0.8
W4～4.5</td></tr>
</table>

表 6-9 弹簧钢的特性及用途

牌号	主要特性	用途举例
65 70	能够得到较高的强度和适当的韧性、塑性。但淬透性低，尺寸大，油中淬不透，水透则变形、开裂倾向较大，只适用于较小尺寸的弹簧	调压调速弹簧、柱塞弹簧、测力弹簧，一般机械上的圆、方螺旋弹簧或拉成钢丝用于小型机械上的弹簧
85		汽车、拖拉机或火车等机械上承受振动的扁形板簧和圆形螺旋弹簧
65Mn	锰提高淬透性，ϕ12mm 的钢材油中可以淬透，经热处理后的综合力学性能优于碳钢，但有过热敏感性和回火脆性	小尺寸各种扁、圆弹簧，坐垫弹簧，弹簧发条。也可制作弹簧坯、气门簧、离合器簧片、刹车弹簧、冷拔钢丝冷卷螺旋弹簧
55SiMnVB	合金元素含量低，淬透性比 60Si2Mn 高，韧性、塑性也较高，脱碳倾向小，回火稳定性良好，热加工性能好，成本低	代替 60Si2MnA 制作重、中、小型汽车的板簧和其他中型断面的板簧和螺旋弹簧
55Si2Mn 55Si2MnB 60Si2Mn 60Si2MnA	硅和锰提高弹性极限和屈强比，提高淬透性和抗回火稳定性	汽车、拖拉机、机车上的减振板簧和螺旋弹簧、汽缸安全阀簧。电力机车用升弓钩弹簧、止回阀簧，还可用作 250℃以下使用的耐热弹簧
55CrMnA 60CrMnA	较高强度、塑性和韧性，淬透性较好，过热敏感性比锰钢低	用于车辆、拖拉机工业上制作负荷较重、应力较大的板簧和直径较大的螺旋弹簧
50CrVA	良好的力学性能和工艺性能，淬透性较高，加入钒使钢的晶粒细化，降低过热敏感性，提高强度和韧性，具有高的疲劳强度，是一种较高级弹簧钢	用于较大截面的高负荷重要弹簧及工作温度小于 300℃的阀门弹簧、活塞弹簧、安全阀弹簧等
60Si2CrA 60Si2CrVA	具有较高的抗拉强度和屈服强度，尤其是 60Si2CrVA 具有更高的弹性强度，钢的淬透性较大，但有回火脆性	用于承受高应力及工作温度在 300～350℃以下的弹簧，如调速器弹簧、汽轮机汽封弹簧、破碎机用簧等
65Si2MnWA①	在高温下有较高的高温强度和硬度，降低过热敏感性，增加了淬透性，特别是提高了承受冲击负荷的能力	用于承受高负荷或耐热(≤350℃)、耐冲击负荷的大截面弹簧
30W4Cr2VA	由于钨铬钒的作用，此钢有良好的室温和高温力学性能及较高的淬透性，回火稳定性佳，热加工性能良好	用于工作温度不大于 500℃的耐热弹簧，如锅炉安全阀弹簧、汽轮机汽封弹簧片等

注：① 旧钢号。

关于选用弹簧钢的种类，主要是依据淬透性的大小。因为弹簧在使用时必须淬透，以保证工件截面性能一致，弹簧截面尺寸越大，需要钢中的合金元素量就越多。因此，要根据弹簧截面的尺寸来选择弹簧钢的种类和牌号。

(4) 弹簧钢的加工和热处理特点

弹簧钢按弹簧的生产方法分为热轧弹簧钢和冷拉(轧)弹簧钢两种，它们是根据弹簧成形工艺来分的。

① 热轧弹簧钢及其热处理特点　主要用于制作大型弹簧和形状复杂的弹簧。它们一般是由热轧钢丝和钢板等制成，所用钢材主要有 60Mn、60Si2Mn 等。

热处理　淬火＋中温回火。

淬火　加热温度为830～880℃，具体加热温度决定于各钢的Ac_3点。

回火　加热温度为420～550℃，具体的回火温度决定于钢的种类和要求。若要求有高弹性，则需要有较高的弹性极限和高的屈服极限，应采用较低的回火温度；若要求高韧性，则需要采用较高的回火温度。一般要求高弹性和高韧性有很好的配合，因此弹簧钢常采用中温回火。

组织和性能　组织为在F基体上分布着细小颗粒状的Fe_3C。由于F已充分回复，高碳M内的孪晶结构消失，开始多边形化，但亚结构尚未长大。M和$A_{残}$已充分分解，相变所引起的晶体的内应力已大幅度下降。所以弹簧钢具有较好的韧性、较高的弹性极限和屈服强度，性能为40～52HRC。

为了提高弹簧的疲劳强度和延长使用寿命，在淬火和中温回火后，要对弹簧进行喷丸处理，使表面具有一定的残余压应力，以提高其疲劳强度。试验表明用60Si2Mn钢制作的汽车板簧经喷丸处理后，使用寿命可提高5～6倍。

② 冷拉(轧)弹簧钢及其热处理特点　主要用于制作小型和小截面的线尺寸小于8mm的形状简单的弹簧，多用冷制成形。常用钢号有T8、T9A、65Mn和60Si2Mn等。用冷拔钢丝并卷取成形，同时得到强化。应注意，在线直径较小时才使用这种方法，否则截面性能不均匀，使性能达到要求是很困难的。

冷拉弹簧钢制作弹簧的主要工艺过程如下：

- 将钢丝经过正火和酸洗去氧化铁皮后，冷拔到预定的尺寸。
- 再加热到900～950℃，使之A化，然后迅速转入500～550℃铅浴处理，得到细小片状的S，这样处理可提高冷变形能力和表面光洁度。在此基础上，再经过多次拉拔达到所需要的尺寸。当钢丝冷拔成直径为6mm时，其强度极限可达1568～1715MPa，而冷拔成直径为0.08mm的钢丝，其强度极限还可达到3185～3479MPa。
- 冷卷成形　冷卷成所需要的形状。
- 去应力低温退火或定形处理，在200～250℃油浴10～30min，时间以烧透为准。其作用是消除冷卷成形时所产生的内应力，并使弹簧定形。如果弹簧形状不合格，可校正后再进行去应力退火。

5. 滚动轴承钢

由于滚动轴承的滚珠、滚针和滚柱等在轴承内外套圈滚道上运动时，各点交替受到集中周期交变负荷的作用，并从零增至最大，然后又降到零，虽然由于表面的弹性变形使承载并非是点接触或线接触，但相互间接触面积仍然很小，所以最大载荷很高，可达5000MPa，同时又有滚动和滑动摩擦。滚动轴承的主要失效形式为接触疲劳，因此要求有均匀的高硬度和耐磨性以及高的抗疲劳强度。特别是滚动接触疲劳强度、尺寸的稳定性和足够的韧性，同时在大气和润滑油中有一定的抗腐蚀能力。因此对钢的纯度、组织均匀性、碳化物分布状况和脱碳敏感性等都有较严格的要求。

(1) 化学成分

① 含碳量　$w(C)=0.95\%\sim1.10\%$，保证淬火M的过饱和度和高硬度以及获得一定量的细小碳化物，提高耐磨性。

② 合金元素

- Cr　w(Cr)＝0.4%～1.65%，主要是提高淬透性，并在钢中形成合金渗碳体$(FeCr)_3C$，比Fe_3C稳定，呈均匀细小分布，提高耐磨性，对于提高接触疲劳性能也是非常有利的。Cr还可提高回火稳定性。Cr量过高(w(Cr)＞1.65%)时，增加淬火钢中$A_{残}$和碳化物分布的不均匀性，以致影响轴承的使用寿命和尺寸稳定性。
- Si和Mn　在钢中加入Si、Mn可进一步提高钢的淬透性、弹性极限和强度，同时提高回火稳定性。

轴承钢的纯度要求很高，w(S)＜0.02%，w(P)＜0.027%，非金属夹杂物(氧化物、硫化物和硅酸盐等)的含量要很低。

(2) 常用滚动轴承钢　滚动轴承钢的编号方法与其他合金钢稍有不同，用字母G代表滚动轴承钢，其钢号用GCr＋数字表示，Cr表示含铬，数字表示含铬量的千分之几，例如，GCr15，含碳量约为1%，不予标注，含铬量约为15‰，即w(Cr)＝1.5%。

滚动轴承钢的牌号和化学成分列于表6-10中，常用轴承钢的特性和用途列于表6-11中。

表6-10　轴承钢的牌号和化学成分(GB/T 18254—2002等)

类别	标准号	牌号	主要化学成分的质量分数/%								
			C	Mn	Si	P	S	Cr	Ni	Mo	其他
高碳铬轴承钢	GB/T 18254—2002	GCr4	0.95～1.05	0.15～0.30	0.15～0.30	＜0.025	＜0.020	0.35～0.50	＜0.25	≤0.08	Cu＜0.20
		GCr15	0.95～1.05	0.25～0.45	0.15～0.35	＜0.025	＜0.025	1.40～1.65	＜0.30	≤0.10	Cu＜0.25 Ni＋Cu＜0.50
		GCr15 SiMn	0.95～1.05	0.95～1.25	0.45～0.75	＜0.025	＜0.025	1.40～1.65	＜0.30	≤0.10	Cu＜0.25 Ni＋Cu＜0.50
		GCr15 SiMo	0.95～1.05	0.20～0.40	0.65～0.85	＜0.027	＜0.020	1.40～1.70	＜0.30	0.30～0.40	Cu＜0.25
		GCr18 Mo	0.95～1.05	0.25～0.40	0.20～0.40	＜0.025	＜0.020	1.65～1.95	＜0.25	0.15～0.25	Cu＜0.25
高碳铬不锈轴承钢①	GB 3086—2008	G95Cr18 (9Cr18)	0.90～1.00	≤0.80	≤0.80	≤0.035	≤0.030	17.0～19.0	—	—	—
		G102Cr18Mo (9Cr18Mo)	0.95～1.10	≤0.80	≤0.80	≤0.035	≤0.030	16.0～18.0	—	0.40～0.70	—
		G65Cr14Mo	0.60～0.70	≤0.80	≤0.80	≤0.035	≤0.030	13.0～15.0	≤0.30	0.50～0.80	
渗碳轴承钢	GB 3203—1982	G20CrMo	0.17～0.23	0.65～0.95	0.20～0.35	≤0.30	≤0.30	0.35～0.65		0.08～0.15	
		G20CrNiMo	0.17～0.23	0.60～0.90	0.15～0.40	≤0.30	≤0.30	0.35～0.65	0.40～0.70	0.15～0.30	
		G20CrNi2Mo	0.17～0.23	0.40～0.70	0.15～0.40	≤0.03	≤0.03	0.35～0.65	1.60～2.00	0.20～0.30	Cu＜0.25
		G20Cr2Ni4	0.17～0.23	0.30～0.60	0.15～0.40	≤0.20	≤0.20	1.25～1.75	3.25～3.75		
		G10CrNi3Mo	0.08～0.13	0.40～0.70	0.15～0.40	≤0.30	≤0.30	1.00～1.40	3.00～3.50	0.08～0.15	
		G20Cr2Mn2Mo	0.17～0.23	1.30～1.60	0.15～0.40	≤0.20	≤0.20	1.70～2.00	≤0.30	0.20～0.30	

注：① 高碳铬不锈轴承钢括号中是旧牌号。

表 6-11 常用轴承钢的特性及用途

类别	牌号	主要特性	用途
高碳铬轴承钢	GCr4	属于低铬、抗冲击低淬透性轴承钢，经整体感应加热和表面淬火，表面具有高硬度，心部获得高韧性	用于制作要求耐磨性好、抗冲击的机械轴承。例如铁路车辆轴箱轴承及汽车、拖拉机、发动机变速箱、机床、电机、矿山机械和通用机械等的轴承
	GCr15	综合机械性能良好，切削加工性好，热处理硬度高，而且均匀。耐磨性能和接触疲劳强度高，热加工性能好。价格便宜，是目前使用量最多的牌号。被世界各国广泛采用。缺点是白点敏感性强，焊接性能较差	用于制作各种轴承套圈和滚动体。例如内燃机、电动机车、汽车、拖拉机、机床、轧钢机、钻探机、矿山机械、通用机械以及高速旋转的高载荷机械传动轴承的钢球、滚子和套圈
	GCr15SiMn	在GCr15基础上适当提高硅和锰含量的改型钢。目的是改善淬透性和弹性极限，耐磨性优于GCr15。有回火脆性，白点敏感性强，焊接性能差	用于制作比GCr15适用尺寸更大的轴承套圈和滚动体。工作温度一般不高于180℃。制作重型机床、大型机械及轧钢机无冲击载荷的大型轴承的钢球、滚子和套圈
	GCr15SiMo	新型高淬透性轴承钢，具有良好的淬透性、淬硬性及高的抗接触疲劳性能	用于制作特大型重载轴承
	GCr18Mo	新型高淬透性轴承钢，与GCr15SiMn相比，提高了铬含量，添加了适量钼，具有更高的冲击和断裂韧性	用于制作铁路车辆等重型机械的大型轴承
渗碳轴承钢	G20CrMo G20CrNiMo G20CrNi2Mo G20CrNi3Mo G20Cr2Ni4 G20Cr2Mn2Mo	属于低碳钢或低碳合金钢，由于碳含量低，心部具有良好的韧性，可承受强烈的冲击载荷，而表面层硬度高，耐磨性好，轴承破坏主要发生在表面，所以钢材内部清洁度的要求不像高碳铬轴承钢那样严格。为了防止渗碳过程中晶粒长大，使轴承脆性增加，则要求一定的"A"晶粒度。热处理后易产生软点等缺陷，渗碳层均匀度控制较困难	用于大型机械承受载荷较大的轴承，例如，轧钢机、矿山机械、机车车辆和农业机械的轴承 G20CrMo、G20CrNiMo用于制作汽车、拖拉机的承受冲击载荷的滚子轴承 G20CrNi2Mo、G20CrNi3Mo用于制造承受载荷较大的滚子轴承 G20Cr2Ni4、G20Cr2Mn2Mo用于制作轧钢机和承受载荷冲击的特大型轴承
高碳铬不锈轴承钢	G95Cr18 (9Cr18)	高碳高铬"M"不锈钢，有优良的耐蚀性和高的接触疲劳强度。淬火后具有高的硬度，耐磨性好，有良好的低温性能和切削加工性，磨削性和导热性差，由于碳和铬量高，容易形成不均匀的碳化物分布，热加工时必须注意适当的加热温度和加工比	用于制作要求耐腐蚀，高温抗氧化的轴承，在蒸汽、水、海水、蒸馏水和硝酸等腐蚀介质中工作的防锈轴承。例如，水坝闸门、水利机械、海洋船舶、化工和石油机械、矿山机械及航海仪表等轴承
	G102Cr18Mo (9Cr18Mo)	在9Cr18的基础上加钼而发展的，比9Cr18具有更高的硬度和回火稳定性	同9Cr18

常用滚动轴承钢有 GCr15、GCr15SiMn 等。

(3) 滚动轴承钢的热处理　球化退火+淬火+低温回火。

球化退火　主要目的是使锻造后的钢降低硬度,以利于切削加工,并为零件的最终热处理做组织准备,使碳化物细小且分布均匀。若原始组织中有粗大片状 P 和网状 Fe_3C,则需要进行正火、细化 P 和消除网状 Fe_3C。退火后组织为球状 P,即在 F 基体上分布颗粒状 Fe_3C。其硬度为 207～229HB,具有良好的切削性能。

淬火+低温回火　它是决定轴承钢使用性能的重要工序。其淬火加热温度要求十分严格,例如,GCr15 钢的淬火加热温度为 820～840℃,如温度过高(大于 850℃),晶粒粗大,使轴承的疲劳强度和韧性下降,并增加 $A_{残}$ 量。如温度过低,使得 A 中溶碳量和铬量不足,降低淬火 M 的硬度。

淬火后要立即回火,回火温度为 150～160℃,保温 2～3h,可部分消除内应力,提高韧性和尺寸稳定性。

性能　62～66HRC。

对于精密轴承要防止在使用和存放过程中发生变形。因为低温回火不能完全消除内应力和 $A_{残}$,所以在淬火后应立即进行一次冷处理(-70℃),并在回火和磨削后,再进行一次尺寸稳定性处理(在 120～130℃下,保温 10～20h)。尺寸稳定性处理也称时效处理。

6. 易削钢

随着现代化工业向自动化、高速化和精密化的加工方向发展,要求钢材具有良好的切削加工性能,提高生产效率,以适应大批量生产。因此需要更多地采用提高和改善切削加工性能的钢材,便于自动切削机床加工。这种钢材主要用于用量较大和不重要的零件。例如,在自动机床上常加工的零件,如螺钉、螺帽等标准件。这种钢也常属于专用钢。加入的元素有 S、Pb、Ca 和 P 等。

S 在钢中与 Mn 形成 MnS 夹杂物,它能中断基体的连续性,使切屑易于脆断,减少切屑与刀具的接触面积。S 还能起减磨的作用,使切屑不粘附在刀刃上。但 S 的存在使钢产生热脆,所以 S 的含量,一般要限定在$w(S)=0.08\%\sim0.30\%$范围内,并要适当增加 Mn 量与其配合。

Pb 的加入能提高钢的切削性能,由于 Pb 在钢中不溶入 F,也不形成化合物,它是以自由状态并形成细小颗粒(2～3μm)均匀分布于基体组织中,当在切削过程中所产生的热量达到 Pb 颗粒的熔点时,即呈熔化状态,在刀具与切屑以及刀具与钢材被加工面之间产生润滑作用,使摩擦系数减小,刀具温度下降,磨损减少。Pb 的加入量在 $w(Pb)=0.1\%\sim0.35\%$范围内。

Ca 在钢中能形成 Ca、Al、Si 酸盐夹杂物,附着在刀具上形成薄膜,具有减磨作用,防止刀具磨损。Ca 的加入量为 $w(Ca)=0.001\%\sim0.005\%$。有时在含 S 易削钢中加入 P,使其固溶于 F,引起强化和脆化,以提高其切削性能。这些元素的加入,还能提高工件表面质量和延长刀具使用寿命。

易切削钢的牌号是以汉语拼音字母字头 Y 为首,其后的两位数字表示万分之几的平均含碳量。例如,Y40Mn,表示平均含碳量为 0.4%、含锰量小于 1.5%的易削钢。

易切削钢的成分和机械性能如表 6-12 所示。

表 6-12 我国易切削结构钢成分与机械性能(摘自 GB 8731—2008)

牌 号	主要化学成分的质量分数/%							热轧状态机械性能			
	C	Si	Mn	S	P	Pb	Ca	σ_b/MPa	δ_5/%	ψ/%	硬度/HBS
Y12	0.08～0.16	0.15～0.35	0.70～1.00	0.10～0.20	0.08～0.15			390～540	≥22	≥36	≤170
Y12Pb	0.08～0.16	≤0.15	0.70～1.10	0.15～0.25	0.05～0.10	0.15～0.35		390～540	≥22	≥36	≤170
Y15	0.10～0.18	≤0.15	0.80～1.20	0.23～0.33	0.05～0.10			390～540	≥22	≥36	≤170
Y15Pb	0.10～0.18	≤0.15	0.80～1.20	0.23～0.33	0.05～0.10	0.15～0.35		390～540	≥22	≥36	≤170
Y20	0.17～0.20	0.15～0.35	0.70～1.00	0.08～1.15	≤0.05			390～540	≥22	≥36	≤170
Y30	0.27～0.35	0.15～0.35	0.70～1.00	0.08～1.15	≤0.06			510～655	≥15	≥25	≤187
Y40Mn	0.37～0.47	0.15～0.35	1.20～1.55	0.20～0.30	≤0.05			590～735	≥14	≥22	≤207
Y45Ca	0.42～0.50	0.20～0.40	0.60～0.90	0.04～0.08	≤0.04		0.002～0.006	600～745	≥12	≥26	≤241

易切削钢的特性和用途,如表 6-13 所示。

表 6-13 易切削钢的特性和用途

牌 号	特 性 及 用 途
Y12	低碳易切削钢,在现有易切削钢中是含磷最多的一种,切削性能较 15 钢有明显改善,使机械加工生产效率成倍提高。常代替 15 钢制造对力学性能要求不高的各种机器和仪器仪表零件以及用于自动切削加工的紧固件、标准件,如螺钉、螺帽、螺栓、轴和销钉等
Y15	高硫、低硅易切削钢,是我国研制成功的钢种,切削性能明显高于 Y12 钢。用自动机床切削加工时,生产效率比 Y12 钢提高 30%～50%,尤其是攻丝时,丝锥寿命比 Y12 钢提高两倍以上。通常用该钢制造不重要的标准件,如螺栓、螺母、管接头和弹簧座等
Y12Pb Y15Pb	改善钢的切削性和加工表面光洁,用途同上
Y20	切削性能优于 20 钢,低于 Y12 钢,但力学性能优于 Y12 钢。一般用于制造仪器、仪表零件。Y20 切削加工成形后可以进行渗碳处理,用于制造表面硬度高、中心韧性好的仪器、仪表和轴类等耐磨零件
Y30	低硫磷复合易切削钢。力学性能较高,切削加工性有适当改善。用于制造要求强度较高的非热处理标准件,也可用于制造热处理件。由它加工成的小零件可进行调质处理,以提高零件的使用寿命。Y30 钢淬裂敏感性与 30 钢相当或略差,可根据零件形状复杂程度选择适当的淬火介质。热处理工艺与 30 钢基本相同。常用于制造纺织机和计算机上的零件
Y40Mn	高硫、中碳易切削钢,具有较好的切削加工性能。与 45 钢相比,可提高刀具寿命 4 倍,提高生产率 30%左右。它有较高的强度和硬度,适合加工要求刚性较高的机床零部件,如机床的丝杠、光杠、花键轴、齿条和销子等
Y45Ca	加钙后改变了钢中夹杂物的组成,使其具有优良的切削性能。适用于高速切削加工,比 45 钢能提高切削速度和生产效率。在中低速切削加工时,也有良好的切削性能。适用于机床齿轮轴、花键轴、传动轴等热处理和非热处理件,也常用于在自动机床上切削加工高强度标准件,如螺钉和螺帽等

7. 合金铸钢

铸钢的强度,尤其塑性和韧性都优于铸铁,因此,在工程上有不少零件是用钢水直接浇注而成。随着铸造技术的进步,铸钢件的机械性能和表面质量都有了很大提高。但铸钢在铸造性能上的缺点是流动性差和凝固过程中收缩率较大,这在铸造时必须采取相应的技术措施加以解决。为提高和改善铸钢件的结构、组织和性能,还需要加入适量的合金元素。表 6-14 和表 6-15 分别标出合金铸钢的牌号和化学成分以及它们的用途举例。

表 6-14 合金铸钢的牌号和化学成分(JB/ZQ 4297—1986)①

牌　号	主要化学成分的质量分数/%								
	C	Si	Mn	S	P	残余元素②			
						Cr	Ni	Mo	Cu
ZG40Mn	0.35～0.45	0.30～0.45	1.20～1.50	≤0.030		—	—	—	—
ZG40Mn2	0.35～0.45	0.20～0.40	1.60～1.80	≤0.030		—	—	—	—
ZG50Mn2	0.45～0.55	0.20～0.40	1.50～1.80	≤0.030		—	—	—	—
ZG20SiMn	≤0.23	≤0.60	1.00～1.50	≤0.025		≤0.30	≤0.40	≤0.15	—
ZG35SiMn	0.30～0.40	0.60～0.80	1.10～1.40	≤0.030		—	—	—	—
ZG35SiMnMo	0.32～0.40	1.10～1.40	1.10～1.40	≤0.030		≤0.30	≤0.30	0.20～0.35	≤0.30
ZG35CrMnSi	0.30～0.40	0.50～0.75	0.90～1.20	≤0.030		0.50～0.80	—	—	—
ZG20MnMo	0.17～0.23	0.20～0.40	1.10～1.40	≤0.030		≤0.30	≤0.30	0.20～0.35	≤0.30
ZG55CrMnMo	0.50～0.60	0.25～0.60	1.20～1.60	≤0.030		≤0.60～0.90	≤0.30	0.20～0.30	≤0.30
ZG40Cr	0.35～0.45	0.20～0.40	0.50～0.80	≤0.030		≤0.80～1.10	—	—	—
ZG34CrNiMo	0.30～0.37	0.30～0.60	0.60～1.00	≤0.025		≤1.40～1.70	1.40～1.70	0.15～0.35	—
ZG20CrMo	0.17～0.25	0.20～0.45	0.50～0.80	≤0.030		0.50～0.80	—	0.40～0.60	—
ZG35CrMo	0.30～0.37	0.30～0.50	0.50～0.80	≤0.030		0.80～1.20	—	0.20～0.30	—
ZG42CrMo	0.38～0.45	0.30～0.60	0.60～1.00	≤0.025		0.80～1.20	—	0.20～0.30	—
ZG50CrMo	0.46～0.54	0.25～0.50	0.50～0.80	≤0.030		0.90～1.20	—	0.15～0.25	—
ZG65Mn	0.62～0.70	0.17～0.37	0.90～1.20	≤0.030		≤0.25	≤0.25	—	—

注:① JB/ZQ 4297—1986 为机械工业部重型矿山局标准。

② 除表中已标明外,各钢号的残余元素含量为 w(Ni)≤0.30%,w(Cr)≤0.30%,w(Cu)≤0.25%,w(Mo)≤0.15%,w(V)≤0.05%。

表 6-15　合金铸钢的用途

牌　号	用　途　举　例
ZG40Mn	用于承受摩擦和冲击的零件，如齿轮等
ZG40Mn2	用于承受摩擦的零件如齿轮等
ZG50Mn2	用于高强度零件，如齿轮、齿轮圈、碾轮等
ZG20SiMn	焊接及流动性良好，作水压机缸、叶片、喷嘴体、阀、弯头等
ZG35SiMnMo	制造承载较大的零件
ZG35CrMnSi	用于承受冲击，受磨损的零件，如齿轮、滚轮等
ZG20MnMo	用于受压容器，如泵壳等
ZG40Cr	用于高强度齿轮等
ZG34CrNiMo	用于特别高要求的零件，如锥齿轮、小齿轮、吊车行走轮、轴等
ZG20CrMo	用于齿轮、锥齿轮及高压缸零件等
ZG35CrMo	用于齿轮、电炉支承轮轴套、齿圈等
ZG42CrMo	用于大载荷的零件、齿轮、锥齿轮等
ZG50CrMo	用于减速器零件、小齿轮等
ZG65Mn	用于球磨机衬板等

6.3　合金工具钢

工具钢主要是用来制造切削金属和加工金属的工具。对它的性能要求是高硬度和在较高温度下保持高硬度的能力以及高的耐磨性。这些性能主要取决于 M 的硬度和碳化物的性质、数量、形态及其分布。

工具钢的分类方法很多，例如，按化学成分和按用途等分类。其中按用途分类最常用，它常分为刃具钢、模具钢和量具钢等。但各类钢实际应用的界限并不明显，有时同一钢种既可作刃具，又可作模具和量具，它们之间的共同性较强。有的则通用性较小。因此，重要的是应了解各类工具钢的成分、结构、组织和性能，以便根据使用条件进行合理的选用。

6.3.1　刃具钢

刃具钢主要用来制造各种金属切削刃具，如车刀、铣刀和钻头等。刃具钢的工作条件很苛刻，而且实际工作的部位只是刃部的一个局部区域。在切削时刀具的刃部区域受到工件的压力，刃部与切削件之间发生相对摩擦产生热量，使刃部温度升高，切削速度愈大，温度愈高。有时刃部温度可达 500～600℃或更高。同时还要受到一定的冲击和振动等，因此对刃具钢的要求如下。

(1) 较高的硬度和热硬性　在常温下高硬度是保证切削的基本条件，硬度不高将使切削无法进行。同时为保持在受热时的切削性能，还要求刃具钢在受热条件下，仍能保持足够高的硬度和切削能力的性能，它被称为热硬性或红硬性。

(2) 耐磨性好　刀具在工作条件下有时承受相当大的压力和摩擦力，其刃部承受磨损可能变钝，影响生产效率和刀具的使用寿命。因此要求有高硬度的过饱和 M 和在其内部分布着均匀细小碳化物来保证其耐磨性能。

(3) 有足够的强度和韧性　工具在工作时可能受到冲击、振动、扭转和弯曲等复杂应力的作用,为保证切削过程中不崩刃、不断裂和使用可靠,因此要求必须有足够的强度和韧性。

(4) 脱碳敏感性要小　因为刀具的刃部是工作的主要部位,而且又是在钢的表面,所以要求在热处理时不脱碳或少脱碳,只有这样才能使钢的表面硬度不降低,保持刀具的切削性能。

合金工具钢按化学成分分为低合金工具钢(合金元素总的质量分数小于3%~5%)和高合金工具钢(合金元素总的质量分数大于10%,如高速钢、高铬钢等)。

1. 低合金工具钢

它是在碳素工具钢的基础上加入些合金元素,以提高钢的淬透性、回火稳定性和热硬性,从而提高耐磨性。

化学成分

(1) 含碳量　$w(C)=0.75\%\sim1.5\%$,主要是为了保证钢的硬度和形成足够的合金碳化物,以提高钢的耐磨性。

(2) 合金元素　主要有Cr、Si、W和Mn等。

Cr　主要是提高淬透性,当加入质量分数为1.5%的Cr时,工具的淬透性可增大至30~35mm,所以Cr在工具钢中是不可缺少的元素。同时溶入Fe_3C后形成合金渗碳体$(FeCr)_3C$,以提高其耐磨性能。

Si　主要是提高淬透性和增加回火稳定性。它与Cr同时加入比单独加入Cr具有更高的硬度。

W　它在刃具钢中主要以W_2C、WC形式存在,在正常淬火温度下,它不溶入A,只溶入Fe_3C,形成$(FeW)_3C$或形成特殊碳化物,以提高耐磨性。由于有大量碳化物,可阻止A晶粒长大,以细化晶粒,改善钢的韧性。

Mn　主要是提高淬透性,同时也增加$A_{残}$量,可补偿淬火M的膨胀。因此使用加Mn的合金工具钢可制造不变形或少变形的工具。

低合金工具钢由于加入了一定数量的合金元素,基本上解决了淬透性低的问题,因此可用于制造形状复杂和较大型的刃具。同时也可使用油冷,以减少变形和开裂的倾向。

常用合金工具钢　其钢号表示方法是在钢号左侧用一位数字表示平均含碳量的千分之几,而且当含碳量大于1%时不标注。常用的牌号主要有9SiCr、CrWMn、Cr2和9Cr2等。

低合金工具钢的热处理　球化退火+淬火+低温回火。

组织　$M_{回}$+点状碳化物+少量$A_{残}$,它是在$M_{回}$的基础上分布着均匀的细小碳化物和少量$A_{残}$。

性能　60~63HRC。

常用合金工具钢的牌号、成分、热处理及用途举例如表6-16所示。

2. 高速钢

碳素工具钢和低合金工具钢的切削速度,最高只能为10~20m/min,此时其刃部温度可达200~300℃,所以它们只能在200℃以下正常工作。当切削速度达到50~60m/min,其刃部温度可达500~600℃,此时要应用高速钢,它在600℃时仍能保持在60HRC以上,与碳素工具钢和低合金工具钢相比可使切削速度提高2~4倍,刀具寿命提高8~15倍。因此高速钢在机械制造业中获得极为广泛的应用。

表 6-16 常用合金工具钢的牌号、成分、推荐的热处理及应用举例(摘自 GB/T 1299—2000)

牌号	主要化学成分的质量分数/%							热处理					应用举例
	C	Mn	Si	Cr	W	V	Mo	淬火			回火		
								淬火加热温度/℃	冷却介质	硬度/HRC	回火温度/℃	硬度/HRC	
9Mn2V	0.85～0.95	1.70～2.00	≤0.40	—	—	0.10～0.25	—	780～810	油	≥62	150～200	60～62	小冲模、冲模及剪刀、冷压模、雕刻模、落料模、各种变形小的量规、样板、丝锥、板牙、铰刀等
9SiCr	0.85～0.95	0.30～0.60	1.20～1.60	0.95～1.25	—	—	—	860～880	油	≥62	180～200	60～62	板牙、丝锥、钻头、铰刀、齿轮铣刀、冷冲模、冷轧辊等
Cr2	0.95～1.10	≤0.40	≤0.4	1.30～1.65	—	—	—	830～860	油	≥62	150～170	61～63	切削工具：车刀、铣刀、插刀、铰刀等；测量工具，样板等；凸轮销、偏心轮、冷轧辊等
CrWMn	0.90～1.05	0.80～1.10	≤0.4	0.90～1.20	1.20～1.60	—	—	800～830	油	≥62	140～160	62～65	板牙、拉刀、量规、形状复杂且精度高的冲模等
Cr12	2.00～2.30	≤0.40	≤0.40	11.50～13.00	—	—	—	950～1000	油	≥60	180～220	60～62	冷冲模冲头、冷切剪刀(硬薄的金属)、钻套、量规、螺纹滚模、粉末冶金模、落料模、拉丝模、木工切削工具等
								1080	油	45～50	500～520(三次)	59～60	
Cr12MoV	1.45～1.70	≤0.40	≤0.40	11.00～12.50	—	0.15～0.30	0.40～0.60	980	油	62～63	160～180	61～62	冷切剪刀、圆锯、切边模、滚边模、缝口模、标准工具与量规、拉丝模、螺纹滚模等
								1120	油	41～50	510(三次)	60～61	
5CrNiMo	0.50～0.60	0.50～0.80	≤0.40	0.50～0.80	Ni1.40～1.80	—	0.15～0.30	830～860	油	≥47	530～550	HB364～402	料压模、大型锻模等
5CrMnMo	0.50～0.60	1.20～1.60	0.25～0.60	0.60～0.90	—	—	0.15～0.30	820～850	油	≥50	560～580	HB 324～364	中型锻模等
3Cr2W8V	0.30～0.40	≤0.40	≤0.40	2.20～2.70	7.50～9.00	0.20～0.50	—	1075～1125	油	>50	560～580(三次)	44～48	高应力压模、螺钉或铆钉热压模、热剪切刀、压铸模等

从 1861 年开始研究高速钢到 1910 年逐渐形成，直到现在还在应用的高速钢的标准成分主要有：

W18Cr4V 的化学成分	C	W	Cr	V	Mo
各成分的质量分数/%	0.7～0.8	17.5～19.0	3.8～4.4	1.0～1.4	≤0.3

C　它是高速钢获得高硬度和形成碳化物的主要元素。加入的碳，一部分溶入 A 中，淬火后保证 M 的硬度；另一部分形成足够的碳化物。碳和合金元素在钢中的含量还应保证有一定的比例。含碳量少，合金元素之间会形成金属化合物。例如，Fe_3W_2 很脆，而且又不易溶解到 A 中，若使其溶解，必须升高温度，这将引起 A 晶粒长大，使性能变坏。若碳量多，则碳化物量可增加，耐磨性提高，但碳化物的不均匀性能也增加，使钢的塑性降低，锻造和切削加工性变坏，$A_{残}$ 量也增加，所以碳量不宜过多。

W　它是造成高速钢热硬性的主要元素，也是强烈形成碳化物的元素，其中大部分是以 Fe_4W_2C 形式存在。根据实验证明，在淬火的 W18Cr4V 钢中，约有 7%W 溶入固溶体，以原子状态存在于 M 中，保证了钢的热硬性。同时它还阻止 M 的分解，提高回火稳定性。当高速钢在 560℃回火时从 M 中析出弥散细小的 W_2C，产生二次硬化的效果。约有 11%W 存在于未溶碳化物中，在淬火加热时对晶粒长大起阻碍作用，因此可采用较高的淬火温度，以提高 A 和随后淬火得到 M 的合金元素量。而未溶碳化物又具有极高的硬度，使高速钢具有较高的热硬性和耐磨性。因此高速钢中要有足够和适量的 W 量。含 W 量少，则在 M 中 W 的过饱和度低和没有足够的碳化物，使钢的热硬性和耐磨性降低；若含 W 量多，则在钢的热硬性增加不大的同时，还增加了钢中碳化物的不均匀性，使钢的强度和塑性降低。

Cr　它是提高淬透性的主要元素，同时在钢中又是碳化物的形成元素，它常以 $Cr_{23}C_6$ 形式存在为主，呈复杂面心立方结构，很不稳定，当在淬火加热到 900～1100℃时 Cr 几乎全部溶入 A，提高其稳定性，增加了钢的淬透性。加入质量分数为 4%的 Cr 能满足高速钢对淬透性的要求。钢中含 Cr 量少，则钢的淬透性低；若 Cr 量多，则 $A_{残}$ 量增加。Cr 还能提高抗氧化脱碳和抗腐蚀能力。

V　它是强烈形成碳化物的元素，大部分以 VC 或 V_4C_3 形式存在，其硬度比 W 碳化物(73～77HRC)高，很稳定，难溶于 A，因此在加热时显著阻碍 A 晶粒长大。只有当加热到 1200℃时 VC 或 V_4C_3 才开始溶解。溶入 A 的 V 在淬火后回火时从 M 中析出 VC 形式的特殊碳化物，对 M 起弥散硬化作用，同时还阻止 W_2C 长大。VC 和 W_2C 都引起二次硬化的效应，从而更进一步提高钢的耐磨性。V 也提高钢的热硬性，但它不如 W 和 Mo 的作用大。

高速钢的铸造组织　在实际生产条件下，室温所形成的组织由以下三部分组成：黑色组织、白色组织和鱼骨状莱氏体。图 6-10 是高速工具钢 W18Cr4V 的铸态组织。

黑色组织　合金 F+合金碳化物。这种组织易被腐蚀，呈黑色。性能为 32～38HRC。

白色组织　合金 M+$A_{残}$。这种组织不易被腐蚀，呈白色。性能为 60～62HRC。

鱼骨状莱氏体　由骨骼状大碳化物片和 M 相间排列而形成的莱氏体。因在高速钢中加入大量的合金元素，使 *E* 点左移，使钢中的含碳量在 0.7%～0.8%时就出现了莱氏体。其性能为 65～67HRC。

高速钢的锻造　由于高速钢铸造组织是高温冷却后形成的，其组织晶粒粗大，而且不均匀，又有严重的晶内偏析，在合金 F 晶粒中心部分碳和合金元素量少，其他部分多，结果造成硬度不均匀，不能用。而且又不能用热处理的办法改变，必须用锻造打碎鱼骨状莱氏体，

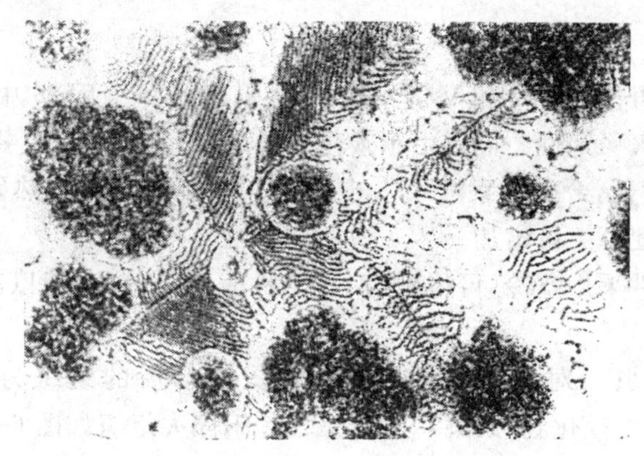

图 6-10 高速工具钢 W18Cr4V 的铸态组织

改善碳化物的不均匀性，同时在高温又可通过扩散使钢的化学成分均匀化。在锻造时 A 晶粒也得到一定程度的改善，其锻造比要大于 10 或反复镦粗拔长。对高速钢进行锻造不仅是成形的需要，而且又是改善组织的重要手段。锻造后要缓冷，以免开裂。

高速钢的热处理 退火＋淬火＋回火。

退火 高速钢由于含有较多的合金元素，锻造冷却后的组织硬度很高，很难加工。为消除锻造后的应力和为淬火做好组织准备，必须进行退火。常采用的退火工艺与过共析钢球化退火相似。其退火温度为 Ac_1((820～840)℃＋(30～50)℃)，而且是等温退火。其工艺曲线如图 6-11 所示。

870～880℃ 合金 A＋合金碳化物。

740～750℃ 合金 A→合金 F＋合金碳化物。

500～550℃ 空冷后得 S＋合金碳化物。

图 6-12 是 W18Cr4V 钢的退火组织。

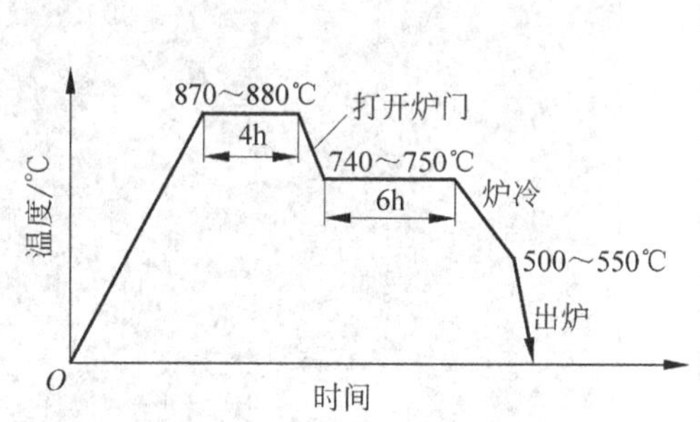

图 6-11 W18Cr4V 高速钢等温退火工艺

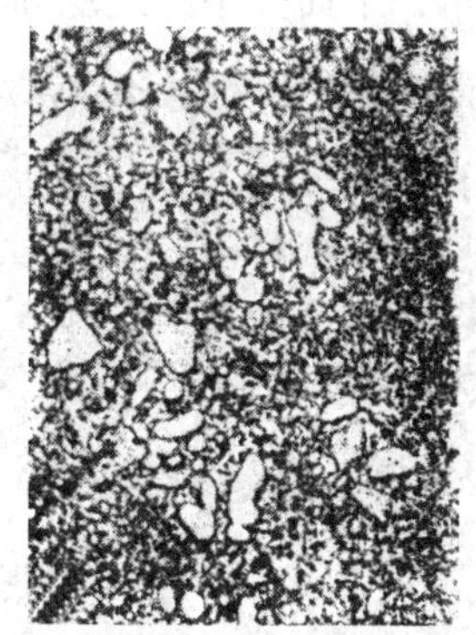

图 6-12 W18Cr4V 钢的退火组织

退火后高速钢的硬度为 26～30HRC，降低了硬度，便于切削加工，并经过重结晶使组织变细，为淬火做组织准备。

淬火 高速钢由于合金元素较多，导热性差，在达到淬火加热温度前要分别预热到 650℃和 850℃，然后再加热到淬火温度。其温度选在使碳化物最大限度地溶入 A，同时又不致使晶粒过分长大的温度范围内，这一温度如下：

W18Cr4V 1270～1285℃

W6Mo5Cr4V2 (1220±10)℃

这样的淬火加热温度可使 Cr、W 和 V 等元素溶入 A，增加淬火后 M 中的合金浓度，保证了高速钢的热硬性和回火稳定性。同时由于碳化物还没有完全溶解，主要是 VC，阻止 A 晶粒长大，细化了 M。温度低，合金元素溶入 A 少，使 M 的过饱和度低，热硬性差；温度高，A 晶粒粗大，性能变坏，也使 $A_{残}$ 量增加。

冷却 中小型工件采用空冷，可得到 M，但工件表面易氧化，所以高速钢淬火一般不采用空冷，而用油冷。

淬火冷却后的组织 对于 W18Cr4V 钢，淬火冷却后的组织为 M(60%～65%)+$A_{残}$(25%～30%)+未溶碳化物(10%)。W18Cr4V 钢淬火组织如图 6-13 所示。

回火 在回火时淬火高速钢中的 M、$A_{残}$ 和碳化物都要发生变化，主要是碳和合金元素以碳化物形式从 M 和 $A_{残}$ 中析出，以及它们在 M 和碳化物间重新分布。W18Cr4V 钢一般在 560℃，保温 1h，回火三次。下面分析回火时 M 和 $A_{残}$ 的变化。

M 将淬火高速钢加热到 560℃时，从 M 中先后析出合金 Fe_3C、$Cr_{23}C_6$、W_2C 和 VC 等，特别是在 560℃回火时从 M 中析出的弥散细小分布均匀的 VC 和 W_2C，产生很明显的二次硬化效应，使高速钢的硬度为 63～66HRC，达到硬度的最高值，其强度、塑性和韧性也均有所提高。600℃以上碳化物继续析出并长大，使钢的硬度降低。560℃回火时在 M 中还保留有一定数量的碳和合金元素，高速钢的回火稳定性好，使之具有较高的硬度和耐磨性。

$A'_{残}$ 在 560℃回火时从 $A_{残}$ 中析出碳化物，使 $A_{残}$ 中合金元素和碳量降低，$A_{残}$ 的 M_s 和 M_f 点升高，在冷却过程中 $A_{残}$ 转变成 M(称为二次 M)，这种转变称为二次淬火，使硬度提高。二次淬火也引起应力，一般要经过三次回火才能使 $A_{残}$ 转变完成和消除内应力。在生产中经常是空冷到室温后再进行下次回火。

综上所述，高速钢的最终热处理是淬火加三次 560℃高温回火。高速钢回火组织如图 6-14 所示。下面介绍其组织和性能。

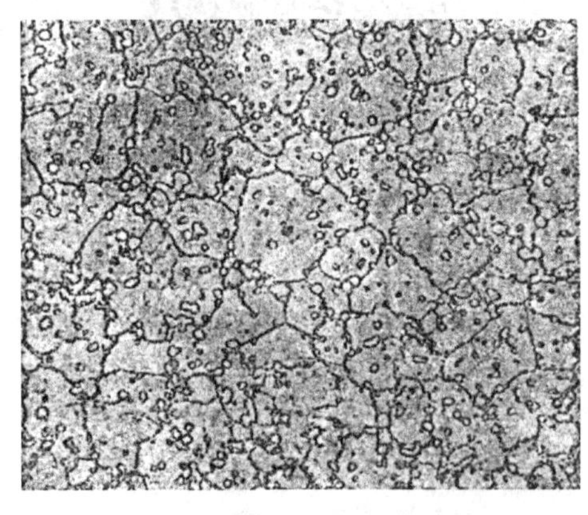

图 6-13 W18Cr4V 钢淬火组织

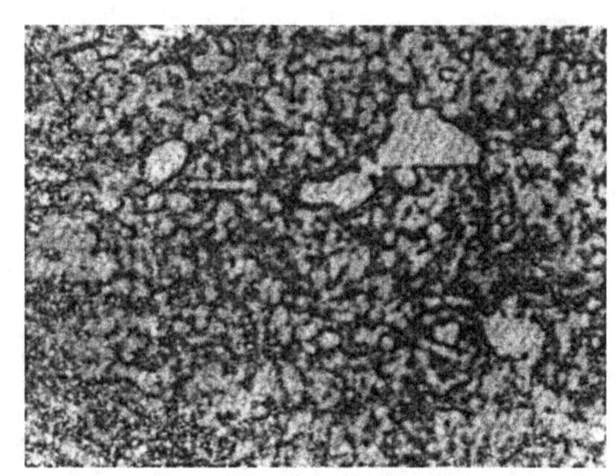

图 6-14 高速钢的回火组织(1000×)

组织 $M_{回}$+碳化物(18%)+少量 $A_{残}$(1%～2%)

性能 64～65HRC。

图 6-15 表明淬火温度对 W18Cr4V 钢奥氏体成分的影响。图 6-16 为高速钢回火温度对硬度的影响。

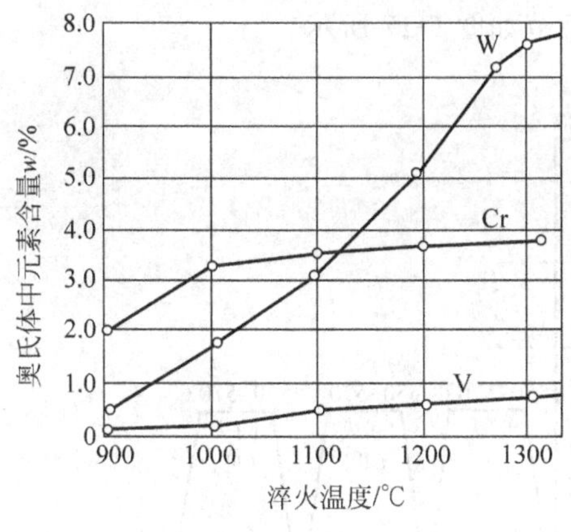

图 6-15 淬火温度对 W18Cr4V 钢奥氏体成分的影响

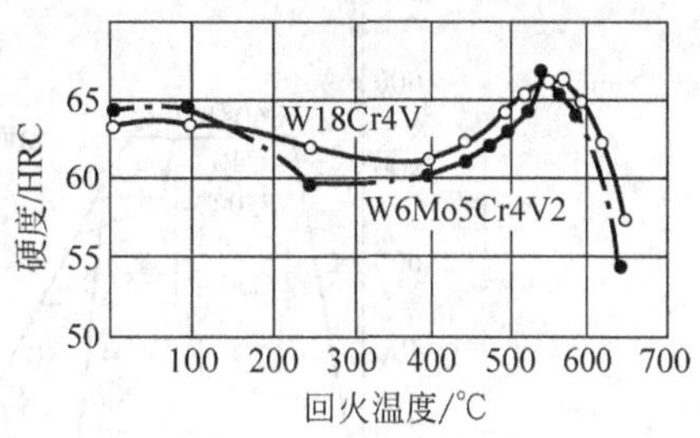

图 6-16 高速钢回火温度对硬度的影响

表 6-17 为常用高速工具钢的牌号和化学成分，表 6-18 为高速钢的特性和用途。

表 6-17 高速工具钢的牌号和化学成分（摘自 GB/T 9943—2008） %

标准号	牌号	C	Si	Mn	P	S	Cr	Mo	V	W	Co
					不大于						
GB/T 9943—2008	W18Cr4V	0.73～0.83	0.20～0.40	0.10～0.40			3.80～4.40	≤0.30	1.00～1.20	17.20～18.70	
	W6Mo5Cr4V2	0.80～0.90	0.20～0.45	0.15～0.45				4.50～5.50	1.75～2.20	5.50～6.75	
	W9Mo3Cr4V	0.77～0.87	0.20～0.40	0.20～0.40				2.70～3.30	1.30～1.70	8.50～9.50	
	W4Mo3Cr4VSi	0.83～0.93	0.70～1.00	0.20～0.40				2.50～3.50	1.20～1.80	3.50～4.50	

表 6-18 高速钢的特性和用途

牌号	主要特性	用途
W18Cr4V	具有较高的硬度、良好的热硬性，在 600℃时仍具有较高的硬度和较好的切削性，被磨削加工性好，淬火不易过热。缺点是由于碳化物粗大、强度和韧性随材料尺寸增大而下降，因此，仅适于制造一般刀具，不适于制造薄刃或较大的刀具	广泛用于制造加工中等硬度或软材料的各种刀具，如车刀、铣刀、拉刀、铰刀、钻头、齿轮刀具、丝锥等，可制作冷作模具，还可用于制作高温下工作的轴承、弹簧等耐磨、耐高温的零件
W6Mo5Cr4V2	W-Mo 系通用型高速钢，是当今各国用量最大的钢种，具有良好的热硬性和韧性，淬火后表面硬度可达 64～66HRC 是一种含钼低钨高的高速钢，成本较低。缺点是过热和脱碳敏感性较大	用于制作要求耐磨性和韧性配合良好的并承受冲击力较大的刀具和一般刀具，如插齿刀、锥齿轮刨刀、铣刀、车刀、丝锥、钻头等，还用作高载荷下耐磨性好的工具，如冷作模具等
W9Mo3Cr4V	我国研制的新型 W-Mo 系通用型高速钢，使用性能与前两种高速钢相当，综合工艺性能优于前两种，而且钢的成本低	可代替 W18Cr4V 和 W6Mo5Cr4V2 制作各种工具
W4Mo3Cr4VSi	和 W9Mo3Cr4V 一样，都是我国研制的新钢种	可代替 W18Cr4V 和 W6Mo5Cr4V2 制作各种工具

高速钢的退火、淬火和回火的热处理工艺规范如图 6-17 所示。

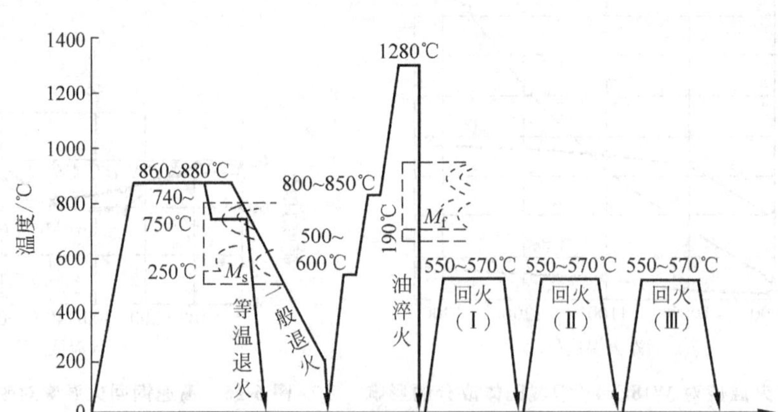

图 6-17　高速钢的热处理工艺规范图

为了提高刀具的切削寿命,也可对高速钢进行表面处理,如软氮化、磷化和离子镀 TiN 等。真空热处理的效果也很好。

近年来对高速钢的研究表明,采用多元素变质处理,细化了碳化物,避免了网状碳化物的出现,提高了性能。由于铸造组织的高温强度高于锻造组织,若能够保证铸造组织成分均匀(如采用离心铸造)、性能稳定,加入微量元素,例如 Ti、Nb、Al、Re 和 Zr 等,细化 A 和碳化物颗粒,改善碳化物偏析等,都可提高高速钢的性能,同时降低刀具成本。

3. 硬质合金

高速钢的最高工作温度一般在 600℃左右,温度再高会迅速软化。由于切削速度的不断提高和大量高硬度或高韧性的难加工材料的出现,若进行切削加工,将使刀具刃部温度会更高,一般高速钢很难胜任。高速钢之所以比合金刃具钢具有较高的热硬性和耐磨性,是因为在高速钢中有大约 18%的合金碳化物均匀分布在 $M_{回}$ 基体上,如果进一步增加合金碳化物的数量,则其硬度、热硬性和耐磨性必然进一步提高,因此出现了耐高温的硬质合金。

硬质合金是由硬化相(难熔的金属化合物,如 WC、TiC、MoC 和 TaC 等)和胶结物质(如金属 Co、Ni 和 Fe 等)按一定的比例均匀混合、加压成形后经高温烧结而成。金属碳化物硬度很高,起坚硬耐磨的作用。金属 Co 和 Ni 等仅起粘结作用。硬质合金的硬度高达 87～91HRA(相当于 69～81HRC),热硬性和耐磨性优良。硬质合金的工作温度可达 800～1000℃,用作刃具,其切削速度可比高速钢高 4～7 倍,寿命可提高 5～8 倍。由于硬质合金硬度太高、性脆、切削加工困难,一般是将硬质合金制成一定规格的刀片,镶焊在刀体上使用。通常形状复杂的刀具,例如拉刀、滚刀等不能直接用硬质合金制作。

常用硬质合金的分类、牌号、化学组成、力学性能和作业条件,如表 6-19 所示。

表 6-19 硬质合金牌号、化学组成、力学性能和作业条件(摘自 GB/T 18376・1～3—2001)

分类分组代号	化学组成 w/%			力学性能			作业条件	
	Co(Ni、Mo)	WC	TiC(TaC、NbC)	硬度/HRA不小于	硬度/HV不小于	抗弯强度/MPa不小于	被加工材料	适应的加工条件
P01	4～6	61～68	15～35	92.0	1860	700	钢、铸钢	高切削速度、小切屑截面、无振动条件下精车、精镗
P20	6～10	64～84	10～25	90.0	1500	1300	钢、铸钢、长切削可锻铸铁	中等切削速度、中等切削截面条件下的车削、仿形切削、车螺纹和铣削
P40	8～13	72～85	5～15	88.5	1320	1650	钢、含砂眼和气孔的铸钢件	低切削速度、大切削角、大切削截面,以及不利条件下的车、刨削、切槽和自动机床上加工
M20	5～7	77～85	6～10	90.0	1550	1400	钢、铸钢、奥氏体钢和锰钢灰口铸铁	中等切削速度、中等切削条件下的车削、铣削
M40	8～15	82～92	1～3	89.0	1440	1650	低碳易切削钢、低强度钢,有色金属和轻金属	车削、切断,特别适于自动机床上加工
K01	3～6	≥93	≤4	91.0	1700	1200	特硬灰口铸铁、淬火钢、冷硬铸铁、高硅铝合金、高耐磨塑料、陶瓷、硬纸板	车削、精车、铣削、镗削、刮削
K20	5～11	≥87	≤3	90.0	1550	1450	大于 220HB 的灰口铸铁、有色金属、铜、黄铜、铝	用于要求有硬质合金、有高韧性的车削、铣削、镗削、拉削
LS40	11～17	余	微量	87.0	1100	2000	适用于大应力、大压缩力的拉削用模具	
LT30	23～30	余	微量	79.0	650	2200	M20 以下,大、中规格标准紧固件、钢球冲压用模具	
LQ30	8～15	余	微量	86.0	1050	2100	人工合成金刚石用顶锤、压缸	
LV30	20～26	余	微量	75.0	750	2250	适用于高速线材一般水平轧制、精轧机组用辊环	
G30	Co 8～12	余	微量	86.0	1050	1900	适用于单轴抗压强度,为 120～200MPa 的中硬岩和硬岩	
G50	12～17	余	微量	85.0	950	2100	适用于单轴抗压强度大于 200MPa 的坚硬岩或极坚硬岩	

注:P、M、K 类为切削工具用,LS、LT、LQ、LV 类为耐磨零件用,G 类为地质矿山用硬质合金。

我国制定的 GB/T 18376—2001《硬质合金牌号》标准中按硬质合金的使用分类把它分为三个部分,第一部分:《切削工具用硬质合金牌号》;第二部分:《地质、矿山用硬质合金牌号》;第三部分:《耐磨零件用硬质合金牌号》。这样的划分有利于今后硬质合金新技术的开发和使用领域的拓展。

为提高和改善硬质合金的性能,常采用的最简单和最有效的方法是减小金属碳化物的尺寸,以增加界面,从而使金属碳化物和粘结剂的结合力更好,不易剥落,提高强度和硬度。

在硬质合金的表面可用 CVD 法(化学气相沉积法)和 PVD 法(物理气相沉积法)等涂层技术涂覆金属化合物,例如,TiC、TiN 和 NbC 等,其厚度以 2μm 为最好,其寿命比硬质合金可提高十几倍。这种硬膜技术在发达国家的硬质合金刀片已有 70%~80%是带薄膜涂层使用的。

6.3.2 模具钢

用于制造各种金属成形所用模具的钢材称为模具钢。在冷态下金属成形所用的模具钢称为冷模具钢,在热态下金属成形所用的模具钢称为热模具钢。模具是模锻和模压加工的主要工具,通常受周期式冲击负荷和挤压负荷的作用,一般是在反复受热和受冷条件下使用。根据模具的工作条件将其分为冷模具和热模具两种。

1. 冷模具钢

冷变形模具有冷冲模、冷镦模、冷挤压模、拉丝模和搓丝板等。这类模具的工作温度一般不超过 250℃。对冷模具钢的要求是高强度、高硬度和耐磨性以及足够的韧性。保证模具的几何尺寸、精度和使用寿命,在工艺性能上要求热处理变形小和淬透性高。

常用冷模具钢有碳素工具钢、低合金工具钢和高铬钢等,它们分别用于以下几种模具。

简单小型模具　常采用 T8、T10 和 T12 等。

复杂中型模具　常采用 9SiCr、9Mn2V、CrWMn 等。

精密大型模具　常采用 Cr12 和 Cr12MoV 等。

合金元素的作用如下。

C　保证了 M 中的过饱和度和足够的碳化物,使钢有高硬度和耐磨性。

Cr　在钢中形成 Cr_7C_3 或 $(FeCr)_7C_3$,它们能显著提高耐磨性,同时增加淬透性、回火稳定性和二次硬化的能力。

Mo、V　主要作用是细化晶粒、提高和改善钢的韧性,同时它们将提高钢的淬透性和回火稳定性。

因为碳素工具钢和低合金工具钢在前面已有介绍,所以只对常用的 Cr12 型高碳高铬钢简介如下。

Cr12、Cr12MoV　它们的含碳量为 1.5%~2.3%,含铬量为 11.0%~13.0%,这些保证了形成足够的碳化物 Cr_7C_3 或 $(CrFe)_7C_3$。当淬火加热至高温时,使一部分碳化物溶入 A,保证得到高硬度的 M;另一部分未溶碳化物起着阻碍 A 晶粒长大的作用,所以提高了钢的硬度和耐磨性。因大量铬的加入能显著提高钢的淬透性,可使厚度为 200~300mm 的大模具在油中淬透。但由于过高的含碳量使碳化物分布不均匀,加入 Mo、V 等可细化晶粒,改善组织,又可提高淬透性,同时还可减少碳化物的不均匀性,使硬度和韧性得到提高。这类钢多用于制造截面大、负荷大的冷冲模、挤压模和滚丝模等。

Cr12 型钢属于莱氏体钢，其铸造组织为索氏体和共晶碳化物。锻造能使毛坯成形和打碎共晶碳化物，并改善碳化物的不均匀性。

Cr12 型钢的热处理　退火＋低温淬火＋低温回火或高温淬火＋高温多次回火。

退火　一般采用 850～870℃球化退火。目的是得到球化组织、消除应力、降低硬度，便于切削加工，并为后续工序作好组织准备。退火后的组织为球状 P，其硬度为207～269HB。

淬火＋回火　主要是获得在 $M_{回}$ 基体上均匀分布细小碳化物和少量 $A_{残}$ 组织。它具有高的耐磨性。

常用 Cr12 型模具钢的化学成分、热处理、性能及用途如表 6-20 所示。

表 6-20　常用冷模具钢的成分、热处理、性能和用途(摘自 GB 1299—2000)

牌　号	主要化学成分的质量分数/%				球化退火	
	C	Cr	Mo	V	温度/℃	硬度/HB
Cr12	2.00～2.30	11.5～13.0			850～870	217～269
Cr12MoV	1.45～1.70	11.0～12.5	0.40～0.60	0.15～0.30	850～870	207～255

牌　号	最终热处理				应用举例
	淬火温度/℃	淬火硬度/HRC	回火温度/℃	回火硬度/HRC	
Cr12	980 油	62～65	180～220	60～62	冷冲模冲头、冷切剪刀(硬薄的金属)、钻套、量规、拉丝模等
	1080	45～50	500～520(三次)	59～60	
Cr12MoV	1030 油	62～63	160～180	61～62	冷切剪刀、圆锯、切边模、滚边模、量规、拉丝模、螺纹滚模等
	1120 油	41～50	570(三次)	60～61	

2. 热模具钢

热模具有各种热锻模、热挤压模和压铸模等之分。模具和热金属接触时，其温度可达 300～400℃。由于经常承受冲击载荷的作用，应具有较高的强度和足够的韧性。而模腔和模具表面经常受摩擦，因此要有足够的硬度和耐磨性。且由于它是在反复受热和受冷条件下工作，所以要求有较高的抗热疲劳性。因为这种模具尺寸较大，还应具有高的淬透性、好的导热性和较小的变形。

常用热模具钢有 5CrNiMo、5CrMnMo 和 3Cr2W8V 等。

(1) 化学成分

C　其质量分数一般在 0.3%～0.6%范围内，保证有足够的强度、硬度和韧性。含碳量过低，则硬度和耐磨性不够；含碳量过高，则塑性和韧性下降。

合金元素　Cr、Ni、Mn 等元素主要是提高钢的淬透性和强化 F，以提高强度。Mo、W、V 等元素使钢产生二次硬化，以提高钢的热硬性、细化晶粒和消除或减少高温回火脆性。同时 Cr、W、Mo 等元素还可通过提高共析温度，使模具在反复受热和受冷过程中不发生相变，例如，A→M 的转变，以提高抗热疲劳的能力。

常用热模具钢的成分、热处理、性能和用途如表 6-21 所示。

表 6-21 常用热模具钢的成分、热处理、性能和用途(摘自 GB 1299—2000)

牌号	主要化学成分的质量分数/%						
	C	Cr	Ni	Mn	Mo	W	V
5CrNiMo	0.50～0.60	0.50～0.80	1.40～1.80	0.50～0.80	0.15～0.30		
5CrMnMo	0.50～0.60	0.60～0.90		1.20～1.60	0.15～0.30		
3Cr2W8V	0.30～0.40	2.20～2.70		0.20～0.40		7.50～9.00	0.20～0.50

牌号	淬火		回火		应用
	温度/℃	硬度/HRC	温度/℃	硬度	
5CrNiMo	830～860	≥47	530～550	364～402HB	大型热锻模
5CrMnMo	820～850	≤50	560～580	324～364HB	中型热锻模
3Cr2W8V	1075～1125	>50	560～580(三次)	44～46HRC	高应力压模、铆钉热压模、压铸模等

(2) 热模具钢的热处理 退火+淬火+高温回火。

退火 加热至780～800℃(Ac_3 以上),保温4～5h后炉冷,目的是消除锻造应力,降低硬度至197～241HB,改善切削加工性,并为随后的热处理作组织准备。

淬火+高温回火 它们的具体淬火和回火温度随不同钢号而异,主要是保证获得良好的综合机械性能,以满足使用要求。

组织和性能 组织为 $S_{回}$ 或 $T_{回}$,性能达到35～45HRC。

选择热模具材料的原则 中小尺寸(截面尺寸≤300mm)模具,一般选用5CrMnMo;大尺寸(截面尺寸>400mm)模具,选用5CrNiMo;而压铸模则通常选用3Cr2W8V。

在生产工艺过程中热模具钢要反复进行锻造,使它在成形的同时又能促进碳化物分布均匀,以提高和改善模具的性能。

6.3.3 量具钢

量具钢是用于制造各种测量工具的钢材,例如千分尺、块规、塞规和样板等。要求有高的尺寸稳定性、高的硬度和耐磨性以及足够的韧性。

常用量具钢主要有Cr2、GCr15、CrWMn等。这些钢可做形状复杂、精度要求高的量具,如量规等。钢中加入质量分数为0.9%～1.5%的碳是为保证硬度、变形和增加尺寸稳定性。加入Cr、W、Mn等元素是为增加淬透性、减少热处理变形和增加尺寸稳定性。Cr、W等元素还可形成碳化物,以保证钢的耐磨性。

用合金钢制造的精密量具的热处理工艺比较复杂,一般常采用以下几种。

淬火 淬火时采用较低的淬火温度,即下限的温度,以减少应力和 $A_{残}$ 量。淬火介质的温度不能过高,一般为室温。

冷处理 高精度量具在淬火后必须经-70℃、0.5～3h的冷处理,使 $A_{残}$ 转变为M。

回火 冷处理后再进行低温(150～160℃)及长时间(3～6h)的回火,以减小应力,并获得 $M_{回}$,以保证高硬度和耐磨性。

时效处理 为保证量具在长期使用过程中尺寸不发生变化,使量具尺寸进一步稳定,在精磨后或研磨前要进行时效处理,以消除内应力,一般在120～150℃经过24～26h的处理,使量具有很高的尺寸稳定性。

组织和性能　组织为 $M_{回}$ ＋碳化物，性能为 62～65HRC。

6.4 特殊性能钢

在现代工业使用的机器结构和零部件中，有时是在一定温度（高温或低温）和介质（酸、碱、盐）的条件下工作，其中有些零件需要选用具有特殊的化学性能和物理性能的钢来制造，如不锈钢、耐热钢和耐磨钢等。这类钢的成分、结构、组织和热处理都与一般的钢有明显的不同，现介绍如下。

6.4.1 不锈钢

凡是在自然环境和介质中具有化学稳定性、不被腐蚀的钢均被称为不锈钢。金属腐蚀是零件失效的重要原因之一，它不仅消耗大量金属材料，同时也缩短了机器零件的使用寿命，因此提高金属的抗腐蚀性能具有重要的意义。

1. 金属腐蚀的概念

金属腐蚀按其性质可分为两类：一类是金属在介质的作用下，于其表面上发生纯化学反应的腐蚀称为化学腐蚀，如金属在高温氧化气氛中的氧化腐蚀；另一类是金属在介质的作用下，于其表面有微电流产生的电化学反应的腐蚀称为电化学腐蚀，如在大气、海水及酸、碱、盐类溶液中所产生的腐蚀。

金属腐蚀绝大多数是电化学腐蚀，它的腐蚀速度快，危害大。其特点是在腐蚀的化学反应过程中有电流产生，电流的产生及其作用是金属电化学腐蚀的根本原因。在金属的表面上若没有微电流，就没有电化学腐蚀。

电化学腐蚀是金属在电解质溶液中，由于溶液中离子的作用，使金属表面上离子脱离金属晶体而进入溶液中，同时在金属表面留下等电量的电子，其结果是金属呈负电，而溶液呈正电，并在二者的界面上产生电位差。电位差的大小可用电极电位表示。不同金属的原子活泼性不同，电极电位也不同。电极电位越高，则金属越不易离解，即不易被腐蚀。

当两种电极电位不同的金属，同时放入电解质溶液中，并用导线连接时，电子将通过导线由电位低的金属流向电位高的金属，结果低电位金属作为阳极，不断溶解，被腐蚀，高电位金属作为阴极，则不被腐蚀。例如，Cu、Zn 两种金属在 H_2SO_4 溶液中形成原电池（或微电池）时，锌的电极电位低成为阳极而被腐蚀。电化学腐蚀过程如图 6-18(a)所示。

对于同一种金属或合金具有不同相的电极电位时，在电解液中它们之间也将会形成许多微电池，产生电化学腐蚀。例如，钢中的 P，是由 F 和 Fe_3C 组成，F 的电极电位比 Fe_3C 低，结果在电解液中 F 作为阳极而被腐蚀，而 Fe_3C 不被腐蚀。在钢中 Fe_3C 分布越弥散，形成的微电池越多，腐蚀的作用就越大。珠光体组织的电化学腐蚀示意图如图 6-18(b)所示。

2. 提高钢耐蚀性的方法

(1) 尽量使钢的组织呈单相　如 M、F 和 A 等。在钢中加入质量分数大于 17％的 Cr，使钢在室温下呈 F 组织。钢中加入质量分数大于 9％的 Ni，使钢在室温下呈 A 组织。使钢

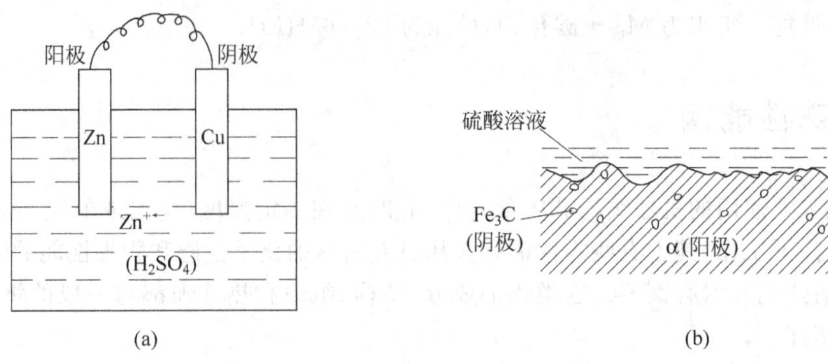

图 6-18 电化学腐蚀过程示意图

(a) Zn-Cu 原电池原理图；(b) 珠光体组织电化学腐蚀示意图

呈单相组织，能尽量减少形成微电池的条件，从而提高钢的耐蚀性。

(2) 形成钝化薄膜　合金元素加入后在钢的表面形成一层致密而结合牢固的钝化薄膜，使钢与周围介质隔离，从而防止进一步腐蚀。例如，在钢中加入 Cr、Al 等元素，在钢的表面形成 Cr_2O_3 和 Al_2O_3 的氧化薄膜，使钢钝化，提高了钢的抗腐蚀性能。

(3) 提高电极电位　加入合金元素使钢基本相的电极电位提高。例如，在 Fe 中加入质量分数大于 13% 的 Cr，使 Fe 的电极电位由 −0.56V 升高至 0.2V，因此抗腐蚀性能提高，如图 6-19 所示。

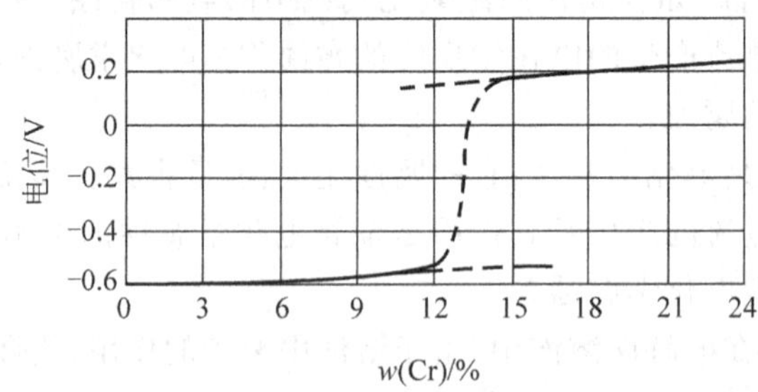

图 6-19 铁铬合金的电极电位(大气条件)

从以上所述可看出，为防止金属腐蚀，必须使金属和合金的组织成为单相，使金属和合金基体的电极电位提高，以及使金属和合金的表面形成致密的保护层等。以上这些都可用加入合金元素的方法解决。

此外，还应在钢的表面采用防护措施，使钢与介质隔开，如涂漆、电镀和渗铬等。加入 Ti、Nb 等可减轻晶间腐蚀；加入 Mo、Cu 等可提高抗非氧化性酸的能力。

3. 不锈钢的分类

不锈钢有两种分类方法：一种是按合金元素分为 Cr 不锈钢、CrNi 不锈钢等；另一种是按组织分为 M 不锈钢、F 不锈钢、A 不锈钢、A-F 不锈钢和沉淀硬化不锈钢。生产上常用组织的分类方法。

(1) M 不锈钢　常用钢号有 20Cr13(2Cr13)、30Cr13(3Cr13)和 40Cr13(4Cr13)等。它们的含碳量在 0.1%～0.4%之间，其含铬量在 12%～14%范围内。这类钢的淬透性很好，在空冷时可得到 M 组织，因此称为 M 不锈钢。Cr 是提高耐蚀性的主要元素，其原因，一是溶入基体提高电极电位，使耐蚀性增加，即使是有条件形成微电池，基体金属也能成为阴极而受到保护；另一是溶入基体后能使钢的表面形成一层致密的 Cr_2O_3 薄膜，使钢与介质隔开，保护钢不被腐蚀。基体中含铬量越多，其电极电位越高，含铬量大于13%的耐蚀性增加显著。钢中的含碳量取决于对性能的要求，含碳量多，钢中强度和硬度高，而耐蚀性差。因含碳量多，碳化物也多，固溶体含铬量就少，电极电位就低，同时形成微电池也就越多，所以耐蚀性就越差。

Cr13型不锈钢具有足够的耐蚀性。但因为铬单一的合金化，所以只有在氧化性介质(如在大气、水蒸气和氧化性酸等)中有较好的耐蚀性，而在非氧化性介质(如硫酸、盐酸和碱溶液等)中不能很好地形成钝化薄膜，因此耐蚀性很低。

由于钢中加入了大量的铬元素，使共析点 S 的位置大大左移，结果使共析点成分由含碳量0.8%变为含碳量0.3%左右。因此一般把20Cr13当作亚共析钢，作为结构钢使用；而把30Cr13、40Cr13当作共析钢和过共析钢，作为工具钢使用。

20Cr13(2Cr13)钢的热处理一般进行调质处理，它在1000～1050℃加热后油冷(或水冷)，之后再于700～790℃回火，得到 $S_{回}$ 组织。其性能 δ_b 可达600MPa以上，常用于制作汽轮机叶片、水压机阀、蒸汽管附件和非切削用的医疗工具等。

30Cr13和40Cr13钢的热处理采用1050℃加热，油冷后，再在200～300℃回火得到 $M_{回}$，具有较高的强度和硬度，硬度达50HRC。常用于防锈的医疗器械、医用切削刀具和热油泵轴等。

常用不锈钢牌号和化学成分、特性及用途列于表6-22。

(2) F不锈钢　常用钢号有022Cr12(00Cr12)、10Cr17(1Cr17)、10Cr17Mo(1Cr17Mo)等。含C量低，$w(C)\leqslant 0.12\%$，含Cr量增高，一般 $w(Cr)=12\%\sim 20\%$。由于Cr元素是缩小 γ 区元素，它在室温下为单相F组织，因此称为F不锈钢。加热至900～1100℃基本上仍为铁素体组织。这种钢由于加热和冷却时不发生 $\alpha\rightleftharpoons\gamma$ 相变，所以不能用淬火强化，一般是在退火或正火状态下使用，主要用于要求有较好的耐蚀性，但对强度要求不高的部件。如化工设备中的容器、管道，生产硝酸、氮肥、磷酸等的结构和机器零件。

加入Ti、Mo能细化晶粒，改善钢的韧性和焊接性能。

(3) A不锈钢　常用钢号有12Cr18Ni9(1Cr18Ni9)、06Cr18Ni10Ti(0Cr18Ni10Ti)等。这类钢最典型的钢种是含18%Cr和9%Ni的铬镍不锈钢，通常称为18-8型不锈钢。由于加入大量Ni和Cr元素，使钢得到单相A组织，并在钢的表面形成致密的钝化薄膜，使钢的耐蚀性进一步提高。它比铬不锈钢具有更高的化学稳定性，是目前应用最多的一类不锈钢。A不锈钢约占不锈钢总产量的2/3。

A不锈钢含碳量很低，一般在0.1%左右。有的更低，例如超低碳的不锈钢06Cr18Ni10(0Cr18Ni9)和022Cr19Ni10(00Cr18Ni10)，它们的含碳量分别小于等于0.07%和0.03%。含碳量高易形成 $Cr_{23}C_6$ 和 $(CrFe)_{23}C_6$，结果不但降低了A含铬量，而且使钢出现了两相，降低了耐蚀性。

固溶处理是A不锈钢常用的方法。18-8型不锈钢在一般情况下是处于A和碳化物的两相状态，使耐蚀性受影响。通常将钢加热到1050～1150℃，然后迅速水冷。其目的是使所有碳化物溶于A，并保留到室温，以获得过饱和单相A组织，可使钢的耐蚀性得到很大改善。固溶处理使强化相完全消失，对位错移动的阻力减小，不仅没有强化，反而有所软化。钢的冷、热加工性和焊接性都很好，所以A不锈钢经固溶处理后即可使用。

表 6-22 不锈钢的牌号、化学成分、特性和用途(摘自 GB/T 1220—2007)

类型	牌号	主要化学成分的质量分数/%						特性及用途
		C	Si	Mn	Ni	Cr	其他	
奥氏体型	12Cr18Ni9 (1Cr18Ni9)	≤0.15	≤1.00	≤2.00	8.00～10.00	17.00～19.00	—	经冷加工有高的强度。用于建筑用装饰部件；也可用无磁部件，低温装置的部件。
	06Cr19Ni10 (0Cr18Ni9)	≤0.07	≤1.00	≤2.00	8.00～11.00	17.00～19.00	—	作为不锈耐热钢使用最广泛，食品用设备、一般化工设备、原子能工业用设备
	022Cr19Ni10 (00Cr19Ni10)	≤0.03	≤1.00	≤2.00	8.00～12.00	18.00～20.00	—	耐晶间腐蚀性能优越，一般焊接后不进行热处理
奥氏体铁素体型	14Cr18Ni11Si4AlTi (1Cr18Ni11Si4AlTi)	0.10～0.18	3.40～4.00	0.80	10.00～12.00	17.50～19.50	Al 0.10～0.30 Ti 0.40～0.70	制作抗高温浓硝酸介质的零件和设备
铁素体型	10Cr17 (1Cr17)	≤0.12	≤1.00	≤1.00	①	16.00～18.00	—	耐蚀性良好的通用钢种，宜作建筑内装饰用、重油燃烧器部件、家庭用具、家用电器部件
马氏体型	12Cr13 (1Cr13)	0.08～0.15	≤1.00	≤1.00	①	11.50～13.00	—	具有良好的耐蚀性和机械加工性；一般用途，刀具类
	40Cr13 (4Cr13)	0.36～0.45	≤0.60	≤0.80	①	12.00～14.00	—	作较高硬度及高耐磨性的热油泵轴、阀片、阀门轴承、医疗器械、弹簧等零件
	102Cr17Mo (9Cr18Mo)	0.95～1.10	≤0.80	≤0.80	①	16.00～18.00	Mo 0.40～0.70	轴承套圈及滚动体用的高碳铬不锈钢
沉淀硬化型	07Cr17Ni7Al (0Cr17Ni7Al)	≤0.09	≤1.00	≤1.00	6.60～7.75	16.00～18.00	Al 0.75～1.50	添加铝的沉淀硬化型钢种，用作弹簧、垫圈等部件

注：① 允许 $w(Ni) \leqslant 0.60\%$。

A 不锈钢还有一定的耐热性，可在 500～700℃温度范围内工作。但易产生晶间腐蚀，即在晶界析出 $Cr_{23}C_6$ 或 $(Cr\ Fe)_{23}C_6$，使晶界及其附近的含 Cr 量降低，电极电位降低，耐蚀性下降，结果使腐蚀沿晶界的贫铬区发生并形成晶间腐蚀。为防止晶间腐蚀的发生，通常采用降低含碳量，如前述的 $w(C)\leqslant 0.07\%$ 和 $w(C)\leqslant 0.03\%$ 等，使碳化物减少，并降低了晶间腐蚀的倾向。另外，还可在钢中加入 Ti 和 Nb 等强碳化物元素，它们与 C 的亲和力比 Cr 与 C 的亲和力大。使 C 优先与 Ti、Nb 形成 TiC 和 NbC，而不易形成 $Cr_{23}C_6$，即不因晶界贫 Cr 产生晶间腐蚀，提高了耐腐蚀性能。A 不锈钢比 M 不锈钢耐蚀性高，它不仅能抵抗大气、海水和蒸汽的腐蚀，而且还可抵抗硝酸、硫酸和盐酸的腐蚀。它还有良好的耐热性、焊接性和冷热加工性等。

A 不锈钢主要用于制造在各种腐蚀介质中使用的酸槽、管道和容器等。

(4) A-F 不锈钢　这类钢是在 18-8 型 A 不锈钢基础上调整 Cr、Ni 的含量，并加入适量的 Mn、Mo、W、Cu 和 N 等形成的双相不锈钢，兼有 A 不锈钢和 F 不锈钢的特性。经热处理后可有 60%F 的双相组织。它具有较好的耐蚀性，还有较高的抗应力腐蚀能力，抗晶间腐蚀能力及良好的焊接性能。适于制作硝酸工业与尿素、尼龙生产的设备及零件。常用的双相不锈钢有 14Cr18Ni11Si4AlTi(1Cr18Ni11Si4AlTi)和 022Cr19Ni5Mo3Si2(00Cr18Ni5Mo3Si2)等。

(5) 沉淀硬化型不锈钢　A 不锈钢虽然可通过冷变形予以强化，但对于大截面的零件，特别是形状复杂的零件，由于各处变形程度不同，因此各处强化程度不可能相同，为了解决这个问题，发展了沉淀硬化型不锈钢。这类钢是在 18-8 型 A 不锈钢基础上降低了 Ni 的含量，并加入适量的 Cu、Nb、Al 等元素，以便在热处理过程中析出金属间化合物，实现沉淀硬化。例如 07Cr17Ni7Al (0Cr17Ni7Al)经 1060℃加热后空冷（即固溶处理）获得单相 A，其硬度低(85HBS)，易于冷轧、冲压成形和焊接，然后再加热至 750～760℃空冷获得 A-M 双相组织，最后在 560～570℃进行时效（或称沉淀）硬化处理，以析出 Ni_3Al 等金属间化合物，使其硬度增至 43HRC。这类钢主要用作高强度、高硬度而又耐腐蚀的化工机械设备、零件以及航天用设备、零件等。常用的沉淀硬化型不锈钢有 07Cr17Ni7Al(0Cr17Ni17Al)和 05Cr17Ni4Cu4Nb(0Cr17Ni4Cu4Nb)。

不锈钢的种类，根据国家标准(GB 1220—2007)规定，有 A 不锈钢和 M 不锈钢等共计 139 种。

实际生产中不锈钢在大气、海水、碱、食盐和硝酸溶液中都能抗腐蚀。不锈钢的抗腐蚀能力，除化学成分外，还与介质的种类、浓度、温度和压力等条件有关。因此决定不锈钢的使用时要全面考虑。例如，Cr13 型不锈钢能抵抗室温下任何浓度硝酸的腐蚀，但在沸腾温度时这种钢就不耐腐蚀；同时铬不锈钢不能抵抗盐酸和硫酸的腐蚀；而铬镍不锈钢不能抵抗盐酸，但能抵抗硫酸的腐蚀。到目前为止，还没有一种不锈钢能抵抗所有介质的腐蚀。

6.4.2 耐热钢

在高温的介质中能保持足够的强度和抗氧化性能的钢称为耐热钢。它主要用于汽轮机、动力机械、锅炉、石油化工和航空等工业部门。

1. 对钢的耐热性要求

对钢的耐热性要求是在高温下具有抗氧化的性能和高温强度等。

(1) 高温抗氧化性　钢材在高温下受腐蚀而被氧化，在其表面生成的氧化物薄膜是由铁离子和氧离子相互作用产生的，一般称为氧化薄膜。

铁和氧能生成一系列的氧化物。在570℃以下的氧化物有 Fe_2O_3 和 Fe_3O_4。在570℃以上生成的氧化物，由表向里的分布是 Fe_2O_3、Fe_3O_4 和 FeO 等。其中 FeO 约占氧化物总厚度的90%左右，它的结构为立方晶格，缺陷较多，不致密，使氧离子和铁离子容易通过，使它们的扩散容易。因为氧离子比铁离子更易扩散，致使 FeO 层内有过剩的氧，结果在 FeO 层晶格中出现阳离子结点的空位，它的存在使铁离子扩散加快，即氧化过程加剧。

为提高钢在高温下的抗氧化能力，可向钢内加入合金元素，在提高 FeO 的形成温度的同时，还可在钢的表面上生成结构复杂的氧化薄膜。向钢内加入 Cr、Al 和 Si 等元素即可达到此目的。它们容易生成稳定的氧化物薄膜，即高温时在钢的表面上形成 Cr_2O_3、Al_2O_3 和 SiO_2 等。它们几乎没有晶格缺陷，使离子扩散困难，阻止了铁离子从内部向外扩散，防止了氧化。特别是加入铬，它在大多数腐蚀介质中使钢的表面生成一层坚固的不含铁的氧化薄膜，该薄膜有较好的致密性和附着性，因而能阻止钢在高温下被继续氧化腐蚀。例如往钢中加入15%Cr，其抗氧化温度可达900℃，加入20%～25%Cr 时其抗氧化温度可达1100℃。

(2) 高温强度　一般情况下，钢的强度极限是在室温下由拉伸实验测得的。但在高温条件下由于钢的回复和再结晶而引起软化，使它的强度产生变化，其规律是温度越高，强度越低。因此在高温条件下长期工作的零件不能用室温下的强度极限作为依据。

高温强度常用蠕变极限和持久强度来表示。在高温下钢即使受一个远远小于屈服强度的应力，经过长时间的作用也可能产生塑性变形，这种现象称为蠕变。它产生的条件是零件工作温度高于其再结晶温度或工作应力超过钢在该温度时的弹性极限。蠕变是钢在高温时在应力的作用下逐渐产生的现象。高温下工作的零件有时不允许产生过大的蠕变变形，必须严格控制其在使用期间内的变形量，这对尺寸精度要求高的零件尤为重要。例如，汽轮机叶片，由于蠕变而使叶片末端与汽缸之间的间隙逐渐消失，最终会导致叶片和汽缸破坏，造成重大事故。蠕变极限是用钢在某一温度下经过一定时间后，使其残余变形量在达到一定数值时的应力值，例如，$\sigma_{1/1000}^{700}$ 表示钢在700℃经过1000h 时产生1%残余变形量的应力值。$\sigma_{1/1000}^{700}$ 值即为一个蠕变极限值。

对于在使用时不考虑变形量大小或变形要求，只要求在一定应力下具有一定使用寿命的零部件，例如，锅炉钢管，即使受一个远远小于室温强度极限的应力，由于长时间的作用也会使钢拉断。而且温度越高，时间越长，拉断所需应力值越小。可见高温下钢的强度决定于温度、时间和应力这三个因素。钢在高温下，常用持久强度来表示。持久强度是钢在某一温度下，经过一定时间后引起断裂的应力值。例如，$\sigma_{10^4}^{500}$ 值表示试样在500℃下经过10 000h 发生断裂的应力值。钢的持久强度是温度和时间的函数。

从以上分析看出，金属材料在高温下的性能主要决定于应力的大小、温度的高低和应力作用时间的长短，因此金属材料在高温下使用时要同时考虑上述三个因素。

对于同一金属材料而言，蠕变极限和持久强度不是一个固定值，它取决于工作温度、工作时间和允许变形量。显然，工作温度越高，允许变形量越小，则蠕变极限越低。同样，温度越高，时间越长，则持久强度也越低。

总之，可以认为蠕变极限是钢在高温下抵抗塑性变形的能力，而持久强度是钢抵抗断裂的能力，作为耐热钢应具有较高的蠕变极限和持久强度。

2. 耐热钢的分类

根据使用温度的不同，常用耐热钢有以下几种。

常用耐热钢的牌号、成分、特性和用途列于表6-23。

表 6-23 耐热钢牌号、化学成分、特性和用途(摘自 GB/T 1221—2007)

类型	序号	牌号	主要化学成分的质量分数 w/%						特征及用途
			C	Si	Mn	Ni	Cr	其他	
奥氏体型	1	53Cr21Mn9Ni14N (5Cr21Mn9Ni4N)	0.48～0.58	≤0.35	8.00～10.00	3.25～4.50	20.00～22.00	N:0.35～0.50	以经受高温为主的汽油及柴油机用排气阀
	3	16Cr23Ni13 (2Cr23Ni13)	≤0.20	≤1.00	≤2.00	12.00～15.00	22.00～24.00	—	承受 980℃以下反复加热的抗氧化钢,加热炉部件、重油燃烧器
	7	06Cr18Ni10 (0Cr18Ni9)	≤0.08	≤1.00	≤2.00	8.00～11.00	18.00～20.00	—	通用耐氧化钢,可承受 980℃以下反复加热
	11	45Cr14Ni14W2Mo (4Cr14Ni14W2Mo)	0.40～0.50	≤0.80	≤0.70	13.00～15.00	13.00～15.00	Mo:0.25～0.40 W:2.00～2.75	有较高的热强度,用于内燃机重负荷排气阀
	17	06Cr18Ni11Nb (0Cr18Ni11Nb)	≤0.08	≤1.00	≤2.00	9.00～11.00	17.00～19.00	Nb10×w(C)	用作在 400～900℃腐蚀条件下使用的部件,高温用焊接结构件
铁素体型	22	06Cr13Al (0Cr13Al)	≤0.08	≤1.00	≤1.00		11.50～14.50	Al:0.10～0.30	用于冷却硬化少,作燃气透平压缩机叶片、退火箱、淬火台架
	24	10Cr17 (1Cr17)	≤0.12	≤1.00	≤1.00		16.00～18.00	—	作 900℃以下耐氧化部件、散热器、炉用部件、油喷嘴
马氏体型	26	42Cr9Si2 (4Cr9Si2)	0.35～0.50	2.00～3.00	≤0.70	≤0.60	8.00～10.00	—	有较高的热强性,用作内燃机进气阀、轻负荷发动机的排气阀
	30	12Cr12Mo (1Cr12Mo)	0.10～0.15	≤0.50	0.30～0.50	0.30～0.60	11.00～13.00	Mo:0.30～0.60 Cu 0.30	作汽轮机叶片
	34	12Cr13(1Cr13)	0.8～0.15	≤1.00	≤1.00	≤0.60	10.50～13.50		用作 800℃以下耐氧化部件
	35	13Cr13Mo (1Cr13Mo)	0.08～0.18	≤0.60	≤1.00	≤0.60	11.50～14.00		用作汽轮机叶片、高温、高压蒸汽用机械部件
	36	12Cr13(2Cr13)	0.16～0.25	≤1.00	≤1.00	≤0.60	12.00～14.00	—	淬火硬度高,耐蚀性良好,用作汽轮机叶片
沉淀硬化型	39	05Cr17Ni4Cu4Nb (0Cr17Ni4Cu4Nb)	≤0.07	≤1.00	≤1.00	3.00～5.00	15.50～17.50	Cu:3.00～5.00 Nb:0.15～0.45	用作燃气透平压缩机叶片、燃气透平发动机绝热材料
	40	07Cr17Ni7Al (0Cr17Ni7Al)	≤0.09	≤1.00	≤1.00	6.50～7.50	16.00～18.00	Al:0.75～1.50	用作高温弹簧、波纹管

(1) 马氏体耐热钢　其工作温度在550～580℃范围内,主要牌号有12Cr13(1Cr13)、14Cr17MoV(1Cr11MoV)、15Cr12WMoV(1Cr12WMoV)等。一般采用淬火(1000～1100℃空冷或油冷)和高温回火(650～800℃空冷或油冷)后获得回火索氏体状态使用。这类钢由于淬透性好,通过空冷就能得到马氏体,故称马氏体耐热钢。它们是以12Cr13(1Cr13)为主,并在此基础上加入Mo、V、W等元素,以提高其抗蠕变的能力,主要是在提高抗氧化的同时,强化F基体,使碳化物稳定,并提高耐热性,使其具有良好的消振性能。这类钢最适于制造汽轮机叶片,低压燃汽轮机叶片等,故也称叶片钢。

(2) 奥氏体耐热钢　其工作温度在650～750℃范围内,主要牌号有45Cr14Ni14W2Mo(4Cr14Ni14W2Mo)等。耐热性能高于马氏体耐热钢,冷变形能力和焊接性能都很好。Cr是提高抗氧化性的主要元素,同时提高强度。Ni使钢形成稳定奥氏体,与Cr同时加入效果更好。Ti、Mo、W是通过形成弥散碳化物提高钢的高温强度。奥氏体耐热钢的热处理一般为固溶处理或固溶处理和时效处理,获得单相奥氏体或奥氏体和弥散碳化物以及金属间化合物。组织稳定,通过强化相的析出,使钢的强度进一步提高。这类钢主要用于高压锅炉的过热器、石油化学工业的高温反应装置,喷气发动机的尾喷嘴、排气管、燃烧室的零件和导向叶片等。

耐热钢的种类,根据国家标准(GB/T 1221—2007)规定,有A耐热钢、M耐热钢、F耐热钢和沉淀硬化耐热钢等共计143种。

6.4.3 耐磨钢

耐磨性能是零件在工作条件下抵抗磨损的能力。为了提高耐磨性,通常是增加钢中马氏体含碳的过饱和度和钢中碳化物的含量或采用其他办法。例如,工具钢中要求具有$M_{回}$和高度分散的碳化物。还有的利用渗碳、渗氮等提高其耐磨性,而常用的高锰钢是利用其低硬度、塑性变形产生强烈加工硬化的敏感性,从而提高硬度和耐磨性。

高锰钢ZGMn13(w(C)=1.0%～1.3%,w(Mn)=11%～14%)　这种钢的机械加工困难,常用铸造成形。由于钢中有大量Mn元素,所以在室温时即为A组织,故称为A钢。其性能是210HB、δ=80%和ψ=50%,这种钢的塑性较好,容易变形,它的最大特点是易产生加工硬化。经变形后,其硬度由210HB急速升至450～550HB,从而使钢具有很高的耐磨性。它是在经受很高的压力冲击条件下进行摩擦而产生强化(加工硬化)才获得很高的耐磨性。如果没有压力冲击或压力冲击很小,它的耐磨性特点表现不出来,即在无压力且不受摩擦时Mn13钢不耐磨,而普通钢没有这个特点。由此可看出,高锰钢是在冷变形的基础上才表现出很高的耐磨性,即高锰钢必须选择正确的使用条件,要有很大的冲击压力,并进行摩擦时才能发挥高耐磨性。

ZGMn13钢的热处理及其组织

水韧处理　高锰钢一般在1290～1350℃下浇注,在随后的冷却过程中,沿"A"晶界有碳化物析出,使钢产生很大的脆性,不能直接使用。为此必须把高锰钢加热到不低于1040℃保温一定时间后水冷,使碳化物全部溶入"A",由于快冷,使碳化物来不及从"A"晶界析出,因而可获得均匀单一的"A"组织,它塑性好。当它受到强烈冲击或较大压力摩擦作用时,表面"A"将迅速产生加工硬化,并获得高的耐磨性,而心部性能仍保持原状。

高锰钢的这种表面硬化特性的优越性,就是随着零件在工作中不断磨损,又可不断硬化，直到零件磨损报废。

用铸造方法制造零件时，还会出现另一个缺点，就是有产生柱状晶的倾向，致使零件的性能具有方向性。这可用热处理方法消除，在550～560℃回火24h后，使“A”转变为“P”，呈“S”组织状态，然后再重新加热(1060～1100℃)保温后水冷，又可得到单一的“A”组织，柱状晶被消除。

在实际生产中，若ZGMn13必须进行加工，可采用高温回火使之得到“S”组织，从而改善切削加工性，加工后再经加热、保温和水冷，得到单一“A”组织。

ZGMn13钢是由于形变强化提高耐磨性，因此在受纯磨损不变形和要求尺寸精确时不能用，只有在经过正确热处理和正确选择使用条件时才能使用。它主要用于拖拉机和坦克的履带板、矿石破碎机的颚板、挖掘机铲斗的刃部和铁路道岔等。

表6-24为耐磨钢的牌号、化学成分、力学性能和用途。

表6-24 高锰钢的牌号、化学成分、力学性能和用途(摘自GB/T 5680—1998)

牌号	化学成分 w/%						力学性能①(不小于)					用途举例
	C	Mn	Si	S ≤	P ≤	其他	σ_s/MPa	σ_b/MPa	δ_5/%	α_{KU}/J/cm²	硬度/HBS (≤)	
ZGMn13-1	1.00～1.45	11.00～14.00	0.30～1.00	0.040	0.090	—	—	635	20	—	—	适于铸造形状简单的低冲击耐磨件，如破碎壁、辊套、齿板、衬板、铲齿等
ZGMn13-2	0.90～1.35	11.00～14.00	0.30～1.00	0.040	0.070	—	—	685	25	147	300	
ZGMn13-3	0.95～1.35	11.00～14.00	0.30～0.80	0.035	0.070	—	—	735	30	147	300	用于结构复杂并以韧性为主的承受强烈冲击载荷的零件，如斗前壁、提梁和履带板等
ZGMn13-4	0.90～1.30	11.00～14.00	0.30～0.80	0.040	0.070	Cr：1.50～2.50	390	735	20	—	300	
ZGMn13-5	0.75～1.30	11.00～14.00	0.30～1.00	0.040	0.070	Mo：0.90～1.20						特殊耐磨件，如自固型无螺栓磨煤机衬板等

注：① 力学性能为经水韧处理后试样的数值。

习题

1. 为什么往钢中加入合金元素？加入后改变了什么，使钢能满足工业生产的更高要求？

2. 解释下列名词：

回火稳定性、回火脆性、二次硬化、二次淬火、热硬性、喷丸处理、固溶处理、蠕变、蠕变极限、持久强度、水韧处理。

3. 为什么比较重要的大截面的结构零件，如重型运输机械、矿山机器的轴类和大型发电机转子等都必须用合金钢制造？与碳钢相比，合金钢有何优点？

4. 合金元素对钢中基本相有哪些主要影响？

5. 解释下列现象：

(1) 大多数合金钢的热处理加热温度比相同含碳量的碳钢高。

(2) 回火稳定性比相同含碳量的碳钢好。

(3) 高速钢在热锻后空冷获得马氏体。

(4) 含碳量为0.4%、含铬量为12%的铬钢属于过共析钢，而含碳量为1.5%、含铬量为12%的铬钢属于莱氏体钢。

6. 简述合金元素对钢在热处理加热时A长大的影响，并指出哪些合金元素对细化晶粒是最有效的？

7. 说明在合金钢中出现“二次硬化”和“二次淬火”现象的原因，在哪些钢中容易出现这些现象？

8. 为什么在低合金结构钢中少不了锰元素？它在这种钢中产生哪些好的作用？

9. 试比较合金渗碳钢、合金调质钢、合金弹簧钢、滚动轴承钢的成分特点、常用钢号、热处理、组织、性能和应用范围。

10. 为什么常用弹簧钢在淬火后一般要进行中温回火？常选在什么温度范围内回火？回火后的硬度大约是多少？弹簧的表面质量对使用寿命有何影响？

11. 为什么滚动轴承钢的碳量均为高碳？滚动轴承钢中常含有哪些合金元素？它们都起什么作用？为什么钢中含铬量被限制在一定范围内？

12. 试分析比较T9和9SiCr钢：

(1) 为什么9SiCr钢热处理淬火加热温度比T9高？

(2) 为什么T9钢制造的刀具刃部受热至200～230℃时其硬度和耐磨性已迅速下降，以致失效；而9SiCr钢刀具的刃部在230～250℃条件下却能正常工作，其硬度仍不低于60HRC，且耐磨性良好？

(3) 为什么截面较厚或截面较薄、形状较复杂的刀具选用9SiCr钢，而不选用T9钢？

13. W18Cr4V钢为什么选用1270～1280℃淬火？而且又要在560℃进行3次回火？它具有好的热硬性的原因是什么？

14. 指出下列合金钢的种类、用途和热处理特点：20CrMnTi、40CrNiMo、55Si2Mn、CrWMn、Cr12MoV、5CrNiMo。

15. 常见的不锈钢有哪几种？其用途如何？为什么不锈钢中含铬量都超过12%？不锈钢是否在任何介质中都不生锈？下列用品常用何种不锈钢制造？

①外科手术刀；②汽轮机叶片；③硝酸槽。

16. 在高温下要求钢具有哪些性能？常加入的合金元素有哪些？它们分别起着什么主要作用？

17. 高锰钢用铸造方法成形时常有哪些不足，用何种方法解决？它的切削加工性不好，需要用什么方法解决？

18. 在切削加工用硬切削材料的新标准中都有哪些类别？其牌号、代号和应用范围是怎样规定的？

第7章

铸　铁

在一般情况下，铸铁的抗拉强度低，塑性和韧性差。但由于铸铁的生产成本低，所用设备和工艺简单，容易实现，而且有优良的铸造性能、良好的切削加工性、减振性、耐磨性和低的缺口敏感性等，因此广泛用于现代工业生产中。按质量百分数计算，机床中铸铁用量约占60%～90%，汽车、拖拉机中约占50%～70%，可见铸铁在普通机械工业中应用的重要性。

铸铁中铁和碳是主要元素，碳在铸铁中常以两种形式存在：一种是化合状态的渗碳体，它主要是形成白口铸铁，但这种铸铁用量较少；另一种是游离状态的石墨(常用G表示)，在Fe-C合金中由于石墨形态的不同而产生了各种铸铁，它们的用量多，在这类铸铁中碳原子的析出和石墨的形成是其共同特点。

7.1　铸铁的石墨化和分类

铸铁中碳原子的析出，并形成石墨的过程称为石墨化过程，而石墨的结构和组织对铸铁的性能有很大的影响。下面用铁碳合金相图来分析石墨是如何形成的。

7.1.1　铁碳合金的双重相图

在Fe-C合金中，碳除了部分固溶于F和A外，其余的碳，一般是以渗碳体和石墨两种形式存在，铸铁是具有共晶转变的铁碳合金，其含碳量在2.14%～6.69%范围内。当液态的铸铁在冷却时，随着冷却条件的不同，可从液态和A中直接结晶出Fe_3C，又可直接结晶出石墨。一般是慢冷时结晶出石墨，快冷时结晶出Fe_3C。而Fe_3C在一定的条件下又可分解为F和G。对Fe-C合金的结晶来说，实际上存在着两种相图，即Fe-Fe_3C相图和Fe-G相图。为了便于比较和应用，常把两个相图画在一起，称为铁碳合金双重相图，如图7-1所示。该图是经热力学计算数据绘制而成，与实验测试结果对比误差很小。按最新文献，实线表示铁-石墨相图，虚线表示铁-渗碳体相图(与以往双重相图相反)，当虚线和实线重合时则用实线表示。

Fe-C双重相图的特征点参数见表7-1。

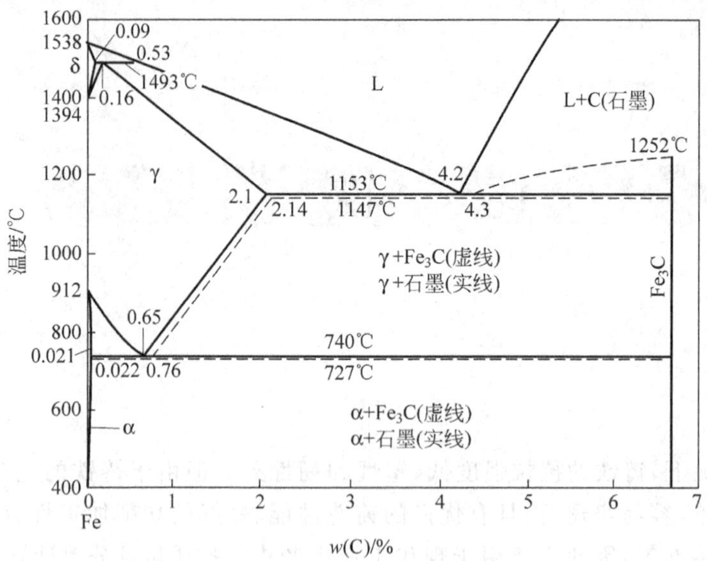

图 7-1 铁碳合金双重相图

表 7-1 Fe-C 双重相图的特征点参数

反 应 式	含碳量(质量分数)/%	温度/℃	反应类型
稳定 Fe-C(石墨)系			
g$\rightleftharpoons$L	0	2862	沸腾
L$\rightleftharpoons$δ-Fe	0	1538	熔化
γ-Fe$\rightleftharpoons$α-Fe	0	1394	同素异构转化
	0	912	同素异构转化
L+δ-Fe$\rightleftharpoons$γ-Fe	0.53 0.09 0.16	1493	包晶反应
γ-Fe$\rightleftharpoons$α-Fe+C	0.65 0.021 100	740	共析反应
L$\rightleftharpoons$γ-Fe+C	4.2 2.1 100	1153	共晶反应
g$\rightleftharpoons$C	100	3827	升华
介稳定 Fe-Fe_3C(渗碳体)系			
γ-Fe$\rightleftharpoons$α-Fe+Fe_3C	0.76 0.022 6.67	727	共析反应
L$\rightleftharpoons$γ-Fe+Fe_3C	4.3 2.14 6.67	1147	
L$\rightleftharpoons$$Fe_3C$	6.67	1252	同成分熔化

注：g 为气相，图中未标出，L 为液体。

7.1.2 铸铁石墨化的条件

根据热力学条件分析，铸铁的 Fe-Fe_3C 系和 Fe-G 系的自由能随温度变化曲线如图 7-2 所示。从图上可看出，Fe-G 系自由能(F_{r+G})比 Fe-Fe_3C 系自由能(F_{r+Fe_3C})低，这说明石墨的自由能(F_G)比渗碳体的自由能(F_{Fe_3C})低，故从热力学条件看，由 Fe 和石墨组成的 Fe-G 系二元相图是最稳定的平衡状态，是最有条件存在的相图。当然从动力学条件看，形成 Fe-Fe_3C 系相图是有利的。

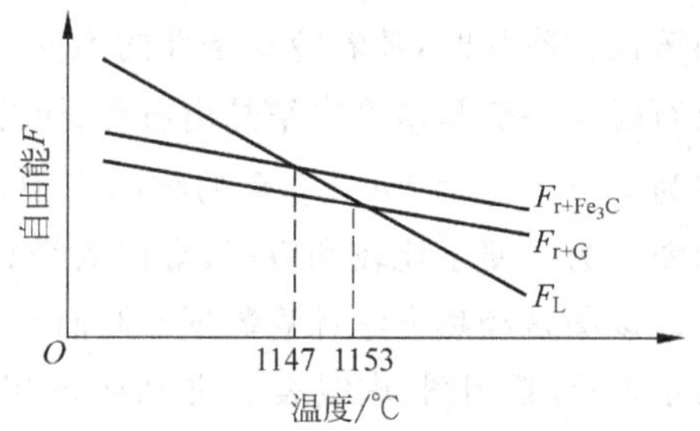

图 7-2 铸铁的 Fe-G 系和 Fe-Fe_3C 系的自由能随温度而变化的曲线

在曲线上还表明，当合金温度高于1153℃时，液态(L)的自由能(F_L)最低，合金出现液态。当合金温度在1147～1153℃时，r+G的自由能(F_{r+G})最低，此时只能发生如下反应：

$$L_{4.2} \xrightarrow{1147\sim1153℃} r_{2.1} + G$$

它表示一定成分的铸铁液，当结晶过冷度比较小(不低于1147℃，冷速非常缓慢)时，从液态铸铁中可直接结晶出石墨(G)。在双重相图上还可看出石墨开始形成线比Fe_3C开始形成或析出线高，这也说明形成石墨的过冷度也要小，需要缓慢冷却。

同时可分析，当冷速很小时，也可从液体(L)中析出一次石墨，从A中析出二次石墨，从共析反应中生成共析石墨。当然从F中也可析出三次石墨，但其量很少，可忽略。

根据铁碳合金双重相图和结晶条件的不同，铸铁结晶石墨化可分为三个阶段。

第一阶段：从液态铸铁中直接结晶出一次石墨和通过共晶反应而形成的共晶石墨。这一阶段在高于1153℃或在1153～1147℃时进行，需要缓慢冷却。

第二阶段：从铸铁的奥氏体(A)中析出二次石墨。在1153～740℃之间进行。当然也在过冷度很小时才发生，需要缓慢冷却。

第三阶段：在740℃时通过共析反应，即$A_{0.65} \rightarrow F_{0.021} + G$转变，所形成的石墨量很少。

从Fe-C合金双重相图还可了解到，碳在液态合金中的含量最多为6.69%或小于6.69%，从图中可知Fe_3C含碳量为6.69%，而G则为100%。从成分上看Fe_3C更接近于液态合金，因此从液态合金中结晶出Fe_3C比G更容易，因为它不需要碳原子作更大的移动和集聚，即Fe原子和C原子都不需要作更大的移动和扩散，所以在一般冷速下都是形成Fe_3C。

由以上分析可看出，研究石墨形成时必须同时考虑两个因素，即过冷度的大小和碳原子移动的可能性。在实际生产中，由于化学成分和冷却速度的不同，铁碳合金中铸铁从液态结晶后各阶段石墨化程度也不同。随冷速的增加，一般可得到三种不同的组织，即得到F+G、F+P+G和P+G组织。因此，铸铁组织可以认为是在钢的基体上分布着石墨。

7.1.3 影响石墨化的因素

铸铁的性能取决于石墨化的程度和所得的组织，其关键在于控制石墨化的程度。实践证明，铸铁的化学成分和结晶时的冷却速度是影响石墨化的主要因素。

1. 化学成分

C和Si是强烈促进石墨化元素。C含量越多，越有利于石墨的形核，促进石墨化。Si的加入，不仅会削弱Fe和C原子间的结合，又可使共晶温度升高和共晶成分含碳量的降低，都有利于石墨的析出。通常把C和Si量控制在$w(C)=2.5\%\sim4\%$和$w(Si)=1\%\sim2.5\%$范围内。除C和Si外，铸铁中常见的元素可分为促进石墨化元素和阻止石墨化元素：

$$+\frac{\text{促进石墨化元素}}{\text{Al、C、Si、Ti、Cu、Ni、P}}\underset{\text{Nb}}{0}\frac{\text{阻止石墨化元素}}{\text{W、Mn、Mo、S、Cr、V、B}}-$$

由此可看出，Nb是中性的，对石墨化不起作用。Mn是阻止石墨化元素，但Mn却能与硫结合，因为能消除阻止石墨化作用更为强烈的硫的作用，所以锰实际上间接起着促进石墨化的作用。铜是促进石墨化元素，但它能延缓A分解，促进形成细晶粒的P，起着阻碍石墨化作用。因此控制不同化学成分的含量，可控制石墨化程度。

2. 冷却速度

冷速愈慢，愈有利于石墨化，而快冷，则阻止石墨化。铸造时冷速与浇注温度、造型材料、铸造方法和铸件壁厚均有关。图 7-3 表示不同 C、Si 含量和不同壁厚(反映出不同冷速)对铸铁组织的综合影响。

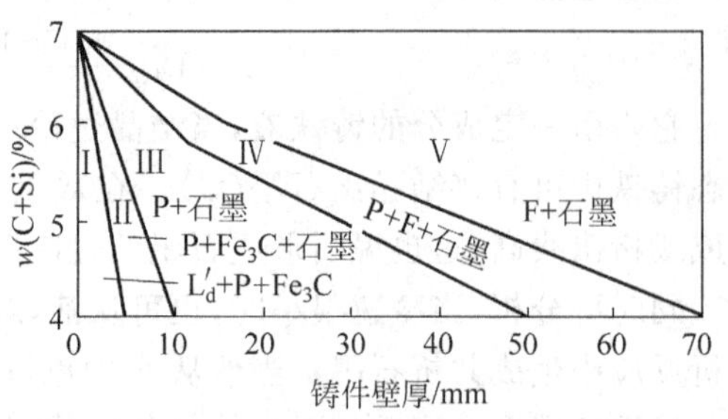

图 7-3 铸件壁厚(冷速)和化学成分对铸铁组织的影响

综上所述，要使铸件获得所需要的组织，主要是根据铸件壁厚，控制碳硅含量和限制有害元素 S 的含量。

7.1.4 铸铁的分类

(1) 根据铸铁在结晶过程中的石墨化程度和碳在铸铁中存在的形式的不同，可将铸铁分为以下几种。

① 灰口铸铁　在第一和第二阶段石墨化过程中都得到充分石墨化的铸铁，其断口呈灰色，故称为灰口铸铁。又视其第三阶段石墨化程度的不同，可得到三种不同基体组织的灰口铸铁，即 F、F＋P 和 P 的灰口铸铁。

② 白口铸铁　第一、第二和第三阶段的石墨化全部被抑制。铸铁组织中的碳以 Fe_3C 形式存在，并有 L'_d 组织，其断口呈白亮色，故称为白口铸铁。其性能硬而脆，工业上很少用，主要用作炼钢原料。

③ 麻口铸铁　在第一阶段的石墨化过程中没有得到充分石墨化的铸铁，其组织介于灰口和白口之间，并含有不同数量的 L'_d，其断口上呈现黑白相间的麻点，故称为麻口铸铁。它也有较大的硬脆性，在工业上也很少应用。

(2) 根据铸铁中石墨结晶形态的不同，可将铸铁分为以下几种。

① 灰口铸铁(钢组织基体＋片状石墨)

② 球墨铸铁(钢组织基体＋球状石墨)

③ 蠕墨铸铁(钢组织基体＋蠕虫状石墨)

④ 可锻铸铁(钢组织基体＋团絮状石墨)

(3) 铸铁的基体和石墨

从铸铁的石墨化过程和所得组织可知，铸铁是由基体和石墨组成，它们的结构和组织对铸铁的性能起着决定性的作用。下面分别简述铸铁中基体和石墨的结构以及它们的组织。

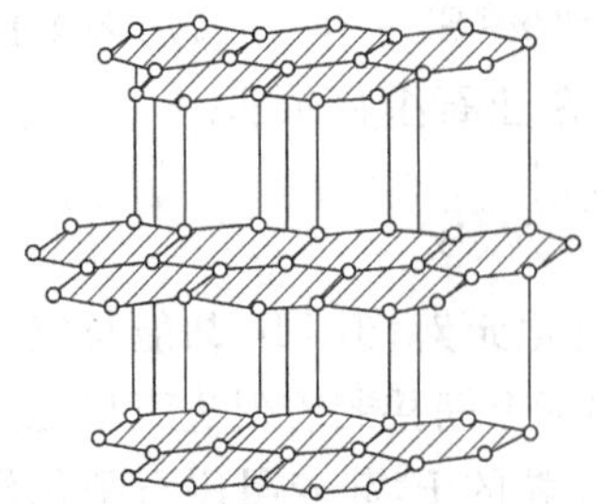

图 7-4 石墨的晶体结构

基体　铸铁的基体有 F、F＋P 和 P 三种。由于铸铁中有较多的 Si 和 Mn 等元素，它们能溶入 F，并使之强化，使基体的强度和硬度比同样组织钢的强度和硬度要高。但由于有石墨的存在，铸铁的强度和硬度比钢低得多，这表现出石墨对铸铁抗拉强度的危害。

石墨　铸铁中的石墨结构呈六方晶系，如图 7-4 所示。

碳原子在空间呈层状分布，每层内碳原子又呈六角网状规则排列，且原子间距很近，约为0.142nm，是共价键结合，其结合力较强。而相邻两层之间的距离为0.340nm，层间原子为分子键结合，其结合力较弱。由于层间原子结合力很弱，所以石墨的强度和塑性很低，其强度小于20MPa，$\delta \approx 0$，硬度也只有3HB。因此石墨的存在，对铸铁的抗拉强度造成危害，原因是石墨破坏了基体的连续性，也减少了真正承受载荷的有效截面，它还起着内部缺口、尖角的作用，容易造成应力集中，使铸铁的强度和塑性降低。

石墨形状的不同，对铸铁造成的危害程度也不同。一般情况下，从液态铸铁中结晶出来的石墨均呈片状，这是因为与石墨六方晶体结构的层状分布有关。在同一层晶面上的原子间距小，结合力强，易吸收碳原子，故石墨沿着层面的生长速度较快。而层与层之间碳原子的距离大，原子间结合力较弱，容易分离，即碳原子不易向上集聚，因此沿着垂直层面的方向，石墨的生长速度较慢，这就是石墨生长成片状的原因。

生产上常在浇注前向铸铁水中加入少量孕育剂（Si铁、Si-Ca合金等）、表面活性元素（Mg、Ce等）和利用冷却速度来调整和控制石墨的生核率和改变石墨的形态，尽量减少石墨的危害性，以利于提高和改善铸铁的性能。

7.2 灰口铸铁

铸铁组织中的石墨形态呈片状结晶，这种铸铁性能虽不太高，但因生产工艺简单，成本低，价格低廉，故工业上应用广泛。据统计，灰口铸铁约占铸铁总质量的75%以上。主要用作中等负荷的结构件、复杂形状的薄壁件及润滑条件下的受磨件。

7.2.1 灰口铸铁的牌号和化学成分

GB 9439—1988所规定的灰口铸铁的牌号和化学成分如表7-2所示。牌号中“HT”是“灰铁”二字汉语拼音的第一个字母，后面的数字为最小抗拉强度（MPa）。

表7-2 灰口铸铁的牌号和化学成分（GB 9439—1988）

牌号	主要化学成分的质量分数/%					显微组织	
	C	Si	Mn	P	S	基体	石墨形状
HT100	不控制	不控制	不控制	不控制	不控制	F+P(少量)	粗片状
HT150	3.3～3.6	1.8～2.2	0.5～0.8	<0.3	<0.15	F+P	较粗片状
HT200	3.1～3.4	1.5～2.0	0.6～0.9	<0.3	<0.12	P	中等片状
HT250	2.9～3.2	1.4～1.8	0.8～1.1	<0.2	<0.12	细P	较细片状
HT300	2.8～3.2	1.3～1.7	0.8～1.1	<0.2	<0.12	S	细片状
HT350	2.7～3.1	1.0～1.4	0.9～1.2	<0.15	<0.10	T	更细片状

注：表内数据为参考值。

灰口铸铁按其中石墨片的粗细不同，可分为普通灰口铸铁和孕育铸铁。

普通灰口铸铁的基体主要有：F、P和F+P三种。F灰口铸铁的强度及硬度低，很少应用；P灰口铸铁强度和硬度较高。在实际生产中，获得纯P基体组织的灰口铸铁比较困难，因此，常用灰口铸铁的基体组织多数是P+F组织。

灰口铸铁中有钢组织的基体，在拉伸时于不同应力下均有微量的塑性变形，但曲线上σ_s和σ_b基本是一致的，即灰口铸铁的机械性能指标中没有σ_s值。

灰口铸铁的抗压强度一般是抗拉强度的3～4倍，退火状态下，F灰口铸铁的硬度为110～140HB，P灰口铸铁的硬度为140～190HB。灰口铸铁的疲劳强度约为其抗拉强度的40%。

在灰口铸铁中，由于有片状石墨的存在，灰口铸铁的脆性大，但在一般冲击试验条件下，灰口铸铁的冲击韧性测不出来。

灰口铸铁中有相当数量的磷元素，形成由Fe-Fe_3P或Fe-Fe_3C-Fe_3P组成的低熔点共晶体，硬而脆。当含磷量较高时，磷共晶体常呈网状分布在晶界上，使铸铁的强度明显降低，脆性增加。故应限制含磷量，使磷共晶数量减少，并呈孤立状分布，对耐磨性有利。

灰口铸铁的耐蚀性在很多环境下均较碳钢为优。在城市建设中，用灰口铸铁制造上、下水管道系统，使用寿命可达百年以上。

图7-5为灰口铸铁的显微组织。

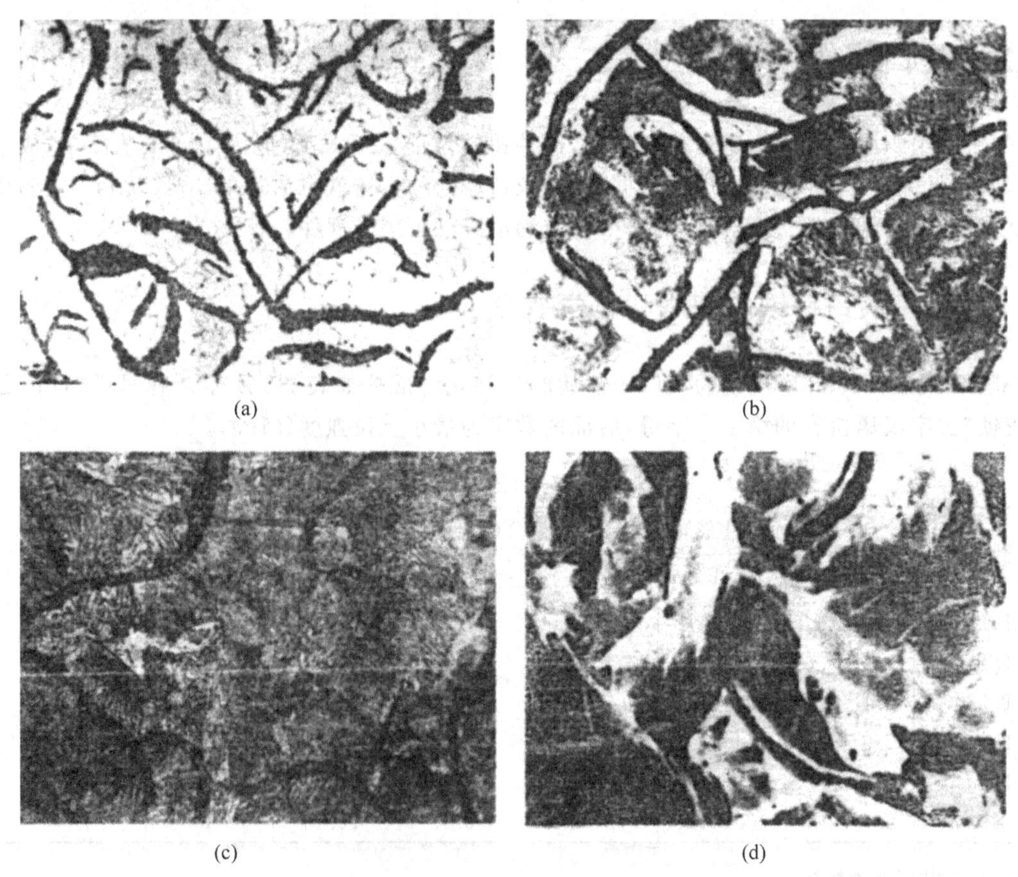

图7-5　灰口铸铁的显微组织

(a) 铁素体灰口铸铁(200×)；(b) 珠光体-铁素体灰口铸铁(200×)；

(c) 珠光体灰口铸铁(200×)；(d) 片状石墨的显微组织(电子扫描)

7.2.2 灰口铸铁的孕育处理

普通灰口铸铁的主要缺点是石墨片较粗大，其强度低，$\sigma_b \leqslant 250$MPa，塑性差。灰口铸铁组织对冷速很敏感，在铸件的薄截面处可能白口化，而在厚截面处可能出现粗大的石墨片和F量过多的基体组织，使铸件各部分机械性能不一致。

为改善和提高灰口铸铁的性能，在浇注前向灰口铸铁水中加入少量(铁水总质量的4%左右)的孕育剂(Si铁或Si-Ca合金)进行孕育处理，产生大量人工形核，以改变石墨片的大小、数量、形状和分布状况，获得均匀的P基体上分布着细小片状石墨的灰口铸铁，石墨片的端部变圆，这种铸铁称为孕育铸铁或变质铸铁。孕育铸铁的强度和硬度均有提高，其强度σ_b为250～400MPa，硬度为170～270HB，故耐磨性较高。塑性和韧性虽然有所提高，但由于石墨仍为片状，所以其塑性和韧性仍然较低。

孕育铸铁适用于要求高强度、高耐磨性的铸件，特别是薄厚不一的大型铸件，例如，大型发动机的汽缸体、曲轴、凸轮、机床床身等。

GB 9439—1988中HT250以上的灰口铸铁均属于孕育铸铁。

7.2.3 灰口铸铁的热处理

虽然热处理不能改变石墨的形状和分布，对提高灰口铸铁机械性能的作用不大，但它可以消除内应力和改善切削加工性能。

1. 消除内应力退火(又称人工时效)

铸件在冷却过程中，由于各部位截面厚度不均匀，收缩和组织转变的不同，容易产生较大的内应力，使铸件翘曲变形或形成开裂，甚至报废。对于形状复杂和尺寸稳定性要求较高的铸件，如机床床身、柴油机汽缸体等，需进行消除内应力退火。一般选用加热温度500～550℃，保温一定时间后冷却到200～150℃进行冷却即可。当然退火温度愈高，消除应力愈快，低于500℃，消除应力太慢，不宜采用。高于600℃消除应力快，但易引起共析渗碳体分解，使强度降低，也不合适。

2. 消除铸件白口、改善切削加工性的退火

灰口铸铁件的表层和铸件的薄壁处，由于冷速快，易形成白口组织，难以切削加工，需要退火，降低硬度。加热温度为900～850℃，保温使渗碳体分解成石墨，又称高温退火。保温后，冷却到400～250℃后空冷。

3. 表面淬火

灰口铸铁铸件有时需要提高表面硬度和耐磨性，例如，机床导轨、缸体内壁等，可进行表面淬火。常用高频表面淬火、火焰表面淬火和电接触表面淬火等。淬火后表面硬度可达50～55HRC。值得指出的是孕育铸铁的表面淬火效果比普通灰口铸铁的效果要好，因为石墨越细，表面硬度越高。

7.2.4 灰口铸铁的特性和用途

灰口铸铁的特性和用途如表 7-3 所示。

表 7-3 灰口铸铁的特性及应用范围

铸铁牌号	特 性 及 用 途
HT100	铸造性能好，工艺简便，铸造应力小，不用人工时效处理，减振性优良。适用于负荷小，对摩擦、磨损无特殊要求的零件。例如：盖、外罩、油盘、手轮、支架、底板、重锤等
HT150	性能特点和 HT100 基本相同，但有一定的机械强度。适用于承受中等应力(σ_b<9.81MPa)、摩擦面间单位压力小于 0.49MPa 下受磨损的零件以及在弱腐蚀介质中工作的零件。例如：普通机床上的支柱、底座、齿轮箱、刀架、床身、轴承座、工作台；圆周速度为 6～12m/s 的皮带轮；工作压力不大的管件和壁厚≤30mm 的耐磨轴套，以及在纯碱或染料介质中工作的化工容器、泵壳、法兰等
HT200 HT250	强度较高，耐磨、耐热性较好；减振性也良好，铸造性能较好，但需进行人工时效处理。适用于承受较大应力(σ_ω<29.42MPa)、摩擦面间单位压力大于 0.49MPa(大于 10t 的大型铸件可大于 1.47MPa)如汽缸、齿轮、机座、机床床身及立柱；汽车、拖拉机的汽缸体、汽缸盖、活塞、刹车轮、联轴器盘等；具有测量平面的检验工件(如划线平板、V 形铁、平尺、水平仪框架等)；承受压力小于 7.85MPa 的油缸、泵体、阀体，圆周速度 12～20m/s 的皮带轮；要求有一定耐蚀能力和较高强度的化工容器、泵壳、塔器等
HT300 HT350	这是属于高强度、高耐磨性一级的灰口铸铁，其强度和耐磨性均优于以上牌号的铸铁，但白口倾向大、铸造性能差，铸后需进行人工时效处理。适用于承受高应力(σ_ω<49MPa)、摩擦面间单位压力≥1.96MPa，要求保持高度气密性的零件。例如：机械制造中某些重要的铸件，如剪床、压力机、自动车床和其他重型机床的床身、机座、机架；受力较大的齿轮、凸轮、衬套；大型发动机的曲轴、汽缸体、缸套、汽缸盖等；高压的油缸、水缸、泵体、阀体；镦锻和热锻锻模、冷冲模，圆周速度>20～25m/s 的皮带轮等

7.3 球墨铸铁

球墨铸铁是 20 世纪 50 年代发展起来的优良的铸铁材料，其特点是在钢的基体上分布着球状石墨。与灰口铸铁片状石墨相比，球形石墨对基体组织的割裂程度较轻，产生应力集中的作用较小。石墨的球形化使基体组织的机械性能得以充分发挥。其综合机械性能接近于钢，又保持了良好的铸造性能，生产方便，成本低廉，在工业部门应用广泛，发展很快。目前已普遍用于汽车、拖拉机、机床、矿山机械、石油化工、造船等行业。已成为目前性能最好的铸铁。在一定条件下，可部分代替碳钢和合金钢的铸件，如齿轮、曲轴等。

7.3.1 球墨铸铁的牌号和化学成分

根据 GB 1348—1988 规定，球墨铸铁的牌号和化学成分如表 7-4 所示。牌号中的“QT”为“球铁”二字汉语拼音的第一个字母，后面的数字分别为最低抗拉强度(MPa)和最低延伸率(%)。

表 7-4 球墨铸铁的牌号及化学成分实例(摘自 GB 1348—1988)

牌 号	基 体	主要化学成分的质量分数/%								
		C	Si	Mn	P	S	Mg	Re	Cu	Mo
QT400—18	退火铁素体	3.6～3.8	2.3～2.7	<0.5	<0.08	<0.025	0.03～0.05	0.02～0.03	—	—
QT500—7	珠光体+铁素体	3.6～3.8	2.5～2.9	<0.6	<0.08	<0.025	0.03～0.05	0.03～0.05	—	—
QT600—3	正火珠光体	3.6～3.8	2.0～2.4	0.5～0.7	<0.08	<0.025	0.035～0.05	0.025～0.45	—	—
QT600—3A	正火珠光体	3.5～3.7	2.0～2.5	<0.5	<0.08	<0.025	0.04～0.07	0.015～0.03	0.3～0.8	0.15～0.4
QT900—2	下贝氏体	3.5～3.7	2.7～3.0	<0.5	<0.08	<0.025	0.03～0.05	0.025～0.045	0.5～0.7	0.15～0.25

注：表内数据为参考值。

球墨铸铁的机械性能好，强度提高，同时其塑性和韧性也有较大的改善。球墨铸铁的性能特点是屈强比(σ_s/σ_b)高，约为0.7～0.8，而碳钢(正火状态)只有0.5左右。因为机械零件设计时，许用应力是按屈服强度来确定的，所以屈强比(σ_s/σ_b)高，具有很大的实际意义。铁素体基体球墨铸铁的塑性或低强度球墨铸铁的冲击韧性与软钢相近。总之，球墨铸铁的机械性能已接近软钢。由于球墨铸铁基体强度的利用率从灰口铸铁的30%～50%提高到70%～90%，这使球墨铸铁的抗拉强度、疲劳强度、塑性和韧性接近它相应基体组织的铸钢。

球墨铸铁仍基本保留灰口铸铁的一些优点，如消振(不如灰口铸铁)、耐磨、切削加工性和铸造性(其流动性较灰口铸铁稍差)。

球墨铸铁的化学成分特点是碳、硅含量较高，含锰量较低，对硫、磷限制较严，对镁和稀土元素的残留量有一定要求。

球墨铸铁的显微组织由基体和球状石墨组成，如图7-6所示。

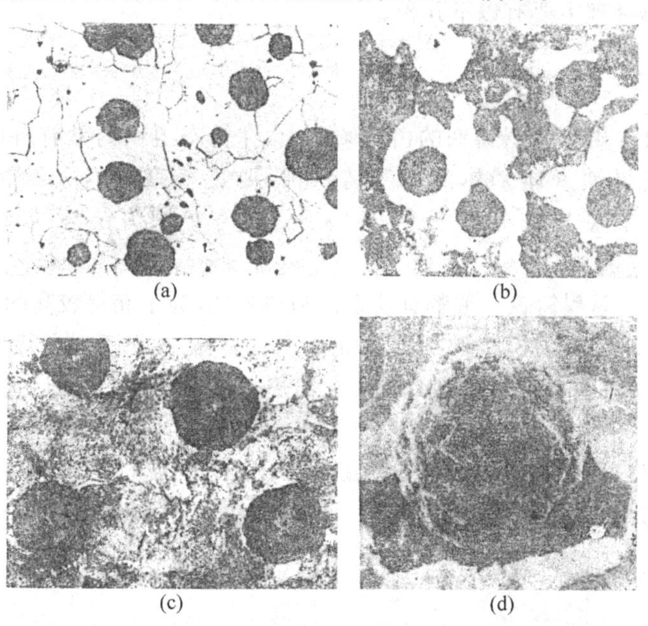

图 7-6 不同基体组织的球墨铸铁

(a) 铁素体基体(250×)；(b) 珠光体-铁素体基体(250×)；

(c) 珠光体基体(200×)；(d) 球状石墨的显微组织(电子扫描，950×)

7.3.2 球化处理

在浇注前向铁水中加入一定量的球化剂，主要有 Mg、Ce 和 Re 等进行球化处理。Mg 的球化作用很强，球化率高，容易得到完整的球状石墨。但 Mg 和 Re 元素都强烈阻碍石墨化，易出现白口，为了消除这一倾向，必须立即进行孕育处理，所以要加入少量的孕育剂，主要有 Si 铁、Si-Ca 合金和 Al 等促进石墨化。经球化和孕育处理后石墨球的数量增加，球径减小，形状圆整，分布均匀，减少了铸件的缩松等，提高了机械性能。

铸铁石墨球形化处理，最早用纯镁作球化剂，铁水中含有质量分数为 0.04%～0.08% 的镁时，石墨就能完全球化。纯镁的球化效果好，但生产工艺复杂，铸造缺陷严重，对铁水成分要求严格，影响了球墨铸铁的推广应用。我国球墨铸铁生产，普遍使用稀土镁球化剂，它是由镁和稀土硅铁合金炼制而成，其中铈(Ce)约占稀土元素的 50%，是一种复合球化剂。稀土镁球化剂对于保证球墨铸铁件的质量、简化球化工艺、改善劳动条件、降低生产成本均起到良好的作用，有力地促进了球墨铸铁的广泛应用。

7.3.3 球墨铸铁的热处理

由于球墨铸铁基体利用率的提高，就使得对球墨铸铁进行热处理具有更大的意义。因为球墨铸铁中含有较多的 Si 和 C，所以球墨铸铁的共析转变温度升高，转变温度范围加宽，奥氏体等温转变曲线右移，且珠光体和贝氏体转变曲线明显分开，形成两个“鼻子”。结果使球墨铸铁奥氏体的临界冷却速度降低，淬透性增加，回火稳定性增加。

球墨铸铁的热处理主要有以下几种。

1. 退火

(1) 高温退火　由于球墨铸铁的白口倾向大，在铸态组织内常有自由渗碳体，为使自由渗碳体分解，获得铁素体基体的球墨铸铁件，要进行高温退火：加热温度为 900～950℃适当保温后，随炉冷却至 600℃出炉空冷。最终组织为铁素体基体上分布着球状石墨。

(2) 低温退火　球墨铸铁一般都有铁素体和珠光体，为了获得较高的塑性和韧性，要求得到铁素体基体的球墨铸铁，就必须使珠光体中的渗碳体分解。实行低温退火，加热到 720～760℃，适当保温后，随炉冷却至 600℃后出炉空冷。获得的组织为铁素体基体上分布着球状石墨。

(3) 消除内应力退火　球墨铸铁的铸造应力较大，不再进行其他热处理的球墨铸铁件常进行消除内应力退火，将铸件加热至 500～600℃，经适当保温、缓冷后出炉空冷。

2. 正火

为了增加基体中珠光体的数量，细化组织，提高强度和耐磨性，球墨铸铁的正火分高温正火(完全 A 化正火)和低温正火(不完全 A 化正火)：

(1) 高温正火　将铸件加热到共析转变温度上限以下，一般是加热到 880～920℃适当保温后空冷。为了提高基体中珠光体的含量，还常用风冷、喷雾冷等加快冷却速度的方法，保证铸铁的强度。

(2) 低温正火　一般将铸件加热到840～860℃保温后出炉空冷，获得的基体组织为珠光体和铁素体，强度比高温正火略低，但塑性和韧性较高。

由于球墨铸铁的导热性差，过冷倾向大，正火(尤其是风冷等)后有较大内应力，故在正火后还要去应力退火，其方法是在550～600℃保温后出炉空冷，内应力基本消除，而组织不变。

3. 调质处理

对于受力比较复杂，要求综合机械性能较高的铸件，如连杆、曲轴等，则要进行调质处理。其工艺为：加热到860～900℃保温后油冷，再在550～600℃回火2～4h，获得$S_{回}$基体上分布着球状石墨。调质处理一般只适用于小尺寸的铸件，尺寸过大时，内部淬不透，处理效果不好。

4. 等温淬火

对于一些要求综合机械性能较高，且外形又较复杂、热处理易变形或开裂的零件，可采用等温淬火。其工艺是：加热到860～900℃，适当保温后，迅速移至250～300℃的盐浴中等温，使之转变为下贝氏体，不再回火。其组织为在下贝氏体基体上分布着球状石墨。强度可达到1200～1450MPa，冲击韧性为300～360kJ/m^2，硬度为38～51HRC。因等温盐浴冷却能力有限，一般也仅适用于截面不大的零件，如齿轮、凸轮和曲轴等。

7.3.4　球墨铸铁的特性和用途

球墨铸铁的球状石墨使其机械性能有了提高，其抗拉强度可与中碳钢相媲美，弯曲疲劳强度也有改善，还有良好的塑性和韧性。通过合金化和热处理还可使它的性能得到进一步改善和提高。在生产上已用球墨铸铁代替中碳钢及中碳合金钢(如45钢、42CrMo钢等)，由于可获得下贝氏体、马氏体、屈氏体、索氏体和奥氏体等基体组织，能够满足工业生产的更多需要。仅珠光体球墨铸铁就常用于制造曲轴、连杆、凸轮轴、机床主轴、水压机汽缸、缸套和活塞等。而铁素体球墨铸铁可用于制造压阀、机座和汽车后桥壳等。

球墨铸铁的特性和用途举例如表7-5所示。

表7-5　球墨铸铁的特性和用途举例

<table>
<tr><th>牌　号</th><th>主要特性</th><th>用途举例</th></tr>
<tr><td>QT400—18
QT400—15</td><td>焊接性及切削加工性良好，韧性高，脆性转变温度低</td><td rowspan="2">① 农机具：犁铧、犁柱、收割机及割草机上的导架、差速器壳、护刃器；
② 汽车、拖拉机的轮毂、驱动桥壳体、离合器壳、差速器壳、拔叉等；
③ 通用机械：16～64atm阀门的阀体、阀盖，压缩机上的高低压汽缸等；
④ 其他：铁路垫板、电机机壳、齿轮箱、飞轮壳等</td></tr>
<tr><td>QT450—10</td><td>焊接性及切削加工性良好，韧性高，脆性转变温度低，但塑性略低而强度和小能量冲击力较高</td></tr>
</table>

续表

牌　号	主要特性	用途举例
QT500—7	中等强度与塑性，切削加工性尚好	内燃机的机油泵齿轮，汽轮机中温汽缸隔板，铁路机车车辆轴瓦，机器座架、传动轴、飞轮、电动机架等
QT600—3	中高强度，低塑性，耐磨性较好	① 内燃机：5～4000hp 柴油机和汽油机的曲轴，部分轻型柴油机和汽油机的凸轮轴、汽缸套、连杆、进排气门座等； ② 农机具：脚踏脱粒机齿条、轻负荷齿轮、畜力犁铧； ③ 部分磨床、铣床、车床的主轴； ④ 空氧机、气压机、冷冻机、制氧机、泵的曲轴、缸体、缸套； ⑤ 球磨机齿轮、矿车轮、桥式起重机大小滚轮、小型水轮机主轴等
QT700—2 QT800—2	有较高的强度和耐磨性，塑性及韧性较低	
QT900—2	有高的强度和耐磨性，较高的弯曲疲劳强度、接触疲劳强度和一定的韧性	① 农机上的犁铧、耙片； ② 汽车上的螺旋伞齿轮、转向节、传动轴； ③ 拖拉机上的减速齿轮； ④ 内燃机曲轴、凸轮轴

注：1kW＝1.36hp；1atm＝1.013 25×10^5Pa。

7.4 蠕墨铸铁

蠕墨铸铁是 20 世纪 60 年代开始研究和应用的一种新型铸铁材料。目前在我国已有很多单位生产多种蠕墨铸铁，有的已在生产线上形成大批量生产，标志着我国蠕墨铸铁的发展已进入一个新阶段。1999 年国家制定了 JB/T 4403—1999 标准。

7.4.1 蠕墨铸铁的牌号和化学成分

蠕墨铸铁的牌号和化学成分如表 7-6 和表 7-7 所示。

表 7-6 蠕墨铸铁的牌号和机械性能（JB/T 4403—1999）

牌　号	σ_b/MPa	$\sigma_{0.2}$/MPa	δ/%	硬度/HB	蠕化率/%	主要基体组织
RuT420	≥420	≥335	≥0.75	200～280		珠光体
RuT380	≥380	≥300	≥0.75	193～274		珠光体
RuT340	≥340	≥270	≥1.0	170～249	≥50	珠光体＋铁素体
RuT300	≥300	≥240	≥1.5	140～217		铁素体＋珠光体
RuT260	≥260	≥195	≥3	121～197		铁素体

表 7-7 蠕墨铸铁的化学成分

牌 号	蠕化剂	主要化学成分的质量分数/%							
		C	Si	Mn	P	S	Mg	RE	其他
RuT420	钇硅稀土合金	3.64	2.68	1.10	<0.07	<0.07	—	Y0.13	—
RuT380	混合稀土金属	3.5～3.8	2.0～3.0	0.04～0.2	—	—	—	Ce 0.02	—
RuT340	稀土钙合金	3.8～4.1	2.2～2.9	0.3～0.95	<0.07	<0.02	—	0.04～0.06	Ca 0.0017～0.0029
RuT300	Mg-Ce-Ti 复合剂	3.2～3.6	2.0～2.5	0.1～0.6	—	—	0.015～0.04	0.004～0.01	Ti 0.15～0.35
RuT260	Ti-Ce-Ca-Mg-Fe-Si 复合剂	3.7	1.7	0.3	—	—	0.015～0.035	Ce 0.002	Ti 0.06～0.13

蠕墨铸铁的牌号是以“蠕铁”二字的汉语拼音的第一个字母“RuT”为代号，后面的数字表示最低抗拉强度。

蠕墨铸铁的化学成分和球墨铸铁相近，一般为 $w(\mathrm{C})=3.2\%\sim4.1\%$，$w(\mathrm{Si})=1.7\%\sim3.0\%$，$w(\mathrm{Mn})=0.04\%\sim1.10\%$，$w(\mathrm{P})\leqslant0.07\%$，$w(\mathrm{S})\leqslant0.02\%$。其成分的特点是含碳、硅量较高，含锰量变化大，硫、磷含量较少。

7.4.2 蠕墨化处理

在浇注灰口铸铁前向铁水中加入一定量的蠕化剂(Mg、Ca、Ti 和 Re 等)和少量的孕育剂(Si 铁或 Si-Ca 合金等)，其作用是使石墨结晶为蠕虫状。蠕虫状为互相不连接或连接很少的短片状，石墨的长厚比变小，其形状介于片状石墨和球状石墨之间，即石墨变短而粗，且尖角变钝，呈弯曲状，外形似蠕虫，故称为蠕虫状石墨。常用的孕育剂是含硅量 75%的 Si 铁，其作用是避免白口，促进石墨化。蠕墨铸铁中的石墨一般约有 70%～80%为蠕虫状石墨，其余为球状石墨组成。蠕墨铸铁的显微组织如图 7-7 所示。

图 7-7 蠕墨铸铁的显微组织(铁素体＋蠕状石墨)

7.4.3 蠕墨铸铁的性能特点和应用

因为蠕虫状石墨的长厚比变小，尖端变钝，对基体的切割作用减小，应力集中也减轻，所以蠕墨铸铁的抗拉强度、延伸率、弯曲疲劳强度等均优于灰口铸铁，而接近于铁素体球墨铸铁。蠕墨铸铁的断面敏感性较普通灰口铸铁小得多，因此其厚大截面上的力学性能仍比较均匀。蠕墨铸铁的导热性和抗热疲劳性比球墨铸铁高。减振性也比球墨铸铁好，但不如灰口铸铁。它的耐磨性优于孕育铸铁和高磷耐磨铸铁。蠕墨铸铁的工艺性能，例如，切削加工性和铸造性优于球墨铸铁，而接近于灰口铸铁。蠕墨铸铁的性能特点和应用如表 7-8 所示。

表 7-8 蠕墨铸铁的性能特点和应用举例

牌 号	性能特点	应用举例
RuT420 RuT380	强度高、硬度高，具有高耐磨性和较高导热率。铸件材料中需加入合金元素或正火处理，适于制造要求强度或耐磨性高的零件	活塞环、汽缸套、制动盘、玻璃模具、刹车鼓、钢珠研磨盘、吸淤泵体
RuT340	强度和硬度较高，具有较高耐磨性和导热率，适于制造要求较高强度、刚度和要求耐磨的零件	带导轨面的重型机床件，大型龙门铣横梁，大型齿轮箱体、盖、座，刹车鼓，起重机卷筒，飞轮
RuT300	强度和硬度适中，有一定的塑性和韧性，导热率较高，致密性较好，适于制造要求较高强度并承受热疲劳的零件	排气管、变速箱体、汽缸盖、液压件、钢锭模
RuT260	强度一般，硬度较低，有较高的塑性、韧性和导热率，铸件需退火处理，适于制造受冲击和热疲劳的零件	增压器废气进气壳体，汽车、拖拉机的某些底盘零件

蠕墨铸铁常用于制造在热循环载荷条件下工作的零件，如钢锭模、玻璃模具、柴油机汽缸、汽缸盖、排气管、刹车件等；也用于制造结构复杂的高强度铸件，如液压阀的阀体和耐压泵的泵体等。

7.5 可锻铸铁

可锻铸铁是在钢的基体上分布着团絮状或雪花状石墨。它减弱了对基体的割裂作用，具有较高的强度，并有一定的塑性和韧性，其机械性能比普通灰口铸铁高。可锻铸铁又称为展性铸铁或马铁。可锻铸铁的塑性和韧性虽然比灰口铸铁高，也称为可锻铸铁，但实际上并不可锻。

7.5.1 可锻铸铁的牌号和化学成分

根据 GB 9440—1988 规定，用“KT”表示可锻铸铁，它为“可铁”二字汉语拼音的第一个字母。又分为三种：“KTH”表示黑心可锻铸铁，“KTZ”表示珠光体可锻铸铁和“KTB”表示白心可锻铸铁，共 12 个牌号。其中白心可锻铸铁由于生产工艺复杂，而且性能又和黑心可锻铸铁差不多,故很少应用。

常用的可锻铸铁的牌号和化学成分如表7-9所示。表中"KTH"和"KTZ"后面的数字分别表示最低抗拉强度和延伸率。从化学成分中可了解到,可锻铸铁含C、Si量较少,冷却后为亚共晶白口铸铁,没有一次渗碳体。但C、Si量不能过少,否则会延长生产工艺时间,降低生产效率。适当增加阻碍石墨化的锰量。为了降低脆性,要控制含磷量。

表7-9 可锻铸铁的牌号和化学成分(摘自GB 9440—1988)

类别	牌号	主要化学成分的质量分数/%				
		C	Si	Mn	P	S
铁素体可锻铸铁	KTH300—06 KTH330—08 KTH350—10 KTH370—12	2.2～2.8	1.2～1.8	0.4～0.6	≤0.1	≤0.2
珠光体可锻铸铁	KTZ450—06 KTZ550—04 KTZ650—02 KTZ700—02	2.2～2.8	1.2～2.0	0.8～1.2	≤0.1	≤0.2

可锻铸铁的显微组织是由基体和团絮状石墨组成,如图7-8所示。

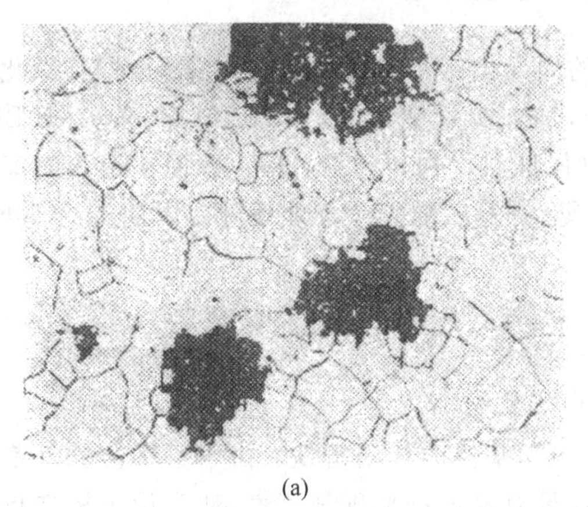

(a)

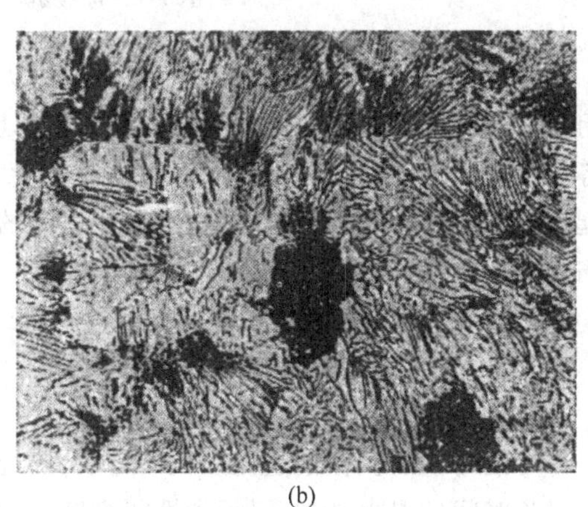

(b)

图7-8 可锻铸铁的显微组织

(a) 铁素体可锻铸铁;(b) 珠光体可锻铸铁

7.5.2 可锻铸铁的石墨化退火

获得可锻铸铁必须经过两个步骤:首先是浇铸成白口铸件,不允许有石墨出现,否则在随后的退火过程中,由Fe_3C分解的石墨将沿着已有的石墨片析出并长大,得不到团絮状石墨组织;其次再进行长时间的石墨化退火处理,以获得可锻铸铁。为保证通常冷却条件下获得完全的白口铸铁,必须使铸铁的成分有较低的碳和硅。

可锻铸铁石墨化退火工艺方法如图7-9所示。首先把白口铸铁件加热到900～1000℃,并长时间(15h)保温,使Fe_3C分解为A和$G_{团絮状}$,然后在缓慢冷却过程中,从A中不断析出二次 G，并附在团絮状的石墨上，使石墨长大。当冷却至共析转变温度范围时，A 又分解为 F 和 $G_{团絮状}$，得到 F 基体的可锻铸铁，见图 7-9 中曲线①，其组织为 F＋$G_{团絮状}$。同时因其断口心部存在大量石墨而呈灰黑色，表层因退火时脱碳，石墨量减少呈灰白色，故称为黑心可锻铸铁。若通过共析转变温度时冷却速度较快，则 A 转变为 P 和 $G_{团絮状}$，而得到 P 基体可锻铸铁，见图 7-9 中曲线②。如果将白口铸铁件在氧化性介质中退火，表面层(大约 1.5～2mm)完全脱碳，得到 F 组织，而其心部为 P 和 $G_{团絮状}$ 组织，其中心为白亮色，表层为暗灰色，故称白心可锻铸铁，此种铸铁很少应用。

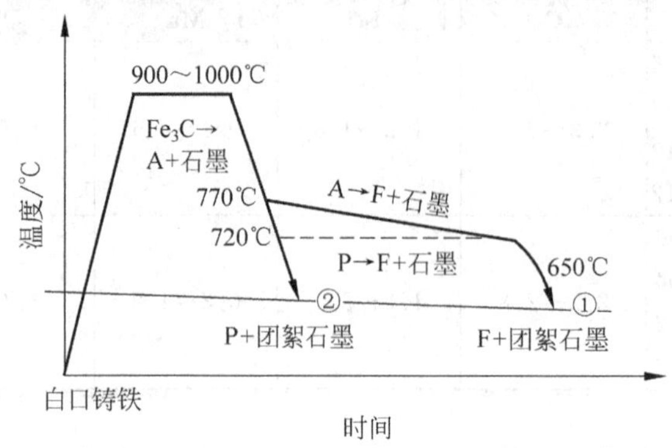

图 7-9　可锻铸铁的石墨化退火工艺

可锻铸铁的石墨化退火(也称可锻化退火)的周期长，大约需 70h。为了缩短时间、细化组织、提高机械性能，在浇注时可进行孕育处理，加入少量孕育剂，如 Al、Al-Bi 和 Al-B-Bi 等。孕育剂一方面在铁水凝固时阻碍石墨化，以保证获得白口铸铁；另一方面在退火时又起着促进石墨化的作用，以缩短石墨化退火的周期，提高工效。孕育处理可使周期从约 70h 缩短到 32h。

7.5.3　可锻铸铁的特性和用途

可锻铸铁的机械性能优于灰口铸铁，接近于同类基体的球墨铸铁。由于可锻铸铁件都经过长时间的退火处理，组织和性能高度均匀，且具有良好的切削加工性，通常用于铸造形状复杂受动载荷薄壁(壁厚小于 25mm)件。这种件若采用灰口铸铁不能满足性能(主要是韧性)要求；若采用铸钢，则铸造性能不利，工艺上困难较大，成本也高。

可锻铸铁性能的最大特点是具有一定的塑性和韧性，弹性模量比较高，其刚性可达到钢材的范围，而疲劳强度可达拉伸强度的 60％。

铁素体可锻铸铁韧性较高，强度适中，性能近似于低碳钢，常用于汽车、拖拉机上的一些截面较薄、形状复杂、受冲击和振动的零件，如汽车、拖拉机的前后桥壳、减速器壳、转向机构、弹簧钢板支座、机床扳手、低压阀门等。

珠光体可锻铸铁韧性较低，但强度和硬度高，具有优良的耐磨性、切削加工性和极好的表面硬化能力，性能接近于中碳钢，常用作曲轴、凸轮轴、连杆、齿轮、活塞环等要求良好综合机械性能和较高耐磨性的零件。

可锻铸铁亦适合于制造在潮湿空气、炉气和水等介质中工作的零件，如管接头、阀门等。

可锻铸铁的特性和用途如表7-10所示。

表7-10 可锻铸铁的特性及用途

铸铁牌号	特性及用途
KTH300—06	有一定的韧性和强度，气密性好；适用于承受低动载荷及静载荷、要求气密性好的工作零件，如管道配件、中低压阀门等
KTH330—08	有一定的韧性和强度，用于承受中等动载荷和静载荷的工作零件。如：农机上的犁刀、犁柱、车轮壳，机床用的扳手以及钢丝绳轧头等
KTH350—10 KTH370—12	有较高的韧性和强度，用于承受较高的冲击、振动及扭转负荷下的工作零件。如汽车、拖拉机上的前后轮壳、差速器壳、转向节壳、制动器等，农机上的犁刀、犁柱以及铁道零件、冷暖器接头、船用电机壳等
KTZ450—06 KTZ550—04 KTZ650—02 KTZ700—02	韧性低但强度高、硬度高、耐磨性好，且切削加工性良好；可用来代替低碳、中碳、低合金钢及有色合金制作承受较高载荷、耐磨损并要求有一定韧性的重要工作零件，如曲轴、凸轮轴、连杆、齿轮、摇臂、活塞环、轴承、犁刀、耙片、闸、万向接头、棘轮、扳手、传动链条、矿车轮等

7.6 铸铁性能的特点

7.6.1 铸造性能

由于铸铁熔点低，流动性好，特别是铸铁在结晶过程中产生大量的比容比较大的石墨，它部分补偿了基体的收缩，其收缩量小，一般为0.5%～1.0%。因而减少了铸件的内应力，防止了铸件变形和开裂，并减小了收缩冒口，简化了铸造工艺。由于铸铁的充模性好，可做形状复杂的零件和薄壁零件。

7.6.2 机械性能

常用铸铁组织由基体和石墨组成，而石墨强度很低，起着裂纹和空洞的作用，特别是片状石墨，其尖端外部附近的基体易引起应力集中，所以灰口铸铁的强度和塑性很低。虽然孕育铸铁、蠕墨铸铁、可锻铸铁和球墨铸铁的石墨形态有所改变，使铸铁的强度、塑性和韧性有所改善和提高，但与钢相比，铸铁的抗拉强度还是比较低的，而抗压强度与同基体钢相差不多，一般它的抗压强度为抗拉强度的3～4倍。因为铸铁的机械性能是抗压，不抗拉，所以铸铁广泛用于受压零构件，如机座、轴承座等。

铸铁的机械性能虽然可用热处理得到改变，但主要还是与石墨有关。因此，改善和提高铸铁强度和塑性的关键，还是在于改变石墨的形状、大小、数量和分布形态。

7.6.3 切削加工性

由于石墨割裂了金属基体的连续性，铸铁的石墨使切屑易脆断，同时石墨对刀具有一定的润滑作用，也减轻了刀具的磨损。因此它具有良好的切削加工性，比钢的切削性能好。

7.6.4 减摩性

它是指减少对偶件被磨损的性能。由于铸铁件在工作时石墨容易脱落，它在滑动面上可作为润滑剂，从而起着减少摩擦的作用。同时石墨脱落后留下的空洞，可吸附和储存润滑油，有利于减少摩擦和防止磨耗，因此铸铁具有良好的减摩性能。

7.6.5 消振性

它是指材料吸收振动能量的能力，由于有石墨的存在，它性质松软，吸收振动能量，而不利于能量的传递。从而使振动能量逐渐衰减，使能量转变为塑性变形功、热能和其他形式的能量。铸铁振动能量的衰减随铸铁抗拉强度的提高而下降，但即使是高强度的铸铁，其振动能量的衰减也不低于10%，而钢的振动能量的衰减只有2%～3%。总之铸铁的消振能力比钢大几倍至十几倍，表明铸铁的消振性能好。组织中石墨片愈多、愈粗大，消振性愈好。

7.6.6 低的缺口敏感性

由于石墨的强度低，相当于在钢的基体上存在着许多微小的缺口，故其他缺口的存在，对降低铸铁力学性能的幅度影响不大，即缺口敏感性低。

7.7 特殊性能铸铁

随着铸铁的广泛应用，在生产中还可用往灰口铸铁和球墨铸铁中加入合金元素的方法，获得具有特殊性能的铸铁，例如耐磨铸铁、耐热铸铁和耐蚀铸铁等。因为它们中有较多的合金元素，所以也称为合金铸铁。由于它和相似条件下使用的合金钢相比，具有生产方便、工艺简单、成本低廉等特点，具有更广泛的应用前景。

合金铸铁的牌号，是以铸铁代号、元素符号和表示元素名义百分含量的数字表示的。铸铁代号由表示该铸铁特征的汉语拼音的第一个大写正体字母组成，当两种铸铁名称的代号字母相同时，则在该大写字母后面加小写字母加以区别。所加合金元素若为混合稀土元素，用符号“R”表示。当需要标注抗拉强度时，将抗拉强度值（MPa）置于元素符号和含量之后，中间用短“-”隔开，如耐磨铸铁MTCu1PTi-150。各种合金铸铁的名称，代号和牌号见表7-11。

表7-11 合金铸铁的名称、代号和牌号表示方法（摘自GB 5612—1985）

铸铁名称	代　号	牌号示例
耐磨铸铁	MT	MTCu1PTi-150
抗磨白口铸铁	KmTB	KmTBMn5Mo2Cu
抗磨球墨铸铁	KmTQ	KmTQMn6
冷硬铸铁	LT	LTCrMoR
耐蚀铸铁	ST	STSi15R
耐蚀球墨铸铁	STQ	STQA15Si5
耐热铸铁	RT	RTCr2
耐热球墨铸铁	RTQ	RTQA16

目前合金铸铁品种很多，但常见和应用最多的有以下几种。

7.7.1 耐热铸铁

铸铁在高温下除表面发生氧化外，还会发生“长大”现象，原因是空气中的氧通过石墨边界和裂纹渗入铸铁内部生成密度小、比容大的FeO或者与石墨作用生成气体和在高温下Fe_3C分解，生成密度小、体积大的石墨，结果使体积长大。由于气体的作用，使铸件表面产生龟裂，导致进一步被氧化，结果使铸件报废。所有这些都可通过加入合金元素得到解决。

向铸铁中加入$w(Cr)>0.8\%$，$w(Si)>5\%$，$w(Al)>4\%$的合金元素可有效地阻止铸铁的“长大”现象。也可单独加入，但要适当增加合金元素的量。它们一方面在铸铁件表面形成一层致密的SiO_2、Al_2O_3、Cr_2O_3等氧化膜，保护铸件内部不被氧化；另一方面可提高铸铁的临界温度，使铸铁基体形成单相F组织，从而在高温下使用时不发生Fe_3C分解的石墨化过程，因此提高了铸铁的耐热性。耐热铸铁的组织最好是单相F基体的球墨铸铁，因为球状石墨孤立分布，互不相连，不易形成气体的渗入通道，所以耐热性好。

常用耐热铸铁有以下几种。

(1) 中硅耐热铸铁　在铸铁中加入质量分数大于5%的Si时，其表面形成一层SiO_2氧化膜，起保护作用。基体为单相铁素体，其上分布着细片状石墨，并使临界点Ac_1提高到900℃以上，所以中硅耐热铸铁在600℃左右有良好的耐热性。它的熔化和铸造工艺简单方便，流动性好，但因F中含有过饱和的硅，使铸铁硬度提高，但脆性较大，所以只能作承受载荷较小、不受冲击的耐热零件。为了提高其机械性能，常采用中硅球墨铸铁，其组织为在F基体上分布着均匀的球状石墨，既提高了机械性能，又保持了良好的导热性。

(2) 高铝耐热铸铁　在铸铁中加入质量分数为8%的Al，也能在铸件表面形成一层Al_2O_3保护膜，得到单相F基体，还提高了铸铁的临界温度，它可在700℃下长期工作。

这种铸铁的组织为F和石墨，具有良好的可加工性和耐热性。它在高温下机械性能下降不多，但高铝铸铁由于铝密度小，容易上浮氧化，熔铸时耗损量大，因此采用质量分数为6%～8%的Al和4.5%的Si或者质量分数为4%的Al、6%的Si和0.1%的Ti的铸件来代替含铝高的耐热铸铁，这种铸铁可在1000～1100℃下工作。

常用耐热铸铁的成分、使用温度和应用分别见表7-12和表7-13。

表7-12　耐热铸铁的化学成分(GB 9437—1988)

铸铁牌号	主要化学成分的质量分数/%						
	C	Si	Mn	P	S	Cr	Al
RTCr	3.0～3.8	1.5～2.5	≤1.0	≤0.20	≤0.12	0.50～1.00	—
RTCr2	3.0～3.8	2.0～3.0	≤1.0	≤0.20	≤0.12	>1.00～2.00	—
RTCr16	1.6～2.4	1.5～2.2	≤1.0	≤0.10	≤0.05	15.00～18.00	—
RTSi5	2.4～3.2	4.5～5.5	≤0.8	≤0.20	≤0.12	0.50～1.00	—
RTQSi4	2.4～3.2	3.5～4.5	≤0.7	≤0.10	≤0.03	—	—
RTQSi4Mo	2.7～3.5	3.5～4.5	≤0.5	≤0.10	≤0.03	Mo0.3～0.7	—
RTQSi5	2.4～3.2	>4.5～5.5	≤0.7	≤0.10	≤0.03	—	—
RTQAl4Si4	2.5～3.0	3.5～4.5	≤0.5	≤0.10	≤0.02	—	4.0～5.0
RTQAl5Si5	2.3～2.8	>4.5～5.2	≤0.5	≤0.10	≤0.02	—	>5.0～5.8
RTQAl22	1.6～2.2	1.0～2.0	≤0.7	≤0.10	≤0.03	—	20.0～24.0

注：耐热球墨铸铁的符号，根据GB 5612—1985规定，应为RTQ，而GB 9437—1988规定为RQT，有误，应改为RTQ。

表 7-13 耐热铸铁的使用条件与应用举例(参考件)

铸铁牌号	使 用 条 件	应 用 举 例
RTCr	在空气炉气中,耐热温度达到 550℃	炉条、高炉支梁式水箱、金属型、玻璃模
RTCr2	在空气炉气中,耐热温度达到 600℃	煤气炉内灰盆、矿山烧结车挡板
RTCr16	在空气炉气中耐热温度达到 900℃,在室温及高温下有抗磨性,耐硝酸的腐蚀	退火罐、煤粉烧嘴、炉栅、水泥焙烧窑零件、化工机械零件
RTSi5	在空气中耐热温度达到 700℃	炉条、煤粉烧嘴、锅炉用梳形定位板、换热器针状管、二硫化碳反应瓶
RTQSi4	在空气炉气中耐热温度达到 650℃,其含硅上限时达到 780℃。高温力学性能较好	玻璃窑烟道闸门、玻璃引上机墙板、加热炉两端管架
RTQSi4Mo	在空气炉气中耐热温度达到 800℃,硅上限时达到 900℃	罩式退火炉导向器、烧结机中后热筛板、加热炉吊梁
RTQSi5	在空气炉气中耐热温度达到 900℃	烧结机篦条、炉用件
RTQAl4Si4	在空气炉气中耐热温度达到 1050℃	焙烧机篦条、炉用件
RTQAl22	在空气炉气中耐热温度达到 1100℃,抗高温硫蚀性好	锅炉用侧密封块、链式加热炉爪、黄铁矿焙烧炉零件

7.7.2 耐磨铸铁

耐磨铸铁根据工作条件可分为两类:一类是在润滑条件下工作的,通常经受粘着磨损的作用,要求有小的摩擦系数。在润滑小摩擦条件下工作的耐磨铸铁也称为减摩铸铁。另一类是在无润滑干摩擦条件下工作的,通常经受各种磨粒的磨损作用,要求具有高而均匀的硬度,这种铸铁称为耐磨铸铁。

1. 减摩铸铁

因为要求有小的摩擦系数,一般其组织是在软基体上分布着硬的强化相。软基体磨损后形成沟槽,可保持油膜,以利润滑。符合这一要求的是珠光体基体的灰口铸铁。其中铁素体为软基体,渗碳体为硬强化相。为了进一步改善和提高珠光体灰口铸铁的耐磨性,向其中加入少量磷(质量分数为 0.4%~0.7%)制成高磷耐磨铸铁。磷和铁素体或珠光体形成磷化物共晶($F+Fe_3P$、$P+Fe_3P$ 或 $F+P+Fe_3P$),呈断续的网状分布在 P 基体上,起着支撑和骨架作用。同时配以适量的片状石墨,使铸铁的耐磨性显著提高。但由于有磷共晶的存在,容易使铸件变脆,因此要严格控制化学成分,特别是含磷量。在高磷耐磨铸铁基础上还可加入 V、Ti 等形成高硬度的 VC、TiC 化合物强化相,加入适量的 Cr、Mo 等,强化基体,增加珠光体量,细化和改善组织,以提高耐磨性。

减摩铸铁广泛用于机床导轨、汽缸套、发动机的汽缸和活塞环等。

2. 耐磨铸铁

在干摩擦、磨粒磨损条件下,要求高硬度的耐磨铸铁,分以下几种。

(1) 激冷铸铁　常见的白口铸铁就是耐磨铸铁,用于犁铧等耐磨铸铁件的白口铸铁脆性较大,不能承受冲击载荷的作用。解决的方法是:生产中常在灰口铸铁的基础上加入质量分数为1.0%～1.6%的Ni、0.4%～0.7%的Cr,并采用“激冷”的方法得到冷硬铸铁,即用金属型铸造铸件的白口耐磨表面,其他部位采用砂型。在化学成分上利用高碳低硅保证表面白口层的深度,而心部为灰口铸铁组织。使铸件既能承受一定的冲击载荷,又有较高的耐磨性。激冷铸铁已用于轧辊、车轮等铸铁件。

(2) 中锰耐磨铸铁 将稀土镁球墨铸铁中的含Mn、Si量分别增加到$w(\mathrm{Mn})=5\%\sim9.5\%$和$w(\mathrm{Si})=4.0\%\sim4.8\%$,经球化处理和孕育处理后,再适当地控制冷速,可得到M和A的基体,在基体上分布着合金渗碳体$(\mathrm{FeMn})_3\mathrm{C}$。M和$(\mathrm{FeMn})_3\mathrm{C}$具有较高的硬度,而A又易产生加工硬化现象,结果使铸铁的硬度升高,提高了耐磨性。它用于球磨机的衬板、磨球,耙片,机引犁铧,喷丸机叶片等。

(3) 抗磨白口铸铁 在白口铸铁的基础上加入质量分数为7%～30%的Cr、1.0%～3.0%的Mo以及Ni、Cu等,使组织中的$\mathrm{Fe_3C}$变为$(\mathrm{Fe\cdot Cr})_3\mathrm{C}$、$\mathrm{Cr_7C_3}$和$(\mathrm{Cr\cdot Fe})_7\mathrm{C_3}$等。这些碳化物的硬度很高,一般达到1300～1800HV,耐磨性好,且分布不连续,使铸铁的韧性得到改善。这种铸铁由于加入较多的合金元素,其组织中产生大量共晶碳化物和二次碳化物,同时又有M、S等高硬相,当然还有残余A,所有这些结构和组织都可提高耐磨性。这种高铬抗磨白口铸铁已用于大型球磨机衬板和大型粉碎机的锤头等铸件。

根据国家标准(GB/T 8263—1999)规定,抗磨白口铸铁的牌号和化学成分如表7-14所示。

表7-14 抗磨白口铸铁的牌号和化学成分(GB/T 8263—1999)

牌 号①	主要化学成分的质量分数/%								
	C	Si	Mn	Cr	Mo	Ni	Cu	S	P
KmTBNi4Gr2-DT	2.4～3.0	≤0.8	≤2.0	1.5～3.0	≤1.0	3.3～5.0	—	≤0.15	≤0.15
KmTBNi4Gr2-GT	3.0～3.6	≤0.8	≤2.0	1.5～3.0	≤1.0	3.3～5.0	—	≤0.15	≤0.15
KmTBCr9Ni5	2.5～3.6	≤2.0	≤2.0	7.0～11.0	≤1.0	4.5～7.0	—	≤0.15	≤0.15
KmTBCr2	2.1～3.6	≤1.2	≤2.0	1.5～3.0	≤1.0	<1.0	≤1.2	≤0.10	≤0.15
KmTBCr8	2.1～3.2	1.5～2.2	≤2.0	7.0～11.0	≤1.5	<1.0	≤1.2	≤0.06	≤0.10
KmTBCr12	2.0～3.3	≤1.5	≤2.0	11.0～14.0	≤3.0	<2.5	≤1.2	≤0.06	≤0.10
KmTBCr15Mo②	2.0～3.3	≤1.2	≤2.0	14.0～18.0	≤3.0	<2.5	≤1.2	≤0.06	≤0.10
KmTBCr15Mo②	2.0～3.3	≤1.2	≤2.0	18.0～23.0	≤3.0	<2.5	≤1.2	≤0.06	≤0.10
KmTBCr26	2.0～3.3	≤1.2	≤2.0	23.0～30.0	≤3.0	<2.5	≤2.0	≤0.06	≤0.10

注:① 牌号,“DT”和“GT”分别是“低碳”和“高碳”的汉语拼音的第一个大写字母,表示该牌号含碳量的高低。

② 一般情况下,该牌号应含钼(Mo)。

抗磨白口铸铁的金相组织和使用特性如表7-15所示。

表7-15 抗磨白口铸铁的金相组织和使用特性(GB/T 8263—1999附录)

牌 号	金相组织		使用特性
	铸态或铸态并去应力处理	硬化态或硬化态并去应力处理	
KmTBNi4Cr2-DT	共晶碳化物$\mathrm{M_3C}$+马氏体+贝氏体+奥氏体	共晶碳化物$\mathrm{M_3C}$+马氏体+贝氏体+残余奥氏体	可用于中等冲击载荷的磨料磨损
KmTBNi4Cr2-GT			用于较小冲击载荷的磨料磨损
KmTBCr9Ni5	共晶碳化物($\mathrm{M_7C_3}$+少量$\mathrm{M_3C}$)+马氏体+奥氏体	共晶碳化物($\mathrm{M_7C_3}$+少量$\mathrm{M_3C}$)+二次碳化物+马氏体+残余奥氏体	有很好的淬透性,可用于中等冲击载荷的磨料磨损

续表

牌　号	金相组织		使用特性
	铸态或铸态并去应力处理	硬化态或硬化态并去应力处理	
KmTBCr2	共晶碳化物 M_3C + 珠光体	共晶碳化物 M_3C+二次碳化物+马氏体+残余奥氏体	用于较小冲击载荷的磨料磨损
KmTBCr8	共晶碳化物（M_7C_3 + 少量 M_3C）+细珠光体	共晶碳化物（M_7C_3 + 少量 M_3C）+二次碳化物+贝氏体+马氏体+奥氏体	有一定耐蚀性，可用于中等冲击载荷的磨料磨损
KmTBCr12	共晶碳化物 M_7C_3+奥氏体及其转变产物	共晶碳化物 M_7C_3 +二次碳化物+马氏体+残余奥氏体	可用于中等冲击载荷的磨料磨损
KmTBCr15Mo	共晶碳化物 M_7C_3+奥氏体及其转变产物	共晶碳化物 M_7C_3 +二次碳化物+马氏体+残余奥氏体	可用于中等冲击载荷的磨料磨损
KmTBCr20Mo	共晶碳化物 M_7C_3+奥氏体及其转变产物	共晶碳化物 M_7C_3 +二次碳化物+马氏体+残余奥氏体	有很好的淬透性，有较好的耐蚀性，可用于较大冲击载荷的磨料磨损
KmTBCr26	共晶碳化物 M_7C_3 + 奥氏体	共晶碳化物 M_7C_3 +二次碳化物+马氏体+残余奥氏体	有很好的淬透性，有良好的耐蚀性和抗高温氧化性，可用于较大冲击载荷的磨料磨损

注：金相组织中 M 代表 Fe、Cr 等金属原子，C 代表碳原子。

7.7.3　耐蚀铸铁

金属腐蚀的两种方式是：化学腐蚀和电化学腐蚀。金属和氧接触，产生“铁锈”是化学腐蚀。电化学腐蚀是金属在电解液（如湿空气及酸、碱、盐溶液等）中，由于产生原电池和其作用而引起的腐蚀现象。铸铁是多相合金，由石墨、Fe_3C 和 F 组成，其中石墨的电极电位最高（+0.37V），F 最低（−0.44V），Fe_3C 居中，因此铸铁处在电解质溶液中时，石墨和 Fe_3C 成为阴极，而 F 成为阳极，构成微电池，阳极 F 不断被溶解，从而产生电化学腐蚀。为了减少电化学腐蚀，希望组织中各相电位差越小越好，最好为单相。另外，电解质溶液容易侵入石墨，扩大腐蚀范围，而且石墨和 F 之间电位差比 Fe_3C 和 F 之间电位差大，使腐蚀增加，因此耐蚀铸铁中的碳最好是 Fe_3C 的形态。

在铸铁中加入 Si、Al、Cr、Mo 和 Cu 等合金元素，可使基体的电极电位提高，降低了组织中各相的电位差；使基体成为单相，并减少石墨数量；使铸铁件表面形成一层致密的保护膜，与电解质隔开，保护铸铁不被继续腐蚀，即提高了耐蚀性。

常用耐蚀铸铁有以下两种。

1. 高硅耐蚀铸铁

在铸铁中加入质量分数为 10%～18%的 Si，当 $w(C) \leqslant 1.2\%$时，可使之在含氧酸（如硝酸、硫酸）中的耐蚀性不亚于 1Cr18Ni9Ti；但在碱性介质和盐酸、氢氟酸中，由于表面的

SiO_2 保护膜被破坏，使耐蚀性下降。为了改善其在碱性介质中的耐蚀性，可向铸铁中加入质量分数为 1.80%～2.20%的 Cu。

2. 高铬耐蚀铸铁

铬在铸铁中可增加组织致密性，并阻碍石墨化。如果加入质量分数为 4.0%～5.0%的高铬量，则和硅一样，能在铸件表面形成一层 Cr_2O_3 保护膜，提高铸铁的耐蚀性。

根据国家标准(GB 8491—1987)规定，高硅耐蚀铸铁的牌号和化学成分如表 7-16 所示。

表 7-16　高硅耐蚀铸铁的牌号和化学成分(GB 8491—1987)

牌　号	主要化学成分的质量分数/%								
	C	Si	Mn	P	S	Cr	Mo	Cu	RE 残留量
STSi11Cu2CrRE	≤1.20	10.00～12.00				0.60～0.80	—	1.80～2.20	
STSi15RE	≤1.00	14.25～15.75				—	—	—	
STSi15Mo3RE	≤0.90	14.25～15.75	≤0.50	≤0.10	≤0.10	—	3.00～4.00	—	≤0.10
STSi15Cr4RE	≤1.40	14.25～15.75				4.00～5.00	—	—	
STSi17RE	≤0.80	16.00～18.00				—	—	—	

高硅耐蚀铸铁的性能、适用条件及应用举例如表 7-17 所示。

表 7-17　高硅耐蚀铸铁的性能、适用条件及应用举例(GB 8491—1987 附录)

牌　号	性能和适用条件	应 用 举 例
STSi11Cu2CrRE	具有较好的力学性能，可用一般的机械加工方法进行生产。在浓度≥10%的硫酸、浓度≤46%的硝酸或由上述两种介质组成的混合酸、浓度≥70%的硫酸加氯、苯、苯磺酸等介质中，具有较稳定的耐蚀性，但不允许有急剧的变载荷、冲击载荷和温度突变	卧式离心机、潜水泵、阀门、旋塞、塔罐、冷却排水管、弯头等化工设备和零部件等
STSi15RE STSi17RE	在氧化性酸(例如：各种温度和浓度的硝酸、硫酸、铬酸等)、各种有机酸和一系列盐溶液介质中都有良好的耐蚀性，但在卤素的酸、盐溶液(如氢氟酸、氟化物等)和强碱溶液中不耐蚀，不允许有急剧的交变载荷、冲击载荷和温度突变	各种离心泵、阀类、旋塞、管道配件、塔罐、低压容器及各种非标准零部件
STSi15Mo3RE	在各种浓度和温度的硫酸、硝酸、盐酸中，在碱水、盐水溶液中，当同一铸件上各部位的温差不大于30℃时，在没有动载荷、交变载荷和脉冲载荷情况下，具有特别高的耐蚀性	
STSi15Cr4RE	具有优良的耐电化学腐蚀性能，并有改善抗氧化性条件的耐蚀性能。高硅铬铸铁中的铬可提高其钝化性和点蚀击穿电位，但不允许有急剧的交变载荷和温度突变	在外加电流的阴极保护系统中，大量用作辅助阳极铸件

耐蚀铸铁主要用于化工零部件，如化工管道、阀门、泵、反应器、存储器和容器等。

习题

1. 为什么钢中碳以渗碳体形式出现，而铸铁中碳以石墨形式出现？

2. 什么是铸铁的石墨化？分哪几个阶段？对铸铁的组织有什么影响？

3. 灰口铸铁中有哪几个基本相？它们可组成哪几种组织？

4. 为什么铸铁的 σ_b、δ 和 a_k 比钢低？但铸铁又在工业生产上广泛利用，为什么？

5. 为什么一般机器的支架、机床床身和形状复杂的缸体常用灰口铸铁制造？

6. 对于灰口铸铁来说，基体中珠光体数量越多，珠光体片越细，其强度越高。在生产上常用哪些方法增加铸铁中的珠光体数量？

7. 灰口铸铁件的薄壁处，经常出现高硬度层，切削加工困难，说明产生的原因和消除的方法？

8. 可锻铸铁和球墨铸铁中的石墨形态与形成方式有何不同？

9. 什么是铸铁的孕育处理？孕育处理的铸铁组织和性能有什么变化？

10. 说明为什么可锻铸铁适宜制作薄壁零件？而球墨铸铁不适宜制作这类零件？

11. 球墨铸铁是怎样获得的？它与相同基体的灰口铸铁相比，其突出的性能特点是什么？

12. 根据技术要求，球墨铸铁曲轴的基体应为珠光体组织，轴颈的硬度为 50～55HRC，试问应采用哪个牌号铸铁和进行怎样的热处理？

13. 说明下列牌号的含义和应用。

HT100、HT300、QT500-07、QT800-02、RuT340、KTH330-08、KTZ700-02、RTQSi5、KmTBCr8、STSi17Re。

14. 为制造下列零件，应选择哪一种牌号的铸铁：机床床身、汽缸套、汽车发动机曲轴、齿轮箱、汽车后桥壳、耙片、污水管、自来水三通管。

15. 铸铁中合金元素是怎样提高其耐热性能的？

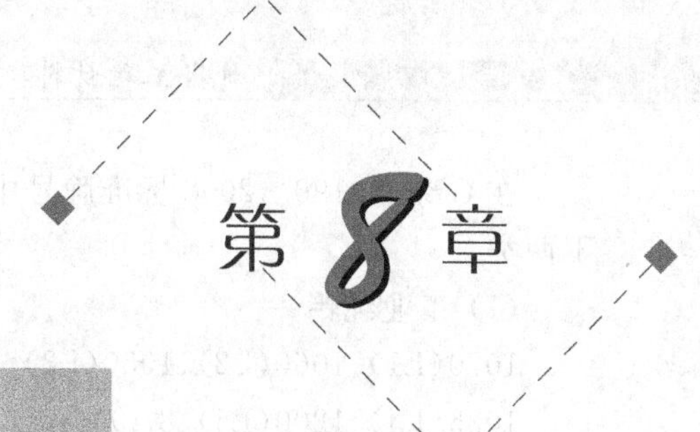

第8章 有色金属材料

通常把铁及其合金(钢、铸铁)称为黑色金属材料,而把非铁金属及其合金称为有色金属材料。

与黑色金属相比,有色金属具有许多优良特性,例如铝、镁、钛等金属及其合金具有密度小、比强度(强度/密度)高的特点,在飞机、汽车和船舶制造等工业中应用十分广泛;又如银、铜、铝等金属及其合金的导电性、导热性能好,是电气、仪表工业不可缺少的材料;再如钨、钼、钽、铌等合金及其金属的熔点高,是制造耐高温零件及电真空元件的理想材料;钛及其合金是理想的耐蚀材料等。

虽然有色金属使用量少,在机械制造业中,仅占4.5%左右,但由于它们具有钢铁材料所没有的许多特殊性能,因而在现代工业中是不可缺少的材料。在机械工业中应用较多的有铝、铜、钛及其合金和轴承合金等。

8.1 铝及其合金

铝及铝合金是应用最广泛的一种有色金属,其产量仅次于钢铁。

8.1.1 工业纯铝的主要特性及应用

铝的熔点为660.4℃,它在固态下呈面心立方晶体结构,塑性好($\delta=30\%\sim50\%$,$\psi=80\%$),可进行冷热压力加工,一般做成线、丝、箔、片、棒、管材等使用。铝的密度低,为$2.72g/cm^3$,仅为铁的1/3,属于轻金属。

铝的导电性和导热性好,广泛用于电气工业及热传导机械中。铝的导磁率低,接近非铁磁材料。铝抗大气腐蚀性能好,是因为在Al的表面生成一层与Al结合很牢固的致密的Al_2O_3薄膜,阻止氧向金属内部扩散和进一步氧化。铝在淡水、食物中也具有很好的耐蚀性。但在碱盐的水溶液中,氧化膜易被破坏,因此不能用铝制作盛碱盐溶液的容器。

铝的强度低,σ_b仅为70MPa,可通过冷加工强化或加入合金元素及其热处理强化。铝在$-253\sim0$℃范围的低温或超低温下也具有良好的塑性和韧性。

铝中的杂质主要是由于冶炼原料铁钒土带入,常有Si和Fe的氧化物。经冶炼后杂质常以Si、$FeAl_3$和$Fe_2Al_6Si_3$形式存在,一般都存在于晶界处,使Al的强度和塑性降低。铝中的杂质在有电解质溶液的条件下形成微电池,使Al受到腐蚀,因此必须加以限制。

在 GB/T 3190—2008 标准牌号中纯铝用 1×××表示，同时保留的曾用纯铝牌号有以下两类。

(1) 工业纯铝

1070(L1)、1060(L2)、1050(L3)。主要用于高导电体、电缆、导电机件和防腐机械。

1035(L4)、1200(L5)、8A06(L6)。主要用于器皿、管材、棒材、型材和铆钉等。

(2) 工业高纯铝

1A85(LG1)、1A90(LG2)、1A93(LG3)、1A97(LG4)、1A99(LG5)。主要用于制造铝箔、包铝及冶炼铝合金的原材料。

纯铝因强度低，一般不作结构材料使用。

8.1.2 铝合金及其热处理

1. 铝合金状态图的一般形式和铝合金分类

铝合金一般都具有如图 8-1 所示类型的相图。它们的共同特点是有以 Al 为基的 α 固溶体、α＋β 共晶体，*D* 点是固溶体溶解度的极限。根据该相图可将铝合金分为变形铝合金和铸造铝合金两类。

(1) 变形铝合金(锻造铝合金)　合金成分小于 *D* 点，在加热时均能形成单相固溶体，它具有良好的塑性，适于锻造、轧制和挤压等压力加工，故称为变形铝合金。其中，合金成分小于 *F* 点时，其固溶体成分不随温度而变化，不能进行热处理，故称不能热处理强化的铝合金，也称不时效强化铝合金。只能用冷加工硬化的办法来强化。成分在 *F*～*D* 之间的铝合金，其固溶体成分随温度而变化，即有固溶线 *DF*，此时可将合金加热到 *DF* 线以上用急冷的方法使高温状态的 α 固溶体保留到室温，呈过饱和 α 固溶体，它处于不稳定状态，随时间延长将有第二相(化合物)析出，致使合金硬化，即时效强化。凡是有固溶线强化的铝合金，因为可以用热处理方法强化，故也称能热处理强化铝合金。

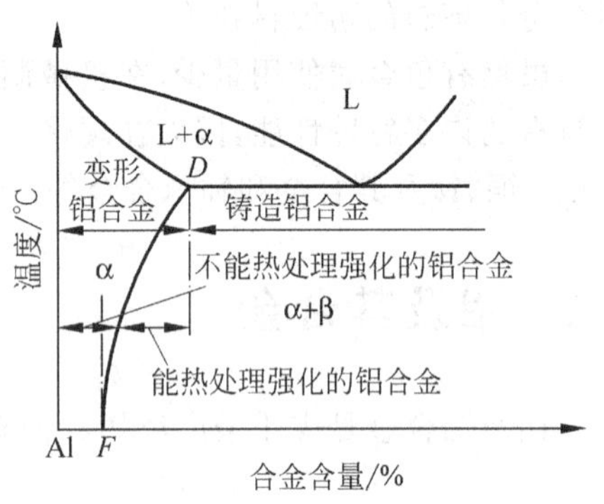

图 8-1　铝合金分类示意图

(2) 铸造铝合金　合金成分大于 *D* 点时可发生共晶反应，因此其组织为除单相固溶体外，还有低熔点共晶组织，由于流动性好，适于铸造，故称为铸造铝合金。

应当指出，有些铝合金，如耐热铝合金，成分虽然大于 *D* 点，它既可以铸造，又可以压力加工，所以 *D* 点只是一个理论分界线，而不是区分铝合金类型的绝对标准。

2. 铝合金的时效热处理

铝合金的热处理强化主要是通过固溶处理和时效进行的，其强化效果是依靠时效过程中所产生的硬化来实现的。现以 Al-Cu 合金为例，讨论其时效硬化的基本规律。

图 8-2 是 Al-Cu 合金相图，由图可看出，铜在铝中的溶解度是随温度升高而增加，在共晶温度 548℃时，Cu 在 Al 中的溶解度为 5.65％，在室温时，铜在铝中溶解度不到0.5％。在

固溶线温度以上为α固溶体，在固溶线温度以下为α+θ(Al_2Cu)组织。其α是Cu溶入Al中形成的置换式固溶体，具有面心立方结构，而θ是Al和Cu形成的金属化合物Al_2Cu，是正方点阵结构，硬度为500HB，较脆。

将含铜量为0.5%～5.65%的铝合金(例$w(Cu)=4\%$的铝合金)加热为单相α固溶体，然后将其急冷(类似于淬火)得到不稳定的过饱和α固溶体，这一过程称为固溶处理。它随时间的延长或温度升高将力求析出第二相，使合金发生强化，这种现象称为"时效硬化"或"时效强化"。在室温下进行的时效称为"自然时效"，在加热条件(100～200℃)下进行的时效称为"人工时效"。

图8-3为$w(Cu)=4\%$的铝合金自然时效的曲线。由图可知，时效初期，强度变化很小，在最初几小时内强度不发生明显变化，这一时期称为孕育期，此时合金塑性很好，在生产中可利用孕育期进行合金的铆接、弯曲和矫直等加工。时效进行到5～15h强化速度最大，4～5天后强度达到最高值，以后强度不再发生明显变化。

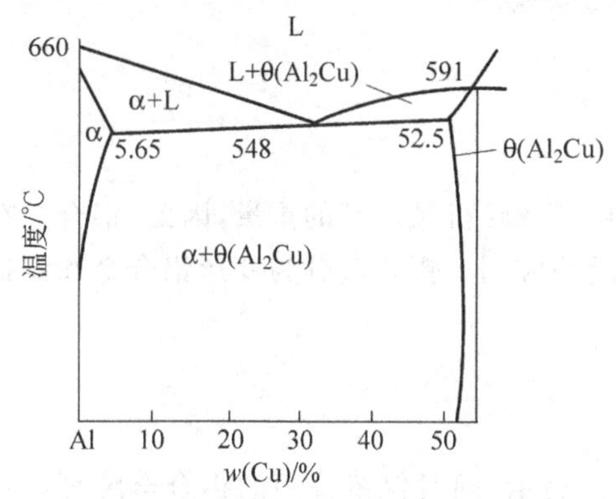

图8-2　Al-Cu合金相图

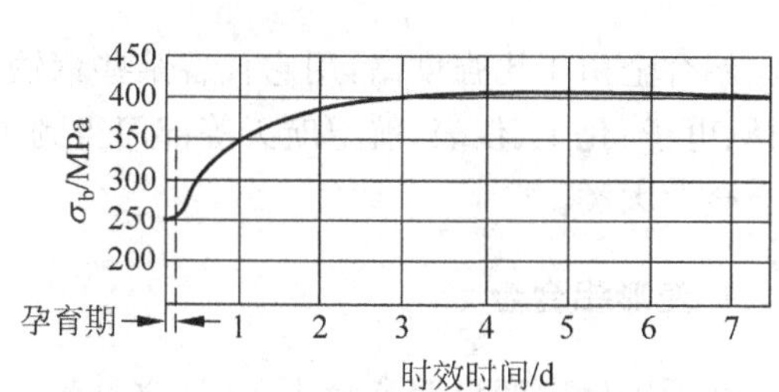

图8-3　$w(Cu)=4\%$的铝合金自然时效曲线

铝合金的时效过程　铝合金时效过程中强度和硬度的变化是和合金中结构和组织的变化相联系的。$w(Cu)=4\%$的铝合金的时效过程如下。

第一阶段：在急冷状态下的α固溶体中，Cu原子在Al中是无序、任意分布的。时效的初期，即时效温度低或时效时间短时，在α固溶体的(110)晶面上聚集了较多的Cu原子，称为富Cu区，也称为GP区(G和P是两个法国人Guinler和Preston的名字的字头)。这种GP区只是由于Cu原子的偏聚引起，称为GP(Ⅰ)区，它的直径约为40～50Å，其厚度只有几个原子间距，呈圆片状，没有完整的晶体结构，与母相(基体)共格，并保留在母相晶格中，但与母相没有界面。由于Cu原子的偏聚，使GP区附近的晶格发生很大的畸变，阻碍位错运动，引起合金强化。

第二阶段：随时间延长或温度升高，Cu原子集聚扩散，GP区逐渐变厚，直径长大，而且Cu和Al原子呈规则有序排列，形成GP(Ⅱ)区，又称θ相，其直径约为100～400Å(10～40nm)，厚度为10～40Å(1～4nm)，它虽与母相共格相连，并以相同晶格形式存在，但因尺寸不同而产生更加严重的畸变强化，使强化达到最高阶段。

第三阶段：随时间延长或温度升高，在GP(Ⅱ)区的基础上形成了新的过渡相θ'，其成分与θ相(Al_2Cu)相同，具有正方结构，其晶格的两个棱边$a=b$，并与母相(基体)晶格常数相同，但在C轴的晶格常数略显收缩。θ'已部分与母相晶格脱离关系，即大部分还与母相有共格关系，但基体晶格畸变已减轻，阻碍位错运动的作用减小，合金趋向于软化。

第四阶段：随着时效时间的再延长或温度的再升高，过渡相 θ' 继续长大，共格面附近的畸变也随之增加，达到一定程度后，θ' 与母相共格关系完全被破坏，并脱离了母相，形成具有正方点阵结构的独立晶格的晶体。在高倍光镜下可见第二相（θ 相）质点，合金的畸变减小，时效强化效果降低，合金软化，这种现象称为过时效。

总之，$w(\mathrm{Cu})=4\%$ 的铝合金在时效过程中其结构的变化顺序是由过饱和 α 固溶体→GP（Ⅰ）区→GP（Ⅱ）区，它们是合金强化的主要结构，并在 GP（Ⅱ）区的末期和 θ' 相的初期使合金强化达到峰值。到 θ' 相后期已开始软化，于 θ 相大量出现，软化非常严重，达到过时效。

从以上分析可以看出，铝合金的时效强化是由于大量的小片状的 GP 区弥散在合金内部，阻碍了滑移，使合金强度升高，其实质是由于大量 GP 区与母相共格关系的出现，使合金中的位错在基体上通过比较困难，位错线遇到 GP 区将产生弯曲，此时移动位错将需要的外加应力就要加大，使合金强度提高。因此用时效强化要考虑用最大的冷速来达到最大的过饱和度、最佳温度和最佳时间，只有这样，才能达到最好效果。

8.1.3 常用铝合金

铝合金由于比强度高，用它代替某些钢铁材料，可减轻机械产品的重量，因此，铝合金在机械、电子、化工、仪表、航空航天等部门得到了广泛的应用。铝合金分为变形铝合金和铸造铝合金两大类。

1. 变形铝合金

在新国标中变形铝合金用 2××××～8××××表示，同时保留曾用的铝合金牌号中还有：防锈铝合金（LF）、硬铝合金（LY）、超硬铝合金（LC）、锻铝合金（LD）。其中 L、F、Y、C、D 分别为“铝”、“防”、“硬”、“超”和“锻”汉语拼音的第一个字母。

常用变形铝合金的牌号、化学成分、力学性能和用途，如表 8-1 所示。

表 8-1 常用变形铝合金的牌号、化学成分、力学性能和用途

（摘自 GB/T 3190—2008、GB/T 3191—1998）

<table>
<tr><th rowspan="2">类别</th><th rowspan="2">牌号（旧牌号）</th><th colspan="8">化学成分[①] w/%</th><th rowspan="2">棒材直径/mm</th><th rowspan="2">试样状态</th><th colspan="2">力学性能（≥）</th><th rowspan="2">用途举例</th></tr>
<tr><th>Si</th><th>Fe</th><th>Cu</th><th>Mn</th><th>Mg</th><th>Zn</th><th>Ti</th><th>其他</th><th>σ_b/MPa</th><th>δ₅/%</th></tr>
<tr><td rowspan="2">防锈铝合金</td><td>5A05（LF5）</td><td>≤0.50</td><td>≤0.50</td><td>≤0.10</td><td>0.3～0.6</td><td>4.8～5.5</td><td>≤0.20</td><td>—</td><td>—</td><td rowspan="2">150</td><td rowspan="2">退火</td><td>265</td><td>15</td><td>多用于液体环境中工作的零件，如管道、容器等</td></tr>
<tr><td>3A21（LF21）</td><td>≤0.6</td><td>≤0.7</td><td>≤0.20</td><td>1.0～1.6</td><td>≤0.05</td><td>≤0.10</td><td>≤0.15</td><td>—</td><td>165</td><td>20</td><td>用在液体或气体介质中工作的低载荷零件，如油箱、导管及各种异形容器</td></tr>
<tr><td rowspan="2">硬铝合金</td><td>2A11（LY11）</td><td>≤0.7</td><td>≤0.7</td><td>3.8～4.8</td><td>0.4～0.8</td><td>0.4～0.8</td><td>≤0.30</td><td>≤0.15</td><td>Ni 0.10
(Fe+Ni)≤0.7</td><td>20～120</td><td rowspan="2">固溶处理+自然时效</td><td>390</td><td>8</td><td>用作中等强度的零件，空气螺旋桨叶片，螺栓铆钉等</td></tr>
<tr><td>2A12（LY12）</td><td>≤0.50</td><td>≤0.50</td><td>3.8～4.9</td><td>0.3～0.9</td><td>1.2～1.8</td><td>≤0.30</td><td>≤0.15</td><td>Ni0.10
(Fe+Ni)≤0.5</td><td>20～120</td><td>440</td><td>8</td><td>制造高负荷零件，工作在150℃以下的飞机骨架、框隔、翼梁、翼肋、蒙皮等</td></tr>
</table>

续表

类别	牌号(旧牌号)	化学成分①w/%								棒材直径/mm	试样状态	力学性能(≥)		用途举例
		Si	Fe	Cu	Mn	Mg	Zn	Ti	其他			σ_b/MPa	δ_5/%	
超硬铝合金	7A04(LC4)	≤0.50	≤0.50	1.4~2.0	0.2~0.6	1.8~2.8	5.0~7.0	≤0.10	Cr:0.10~0.20	20~100	固溶处理+人工时效	550	6	制造主要承力结构件，如飞机的大梁、桁条、加强框、蒙皮、翼肋、起落架等
	7A09(LC9)	≤0.50	≤0.50	1.2~2.0	≤1.5	2.0~3.0	5.1~6.1	≤0.10	Cr:0.16~0.30			550	6	制造飞机蒙皮等结构件和主要受力零件
锻铝合金	2A50(LD5)	0.7~1.2	≤0.7	1.8~2.6	0.4~0.8	0.4~0.8	≤0.30	≤0.15	Ni 0.10 (Fe+Ni)≤0.7	20~120		380	10	用于制造要求中等强度且形状复杂的锻件及模锻件
	2A70(LD7)	≤0.35	0.9~1.5	1.9~2.5	≤0.20	1.4~1.8	≤0.30	0.02~0.1	Ni:0.9~1.5	150		355	8	高温下工作的锻件，如内燃机活塞及复杂件，如叶轮，板材可作高温焊接冲压件

注：① Al为余量，其他元素单种含量≤0.05%，总量≤0.10%。

用变形铝和铝合金可制成棒、板、带、线、型材、管材、箔材及锻件，因此，要求这类合金要具有较好的塑性。常用的有：

(1) 防锈铝合金　常用的牌号有5A05(LF5)等。它们的主加元素是镁和锰，即是Al-Mg系和Al-Mn系合金。锰的主要作用是提高铝合金的抗蚀能力，并起固溶强化作用。而镁亦起固溶强化作用，并使合金的密度降低。

防锈铝合金锻造退火后形成单相固溶体，其特点是时效效果极微弱，不能用时效热处理强化，属于不能热处理强化的铝合金，只能用冷加工硬化方法进行强化。

5A05的密度比纯铝小，强度比Al-Mn合金高，具有高的抗蚀性和塑性，焊接性能良好，但切削加工性差。主要用于焊接容器、管道以及承受中等载荷的零件及制品，也可用于制作铆钉。

(2) 硬铝合金　常用的牌号有2A01(LY1)、2A11(LY11)、2A12(LY12)等。这类合金也称杜拉铝。它属于Al-Cu-Mg系合金，还有少量的Mn。Cu和Mg是为了形成强化相Al_2Cu(θ相)和Al_2CuMg(S相)。Mn主要是提高合金的抗蚀性，并有一定的固溶强化作用。但Mn的析出倾向小，不参与时效过程。有时还可加入钛和硼以细化晶粒和提高合金强度。这类合金可用时效热处理强化，也可用冷变形加工强化。

2A01(LY1)、2A10(LY10)等，属于低合金硬铝，其中Mg、Cu含量较低，塑性好，强度低。可采用固溶处理和自然时效提高强度和硬度，时效速度较慢。主要用于制作铆钉，常称为铆钉硬铝。

2A11(LY11)等，属于合金元素含量中等，塑性和强度均属中等，也算标准硬铝。退火后变形加工性能良好，时效后切削性能也好。主要用于轧材、锻材、冲压件以及螺旋桨叶片和大型铆钉等重要零部件。

2A12(LY12)、2A06(LY6)等，合金元素含量较多，强度和硬度较高，塑性及变形加工性能较差，也称为高合金硬铝。固溶处理时效的强化效果比2A11(LY11)更高。用于航空模锻件和重要的轴、销等零件。

硬铝合金在使用或加工时应注意两点。

① 耐蚀性差,易产生晶间腐蚀,特别是在海水中更差。为了提高其耐蚀能力,常在硬铝表面包覆一层纯铝,称为包铝,其厚度约为硬铝板厚的 4%~8%。

② 固溶处理加热温度范围窄,一般温度波动范围不应超过±5℃,若加热温度过低,则因溶入固溶体的铜量和镁量不足,致使时效后强度和塑性偏低;反之如果过高,则固溶体晶界将发生熔化,产生"过烧",致使零件报废。所以热处理时必须严格控制加热温度。

(3) 超硬铝合金 常用的牌号有 7A04(LC4)等。这类合金属于 Al-Zn-Mg-Cu 系合金,并含有少量的铬和锰。Zn、Mg、Cu 和 Al 能形成固溶体和多种复杂的强化相。例如,θ 相、S 相、Zn_2Mg(η 相)和 $Al_2Mg_3Zn_3$(T 相)等。所以这类铝合金是经固溶处理和时效后获得的强度最高的一种铝合金。铬和锰能提高合金的强度和耐蚀性。

这类合金的缺点,一是受热后易软化,工作温度不能超过 120℃,另一是抗蚀性差,常用包铝法提高其耐蚀性。

超硬铝合金多用于制造受力较大的结构件,如飞机大梁、起落架、飞机的蒙皮等。

(4) 锻铝合金 常用的牌号有 2A50(LD5)、2A70(LD7)等。这类合金属于 Al-Mg-Si-Cu 系合金和 Al-Cu-Mg-Ni-Fe 系合金。合金中元素种类多,但数量少,具有良好的热塑性、铸造性和锻造性,并有较高的机械性能,耐热性好。它们的强化相有 θ 相、S 相、Mg_2Si(β 相)和 Al_3FeNi 等。它主要用于承受重载荷的锻件和模锻件,例如航空发动机活塞、直升机的桨叶等。

2. 铸造铝合金

按合金中所含主要元素的不同,可分四类。它们的代号、成分、机械性能及用途如表 8-2 所示。为了使合金具有良好的铸造性和足够的强度,合金中要有适量的低熔点共晶组织。因此,它的合金元素含量比变形铝合金要多些,其合金元素总质量分数可达 8%~25%。根据主要合金元素的不同,可分为 Al-Si 系、Al-Cu 系、Al-Mg 系和 Al-Zn 系等四类。

铸造铝合金的牌号用 ZL 加三位数字表示,ZL 为"铸"和"铝"二字汉语拼音的字头,第一位数字表示合金类别,第二、三位数字表示顺序号。例如,

Al-Si 系用 ZL101、ZL102、…、ZL116 等表示。

Al-Cu 系用 ZL201、ZL203、…表示。

Al-Mg 系用 ZL301、ZL303、…表示。

Al-Zn 系用 ZL401、ZL402 表示。

这类合金主要用于制造重要的、形状复杂的铝合金零件,如汽车、拖拉机发动机的活塞,飞机发动机的汽缸体,增压器的缸体,曲轴箱等。

(1) Al-Si 系铸造铝合金

Al-Si 铸造铝合金又称硅铝明。Al-Si 合金相图如图 8-4 所示,共晶成分含硅量为 11.7%,共晶温度为 577℃,它相当于 ZL102 合金成分。由于它有低熔点的共晶组织(α+Si),其优点是铸造性能好,并且有较好的耐蚀性和耐热性。但这种组织是由 α 基体上分布着粗大的片状 Si 晶体,而且 Si 和 Al 在室温下又互不溶解或很少溶解,因此可以看作共晶体是两个单质的机械混合物,这种组织的强度和塑性都很低,特别是粗大片状 Si 晶体,塑性不好,使合金性能降低。为提高 ZL102 合金的性能,常采用变质处理的办法,即在浇注前向合金中加入占合金总质量 2%~3%(常用 2/3NaF+1/3NaCl)的钠盐混合物或质量分数

表 8-2 常用铸造铝合金的代号、成分、机械性能及用途(摘自 GB 1173—1995)

类别	牌号	代号	主要化学成分的质量分数/%						机械性能					用途
			Si	Cu	Mg	Mn	其他	Al	铸造方法	热处理	σ_b/MPa	δ/%	硬度/HBS	
铝硅合金	ZAlSi12	ZL102	10.0～13.0					余量	SB JB SB J	F F T2 T2	≥143 ≥153 ≥133 ≥143	≥4 ≥2 ≥4 ≥3	≥50 ≥50 ≥50 ≥50	形状复杂的零件,如飞机、仪器零件、抽水机壳体
	ZAlSi9Mg	ZL104	8.0～10.5		0.17～0.30	0.2～0.5		余量	J J	T1 T6	≥192 ≥231	≥1.5 ≥2	≥70 ≥70	形状复杂、工作温度为 220℃以下的零件,如电动机壳体、汽缸体
	ZAlSi5Cu1Mg	ZL105	4.5～5.5	1.0～1.5	0.40～0.60			余量	J J	T5 T7	≥231 ≥173	≥0.5 ≥1	≥70 ≥65	形状复杂、工作温度为 250℃以下的零件,如风冷发动机的汽缸头、机匣、油泵壳体
	ZAlSi7Cu4	ZL107	6.5～7.5	3.5～4.5				余量	SB J	T6 T6	≥241 ≥271	≥2.5 ≥3	≥90 ≥100	强度和硬度较高的零件
	ZAlSi9Cu2Mg	ZL111	8.0～10.0	1.3～1.8	0.4～0.6	0.10～0.35	Ti 0.10～0.35	余量	SB J	T6 T6	≥251 ≥310	≥1.5 ≥2	≥90 ≥100	活塞及高温下工作的其他零件
铝铜合金	ZAlCu5Mn	ZL201		4.5～5.3		0.6～1.0	Ti 0.15～0.35	余量	S S	T4 T5	≥290 ≥330	≥3 ≥4	≥70 ≥90	砂型铸造工作温度为 175～300℃的零件,如内燃机汽缸头、活塞
	ZAlCu4	ZL203		4.0～5.0				余量	J J	T4 T5	≥202 ≥222	≥6 ≥3	≥60 ≥70	中等载荷、形状比较简单的零件
铝镁合金	ZAlMg10	ZL301			9.5～11.5			余量	S	T4	≥280	≥9	≥20	大气或海水中工作的零件,承受冲击载荷、外形不太复杂的零件,如舰船配件、氨用泵体等
	ZAlMg5Si1	ZL303	0.8～1.3		4.5～5.5	0.1～0.4		余量	S,J	F	≥143	≥1	≥55	
铝锌合金	ZAlZn11Si7	ZL401	6.0～8.0		0.1～0.3		Zn 9.0～13.0	余量	J	T1	≥241	≥1.5	≥90	结构形状复杂的汽车、飞机、仪器零件,也可制造日用品
	ZAlZn6Mg	ZL402			0.5～0.65		Zn 5.0～6.5 Cr 0.4～0.6 Ti 0.15～0.25	余量	J	T1	≥231	≥4	≥70	

注:J—金属膜;S—砂膜;B—变质处理;F—铸态。

T1—人工时效;T2—退火;T4—固溶处理+自然时效;T5—固溶处理+不完全人工时效;T6—固溶处理+完全人工时效;T7—固溶处理+稳定化处理;T8—固溶处理+软化处理。

为0.1%的纯钠的变质剂。使Al-Si合金相图上的共晶成分和共晶温度，即共晶点向右下方移动，如图8-5(虚线)所示，结果获得亚共晶组织 α+(α+Si)。由于合金过冷产生了大量的结晶核心，从而细化晶粒，使合金的强度和塑性提高。Al-12Si合金变质前后的铸态组织如图8-6所示。

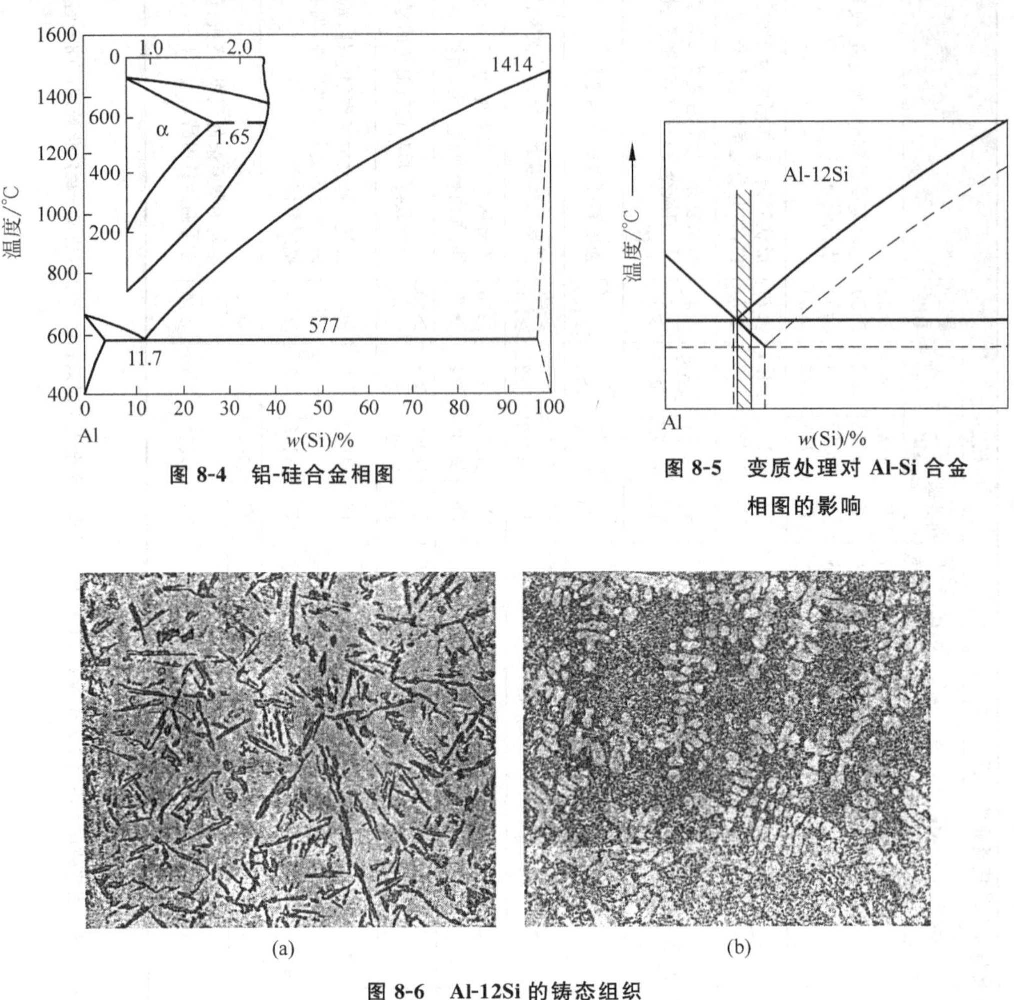

图8-4　铝-硅合金相图

图8-5　变质处理对Al-Si合金相图的影响

图8-6　Al-12Si的铸态组织

(a) 变质前；(b) 变质后

铸造铝合金，如ZL102等，也称简单的Al-Si铸造合金，它的铸造性和焊接性均好，抗蚀性和耐热性亦尚可，但时效热处理强化效果很小，强度低。为了提高强度，在合金中加入Cu、Mg等元素，使之形成强化相 Al_2Cu、Mg_2Si、Al_2CuMg 等以得到能进行时效强化的特殊铸造铝合金，也可进行变质处理，获得较高的机械性能。这类合金具有铸造性能好，且又耐磨、耐蚀、耐热、膨胀系数小等优点，故应用广泛。它们常用来制造内燃机活塞、汽缸体、风扇叶片等。常用的牌号有ZL101、ZL102、ZL104、ZL107、ZL109和ZL110等。

(2) Al-Cu系铸造铝合金

这类合金具有较高的强度和塑性，并具有很好的耐热性能，但铸造性和耐蚀性差，因此常用于要求高强度和高温(300℃以下)条件下工作的零件。例如，内燃机汽缸盖、活塞、增压器的导风叶轮等。典型的牌号有ZL201、ZL203等。

(3) Al-Mg 系铸造铝合金

这类合金的特点是耐蚀性好，强度高，密度小($2.55g/cm^3$)，比纯铝还好，但铸造性能不好，耐热性能低。通常用自然时效强化。用于制造承受冲击载荷、在腐蚀介质中工作、而外形不复杂、便于铸造的零件，如舰船的机械零件，氨用泵体等。常用的牌号有 ZL301、ZL303 等。

(4) Al-Zn 系铸造铝合金

这类合金价格便宜，铸造性能好，经变质处理和时效处理后强度高，但耐蚀性差，热裂倾向大。常用于制造汽车、拖拉机、发动机零件、形状复杂的仪器零件和医疗器械等。常用牌号有 ZL401、ZL402 等。

变形铝和铝合金新旧牌号对照表见附录 D。

8.2 铜及其合金

在有色金属中，铜的产量仅次于铝。铜及其合金在我国有着悠久的使用历史，而且范围很广。

8.2.1 纯铜

纯铜呈玫瑰色，但容易和氧化合，表面形成氧化铜薄膜后，外观呈紫红色，故又称紫铜。由于纯铜常用电解方法制得，也称为电解铜。

纯铜的熔点为 1083℃，密度为 $8.93g/cm^3$，比钢的密度大约 15%。具有高的导电性、导热性和耐蚀性。具有良好的化学稳定性，在大气、淡水及冷凝水中均有优良的抗蚀性能；但在海水中耐蚀性差，易被腐蚀。纯铜在含有 CO_2 的湿空气中其表面将产生碳酸盐[$CuCO_3 \cdot Cu(OH)_2$ 或 $2CuO_3 \cdot Cu(OH)_2$]的绿色薄膜，一般称为铜绿。

工业纯铜中含有质量分数为 0.1%～0.5%的杂质，例如 Pb、Bi、O、S、P 等，它们使铜的导电能力降低。同时，Pb 和 Bi 能与 Cu 形成低熔点的共晶体(Cu+Pb)和(Cu+Bi)，分布在晶界上，它们的共晶温度分别为 326℃和 270℃。当铜进行热加工(820～860℃)时，共晶体发生熔化，破坏了晶粒间的结合，造成脆性断裂，这种现象称为“热脆”。而 S 和 O 也能与 Cu 形成共晶体($Cu+Cu_2S$)和($Cu+Cu_2O$)，它们的共晶温度分别为 1067℃和 1065℃，虽不会引起热脆，但由于 Cu_2S 和 Cu_2O 均为脆性化合物，在冷变形加工时易产生破裂，这种现象称为冷脆。

我国工业纯铜根据所含杂质的多少分为三级：T1、T2 和 T3。“T”为铜的汉语拼音字头，数字表示顺序号。数字越大，纯度越低。工业纯铜的牌号、成分和用途见表 8-3。

表 8-3 纯铜的牌号、成分和用途(摘自 GB/T 5231—2001)

牌号	含铜量	杂质的质量分数/%		杂质总质量分数/%	主要用途
		Sb	Pb		
T1	99.95	0.002	0.003	0.05	电线、电缆、雷管、储藏器等
T2	99.90	0.002	0.005	0.10	
T3	99.70	—	0.01	0.30	电气开关、垫片、铆钉、油管等

纯铜除工业纯铜外，还有一类叫无氧铜，其含氧量极低(0.002%、0.003%)。牌号有TU1、TU2，牌号中数字越大，则纯度越差。主要用于作电真空器件和高导电性铜线。

纯铜呈面心立方结构，强度和硬度低，但塑性好，在退火状态下，σ_b=200～250MPa，硬度为40～50HB，δ=40%～50%，故通常制成板材、带材、线材和管材等。用于作成电线、电缆、电刷、电器开关、散热器和冷凝器等。经冷变形强化可使强度和硬度分别提高到σ_b=400～430MPa，硬度为100～120HB，但塑性降低，δ=1%～3%。

纯铜的强度低，不适于作结构材料。工业上结构零件用的是铜合金，主要是利用铜合金化的方法来提高性能。

由于铜合金具有较高的强度，又保持了纯铜的优点，因此在工业中得到了广泛应用。

常用铜合金主要有黄铜、青铜两类。

8.2.2 黄铜

Cu-Zn合金或以Zn为主要加入合金元素的铜合金称为黄铜。黄铜是含锌量在0～50%之间的铜-锌合金，它具有较好的机械性能，并易加工成形，对大气和海水有较好的耐蚀性，价格低廉，且色泽美丽，是应用最广的铜合金。

黄铜按其所含合金元素种类分为普通黄铜和特殊黄铜；按生产方式分为压力加工黄铜和铸造黄铜。常用压力加工黄铜和铸造黄铜的代号、成分、机械性能和用途分别列于表8-4和表8-5。

表8-4 常用压力加工黄铜的代号、成分、性能及用途(摘自GB/T 5231—2001)

组别	代号	主要化学成分的质量分数/%		机械性能			用途举例
		Cu	其他	σ_b/MPa	δ/%	硬度/HBS	
简单黄铜	H96	95.0～97.0	Zn余量	450	2	—	冷凝管、散热器管及导电零件
	H85	84.0～86.0	Zn余量	550	4	126	虹吸管、蛇形管、冷却设备制件及冷凝器管
	H70	68.5～71.5	Zn余量	660	3	150	弹壳、造纸用管、机械和电气用零件
	H68	67.0～70.0	Zn余量	660	3	150	复杂的冷冲件和深冲件、散热器外壳、导管
	H62	60.5～63.5	Zn余量	500	3	164	销钉、铆钉、螺帽、垫圈导管、散热器
	H59	57.0～60.0	Zn余量	500	10	103	机械、电器用零件，焊接件，热冲压件
铅黄铜	HPb63-3	62.0～65.0	Pb2.4～3.0，Zn余量	650	4	—	钟表、汽车、拖拉机及一般机器零件
	HPb61-1	58.0～62.0	Pb0.6～1.0，Zn余量	610	4	—	结构零件
	HPb59-1	57.0～60.0	Pb0.8～1.9，Zn余量	650	16	140	适于热冲压及切削加工零件，如销子、螺钉、垫圈等

续表

组别	代号	主要化学成分的质量分数/%		机械性能			用途举例
		Cu	其他	σ_b /MPa	δ/%	硬度/HBS	
铝黄铜	HAl60-1-1	58.0～61.0	Al0.70～1.5，Fe0.70～1.5，Mn0.1～0.6，Zn余量	750	8	180	齿轮、蜗轮、衬套、轴及其他耐蚀零件
	HAl59-3-2	57.0～60.0	Al2.5～3.5，Ni2.0～3.0Fe0.5，Zn余量	650	15	150	船舶电机等常温下工作的高强度耐蚀零件
锡黄铜	HSn90-1	88.0～91.0	Sn0.25～0.75，Zn余量	520	5	148	汽车、拖拉机弹性套管等
	HSn62-1	61.0～63.0	Sn0.7～1.1 Zn余量	700	4	—	船舶、热电厂中高温耐蚀冷凝器管
铁黄铜	HFe59-1-1	57.0～60.0	Fe0.6～1.2，Mn0.5～0.8，Sn0.3～0.7，Zn余量	700	10	160	在摩擦及海水腐蚀下工作的零件，如垫圈、衬套等
锰黄铜	HMn58-2	57.0～60.0	Mn1.0～2.0，Zn余量	700	10	175	船舶和弱电用零件
硅黄铜	HSi80-3	79.0～81.0	Si2.5～4.0，Fe0.6，Zn余量	600	8	160	耐磨锡青铜的代用品
镍黄铜	HNi65-5	64.0～67.0	Ni5.0～6.5，Zn余量	700	4	—	压力计管、船舶用冷凝管

表8-5 常用铸造黄铜的牌号、成分、性能及用途(摘自GB 1176—1987)[①]

牌号(旧代号)	主要化学成分的质量分数/%		铸造方法	机械性能			应用举例
	Cu	其他		σ_b /MPa	δ/%	硬度/HBS	
ZCuZn38(ZH62)	60.0～63.0	Zn余量	S J	≥295 ≥295	≥30 ≥30	≥590 ≥685	一般结构件和耐蚀零件，如法兰、阀座、支架、手柄和螺母等
ZCuZn25Al6Fe3Mn3 (ZHAl66-6-3-2)	60.0～66.0	Al4.5～7.0，Fe2.0～4.0，Mn1.5～4.0，Zn余量	S J	≥725 ≥740	≥10 ≥7	≥1570[②] ≥1665[②]	高强、耐磨零件，如桥梁支承板、螺母、螺杆、耐磨板、滑块和蜗轮等
ZCuZn26Al4Fe3Mn3	60.0～66.0	Al2.5～5.0，Fe1.5～4.0，Mn1.5～4.0，Zn余量	S J	≥600 ≥600	≥18 ≥18	≥1175[②] ≥1275[②]	要求强度高、耐蚀的零件
ZCuZn31Al2 (ZHAl67～2.5)	66.0～68.0	Al2.0～3.0，Zn余量	S J	≥295 ≥390	≥12 ≥15	≥785 ≥885	适用于压力铸造，如电机、仪表等压铸件，以及造船和机械制造业的耐蚀零件

续表

牌号(旧代号)	主要化学成分的质量分数/%		铸造方法	机械性能			应用举例
	Cu	其他		σ_b/MPa	δ/%	硬度/HBS	
ZCuZn38Mn2Pb2 (ZHMn58-2-2)	57.0～65.0	Pb1.5～2.5, Mn1.5～2.5, Zn余量	S J	≥245 ≥345	≥10 ≥18	≥685 ≥785	一般用途的结构件,船舶、仪表等外形简单的铸件如套筒、衬套、轴瓦、滑块等
ZCuZn40Mn2 (ZHMn58-2)	57.0～60.0	Mn1.0～2.0, Zn余量	S J	≥345 ≥390	≥20 ≥25	≥785 ≥885	在空气、淡水、海水、蒸气(<300℃)和各种液体燃料中工作的零件和阀体、阀杆、泵、管接头等
ZCuZn40Mn3Fe1 (ZHMn55-3-1)	53.0～58.0	Mn3.0～4.0, Fe0.5～1.5, Zn余量	S J	≥440 ≥490	≥18 ≥15	≥980 ≥1080	耐海水腐蚀的零件,以及300℃以下工作的管配件,制造船舶螺旋桨等大型铸件
ZCuZn16Si4 (ZHSi80-3)	79.0～81.0	Si2.5～4.5, Zn余量	S J	≥345 ≥390	≥15 ≥20	≥885 ≥980	接触海水工作的管配件,以及水泵、叶轮、旋塞和在空气、淡水中工作的零部件

注:① 括号内为相当或近于GB 1176—1974的旧代号。
② 表示该数据为参考值。S—砂膜;J—金属膜。

根据国家标准规定,普通黄铜的牌号,以"H"加数字表示,"H"是黄铜的汉语拼音字头,数字是表示平均含铜量。例H70是含铜量为70%的黄铜。此外,铜合金还可以合金成分的名义百分含量命名,例CuZn4、CuZn32分别表示含锌量为4%和32%的黄铜。若是特殊黄铜的牌号则用H+主加元素符号+含铜量+主加元素含量表示。例HMn58-2,表示$w(\text{Cu})=58\%$、$w(\text{Mn})=2\%$的特殊黄铜,称为锰黄铜。铸造黄铜在牌号前加"Z"表示,Z是"铸"字的汉语拼音字头。

1. 普通黄铜

它是铜和锌的合金。在Cu-Zn合金相图(图8-7)中可以看到,它是由五个包晶反应和六个单相固溶体(α、β、γ、δ、ε、η)组成。

α相　是Zn溶解在Cu中的固溶体,呈面心立方晶格,其晶格常数随含Zn量增加而加大,但Zn在Cu中的溶解度随温度升高而下降,在453℃时溶解度最大,含锌量为39%。α相的塑性极高,适用于冷热压力加工,并有很好的锻造、焊接及镀锡的能力。

β相　是以电子化合物CuZn为基的固溶体,具有体心立方晶格。当温度下降到453～470℃时产生有序化转变。这个温度以上称为无序固溶体,用β表示。这个温度以下称为有序固溶体,用β′表示。高温时β相塑性好,可进行热变形加工;低温时β′相很脆,冷加工困难。

γ相　是以电子化合物$CuZn_3$(或Cu_5Zn_2)为基的固溶体,呈复杂立方晶格,在270℃时产生有序化转变,高温无序,较软。低温有序,且很脆。由于γ相很脆,使合金的强度和塑性很低,不能进行冷热变形加工。

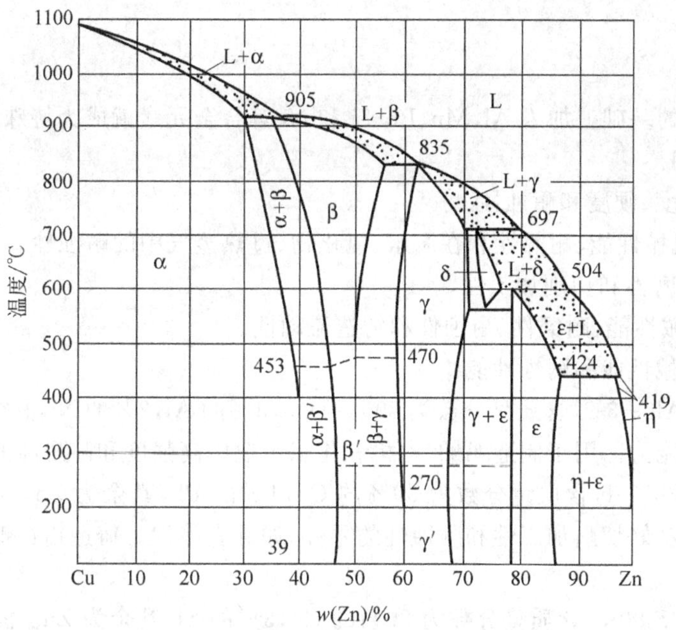

图 8-7 Cu-Zn 相图

当含锌量大于 50%时，Cu-Zn 合金无实际使用价值。因此，在工业上大都采用含锌量小于 32%的 α 单相黄铜和含锌量在 32%～45%的 α+β′双相黄铜。含锌量大于 45%的 β′单相黄铜等不能使用。

单相黄铜　又称 α 黄铜，强度较低，塑性好。适用于冷压力加工制成冷轧板材、冷拉线材和管材等，故也称冷加工用 α 黄铜。常用于冷冲压或深冲拉伸制造成各种形状复杂的零件。大量用来制造枪弹壳、炮弹筒等，故常称弹壳黄铜。常用牌号有 H80、H70 和 H68。

双相黄铜　又称 α+β′黄铜，强度高，室温塑性差，只能承受微量变形。高温时 β 呈体心立方晶格，塑性好，所以 α+β′适宜热压力加工，故也称热加工用 α+β′黄铜。当温度高于 800℃时甚至比 α 黄铜更易变形。因此常轧成棒材、线材和管材等用于制作水管、油管、散热器等。常用牌号有 H59、H62 等。也称商业黄铜。

α 黄铜和 α+β′黄铜的显微组织如图 8-8 所示。

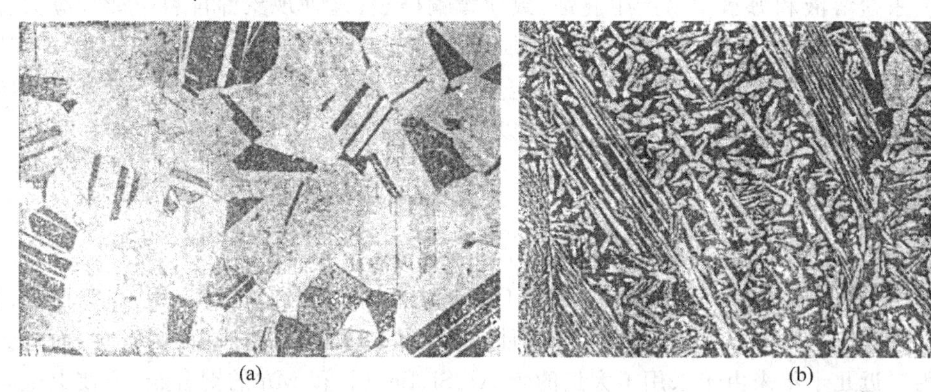

图 8-8　α 黄铜及 α+β′黄铜的显微组织

(a) 退火 α 黄铜(H68)；(b) 铸态 α+β′黄铜(H62)

2. 特殊黄铜

在普通黄铜的基础上加入 Al、Mn、Pb、Si 和 Ni 等合金元素就成为特殊黄铜。加入不同元素，起不同作用。

Al　提高强度、硬度和耐蚀性。

Mn　提高机械性能、耐热性和在海水、氯化物、过热蒸气中的耐蚀性。

Pb　提高耐磨性和切削加工性。

Si　提高机械性能、耐磨性、耐蚀性和铸造流动性。

Ni　提高机械性能和耐蚀性能。

铝黄铜　HAl59-3-2，含质量分数为59%的 Cu，3%的 Al，2%的 Ni，其余为 Zn。在热态下有良好的变形能力。用于制造船舶、电机和化工工业中高强度和高耐蚀的零件。

铅黄铜　HPb59-1，含质量分数为 59%的 Cu，1%的 Pb，其余为 Zn。压力加工铅黄铜主要用于要求有良好切削加工性和耐蚀性的零件，如钟表零件。铸造铅黄铜可制作轴瓦、衬套等。

硅黄铜　ZHSi80-3，含质量分数为 80%的 Cu，3%的 Si，其余为 Zn。能获得表面光洁、高精密度的铸件，也能进行焊接和切削加工。主要用于制造船舶、化工和水泵等机械零件。

特殊黄铜也称高强度黄铜，主要是通过加入少量合金元素以细化晶粒使其强度增加，同时提高耐蚀性。

黄铜在大气和淡水中是稳定的，但在酸和盐类溶液中耐蚀性较差。黄铜的腐蚀形式最常见的是“脱锌”和“自裂”两种。

脱锌是指黄铜在流动的温水、热水、海水或弱酸性溶液中，由于 Zn 优先溶解而被腐蚀，在工件表面上残留一层多孔状(海绵状)的纯铜，由于铜和 α 黄铜形成微电池，进一步加剧了黄铜的腐蚀。而在 α+β 双相黄铜中，因 β 相的电极电位低于 α 相，含 Zn 量高的 β 相优先溶解，这也说明了锌的电极电位低于铜，而使 β 相先溶解，故 α+β 双相黄铜脱锌比 α 单相黄铜更显著。为防止黄铜脱锌可向 α 黄铜中加入质量分数为 0.02%～0.06%的 As，向 α+β 双相黄铜加入 Sn、Al 和 Ni 等可减慢脱锌。

自裂　黄铜经压力加工，而内部有残余应力时，若在大气中，特别是在有氨气、氨溶液、汞、汞蒸气、汞盐溶液和海水中易产生腐蚀，致使黄铜破裂，这种现象称自裂(季裂，应力腐蚀)。为了防止黄铜的应力腐蚀开裂，可将冷加工后的黄铜零件用 260～300℃保温 1～3h 的低温退火来消除内应力或向黄铜中加入一定量的 Sn、Si、Al、Mn 和 Ni 等，可显著降低应力腐蚀倾向，也可采用镀锌和镀锡等电镀层加以保护，以防止自裂。

8.2.3 青铜

青铜是人类历史上应用最早的合金，它是 Cu-Sn 合金，由于合金中有 δ 相，呈青白色而得名青铜。它在铸造时体积收缩量很小，充模能力强，耐蚀性好和有极高的耐磨性，而得到广泛的应用。近几十年来由于采用了大量的含 Al、Si、Be、Pb 和 Mn 的铜合金，习惯上也叫青铜，为了区别起见，把 Cu-Sn 合金称为锡青铜，而其他铜合金分别称为铝青铜、硅青铜、铅青铜、铍青铜和锰青铜等。

青铜按生产方式分为压力加工青铜和铸造青铜两类。其编号方法是用Q+主加元素符号+主加元素平均含量(或+其他元素平均含量)表示,"Q"是"青"字的汉语拼音字头。例如QAl5表示含质量分数为5%的Al的铝青铜,QSn4-3表示含质量分数为4%的Sn、3%的Zn的锡青铜。铸造青铜的编号前加"Z",例如ZQSn10-5表示含质量分数为10%的Sn、5%的Pb,其余为Cu的铸造锡青铜。此外,青铜还可以合金成分的名义百分含量命名,例如ZCuSn10Pb5表示含质量分数为10%的Sn、5%的Pb铸造的锡青铜。

常用的压力加工青铜和铸造青铜的代号、成分、机械性能及用途分别列于表8-6和表8-7中。

表8-6　常用压力加工青铜的代号、成分、性能及用途(摘自GB/T 5231—2001)

组别	代号	主要化学成分的质量分数/%				机械性能			用途举例
		主加元素	其他			σ_b/MPa	δ_1/%	硬度/HBS	
锡青铜	QSn4-3	Sn 3.5～4.5	Zn 2.7～3.3	Cu余量		550	4	160	弹性元件、化工机械耐磨零件和抗磁零件
	QSn-4-4-2.5	Sn 3.0～5.0	Zn 3.0～5.0	Pb 1.5～3.5	Cu余量	600	2～4	160～180	航空、汽车、拖拉机用承受摩擦的零件,如轴套等
	QSn-4-4-4	Sn 3.0～5.0	Zn 3.0～5.0	Pb 3.5～4.5	Cu余量	600	2～4	160～180	航空、汽车、拖拉机用承受摩擦的零件,如轴套等
	QSn6.5-0.1	Sn 6.0～7.0	P 0.1～0.25	Cu余量		750	10	160～200	弹簧接触片、精密仪器中的耐磨零件和抗磁元件
	QSn6.5-0.4	Sn 6.0～7.0	P 0.26～0.4	Cu余量		750	7.5～12	160～180	金属网、弹簧及耐磨零件
铝青铜	QAl5	Al 4.0～6.0	Cu余量			750	5	200	弹簧
	QAl7	Al 6.0～8.5	Cu余量			980	3	154	弹簧
	QAl9-2	Al 8.0～10.0	Mn 1.5～2.5	Zn 1.0	Cu余量	700	4～5	160～180	海轮上的零件,在250℃以下工作的管配件和零件
	QAl9-4	Al 8.0～10.0	Fe 2.0～4.0	Zn 1.0	Cu余量	900	5	160～200	船舶零件及电气零件
	QAl10-3-1.5	Al 8.5～10.0	Fe 2.0～4.0	Mn 1.0～2.0	Cu余量	800	9～12	160～200	船舶用高强度抗蚀零件,如齿轮、轴承等
	QAl10-4-4	Al 9.5～11.0	Fe 3.5～5.5	Ni 3.5～5.5	Cu余量	1000	9～15	180～200	高强度耐磨零件和400℃以下工作的零件,如齿轮、阀座等
	QAl11-6-6	Al 10.0～11.5	Fe 5.0～6.5	Ni 5.0～6.5	Cu余量				高强度耐磨零件和500℃以下工作的零件
硅青铜	QSi3-1	Si 2.70～3.5	Mn 1.0～1.5	Cu余量		700	1～5	180	弹簧、耐蚀零件以及蜗轮、蜗杆、齿轮、制动杆等
	QSi1-3	Si 0.6～1.1	Ni 2.4～3.4	Mn 0.1～0.4	Cu余量	600	8	150～200	发动机和机械制造中结构零件,300℃以下的摩擦零件

续表

组别	代号	主要化学成分的质量分数/%				机械性能			用途举例
		主加元素	其他			σ_b/MPa	δ_1/%	硬度/HBS	
铍青铜	QBe2	Be 1.80～2.1	Ni 0.2～0.5	Cu余量		1250	2～4	330	重要的弹簧和弹性元件、耐磨零件以及高压、高速、高温轴承
	QBe1.7	Be 1.6～1.85	Ni 0.2～0.4	Ti 0.1～0.25	Cu余量				各种重要的弹簧和弹性元件，可代用QBe2.5
	QBe1.9	Be 1.85～2.10	Ni 0.2～0.4	Ti 0.1～0.25	Cu余量				各种重要的弹簧和弹性元件，可代用QBe2.5

表 8-7 常用铸造青铜的牌号、化学成分、性能及用途（摘自 GB 1176—1987）①

牌号（旧代号）	主要化学成分的质量分数/%		铸造方法	机械性能			用途举例
	主加元素	其他		σ_b/MPa	δ/%	硬度/HBS	
ZCuSn3Zn11Pb4（ZQSn3-12-5）	Sn 2.0～4.0	Zn9.0～13.0，Pb3.0～6.0，Cu余量	S J	≥175 ≥215	≥8 ≥10	≥590 ≥590	海水、淡水、蒸汽中，压力不大于2.5MPa的管配件
ZCuSn5Pb5Zn5（ZQSn5-5-5）	Sn 4.0～6.0	Zn4.0～6.0，Pb4.0～6.0，Cu余量	S J	≥200 ≥200	≥13 ≥13	≥590② ≥590②	在较高负荷、中等滑动速度下工作的耐磨、耐腐蚀零件，如轴瓦、衬套、缸套、活塞离合器、泵件压盖以及蜗轮等
ZCuSn10Pb5（ZQSn10-5）	Sn 9.0～11.0	Pb4.0～6.0，Cu余量	S J	≥195 ≥245	≥10 ≥10	≥685 ≥685	结构材料。耐蚀、耐酸的配件以及破碎机衬套、轴瓦
ZCuSn10Zn2（ZQSn10-2）	Sn 9.0～11.0	Zn1.0～3.0，Cu余量	S J	≥240 ≥245	≥12 ≥6	≥685② ≥785②	在中等及较高负荷和小滑动速度下工作的重要管配件，以及阀、旋塞、泵体、齿轮、叶轮和蜗轮等
ZCuPb15Sn8（ZQPb12-8）	Pb 13.0～17.0	Sn7.0～9.0，Cu余量	S J	≥170 ≥200	≥5 ≥6	≥590② ≥635②	表面压力高又有侧压的轴承、冷轧机的铜冷却管、耐冲击负荷达50MPa的零件、内燃机双金属轴瓦、活塞销套等
ZCuPb17Sn4Zn4（ZQPb17-4-4）	Pb 14.0～20.0	Sn3.5～5.0，Zn2.0～6.0，Cu余量	S J	≥150 ≥175	≥5 ≥7	≥540 ≥590	一般耐磨件、高滑动速度的轴承
ZCuAl8Mn13Fe3	Al 7.0～9.0	Fe2.0～4.0，Mn12.0～14.5，Cu余量	S J	≥600 ≥650	≥15 ≥10	≥1570 ≥1665	重型机械用轴套以及只要求强度高、耐磨、耐压的零件，如衬套、法兰、阀体泵体等
ZCuAl9Mn2（ZQAl9-2）	Al 8.0～10.0	Mn1.5～2.5，Cu余量	S J	≥390 ≥440	≥20 ≥20	≥835 ≥930	管路配件和要求不高的耐磨件

注：① 括号内为相当或近于 GB 1176—1974 的旧代号。
② 该数据为参考值。

1. 锡青铜

以 Sn 为主加元素的铜合金称为锡青铜。Cu-Sn 合金相图如图 8-9 所示。由 Cu-Sn 合金相图可看出，它是一个非常复杂的相图，从结构上看它有许多相，其中 α 相是 Sn 溶入 Cu 中形成的置换式固溶体，具有面心立方晶格，是 Cu-Sn 合金的基本相，其最大含锡量为 15.8%。由于锡青铜在铸造条件下 Sn 原子在 Cu 中的扩散比较困难，所以不易达到平衡状态，在实际生产条件下 Cu-Sn 合金所获得的组织与平衡条件下的组织相差很大。在铸造状态下，只有当合金中的含锡量＜5%～6%时才能获得单相 α 固溶体。而当含锡量＞5%～6%时，在铸造状态组织中就会出现(α＋δ)共析体组织。而 δ 相是以 $Cu_{31}Sn_8$ 化合物为基的固溶体，呈复杂立方晶格，硬而脆，不能进行塑性变形。从 Cu-Sn 合金相图中还可看出 δ 相在 350℃以下，由于通过共析反应，而变为(α＋ε)共析体。但实际上 δ 相分解过程极为困难，一般情况下，δ 相不发生分解，所以 δ 相是 Cu-Sn 合金中在室温下的基本相之一。δ 相在常温下极其硬脆，更不能进行塑性变形。在压力加工后退火状态下的黄铜中，由于 α 相在 520℃以下所产生的溶解度的变化极为缓慢，二次相 ε_{II} 析不出来，故含锡量＜14%的锡青铜的退火组织中通常为 α 单相固溶体的黄铜组织。

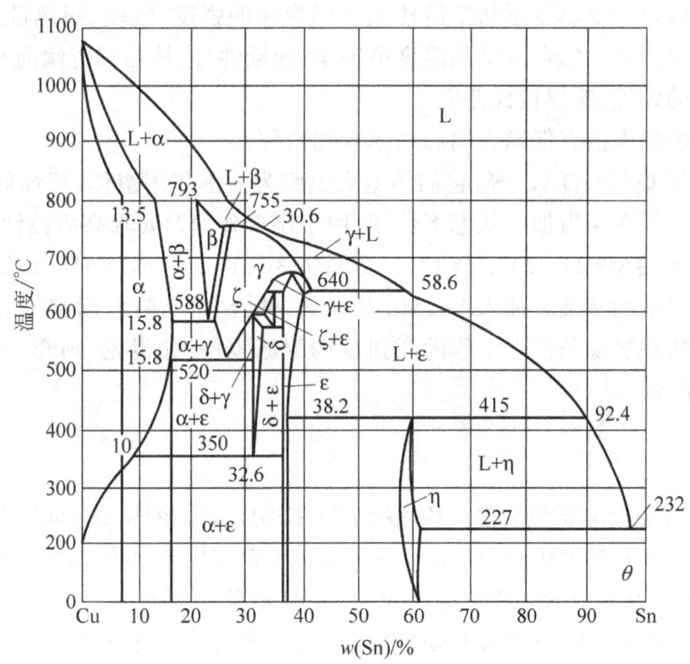

图 8-9 Cu-Sn 合金相图

工业上使用的锡青铜的含锡量一般在 3%～14%之间。含锡量＜5%的锡青铜适用于冷变形加工，含 Sn 量在 5%～7%的锡青铜适用于热变形加工，含锡量＞10%的锡青铜适用于铸造。

锡青铜性能的特点虽然是铸造时流动性差、易产生枝晶偏析、缩孔分散，但铸造收缩率为有色合金中最小的，故适用于铸造形状复杂、壁厚较大的零件。但由于有分散缩孔，而使铸件密度低，在高水压下易于漏水，不适于铸造要求密度高和密封性好的铸件。锡青铜在大气、水蒸气、淡水、海水和无机盐类溶液中有极好的耐蚀性能，比纯铜和黄铜好，但在盐酸、硫酸和氨水中的耐蚀性差。锡青铜具有无磁性、冲击时不产生火花、耐寒和极好的耐磨性等特点。

锡青铜中加入少量铅又可提高耐磨性和切削加工性，加入磷可提高弹性极限、疲劳极限和耐磨性，加入锌可提高铸造性能和机械性能。

常用的锡青铜有以下几种。

QSn4-3　含有质量分数为4%的Sn，3%的Zn。在冷热态下均可进行压力加工。用于制造仪器上的弹簧、耐磨零件和抗磁零件。

QSn6.5-0.1　含有质量分数为6.5%的Sn，0.1%的P。主要用于制造仪器上的耐磨零件、弹性元件以及轴承、垫圈和蜗轮等。

ZQSn10-1　含有质量分数为10%的Sn，1%的P。主要用于制造轴承、齿轮和齿圈等。

由于锡价格较贵，近年来工业上广泛采用铝青铜、铅青铜和铍青铜代替锡青铜。

2. 铝青铜

以铝为主加元素的Cu合金称为铝青铜。在实际有实用价值的铝青铜中含铝量一般在5%～12%之间。含铝量为5%～7%时，塑性最好，适于冷变形加工。含铝量在10%左右时，强度最高，常以铸态或热变形加工后使用。铝青铜的强度、硬度、耐热性、耐蚀性和耐磨性都高于黄铜和锡青铜。铝青铜结晶温度范围小、流动性好、枝晶偏析倾向小，且缩孔集中，易铸成组织致密的铸件，但焊接性差。

工业上所用的铝青铜有低铝青铜和高铝青铜两种。

低铝青铜　如QAl5、QAl7等，它们的退火组织为α单相固溶体，塑性好，耐蚀性高，又有适当的强度。一般在压力加工状态下使用，用于制造弹簧及要求高耐蚀性的弹性元件。

高铝青铜　如QAl9-4（$w(\mathrm{Fe})=4\%$），QAl10-3-1.5（$w(\mathrm{Fe})=3\%$，$w(\mathrm{Mn})=1.5\%$）。由于它们是在铝青铜的基础上加入Fe、Mn等元素，使合金的强度、耐磨性和耐蚀性均显著提高。可用来制造在复杂条件下工作的高强度的耐磨零件，如齿轮、轴套、摩擦片、阀座、螺旋桨、轴承和蜗轮等。

3. 铍青铜

它是以Be为主加元素的铜合金。Be溶于Cu中形成α固溶体，在866℃时Be在Cu中最大溶解度为2.7%，室温时为0.16%。由于α固溶体中溶铍量变化较大，因而铍青铜是一种时效硬化效果非常显著的铜合金。将它通过800℃固溶处理后，塑性很好，可进行冷变形加工和切削加工。在冷变形的同时，还可提高强化效果。制成零件后再进行350℃人工时效2h，其强化效果可达$\sigma_b=1200\sim1400\mathrm{MPa}$，330～400HB，$\delta=2\%\sim4\%$。可获得更高的强度和硬度。

工业上使用的铍青铜含铍量一般在2%～2.5%范围内。常用牌号有QBe2、QBe2.5和QBe1.7、QBe1.9。后两种铍青铜中加入少量Ti，可减少贵重的铍量，并改善工艺性能和提高强度。在我国应推广使用QBe1.7、QBe1.9代替QBe2、QBe2.5。

铍青铜具有高的强度和硬度、高的弹性极限和疲劳极限、高的耐蚀性，特别是耐海水腐蚀性、良好的导电性和导热性、无磁性、耐低温性、受冲击不起火花以及良好的冷热加工性和铸造性等一系列优越的性能。但由于其价格昂贵，限制了它在工业中大量使用。只用于制造仪器、仪表的重要弹簧及其弹性元件，耐磨零件，如钟表齿轮、发条等，高温、高压、高速工作的轴承和衬套以及其他重要零件，如指南针、换向开关、电焊机电极、电接触器等。它的主要缺点是价格昂贵。

4. 硅青铜

它是以 Si 为主加元素的铜合金，含硅量一般在 3.5%以内。它的机械性能比锡青铜好，而且价格低廉，并有很好的铸造性能和冷热加工性能。加入 Ni 可形成金属间化合物 Ni_2Si，使硅青铜通过固溶时效处理后获得较高的强度和硬度。同时具有很高的导电性、耐热性和耐蚀性。若向硅青铜加入 Mn 可显著提高合金的强度和耐磨性。

常用硅青铜有 QSi3-1(w(Mn)＝1%)，QSi1-3(w(Ni)＝3%)，用于制造弹簧、蜗轮和齿轮等。

8.3 钛及其合金

钛及其合金，具有质量小、强度高等特点，σ_b 最高可达 1400MPa，和某些高强度合金钢相近，具有良好的低温性能，在－253℃(液氢温度)下强度高，还有良好的塑性和韧性，且有优良的耐蚀性能、耐高温性能等优点。由于它资源丰富，所以获得广泛的应用。但钛及其合金的加工条件较复杂，而且严格，成本高，在很大程度上限制了它们的应用。

8.3.1 纯钛

钛是灰白色轻金属，密度小(4.507g/cm^3)，相当于铜的 50%，熔点高(1668℃)。热膨胀系数小，使它在高温工作条件下或热加工过程中产生的热应力小。导热性差，加工钛的摩擦系数大(μ＝0.2)，使切削、磨削加工困难。塑性好，强度低，易于加工成形，可制成板材、管材、棒材和线材等。钛在大气中十分稳定，表面生成致密氧化膜，使它具有耐蚀作用，并有光泽，但当加热到 600℃以上时氧化膜就失去保护作用。同时在海水和氯化物中具有优良的耐蚀性，在硫酸、盐酸、硝酸、氢氧化钠等介质中都有良好的稳定性。但不能抵抗氢氟酸的浸蚀作用。钛的抗氧化能力优于大多数 A 不锈钢。

钛在固态下具有两种晶体结构，在 882.5℃以上为 β-Ti，呈体心立方晶格，a＝3.32Å；在 882.5℃以下为 α-Ti，呈密排六方晶格，a＝2.95Å，c＝4.68Å。在 882.5℃发生同素异构转变，即 $\alpha\text{-Ti} \xrightleftharpoons{882.5℃} \beta\text{-Ti}$。这种转变对强化钛合金有很重要的意义。

钛具有良好的工艺性能，锻压后退火处理的钛可碾压成 0.2mm 厚的薄板或冷拔成细丝。其切削加工性能和不锈钢类似。钛可在氩气中进行焊接，焊后进行正火，焊缝强度与原材料相近。钛在高温下是一种极为活泼的金属，所以钛的冶炼工艺较为严格和复杂，致使成本提高。

工业纯钛中常含少量的氮、碳、氧、氢、铁和镁等杂质元素。这些少量杂质能使钛的强度、硬度显著增加，塑性、韧性明显降低。工业纯钛按杂质含量不同分为三个等级，即 TA1、TA2 和 TA3。"T"为钛的汉语拼音字头，数字编号越大则杂质越多。

工业纯钛一般制作 350℃以下工作的、强度要求不高的零件。如，石油化工用热交换器、反应器、海水净化装置和舰船零部件。

8.3.2 钛合金

在钛中加入合金元素，可形成钛合金。由于不同合金元素对钛的同素异构转变温度的不同影响，按其变化规律可用图 8-10 来说明。

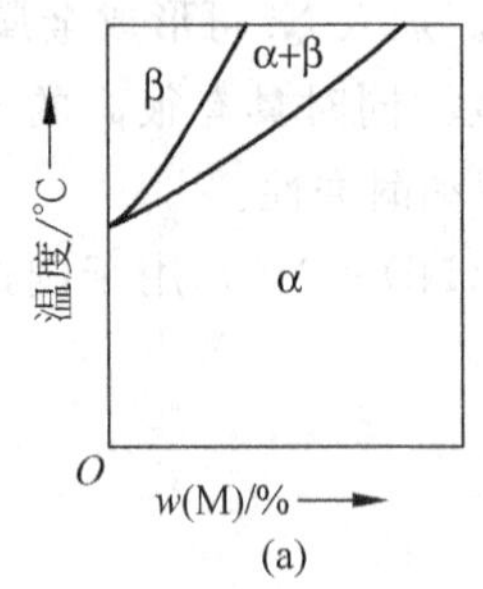

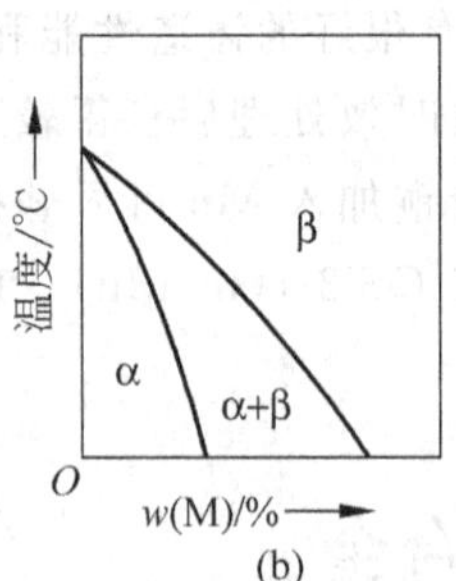

图 8-10 合金元素对钛同素异构转变温度的影响

(a) α 稳定元素的作用；(b) β 稳定元素的作用

一是溶入 α-Ti 的元素，其溶解度较大，溶入后形成 α 固溶体，并使同素异构转变温度升高，这类元素称为 α 稳定元素，如 Al、C、N、H 和 B 等，如图 8-10(a)所示。另一是溶入 β-Ti 的元素，其溶解度更大，溶入后形成 β 固溶体，并使钛的同素异构转变温度降低，如图 8-10(b)所示，这类元素称为 β 稳定元素，如 Fe、Mo、Mg、Cr、Mn 和 V 等。还有一些元素在 α-Ti 和 β-Ti 的溶解度都很大，对钛的同素异构转变温度影响不大，这类元素称为中性元素，如 Sn、Zr 等元素。

根据使用状态的组织，钛合金可分为三类：α 钛合金、β 钛合金和(α＋β)钛合金，其牌号分别用 TA、TB 和 TC 加上编号表示。常用工业纯钛及钛合金的牌号、化学成分、力学性能和用途如表 8-8 所示。

表 8-8 常用工业纯钛及钛合金的牌号、化学成分、力学性能和用途

(摘自 GB/T 1173—1995、GB/T 3620.1—2007)

合金牌号	化学成分[①] $w/\%$				室温力学性能[②](≥)				高温力学性能(≥)			用途举例
	Al	Mo	V	其他	σ_b /MPa	$\delta_{0.2}$ /MPa	δ_5 /%	ψ /%	温度 /℃	σ_b /MPa	δ_{100h} /MPa	
TA1	—	—	—	—	370	250	20	30	—	—	—	工作温度在 350℃以下，受力不大，但要求高塑性的冲压件和耐蚀件，如飞机骨架、蒙皮、船用阀门、管道、海水淡化装置等，化工上的泵、冷却器、搅拌器、蒸馏塔、叶轮等，压气机气阀、柴油机活塞等。TA1、TA2 可作－253℃以下低温结构材料
TA2	—	—	—	—	440	320	18	30	—	—	—	
TA3	—	—	—	—	540	410	15	25	—	—	—	
TA5	3.3～4.7	—	—	B 0.005	685	585	15	40	—	—	—	400℃以下腐蚀性介质中工作的零件及焊接件，如飞机蒙皮、骨架零件、压气机叶片等
TA6	4.0～5.5	—	—	—	685	585	10	27	350	420	390	

续表

合金牌号	化学成分①w/%				室温力学性能②(≥)				高温力学性能(≥)			用途举例
	Al	Mo	V	其他	σ_b/MPa	$\delta_{0.2}$/MPa	δ_5/%	ψ/%	温度/℃	σ_b/MPa	δ_{100h}/MPa	
TA7	4.0～6.0	—	—	Sn 2.0～3.0	785	680	10	25	350	490	440	500℃以下长期工作的结构件及模锻件，也是一种优良的超低温材料
TB2	2.5～3.5	4.7～5.7	4.7～5.7	Cr 7.5～8.5	C ≤980	820	18	40	—	—	—	350℃以下工作的零件，如压气机叶片、轮盘及飞机构件等
					CS 1370	1100	7	10				
TC1	1.0～2.5			Mn 0.7～2.0	585	460	15	30	350	345	325	400℃以下工作的冲压作、焊接件及模锻件，也可用做低温材料
TC2	3.5～5.0			Mn 0.8～2.0	685	560	12	30	350	420	390	
TC3	4.6～6.0	—	3.5～4.5	—	800	700	10	25	—	—	—	400℃以下长期工作的零件、结构锻件、各种容器、泵、低温部件、坦克履带、舰船耐压壳件。TC4是α+β型钛合金中产量最多、应用最广的
TC4	5.5～6.8	—	3.5～4.5	—	895	825	10	25	400	620	570	
TC6	5.5～7.0	2.0～3.0	—	Cr:0.8～2.3 Fe:0.2～0.7 Si:0.15～0.4	980	840	10	25	400	735	665	450℃以上使用，可做飞机发动机结构材料
TC9	5.8～6.8	2.8～3.8	—	Sn:1.8～2.8 Si:0.2～0.4	1060	910	9	25	500	785	590	500℃以下长期使用的零件，如飞机发动机叶片等
TC10	5.5～6.5	—	5.5～6.5	Sn:1.5～2.5 Fe:0.35～1.0 Cu:0.35～1.0	锻 1030	900	12	25	400	835	785	450℃以下长期工作的零件，如飞机结构件、起落支架、导弹发动机外壳、武器结构件等
					轧 1030	900	12	30				

注：① Ti余量；② 指横截面积不大于65cm² 的棒材的室温力学性能；C—淬火，CS—淬火+人工时效。

1. 加工钛及钛合金

(1) α钛合金　钛中加入Al、B等α稳定元素，使钛合金的α-Ti⇌β-Ti转变温度升高，在室温或使用温度下均处于单相α固溶体状态，故称为α钛合金。它在室温下的强度比β钛合金和(α+β)钛合金低，但在500～600℃的高温下，其强度比β钛合金和(α+β)钛合金高。具有很好的强度、塑性和韧性，在冷态也能加工成板材和棒材等。并且组织稳定，抗氧化性和抗蠕变性好，焊接性能和加工性能也好。α钛合金不能进行相变强化，主要是固溶强化。热处理只是进行消除应力退火或消除加工硬化的再结晶退火。

α钛合金的典型牌号TA7，其成分为Ti-5Al-2.5Sn。加入Al和Sn除产生固溶强化外，还提高抗氧化和抗蠕变能力，使钛合金还具有优良的低温性能，在−253℃下，其机械性能为$\sigma_b=1575$MPa，$\sigma_{0.2}=1505$MPa，$\delta=12\%$。它用于使用温度不超过500℃的零件，如导弹的燃料罐、航空发动机压气机叶片和管道、超音速飞机的涡轮机匣和宇宙飞船的高压低温容器等。

(2) β钛合金　钛中加入Mo、Cr、V等β稳定元素，在正火或淬火时很容易将高温β相保留到室温，获得介稳定的β单相组织，故称β钛合金。β钛合金可热处理强化，淬火后合金的强度不高($\sigma_b=850\sim950$MPa)，塑性好($\delta=18\%\sim20\%$)，具有良好的成形性。在时效状态下，合金的组织为β相基体上分布着弥散的细小α相粒子，提高了合金的强度(480℃时效，$\sigma_b=1300$MPa，$\delta=5\%$)。

β钛合金的典型牌号为TB2，其成分为Ti-5Mo-5V-8Cr-3Al。它有较高的强度，同时焊接性能和压力加工性能良好。但性能不稳定，熔炼工艺复杂。其应用不如 α 钛合金和(α+β)钛合金广泛，常用在 350℃以下工作的零件。主要用于制造各种整体热处理(固溶、时效)的板材冲压件和焊接件，如压气机叶片、轮盘、轴类等重载荷旋转件，以及飞机的构件等。TB2 合金一般在固溶处理状态下交货，固溶、时效后使用。

(3) (α+β)钛合金　钛中加入 Al、V 和 Mn 等元素，在室温下可得到(α+β)钛合金组织。它兼有强度高，塑性、耐热性、耐蚀性、冷热压力加工性和低温性能都好的特点，并可通过固溶处理和时效进行强化。

这类钛合金使用量最多(约占钛总用量的 50%以上)，应用最广的是 TC4，其成分为 Ti-6Al-4V，加入 Al 和 V 分别溶入 α-Ti 和 β-Ti，它们固溶后的共同作用，使 TC4 合金在室温下 α 相和 β 相共存，也可通过热处理改变 α 和 β 两相的相对含量和形态，以达到改变性能的目的。TC4 经 930℃保温 1h 固溶处理后，再经 540℃时效 2h，其性能可达 $\sigma_b=1300$MPa，$\sigma_{0.2}=1200$MPa，$\delta=13\%$。由于其强度高、塑性好、抗蠕变、耐腐蚀，并且有低温韧性，例如它在 −196℃时，其 $\sigma_b=1540$MPa，$\sigma_{0.2}=1425$MPa，$\delta=12\%$，TC4 合金适于制造 400℃以下和低温下工作的零件，例如，火箭发动机外壳、航空发动机压气机盘和叶片、压力容器、化工用泵、火箭和导弹的液氢燃料箱部件等。

2. 铸造钛及钛合金

铸造钛及钛合金的抗拉强度和疲劳强度接近于加工钛及钛合金，尤其是它的冲击韧性普遍高于钛锻件，同时铸造能节省大量的材料和加工费用，因此钛和合金铸造的发展已成为必然趋势。根据国标(GB/T 15073—1994)规定，铸造钛及钛合金的牌号和化学成分如表 8-9 所示。

表 8-9　铸造钛及钛合金的牌号和化学成分(GB/T 15073—1994)

铸造钛及钛合金		化学成分的含量													
		主要成分的质量分数/%						杂质的质量分数/%							
牌号	代号	Ti	Al	Sn	Mo	V	Nb	Fe	Si	C	N	H	O	其他元素	
														单个	总和
ZTi1	ZTA1	基	—	—	—	—	—	≤0.25	≤0.10	≤0.10	≤0.03	≤0.015	≤0.25	≤0.10	≤0.40
ZTi2	ZTA2	基	—	—	—	—	—	≤0.30	≤0.15	≤0.10	≤0.05	≤0.015	≤0.35	≤0.10	≤0.40
ZTi3	ZTA3	基	—	—	—	—	—	≤0.40	≤0.15	≤0.10	≤0.05	≤0.015	≤0.40	≤0.10	≤0.40
ZTiAl4	ZTA5	基	3.3～4.7	—	—	—	—	≤0.30	≤0.15	≤0.10	≤0.04	≤0.015	≤0.20	≤0.10	≤0.40
ZTiAl5Sn2.5	ZTA7	基	4.0～6.0	2.0～3.0	—	—	—	≤0.50	≤0.15	≤0.10	≤0.05	≤0.015	≤0.20	≤0.10	≤0.40
ZTiMo32	ZTB32	基	—	—	30.0～34.0	—	—	≤0.30	≤0.15	≤0.10	≤0.05	≤0.015	≤0.15	≤0.10	≤0.40
ZTiAl6V4	ZTC4	基	5.5～6.8	—	—	3.5～4.5	—	≤0.40	≤0.15	≤0.10	≤0.05	≤0.015	≤0.25	≤0.10	≤0.40
ZTiAl6Sn4.5Nb2Mo1.5	ZTC21	基	5.5～6.5	4.0～5.0	1.0～2.0	—	1.5～2.0	≤0.30	≤0.15	≤0.10	≤0.05	≤0.015	≤0.20	≤0.10	≤0.40

注：① 杂质其他元素单个含量和总量只有在有异议时才考虑分析。

② 对杂质含量有特殊要求时，应经供需双方协商后在有关文件中注明。

ZTA1、ZTA2、ZTA3、ZTA5、ZTA7、ZTC4 的特性及用途，可参见 TA1、TA2、TA3、TA5、TA7 和 TC4。而 ZTB32 属于 β 钛合金，其特点是耐蚀性高。

8.4 轴承合金

在机器中轴是极其重要的零件，而滑动轴承又是机器中用以支撑轴进行运转的不可缺少的零部件。一般滑动轴承是由轴承体和轴瓦组成。制造轴瓦及其内衬的合金称为轴承合金。机器在运转时滑动轴承直接与轴颈接触，它们之间存在着强烈的摩擦，其磨损是不可避免的。一般情况下，换轴承比换轴要简单些，为尽量使轴少受磨损，对轴承合金的性能有如下要求。

(1) 有足够的抗压强度和疲劳强度　轴是在高速旋转下工作，它对轴承施以周期性交变负荷的作用。因此轴承首先应当有比较高的疲劳强度，同时在轴承受磨损受热的条件下，轴承能保持有足够的抗压强度。

(2) 有足够的塑性和韧性　塑性是保证从轴上剥落下来的硬颗粒或从润滑油中带来的硬颗粒能容易嵌入轴承中，否则这些颗粒使轴磨损，保证不了磨合。韧性是保证轴承工作时在受冲击力作用下不会产生裂纹，继续正常运转。

(3) 低的摩擦系数　是保证对轴的磨损要小，在润滑条件下能有储存润滑油的空隙和对润滑油有抗腐蚀的性能，并具有耐磨性。

(4) 有良好的导热性和较小的膨胀系数　它们主要是防止轴瓦和轴因强烈摩擦升温发生咬合而影响工作或失去工作能力。

根据这些要求，轴承材料是由较软和塑性好的材料制成，其理想的组织应是软基体上均匀分布着硬质点。软的被磨损下凹，可储存润滑油，并形成连续的油膜，硬质点则凸起来支承轴颈，使轴承和轴颈的实际接触面积小，减少了摩擦，如图 8-11 所示。

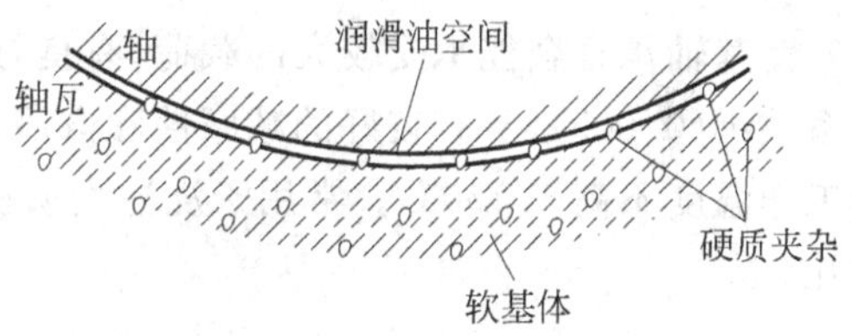

轴
润滑油空间
轴瓦
硬质夹杂
软基体

图 8-11　轴承理想表面示意图

轴承合金的分类和用途如下。

轴承合金一般在铸态下使用，其牌号是以 Z＋基本元素符号＋主加元素符号＋主要元素平均含量＋辅加元素平均含量表示。其中“Z”是“铸”的汉语拼音字头。例如，ZSnSb11Cu6 表示含锑量 11％和含铜量 6％的铸造锡基轴承合金。

常用滑动轴承合金按主要化学成分可分为锡基、铅基、铝基和铜基等轴承合金。

8.4.1 锡基轴承合金

以 ZSnSb11Cu6 合金为例，它是以 Sn 为主，并加少量 Sb、Cu 等元素的合金。由 Sn-Sb 相图可知(见图 8-12 和图 8-13)，它是软基体和硬质点类型的轴承合金。Sb 能溶入 Sn 中形成 α 固溶体为软基体，Sn 能溶入以 SnSb 化合物为基的固溶体为硬质点。Cu 和 Sn 还能生成化合物 Cu_3Sn。在铸造时由于 SnSb 化合物较轻，易上浮，造成严重的密度偏析，所以在合金中加入 Cu 能形成白星状或放射状骨架分布的 Cu_3Sn,阻止 SnSb 上浮,可有效地防止或减轻偏析。Cu_3Sn 的硬度较高,也起着硬质点的作用,提高了合金的耐磨性。ZSnSb11Cu6 合金的显微组织由 $\alpha+\beta'(SnSb)+Cu_3Sn$ 组成。图中黑色部分(基体)为 α 固溶体,白色方块或三角块为硬质点 β′相,白针状或白星状或放射状是硬骨架分布的 Cu_3Sn 化合物。

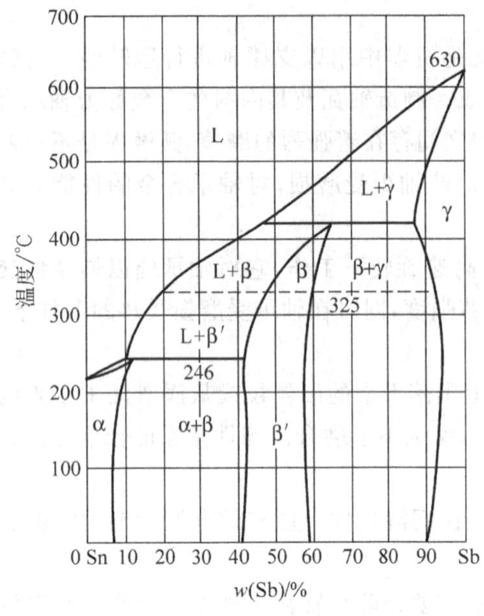

图 8-12 Sn-Sb 相图

图 8-13 多相固态合金金相照片(ZSnSb11Cu6)

锡基轴承合金能承受较大的载荷,有良好的塑性和韧性,有一定的导热性和耐蚀性,摩擦系数小(0.005),具有较好的减摩性和嵌藏性。但疲劳强度低,同时由于 Sn 的熔点低,所以工作温度不高于 150℃。常用于浇注大型机器的轴瓦,如汽轮机、发动机和压气机等高速轴瓦。

8.4.2 铅基轴承合金

以 ZPbSb16Sn16Cu2 为例,它是以 Pb 为主,并加入质量分数为 16%的 Sb、16%的 Sn 和 2%的 Cu 的合金。由 Pb-Sb 合金相图可知(如图 8-14 所示),α 相是 Sb 溶入 Pb 中形成固溶体,但在室温下 α 几乎为纯 Pb,很软,β 相是 Pb 溶入 Sb 中的固溶体,较硬。当含锡量为 16%时,其组织为(α+β)+β。(α+β)共晶体为软基体,β 为以 SnSb 化合物为基的固溶体,呈方块或三角块,是硬质点。由于 β 相密度轻,易上浮造成偏析,加入质量分数为 2%的 Cu 形成白针状的 Cu_3Sn,防止偏析,并起硬质点作用。其显微组织如图 8-15 所示。

铅基轴承合金的硬度、强度、韧性、耐蚀性比锡基轴承合金低,摩擦系数也大,但它突出的优点是价格便宜,因此在工业上得到广泛的应用。常用于制造中等载荷的轴承,如汽车、拖拉机曲轴轴瓦等。铸造轴承合金的牌号、化学成分、力学性能和用途如表 8-10 所示。锡基或铅基轴承合金的熔点和强度都比较低,为了提高它们的疲劳强度、承压能力和使用寿命,在生产上常采用离心浇注法将它们镶铸在低碳钢(08F)轴瓦上,形成一层薄面(厚度<0.1mm)均匀的内衬,才能更好地发挥作用。通常将低碳钢轴瓦材料在褂衬前镀锡,然后进行离心浇注,这样的瓦衬均匀,缺陷少,而且由于钢轴瓦的急冷作用,可得到细小的组织。具有这种双层或三层金属结构的滑动轴承称为“双金属”轴承。

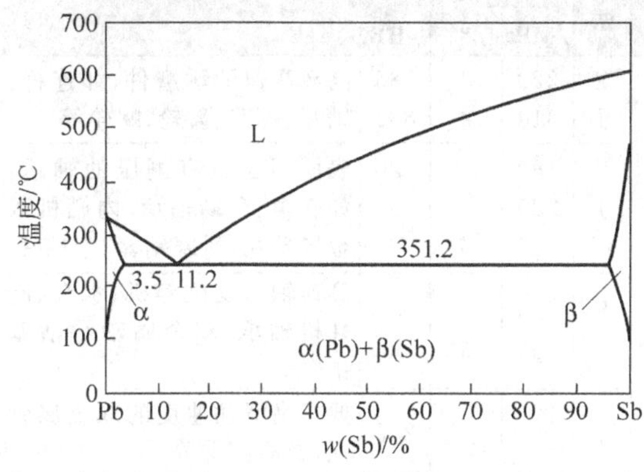

图 8-14　Pb-Sb 相图

图 8-15　ZPbSb16Sn16Cu2 轴承合金的显微组织

表 8-10　铸造轴承合金的牌号、化学成分、力学性能和用途
(摘自 GB/T 1174—1992)

种类	合金牌号	化学成分 w/%				铸造方法	力学性能(≥)			用途举例
		Sn	Sb	Cu	其他		σ_b /MPa	δ_5 /%	硬度 /HB	
锡基	ZSnSb12Pb10-Cu4	余	11.0～13.0	2.5～5.0	Pb:9.0～11.0	J	—	—	29	适用于一般中载、中速发动机轴承,但不适用于高温部分
	ZSnSb11Cu6	余	10.0～12.0	5.5～6.5	—	J	—	—	27	汽轮机、涡轮机、内燃机、透平压缩机及高速机床轴承和轴瓦等
	ZSnSb8Cu4	余	7.0～8.0	3.0～4.0	—	J	—	—	24	大型机器轴承及轴衬、高速高载荷汽车发动机薄壁双金属轴承
	ZSnSb4Cu4	余	4.0～5.0	4.0～5.0	—	J	—	—	20	重载高速的内燃机、涡轮机、航空和汽车发动机的轴承及轴衬
铅基	ZPbSb16Sn16-Cu2	15.0～17.0	15.0～17.0	1.5～2.0	Pb 余量	J	—	—	30	汽车拖拉机曲柄轴承和涡轮机、电动机、压缩机、轧钢机轴承
	ZPbSb15Sn10	9.0～11.0	14.0～16.0	≤0.7	Pb 余量	J	—	—	24	中载中速的汽车、拖拉机曲轴、连杆轴承,也适用于高温轴承
	ZPbSb15Sn5	4.0～5.5	14.0～15.5	0.5～1.0	Pb 余量	J	—	—	20	低速轻载的矿山水泵轴承汽轮机、空压机等轴承和轴衬
	ZPbSb10Sn6	5.0～7.0	9.0～11.0	≤0.7	Pb 余量	J	—	—	18	高速低载的汽车发动机、制冷机、高压油泵、切削机床等轴承

续表

种类	合金牌号	化学成分 w/%				铸造方法	力学性能(≥)			用途举例
		Sn	Sb	Cu	其他		σ_b /MPa	δ_5 /%	硬度 /HB	
铜基	ZCuSn10P1	9.0~11.5	≤0.05	余	P:0.5~1.0	S J	220 310	3 2	785 885	高载高速的耐磨件,如连杆、轴瓦、衬套、齿轮、蜗轮等
	ZCuPb10Sn10	9.0~11.0	≤0.5	余	Pb:8.0~11.0	S J Li	180 220 220	7 5 6	65 70 70	表面高压且有侧压的轴承,如轧辊、车辆轴承,内燃机双金属轴瓦,活塞销套、摩擦片
	ZCuPb20Sn5	4.0~6.0	≤0.75	余	Pb:18.0~23.0	S J	150 150	5 6	45 55	高速轴承及破碎机、水泵、冷轧机轴承、双金属轴承活塞销套等
	ZCuPb30	≤1.0	≤0.2	余	Pb:27.0~33.0	J	—	—	245	要求高滑动速度的双金属轴瓦、减磨零件等
	ZCuAl10Fe3	≤0.3	—	余	Al:8.5~11.0 Fe:2.0~4.0	S J	490 540	13 15	980 1080	高强、耐磨、耐蚀的重型铸件,如轴套、蜗轮及管配件等
铝基	ZAlSn6Cu1Ni1	5.5~7.0	—	0.7~1.3	Al 余量 Ni:0.7~1.3	S J	110 130	10 15	35 40	高速、高载荷机械轴承,如汽车、拖拉机、内燃机轴承

以上锡基轴承合金和铅基轴承合金又分别称为锡基巴氏合金和铅基巴氏合金。由于它们中的 Pb、Sn 和 Sb 能形成易熔(135℃)的三元共晶体,不易在高温下使用,其实际工作温度小于 100℃,否则就有烧熔的危险,因此它们属于低熔点轴承合金。

8.4.3 铜基轴承合金

铜基轴承合金主要有铅青铜、锡青铜等,应用广泛,常用的牌号有 ZCuSn10P1 和 CuPb30 两种。

ZCuSn10P1 的成分为质量分数为 10%的 Sn,1%的 P,其余为 Cu。显微组织为 $\alpha+\delta+Cu_3P$。α 固溶体为软基体,$\delta(Cu_{31}Sn_8)$相和 Cu_3P 为硬质点。它是优良的轴承合金之一,适用于制造高速、重负荷的柴油机轴承。

ZCuPb30 的成分为质量分数为 30%的 Pb,其余为 Cu,即是一种以 Cu 为基体的含 Pb 的轴承合金,因为 Pb 不溶于 Cu,它在室温下成为在硬基体 Cu 上分布着大量软质点 Pb。具有很好的疲劳强度,还有高的导热性(为锡基轴承合金的六倍)和低的摩擦系数、优良的耐磨性和耐热性。可在 300~320℃下工作,因此可用于制造高速、高负荷、大功率的发动机的轴承。其缺点是易受酸的腐蚀,强度较低。因此常将它浇铸在钢管和钢板上,形成一层薄而均匀的内衬,使钢的强度和减磨合金的耐磨性很好地结合起来,铅青铜和钢套的粘合性很好,不易剥落和开裂。

8.4.4 铝基轴承合金

铝基轴承合金是一种新型减摩材料,具有密度小、导热性好、疲劳强度高、高温硬度较高、耐磨性和耐蚀性好等优点,能够承受较大压力和速度。可替代巴氏合金和铜基轴承合金，节省工业用铜。原料丰富，生产工艺简单，成本低，价格低廉，但它的膨胀系数较大，抗咬合性不如巴氏合金。

在我国目前最常用的铝基轴承合金是ZAlSn6Cu1Ni1合金，这种合金由于Sn在固态下几乎不溶入Al，其组织实际上是Al和Sn的混合体。它是以Al为硬基体，颗粒状Sn为软质点的轴承合金。这种合金也可用低碳钢(08钢)为衬背，轧成双金属带，以提高轴瓦的承载能力。由于有上述一系列优良特性，广泛用于高速汽车、拖拉机和柴油机的轴承。

除上述轴承合金外，珠光体灰口铸铁也常作滑动轴承材料，它的显微组织是由硬基体(珠光体)和软质点(石墨)构成，石墨还有润滑作用。铸铁轴承可承受较大压力，价格便宜，但摩擦系数大，导热性差，故只适宜作低速($v<2$m/s)的不重要轴承。

各种轴承合金性能比较，如表8-11所示。

表8-11 各种轴承合金性能比较

种类	抗咬合性	磨合性	耐蚀性	耐疲劳性	合金硬度/HBS	轴颈处硬度/HBS	最大允许压力/MPa	最高允许温度/℃
锡基巴氏合金	优	优	优	劣	20～30	150	600～1000	150
铅基巴氏合金	优	优	中	劣	15～30	150	600～800	150
锡青铜	中	劣	优	优	50～100	300～400	700～2000	200
铅青铜	中	差	差	良	40～80	300	2000～3200	220～250
铝基合金	劣	中	优	良	45～50	300	2000～2800	100～150
铸铁	差	劣	优	优	160～180	200～250	300～600	150

8.4.5 粉末冶金含油轴承

粉末冶金方法是制造轴承的重要方法。粉末冶金含油轴承常用的有铁石墨和铜石墨两大类，将铁粉或铜粉与石墨一起通过压制和烧结制成轴瓦，其特点是含油，而且能够自润滑。在轴瓦中含有一定量的空隙，其大小决定于载荷的大小，载荷大则空隙小，但含油也少。自润滑的机理是当轴不转动时，油借助孔隙的毛细管作用保存在轴承的空隙中，当轴转动时，温度升高，毛细管作用减弱，同时轴与轴承间为半真空，因此油能够从孔隙中吸出形成油膜进行润滑。当轴停止转动时，温度下降，油借助毛细管的作用又吸入孔隙中。而且，由于油是经过连通孔隙输送的，无滴漏现象，油的消耗量很少。一般其储存的润滑油足够整个有效工作期间消耗使用的。

粉末冶金含油轴承在我国纺织机械、汽车、农机、冶金矿山、机械等方面已得到应用。

习题

1. 简述纯铝的特性和用途。
2. 铝合金可通过哪些方法进行强化？
3. 何谓硅铝明？为什么要进行变质处理？怎样进行？变质处理前后其性能有何变化？
4. 以Al-Cu合金为例，说明时效强化的基本过程和影响时效强化的因素。

5. 铜合金的性能有何特点？铜合金在工业上的主要用途是什么？

6. 黄铜的“脱锌”和“自裂”是在什么条件下发生的？用什么方法可防止或减轻？

7. 青铜有哪些用途？

8. 钛合金和其他有色合金相比，其性能的主要特点是什么？

9. 对轴承合金的性能有哪些主要要求？理想轴承材料的组织是怎样的？

10. 指出下列材料的类别、代号的意义和主要用途：

ZL102、LF21、LC4、LD7、3A21、7A04、ZAlSi7Cu4、H70、QAl7、TA4、TC4、ZCuPb30。

第9章 非金属材料

在现代工农业生产所使用的各种材料中，非金属材料起着越来越重要的作用，它们中主要有高分子材料（如塑料、橡胶、合成纤维等）、陶瓷材料（普通陶瓷、工程陶瓷、玻璃等）和复合材料等三大类。由于它们的各种特异的工程性能，例如塑料的成形性、橡胶的高弹性以及陶瓷的高硬度、耐高温和耐蚀等，虽然目前在机械工程中仍然以金属材料为主，也可能在相当长的时间内不会改变，但由于非金属材料的急剧发展，正在越来越多地应用于各类工程中。非金属材料已不是金属材料的代用品，而是独立使用的材料，有时甚至是不可缺少的材料，它在现代工业和高技术领域中占有重要的位置。

本章主要介绍和讨论非金属材料的化学组成、结构、性能和应用。

9.1 高分子材料的基本知识

9.1.1 高分子材料的概念

高分子材料是以高分子化合物为主要组成成分的材料，它是相对分子质量很大的有机化合物，也称为聚合物或高聚物。

很多化合物相对分子质量都很小，例如，水（H_2O）是 18，石英（SiO_2）是 60，铁（Fe）是 56，等等。人们把相对分子质量小于 500 的化合物称为低分子化合物，相对分子质量大于 500 的化合物称为高分子化合物。而一般所说的高分子化合物的相对分子质量是在 10^3～10^6 之间。例如，聚苯乙烯是 10 000～3 000 000，聚氯乙烯是 20 000～160 000。高分子与低分子之间并没有严格的界限。表 9-1 为几类物质的相对分子质量。

表 9-1 几类物质的相对分子质量

分类	低分子物质					高分子物质				
名称	水	石英	铁	乙烯	单糖	天然高分子		人工合成高分子		
	H_2O	SiO_2	Fe	$CH_2=CH_2$	$C_6H_{12}O_6$	橡胶	淀粉	聚乙烯	聚氯乙烯	聚丙烯腈
相对分子质量	18	60	56(相对原子质量)	28	180	20 万～40 万	>20 万	从数万至百万	2 万～16 万	6 万～50 万

9.1.2 高分子材料的组成

由于高分子化合物中常见的化学元素主要有C、H、O和N等，它们都是轻元素，这就决定了高分子材料的密度较小，约为0.9～2g/cm^3，相当于钢铁密度的1/7～1/4。高分子化合物的相对分子质量虽然很大，但它们的组成一般都比较简单，是以某些简单的结构单元重复连接而成。例如，由乙烯(CH_2═CH_2)合成的聚乙烯($\text{[}CH_2—CH_2\text{]}_n$)，它是由数量足够多的小分子乙烯，打开双键后连接成大分子链，然后由众多大分子链聚集在一起组成。例如

$$CH_2{=}CH_2 + CH_2{=}CH_2 + \cdots \longrightarrow —CH_2—CH_2—CH_2—CH_2—\cdots$$

可以把它简写成

$$n(CH_2{=}CH_2) \longrightarrow \text{[}CH_2—CH_2\text{]}_n$$

凡是可以聚合生成大分子链的低分子化合物都叫做单体。聚乙烯的单体是乙烯(CH_2═CH_2)；聚丙烯的单体是丙烯(CH_2═CH—CH_3，即CH_2═CH_2下接CH_2)。大分子链还可以由两种以上的单体共同聚合而成，例如，ABS工程塑料是由丙烯腈(CH_2═CH—CN)、丁二烯 (CH_2═CH—CH═CH_2)和苯乙烯(CH_2═CH—C_6H_5)三种单体聚合而成。

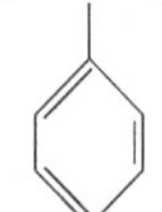

单体是人工合成高分子的原料，而且只有那些至少能形成两个或两个以上新键的有机小分子化合物才能成为单体。具有不饱和键的烯烃类(有双键)和炔烃类(有三键)是高分子材料的重要原料。它们可能被打开不饱和键形成两个或两个以上新键，发生聚合反应，组成了大分子，它像很长很长的链条形状，因此叫大分子链。它们中重复的结构单元称为链节，例如，$\text{[}CH_2{=}CH_2\text{]}$是聚乙烯分子链的链节。一个大分子链链节的重复次数称为聚合度。聚合度越高，分子链越大，则分子链的链节数愈多。

$$n(CH_2{=}CH_2) \xrightarrow{\text{聚合反应}} \text{[}CH_2—CH_2\text{]}_n \qquad n\text{为聚合度}$$

每个大分子链的相对分子质量M是单体相对分子质量m_0和聚合度n的乘积，即$M=m_0\times n$。聚合度n反映了大分子链的长短和相对分子质量的大小。

表9-2中列举了几种常见高聚物的单体、链节和聚合物名称。

高分子材料是由大量的大分子链集聚而成。合成时由于聚合度的不同，大分子链长短不一，其数量呈统计规律分布，所以高分子材料的相对分子质量是大量大分子链相对分子质量的平均值，高聚物的这种相对分子质量不同的特性称为"相对分子质量多分散性"，也称相对分子质量分布。相对分子质量和相对分子质量分布对高分子材料性能(工艺、使用)有重要影响。相对分子质量愈大，高聚物粘度愈大，强度、硬度愈高；反之粘度愈小，流动性愈好。若高聚物相对分子质量相同，但相对分子质量分布不同时，则高聚物性能不同。分布较宽的高聚物流动性好，成形时加工温度范围较宽，成形性好；分布较窄的高聚物成形性差，但抗冲击、耐疲劳等性能好。

表 9-2　常见的单体及其高聚物

单体名称及结构	链　节	高聚物
乙　烯　$CH_2{=}CH_2$	$-CH_2-CH_2-$	聚乙烯
丙　烯　$CH_2{=}CH$ │ CH_2	$-CH_2-CH-$ │ CH_3	聚丙烯
苯乙烯　$CH_2{=}CH$ 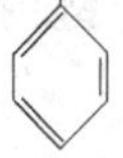 │ ⌬	$-CH_2-CH-$ 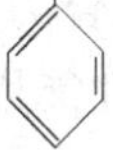 │ ⌬	聚苯乙烯
氯乙烯　$CH_2{=}CH$ │ Cl	$-CH_2-CH-$ │ Cl	聚氯乙烯
四氟乙烯　$CF_2{=}CF_2$	$-CF_2-CF_2-$	聚四氟乙烯
丁二烯　$CH_2{=}CH-CH{=}CH_2$	$-CH_2-CH-CH-CH_2-$	聚丁二烯(橡胶)
丙烯腈　$CH_2{=}CH-CN$	$-CH_2-CH-$ │ CN	聚丙烯腈

应该指出,当单体一定时,聚合度显著影响它的性能。例如,乙烯聚合物,聚合度小于等于 2 时,室温下为气体;聚合度为 5～10 时呈气体或液体,且液体的粘度随聚合度增加而增加;聚合度为 50 时,呈软固体(石蜡);聚合度大于 400 为硬树脂。随聚合度增加,其相对分子质量增加,强度和溶液粘度也增大,给加工成形带来困难,所以商品高分子材料的聚合度一般为 200～2000。可见,随着碳链增长,乙烯状态变化情况为:气体—液体—软固体—固体。由于分子链长度增加,使分子链之间的结合力增强,致使其状态和性能发生改变。

9.1.3　高分子链的结构

高分子链中常由 C、H、B、Si、N、P、As、O、S 和 Se 等元素形成分子链,其中 C 是形成有机高分子链的主要元素,它也是有机高分子材料的基本成分,在高分子材料中也大都有 H 元素存在。碳原子的最外层有四个电子,每一外层电子与另一个碳原子或其他原子形成共价键。当两个碳原子之间形成一对、两对或三对共价键,而剩下的外层电子与氢原子结合时,便形成了各类有机化合物,如乙烷、乙烯和乙炔等。实际上,碳原子的四个价键是以三维形态分布的,因而某一碳原子和其他碳原子的化合物也是三维结构,如图 9-1 所示,这些价键间也将彼此存在一定的角底。如果在形成的化合物中,碳原子数不像乙烷、乙烯和乙炔等只有两个,而有较多的碳原子时,它将组成较长的骨架。这些长的碳原子骨架称为碳原子链,即碳链。

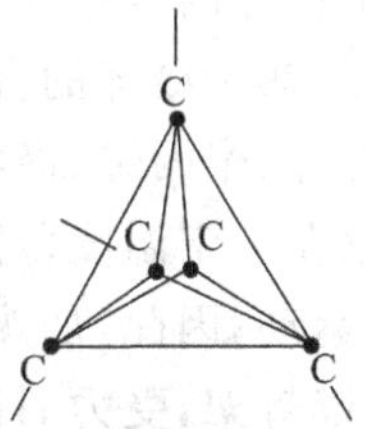

按高分子主链上的化学组成可分为以下几种。

(1) 碳链高分子　高分子主链全部是由碳原子一种元素以共价键相连接,即—C—C—C—,如聚乙烯、聚丙烯、聚苯乙烯和聚二烯烃等。这类聚合物可塑性好、容易加工成形,其缺点是易燃、耐热性差和易老化等。

图 9-1　碳原子的四面体结构

(2) 杂链高分子　高分子主链除有碳原子外，还有 O、N、S 和 P 等原子，它们以共价键相连接，即—C—C—O—C—C—和—C—C—N—N—等，如聚甲醛、聚碳酸酯和聚酰胺等。这类聚合物耐热性好、强度较高。

(3) 元素链高分子　高分子主链不含碳原子，而是由 Si、O、B、N、S 和 P 等元素组成，即—Si—O—和—Si—Si—Si—等，例如，二甲基硅橡胶和氟硅橡胶等。这类聚合物耐高温、绝缘性好。

高分子链中原子以共价键结合，这种结合力称为主价键力。高分子链内的组成元素不同，原子间共价键结合力就不同，聚合物的性能因而也不同。

9.1.4　高分子链的形状

根据高分子链的几何形状可分为：线形、支链形和交联形三种。

(1) 线形　由许多链节以共价键连接成线形长链分子，其分子直径为几埃，而长度可达几千甚至几万埃，像一条长线。通常其分子直径与长度之比在 1∶1000 以上。这种细而长的形状，通常呈蜷曲状或线团状，受拉伸时呈直线，如图 9-2(a)所示。

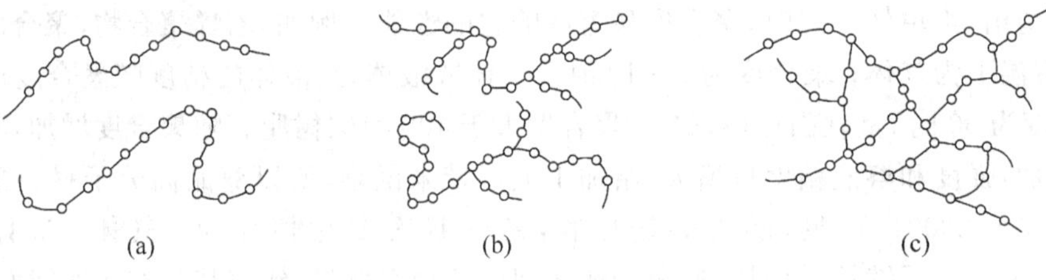

图 9-2　高聚物的结构示意图

(a) 线形；(b) 支链形；(c) 交联形

(2) 支链形　在主链的两侧以共价键连接相当数量的长短不一的支链，其形状有树枝状、梳状等。由于支链存在，使分子链之间不易规则排列，同时还有可能形成局部的三维缠结，如图 9-2(b)所示。

(3) 交联形(体形、网形)　在分子链之间有许多链节互相交联，它是沿横向通过链节以共价键连接起来形成三维空间网状大分子，高分子之间不易相互流动，如图 9-2(c)所示。

高分子链的形状对聚合物的性能有重要的影响。线形和支链形的高分子化合物由于分子链中每一键和相邻键之间存在一个角度(键角)，因此分子链一般呈蜷曲状收缩，而且分子链之间范德华力很弱，因而在外力作用下，分子链之间产生相互滑动，而又伸长，显得非常柔软，表现出良好的可塑性和高弹性，同时在适当的溶剂中可以溶解，或高温时则软化和流动。还可通过加热和冷却的方法使其重复地软化(或熔化)和硬化(或固化)，故又称热塑性聚合物，如聚乙烯、聚丙烯、涤纶、尼龙、生橡胶等。体形高分子化合物中链节将相互交联形成体形结构，它在一定温度范围内加热时，除能促进分子间进一步结合成形外，并不能使分子间产生相对运动，因此，加热时不能使其产生塑性，故称为热固性聚合物。由于它可能形成刚性的共价键骨架，受力时链间不易滑动，限制了材料的塑性，提高了强度、耐热性和化学稳定性，而且在加热成形固化后不能再加热软化或熔化，同时对溶剂的作用稳定，呈现出不熔不溶的特性。其性能的特点是脆性大、无弹性和塑性，即固化后硬而脆，如酚醛树脂、环氧树脂和硫化橡胶等。体形分子链的缺点是：在合成橡胶的生产过程中若控制不当发生过度交联时就破坏了橡胶的高弹性，聚合物的老化就是在环境的影响下分子链交联的结果，使聚合物丧失弹性，变硬变脆；在加工时只能一次成形，即形成交联结构后形状就不能改变。

9.1.5　高分子链的构型和构象

构型是指高分子链原子或原子团在空间的排列方式。它是由共价键连接的链内原子或原子团在空间的几何排列方式，即分子键将有不同的空间构型。它对高分子化合物的性能有显著影响，有的容易结晶，其性能是硬度、密度和软化温度都较高；有的不易结晶，性能差，还易软化。

构象是指由于单键内旋转而引起的分子的不同空间形状，即大分子链的空间形象称为构象。大分子链也是处于不停的热运动之中，它是由单键的内旋转而引起的，由于大分子链是由成千上万个原子经共价键连接而成，分子链内的原子，因热运动可以在共价键键长和键角不变的前提下进行自旋转，如图 9-3 所示。

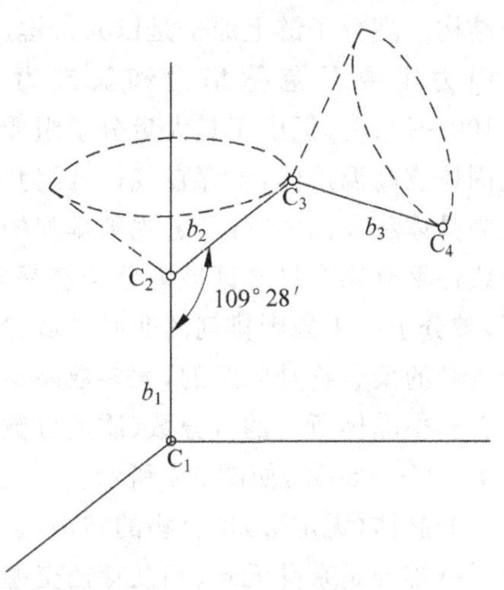

图 9-3　分子链内旋示意图

在图中，—C_1—C_2—C_3—C_4—为碳链高分子中的一段，b_1、b_2、b_3 表示键长，为 1.54Å(0.154nm)，键角为 109°28′。当 b_1 旋转时，b_2 将沿以 C_2 为顶点的锥面而旋转。同样 b_3 可以在以 C_3 为顶点的锥面上运动。这实际上是多质点的复杂牵连运动。正是这种极高频率的 C—C 键的内旋转，随时改变着大分子链的构象。受力使线型高分子链可以伸长拉直，外力去除后，又缩回到原来的蜷曲状或线团状，这种能拉伸回缩的性能称为分子链的柔性。它是聚合物具有高弹性的原因。显然，不同成分和结构的大分子链的内旋转能力是不同的。柔性好表示链内旋转容易，构象变化也容易。高聚物中分子链的柔性是这类材料的独特属性。链柔性的好坏，对高聚物性能的影响很大。一般，刚性分子链高聚物的强度、硬度和熔点高，而弹性和韧性差。柔性分子链高聚物则相反。

影响分子链柔性的因素比较复杂，而且相互制约，不是单一因素的简单关系。不同元素组成的大分子链的内旋转特性不同，在 C—C、C—O、C—N、Si—O 键内旋转中以 C—C 键内旋转最困难。当分子链上带有庞大的原子团侧基，例如甲基 CH_3、苯环 ⌬ 等或支链时，内旋转困难，链的柔性很差。同一种分子链愈长，链节数愈多，参与内旋转的单体键愈多，柔性愈好。温度升高时分子热运动增加，内旋转变得容易，柔性增加。

大分子链的热运动随内外条件的不同而复杂多样。当链的能量足够大时，可有十几个到几十个链节的链段相对于另一些链段运动。大分子链的柔性愈好，则可进行热运动的链段愈短，即链中能独立进行热运动的链段数量增多。链段热运动的结果，使大分子链产生强烈的蜷曲。有外力作用时链伸直，去除外力时链再蜷曲。正是这种链段热运动使高聚物具有高弹性等独特行为。

链节是大分子链的最小结构单元，也可作热运动的单元进行热运动，而这时分子链不进行整链或链段的热运动。

9.1.6 高聚物的聚集态结构和性能

高聚物的聚集态结构是指高聚物内部高分子链之间的几何排列和堆砌结构，也称超分子结构。高分子链上原子是以共价键连接而成，这种共价键称为主价键力。而高分子链间的引力主要是范德华力和氢键力，统称为次价键力，它很小，大约为主价键力的1/100～1/10。但由于是大量分子组成了分子链，所以分子链次价力之和也很大，很容易形成固体或高温熔体，不存在气体，因为升温至远低于汽化温度时，大分子链就分解了。固体分为晶体和非晶体，分子链规则排列的部分称为晶体，不规则排列的部分称为非晶体，室温下线性聚合物在局部区域内分子链呈规则排列组成晶体区，其直径约为0.1μm，它是微晶区，被分子链未规则排列的非晶区域（过冷液体或玻璃态固体）隔开。在实际生产中获得完全规则的聚合物是困难的，大多数高聚物是由部分晶体和部分非晶体组成或完全呈非晶体。聚合物中晶体所占的百分数（质量分数或体积分数）称为结晶度，一般结晶型高聚物的结晶度为30%～80%，如图9-4所示。

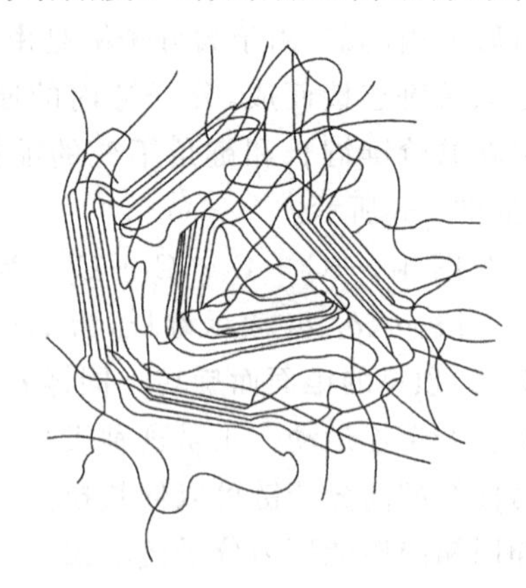

图9-4 高聚物的晶区与非晶区示意图

非晶体（无定形）聚合物的结构，过去一直认为大分子链排列是杂乱无章、相互穿插交缠的。近来研究发现，其结构是大距离范围内无序，小距离范围内是有序的，即远程无序，近程有序。

晶体聚合物中高分子链呈紧密聚集状态，增强了分子间（链）的作用力，使高聚物具有较高的熔点、相对密度、强度、硬度、刚度、耐热性、化学稳定性，同时又因光线易在晶体边界散射，使高聚物变成半透明或不透明。但与高分子链运动有关的性能，如弹性、延伸率、冲击强度等则降低。

9.1.7 高聚物的物理状态和性能

根据高聚物大分子链的结构和热运动特点，线型非晶态高聚物在不同温度下表现出三种物理状态：玻璃态、高弹态和粘流态。线型非晶态聚合物（也称线型无定形高聚物）在恒定载荷作用下的温度-形变曲线，也称热-机曲线，如图9-5所示，图中T_x为脆化温度，T_g为玻璃化温度，T_f为粘流温度，T_d为分解温度。

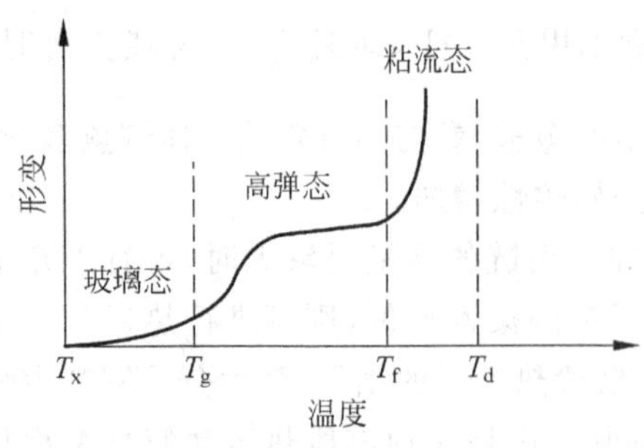

图9-5 线型无定形高聚物的温度-形变曲线

(1) 玻璃态 当非晶态高分子聚合物的温度小于T_g时，高聚物表现为非晶态固体，像玻璃一样，因此，这种状态称为玻璃态。由于温度低，高分子运动能量也低，链段不能运动，大分子链的构象不能改变，只能是高聚物中链段和链节的微小热振动以及链中链长和链角的弹性变形。此时它和低分子固体材料一样，受外力时大分子链的原子只能在其固定位置的附近作微小振动，且应力和应变成正比，其弹性变形量一般小于1%，具有一定的刚度。外力去除后变形立即消失，完全恢复原状。这种可恢复的变形一般称为普弹形变。大多数高聚物都具有玻璃态，只是每一种高聚物都具有其特定的存在温度范围。

当温度降至 T_g 以下的某一温度 T_x，由于温度太低，主链键长和键角都不能变化，分子热运动被冻结，施加外力时会导致大分子链的断裂，高聚物呈脆性，所以 T_x 称为脆化温度。在此温度以下，高分子链的柔性消失，高聚物失去使用价值。

高聚物呈玻璃态的最高温度称为玻璃化温度，用 T_g 表示，它也是高聚物从玻璃态到高弹态的转变温度。在室温下处于玻璃态的高聚物称为塑料。显然塑料的玻璃化温度均高于室温。聚氯乙烯的 T_g 为87℃，聚苯乙烯的 T_g 为80℃，有机玻璃的 T_g 为100℃，尼龙的 T_g 为40～50℃，聚碳酸酯的 T_g 为150℃。

(2) 高弹态　当非晶态高聚物温度大于 T_g 时，存在一种物理状态——高弹态，也称橡胶态。它是高聚物材料所独有，存在于 T_g～T_f 温度范围内。高弹态是橡胶的使用状态，所有在室温下处于高弹态的高分子材料都称为橡胶。橡胶的玻璃化温度 T_g 都低于室温。例如，天然橡胶的 T_g 为－73℃(工作温度为－50～120℃)，顺丁橡胶的 T_g 为－105℃(工作温度为－70～140℃)、硅橡胶的 T_g 为－120℃(工作温度为－70～275℃)。它们在外力作用下，伴有一种较大的形变，而且是可逆的，这种较大的可逆形变称为高弹形变，形变可达100%～1000%。它的产生和恢复要比普弹形变慢得多，而且不是瞬时的，要经过一定时间才能恢复。高弹形变是由于大分子链段热运动的结果，此时分子链可以从蜷曲状态变为伸展状态。大多数高聚物都或多或少地具有高弹性能。橡胶(硫化橡胶)高弹性能表现得最明显。

玻璃化温度 T_g 在本质上就是高聚物中热运动单元的链段发生热运动的分界温度。低于 T_g 链段运动被冻结，高于 T_g 链段运动发生。T_g 的高低及其变化规律，对于高分子材料的应用和加工成形有重要意义。

通过改变高聚物相对分子质量和分子链的组成和结构，可以获得具有不同 T_g 的材料，以满足不同使用要求。

(3) 粘流态　大分子链开始粘性流动的温度称粘流温度，用 T_f 表示。它也是高聚物从高弹态到粘流态的转变温度。当温度高于粘流温度 T_f 时高聚物成为粘态熔体，称为粘流态。熔体流动产生不可逆的永久变形，这时大分子链的热运动以整链为运动单元。熔体的流动变形量是由于大分子链的质量中心移动的结果，同时因为温度较高，分子活动能力很大，在外力作用下大分子链间可以相对滑动。它是高聚物成形加工制成制品的工艺状态。当温度较高时，其变形猛然剧增，变形值很大，而且是不可逆的，即产生塑性变形。

将高聚物原料(粉末、小颗粒或团块)加热到粘流态后，通过喷丝、吹塑、挤压、模铸等方法，加工成各种形状的零件、型材或纤维等。加工成形过程的工艺条件(如应力、温度、冷却方式、模具形状等)都影响产品的组织结构和性能。

因为一般将在室温下处于玻璃态的高聚物称为塑料，而常温下处于高弹态的高聚物称为橡胶，所以橡胶的玻璃化温度越低越好，这样在温度很低时仍不失去弹性；作为塑料使用的高聚物，玻璃化温度越高越好，可使它在较高的温度下仍保持玻璃态，并具有一定的刚度。

9.1.8 高分子材料的化学反应

1. 聚合反应

聚合反应是把低分子化合物(单体)结合成高分子化合物的过程,其先决条件是参加反应的单体必须包含有不饱和键或可反应的基团。根据聚合反应生成物的情况,可把聚合反应分为加聚反应和缩聚反应两类。

(1) 加聚反应　加聚反应是指由不饱和键的单体(原子或不饱和原子团),在一定条件下,如光照、加热或用化学药品处理等引发作用,双键被打开,即把含有双键的有机化合物的双键打开,使单体通过单键一个一个地连接聚合起来,一直连成一条大分子链,这种反应称为加聚反应。例如:

氯乙烯在化学药品作用下打开双键,逐个地连接起来,便成为聚氯乙烯。

$$n\,\underset{\text{(氯乙烯)}}{\mathrm{CH_2{=}CHCl}} \xrightarrow[\text{化学药品}]{\text{加聚}} \underset{\text{(聚氯乙烯)}}{\mathrm{\left[CH_2{-}CHCl \right]_n}}$$

由一种单体经加聚反应生成的高分子化合物称为均聚物,如乙烯经过加聚反应生成的聚乙烯即为均聚物。

由两种或两种以上单体经过加聚反应生成的高分子化合物称为共聚物。如 ABS 工程塑料就是一种典型的共聚物,它是由丙烯腈(A)、丁二烯(B)和苯乙烯(S)三种单体共聚而成的。加聚反应生成的高聚物具有和单体相同的成分。

加聚反应是当前高分子合成工业的基础,约有 80% 的高分子材料是由加聚反应得到的。在聚合反应中,适当改变反应物的组成、配比和排列,即可制得多种多样适合于各种用途的高聚物。

(2) 缩聚反应　由一种或几种单体相互结合成高聚物,同时析出其他低分子物质(如水、氨、醇等)的反应,称为缩聚反应。缩聚反应的单体,一般都是具有两个或两个以上可反应的基团(如 OH、NH_2 等)的低分子有机化合物。缩聚反应也可分为均缩聚和共缩聚两种。含有两个或两个以上相同或不相同基团的一种单体进行的缩聚反应称为均缩聚反应,其产物为均缩聚物,如氨基酸均缩聚得到聚酰胺。含有不同基团的两种或两种以上单体进行的缩聚反应称为共缩聚反应,其产物为共缩聚物,如己二胺和己二酸经共缩聚反应生成尼龙 66。

2. 交联反应

使高分子从线型结构转变为体型结构,大分子结构的这种变化称为交联反应。它使机械性能提高,化学稳定性增加。例如树脂的固化、橡胶的硫化等。交联反应一般有两种。

(1) 官能团交联反应　在大分子链的侧基官能团之间或大分子链的侧基官能团与小分子的官能团之间的交联反应。例如多元酸(酐)、多元胺固化剂使环氧树脂交联就是大分子同小分子官能团的反应。

为了改变某种聚合物的性能，也采用含有反应官能团的大分子作为改性剂，如环氧树脂加入聚酰胺得到改性环氧树脂。

(2) 辐射交联反应　聚合物没有参加反应的官能团，可用辐射线照射，使大分子产生交联。辐射线并不能使所有的聚合物都产生交联反应，有时也可能引起裂解反应。

3. 裂解反应

在各种外界因素(如光、热、氧、化学试剂、高能辐射、超声波、机械作用和生物作用等)作用下，发生链的断裂，使相对分子质量下降的反应叫裂解反应。

4. 聚合物的老化

高分子材料在长期使用过程中，由于受到热、氧气、紫外线、水蒸气、微生物、机械力等因素的长期作用，其结构或组成会发生变化，逐渐失去弹性，出现龟裂、变硬变脆或发粘软化等现象，称为聚合物的老化。目前认为大分子的交联或裂解是引起老化的主要原因。若以大分子的交联为主时，则表现为失去弹性、变硬变脆、出现龟裂等；若以大分子裂解为主时，则表现为失去刚性、发粘变软、出现蠕变等。

9.1.9 高分子化合物性能的特点和加工

高分子化合物由于具有一定的强度，可作为材料使用，它有弹性，特别是线型高分子结构材料，平常呈蜷曲状态，以无规则线团形态为典型，常在受力后被拉直，产生很大变形，去除外力后，分子很快恢复蜷曲状态，而使变形恢复。细长蜷曲的大分子在声、热作用下不易振动，因此具有隔热、隔音和减振的特性。高分子化合物以共价键结合，分子间结合牢固，不易电离，而且没有自由电子，所以其耐蚀性和绝缘性都很好。

高分子化合物的加工性好，在加温加压下很容易成形。也可通过铸造、冲压、焊接、粘接和机械加工等方法制成各种制品。高分子化合物在不同温度下性能不同。通过各种添加剂，可对材料进行改性，如在聚氯乙烯中加入较多增塑剂，则在玻璃态(80℃以下)也不会变脆，用来制造塑性薄膜。

通过某些物理、化学和机械手段将各种形态的聚合物或预聚物成形为各种不同用途制品的专门技术，是控制聚合物制品结构和性能的中心环节。

热塑性聚合物的成形加工有如下几种方法。

(1) 挤出成形　将塑料粉料混料后加热挤出，在此过程中要进行各种反应，特别适合于各种管道。

(2) 注射和反应注射成形　用于获得各种形状的零部件。

(3) 吹塑　获得中空的零部件。

热固性聚合物的加工有压缩模塑和自动模塑(自动填料、填模、取制件等)。

目前还有其他新的成形方法，包括热成形、旋转成形、粉料喷涂、冷压烧结成形、注塑焊接法、挤拉成形和振荡热成形等，还可进行双向拉伸薄膜的生产、微波加工和处理以及辐射处理等。

9.1.10 高分子化合物的命名

高分子化合物有多种命名方法,我国目前还没有完全系统化。国际化学联合会(IUC)有系统命名法,因为过于繁琐,目前很少应用。天然高分子化合物多用习惯的俗称命名,如羊毛、虫胶、骨胶等。人工合成的高分子化合物常用以下两种命名方法。

(1) 以组成高分子化合物的单体名称命名。简单结构的,在单体名称前加“聚”字,如聚氯乙烯、聚甲醛等;复杂结构的,习惯于在单体名称后面加“树脂”二字,如酚醛树脂、环氧树脂等。目前树脂的含义已经扩大,凡是没经过加工的高分子化合物都可称为树脂,如聚乙烯树脂等。

(2) 以商品名称命名,这种命名方法简单、通俗,易于接受。如聚酯的商品称为涤纶(的确良),酚醛树脂称为电木,聚甲基丙烯酸甲酯称为有机玻璃,聚酰胺称为尼龙或锦纶,聚酯纤维称为特丽纶等。

9.2 常用高分子材料

高分子材料包括塑料、橡胶、合成纤维、胶粘剂和涂料五类。下面主要介绍塑料和橡胶。

9.2.1 塑料

塑料是以天然或合成的高分子化合物为主要成分的材料,具有良好的可塑性,在室温下保持形状不变。绝大多数塑料都是以合成高分子化合物作为基本原料。它是在一定温度和压力下塑制成形,故称为塑料。

1. 塑料的组成

塑料是以合成树脂为基础,再加入一些其他添加剂所组成的。

(1) 合成树脂　合成树脂是塑料的主要成分,树脂的种类、性能及在塑料中所占的比例,对塑料的性能起着决定性的作用。它在常温下呈固体或粘稠液体,受热时软化或呈熔融状态,可以把塑料中其他物质粘接起来,所以又称粘料。在塑料中合成树脂的含量约占40%～100%。

(2) 添加剂　为了改善塑料的性能而加入的其他成分的物质。主要有以下几种。

① 填充剂(又称填料)　填料在塑料中主要起增强作用,有时也可改善和提高塑料的某些性能,以扩大其应用范围。例如,加入石棉粉可提高塑料的耐热性;加入云母粉可提高塑料的电绝缘性;加入二硫化钼可提高塑料的自润滑性;加入铝粉可提高塑料对光的反射能力。酚醛树脂中加入木粉(屑)可提高机械强度。作为填充剂,必须性能稳定,且与树脂有良好的浸润关系和吸附性。填充剂约占塑料总质量的20%～40%,以减少树脂用量,因为填料比树脂便宜,可降低成本。

② 增塑剂　增塑剂用来提高塑料的可塑性和柔软性,以改善加工成形性和使用性能。要求增塑剂能溶于树脂而且与树脂不发生化学反应,挥发性小,无毒、无味、无色,在光热的

作用下稳定性高。常用的增塑剂是液态或低熔点固体有机化合物,其中主要有氧化石蜡、甲酸酯类、磷酸酯类低分子化合物。它们的作用是使大分子链间的距离拉开,降低分子间的作用力,使分子易于滑移,从而使塑料在较低的温度下,具有可塑性和流动性。

③ 稳定剂(又称防老剂)　它的主要作用是防止塑料在成形加工和使用过程中因受热和光的作用而发生分子链断裂、分子结构变化,从而使各成分树脂变坏。加入少量(千分之几)稳定剂可防止过早老化,延长制品的使用寿命。对稳定剂的要求是耐水、耐油、耐化学药品,并与树脂相溶,在成形过程中不分解。常用的稳定剂有硬脂酸盐、铅化合物及环氧树脂等。

根据塑料的品种和使用性能的要求,还可分别加入固化剂、润滑剂、着色剂、发泡剂、阻燃剂等添加剂。并非每一种塑料都要加入全部添加剂。

2. 塑料的分类

塑料的品种繁多,其分类方法也很多。常用的分类方法有以下几种。

(1) 按树脂性质分类　根据树脂在加热和冷却时所表现的不同性质,分为热塑性塑料和热固性塑料两种。

① 热塑性塑料　它的分子链具有线型结构,用聚合反应生成。在加热时软化并熔融,成为可流动的粘稠液体,冷却后即成形并保持既得形状。若再次加热,又可软化并熔融,如果反复多次,其化学结构基本不变,性能亦不发生显著变化。它们的碎屑可再生,再加工。这类塑料有聚乙烯、聚氯乙烯、聚丙烯、聚苯乙烯、聚酰胺(尼龙)、ABS、聚甲醛、聚碳酸酯、聚砜、聚四氟乙烯、聚苯醚、聚氯醚等。

② 热固性塑料　它的分子链在固化成形前呈线型结构,通常用缩聚反应制成。所用树脂在受热时软化,呈线型结构,并在固化剂和压力作用下变成体型结构。冷却后固化成形,其形状固定不变,而且只能一次成形。这种软化和固化是不可逆的。温度高时也不软化、熔融,只能是分子链断裂,制品分解破坏,碎屑不可再加工。在成形过程中由于采用加热、加压来完成固化过程,故称为热固性塑料。这类塑料的主要成分有酚醛树脂、氨基树脂和环氧树脂等。

(2) 按塑料应用范围分类　常分为通用塑料、工程塑料和特种塑料。

① 通用塑料　产量大、价格低、用途广。它是包装、建筑、交通、运输、结构材料和生活用品等常用塑料,主要有聚乙烯、聚氯乙烯、聚苯乙烯、聚丙烯、酚醛塑料和氨基塑料等六大品种。它们占塑料总产量的3/4以上。

② 工程塑料　能作为结构材料在机械设备和工程结构中使用的塑料。它有较高的机械强度、耐热、耐蚀和尺寸稳定性,是当前大力发展和应用范围日益扩大的塑料品种,主要有聚酰胺、聚甲醛、聚碳酸酯、聚砜、ABS、聚苯醚等。

③ 特种塑料　具有某些特殊性能,如耐高温、耐腐蚀、导磁、导电和医用等。这类塑料产量少、价格高,只用于特殊需要的场合。

随着现代工业的发展,常对通用塑料进行改性和增强,以扩大其应用范围,所以通用塑料和工程塑料的界线也就很难划分了。

3. 常用的工程塑料

(1) 热塑性塑料

① 聚酰胺(PA),又称尼龙或锦纶　它是最早发现的能承受载荷的热塑性塑料,在机械

工业中应用广泛。具有良好的韧性(耐折叠)和一定的强度,有低的摩擦系数(比金属小得多)和良好的自润滑性,可耐固体微粒的摩擦,甚至可在干摩擦、无润滑条件下使用,同时有较好的耐蚀性。因它不溶于普通溶剂,故可耐许多化学药品,不受弱酸、醇、矿物油等的影响。它的热稳定性差,有一定的吸水性,影响尼龙制品的尺寸精度和强度。一般在100℃以下工作。适用于制造耐磨的机器零件,如柴油机燃油泵齿轮、蜗轮、轴承、行走机械中行走部分的轴承、各种螺钉、螺帽、垫圈、高压密封圈、阀座、输油管、储油容器等。

② 聚甲醛(POM) 它是继聚酰胺之后发展起来的一种没有侧链、带有柔性链、高密度和高结晶性的线型结构聚合物。其结晶度为70%～80%,具有优良的综合性能。其疲劳强度在热塑性塑料中是最高的,有优良的耐磨性和自润滑性,它具有高的硬度和弹性模量,刚性大于其他塑料,在较宽的温度范围内具有耐冲击性能,可在－40～100℃范围内长期工作。吸水性小,具有好的耐水、耐油、耐化学腐蚀性和电绝缘性。尺寸稳定,但缺点是热稳定性差、易燃、长期在大气中曝晒会老化。聚甲醛可代替有色金属及其合金,在汽车、机床、化工、电气仪表、农机等部门制造轴承、衬套、齿轮、凸轮、滚轮、泵叶轮、阀、管道、配电盘、线圈座和化工容器等。

③ ABS塑料 ABS塑料又称“塑料合金”,是丙烯腈(A)、丁二烯(B)和苯乙烯(S)三种单体的三元共聚物,因而兼有丙烯腈的高硬度、高强度、耐油、耐蚀,丁二烯的高弹性、高韧性、耐冲击和苯乙烯的绝缘性、着色性和成形加工性的优点。它的强度高、韧性好、刚度大,是一种综合性能优良的工程塑料,因此在机械工业以及化学工业等部门得到广泛的应用。例如齿轮、泵叶轮、轴承、方向盘、扶手、电信器材、仪器仪表外壳、机罩,还可作低浓度酸碱溶剂的生产装置、管道和储槽内衬等。ABS塑料表面可电镀一层金属,代替金属部件,既能减轻零件自重,又能起绝缘作用。它不耐高温、不耐燃,耐气候性也差,但都可通过改性来提高性能。

④ 聚砜(PSF) 又称聚苯醚砜,是以线型非晶态高聚物聚砜树脂为基的塑料,其强度高,弹性模量大,耐热性好。长期使用温度可达150～170℃,蠕变抗力高,尺寸稳定性好。脆性转化温度低,约为－100℃,所以聚砜使用温度范围较宽,聚砜的电绝缘性能是其他工程塑料不可比的。它主要用于制作要求高强度、耐热、抗蠕变的结构件、仪表件、电气绝缘件、精密齿轮、凸轮、真空泵叶片、仪器仪表壳体、罩、线圈骨架、仪表盘衬垫、垫圈、电动机、收音机、电子计算机的积分电路板等,由于聚砜具有良好的电镀性,故可通过电镀金属制成印刷电路板和印刷线路薄膜。也可用于洗衣机、家庭用具、厨房用具和各种容器等。

⑤ 聚四氟乙烯(PTFE、F—4) 聚四氟乙烯是氟塑料的一种。氟塑料有聚四氟乙烯(F—4)、聚三氟乙烯(F—3)和聚全氟乙丙烯(F—46)等。聚四氟乙烯是氟塑料中应用最广、产量最大的一种。它是以线型晶态高聚物聚四氟乙烯为基的塑料,由于在分子结构中氟原子对称分布,所以,它是结构对称线型结晶型高聚物,结晶度为55%～75%,熔点为327℃。它具有优良的耐化学腐蚀性,不受任何化学试剂的浸蚀,即使于高温下,在强酸(甚至王水)、强碱、强氧化剂中也不受腐蚀(它的化学稳定性超过了玻璃、陶瓷、不锈钢,甚至金、铂等),故有“塑料王”之称。它的热稳定性高,耐寒性好,可在－180～250℃长期使用,是热塑性塑料中使用温度最宽的品种。摩擦系数极低(0.04),并有自润滑性。吸水性小,在极潮湿的条件下仍能保持良好的绝缘性。聚四氟乙烯的强度较低,加工成形性较差,在390℃释放有毒气体,成本高,影响了它更广泛的使用。由于它不能用热塑性塑料的一般成形方法成形,而是采用类似粉末冶金的预压、烧结方法成形,主要用于特殊性能要求的零件,如化工用的耐蚀

泵、反应器、过滤板、各类管子、阀门、接头，减磨密封零件，如垫圈、密封圈、密材填料、自润滑轴承、活塞环等；用于高频电子仪器的绝缘和高频电缆、电容器线圈、电机槽的绝缘等；医疗上用它制作代用血管、人工心肺装置等。

⑥ 聚甲基丙烯酸甲酯(PMMA) 也叫有机玻璃，它的密度小、透明度高，透光率为92%，比普通玻璃(透光率为88%)还高。紫外线透过率为73%，而普通玻璃仅为0.6%。有机玻璃在1m厚时仍能透过光线，而普通玻璃厚达15cm时即难以透过光线。有机玻璃的密度小，只有无机玻璃的一半，但强度却高于无机玻璃，抗破碎能力是无机玻璃的10倍。它虽有一定的耐热性，但在140℃开始软化，硬度低，所以表面容易擦伤起毛，并溶于丙酮等有机溶剂。一般使用温度不超过80℃，导热性差，膨胀系数大，主要用于制造有一定透明度和强度要求的零件，如油杯，窥孔玻璃，汽车、飞机的窗玻璃和设备标牌等。也用于飞机座舱盖、炮塔观察孔盖、仪表灯罩及光学玻璃片、防弹玻璃、电视和雷达标图的屏幕、汽车风挡、仪表设备的防护罩和仪表外壳等。由于其着色性好，也常用于各种生活用品和装饰品。

⑦ 聚氯乙烯(PVC) 它是最早生产的塑料产品之一，是产量很大的通用塑料，在工业、农业和日常生活中得到广泛应用。它的突出优点是化学稳定性高、绝缘性好、阻燃、耐磨，具有消声减震作用，成本低，加工容易。但耐热性差，冲击强度低，还有一定的毒性，为了用于食品和药品的包装，可用共聚和混合方法改进，制成无毒聚氯乙烯产品。根据所加配料不同，可制成硬质和软质的塑料。

硬质聚氯乙烯的密度仅为钢的1/5，铝的1/2，但其机械性能较高，并具有良好的耐蚀性。它主要用于化工设备和各种耐蚀容器，例如储槽、离心泵、通风机、各种上下管道及接头等，可代替不锈钢和钢材。耐热性差，大约在75～80℃时软化。

软质聚氯乙烯，增塑剂加入量达30%～40%，其使用温度低，但延伸率较高，制品柔软，并具有良好的耐蚀性和电绝缘性等。主要用于制作薄膜、薄板、耐酸碱软管及电线、电缆包皮、绝缘层、密封件等。

加入适量发泡剂可制作聚氯乙烯泡沫塑料，它质轻、富有弹性、不怕弯折，像海绵一样松软，常用于隔热、隔音、防振，作各种衬垫和包装用。

⑧ 聚乙烯(PE) 其原料来源于石油、轻油、天然气等，原料来源丰富、价廉，居世界塑料产量的首位。

聚乙烯是由乙烯单体聚合而成，其合成方法，根据压力和温度等条件的不同，可分为高压、中压和低压三种。

高压聚乙烯分子链中含有较多的短链分支，因而相对分子质量、结晶度和密度较低，质地较软，使用温度约为80℃，常用来制作塑料薄膜、软管等。

低压聚乙烯分子链中短链分支较少，因而其相对分子质量、结晶度和密度较高，质地刚硬，耐磨性、耐蚀性和电绝缘性好，使用温度可达100℃。常用来制作塑料硬管、板材、绳索、喷灌器具的零件以及受载荷较小的结构件，如齿轮、轴承等，还可用于制造耐蚀涂层，管道，阀件，高频绝缘材料及电线、电缆的包皮等。可用火焰喷涂法或静电喷涂法将聚乙烯涂于金属表面，以提高金属的减磨性和耐蚀性。

此外还有聚苯乙烯(PS)、聚丙烯(PP)、聚苯醚(PPO)、聚酰亚胺(PI)、聚碳酸酯(PC)、氯化聚醚(PENTON)等热塑性塑料，它们有各自不同的性能特点和应用范围。每种塑料的性能数据有手册可查，但必须注意数据的获得条件是否与工作条件相同。因此正确选择塑料的关键是准确了解产品的工作条件,其中包括受力大小、应力种类和性质、工作温度及变化范围、环境因素等。

(2) 热固性塑料

① 酚醛塑料(PF) 酚醛塑料是以酚醛树脂为基本成分,加入各种添加剂制成的。酚醛树脂是由酚类和醛类有机化合物在催化剂的作用下缩聚而得的,其中以苯酚和甲醛缩聚而成的酚醛树脂应用最广。

酚醛树脂在固化处理前为热塑性树脂,处理后为热固性树脂。热塑性酚醛树脂主要做成压塑粉,用于制造模压塑料,由于有优良的电绝缘性而被称为电木。热固性酚醛树脂主要是用于和多层片状填充剂一起制造层压塑料,强度高、刚度大、制品尺寸稳定,具有良好的耐热性能,可在110~140℃使用,并能抗除强碱外的其他化学介质浸蚀,电绝缘性好,在机械工业中用它制造齿轮、凸轮、皮带轮、轴承、垫圈、手柄等;在电器工业中用它制造电器开关、插头、收音机外壳和各种电器绝缘零件;在化学工业中作耐酸泵;宇航工业中作瞬时耐高温和烧蚀的结构材料;摩擦系数低(0.01~0.03)。

② 氨基塑料(AP) 它是以氨基化合物(如尿素或三聚氰胺等)与醛类化合物(主要是甲醛)经缩聚反应生成氨基类树脂,其中最常用的是尿素与甲醛缩聚合成的脲醛树脂(UF)与添加剂混合处理后得到氨基塑料。它着色性好,颜色鲜艳,半透明,表面光泽如玉,又有良好的电绝缘性,故有电玉之称。用它的塑压粉可作成日用装饰品和电器绝缘件,如日用器皿、钟表和电话机外壳、门柜把手、仪表开关和插座。脲醛树脂还可作木材粘结剂,制造胶合板、刨花板、纤维板、装饰板(塑料贴面)等。因此氨基塑料广泛用于家具、建筑、车辆、船舶等方面,作为表面和内壁装饰材料。

③ 环氧塑料(EP) 它是以环氧树脂线型高分子化合物为主,加入增塑剂、填料及固化剂等添加剂经固化处理后制成的热固性塑料。强度高,有突出的尺寸稳定性和耐久性,能耐各种酸、碱和溶剂的浸蚀,也能耐大多数霉菌的浸蚀,在较宽的频率和温度范围内有良好的电绝缘性。但成本高,所用固化剂有毒性。

环氧塑料广泛用于机械、电机、化工、航空、船舶、汽车、建材等行业,主要用于制造塑料模具、精密量具、各种绝缘器件、抗震护封的整体结构,也可用于制造层压塑料、浇注塑料等。

环氧树脂对各种物质有极好的粘附力,用以制造的粘结剂,对金属、塑料、玻璃、陶瓷等都有良好的粘附性,故有“万能胶”之称。

9.2.2 橡胶

1. 橡胶的特性

橡胶也是一种高分子材料,具有极高的弹性、优良的伸缩性和积储能量的能力,成为常用的弹性材料、密封材料、减振材料和传动材料。

橡胶的高弹性与其分子结构有关。因为橡胶分子链较长,呈线型结构,有较大的柔顺性。通常它们呈蜷曲线团状,受外力拉伸时,分子链伸直,外力去除后又恢复蜷曲状态,所以橡胶具有高弹性。在原线型结构的橡胶中加入硫化剂等作用下橡胶分子交联成为网状结构,使橡胶具有既不溶解、也不熔融的性质,机械性能也有提高,改变了橡胶因温度升高而变软发粘的缺点。因此，橡胶制品只有经硫化后才能使用。它的弹性变形量可达100%～1000%，而且回弹快。它还具有绝缘性、不透气和不透水性。

2. 橡胶的组成

橡胶是以生胶为主，同时加入适量的填料、增塑剂、硫化剂、硫化促进剂、防老剂等添加剂组成。

(1) 生胶　生胶按原料来源可分为天然橡胶和合成橡胶。一般将未经硫化的天然橡胶和合成橡胶称为生胶，它对橡胶制品的性质起着决定性的作用。

(2) 橡胶添加剂　是为了改善和提高橡胶制品的各种性能而加入的物质，主要有以下几种。

① 硫化剂　使橡胶分子由线型结构相互交联成立体网状结构，变塑性生胶为弹性橡胶的处理称为硫化处理。交联能阻止长分子链间的彼此滑动，使橡胶的强度和韧性提高，常用的硫化剂为硫磺等。

② 硫化促进剂　用以降低硫化温度，缩短硫化时间，加速硫化过程，提高橡胶制品的经济性。它们多为化学结构较复杂的有机化合物，常用的有乙醛苯胺等。

③ 增塑剂　为了增加橡胶的塑性，改善粘附力，并能降低橡胶的硬度和提高耐寒性。常用增塑剂主要有：硬脂酸、精制蜡、凡士林及一些油类和脂类。

④ 填充剂　为提高橡胶的强度，改善其加工性和降低成本。常用的填充剂主要有炭黑、陶土、碳酸钙、硅酸钙、氧化硅、氧化锌、滑石粉、硫酸钡等。

⑤ 防老剂　橡胶长期存放或使用时逐渐被氧化而产生硬脆的现象称为老化。防老剂的加入可吸收氧，以防止橡胶的老化。常用的防老剂有苯胺、二苯胺等。

3. 常用橡胶材料

(1) 天然橡胶　天然橡胶是从橡胶树上流出的胶乳中制取的。它是一种以异戊二烯为主要成分的天然高分子化合物，实际是多种不同相对分子质量的聚异戊二烯的混合体。其分子结构是线型的，通常是无定形状态。

天然橡胶有很好的弹性，其弹性伸长率最高可达1000%，是钢铁材料的300倍。在0～100℃温度范围内，其回弹率可达85%以上。天然橡胶经硫化处理或经炭黑补强并经硫化处理后抗拉强度可提高。天然橡胶的耐磨性、耐蚀性、介电性、耐低温性以及加工工艺性等也都很好，因此是综合性能较好的橡胶。

天然橡胶的缺点是耐油和耐溶剂性差，耐臭氧老化性也较差，不耐高温，使用温度在−70～100℃范围内。它主要用于制造轮胎、胶带、胶管及胶鞋等。

(2) 合成橡胶

① 丁苯橡胶(SBR)　它是由丁二烯和苯乙烯共聚而成，是合成橡胶中产量最大、应用最广的通用橡胶，约占合成橡胶的80%。它的耐磨性、耐热性、耐油性和抗老化性都较好，特别是耐磨性超过了天然橡胶。

根据丁二烯和苯乙烯在聚合时的配比不同，可得到不同品种的丁苯橡胶，主要有丁苯—10，丁苯—30和丁苯—50等。其数字表示苯乙烯的百分含量。数字越大苯乙烯含量越多，橡胶的硬度高，耐磨性、耐蚀性高，但弹性和耐寒性差。反之，则硬度低，耐磨、耐蚀性差，但弹性和耐寒性好。

丁苯橡胶强度低，成形性又较差，限制了它的独立使用。价格便宜，并能以任何比例和天然橡胶混合，它主要与其他橡胶混合使用。主要用于制造轮胎、胶管、胶鞋等。

② 顺丁橡胶(BR) 它是由丁二烯聚合而成，来源丰富、成本低。它的弹性是合成橡胶中唯一高于天然橡胶，而且是目前各种橡胶中弹性最好的品种。其耐磨性比一般天然橡胶高30%左右，耐寒性也好。它的缺点是加工性不好，抗撕裂性较差。但是顺丁橡胶硫化速度快，因此通常和其他橡胶混合使用。顺丁橡胶的80%～90%用来制造轮胎，其寿命可高出天然橡胶轮胎寿命的两倍。其余用来制造耐热胶管、三角皮带、减振器刹车皮碗、胶辊和鞋底等。

③ 氯丁橡胶(CR) 它是由氯丁二烯聚合而成。它的机械性能和天然橡胶相似，但耐油性、耐磨性、耐热性、耐燃烧性(一旦燃烧能放出 HCl 气体阻止燃烧)、耐溶剂性、耐老化性等均优于天然橡胶，故有“万能橡胶”之称。但耐寒性差(－35℃)、密度大、成本高。适于制造高速运转的三角皮带、地下矿井的运输带，在400℃以下使用的耐热运输带、风管、电缆等。还可用于制作石油化工中输送腐蚀介质的管道、输油胶管以及各种垫圈。由于氯丁橡胶与金属、非金属材料的粘着力好，可用作金属、皮革、木材、纺织品的胶粘剂。

④ 丁腈橡胶(NBR) 它是由丁二烯和丙烯腈聚合而成。其突出的特点是耐油性好，又有弹性，可抵抗汽油、润滑油、动植物油类浸蚀，故常作为耐油橡胶使用。此外还有高的耐磨性、耐热性、耐水性、气密性和抗老化性。但电绝缘性和耐寒性差，耐酸性也差。这些性能随丙烯腈的含量而变化，一般是含量增加，耐油、耐蚀、耐热、耐磨、导电性以及强度、硬度增加，但耐寒性和弹性变差。所以，丁腈橡胶中丙烯腈含量一般在15%～50%之间，过高则失去弹性，过低则失去耐油的特性。

丁腈橡胶主要用于制作各种耐油制品，如耐油胶管、储油槽、油封、输油管、燃料油管、耐油输送带、印染辊及化工设备衬里等。

⑤ 硅橡胶 它是由二甲基硅氧烷与其他有机硅单体共聚而成。属于特种橡胶，其特点是耐高温和低温，可在－100～350℃范围内保持良好弹性，还有优良的抗老化性能，对臭氧、氧、光和气候的老化抗力大，绝缘性也好，缺点是强度、耐磨性和耐酸碱性低，而且价格较贵，限制了使用。主要用于制造各种耐高低温的橡胶制品，如耐热密封垫圈、衬垫、耐高温电线、电缆的绝缘层等。

⑥ 氟橡胶 它是以碳原子为主键，带有氟原子的聚合物。由于含有键能很高的碳氟键，因此氟橡胶具有很高的化学稳定性。它的突出特点是在酸、碱、强氧化剂中的耐蚀能力居各类橡胶之首。也有很高的强度、硬度，耐高温、耐油和耐老化性能也很好。其缺点是耐寒性、加工性差，价格较贵，限制了使用。主要用于国防和高科技中的高级密封件、高真空密封件和化工设备中的衬里，还有火箭导弹的密封垫圈等。

9.3 陶瓷材料

陶瓷是无机非金属材料。在高科技新形势下，它作为一种基础材料的重要性日益显示出来。目前，金属材料、高分子材料和陶瓷材料已成为固体材料的三大支柱。

由于陶瓷具有熔点高、硬度高、化学稳定性好，而且还具有耐高温、耐腐蚀、耐磨损和绝缘性好等优点，在现代工业中已得到愈来愈广泛的应用。特别是高温机械零部件，选择陶瓷材料将会取得最好的效果。在超耐热合金的使用过程中一般温度为950～1100℃，而陶瓷材料可把使用温度提高到1200～1600℃。而在有些情况下，陶瓷已成为唯一能选用的材料，例如内燃机的火花塞，引爆时瞬间温度可达2500℃，并要求绝缘和耐化学腐蚀，显然只有陶瓷最为合适。现在，许多具有特殊性能的陶瓷在高科技领域中已是不可缺少的高温结构材料和功能材料。

陶瓷材料的特殊性能都是由它们的化学成分、结构和显微组织决定的。下面从陶瓷的成分、结构、组织和性能之间的关系开始分析。

9.3.1 陶瓷的成分和结构

陶瓷是由金属元素和非金属元素的化合物组成，它们的主要成分是SiO_2、Al_2O_3、Fe_2O_3、TiO_2、CaO、MgO、Na_2O、PbO等。一般是以天然硅酸盐（如粘土、长石和石英等）或人工合成化合物（如氧化物、氮化物、碳化物、硅化物、硼化物等）为原料，经粉碎—配制—制坯—成形—烧结而制成。它是多相的固体材料。陶瓷的晶体结构比金属复杂得多，它们可以是以离子键为主的离子晶体，也可以是以共价键为主的共价晶体。完全由一种键组成的陶瓷是不多的，大多数是二者的混合键。如离子键结合的MgO，离子键结合比例占84%，有16%是共价键结合；而共价键为主的SiC，仍有18%的离子键结合。它的显微组织由晶相、玻璃相和气相组成。各组成相的结构、数量、大小、形状和分布形态对陶瓷的性能有显著的影响。

（1）晶相　晶相是陶瓷的主要组成相，而且又是多相多晶体，多相中又分为主晶相、次晶相和第三晶相等。晶相主要由离子键和共价键结合而成，所以晶相大多数是离子晶体（如CaO、MgO、Al_2O_3和ZrO_2等），也有共价晶体（如Si_3N_4、SiC、BN等）。陶瓷晶相的晶体结构一般有两类：一类是氧化物，特点是由尺寸较大的氧负离子（O^{2-}）紧密堆集形成密排六方、面心立方等，而尺寸较小的金属正离子（如Al^{3+}、Mg^{2+}、Ca^{2+}等），填充在空隙内。另一类是含氧酸盐，如硅酸盐，它的基本结构单元都是硅氧四面体[SiO_4]，其特点是不论何种硅酸盐，硅总是存在于四个氧离子组成的四面体的中心，如图9-6所示。按照硅氧四面体在结构中的连接方式的不同，所形成硅酸盐的结构也不同，如岛状、链状、层状和网状等，如图9-7所示。

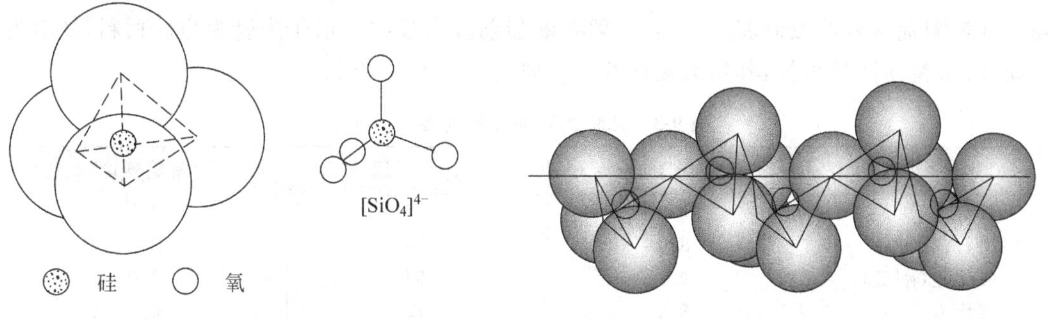

图9-6　硅酸盐结构　　**图9-7　链状连接的[SiO_4]四面体结构**

陶瓷的性能主要决定于主晶相的结构和它们的分布形态，特别是机械性能，晶相中晶粒细化和亚结构的出现，都可使陶瓷的强度提高。

在硅酸盐陶瓷的主要原料中都有SiO_2，例如长石（$Na_2O \cdot Al_2O_3 \cdot 6SiO_2$）、粘土（$Al_2O_3$ ·

$2SiO_2 \cdot 2H_2O$)、滑石($3MgO \cdot 4SiO_2 \cdot 2H_2O$)等。而且它在加热和冷却时有同素异构转变。这必然要引起晶体的密度和体积的变化,会产生很大的内应力,从而导致陶瓷材料的开裂。因此,在生产中常利用这个特性来粉碎石英岩石。具有同素异构转变的陶瓷晶体还有 Al_2O_3、TiO_2 和 ZrO_2 等。

(2) 玻璃相 玻璃相是一种非晶态固体。它是陶瓷原料中 SiO_2 在烧结处于熔化状态后冷却时原子不能规则形成的非晶态玻璃相,它是陶瓷材料中不可缺少的组成相,其作用是粘结分散的晶相、降低烧结温度、抑制晶相的晶粒长大和填充气孔空隙等。但玻璃相的熔点低、热稳定性差,在较低温度下即开始软化,导致陶瓷在高温下产生蠕变,而且其机械强度也低于晶相,因此工业陶瓷中玻璃相必须控制在一定范围内,一般陶瓷的玻璃相为 20%～40%。能成为玻璃相的无机物还有 Se、S 元素和 B_2O_3、P_2O_5、GeO_2 等氧化物、硫化物、氯化物、硒化物和卤化物等。

(3) 气相 气相是陶瓷孔隙中的气体所形成的气孔,常以孤立状态分布在玻璃相中,或以细小气孔分布在晶界和晶内。它是在陶瓷生产工艺过程中不可避免地形成而保留下来的。它使陶瓷密度减小,并能吸收震动能量。但它容易产生应力集中或者形成裂纹源,使陶瓷强度降低,电击穿能力下降,绝缘性能降低。因此要控制工业陶瓷中的气相。一般希望尽量降低气孔率,通常普通陶瓷气孔率为 5%～10%,特种陶瓷的气孔率在 5%以下,并力求气孔呈球形,而且分布均匀。在轻质和保温陶瓷中要求密度小和绝热性好时,则需要增加气孔量,有时气孔率高达 60%。

9.3.2 陶瓷的性能

(1) 硬而脆 因为陶瓷主要是离子键和共价键结合,它具有高硬度,比金属的硬度高得多,见表 9-3。陶瓷一般用莫氏硬度(刻画硬度)来表示硬度,它只表示固体材料硬度的相对大小。从表中可看出,典型的共价键金刚石的硬度最高。陶瓷由于是由原料粉碎混合烧结成形,孔隙等缺陷较多,容易产生裂纹,因此它具有较低的强度。因为陶瓷材料的滑移系非常少,同时共价键又有明显的方向性和饱和性,而离子键的同性离子接近时排斥力很大,所以陶瓷不产生滑移,在室温下几乎没有塑性变形,它在弹性变形后直接脆断,即它的脆性很高。这是陶瓷材料的致命弱点,而且一般在断裂前没有预兆。由于陶瓷为脆性材料,故其冲击韧性、断裂韧性都很低,其断裂韧性约为金属的 1/100～1/60。

表 9-3 几种陶瓷和金属的硬度对比

陶 瓷	莫氏硬度	金 属	莫氏硬度
长石瓷	7.0	金	2.5
滑石瓷	8.0	铝	2.9
氧化铝(刚玉)	9.0	铜	3.0
氧化锆	8.0	铁	4.5
氧化硅(石英)	7.0	铂	4.3
碳化硅	9.2	钯	4.8
碳化硼	9.3	铱	6.5
金刚石	10.0	锇	7.0

(2) 耐高温　陶瓷的熔点高，大多数在2000℃以上，远高于金属。多数金属在1000℃以上就会丧失强度，而陶瓷在高温下不仅有高温强度，而且基本保持在室温下的强度，即陶瓷具有优于金属的高温强度，同时也有较高的蠕变抗力。

(3) 耐腐蚀　从陶瓷的结构看，金属正离子被周围氧负离子所包围，不易与介质中的氧发生氧化反应，不但在室温下不易被氧化，就是在1000℃的高温下也能有抗氧化能力，不被腐蚀破坏。陶瓷对酸、盐有良好的抗蚀能力，但抗碱的能力不足。有些陶瓷还能抵抗熔融金属的浸蚀，例如用 Al_2O_3 制作的坩埚在1700℃高温下不玷污金属，保持了化学稳定性，又如透明 Al_2O_3 陶瓷可作钠灯，能承受钠蒸气的强烈浸蚀。

(4) 绝缘性好　在大多数陶瓷中，因为没有自由电子，表现为具有很高的电阻率，所以陶瓷具有良好的绝缘性。它是传统的绝缘材料。

此外，陶瓷具有热膨胀系数小、热容量小、导热性差、抗热振性不好等不足。

9.3.3 常用的陶瓷材料

1. 普通陶瓷

普通陶瓷是用粘土($Al_2O_3 \cdot 2SiO_2 \cdot 2H_2O$)、长石($K_2O \cdot Al_2O_3 \cdot 6SiO_2$ 或 $Na_2O \cdot Al_2O_3 \cdot 6SiO_2$)、石英($SiO_2$)为原料，经配料—成形—烧结而制成。组织中以主晶相莫来石($3Al_2O_3 \cdot 2SiO_2$)为主，占25%～30%，次晶相为 SiO_2，玻璃相是以长石为溶剂，在高温下溶解一定量的粘土和石英而成的液相冷却后得到的，占30%～60%，气相占1%～3%。它质地坚硬，耐1200℃高温，具有良好的耐蚀性、电绝缘性和加工成形性，成本低。

普通陶瓷具有悠久的历史，种类很多，产量大，除日用陶瓷外，还广泛用于电气、化工、建筑、纺织等工业部门，也还用于制作温度低于200℃的酸碱介质容器、反应塔管道、电绝缘用的电瓷和纺织机械中的导纱零件等。它的缺点是因含有较多的玻璃相，强度低，在较高温度下易软化，故耐高温性能和绝缘性能不如特种陶瓷。

2. 特种陶瓷

(1) 氧化铝陶瓷　它是以 Al_2O_3 为主要成分的陶瓷，其中 Al_2O_3 含量约占45%以上，即 Al_2O_3 为主晶相，还有少量的 SiO_2。根据陶瓷中主晶相的不同，可分为刚玉瓷、刚玉莫来石瓷和莫来石瓷等。也可按 Al_2O_3 的含量分为70瓷、95瓷和99瓷等。75瓷属于莫来石瓷，95瓷和99瓷属于刚玉瓷。氧化铝陶瓷中 Al_2O_3 含量愈高，玻璃相愈少，其性能愈好，但工艺复杂，成本高。

氧化铝陶瓷的强度高于普通陶瓷2～3倍，甚至5～6倍。硬度很高，可达90HRC，仅次于金刚石、碳化硼、氮化硼和碳化硅。有很好的耐磨性，有较高的抗蠕变能力和耐高温性能，能在1600℃高温下长期工作，有很好的耐蚀性和良好的绝缘性，特别是对高频电流的电绝缘性很好。缺点是脆性大，抗热振性差，不能承受环境温度的突然变化。

氧化铝陶瓷主要用于制作内燃机的火花塞、耐磨耐蚀的农用水泵、金属拉丝模、切削冷硬铸铁和淬火钢用的刀具、石油化工用的密封环、纺织机上的导线器、熔化金属的坩埚、高温热电偶套管、火箭、导弹导流罩等。

(2) 氮化硅陶瓷　它是以 Si_3N_4 为主要成分的陶瓷，Si_3N_4 为主晶相，是共价键化合物，原子间结合很牢固，为六方晶系，它化学稳定性好，硬度高。按其制造工艺的不同，分为热压烧结和反应烧结两种。热压烧结氮化硅陶瓷组织致密，气孔率接近于零，故强度高。而反应烧结氮化硅陶瓷中有20%～30%的气孔率，故强度低于热压烧结氮化硅陶瓷，但和95瓷相近。氮化硅陶瓷的摩擦系数小，只有0.1～0.2，相当于加过油金属表面的摩擦系数，而且有自润滑性能，可以在没有润滑剂的条件下使用，是一种极优的耐磨材料。耐蚀性好，除氢氟酸外，能耐硫酸、硝酸、盐酸和王水等各种无机酸和碱溶液的腐蚀，也能抵抗熔融金属的浸蚀。电绝缘性好，由于氮化硅晶体是共价键结合，稳定性好，它既无离子，又无自由电子，因此它具有优良的电绝缘性。抗蠕变能力高，热膨胀系数小，抗热振性能在陶瓷中是最好的。

反应烧结氮化硅陶瓷主要用于耐磨、耐蚀、耐高温、绝缘、形状复杂及尺寸精度高的制品，如石油化工的密封环、高温轴承、热电偶套管、耐蚀水泵密封环、电硅泵管道和阀门等。

热压烧结氮化硅陶瓷主要用于形状简单的耐磨、耐高温零件，切削刀具，转子发动机刮片等。

近年来在 Si_3N_4 中加入一定量的 Al_2O_3 制成新型陶瓷，称为赛纶陶瓷，它可用常压烧结方法达到热压烧结氮化硅陶瓷的性能，是目前强度最高，具有优良的耐蚀性、耐磨和热稳定性等的陶瓷。

(3) 碳化硅陶瓷　它的主晶相是SiC，也是共价键结合晶体，键能高，很稳定，按成形方法也有反应烧结和热压烧结两种。它最突出的优点是高温强度高，其中，热压碳化硅陶瓷是目前高温强度最高的陶瓷；其次是导热性好，仅次于氮化铍陶瓷；热稳定性、抗蠕变能力、耐磨性和耐蚀性都很好，抗热振性能好，还耐放射性元素的照射。

主要用于制作火箭尾喷管和喷嘴，浇注金属的浇道口、热电偶套管、炉管、燃气轮机叶片、高温轴承、热交换器、核燃料包封材料以及各种泵的密封圈等。

(4) 氮化硼陶瓷　它的主晶相为BN，也是共价晶体，是六方晶系，其结构与石墨相似，故有白"石墨"之称。具有良好的耐热性、高温绝缘性，是理想的高温绝缘材料，在2000℃仍是绝缘体；导热性好，其导热性与不锈钢相当，是良好的散热材料；膨胀系数小，比金属和其他陶瓷低得多，故其抗热振性、热稳定性和化学稳定性好，能抵抗Fe、Al、Ni等熔融金属的浸蚀。硬度较其他陶瓷低，可进行切削加工，并有自润滑性。

氮化硼陶瓷可用于制造熔炼半导体的坩埚、冶金用的高温容器、半导体散热绝缘零件、高温绝缘材料、高温轴承、热电偶套、玻璃成形模具等。

六方晶系的BN晶体用碱金属或碱土金属(如Mg)等为触媒，在1500～2000℃、6000～9000MPa压力下转变为立方晶系的BN，结构牢固，硬度和金刚石相近，是优良的耐磨材料。目前，立方晶系的BN只用于磨料和金属切削刀具。

此外，还有压电陶瓷、磁性陶瓷、过滤陶瓷、透明陶瓷和电解陶瓷等。

9.4 复合材料

复合材料是由两种或两种以上性质不同的材料组合的多相固体材料，它不仅保留了组成材料的各自优点，而且还具有单一材料所没有的优异的性能。它可是金属和金属、金属和非金属、非金属和非金属的复合，复合材料按性能可分为功能复合材料和结构复合材料。功能复合材料正处于研制和开发阶段。目前大量研究和应用的是结构复合材料，它一般由高强度、高模量和脆性大的增强材料和低强度、低模量和韧性好的基体材料组成。在结构复合材料中以纤维增强复合材料发展最快，应用最广。

9.4.1 复合材料提高机械性能的概念

1. 粒子增强复合

将增强粒子高度弥散地分布在基体中，基体主要承受载荷，而增强粒子阻碍导致塑性变形的位错运动和分子链运动。当然增强粒子的大小、数量、形状和分布等因素对强化效果有直接影响。实践证明，增强粒子的大小对增强效果起着决定性作用。增强粒子直径过大（$>0.1\mu m$），容易引起应力集中，而使强度降低；直径过小（$<0.01\mu m$），则近于固溶体结构，粒子强化作用不大。增强粒子直径一般在 $0.01\sim0.1\mu m$ 范围内增强效果最好。增强粒子含量大于20%时称为粒子增强复合材料，增强粒子含量少时称为弥散强化材料。

2. 纤维增强复合

将增强纤维定向或杂乱地分布在基体中使其成为承受外加载荷的主要组成相，即增强纤维主要是承受外加载荷，而纤维和基体的性能，它们界面间的物理化学作用的特点以及纤维的数量、长度和排列方式等因素对纤维强化效果有显著影响。为了达到纤维增强的目的，必须对纤维和基体有明确的要求。

(1) 纤维增强复合中承受载荷的主要是增强纤维，因此选择强度和模量都高于基体的纤维作增强剂。两种材料复合一体后，在产生相等应变条件下，二者所受应力的大小与它们的弹性模量成正比，只有增强纤维的承载能力大，才能起到增强作用。

(2) 增强纤维和基体的结合强度要适当，二者的结合力要保证基体所受的力通过界面传递给纤维。结合强度过低，纤维从基体中拔出，对基体起不到强化作用，反而使基体强度降低；若结合强度过高，复合材料受力破坏时不能从基体中拔出或失去增强纤维的拔出过程，当然消耗不了能量，而发生脆性断裂。

(3) 纤维方向要和构件受力方向一致，才能很好发挥增强纤维作用。因为纤维增强复合材料是各向异性的非均质材料，沿纤维方向的强度大于垂直方向的强度，所以纤维在基体中的排列方向要和成形构件受力合理地配合。

(4) 在复合材料中增强纤维的体积百分数、纤维长度 L 和直径 d 及长径比 L/d 等必须满足一定的要求，一般是增强纤维所占的百分数越高，纤维越长、越细，增强效果越好。

此外，纤维和基体的热膨胀系数要相互匹配，不能相差过大，二者之间也不能发生使结合强度降低的化学反应等都有具体要求。

9.4.2 复合材料的性能

1. 比强度、比模量高

比强度和比模量是指材料的强度或模量与相对密度之比（它是材料的密度与水的密度之比）。复合材料的比强度和比模量都比较大，这对现代工业设备和结构是很有好处的。它不但强度高，而且质量小，特别是对高速运输的零件、要求自重轻的运输机械或工程结构等具有重要意义。

表 9-4 为常用工程材料的比强度和比模量的数据。从表中可看出碳纤维-环氧树脂复合材料的比强度比钢高 7 倍，比模量比钢高 3 倍。

表 9-4 常用材料和复合材料性能比较

材料名称	相对密度	抗拉强度/10^3 MPa	弹性模量/10^5 MPa	比强度/10^3 MPa	比模量/10^5 MPa
钢	7.8	1.03	2.1	0.13	0.27
铝	2.8	0.47	0.75	0.17	0.26
钛	4.5	0.96	1.14	0.21	0.25
玻璃钢	2.0	1.06	0.4	0.53	0.21
碳纤维Ⅱ/环氧	1.45	1.5	1.4	1.03	0.965
碳纤维Ⅰ/环氧	1.6	1.07	2.4	0.67	1.5
有机纤维 PRD/环氧	1.4	1.4	0.8	1.0	0.57
硼纤维/环氧	2.1	1.38	2.1	0.66	1.0
硼纤维/铝	2.65	1.0	2.0	0.38	0.75

2. 抗疲劳性能好

大多数金属材料的疲劳极限是其抗拉强度的 40%～50%，而碳纤维增强的复合材料则可达 70%～80%，这是因为复合材料中基体和增强纤维间的界面能够有效地阻止疲劳裂纹的扩展或改变裂纹扩展的方向，因此复合材料有较高的抗疲劳强度。

3. 破损安全性好

复合材料中在每平方厘米截面上有几千到几万根增强纤维（一般直径为 10～100μm），当其中一部分纤维断裂时，其应力会重新分布到未破坏纤维上，致使零件不会造成突然断裂，所以断裂破损安全性好。

4. 减振性能好

机器结构的自振频率与其质量和形状有关外，还与材料的比模量的平方根成正比。材料的比模量越大，则其自振频率越高，这可避免结构在工作状态下产生共振。因为纤维与基体的界面有吸收振动能量的作用，所以即使产生了振动也会很快地衰减下来，即纤维增强复合材料有很好的减振性能。

复合材料还有一些特殊的性能，例如，耐摩擦、耐磨损、自润滑性好、耐高温、抗蠕变、隔热性好、化学稳定性好，还要有光、电、磁等性能，这些可根据需要选择。复合材料的不足是，目前成本有的较高、性能具有方向性等限制了复合材料广泛地使用和推广，这些问题的解决，将会推动复合材料的发展和应用。

9.4.3 常用复合材料及应用

复合材料由于种类很多，分类方法也很多，其命名，目前国内尚未统一。复合材料的品种又不断增加，应用越来越广泛。在使用的复合材料中纤维增强复合材料占绝大部分。

它一般是由增强材料和基体材料组成，通常把增强材料名称放在前面，基体材料放在后面，再加上复合材料而构成。例如，碳纤维环氧树脂复合材料，可简化为碳纤维/环氧。

1. 纤维-树脂复合材料

(1) 玻璃纤维-树脂复合材料　它是以玻璃纤维或纤维制品(如玻璃布、玻璃带等)为增强材料、以合成树脂为基体制成的。

玻璃纤维　是人造的无机纤维，主要成分是 SiO_2 和各种金属化合物。将经熔化的玻璃液以极快的速度拉成细丝而得，其直径为 5～9μm。玻璃虽呈脆性，但玻璃纤维质地柔软，比玻璃的强度和韧性高得多，而且纤维越细，强度越高。同时其强度、绝缘性和耐蚀性也随玻璃中含碱量的降低而增高。玻璃纤维的强度高达 1000～3000MPa，比普通天然纤维高 5～30 倍，其弹性模量为 3×10^4～5×10^4MPa，但密度小，为 2.5～2.7g/cm³，与铝相近，是钢的 1/3，故比强度和比模量都比钢高，比强度是钢的 3 倍。它的化学稳定性好，除氢氟酸和浓碱外，对大多数化学介质都有抗蚀性。它具有不吸水、不燃烧、尺寸稳定、隔热、吸声、绝缘和透过电磁波等优点。其缺点是耐热性能低，250℃以上开始软化，韧性不高。但由于其制取方便、价格便宜，因此是使用最多的增强纤维。

① 玻璃纤维热塑性树脂复合材料　也称为玻璃纤维热塑性增强塑料。它是由 20%～40%的玻璃纤维和 60%～80%的热塑性树脂(如尼龙、聚碳酸酯、ABS、聚苯乙烯等)组成。其特点是具有高强度和高冲击韧性、良好的低温性能和低的热膨胀系数，它的比强度很高，一般都优于金属材料。它具有良好的电绝缘性、耐蚀性和加工成形性。它由于性能好、加工方便、生产率高，在电机、机械、化工、汽车、航空和建筑等工业上大量被用于制造要求质量小、强度高、受力受热结构件、传动零件和绝缘件等。

② 玻璃纤维热固性树脂复合材料　也称为玻璃纤维热固性塑料，又称为玻璃钢。它是由 60%～70%的玻璃纤维(或玻璃布)和 30%～40%的热固性树脂(如环氧、聚酯、酚醛和有机硅等)组成。其特点是密度小、强度高，其比强度超过一般高强度钢、铝合金和钛合金。它的优点有绝缘、绝热、耐蚀、隔音、吸水性低、防磁、微波穿透性好、易着色、易加工成形等。其缺点是弹性模量低，只有结构钢的 1/10～1/5，刚性差，耐热性虽比热塑性增强复合材料好，但仍不够高，只能在 300℃以下工作，易老化，它具有明显的方向性，是一种各向异性材料。

玻璃钢具有很大的实用价值，应用较为广泛，主要用于制造要求自重轻的受力构件和要求无磁性、绝缘和耐蚀的零件。例如，可制造航空航天方面的雷达罩、螺旋桨叶片、直升机机身、火箭导弹发动机壳体、液体火箭燃料箱；各种车辆的车身、发动机机罩等配件；制造各种轻型船、舰、艇等；在电机电器工业中制造重型发电机环、大型变压器线圈绝缘箱以及各种绝缘零件等；在石油化工工业中制造耐酸、耐碱和耐油的容器、管道、储槽等各种化工设备和机械结构零部件以及各种日常生活用品等。

(2) 碳纤维-树脂复合材料

碳纤维　密度小，为 1.33～2.0g/cm³，约为钢的 1/4；弹性模量高，可达 2.8×10^4～4×10^4MPa，为玻璃纤维的 4～6 倍；它的比强度比钢大 16 倍，比刚度大约比钢大 2 倍多。耐疲劳，抗蠕变，机械性能优于玻璃纤维。高温、低温性能好，热膨胀系数几乎为零，适于制造要求在温度变化的环境中保持高精度的精密构件。耐蚀性极强，且耐油、抗放射性照射。导电性、自润滑性好，摩擦系数小，但韧性稍差，易氧化等。

碳纤维-树脂复合材料　也称为碳纤维增强塑料。它最常用的合成树脂基体主要有热固性的酚醛树脂、环氧树脂、聚酯树脂和热塑性的聚四氟乙烯等。从基体看与玻璃钢相似，但其性能优于玻璃钢，其关键是碳纤维所起的作用。碳纤维增强塑料具有低密度、高强度、高弹性模量。它有优良的抗疲劳能力，耐冲击性好，有自润滑性、减磨耐磨性、耐蚀性和耐热性，在高温下导热率低，是良好的高温绝热材料等。缺点是韧性差，使用温度低于200～300℃，碳纤维和基体结合力低，同时具有严重的各向异性。

碳纤维-树脂复合材料主要用于汽车工业中制造汽车外壳、发动机壳体等，航空航天工业中制造飞机机身、螺旋桨、尾翼、发动机风扇叶片、卫星壳体、宇宙飞行器表面防热层，电机工业中大功率发电机护环，化学工业中制作管道、容器等，机械工业中制作轴承、齿轮、活塞、密封圈和连杆等。

(3) 硼纤维-树脂复合材料

硼纤维熔点高，为2300℃，具有高弹性模量，其强度为2450～2750MPa，与玻璃纤维相当，但弹性模量远高于玻璃纤维，为玻璃纤维的5倍，而与碳纤维相当，可达3.8×10^5～4.9×10^5MPa。具有良好的抗氧化性和耐蚀性，在潮湿的环境中存放一年，其强度不发生明显变化。缺点是直径较粗，一般为100μm。硼纤维硬而脆、加工困难、生产工艺复杂、成本高、价格昂贵，它的密度大，比强度、比刚度都低于碳纤维。

硼纤维复合材料　基体主要是环氧树脂、聚酰亚胺和聚苯并咪唑等。它具有高比强度、比模量、良好的耐热性。但各向异性明显、加工困难、成本高、抗冲击能力差，所以它的使用远不如其他纤维增强塑料普遍。它主要用在航空航天和军事工业上要求高刚度的结构件，如飞机机身、机翼、轨道飞行器隔离装置接合器等。

(4) 凯芙拉有机纤维-树脂复合材料

凯芙拉(Kevler)纤维　是一种芳香族聚酰胺纤维，也称芳纶。它是当前世界上强度最高的新型纤维，其强度达2800～3700MPa，比玻璃纤维高45%，密度小，只有1.45g/cm^3，是钢的1/6。它有优良的抗疲劳性、耐蚀性、绝缘性和良好的加工性能，价格便宜。

凯芙拉纤维-树脂复合材料　它是由凯芙拉纤维和基体组成，其基体主要有环氧、聚乙烯、聚碳酸酯和聚酯等。最常用的是凯芙拉纤维-环氧树脂材料，它的抗拉强度大于玻璃钢，而与碳纤维-环氧树脂复合材料相似。但延性好，与金属相似，其冲击韧性超过碳纤维增强塑料，具有优良的抗疲劳性能，高于玻璃钢和铝合金，其抗震能力为钢的8倍，为玻璃钢的4～5倍。它的原料易得、成本低、制造简单、性能优越、用途极为广泛，主要用于宇宙飞行器和高压容器、雷达天线罩、火箭发动机燃烧室外壳、轻型船舰和快艇等。

(5) 碳化硅纤维-树脂复合材料

碳化硅纤维　是一种高熔点、高强度、高模量的陶瓷纤维，其平均抗拉强度为3090MPa，弹性模量为1.96×10^5MPa。其突出的优点是具有优良的高温强度，在1100℃时其强度仍高达2100MPa。主要用于增强金属和陶瓷。

碳化硅纤维-树脂复合材料　基体常用环氧树脂，这种复合材料具有高的比强度、比模量。其抗拉强度接近碳纤维-环氧树脂复合材料，但抗压强度是它的2倍，是一种很有发展前途的新型材料。它主要用于制作宇航器上的结构件，比金属可减轻质量30%；还可作飞机的门、降落传动装置箱和机翼等。

2. 纤维-金属复合材料

纤维增强金属复合材料是最有发展前途的金属基复合材料。它一般是由高强度、高模量和韧性差的纤维增强材料与低强度、低模量和韧性好的金属基体组成。常用纤维有硼纤维、碳纤维和碳化硅纤维；常用基体金属有 Al 及其合金、Cu 及其合金和 Ti 及其合金等。纤维增强金属复合材料的优点是冲击韧性好、高温强度高、耐热性好、耐磨性和导热性好、不吸湿、尺寸稳定、不老化等。缺点是工艺复杂，价格昂贵。目前在发展水平上还落后于树脂基复合材料，仍处于研制和试用阶段。纤维增强铝合金发动机连杆已于 1997 年问世。

(1) 硼纤维-铝(或铝合金)复合材料　它是金属基复合材料中研究最成功、应用最广的一种复合材料。它是由硼纤维和纯 Al、变形 Al 合金或铸造 Al 合金组成。由于硼和铝在高温易形成 AlB_2，和氧易形成 B_2O_3，故需要在硼纤维表面上涂一层 SiC 以提高硼纤维的化学稳定性，这种硼纤维称为改性硼纤维或硼矽克。

硼纤维-铝(或铝合金)基复合材料的性能优于硼纤维-环氧树脂复合材料，也优于铝合金和钴合金。它具有高拉伸模量，高抗压强度、剪切强度和疲劳强度。主要用于制造飞机和航天器蒙皮、大型壁板、长梁加强筋、航空发动机叶片等。

(2) 石墨纤维-铝(或铝合金)复合材料　它是由石墨纤维和纯铝、变形铝合金或铸造铝合金组成。它具有高比强度和高温强度，在 500℃时其比强度比钛合金高 1.5 倍。主要用于制造航天飞机外壳、接合器、油箱、飞机蒙皮、螺旋桨、涡轮发动机的压气机叶片和重返大气层运载工具的防护罩等。

(3) 石墨纤维-铜(或铜合金)复合材料　主要是由石墨纤维和铜或铜镍合金组成。为了增强石墨纤维和基体的结合强度，常在石墨纤维表面上镀铜或镀镍后再镀铜。石墨纤维增强铜或铜镍合金复合材料具有高强度、高导电性、低摩擦系数和高的耐磨性以及在一定温度范围内的尺寸稳定性。用于制造高负荷的滑动轴承、集成电路的电刷和滑块等。

(4) 硼纤维-钛合金复合材料　这类复合材料是硼纤维或碳化硅改性硼纤维和碳化硅纤维与 Ti-6Al-4V 钛合金组成。它具有低密度、高强度、高弹性模量、高耐热性和低膨胀系数的特点，是理想的航空航天用结构材料。例如，碳化硅改性硼纤维和 Ti-6Al-4V 组成的复合材料，其密度为 $3.6\mathrm{g/cm^3}$，比钛还轻，抗拉强度可达 $1.21\times10^3\mathrm{MPa}$，弹性模量可达 $2.34\times10^3\mathrm{MPa}$，热膨胀系数 $1.39\times10^{-6}\sim1.75\times10^{-6}$/℃。目前纤维增强钛合金复合材料还处于研究和试用阶段。

3. 多层复合材料

多层复合材料是由两层或两层以上不同材料结合而组成，其目的是为了有效地发挥各分层材料的最佳性能，以得到性能更为优良的材料。可使材料的强度、刚度、耐磨、耐蚀、绝热、隔音和减轻自重等性能得到改善，可得到多种综合性能。常用的多层复合材料有双层金属或三层金属、塑料-金属多层材料、夹层结构复合材料等。

(1) 双金属复合材料　最典型的有双金属轴承。它常用离心浇铸方法在钢管或薄钢板上浇上轴承合金(例如，锡基轴承合金等)制成双金属轴承，既可节省有色金属，又可增加滑动轴承的强度，它是典型的双金属复合材料。

目前在我国已生产了多种普通钢-合金钢复合钢板和多种钢-有色金属双金属片。

(2) 塑料-金属多层复合材料　最典型的有SF型三层复合材料，它是以钢为基体，烧结多孔青铜作为中间媒介层，聚四氟乙烯或聚甲醛塑料为表面层的三层复合材料。它保持了钢的机械强度、塑料的减磨、耐磨的自润滑性能，中间采用多孔青铜可增加钢和塑料的粘结力。这种材料可作无油润滑轴承、机床导轨和活塞环等，承载能力和寿命都有明显的提高。在矿山、化工、农业机械和机车、汽车中都有应用。

(3) 夹层结构复合材料　它是由两层薄而强的面板(或称蒙皮)，中间夹着一层轻而弱的芯子组成。面板(用金属、玻璃钢或增强塑料等)在夹层结构中主要起抗拉和抗压作用。夹层结构(用实心芯子或蜂窝格子)起着支撑面板和传递剪力的作用。常用的实心芯子为泡沫塑料、木屑等，蜂窝格子为金属箔、玻璃钢等。面板和芯子的连接，一般采用胶粘剂或焊接方法连接起来。夹层结构的特点是相对密度小、比强度高、刚度和抗压稳定性好以及可根据需要选择面板和芯子的材料，以获得所需要的绝热、隔音、绝缘等性能。这种材料已用于飞机上的天线罩、隔板，火车车厢和运输容器等。

复合材料自20世纪60年代末到90年代初世界产量大约为300万吨，其特点是小批量、多用途。其性能特征是密度小、强度和刚度高、耐温、耐烧蚀、耐冲刷、抗辐射、吸波和换能等。它们在高技术领域的应用特别突出。要用单一材料使之满足各种要求的综合指标是很困难的，但将现有的有机高分子、无机非金属材料和金属材料通过复合工艺组成复合材料能够产生新的性能，从而达到预期目的。

目前已有40 000多种复合材料，几乎在所有工业部门应用。在发达的工业国家复合材料的发展正以每年20%～40%的速度增长，超过任何一个技术领域的发展速度。复合材料的发展又促进了其他技术领域的发展，复合材料在国民经济中将起着越来越重要的作用。

习题

1. 解释下列名词：

单体、链节、聚合度、加聚反应、缩聚反应、体型高分子、线型高分子、热塑性、热固性、玻璃态、高弹态、粘流态、塑料、橡胶、交联、裂解、老化、ABS塑料、有机玻璃、玻璃钢、刚玉瓷。

2. 什么是高分子，由哪些元素组成，它们的键合方式有哪些？

3. 简述高分子链的构象和柔性的关系。

4. 简述高分子化合物的性能特点。

5. 线型非晶态高聚物在不同温度下存在几种物理状态？画出其变形-温度曲线，并标明各状态区间，指出 T_x、T_g、T_f 和 T_d 各为什么温度，并说明它们的意义。

6. 玻璃化温度对塑料和橡胶有什么意义？分别说明二者对其要求是怎样的？

7. 陶瓷具有什么样的结构，它与性能有什么关系？

8. 简述复合材料的结构和性能的特点。

第10章 纳米材料与技术应用概论

10.1 引言

20 世纪 80 年代初,“纳米”热兴起以来,到现在已取得了惊人的进展,为人类社会创造了巨大的经济和社会效益。

1962 年日本科学家久保(Kubo)在研究能带理论时提出:“当粒子尺寸减小时,费米能级附近的电子能级出现了由准连续变为离散能级”,并使能隙变宽。20 世纪 70～80 年代,大量的实验证实了久保理论,证明纳米微粒费米面附近电子能级的确是不连续的。在研究超微粒子性能时发现,一个导电、导热的 Cu、Ag 导体,在做成纳米级以后,就失去原来的性质,表现出既不导电,也不导热的性质。例如,普通 Ag 是良导体,而纳米 Ag,其微粒粒径达到 14nm 时,却是绝缘体。SiO_2 通常是优良的绝缘体,当它的粒径减小到 20nm 时开始导电。它们的这些变化要联系到固体原子的排列和分布。

1982 年,美国商用机器公司(IBM)苏黎世研究实验室的海因里希·罗瑞尔博士和美尔德·宾尼戈博士共同发明了扫描隧道显微镜(STM),使得人类能首次在大气和常温下看见原子,也为相关的测量以及搬迁原子等奠定了基础。并因此获得了 1986 年诺贝尔物理学奖。

1990 年 7 月在美国巴尔的摩召开了国际首届纳米科学技术会议。各国科学家对纳米科学技术的前沿领域和发展趋势进行了讨论和展望,并决定出版三种杂志:《纳米结构材料》、《纳米生物学》和《纳米技术》。之后又召开了多次国际会议。1990 年,美国 IBM 公司科学家艾格勒博士在液氦温度(4K)下,用超高真空 STM 首次实现单原子操作,将氙(Xe)原子吸附在镍(100)表面,并组成一个“IBM”图案,开创了单原子操纵研究的先例。1993 年中国科学院真空物理实验室庞世谨研究组采用 STM 在硅单晶表面搬迁原子,形成了“中国”的汉字图案。这样,人类可以采用扫描探针显微镜(SPM)观察、测量这些表面上原子、分子的结构,而且还可以根据人的意愿随意加工制造出最小人工排列结构。

1994 年,日本科学家在实验室成功制成单电子晶体管,使用的硅和二氧化钛材料的结构尺寸都达到 10nm 的尺度。1988 年,法国科学家发现了巨磁电阻现象。1998 年,美国率先把巨磁电阻技术应用到计算机读写磁头上,使现有计算机读写磁头全部更新,并将磁盘记录密度提高了 17 倍,大大提高了读写速度。仅这一项技术,在当年美国的硬盘磁头市场产值就已达到 340 亿美元。

日本的“日产汽车”采用了一种特殊塑料，用作前挡泥板，如遇有碰撞而弯曲变形，在外力消除后能自动恢复原状。这种特殊塑料添加了碳纳米管，从而使其既有弹性又具有极高的强度。美国正在制定20年的研究计划，采用轻质高强度纳米材料和纳米技术，代替现在的汽车金属材料，使其重量降低40%，汽油消耗降低一半，减少二氧化碳排放50%，初步估计仅就汽车一项，利用纳米技术每年可为美国创造1000亿美元的效益。

进入20世纪90年代以来，纳米材料和纳米技术的研究，以及所取得成就对各个领域的影响在不断扩大。其特点是基础研究和应用研究的衔接十分紧密，实验室成果转化速度快。纳米技术在改造传统产业方面已取得突破性的进展。纳米技术为新材料的发展和创新奠定了基础。在纳米科技上有许多新现象、新规律有待发现，有许多重大的基础问题还未解答，在这一领域中，充满着原始创新的机会。

本章的目的是从纳米材料与技术的基本理论出发，介绍纳米材料的成分、结构、性能和应用等，特别是在金属、陶瓷和高分子材料中的应用，因为它们是工程材料的主体，用量大。为扩大知识面，对其他纳米材料和技术也做了介绍。

10.2　纳米材料的基本理论

纳米是长度单位，1纳米(nm)$=10^{-9}$m，相当于一根头发丝直径的五十万分之一。纳米材料是纳米技术的基础。纳米材料是指至少有一维尺寸处于1～100nm范围内的固体物质，由于它的几何尺寸介于微观(原子、分子)和宏观(微米以上物质)之间，所处的状态称为介观状态，这种状态的物质性质完全不同于微观和宏观体系物质的性质，称为介观性质，它成为纳米科学和技术研究的主要对象。介观体系物质表面上的原子或分子占有相当大的比例，使得纳米材料表现出很多的奇异特性。纳米材料是以小尺寸颗粒为特征的材料。纳米科学和技术是以纳米材料为开端逐步发展起来的，因此，纳米材料是纳米科技发展的基础。

纳米材料的基本理论介绍如下。

10.2.1　小尺寸效应

当物质体积减小时，将会出现两种情况：一种是物质本身的性质不发生变化，只有那些与体积密切相关的性质发生变化。例如，半导体电子自由程变小，电子运动的局限性和相干性增加。磁体的磁区变小等。另一种是物质本身的性质发生变化，当纳米晶粒的尺寸减少到与传导电子的德布罗意波长相当或更小时，其周期性的边界条件被破坏，使其光、磁、热、化学活性和催化性都将发生很大的变化，出现许多新奇的特性，这就是纳米材料的小尺寸效应作用的结果。

10.2.2　表面效应

随着纳米材料微粒粒径的减小，表面原子所占百分数迅速增加。例如，当粒径为5nm时，表面原子占50%；粒径为2nm时，表面原子占80%；粒径为1nm时，其表面原子增加到

99%,此时组成纳米微粒的所有 30 个原子几乎全部集中在表面。由于表面原子与内部原子所处的环境不同,致使表面原子键态严重失配,出现原子配位不足,这种表面原子的配位不饱和性导致有大量的悬空键和不饱和键,增加了许多活性中心、表面台阶,它们易与其他原子结合,使金属纳米粒子表面化学活性增高,金属纳米粒子室温下在空气中便可强烈氧化而发生燃烧,即金属纳米粒子室温下在空气中可自燃。

10.2.3 量子尺寸效应

量子尺寸效应是指当粒子尺寸减小到某一值(激子玻尔半径)时,金属费米能级附近的电子能级由准连续变为分立的现象,同时能隙变宽。日本科学家久保(Kubo)提出,导体的能级间距与金属颗粒直径(电子数)之间有如下关系:

$$\delta = \frac{4}{3}E_F/N$$

式中:δ 为能级间距;E_F 为费米能级;N 为总电子数。

当各元素大量原子构成固体时,单个原子的能级就构成能带。由于电子数目很多,能带中能级的间距很小,因此形成连续的能带。从能带理论出发已成功地解释了大块金属、半导体和绝缘体之间的联系和区别。对于纳米颗粒,由于能带分裂为分立的能级,而且能级间的距离随颗粒尺寸减小而增大。此时,纳米颗粒就会呈现一系列与宏观物体截然不同的反常现象。例如,导电的金属在制成纳米颗粒时就变成半导体或绝缘体,这就是量子尺寸效应的客观表现,是 N 值的变化产生了显著不同的特性。

10.2.4 宏观量子隧道效应

隧道效应是基本的量子现象之一。量子力学证明,即使电子的动能小于势垒高度,也有一定的几率穿过势垒。电子是通过隧道穿过势垒的,因此,这个效应就被叫做隧道效应。它说明了电子的总能量小于势垒高度时也能穿过势垒。隧道效应中电子越过势垒的几率随势垒的宽度或高度的增加而减小。近年来,人们发现一些宏观物理量,如颗粒的磁化强度、量子相干器件中的磁通量等也具有隧道效应,故称为宏观量子隧道效应(MQT)。例如,铁磁性的磁铁,其颗粒尺寸达到纳米量级时,即由铁磁性变为顺磁性或软磁性。

以上四种效应是纳米材料性能变化的理论基础。除此之外,纳米微粒还有库仑阻塞效应和介电限域效应等。它们都使纳米材料表现出许多奇异的物理和化学性能,出现很多的反常现象,从而引起人们的极大兴趣。

10.3 纳米材料的特异性能

纳米材料被限制在 100nm 以下尺寸范围,在这一尺寸的空间内,由于微粒各种效应的作用,使它具有特异的性能。前述的各种效应因素中的一个或几个对各种特性分别起着主导作用,它们决定了纳米材料出现许多不同于传统材料的独特性能。

10.3.1 光学性能

光在介质中的传播过程就是光与介质相互作用的过程，也是介质对光的吸收和辐射过程。不同金属具有不同颜色的光泽，原因是它们对可见光范围各种颜色(各种波长的波)的反射和吸收能力不同。

1. 光的强吸收

光通过物质时，一定波长的光波被介质吸收后产生的光谱称为吸收光谱。各种物质原子的光谱都有吸收谱线，而且可以探测到。纳米材料对光的吸收主要决定于它的结构特殊性，特别是颗粒的大小。当它小于入射光波波长时，纳米材料对光的吸收明显增加，所有金属会失去原有的光泽或颜色，而逐渐变黑，当尺寸减小到纳米级时，各种金属纳米微粒几乎都是黑色，它们对可见光的反射率极低。例如，铂纳米粒子的反射率为1%。这种对可见光的低反射、强吸收导致纳米粒子的颜色由浅变深。金属纳米粒子尺寸越小，其颜色越深，最终呈现黑色。光泽较好的银白色铂变为铂黑，铬变为铬黑，镍变为镍黑等，这表明金属超微粒子对光的反射率极低，大约有几纳米的厚度即可消光。利用此特性可制作高效光热、光电转换材料，可高效地将太阳能转化为热能或电能。还可作红外敏感元件和红外隐身材料等。铬—三氧化二铬颗粒膜对太阳光有强烈的吸收作用，可有效地将太阳能转变为热能。硅、硼、磷颗粒膜可有效地将太阳能转变为电能等。

2. 光发射

纳米材料的吸光过程还受分立能级的量子尺寸效应和晶粒及其表面上电荷分布的影响，由于晶粒中的传导电子能级往往凝聚成很窄的能带，因而造成窄的吸收带。例如，半导体Si属于间接带隙半导体材料，通常情况下难以发光，但当它的粒径减小到5nm以下时，由于能带结构的变化，室温时在紫外光激发状态下就会表现出明显的可见光发射现象，而且粒径越小，发射光的强度越强。当粒径大于6nm时，这种光发射现象消失。其他纳米微粒也发现过有光发射现象。

10.3.2 导电性质

传统金属是导体，但纳米金属微粒强烈地趋向电中性。金属的原子间距随粒径的减小而变小，因此金属晶粒处于纳米范围时，其密度随之增加，金属中自由电子的平均自由程将会减小，导致导电率的降低。由于导电率σ，按$\sigma \propto d^3$(d为粒径)规律下降，因此原来的金属良导体实际上已完全转变为绝缘体，这种现象称为尺寸诱导的金属—绝缘体转变。所以导电铜的粒径处于纳米范围时就不导电，且电阻随粒径的减小而增大，电阻温度系数也下降，甚至出现负数。

具有典型共价键结构、无极性的氮化硅陶瓷，在纳米尺寸时却出现与极性相联系的压电效应及呈现出较高的交流电导和在一定频率范围的介电常数急剧升高的现象。纳米SiO_2比典型的粗晶SiO_2的电阻下降了几个数量级，原来绝缘的SiO_2，在20nm尺度时开始导电。当粒径为十几纳米的氧化硅微粒组成纳米陶瓷时，已不具备典型的共价键结构特征，并且界面键结构出现部分极性，在交流电下电阻变小，最终出现导电现象。

目前对纳米材料电导(或电阻)的研究尚处于初始阶段,实验数据不多,但从仅有的一些实验结果已充分说明了纳米材料的电性能与常规材料存在明显的差别,其差别在于纳米材料的电阻、电阻温度系数强烈依赖于晶粒尺寸。例如,Ag 粒径等于或小于 18nm 时,室温以下的电阻随温度上升呈线性下降,即电阻温度系数 α 由正变负,而常规 α 值为正值。

10.3.3 磁性能

顺磁性和矫顽力是磁性的两个重要指标。纳米微粒的磁性特征是超顺磁性和高的矫顽力。

磁性材料的磁结构是由许多磁畴构成的,畴间由畴壁分隔开,通过畴壁运动实现磁化。而在纳米材料中,当粒径小于某一临界值时,例如,α-Fe、Fe_3O_4 和 α-Fe_2O_3 的粒径分别为 5nm、16nm 和 20nm 时,它们的铁磁性变为顺磁性。这些粒径的尺寸称为它们从铁磁性转为顺磁性的临界尺寸。当然不同纳米材料的临界尺寸是不同的。铁磁性变为顺磁性时,其矫顽力显著增加。

矫顽力是磁体磁感应强度为零时附加的反向磁场的场强,用 H_c 表示。它表征磁性材料抵抗反向磁场的能力。在磁性能中,矫顽力的大小受晶粒尺寸变化的影响最为强烈。例如,纯 Fe 的矫顽力通常低于 79.62A/m,而粒径为 16nm 的 Fe 微粒,室温下的矫顽力为 7.96×10^4 A/m,这说明 16nm 铁微粒的矫顽力是大块纯 Fe 的 1000 倍。若铁微粒的尺寸进一步减小到 6nm 时,其矫顽力反而下降到零。用呈现出超顺磁性、高矫顽力的纳米微粒制成磁记录介质材料,不仅音质、图像和信噪比好,且记录密度比目前的 γ-Fe_2O_3 高10 倍以上,是信息存储的首选材料。现已接近商品化。高矫顽力的强磁性微粒可制成磁性信用卡、磁性钥匙、磁性证券,国外应用已普遍。

10.3.4 热性能

由于纳米颗粒小,微粒表面能高,比表面积(表面积/体积)原子数多,表面原子近邻配位不全,活性大,熔化时所需增加的内能小,这就使纳米微粒熔点下降。例如,Pb 的熔化温度为 600K(327℃),而粒径为 20nm 时,其熔化温度为 288K(150℃)。Ag 的熔化温度为 1173K(900℃),而纳米 Ag 微粒在低于 373K(100℃)时即开始熔化。

烧结是指把粉末用高压压制成形,然后在低于熔点温度下使粉末互相结合成块。由于纳米微粒尺寸小、表面能高,压制成块材后的界面具有高能量,在烧结中高界面能成为原子运动的驱动力,有利于界面中的孔洞收缩,空位团的湮没。因此在较低温度下烧结就能达到致密化的目的,即烧结温度降低。例如,常规 Al_2O_3 粉末的烧结温度在 2073~2173K,而 Al_2O_3 纳米微粉的烧结温度下降到 1423~1773K,致密度可达 99.7%。常规 Si_3N_4 的烧结温度高于 2273K,而用纳米 Si_3N_4 微粉可使烧结温度下降 673~773K。这为材料的应用开拓了广阔的新领域。烧结温度的下降,为粉末冶金提供了新的工艺条件。

10.3.5 化学和催化性能

催化是利用物质的特殊结构和性质促使反应物快速进行化学反应的过程,它是催化剂本身的一种性质。纳米材料具有多种催化性。纳米粒子的比表面积大,表面原子数多,吸附力强，使得纳米材料具有较高的化学反应活性。作为催化剂，颗粒越细或载体比表面积愈大，催化效果愈好。纳米微粒具有无细孔、无其他成分，能自由选组分，使用条件温和和方便等优点。许多纳米金属微粒室温下在空气中就会强烈氧化而燃烧。将纳米Er粒子和纳米Cu粒子在室温下进行压结就能够反应形成金属化合物(CuEr)。纳米Ni和Cu、In粉是极好的催化剂，可用来代替昂贵的Pt和Pd。纳米Ni粉用于火箭固体燃料反应触媒，可使燃烧效率提高100倍。

对金属纳米材料催化性能研究发现，其在适当条件下可催化断裂H—H、C—C、C—H和C—O键。利用纳米材料作为催化剂可避免常规催化剂所引起的反应物向其内孔缓慢扩散带来的某些副产物的生成，并且这类催化剂不必附在惰性载体上使用，可直接放入液相反应体系中，反应产生的热量会随着反应液流动而不断向周围扩散，从而不会因局部过热导致催化剂结构破坏而失去活性。例如，金红石结构的TiO_2纳米粒径由约400nm变为约12nm时，它对H_2S气体分解的催化效率可提高8倍以上。

10.4 纳米材料的分类

目前利用各种方法，可制出多种纳米材料。依据其属性可分为以下几种。

10.4.1 金属纳米材料

目前我国已能生产的主要金属纳米材料有：

(1) 单一金属：Al、Co、Cu、Ni、Zn、Au、Ag、Mg、Cr、Mo、Pb和Ti等。

(2) 复合金属：Ag-Cu、Ni-Fe和Fe-W等。

(3) 复合硬质合金：WC-Co-WC-VC-Co、WC-VC-Ni、WC-Fe-Ni等。

(4) 复合硬磁合金：Nd-Fe-B、Sm-Fe-Ta、RE-Fe-B等。

(5) 复合催化合金：Co-Cu、Ni-Pd、Cu-Zn以及高熔点催化合金等。

10.4.2 氧化物纳米材料

它是纳米材料的大家族，根据氧化物组成又分为：

(1) 金属氧化物纳米材料：TiO_2、Fe_2O_3、MgO、CaO、CuO和Cr_2O_3等。

(2) 非金属氧化物纳米材料：SiO_2。

(3) 两性金属氧化物纳米材料：ZnO、Al_2O_3等。

(4) 稀土金属氧化物纳米材料：La_2O_3、Y_2O_3等，它们具有光学效应，可在不同环境中受激发产生荧光。

10.4.3 其他化合物纳米材料

(1) 硫化物纳米材料

① 半导体类纳米材料：CdS、ZnS、MnS等。

② 抗磨性纳米材料：AgS 等。

(2) 碳(硅)化合物纳米材料：SiC、$MoSi_2$ 等。它们属于高硬度纳米材料。

(3) 氮、磷等化合物纳米材料：TiN、Si_3N_4、CaP、AgBr 等。

以上这些纳米材料可分别做成纳米粉末、纳米线(棒、丝)、纳米带、纳米薄膜、纳米块体等。

10.4.4 纳米抗菌除臭材料

抗菌除臭材料包括元素、氧化物和多种化合物，都是无机系列材料，它们具有稳定性好、功能持久和安全可靠的特点。一般是以超细粉体形式存在。按杀菌机理的不同，可将其分为：

(1) 第一类无机抗菌剂：元素、元素的离子及其官能团，它们是接触性抗菌剂，如 Ag、Cu、Zn、S、As、Ag^+、Cu^{2+}、SO_3^{2-}、AsO^{2-} 等，多种金属、金属离子都有抗菌作用，其杀灭和抑制病原体的强度有以下的规律：

$$Ag>Hg>Cu>Cd>Cr>Ni>Co>Zn>Fe$$

综合考虑可知，因为 Hg、Cd、Pb、Cr 对人体有残留性毒害，Ni、Co 和 Cu 等离子对人体有染色作用，不宜使用，所以实际常用的金属抗菌剂只有 Ag、Zn 及其化合物。

银的抗菌作用与其化合价有关，按能力顺序递减：$Ag^{3+}>Ag^{2+}>Ag^+$。

(2) 第二类无机抗菌剂：TiO_2、SiO_2、ZnO 等，它们是光催化性抗菌剂。

10.4.5 典型纳米粉体材料

1. 纳米 TiO_2

纳米 TiO_2 由晶粒和界面构成。晶粒内 Ti 和 O 原子严格位于晶格结点位置，处于有序状态。而界面是由无序原子构成的，在这种表面结构中，Ti 原子缺少氧原子的配位，使纳米 TiO_2 处于严重缺氧状态，造成表面存在大量的悬空键，这有利于俘获电子，导致纳米粒子表面具有很高的活性，能有效吸附有机物。如果对 TiO_2 表面进行改性，可相应提高耐候性和耐沾污性。纳米 TiO_2 的光学效应随粒径的改变而变化，且具有随光的照射角度变色的效应。同时 TiO_2 还具有吸收紫外线的效应。通常情况下，TiO_2 表面与水的接触角约为 72°，经紫外光照射以后，与水的接触角在 5°以下，甚至达到 0°左右，水滴可完全浸润其表面，显示出非常好的超亲水性。

纳米 TiO_2 以催化活性高、热稳定性好、持续性长、价格便宜和对人体无害等深受化学工作者青睐。纳米 TiO_2 的光学性质，光化学性质以及电化学性质就是高活性的表现。

2. 纳米 SiO_2

纳米 SiO_2 是由硅或者有机的氧化物高温水解生成的表面带有羟基的超细粉末，粒径小于 100nm，通常为 20～60nm；化学纯度高，分散性好，比表面积大。在化学工业中又叫白炭黑。

纳米 SiO_2 为无定型白色粉末，是一种无毒、无味、无污染的无机非金属材料，呈絮状和网状的准颗粒结构，为球形。像其他纳米材料一样，表面都存在不饱和的残键以及不同键

表 10-1 几种粒状纳米材料的牌号、成分、特性及用途

（摘自 GB/T 19588—2004、GB/T 19589—2004、GB/T 19590—2004、GB/T 19591—2004）

名称	牌号或类型	外观	主成分质量分数/%	杂质/%	电镜平均粒径/nm	XRD线宽化法平均晶粒/nm	比表面积/($m^2 \cdot g^{-1}$)	团聚指数	松装密度/($g \cdot cm^{-3}$)	其他	用途
纳米镍粉	FNiN-20	黑色粉末	Ni 余量	w(O)<9，w(其他)<0.4	中位径<30		>20	—	0.04～0.5	—	超大规模集成电路用的导电胶，阴极射线管用的吸气剂、颜料等
	FNiN-50		Ni 余量	w(O)<5，w(其他)<0.45	中位径≥30～60		>15	—	0.05～0.7	—	
	FNiN-80		Ni 余量	w(O)<4，w(其他)<0.5	中位径≥60～100		>8	—	0.06～0.8	—	
纳米二氧化钛	nm-TiO_2(A)	白色粉末	$w(TiO_2)$≥90	w(Hg)≤0.0001，w(As)≤0.0005，w(Pb)≤0.001，$w(H_2O)$≤2	≤100	≤100	≥90	100	堆密度≤0.5	pH 6～8 白度≥90 度	防晒化妆品、功能化纤、高档塑料、油漆、油墨、涂料、电子陶瓷、催化剂等
	nm-TiO_2(R)						≥35		堆密度≤0.9		
纳米氧化锌	1类	白色或微黄色粉末	w(ZnO)≥99.0	w(Pb)≤0.001，w(Mn)≤0.001，w(Cu)≤0.0005，w(Cd)≤0.0015，w(Hg)≤0.0001，w(As)≤0.0003，w(105℃挥发物)≤0.5，w(水溶物)≤0.1，w(盐酸不溶物)≤0.02	≤100	≤100	≥15	100	—	—	医药、化妆品、电子材料
	2类		w(ZnO)≥97.0	w(Pb)≤0.001，w(Mn)≤0.001，w(Cu)≤0.0005，w(Cd)≤0.005，w(105℃挥发物)≤0.5，w(水溶物)≤0.1，w(盐酸不溶物)≤0.002			≥15		—	灼烧失重≤4%	橡胶、塑料、涂料、陶瓷、化纤、催化剂
	3类		w(ZnO)≥95.0	w(Pb)≤0.03，w(Mn)≤0.005，w(Cu)≤0.003，w(水溶物)≤0.7，w(105℃挥发物)≤0.7，w(盐酸不溶物)≤0.05			≥35		—	灼烧失重≤2%	主要用于橡胶
超微细碳酸钙	NCC-50	白色粉末	$w(CaCO_3)$≥93(干基)	$w(H_2O)$≤1.0，w(盐酸不溶物)≤0.5，吸油量：协议	≤50	≤50	≥35	协议	—	白度≥90 度 pH≤10.5	橡胶、塑料、涂料和油墨等
	NCC-100				≤100	≤100	≥18		—		

注：①纳米镍粉分为 3 个牌号，牌号中字母 F 表示"粉末"，字母 N 表示"纳米"。②根据二氧化钛的晶型，纳米二氧化钛分为锐钛矿型(A)和金红石型(R)两类。③团聚指数是指团粒(由于表面活性或范德华力的吸引而使颗粒聚集在一起，形成尺寸较大的团聚体)平均直径与纳米颗粒平均直径之比。

合状态的羟基，表面因缺氧，而偏离了稳态的硅氧结构，故纳米 SiO_2 的分子简式可表示为 SiO_{2-x}（x：0.4～0.8）。因此纳米 SiO_2 才具有很高的活性。

纳米 SiO_2 具有极强的紫外线吸收和红外线反射特性。如果对 SiO_2 表面进行改性处理，可使纳米 SiO_2 粒子表面具有亲水基团和亲油基团，改善了纳米 SiO_2 粒子原来的润湿特性。在涂料中加入 0.1%～1%的纳米 SiO_2 可极大地改善性能。由于纳米 SiO_2 具有很高的活性，产生许多诸如光学屏蔽等性质，因此纳米 SiO_2 具有广泛的用途。它是目前世界上大规模工业化生产的产量最高的一种纳米粉体材料。

3. 纳米 $CaCO_3$

$CaCO_3$ 是普通无机填料，而纳米 $CaCO_3$ 是一种优质的填充剂和白色颜料，它不仅起增白、扩容、降低成本的作用，还具有补强的作用。粒径小于 20nm 的 $CaCO_3$ 补强作用可与白炭黑相比。通过用 SiO_2 表面包覆改性后，表面有大量不饱和残键和不同键合状态的羟基，导致其具有一定耐酸性以及与高聚物的亲和性。它具有无毒、无刺激性、无味、色泽好和原料来源广泛等优点，被作为填料大量用于塑料、橡胶、涂料、化妆品和油墨等行业。通常 $CaCO_3$ 的使用量在 0.1%～10%。

几种粒状纳米材料的牌号、成分、特性及用途见表 10-1。

10.5 纳米新材料——C_{60}和碳纳米管

金刚石和石墨是碳的两种晶体，常温常压下碳形成片层状石墨结构，高温高压下碳形成金刚石结构。最近相继发现了碳的新成员 C_{60}和碳纳米管，它们的结构和性质与石墨和金刚石完全不同。

10.5.1 C_{60}的结构和应用

1985 年英国的 Kroto 和美国的 Small 合作研究发现了碳元素的第三种晶体 C_{60}，它是由 60 个碳原子组成的大分子，呈球形全封闭结构，像一个足球形状，由 12 个五边形环和 20 个六边形环组成球形 32 面体，其中五边形环只与六边形环相邻，而不互相连接。32 面体共有 60 个顶角，每个顶角各占据一个碳原子，是一个中空球形大分子晶体，是笼式结构。C_{60}分子中 C—C 之间的连接，在所有五元环由单键构成，而六元环由单键和双键构成，其直径仅为 0.7nm 左右。受美国设计师富勒设计的圆薄壳拱形结构的启发，因此把 C_{60}命名为富勒烯。

C_{60}分子晶体中分子之间主要是范德华力结合，没有化学键存在，面心立方结构，如图 10-1 所示。在 294K（－24℃）发生相变，由面心立方结构转变为简单立方结构。在 20～25GPa 的高压下，可观察到固相 C_{60}晶体向金刚石晶体转变。

C_{60}分子闭合笼上的原子键力很强，结构稳定，抗辐射，抗化学腐蚀。由于是笼式结构，具有良好的抗压性，比所有粒子都强。将 C_{60}以 6700m/s 的速度打在不锈钢上，C_{60}完好无损地反弹回来。理论计算表明，在中等压力下，把 C_{60}压缩到小于原体积的 70%时，C_{60}的耐压程度远比金刚石好。当施加均匀压力时，C_{60}固体变得像钻石那样不可压缩。在压力释放

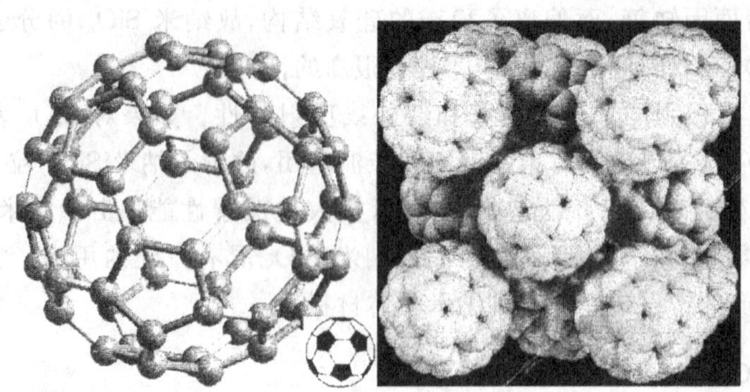

图 10-1 C_{60}分子结构和面心立方结构

时，经弹性变形而回复其正常体积。C_{60}是已知固体碳中弹性最大的。它的抗冲击能力比迄今所知的任何材料都要强。

半导体固态C_{60}经适当的金属掺杂可表现出良好的导体和超导体性质。由于C_{60}是中空球形结构，使得它在球的内外表面都能进行反应，掺杂所需元素，能够得到各种功能的C_{60}衍生物。其中金属包容于C_{60}内部的用M@C_{60}表示，金属在C_{60}外表起反应的用M-C_{60}表示。用化学方法有选择性地在C_{60}球表面上打开一缺口，然后放入目的原子或小分子化合物，C_{60}的金属衍生物已显示出独特的功能，在药物、超导、三维光学电脑开关、润滑剂、火箭材料等方面有很好的应用前景。

C_{60}及其衍生物在高分子领域中的应用有：

(1) 制备和合成含C_{60}的聚合物，赋予它许多奇异的物理化学性质，如电性、光化学性以及磁性等。同时改善加工性能，达到应用的目的。

(2) C_{60}与聚合物形成电荷转移复合物。C_{60}既可以作为受电子体得到电子，又可以作为供电子体给予电子。因此，C_{60}可以与含吸电子体和给电子体的聚合物发生电荷转移现象，而形成电荷转移复合物。C_{60}电荷转移复合物的结构与物理性能有一定关系，这将会给有机导体和超导体研究带来新的活力。

(3) C_{60}可作为催化剂，催化有机单体聚合形成聚合物。在聚合体系中，随着C_{60}及其衍生物用量的增加，催化活性迅速提高。在0～70℃聚合温度范围内，活性随温度升高而不断提高。以C_{60}为基础的催化剂是一类高效高选择性催化剂。

C_{60}最引人注目的性能是它的超导性。例如，K_3C_{60}超导温度为18K(−255℃)，Rb_3C_{60}超导温度为29K(−244℃)，$Rb_1Tl_2C_{60}$超导温度已达48K(−225℃)。C_{60}的超导电性不但超导温度高，而且临界电流大，还有较大的临界磁场，又易于加工成形。

在K_3C_{60}中，3个电子从钾原子转入导带，C_{60}分子的能级呈丰满状态，可以导电。而K_6C_{60}的能级被6个电子全部充满，因而不导电，成为绝缘体。

C_{60}的研究已涉及有机化学、无机化学、生命科学、材料科学、高分子科学、催化化学、电化学、超导体和铁磁体等领域。

科学家在最近的研究中发现，艾滋病病毒亲近C_{60}粒子、容易与之结合。C_{60}在这一领域将会有更大的作为。

C_{60}分子在笼内或笼外可俘获其他原子或分子集团。C_{60}内腔可容纳所有元素的阳离子，形成各类 C_{60} 的衍生物。一些衍生物具有奇异的特性，可在许多领域中获得重要和广泛的应用。

将锂原子注入到 C_{60} 笼内，形成 Li@C_{60} 则可用来制造抗大气腐蚀的高效能锂电池。C_{60} 有抗辐照性能。将放射性元素置于笼内，注射到癌病变部位，可极大提高放射治疗的效力，并减少其副作用。

10.5.2 碳纳米管的结构和应用

继 C_{60} 之后，研究人员于1991年发现了多壁碳纳米管，1993年合成了单壁碳纳米管。

(1) 单壁碳纳米管：单壁碳纳米管是仅由一片六边形网络片层晶体围卷而成的中空无缝圆管，管端由五边形或七边形网络参与封闭。直径为0.7～3nm，长度达数微米。卷圆筒时卷轴取向不一定与碳原子六边形的排列方向一致，呈微小角度，出现螺旋结构。当管的直径和螺旋结构发生变化时导电性也随之变化。由于电子径向运动受阻，只能在轴线方向运动，管的直径和螺旋结构都影响电子的运动，一般是小直径管的导电性呈金属性，另一类呈半导体性，甚至在同一根纳米管上的不同部位，因结构的变化，也可呈现不同的导电性。经理论分析认为，还有少数碳纳米管具有超导性。根据碳纳米管的直径和螺旋分布估计，大约有1/3的碳纳米管是金属性的，2/3的碳纳米管是半导体性的。

现在有一种金属性的单壁碳纳米管，还有一种非金属性的螺旋形碳纳米管，如果将这个金属性的碳纳米管和这个非金属性的碳纳米管套在一起，就形成了一个二极管，电流就可以沿半导体向金属方向流动，反过来则没有电流。有报道称日本科学家已经发现了这样的碳纳米管的二极管。

电子具有粒子性和波动性，电子波可以互相抵消或加强。碳纳米管周围传播的电子只有特定波长的电子波保留下来，其他可能完全抵消。将石墨片卷成纳米管时，在平整石墨片中可能存在的电子波大部分将会被排除，而只允许一少部分存在，这一部分依赖于纳米管的周长和螺旋结构。碳纳米管结构如图10-2所示。

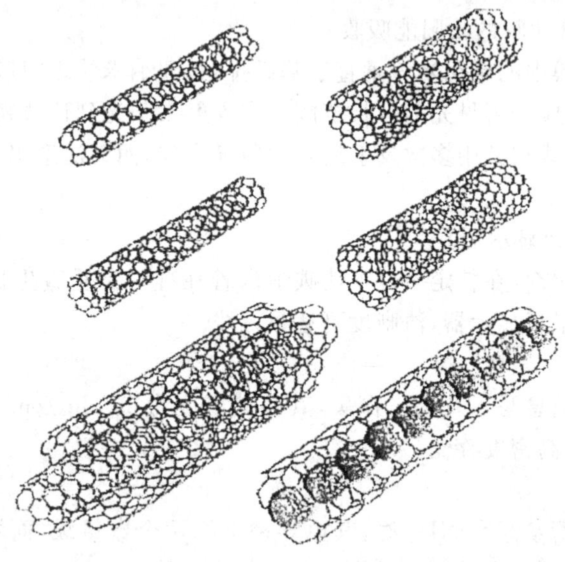

图10-2 碳纳米管结构的例子，包括多壁和金属原子填充纳米管

(2) 多壁碳纳米管(CNT_S)：多壁碳纳米管一般由几个到几十个单壁碳纳米管的同轴圆柱面构成，实际上是直径不同的单壁碳纳米管套装而成。多壁碳纳米管各层的直径由小到大逐渐增加，层间距为 0.34nm。多壁碳纳米管层间是范德华力结合，即分子键结合。多壁碳纳米管层间是不导电的。碳纳米管的导电性明显高于 Cu，因此允许有较大的电流密度。

碳纳米管的弹性模量与直径有关，直径越小弹性模量越高，特别是多壁碳纳米管更为显著。组成碳纳米管的 C—C 共价键是自然界最稳定的键，所以使得 CNT_S 具有非常高的力学性能。根据理论计算，碳纳米管的抗拉强度是钢的 100 倍，而它的密度只有钢的 1/6。碳纳米管具有较大的长径比，而且内部是中空的，在承受较大负荷时，产生较大弹性变形或产生可恢复的塑性变形，仍不发生脆性断裂。当碳纳米管受到弯曲和轴向应力时也不会断裂，只会大角度弯曲，然后绞在一起呈“麻花状”物体，当外力释放后又恢复原状。延伸率可达百分之几，并具有良好的可弯曲性。单壁碳纳米管的管径小，管中碳原子间距小，使得结构中的缺陷不易存在，能承受扭转变形，并可弯成小圆环，应力卸除后可完全恢复到原来状态。压力不会导致碳纳米管的断裂，因有很高的弹性模量和强度等十分优良的力学性能，使它们有潜在的应用前景。当碳纳米管组成直径为 1mm 的细丝时足可承受 20 多吨的重量。碳纳米管具有极高的强度、韧性和弹性模量。弹性模量与金刚石的弹性模量几乎相同，约为钢的 5 倍。弹性应变约为 5%，最高可达 12%，约为钢的 60 倍。碳纳米管无论强度还是韧性都远远优于任何纤维。碳纳米管的主要性能：

(1) 碳纳米管具有良好的场发射性能

主要原因是：

① 碳纳米管是良好的导体，并且载流能力特别大，能承载较大的场发射电流，作为阴极可承受 10^9 A/cm 的电流密度，比一般的金属导线高 4～5 个数量级。

② 单壁碳纳米管的直径可以小到 1nm 左右，如此小的尺寸可以在其半球形的端部产生极大的局部场强，从而发射电子。

③ 碳纳米管化学稳定，不易与其他物质反应，并且机械强度高、韧性好，在场发射过程中不易发生折断和形变，并且不要求过高的真空度。

(2) 定向碳纳米管薄膜的太阳能吸收

定向碳纳米管薄膜中的碳纳米管垂直于基底排列，碳纳米管之间形成狭长的空隙，尺寸约为数百纳米，正好对应于可见光的波长范围。当入射太阳光到达薄膜表面时，这些小空隙如同无数个陷阱，使光线在其中多次反射后直到薄膜内部，而无法逸出。因此薄膜对太阳光有较强的吸收作用。

(3) 场发射管(平板显示器)

于硅片上镀上催化剂，在特定条件下使碳纳米管在硅片上垂直生长，形成阵列式结构，用于制造超高清晰度平板显示器，清晰度可达数万线。

(4) 信息存储

以碳纳米管作为信息写入及读出探头，其存储密度为 10^{12} bit/cm^2，比现有面市的产品高 4 个数量级，称为超高密度存储。

(5) 化学传感器

由于单壁碳纳米管暴露在 NH_3 时，其电导率下降两个数量级，而暴露在 NO_2 时，其电导率增加三个数量级，因此碳纳米管是优秀的化学传感器。

(6) 高能电池电极材料

碳纳米管的层间距为0.34nm，有利于Li^+离子嵌入和迁出。将碳纳米管作为石墨的添加剂或是单独作为Li^+电池的负极材料，都能提高电极的导电性、负极的锂离子(Li^+)的电容和稳定性，延长电极的使用寿命。

(7) 储氢材料

碳纳米管可以在较低的气压下存储大量的氢气，利用这种方法存储氢燃料，不但安全性好，而且可以作为清洁能源。碳纳米管室温下储存氢的质量分数可达10%，并且能够在常温下释放出80%的储存氢，剩余的氢加热后也可释放出来，这种碳纳米管可重复利用。

(8) 导热材料

碳纳米管是依靠超声波传递热能的，其传递速度达10 000m/s，而且只能在一维方向传递热能。即使将碳纳米管捆在一起，热量也不会从一个纳米管传到另一个纳米管。碳纳米管优异的导热性能将能为今后计算机芯片的散热创造条件，也可用于发动机、火箭等高温部件的防护材料。

10.6 纳米金属

金属材料在纳米尺度内有不少新的奇特性质，显著提高了材料的应用价值。颗粒尺寸在纳米范围内(<100nm)减小时，硬度明显地随粒径减小而增大。纯纳米晶体金属(10nm颗粒尺寸)的硬度是大颗粒(>1μm)金属硬度的2～7倍。

实验还发现，由6nm的铁晶体压制而成的纳米铁材料的断裂应力是普通铁的12倍，硬度提高2～3个数量级，还可随意弯曲，塑性变形达100%。利用纳米铁材料可以制成高强度、高韧性的特殊钢铁材料。

有色金属方面，分别发现纳米Cu和纳米Pd的块体材料的硬度比起常规材料足足提高了50倍，屈服强度也提高了12倍。又有发现，纳米Pd和Cu的屈服强度是退火粗晶的10～15倍。2000年中科院金属所卢柯等人发现，用电解沉积法制成的纳米Cu的晶粒尺寸为28nm，试样尺寸为16mm×4mm×1mm，在室温下冷轧，具有特异的超塑性。试样沿轧制方面伸长，其伸长率超过5100%，而宽度方向尺寸变化甚小(<5%)，最后纳米Cu试样成为一条表面光滑，四周无任何裂纹的薄带条，厚度约为20μm，宽度为轧机的极限宽度。这一结果是首次发现在纳米尺寸内晶体材料具有室温超塑性和延展性，如图10-3所示。

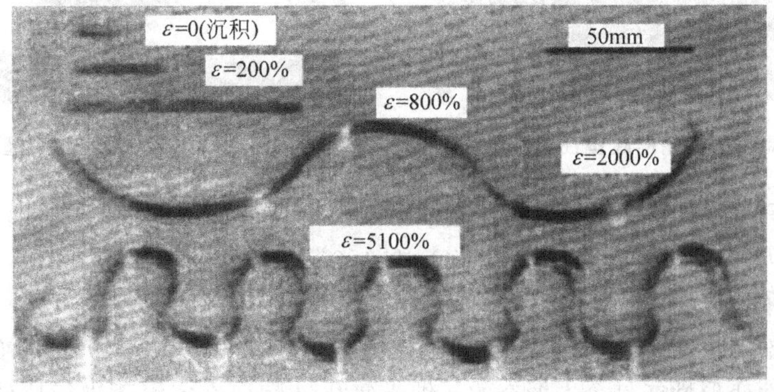

图10-3 纳米Cu的超塑性

纳米金属材料是传统金属材料超细化后形成的新材料，它具有宏观物体所没有的新效应。纳米晶体材料的硬度、强度和变形等性能是比较独特的，因而开拓了材料应用的新领域。

目前还缺乏对纳米晶体材料显微变形和断裂机理的了解和理解，应该说，对纳米金属材料的研究还处于初始的起步阶段。

1990 年在纳米晶粒分散型非晶态轻合金方面，有人成功地制成了一种高强度的铝合金，其屈服强度达到令人震惊的 1600MPa。在该合金的非晶相中以 10%～20%的体积密度均匀分布着直径为 5～10nm 的 Al 颗粒，正是这些纳米粒子使其具有非常高的强度。后来在 Mg 合金和 Ti 合金中也观察到了这种能够增加材料强度的机制，从而证实这是一种普遍现象。

在纳米金属复合材料方面的应用，还有密度大约只有铝合金 50%的锂-镁合金等，以其塑性好、强度高等特性开始大量用作导弹、宇宙飞船的结构材料。为了进一步提高这些新型合金的性能，纳米相及纳米金属间化合物弥散补强合金的研究引起各国科技人员的关注。纳米增韧补强的新型合金将大幅度提高材料的强度，降低材料用量、减轻飞行器的质量，从而提高飞行器的飞行速度和性能。它说明纳米金属复合材料可大幅度提高材料的强度和性能。

10.7 纳米陶瓷

陶瓷材料具有良好的耐高温、抗氧化、耐腐蚀和高硬度等性能，一般情况下，呈脆性。而纳米陶瓷主要是改善它们各相的大小和分布，使之具有纳米尺度的结构，它的晶粒尺寸、第二相分布和气孔尺寸都限于 100nm 数量级水平。

纳米氮化硅在 1800℃的拉伸变形和纳米 ZnO_2 材料的室温拉伸变形均达到百分之几百，远高于传统的陶瓷材料，如图 10-4 所示。

采用超塑成形工艺已成功拉伸出半球形及锥台形纳米 Al_2O_3 陶瓷试件，如图 10-5 所示。

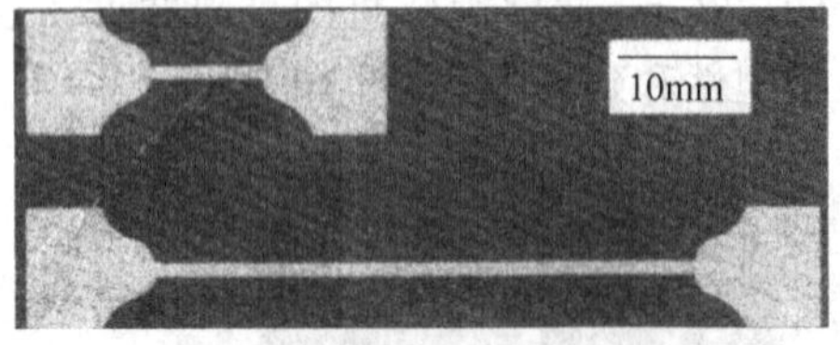

图 10-4 氮化硅陶瓷的超塑性实验照片

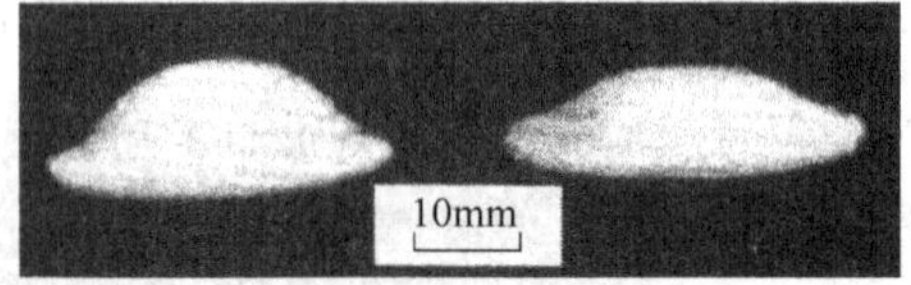

图 10-5 纳米复合 Al_2O_3 陶瓷超塑成形试件

普通陶瓷只有在 1000℃以上、应变速率小于 $10^{-4}s^{-1}$时才能表现出塑性，而纳米陶瓷在较低温度下就可发生塑性变形。例如，TiO_2 在 180℃时的塑性变形达 100%，带预裂纹的试样在 180℃弯曲时不发生裂纹扩展。

纳米氧化锆陶瓷在 1250℃烧结，并施以不太大的力就可产生近 400%的变形，这种类似于金属的超塑性变形性能是令人振奋的。纳米氧化锆陶瓷在室温下进行拉伸疲劳实验，断裂后表层晶粒同样表现为塑性变形。不仅仅是离子键型的氧化物陶瓷，就连具有共价键型的氮化硅陶瓷也有微小的超塑性行为。

1990年Wakai等人在Si_3N_4+20%SiC细晶粒复合陶瓷中，观察到在1600℃下延伸率达150%。Nich等人在四方二氧化锆中加入Y_2O_3的陶瓷材料实验中，观察到超塑性竟达到800%。纳米陶瓷如3Y-TZP(摩尔分数为3%Y_2O_3的稳定的四方相ZrO_2陶瓷)，具有很高的强度和断裂韧性。美国学者报道，CaF_2纳米材料在室温下可大幅度弯曲而不断裂。

1989年，Niihara等用Si-C-N复合粉制备了氮化硅/碳化硅纳米复相陶瓷，其室温强度高达1550MPa，1500℃的强度高达90MPa，断裂韧性达到6.5MPa·$m^{1/2}$。

纳米粉体在陶瓷改性中也可起到重要作用。例如，把纳米Al_2O_3粉体加入粗晶粉体中可提高氧化铝的致密度和耐热疲劳性，并有增强补韧的作用。纳米氧化铝与二氧化锆混合在实验中已获得高韧性的陶瓷材料。在Al_2O_3基体中添加第二相金属氧化物，如MgO、TiO_2、CuO、MnO等，可以抑制晶粒生长，减小应变硬化，改善拉伸延伸性。TiO_2和MnO共渗入Al_2O_3陶瓷，在双向拉应力下延伸率达100%。最为显著的是在MgO和CuO的共同作用下，Al_2O_3陶瓷的延伸率达到了140%。

在陶瓷基体中引入纳米分散相进行复合，可使材料的强度、韧性及高温性能得到很大改善。不同系列的陶瓷断裂强度提高2～3倍，断裂韧性提高2～4倍，最高使用温度可达1200～1500℃，其中氧化镁/氧化硅陶瓷的使用温度由800℃提高到1400℃。

将纳米Al_2O_3粉体添加到常规85瓷、95瓷中，可将强度和韧性均提高50%以上。

可见纳米材料对于解决陶瓷材料的脆性问题行之有效，从而为提高陶瓷材料的可靠性和扩大陶瓷材料的应用开辟了一条新途径。纳米陶瓷的超塑性对于在形状复杂工件成形方面有很好的前景，因此受到极大的关注。

传统的陶瓷工业能耗高，污染严重，这在能源日趋紧张，环境破坏日益严重的今天，是个极大缺点。纳米陶瓷可在比普通陶瓷低几百摄氏度的温度下完成烧结，不少纳米陶瓷都已实现在1000℃以下致密化，而且还有可能继续大幅度降低。这样不仅可以节省大量宝贵的能源，同时也有利于对环境的保护。

纳米陶瓷强韧化原理主要在于：①纳米粒子抑制了主晶相晶粒长大，促使组织细化，产生亚晶粒和亚晶界，使基体晶粒纳米化，而产生增强作用。②纳米粒子由于高模量和高强度，在陶瓷烧结后的冷却过程中会诱发大量微裂纹，纳米颗粒使微裂纹偏转。由于主晶粒内产生了大量亚晶界和微裂纹，纳米粒子周围基体形成拉应力，导致穿晶断裂，并使穿晶裂纹二次偏转，使纳米陶瓷强韧性提高。③陶瓷晶内和晶界的纳米粒子使陶瓷基体产生大量位错群，它被纳米粒子“钉札”，使裂纹扩展受到阻碍或发生偏转，提高断裂能。④纳米粒子在高温可阻碍晶界滑移，钉札位错运动，从而提高高温性能，如硬度、强度及抗蠕变性能等都有提高。

我国的科技工作者已成功地用多种方法制备了纳米陶瓷粉体材料，其中氧化锆、碳化硅、氧化铝、氧化钛、氧化硅和氮化硅等制备工艺稳定，生产量大，已为规模生产提供了良好的条件。

纳米陶瓷的应用中，氧化铝基板材料是微电子工业重要的材料之一，长期靠进口，最近我国制成了添加纳米氧化铝的基板材料，表面光洁度大大提高，冷热疲劳、断裂韧度提高近1倍，导热率比常规氧化铝基板材料提高了20%，显微组织均匀。

氧化锡陶瓷是最常见的气敏材料，对许多可燃气体都有较高的气敏性，广泛用于有害、有毒及可燃气体报警的气体传感器上做传感元件。添加 TiO_2 的 SnO_2 气敏材料可用来探测 CO、煤气、乙醇等气体。因 SnO_2 气敏机理属于表象控制型，其对气体灵敏度的高低与气敏材料的比表面积有关。比表面积越大，对气体灵敏度越高。若将 SnO_2 气敏材料制成纳米颗粒，显然会提高其气体灵敏度。目前制成 TiO_2-SnO_2 纳米粉，粉体粒径为5～7nm，分散性好，晶粒小，纳米粉中 TiO_2 进入 SnO_2 晶格形成固溶体。航天液体火箭涡轮泵及燃气通道等关键零件表面因经受高温、高压和富氧燃气冲刷，要求零件表面涂镀耐高温、抗氧化、耐冲刷的高温无机涂层材料，而纳米陶瓷复合涂料就是良好的新材料。

将 Al_2O_3 和 ZrO_2 制成纳米材料，再烧结成纳米陶瓷是一种新型超高硬耐磨材料，用于特种模具行业及轴瓦和耐磨件的内衬。由于纳米陶瓷有良好的抗冲击性能和塑性，也用于制造新型超硬装甲防护板，抗弹丸冲击性能良好、重量轻，可减轻装甲车辆的重量。

抗菌陶瓷是在陶瓷产品的釉面中加入 TiO_2，当光照射时 TiO_2 催化产生氧化能力极强的·OOH 或·OH 自由基团，杀死釉面黏附的细菌。若同时在 TiO_2 中掺杂银、铜等金属可以提高其功效，当银和铜在 TiO_2 表面上时，即使在没有光照的条件下，银和铜也具有很强的抗菌作用。在 TiO_2 表面上处于附着状态的银和铜离子，由于紫外线照射，会发生电析反应，银和铜离子被还原，能牢固地附着在 TiO_2 半导体光催化剂表面上起抗菌作用。

抗菌陶瓷在光催化作用下，也是具有生态环境保护功能的材料。它既保持了陶瓷制品原有的使用功能和装饰效果，同时又增加了消毒、杀菌、除臭等功能。可广泛地用于医院、学校、幼儿园等公共场所，也可用于卫生间和厨房等。它能有效地避免细菌的交叉感染，杀死室内的各类细菌，阻止各类细菌的繁殖和防止各种微生物生长，消除污垢，净化室内空气等。对促进人类健康有利。

采用纳米稀土复合无机抗菌剂，利用稀土元素原子表面产生空穴使之与水、空气组成催化体系，产生活性氧自由基，然后活性自由基通过损伤细菌细胞核抑制细菌蛋白质的合成，干扰细胞壁和细菌核酸的合成，可以达到抑制细菌繁殖和杀死细菌的目的，具有持久的抗菌效果。对金黄色葡萄球菌的24h杀菌率达99%，同时还能使其表面附近空气中负离子浓度显著增加、清新空气，具有抗菌、自洁、保健、环保等多种功能。稀土催化氧化纳米陶瓷具有保洁、抗菌效果。

10.8 纳米塑料

普通塑料有一定使用价值，而且价格低廉，但性能逊于工程塑料，工程塑料虽然性能优越，但价格高，限制了应用范围。纳米塑料的基体为高分子聚合物，通过纳米粒子在聚合物中的充分分散，有效地提高了聚合物的耐热、耐候、耐磨和抗菌等性能，同时又保留了塑料本身所具备的韧性、耐冲击性和易加工性。纳米粒子作为塑料的填充剂和增量剂，可以减少树脂的用量，降低成本，而且制品的力学性能和加工性能均有提高。

纳米粒子对塑料性能的改善主要有：

(1) 对塑料有增韧增强作用。无机填料填充基体，通常会降低制品的成本，提高强度、耐热性和尺寸稳定性，但往往会使韧性降低。而纳米材料，通常是将微粒粉体添加到塑料中，对它既增韧又增强，具有双重作用效果。

(2) 改善塑料的抗老化性。纳米材料具有很强的紫外线吸收作用，对塑料基体具有紫外线屏蔽效果，可以防止塑料受光辐射而老化，提高塑料制品的使用寿命。

(3) 赋予塑料特殊功能性。纳米材料可使塑料功能化，例如，抗菌杀菌纳米塑料、抗静电纳米塑料和自清洁纳米塑料等。纳米塑料具有一般工程塑料所不具备的优异性能。

纳米塑料通常是一相为连续相，形成基体，另一相为分散相，呈颗粒状、纤维状或片层状，为弥散的填料。由于分散相与连续相之间比界面积非常大，界面间具有很强的相互作用，产生了理想的黏结性，提高了强度。纳米塑料将无机物的刚性、尺寸稳定性和热稳定性与聚合物的韧性、加工性融合在一起，从而产生特异的性能。

纳米塑料的基体主要有：热塑性聚合物，如聚乙烯、聚丙烯、丙烯腈、聚氯乙烯、聚甲基丙烯酸甲酯、聚丙烯酰胺、聚醚和尼龙等；热固性聚合物，如环氧树脂、不饱和树脂等。

纳米塑料的分散相有：氧化物、氮化物、硫化物、碳酸盐、金属、合金和蒙脱土等。

目前能实行产业化生产的纳米塑料有：聚乙烯、聚丙烯、高抗冲击聚苯乙烯、丙烯腈—丁二烯—苯乙烯共聚物、聚对苯二甲酸乙二醇脂和聚酰胺等。

纳米塑料的优越性主要体现在对传统产品的改造上，花钱少，性能大幅度上升，其中典型的纳米塑料有 NPA6(尼龙 6、聚酰胺)纳米塑料等。

1. 尼龙 6 纳米塑料——NPA6

尼龙 6 是一种优良的工程塑料，至今已发展成为世界上品种最多，应用最广的工程塑料，总产量居于世界工程塑料的首位。它具有良好的物理、力学性能，如拉伸强度高、耐磨性优异、抗冲击韧性好、耐化学药品和耐油性突出。但由于聚酰胺极性键的作用，使得吸水率高、尺寸稳定性差、湿态强度和热变形温度低，限制了其应用。为此，国内外相关科研人员对其进行了大量的研究工作。

中科院化学所的研究人员在纳米蒙脱土/尼龙 6 的结构、性能和制备研究方面，取得了重大的进展。蒙脱土是我国丰产的一类天然粘土矿物，是一种层状硅酸盐，其结构片层是纳米尺度的。整个结构片层厚约 1nm，长、宽约 100nm，纳米尺度的结构片层均匀分散到聚合物基体，形成纳米塑料(NPA6)。它具有高强度、高耐热性、低吸湿性和高尺寸稳定性，阻隔性能好，而且具有良好的加工性能。尼龙 6 纳米塑料应用领域非常广泛。可用于制造汽车零部件，尤其是发动机内罩等有耐热性要求的零件，还可应用于办公用品、电子电器零部件、日用品等。

在 NPA6 的基础上，研究人员还制备了高性能 NPA6 膜用切片，适用于吹塑和挤出制备热收缩肠衣膜、双向拉伸膜、单向拉伸膜及复合膜。它们具有更佳的阻隔性、力学性能和透明性，因而是更好的食品包装材料。

纳米范围内的相结构尺寸小于可见光的波长，因此添加 2%(体积分数)蒙脱土/PA6 膜的透光率比纯 PA6 大 3 倍。

2. PET 纳米塑料——NPET

聚对苯二甲酸乙二醇酯(PET)是纤维、瓶和薄膜等的原材料，目前国内用 PET 树脂的年生产能力为几十万吨。它作为工程塑料应用存在三大制约因素：熔体强度差、结晶速度较慢、尺寸稳定性差，因而不能满足工业上快速注塑成形的需要。但用蒙脱土组分以纳米水平分散在 PET 基体中形成纳米塑料(NPET)，可显著改善 PET 的加工性和制品性能。这种新型 PET 工程塑料的各种性能指标均达到或超过国内外 PET 工程塑料产品。

NPET 纳米塑料具有广泛的用途。例如，在航空业，飞机上的开关、熔断器、调谐器、继电器、插接件、座椅支架、仪表板、集成电路盒、空调器等；在通信业，程控电话交换设备的集成块、接线板、配电盘、插接件、电容器壳体、天线护套等；在其他方面，变压器骨架、线圈骨架、温控开关、温控保护器、电熨斗手柄、散热器部件、节能灯座、美术灯具等。

3. 抗菌纳米塑料

它使塑料具有抗菌性，在一定时间内将沾污在塑料上的细菌杀死，并抑制细菌生长。它是通过在塑料中添加少量的纳米无机抗菌剂（Ag、Zn、TiO_2 和 ZnO 等）制得的高效抗菌塑料。经纳米技术改性的无机抗菌剂之所以有很好的抗菌性能是因为颗粒的减小，使单位质量的无机抗菌剂颗粒数增多，比表面积加大，而无机抗菌剂是接触式杀菌，增加了与细菌的接触面积，从而提高了抗菌效果。同时，由于抗菌剂的粒径超细，依靠库仑引力可穿透细菌的细胞壁进入细胞内，破坏细胞合成酶的活性，使细菌丧失分裂增殖能力而死亡。抗菌纳米塑料具有极其优异的性能：安全性高，无毒副作用；抗菌时效长，缓释效果良好；抗菌效率高，对大肠杆菌等的抗菌率达到 99%以上；抗菌谱宽，克服一般抗菌材料的单一性；稳定性好，具有普通银系抗菌剂所不能比拟的光稳定性和热稳定性。高效的纳米抗菌塑料主要用于家用电器如电冰箱的门把手、门衬、内衬等部件；洗衣机的抗菌不锈钢筒、抗菌洗涤水泵、抗菌波轮等部件；医用电器设备的外用塑料制件等。

4. 我国科学家最近研制出的纳米塑料

检测结果表明，我国科学家新近研制的纳米塑料具有强度高、耐热性好和比重较低等特点。同时由于纳米粒子尺寸小于可见光波长，它显示出良好的透明度和较高的光泽度。可用它代替玻璃。部分材料的耐磨性是黄铜的 27 倍、钢铁的 7 倍。纳米塑料在各种高性能管材、汽车和机械零部件、电子及电器部件等领域的应用前景广阔。

10.9 纳米纤维

纳米纤维是由纳米微粒制造或经过纳米改性后的传统纤维，它在保持原有优良性能的基础上，赋予纤维特殊的新功能，例如防水、防油、防辐射、杀菌、防霉、防臭等。将纳米粉体与纤维原料混合进行纺丝，制成纤维面料，可以适应现代消费要求。常用的纳米粉体有 Ag、Zn、SiO_2、TiO_2 和 ZnO 等。纳米纤维在纺织品中的应用有以下几方面。

1. 紫外线防护纤维

太阳光线中的紫外线对人体是有益的，它能促进维生素 D 的合成，促进人体骨骼组织发育，防止儿童佝偻病和促进身体健康，还有杀菌的作用。但紫外线波长较短、能量高，会对有机物中 C—H、C—C、O—H、C—Cl 键等，以及具有相同键能的物质产生破坏作用，因而对皮肤健康造成很大影响。过量的紫外线照射是皮肤健康的大敌，常产生皮炎、皮肤老化、干燥、皱纹增加、产生褐斑和皮肤癌等。为屏蔽紫外线，人们研究了防晒霜、抗紫外线纤维和薄膜等。防紫外线纺织品的开发受到了重视。

聚酰胺(尼龙)、聚酯(涤纶)和聚丙烯腈(腈纶)等大多有机化合物具有安全无毒、对皮肤无刺激和无过敏现象等优点。紫外线屏蔽剂为无机纳米粉体,主要有金属、TiO_2、ZnO、Al_2O_3 和 $CaCO_3$ 等。它们具有无毒、无味、无刺激性、热稳定性好、不分解、不挥发和自身无色等性能,是高效安全的紫外线防护剂。制成粉体,使微粒的尺寸与紫外线波长相当或更小,加入纤维织物后,由于小尺寸效应导致强烈吸收紫外线,对紫外线起着屏蔽作用,保护了人身的健康。作为衣料用纤维,纳米 TiO_2 的加入量为 2%~3%就够了。

抗紫外线织物的应用主要有运动衫、罩衫、制服和职业服。穿这种织物的服装,不但不会感到日晒,反而会有凉爽感。在工业和装饰方面的应用则更广泛,如广告用布、户外装饰布、运输篷布、各类帐篷用布、各种遮阳伞和窗帘等。也可用于野外工作者和高温岗位工作人员需要的抗紫外线衣物等。

2. 远红外线纤维

波长在 0.76~1000μm 范围的电磁波称为红外线,而波长在 2.5~1000μm 范围的红外线称为远红外线。它具有很强的穿透力。当红外辐射源的波长与被辐射物体的吸收波长一致时,该物体分子便产生振动,并加剧其分子运动,达到发热升温作用。人体组织中 C—H 和 O—H 键伸缩振动,C—C、C═C、C—O、C═O 键及 C—H、O—H 键弯曲振动对应的谐振波长大部分在 3~6μm 波段。辐射能促进上述的伸缩和弯曲振动的波长范围是 2~20.3μm,此时红外辐射效果最好。所以人体一旦接受远红外线,就能产生升温效果。热能到达或进入人体,使血管扩张,血流加速,局部血液循环得到改善,组织营养和代谢相应好转。研究证明,红外辐射对人体疾患有治疗作用,特别是在临床治疗中有很高的应用价值。

远红外纤维是将能吸收和发射远红外线的纳米微粒添加到纤维材料中经混合纺丝而成。最常用的纳米微粒有 ZrO、Al_2O_3/SiC、TiO_2/SiC 等,其粒径在 0.1~10μm 之间。纤维中纳米微粒的质量分数通常在 4%左右。这种化纤对远红外线具有吸收和反射功能,通过吸收人体发射出的热量并向人体辐射一定波长的远红外线,其中包括最易被人体吸收的 4~14μm 波段,可使人体皮下组织中血流量增加,起着促进血液循环的作用,提高供氧,改善新陈代谢,增强人体免疫能力。同时由于能够反射、返还部分人体辐射的红外线,即这种纤维对人体释放的红外线有很好的屏蔽作用,减少热量损失,使纤维和织物的保温性能提高。

远红外纤维及纺织用品的应用主要集中在保暖和保健防病两大类。由于远红外织物的保温效果比普通织物高 3~5℃,一般用于制作秋冬用滑雪衫、运动服、防寒服、风衣和冬季服装等,以及具有温热感的床单、被褥和睡袋等。因有促进人体微循环、活化机体、消除疲劳、调节自律神经等特殊功效,因此可用于制作保健绒毯、睡衣、衬衣、内衣、内裤、保健被、床垫和床单等。

因为人体释放的红外线易被红外探测器发现,因此部分发达国家已用具有红外吸收功能的纤维制成军服供应部队使用。这种纤维对人体释放的红外线有屏蔽作用,对军人既有保暖作用,同时又有保护人身安全的作用。

3. 抗菌、防臭和除臭纤维

在社会生活中有害细菌时刻威胁着人类,杀死和消灭有害细菌始终是人们美化生活和保障健康的重要任务。

抗菌就要杀菌和灭菌，一般它包括抑制、杀灭、消除细菌分泌的毒素以及预防等内容。根据杀菌机理的不同，将无机抗菌剂分为接触型和光催化型两类。

接触型抗菌剂主要是Ag、Zn以及它们的离子和化合物。高价银的还原电势极高，能使其周围的空间产生原子氧，具有抗菌作用。Ag^+可强烈吸引细菌体内酶蛋白分子中的—SH、—NH_2、—COOH等基团，并与之反应，阻碍了蛋白质的合成和能量来源，破坏了细菌的细胞膜，致使细菌死亡。当细菌被杀灭后，Ag^+重新游离出来，与其他细菌接触，进行新一轮的灭菌过程，如此反复不断杀灭细菌。根据测定，水中含Ag^+为0.05mg/L时就能完全杀灭大肠杆菌等繁殖菌，并可保持90天内无新的菌种繁衍。这是利用银直接杀灭细菌本身的能力来完成抗菌和杀菌的。

光催化型抗菌剂主要是TiO_2、SiO_2和ZnO等。这一类粉体的粒径达到纳米尺寸时，比表面积大，具有很强的光催化能力，在光照的作用下可以产生光生电子(e^-)和带正电的空穴(h^+)，它们的反应式如下：

$$ZnO/TiO_2 + h\nu \longrightarrow e^- + h^+$$

$$e^- + O_2 \longrightarrow O^{2-}$$

$$h^+ + H_2O \longrightarrow OH + H^+$$

因为氧化还原能力很强，在水和空气中就可产生反应。生成的羟基自由基·OH和超氧化物阴离子自由基·O^{2-}非常活泼，有极强的化学活性，能与多种有机物反应(包括细菌内有机物、残骸和细菌分泌的毒素)，从而将细菌、残骸和毒素杀灭和消除。因此，纳米TiO_2等光催化抗菌剂的性能比传统接触型抗菌剂仅能杀灭细菌本身的性能要好。光催化杀菌剂能有效杀灭的菌类有大肠杆菌、绿脓杆菌和葡萄球菌等。

不同抗菌剂在纤维中的添加量约为0.1%～10%。

防臭和除臭，就是将我们周围的臭体物质消除掉。人体皮肤汗腺产生的发汗物和由皮脂腺分泌出的中性脂肪等，会被滋生在皮肤上的细菌作为营养质而分解，产生低级脂肪酸等，并和汗中的氨混合后产生恶臭。也有一些是与人体汗液等代谢物作用而滋生繁殖的“臭味菌”，表皮葡萄球菌和棒状菌常见于内衣、内裤，导致外衣裤异味的菌类，如杆菌孢子和少量表皮葡萄球菌，袜子和鞋衬里织物常有皮肤丝状真菌。因为羟基自由基·OH能攻击细菌体细胞的不饱和键，并产生新的自由基，将会激发键式反应，使细菌蛋白质的多肽键断裂和糖解聚而被杀灭。能有效除去异味的抗菌除臭剂有氧化锌、氧化镁、二氧化硅、银沸石及载银硅硼酸等。

我们周围的臭体物质通常有硫基化合物(硫化氢、甲硫醇和乙硫醇)和氨基化合物(氨和胺类化合物)两大类。可用两种办法去除：

(1) 吸附臭味。采用比表面积大、孔容大的具有较强吸附能力的物质除去臭味。常用的吸附物质有各种沸石、活性炭和金属氧化物。载有稀土元素的沸石能够吸附多种有机溶剂挥发物。超细氧化锌可以吸附多种含硫臭体，其反应式如下：

$$ZnO + H_2S \longrightarrow ZnS + H_2O$$

$$ZnO + C_2H_5SH \longrightarrow ZnS + C_2H_4 + H_2O$$

吸附除臭的缺点是吸附臭气达到饱和后会丧失除臭效果。

(2) 氧化分解。它是利用纳米粒子的光催化反应将臭气物质彻底消除，可达到快速而又长期持续高效的除臭效果。TiO_2、ZnO等物质在H_2O、O_2体系中可发生光催化反应，产

生的超氧化物阴离子自由基和多种臭体反应,同时因为有氧和臭体反应,从而能够更好地消除臭味,其反应式如下:

$$2H_2S+O_2 \longrightarrow 2S+2H_2O$$

$$4NH_3+3O_2 \longrightarrow 2N_2+6H_2O$$

当接触光时,通过光催化作用实现对臭气成分的氧化或还原分解,从而达到防臭除臭的目的。将防臭除臭剂与涤纶、锦纶、丙纶、聚酯和尼龙等共混纺丝,可制得纤维及纺织品使用。

10.10 纳米涂料

传统涂料耐洗刷性差,时间不长,墙皮就会变得斑驳陆离。用纳米技术改造传统涂料是迅速提高涂料质量、更新涂料品种的重要手段。目前我国涂料品种在质量和数量上都已接近和超过发达国家的水平。纳米材料的独特性能对涂料的影响将是深远的;制造纳米涂料是涂料发展的重要手段,其关键技术是使纳米粉粒在涂料中分散均匀、稳定,并要合理配比和节省原料。

1. 防紫外线抗老化涂料

紫外线是太阳光的重要组成部分,它对涂层具有破坏和粉化作用,使涂层老化脱落。纳米 SiO_2、TiO_2、ZnO 等都是优良的紫外线吸收剂,把它们加入涂料中可显著提高涂料的抗老化性能。纳米 SiO_2 是无定形的白色粉末,表面状态呈网络结构,使涂料具有优良的触变性和分散的稳定性。它有极强的紫外线吸收和红外线反射能力,在内、外墙涂料中对紫外线起着屏蔽作用,涂料中加入量达 0.1%~1%时,抗老化性能可提高 2 倍,耐刷洗性可提高 10 倍以上。如果对 SiO_2 表面进行改性处理,可使纳米 SiO_2 微粒表面具有亲水基团和亲油基团,改善了纳米 SiO_2 粒子的润湿特性。添加了纳米 SiO_2 的内、外墙涂料的开罐性能明显改善,抗沉降,不分层,防流挂,施工性良好,尤其是抗活性大大提高,具有优良的附着力和自清洁能力。

纳米 TiO_2 改性后加入涂料可相应提高耐候性和耐沾污性。因 TiO_2 具有吸收紫外线的效应,在建筑外墙涂料中添加适量的纳米 TiO_2,可将乳胶漆的耐候性提高到一个新的等级,耐老化性能也有很大提高。纳米 TiO_2 的粒度一般控制在 10~50nm,其添加量控制在 1%以下。

2. 抗菌防污涂料

将纳米粉体 ZnO 杀菌剂均匀分散到涂料中,即可得到性能稳定的抗菌防污涂料。这种涂料中,当纳米 ZnO 的体积分数为 1%时,在 5min 内,对金黄色葡萄球菌的杀菌率为 98.86%,对大肠杆菌的杀菌率为 99.93%。将一定量的纳米 $ZnO/Ca(OH)_2/AgNO_3$ 等加入到体积分数为 25%的磷酸盐溶液中,经混合、干燥、粉碎等处理后,再制成涂料涂于电话机等公共用具上,能有很好的抗菌性能。医院等有病菌的场所和设施涂刷抗菌防污涂料,在光照下短时间内就可将病菌杀死,而且随时可用水冲刷,把氧化分解的污垢清除,可很好地维持抗菌防污的效果。

纳米 TiO_2 经改性后可提高耐候性和耐沾污性，其表面与水的接触角约为 72°，经紫外光照射以后，与水的接触角在 5°以下，甚至可达到 0°左右。水滴可完全浸润其表面，显示出非常强的超亲水性。利用 TiO_2 表面的超亲水性可使涂有含纳米 TiO_2 涂料的建筑物表面具有防污、防雾、易洗、易干等特性，使其表面具有长期的自清洁去污效应。在污染严重的地域和建筑物外墙壁上涂上含有纳米 TiO_2 的建筑涂料，利用太阳光可有效分解除去空气中的氮氧化物。

用纳米技术处理的涂料有机挥发物极低，无毒、无害、无异味，有效地解决了建筑物密封性增强所带来的有害气体不能尽快排出的问题，而且耐洗刷性也提高了许多。北京市率先运用纳米技术合成纳米材料改性的建筑色彩、高耐候性建筑涂料，防水密封胶粘带和中空玻璃密封胶条等。高耐候性建筑涂料成膜硬度高，抗污染性好，比一般涂料具有更强的附着力，能深入墙体，不易起皮和脱落，而且不受气候条件的影响，很适合冬季施工，寿命在 10 年以上。

3. 随角异色效应纳米涂料

随角异色效应涂料是从不同角度观察涂层，可以看到不同颜色的涂料，即光学各向异性涂料。将纳米 TiO_2 与 Al 粉等混合制备的涂料，会产生随角异色效应。其原理是纳米 TiO_2 具有透明性质，可透可见光，在与铝粉等混用时，入射光一部分在散光铝粉表面发生镜面反射，而另一部分透过纳米 TiO_2 发生色散后，在纳米 TiO_2 与铝粉界面反射，形成散光涂层。这样，透射光会在 Al 粉表面反射纳米 TiO_2 粒子表面反射的光，自然光的连续反射会产生不同的视觉效果。

纳米 TiO_2 与铝粉颜料或云母珠光颜料混合用于涂料中，其涂料具有随角异色性，能在涂层的照光区呈现一种金黄色的亮光，而在侧光区反射蓝色乳光，从而增加金属面漆颜色的丰满度。加入不同颜色的珠光颜料，可形成不同的正视色和侧视色。这种随角异色效应所显现的颜色和柔和变化，能随着汽车车身曲率的改变而变化，很适合当前流行的圆角度和流线型的需要。此外，用这种涂料涂饰金属、塑料等基材的表面，由于随角异色效应，会产生丰富的颜色变化，显得现代，极富装饰效果，在商标印刷、艺术装潢和特种建筑涂料等行业具有很大的应用市场。

4. 纳米隐身涂料

隐身性能是当代军事领域中高新技术之一。目前的隐身技术主要有反声呐探测技术、反雷达探测技术、反光学探测技术和反红外探测技术。美国的隐身技术最先进，自从 F117 隐形战斗机在 1991 年海湾战争中的出色表现以来，美国就大量采用了隐身技术装备战机。隐身性能是新一代武器装备的特点之一，其原理是利用纳米吸波材料将雷达波转换成为其他形式的能量，如机械能、电能和热能而消耗掉。经合理的结构设计、阻抗匹配设计及采用适当的成型工艺，吸波材料几乎可以完全衰减、吸收入射的电磁波能量。美国 F117 隐形战斗机蒙皮上的隐身材料含有多种超微粒子，它们对不同波段的电磁波有强烈的吸收能力。由于纳米微粒尺寸远小于红外及雷达波波长，因此，纳米微粒材料对这种波的透过率比常规材料要强得多，大大减少了对波的反射率，使得红外探测器和雷达接收到的反射信号变得很微弱，从而达到隐身的效果。同时，纳米微粒材料的比表面积比常规粗粉大 3～4 个数量级，对红外光和电磁波的吸收率也比常规材料大得多，使得红外探测器及雷达得到的反射信号强度大大降低，因此很难发现被探测目标，起到隐身作用。

在雷达隐身技术中，对超高频(SHF)段电磁波吸收材料的制备是关键。由于纳米材料的界面组元所占比例大，表面原子比例高，不饱和键和悬空键增多，所以吸收频带展宽，高的比表面积造成多重散射。纳米材料的量子尺寸效应使得电子的能级分裂，分裂的能级间距正处于微波的能量范围，为纳米材料创造了新的吸收通道。纳米材料中的原子、电子在微波场的辐照下运动加剧，增加了电磁能转化为热能的效率，从而提高对电磁波的吸收能力。美国研制的"超黑粉"纳米吸收材料对雷达波的吸收率达99%。

最近国外正致力于研究可覆盖厘米波、毫米波、红外波、可见光等波段的纳米复合材料。纳米材料在具备良好的吸波功能的同时，普遍兼备了薄、轻、宽、强等特点。纳米材料中的硼化物、碳化物、铁氧体，包括纳米纤维及碳纳米管在隐身材料方面的应用都将大有作为。

2000年全世界纳米涂料的产值已达3700亿美元。

10.11 纳米技术在环保领域中的应用

当前面临着严重的环境污染。主要治理方向是净化水质和提高空气质量，纳米技术在这两方面具有独特优势。由于纳米粒子的小尺寸效应和表面效应，使它具有作为催化剂的基本条件。随着粒径的减小，表面光滑程度变差，形成凹凸不平的原子台阶，这就增加了化学反应的接触面，使纳米粒子的活性增加，最终成为纳米催化剂。它提高了反应速度和效率，降低了反应温度，同时对反应路径还有优良的选择性。例如，以粒径小于100nm的Ni和Cu-Zn合金的超细微粒为主要成分的催化剂催化有机物氢化的效率是传统Ni催化剂的10倍。

对污水和空气进行治理的技术关键在于污染物降解过程本身也应是环保的，即不能产生对人体和环境有害的副产品。纳米TiO_2凭借特殊的光电特性、化学稳定性、无毒和低成本的优势成为用途最广泛的光催化材料。纳米TiO_2在污水处理和净化空气等领域具有重要应用价值。

1. 纳米技术在污水处理中的应用

污水处理就是将污水中通常含有的有毒有害物质、悬浮物、泥砂、铁锈、异味污染物和细菌病毒等物质从污水中去除。新型纳米级净水剂具有很强的吸附能力，它的吸附能力和絮凝能力是普通净水剂三氯化铝的10～20倍，它能将污水中的悬浮物完全吸附并沉淀下来，然后再用纳米净化装置有效地除去水中的铁锈、泥砂以及有异味的污染物，此时水质清澈，没有异味，口感也好。但要得到高质量的纯净水，在饮用时，还必须再用带有纳米孔径的特殊水处理膜和带有不同纳米孔径的陶瓷小球组成的处理装置，将水中的细菌、病毒100%去除。使用纳米孔径的膜和陶瓷小球的目的，是因为细菌、病毒的大小比纳米孔大，在通过纳米膜和陶瓷小球时会被过滤掉，水分子及水分子直径以下的矿物质、元素则保留下来。肝、肾功能衰竭者饮用这种水后，会大大减轻肝、肾的负担。该技术在医学领域的血透中也开始得到应用。

利用纳米 TiO_2 的强烈光催化氧化效应可完全氧化污水中的烃类、烃的卤代物、羧酸、表面活性剂、染料、有机磷杀虫剂等有机物，产生 CO_2 和 H_2O 等无害物质，达到除害、脱色、去臭的目的。目前，纳米 TiO_2 光催化反应有两种形式，即悬浮式和固定式。悬浮式是直接将纳米粉体与有机污染物废液混合，通过搅拌或鼓入空气使其均匀分散。由于这种催化反应的纳米粉体有较大的表面吸收光能，故能够达到催化氧化彻底充分的目的。但这种方式无法回收纳米 TiO_2，增加了成本，也可能存在团聚，降低 TiO_2 的利用率。固定式就是将纳米 TiO_2 固定在载体上形成稳定的固定型光催化剂，克服悬浮式稳定性差和易中毒的缺点。同时不需要额外的设备和能量消耗就能回收和重复使用纳米材料。它是把纳米 TiO_2 粒子固定在载体浮在含有有机物的废水表面上，利用太阳光进行有机物的降解。

无机污染物的去毒化和许多有毒无机物阳离子的去除可用光催化氧化成无害或少毒的化合物。例如，把亚硝酸盐氧化成硝酸盐、亚硫酸盐和硫代硫酸盐转化为硫酸盐，把氧化物转化为异氰化物或氮气或硝酸盐。废水和工业废料中的金属会对环境造成很大的污染。例如，废水中的 Cr^{6+} 具有很强的致癌作用，用 TiO_2 对 Cr^{6+} 进行光催化还原可以将其变为 Cr^{3+}。这说明废水中的金属离子可以通过光催化作用发生转变或直接沉淀下来，再通过机械化或化学过程从沉淀淤泥中将金属提取出来。

2. 纳米技术在空气净化中的应用

目前大气污染日益加剧，对生态环境和人类健康造成严重危害。污染主要是工业生产和汽车燃料中汽油和柴油等含硫化合物在燃烧时产生 SO_2 和 CO、NO_x 等引起的。在我国大城市中，40%以上的 NO_x、80%以上的 CO 和 70%以上的碳氢化合物来源于汽车尾气的排放污染。它们可使大气层出现酸雨、臭氧层破坏、温室效应和光化学烟雾等。近来，随着室内装潢涂料和油漆用量的增加，也使空气中有机物浓度提高，许多物质对人体有害，因此要改善空气质量。

纳米 TiO_2 是光催化活性极强的材料，它对 NO_x、甲醛、甲苯等污染物的降解几乎可达 100%，在涂料中加入纳米 TiO_2、ZnO、$CaCO_3$、SiO_2 及炭黑等，除了可以提高涂膜的机械强度、耐腐性能、耐光性和耐候性外，还可以利用它们强的光催化活性降解空气中的污染物。在光照条件下将甲醛、甲苯等有害物质转化为二氧化碳、水和有机酸。纳米 TiO_2 的光催化剂也可用于石油、化工等产业的工业废气处理，以改善厂区周围空气质量。

在隧道内的照明灯灯罩玻璃上涂以光催化 TiO_2，可有效去除汽车废气中的 NO_x 油及积炭，净化被污染的隧道空气。这种灯罩可连续使用四个月之久。利用 TiO_2 光催化所产生的活性氧，配合雨水作用可将空气中的 NO_x 与 SO_2 形成 HNO_3 和 H_2SO_4，从而将 NO_x 和 SO_2 除去。在透水性多孔混凝土砌块表面 7～8mm 深度内渗入 50%以下的 TiO_2 微粉，制成的光催化混凝土，对质量分数为 10^{-5} 的 NO_x 有很好的去除能力。去除率可达 80%。若将此砌块用于公路铺设，则可有效去除汽车尾气中的 NO_x，明显改善空气质量。

最新研究成果表明，复合稀土化合物的纳米粉体有极强的氧化还原性能，它是其他任何汽车尾气净化催化剂所不能比拟的。例如，以纳米 $Zr_{0.5}Ce_{0.5}O_2$ 粉体为催化活性体的汽车尾气净化催化剂，其表面存在 Zr^{4+}/Zr^{3+} 及 Ce^{4+}/Ce^{3+}，电子可以在其三价和四价离子之间传递，因此具有极强的电子得失能力和氧化还原性。再加上纳米粒子比表面积大，空间悬空键多，吸附能力强，因此它在氧化 CO 的同时还原 NO_x，使它们转化为无毒的 CO_2 和 N_2。

而更新一代的纳米催化剂将在汽车发动机汽缸里发挥催化作用，使汽油在燃烧时不产生有毒的CO和NO_x，从而无需进行汽车尾气净化处理。

纳米TiO_2光催化剂产生电子和空穴，氧化分解空气中的有害气体和臭味气体等。它无毒，不存在环保问题，没有副作用。可用更经济的太阳能辐射，产生较强的降解效率，有广泛的适用性。

3. 纳米室内抗菌材料

强力杀菌酶杀菌，其杀菌率达99.2%，能杀灭空气中的肺炎克雷伯菌、黑曲霉菌、金黄色葡萄球菌、枯草芽孢杆菌和大肠杆菌等多种病菌，使室内空气清新，保护人们健康。采用纳米TiO_2解毒时分解内毒素率达99.97%，采用世界领先的纳米TiO_2技术，可有效过滤空气异味。HEPA高效过滤网除尘，除尘率达99.97%，集尘效率高达99.97%，能有效除去空气中的有害浮尘。活性炭去味除臭，去味率达93%。空气杀菌解毒机产生负离子，过滤烟尘，强效分解空气中的有害气体，保证空气清新纯净，不污染环境。UV紫外线在对人体不造成伤害的前提下进行空气消毒，30mim即可使空气得以全面净化。

10.12 纳米技术在生物医学中的应用

纳米技术在开展疾病预防、诊断、治疗和康复等现代医学技术方面得到了广泛的应用，促进了医学的发展，为维护和提高人类健康水平作出了贡献。简要介绍如下。

1. 细胞分离技术

细胞分离是生物细胞学中十分重要的技术。长期以来，细胞分离主要是用常规的离心法，即利用密度梯度原理进行分离，但因密度梯度小，时间长，效果差。用纳米微粒进行细胞分离的技术是利用纳米SiO_2(尺寸在15～20nm)微粒实现分离的技术。这种SiO_2微粒的结构一般是非晶态，在其外表面包覆单分子层。选择包覆层的依据是以与要分离的细胞为准，选择与要分离细胞有亲和作用的物质为包覆层。纳米SiO_2包覆后所形成的复合体尺寸约为30nm。然后制取包括要分离细胞在内含有多种细胞的聚乙烯吡咯烷酮胶体溶液，并适当控制胶体溶液浓度。再将纳米SiO_2包覆粒子均匀分散到含有多种细胞的聚乙烯吡咯烷酮胶体溶液中。最后通过增加密度梯度的办法实现的，而且性能稳定。此种办法一般不与胶体溶液和生物溶液产生反应，既不会污染生物细胞，也容易把它们分离，在临床诊断上有广阔的应用前景。

2. 用磁性纳米粒子分离癌细胞

癌症、肿瘤手术后要进行放射性辐照，以杀死残存的癌细胞，但与此同时，大面积辐照也会使正常细胞受到伤害，尤其会使对生命极端重要的、具有造血和免疫功能的骨髓细胞受到损害，所以一般在辐照治疗前将骨髓抽出，辐照后再重新注入。但在较多情况下癌细胞已扩散到骨髓中，因此需要把癌细胞从骨髓液中分离出来，否则将含有癌细胞骨髓液注回辐照治疗后的骨髓中还会旧病复发。用磁性纳米粒子分离癌细胞的技术是采取约50nm尺寸的

Fe_3O_4 纳米粒子，包覆聚乙烯后直径为 3μm，用于小鼠骨髓液中的癌细胞分离实验。将小鼠带有癌细胞的骨髓液取出，在此骨髓液中，加入一种同时可为磁性粒子结合又只能与癌细胞结合的抗体，如小鼠杂种产生的抗神经母细胞瘤（尚未彻底分化的癌化神经细胞）单克隆抗体，随后将磁性纳米粒子放入骨髓液中，它只与携带癌细胞的抗体相结合。利用磁分离装置很容易将癌细胞从骨髓液中分离出来，其分离率达 99.9%以上。伦敦的儿科医院，挪威工科大学和美国喷气推进研究所等利用这种技术成功地进行了人体骨髓癌细胞的分离来治疗病患者。

3. 提高医学诊断和疾病检测的精度

光学相干层析术由清华大学于 1997 年研制成功。它是光学相干 CT 成像（OCT），以低相干光源和时间相干门技术为基础的光学相干 CT，使人们第一次既能对活体表层进行层析，又有能力深入到人或动物的血管以及其他器官内部，再以视频速度和接近光学衍射极限的分辨率进行三维成像。其分辨率可达微米级，而 X 射线 CT 和核磁共振术（MRI）的分辨率为毫米级，即比 X 射线 CT 和核磁共振术提高 1000 倍。并能以每秒 2000 次的速度快速地完成生物体内细胞的动态成像，可以实时观察活细胞的动态过程和变化，即使是单个细胞出现的病变也可以准确地检验出来，这样人们就有可能想办法把疾病“扼杀在萌芽状态中”，不会像现在那样等到生命垂危时才被 CT 或核磁共振检查出癌症晚期病变。该项技术在疾病的早期诊断，以及药物治疗和手术治疗等领域具有广阔的应用前景。

4. 纳米药物在治疗癌症和艾滋病方面的应用

把治疗癌症的药物制成纳米级的磁性粒子，当它进入体内后，利用外加磁场加以引导，并把它定位于病灶，达到靶向给药的目的，这时利用交变磁场加热磁性药物粒子，使其温度上升到 45～47℃，从而烧死癌细胞，而周围健康组织不受损害。

艾滋病是现代人类遇到的另一个难题。艾滋病病毒侵害人体和免疫系统，还具有传染性，可通过血液等途径传染。科学家在研究中发现，艾滋病病毒喜欢 C_{60} 粒子，容易与之结合。根据艾滋病病毒的这一特点，加拿大多伦多一家公司设计研制了一种针对艾滋病的新药，制成了以 C_{60} 为核心的靶向药物。这种药物已在动物实验上获得成功。

5. 纳米粒子在影像学诊断中的应用

纳米氧化铁造影剂是水性胶质。静脉注射纳米氧化铁造影剂以后，氧化铁颗粒被血液带到身体各部位，只是在肝脏和脾脏被网状内皮细胞吸收。肝脏内的网状内皮细胞是由枯否细胞（即肝脏内的巨噬细胞）构成的，它可以吞噬氧化铁颗粒；而恶性肿瘤细胞仅含有极少量的枯否细胞，没有大量吸收氧化铁的作用。纳米氧化铁造影剂就是利用正常细胞和恶性肿瘤细胞之间的这种功能差异，显示出其对这些病灶诊断的特异性，而纳米氧化铁在正常细胞和肿瘤细胞的数量不同，会造成信号强度的差别，这种差别在磁共振图像中，由于正常组织吸收纳米氧化铁表现为暗的低信号，而病灶不吸收纳米氧化铁表现为亮的高信号。这样，病灶与正常组织在磁共振图像上会有较大的对比。从而提高了诊断的准确性。

10.13 纳米技术在电子信息方面的应用

半个世纪以来,微电子技术领域发生了两次重大技术革命,一是晶体管取代真空管,二是集成电路取代传统的导线连接电路。微电子技术的发展和超大规模集成电路的出现,以及计算机、信息和自动控制技术产生的根本性变化,极大地推动了整个工业乃至社会的飞速发展。在信息社会中,信息的获取、放大、存储、处理、传输、转换和显示等都离不开电子学和电子器件。现代微电子器件的发展是集成电路的晶体管的尺寸越来越小,集成度越来越高,芯片的功能越来越强。

2001年3月英特尔公司推出的奔腾4电脑芯片在面积为116mm^2的芯片内,制作晶体管超过4200万个。30年来,计算机芯片的速度和集成度都提高了约13 000倍。电脑芯片正常工作需要数百个,甚至上千个电子的流动,即电脑的"开"和"关"取决于有无电流通过。随着芯片集成度和时钟速度的提高,所需电子数会进一步增加,电子在电路中的流动速度也更快。目前的微电子器件的工作电流很大,功耗也很大,同时由于线路最小线宽在减小,使芯片过热,造成芯片寿命缩短,可靠性降低。同时由于芯片内线宽减小,将减少允许流过的电子数,当减少到数十个电子数时芯片就不能正常工作,使微电子技术受到限制。

纳米电子器件的工作电流仅为1~10个电子,功耗极低。一个在常温下,以当前速度工作的纳米电子器件所消耗的功率极限是50pW,即50×10^{-12} W。这个数据表明,纳米电子器件数的上限,大约是现在硅微电子器件的105倍,这是硅微电子器件无法达到的。纳米电子器件因为工作电流小,功耗极小,并且时钟速度可以大幅度提高,必须充分重视,要大力研究开发。目前由于集成电路在使用中所消耗的电能和散发的热量大,同时工作速度也不理想,解决这些问题的根本途径就是研发单电子器件。作为电子器件,若能最终实现对单个电子流动的控制,当然就能够大幅度地控制电能的消耗。处理单个电子的有关器件,当然只能是纳米尺度的结构。

单电子器件是能够以一个电子为单位进行操作的器件,是极省电的器件,与它的小尺寸相结合,有可能成为构筑未来大规模高密度集成电路的基础。电子流动形成电流和电子能够以一个电子为单位存在,这是事实,因此控制一个电子的流动就是最小单位的电流控制,能存储一个电子就是电存储器的最小单位。基于这种考虑提出器件是能够控制一个电子流的单电子晶体管(SET)和存储一个电子的单电子存储器。

10.13.1 库仑阻塞效应与单电子晶体管

库仑阻塞效应 日本科学家久保认为,从一个超微粒子中取走一个电子或加进一个电子都是十分困难的。并且提出一个公式:

$$KT \ll W \approx \frac{e^2}{d}$$

式中,W为从一个超微粒子取出或放入一个电子时克服库仑力所做的功;d为超微粒子直径;e为电子电荷。从式中可看出,d越小,W越大,也就是说超微粒子越小,克服库仑力所需做的功越大。

20 世纪 70～80 年代大量的实验支持了久保的理论。图 10-6 为库仑阻塞效应的示意图。

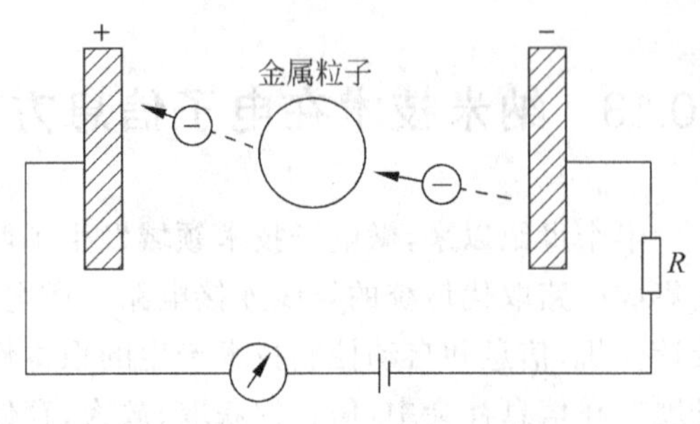

图 10-6 库仑阻塞效应示意图

由相距小于 100nm 的正负极板组成一个电容器，在极板间放置一个尺寸为几纳米的金属粒子（半导体粒子为几十纳米），它们彼此都是绝缘的。按宏观的观点看，在两极板间所加电压达到一定值$\frac{e}{2C}$时，电荷会穿过壁而形成电流，这里 e 为电荷；C 为极板电容。若电压＜$\frac{e}{2C}$，则无电流存在。按量子力学的观点，原则上对于有限的势叠，隧道电流是存在的。但实验结果是，当正负极板之间加适当电压时，会有电子从负极极板隧穿到极板间的纳米微粒上。同时它的静电库仑作用阻止了下一电子从负极再向中间的纳米微粒上隧穿。只有当中间微粒上多余的那一个电子已经隧穿到正极板之后，下一个负极板的电子才能从负极板隧穿到纳米微粒上。

1987 年在微型金属隧道结系统中直接观察到这个事实，而且可以计算一个电子隧穿进极板间的金属粒子会使电容附加的充电能为$\frac{e}{2C}$，该值远大于 KT，证实了久保理论。人们称与外界绝缘的这个金属纳米粒子为“库仑岛”。在体系的充、放电过程中，电子是不连续的，这种一个一个的单个电子的输运行为称库仑阻塞效应。

电子一个一个地从一极到另一极的现象称为电子隧穿。库仑阻塞效应和电子隧穿是设计和制造单电子晶体管的基础。

单电子晶体管　1994 年日本电子技术综合研究所首先在实验室里研制成功单电子晶体管。使用的材料是 Si 和 TiO_2，其结构尺寸都达到 10nm 左右。2001 年 7 月《科学》周刊报道，一种能在室温下正常工作的单电子晶体管在荷兰实验室诞生，这种晶体管以碳纳米管为基础、依靠一个电子来决定“开”和“关”的状态，它只有 1nm 宽、20nm 长，整体上还不足人的头发丝直径的 1/500，具有微型化和低能耗的特点。现在美国普渡大学、贝克莱加州大学等多个单位都在研制不同尺度和结构的单电子晶体管器件。英特尔公司于 2000 年 12 月公布，他们用最新纳米技术研制成功 30nm 硅晶体管芯片，它的运行速度达 10GHz（集成有 4 亿个晶体管，工作电压为 1V），是目前运行速度最快的奔腾 4 芯片运算速度（2. 4GHz）的 4 倍。新纳米晶体管所用的材料可以使芯片在运行时的温度不会过高，而性能提高很多。

单电子晶体管器件有许多特点，例如：

(1) 工作电子少，灵敏度高，且易于集成等。

(2) 高频高速工作。由于隧穿机制为一高速过程，而且单电子晶体管有极小的电容，故工作速度非常快。

(3) 功耗小。因其输运过程是单电子性的，所以电流和功耗非常低。

10.13.2 巨磁电阻效应与信息存储器件

磁性材料的电阻率在外加磁场作用下发生改变的现象称为磁电阻。一般晶体的磁结构是由许多磁畴和畴壁组成的，磁化是通过畴壁运动实现的，矫顽力也低。磁性纳米微粒由于粒径小，具有单磁畴结构，即每个纳米晶粒为一个单磁畴，没有畴壁，使得纳米微粒块体矫顽力很高。巨磁电阻就是在一定磁场下电阻急剧减小，一般减小的幅度比通常磁性金属和合金材料的磁电阻数值约高10倍，它说明了在非常弱的磁场作用下也会引起很大的电阻变化。因此我们就有可能利用巨磁电阻效应制成灵敏度非常高的磁敏感元件做出高灵敏度的磁头，从而使今天的硬盘实现高密度化。

1988年法国巴黎大学的肯特教授首先在Fe/Cr多层模中发现了巨磁电阻效应。之后，人们在Fe/Cu、Fe/Al、Fe/Au、Co/Cu、Co/Ag和Co/Au等纳米结构的多层膜中观察到了显著的巨磁电阻效应。纳米磁性薄膜由于厚度很薄，只有薄膜的法线方向易于磁化，因此被成功地应用于磁记录介质。在纳米尺度上制备的存储器将大大提高存储密度、纳米级高密度信息存储器件将大大减少能耗。

纳米技术的一个成功应用例子就是巨磁电阻效应在磁信息存储领域中用于磁盘读写磁头的磁敏感元件，它是硬盘的关键组件。这一纳米技术已经完全代替了旧技术，用在计算机的磁盘磁头上。新型的读写磁头可以使信息存储从1Gb扩大到20Gb。这种读写磁头的商业产品由IBM公司于1997年12月宣布制造成功，由于这一技术，全球大部分硬盘都由此制造，在1998年硬盘磁头市场产值已达到340亿美元。

利用巨磁电阻效应在不同磁化状态具有不同电阻值的特点，可以制成随机存储器(MRAM)，其优点是掉电后数据不丢失，即在无电源的情况下可继续保留信息。巨磁电阻材料的特点是灵敏度高，制作工艺简单，尺寸小，抗辐射，作成存储器后在太空和国防领域将起着重要的作用。巨磁电阻多层膜在高密度读出磁头、磁存储元件和信息存储领域有着巨大的应用前景。此外，磁敏传感器、磁敏开关元件也将有很大的应用潜力。巨磁电阻在军事上一个很重要的应用是可作为微磁场探测器。还可以测量其他非磁物理量，如电流、线位移、线速度、角位移和角速度等。

纳米电子学在研究放大、逻辑运算和信息存储等会出现什么新现象和新规律，并利用这些现象和规律制作纳米电子器件和系统是一个全新的领域，存在着机遇和挑战，如获成功，将对信息技术产生重大的变革，对人类社会作出无可估量的贡献。

纳米科技发展的一个主要推动力来自于信息产业。迄今为止，人们研究纳米尺度现象和对它的理解水平还是初步的。要实现纳米科技的最终目的，尚有很多基础科学问题需要解答和解决。纳米科技要走向全面应用尚需时日。只有在物理、化学、材料科学、电子工程学以及其他学科的多方面发展和交叉条件下，才能真正形成具体的纳米技术。所有这些，还需要做大量的艰苦工作。

习题

1. 什么是纳米材料？
2. 纳米材料的理论是什么？
3. 纳米材料的特殊性能有哪些？
4. 常见的纳米材料有哪些？

5. 说明 C_{60} 和碳纳米管的结构和应用。
6. 简述纳米 TiO_2 和 Ag^+ 灭菌的原理。
7. 纳米金属在性能上有哪些特点？
8. 纳米陶瓷为什么有一定的韧性和变形能力？
9. 纳米塑料在性能上比普通塑料有哪些提高？
10. 什么是纳米纤维？它有哪些特殊性能？
11. 纳米涂料与普通涂料有什么不同？在性能上有哪些提高？
12. 纳米技术在环保领域主要解决哪些问题？
13. 纳米技术在生物医学中有哪些应用？
14. 纳米技术在电子信息产业方面有什么样的作用？将有什么样的意义？

第11章 表面技术简介

制造技术和制造工业是提高国民生活水平和使国家富强的基础，没有先进的制造技术和发达的制造工业，就不会有中国的现代化。

表面工程是经表面预处理后，通过表面涂覆、表面改性或多种表面技术复合处理，改变固体金属表面、非金属表面的形态、化学成分、结构、组织和应力状况，以获得所需要表面性能的系统工程。

表面技术是一门具有很高实用价值的基础技术，也是一门新兴的边缘性学科。它自20世纪60年代以来，得到了非常迅速的发展，广泛应用于冶金、机械、电子、建筑、宇航、船舶、兵器、能源、化工、轻工和仪表等各个工业部门。对于研制功能材料、新型材料以及对人类保护和优化环境方面等也有重要的作用。

表面技术得到发展的原因是它使基体材料的表面薄层具有了更加卓越的性能。其优势是它能够以多种方法制备出性能优异的表面功能薄层，使零件整体具有比基体材料更高的耐磨性、耐蚀性和耐高温等性能。表面技术在提高产品性能的同时，对降低成本和节约能源也具有十分重要的意义。

我国表面技术在节能、节材、降耗和提高经济效益方面的作用也是巨大的。例如，全军装备维修表面工程中心，应用电弧喷涂技术成功地修复了长江三峡工程挖泥船的发动机曲轴。当时如从日本购新轴，加上运费和进口关税等需要人民币120万元，从订购到交货还需3个月以上时间，其停产损失更为惨重。而采用电弧喷涂技术修理，总费用仅为3.5万元，不足曲轴价格的3%，其经济效益是十分明显的。

其他表面技术应用的例子，如切削工具刃部采用气相沉积镀以TiN、TiC薄层，可以成几倍地延长刀具的使用寿命。又如，在太阳能的利用中必须利用涂层来吸收太阳光谱中所有波段的能量，用电子束蒸镀的金属、陶瓷层Co-Al_2O_3作为太阳能吸热器，可使太阳能的吸收率高达95%。

目前，从总体上讲，表面工程技术有实践比理论超前的问题。就是说，有不少工程技术已在工业上成功地应用，但从理论上还没有得到完全认识。最典型的例子是热喷涂，其基本依据仅是提高温度和速度，至于受热提高的物理、化学变化等研究还是很不系统和深入的。而像激光、离子注入这些新技术的理论基础是比较强的。因为激光物理和离子产生、加速的理论是比较成熟的，但是激光、离子束照射材料表面所产生的各种现象，从理论上给予正确解释或预言某些现象还是比较困难的。

表面技术是一个非常宽广的领域，涉及众多学科，应用十分广泛。本章将对结构材料中的工程构件和机械零部件上常用的表面技术作简单的介绍。

11.1 固体材料表面的基础知识

固体是一种物质结构的形态。在固体中原子、分子和离子之间存在一定的结合键。甲烷(CH_4)成固体时是分子键结合，氯化钠固体是离子键结合，硅是共价键结合，而铁和铜等是金属键结合。分子键结合力较弱，一般属于物理键，也称次价键；而离子键、共价键和金属键属于化学键，也称主价键，它们的结合力较强。

在实际固体中，并非只由一种键把原子、离子和分子结合起来，一般是有两种甚至更多种的结合键，但其中要有起主导作用的结合键。

固体材料中有单晶体、多晶体和非晶体 3 种。目前对单晶体的表面研究较为深入，而对多晶体和非晶体的表面研究还很少。

11.1.1 固体的清洁表面结构

晶体表面是原子排列面，它外侧无固体原子的键合，使表面原子的周期排列受到破坏，出现了不稳定的状态。为了达到稳定的新的平衡状态，在表面原子键合力的作用下必然导致表面原子的重排。只有这样才能使晶体表面处于自由能最低的稳定状态。表面原子重排的结构主要有以下几种。

(1) 弛豫　晶体表面形成时表面最外层原子与第二层原子之间的距离不同于晶体内的原子间距，有的缩小，有的增大，这种现象称为弛豫。弛豫是晶体表面附近的原子的晶格常数在垂直方向的变化，如图 11-1(a)所示。

原子间距增大称为正弛豫，减小称为负弛豫。最外表面原子移动的距离为晶体内原子层间距的百分之几到百分之十几。例如 Al 的表面为(110)时，有 3%～5%的负弛豫，而 Cu 的表面为(110)时，有 20%的正弛豫。弛豫产生的原因是由于表面原子的电荷分布有了改变，使表面原子所处的力场和晶体内原子不同，结果使表面原子发生了相对于正常位置的移动，当然最外表面原子移动的距离最大，越深入晶体内部原子移动的距离越小，弛豫效应越弱。一般大约要经过 4～6 个原子层之后才与晶体内基本相似，所以晶体表面的特殊结构实际只有几个原子层厚的范围。

(2) 重构　晶体最外原子排列在水平方向的周期性受到破坏，原子的位置作了较大幅度的调整，如图 11-1(b)所示。

(3) 台阶　晶体表面原子的平面也有不是原子级的平面，常有原子周期性的中断现象，表面原子形成台阶结构，如图 11-1(c)中所示。

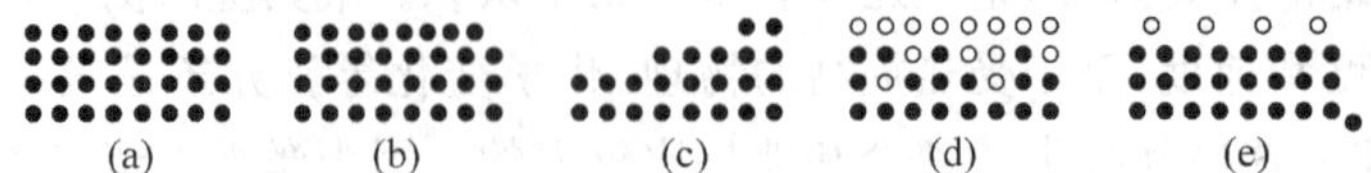

图 11-1　固体材料表面上的结构变化和成分变化

(a) 弛豫；(b) 重构；(c) 台阶化；(d) 偏析；(e) 吸附

(4) 单晶体表面TLK模型　它是由考塞尔(Kossel)及斯特朗斯基(Stranski)提出的平台(terrace)-台阶(ledge)-扭折(kink)组成的模型。TLK中的T表示低晶面指数的平台,L表示单分子或单原子高度的台阶,K表示单分子或单原子尺度的扭折。图11-2是fcc(111)单晶表面的TLK模型。这个模型已被低能电子衍射(LEED)等表面分析技术所证实。

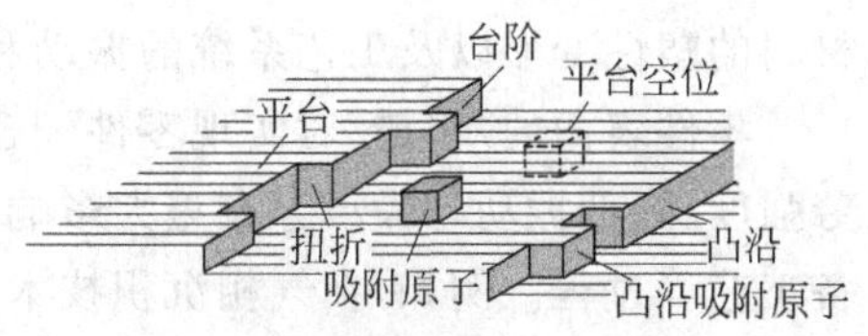

图11-2　TLK模型解释的fcc(111)晶面表面原子结构

以上这些是在晶体的表面产生的缺陷。在晶体中常见的一种缺陷是位错线,由于位错只能终止在晶体表面或晶界上,而不能终止在晶体的内部,因此位错往往是在晶体的表面露头。而螺型位错在晶体表面的露头,将形成一个台阶。

在晶体表面形成的平台、台阶和扭折等缺陷都对表面的性能产生显著的影响。

从以上分析可以看出晶体的清洁表面结构的主要特征是表面弛豫、表面重构和表面台阶结构。

在清洁表面结构中有时也靠外来原子的进入而使其处于稳定状态。它们主要有以下几种。

偏析：表面原子是由从晶体内分离出来的外来同类原子组成。偏析是化学成分在表面区的变化,其结构不变,如图11-1(d)所示。

吸附：一般是在超高真空条件下气体中的原子吸附于表面,并且与基体原子有化学键合存在,如图11-1(e)所示。

从热力学的研究确定,表面附近的原子排列总是趋于自由能最低的稳定状态。达到这种稳定状态的方式有两种：一是自行调整,因而这种稳定状态的原子排列情况与固体材料内部的原子排列明显不同；二是依靠表面的成分偏析和表面对外来原子或分子的吸附以及这两者相互作用,使表面成分与固体材料内部不同,它是靠外来原子的进入而使其处于稳定状态。

11.1.2　固体的实际表面结构

除了台阶、扭折和吸附原子外,实际表面上还存在大量各种类型的缺陷,如空位、位错露头和晶界痕迹等物理缺陷,材料组分和杂质原子偏析等化学缺陷。它们对于固体材料的表面状态和表面形成过程都有影响。

单晶体表面的TLK模型,对理解表面工程技术的许多物理过程甚为重要。例如,气相沉积和电镀时,原子的沉积过程一般都是在晶体表面的扭折或台阶处率先形核,再通过扩散逐渐长大,因为这样所需要的热力学驱动力最小。晶体表面各种缺陷浓度的高低,也直接影响表面扩散速度和物理、化学吸附过程的进行。

实际表面结构还有下列一些情况。

(1) 机械加工表面的"粗糙"程度

实际零件一般都要经过切削、研磨或抛光等过程,其表面似乎很平整,但从微观形貌上可了解到有明显的起伏,使表面"粗糙",它们是由较小间距的峰和谷所组成的微观几何形状。表面的"粗糙"程度决定于加工过程中刀具与工件表面的摩擦、切削分离时工件表面层材料的塑性变形以及工艺系统的振动和刀尖轮廓痕迹等因素。

零件表面的“粗糙”对实现零件配合的可靠和稳定、减小摩擦与磨损、提高接触刚度和疲劳强度、降低振动与噪声等有重大影响。表面“粗糙”程度也直接影响表面技术实施前的预备工艺等过程。例如,在气相沉积技术实施之前,要求加工材料表面有很低的粗糙度,以提高膜的连续性和致密性。在热喷涂工艺施工前则要求表面有一定的粗糙度,以提高涂层与基材的结合强度。

实际上加工表面是由许多微观的、不规则的凸峰和凹谷组成的粗糙表面。这种固体表面的几何形貌对摩擦磨损过程、涂敷等技术和覆层的结合强度等有重要影响。

(2) 贝尔比层和残余应力

贝尔比层　固体材料经切削加工后,由于表面的强烈变形,表面结构会产生严重的晶格扭曲、位错、晶粒碎化等变化。这种晶格畸变的程度随深度而变,在最外层,约 5～10nm 厚度会形成一种非晶层,称为贝尔比(Beilby)层,其成分为金属和它的氧化物,当然其性能与体内不同。贝尔比层具有较高的耐磨性和耐蚀性,这可以利用。但贝尔比层有时是有害的,例如,在硅片上进行外延、氧化和扩散之前要用腐蚀法除掉贝尔比层,因为它感生出位错、层错等缺陷,从而严重影响器件的性能。

贝尔比层是由于加工工具与表面摩擦而形成,或者是因研磨时研磨剂粉末嵌入而引起。有时由于表面强烈变形还可能引起相变而造成表面硬度的剧烈变化。

残余应力　材料经加工后,除产生贝尔比层之外,还普遍存在着各种残余应力,它是一种内应力。有表面残余应力的材料在受载时,内应力将与外应力一起起作用。如果内应力的方向和外应力的方向相反就能减轻外应力的破坏作用;如果二者方向相同,相互叠加从而加重了破坏作用。但许多表面技术是利用表层产生的残余压应力来提高零件的疲劳强度和降低零件缺口的敏感度。

(3) 表面的氧化和沾污(污染)

固体表面经常暴露在空气中,与氧和水蒸气接触,它们会发生化学反应而形成氧化物或氢氧化物。例如 Fe 的表面一般有 Fe_2O_3、Fe_3O_4 和 FeO,其中最内层的 FeO 是一种以 FeO 为基的缺位式固溶体,有氧溶入,这种缺位固溶体称为郁氏体。由于它的厚度较大,其晶体结构又不够致密,保护性更差,加重了钢铁的腐蚀,特别是在 570℃以上的高温下就更加严重。

在工业环境中除氧和水蒸气外,还有可能存在 CO_2、SO_2 和 NO_2 等各种污染气体,它们被吸附于表面生成各种化合物,以及污染气体的化学吸附层和物理吸附层。

研究实际表面在现代工业,特别是高技术方面有着特别重要的意义。例如集成电路的制造就是一个例子。20 世纪 60 年代初,人们在晶体管发展的基础上发明了集成电路,它能够起到整流、放大和开关的作用,是一个具有新功能的电路。从一个芯片包含几个到几十个晶体管的所谓小规模集成电路,继而又发展到制成包含几千、几万、几十万、几百万、几千万,甚至更多晶体管的超大规模集成电路,使一个电路能完成复杂的功能。要求它必须用高纯度的半导体单晶体材料、高的表面净化和保护处理、精良的薄膜制备以及超微细加工等工艺技术。其中表面净化和保护是制作高质量、高可靠性的集成电路的重要环节。因为集成电路中,一般导电带宽度为微米或亚微米级尺寸,一个尘埃大约也是这个尺寸,如果尘埃落到导电带位置,在沉积导电带时就会阻挡金属膜的沉积,从而影响互连,使集成电路失效。这说明清除污染物质的重要性。

11.1.3 固体表面的吸附

1. 吸附现象及其基本分类

体相原子存在一个力场,此力场处于表面上时,不可能突然消失,必然会伸到界面外的空间中去。这种不饱和的力场,对周围的气体和液体会产生不同程度的吸附作用,从而使环境介质在固体表面上的浓度大于体相中的浓度,这种现象称为吸附。

吸附是指在气体中的原子吸附于固体材料的表面,并在表面形成吸附层。如果吸附是由范德华力引起,则此吸附称为物理吸附,一般是在较低温度下发生,对于吸附原子无选择性。如果吸附是由化学键引起,则该吸附称为化学吸附,其特点是发生化学吸附的温度比物理吸附温度高,对于吸附原子有选择性。物理吸附力很弱,且易脱落,但它作为化学吸附的前奏,还是很重要的,在许多情况下,环境不能提供足够的解离能,没有物理吸附,化学吸附是很难发生的。

物理吸附和化学吸附在许多情况下是有害的,对于金属的表面改性,往往需要纯净活化的表面,但是预处理的表面很快会因吸附大气中的 O_2 等而使表面钝化,甚至形成氧化膜,给处理质量带来不同程度的损害。

吸附原子形成的覆盖层的结构与基体可能相同,也可形成新的结构。当吸附原子和基体原子相互作用很强时,在表面可形成固溶体或化合物。

2. 固体对气体的吸附

任何气体在其临界温度以下,都会被吸附于固体表面,即发生物理吸附。物理吸附不发生电子的转移,最多只有电子云中心位置的变动。化学吸附中,吸附剂和固体表面之间有电子的转移,二者之间产生了化学键力。物理吸附往往很容易解吸,为可逆过程;而化学吸附则很难解吸,为不可逆过程。

不是任何气体在任何表面上都可以发生化学吸附,有时也会出现化学吸附和物理吸附同时存在的现象。例如 H_2 可以在 Ni 的表面上发生化学吸附,而在铝的表面上则不能。常见气体对大多数金属而言,其吸附强度大致可以按下列顺序排列:

$$O_2>C_2H_2>C_2H_4>CO>H_2>CO_2>N_2$$

固体表面对气体的吸附在表面工程技术中的作用非常重要。例如,气相沉积时薄膜的形核首先是通过固体表面对气体分子或原子的吸附来进行的。

3. 固体对液体的吸附

固体表面对液体分子同样有吸附作用,这包括对电解质的吸附和非电解质的吸附。对电解质的吸附将使固体表面带电或者双电层中的组分发生变化,使溶液中的某些离子被吸附到固体表面,而固体表面的离子则进入溶液之中,产生离子交换作用。这一现象是实施电镀工艺的基础。对非电解质溶液的吸附,一般表现为单分子层吸附,吸附层以外就是本体相溶液。

因为溶液中至少有两个组分,即溶剂和溶质,它们都可能被固体吸附,但被吸附的程度不同,如果吸附层内溶质的浓度比本体相大称为正吸附,反之则称为负吸附。显然,溶质被正吸附时,溶剂必然被负吸附,反之亦然。在稀溶液中可以将溶剂对吸附的影响忽略不计,将溶质的吸附简单地当做气体的物理吸附一样处理。当溶质浓度较大时,则必须把溶质的吸附和溶剂的吸附同时考虑。

11.1.4 固体表面的扩散

固体材料的原子是处于以平衡点为中心的热振动状态,在高温下这种振动更为激烈。扩散是由于固体材料中原子、分子或离子在热振动的基础上因热运动而发生相对位移来实现。这种表面原子相对位移的运动和扩散,一是原子平行表面的运动,它使表面可以得到均质的、理想的表面强化层;另一是原子垂直表面向内部的运动,即向内部的扩散,它使表面可以得到一定厚度的合金强化层,通常也通过这种扩散得到高结合力的涂层。扩散作为表面技术的基础是非常重要的。

随着温度的升高,越来越多的表面原子获得足够的能量使振动的振幅加大,当达到一定能量时原子脱离开它们的平衡位置,产生了原子热运动和相对位置的移动,它们是断掉其与相邻原子的价键而实现的。表面扩散是指扩散行为发生在晶体的外表面上,常发生在有吸附原子的条件下,表面空穴将被当做一个吸附的扩散缺陷,这种表面扩散层仅为一个面间距。在晶体表面的台阶、扭折、位错和吸附原子等缺陷处,随着温度升高,表面扩散也随之加剧。

表面原子向内部扩散和固体材料内的扩散规律相似。在实际表面上是许多原子同时进行扩散,原子的浓度大致在 $10^{10}\sim10^{13}\,cm^{-2}$ 范围。外来原子在表面的扩散是以填隙、置换、化合和吸附的方式来进行的。

11.2 电镀和化学镀

11.2.1 电镀

电镀是一种用电化学方法在镀件表面上沉积所需金属覆层的工艺。它是以被镀件金属为阴极,通过电解作用,使镀液中欲镀金属的阳离子沉积在被镀件金属的表面上,而形成镀层的表面加工方法。电镀的目的是改善镀件外观的装饰性、耐蚀性、耐磨性、焊接性及光、电、磁的性能等。镀层一般需几微米到几十微米厚。因为电镀工艺设备简单,操作易于控制,成本较低和镀层功能的多样性等原因,所以电镀表面处理方法在工业中广泛应用。它是表面处理的重要方法。

电镀的基本原理　电镀是一种金属电沉积的过程,图 11-3 是其工作过程的示意图。将被镀件与直流电源的负极相连,而欲镀金属与正极相连,同时把它们(镀件和欲镀金属)浸入具有欲镀金属盐类的水溶液中,这种镀液在直流电场的作用下,一方面,溶液中的金属离子 M^{n+} 跑向阴极,并在阴极获得电子,而使金属沉积在被镀件上,即欲镀金属正离子 M^{n+} 获得电子,被还原成金属原子(M)。它的化学反应为:

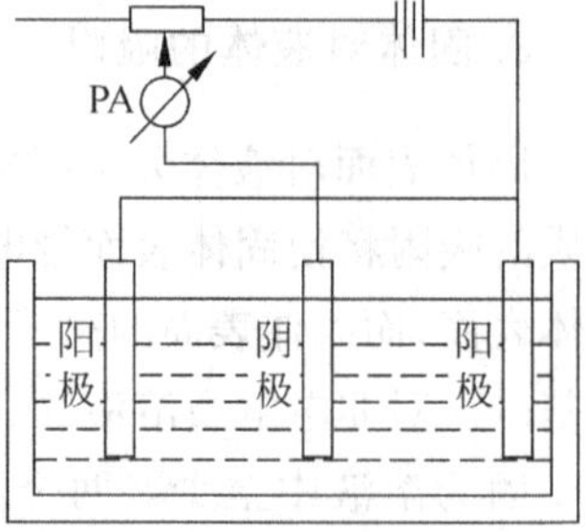

图 11-3 电镀装置示意图

$$M^{n+} + ne^- \longrightarrow M$$

另一方面，在阳极则发生与阴极完全相反的反应，即在阳极上发生金属 M 的溶解，并释放几个电子生成金属离子 M^{n+}，其化学反应为

$$M - ne^- \longrightarrow M^{n+}$$

上述电极反应是电镀的最基本反应，这种由电子直接参加的化学反应称为电化学反应。这就是金属在水溶液中电沉积的原理。原则上，只要电极电位足够负，任何金属离子都可能在阴极上还原，实现金属原子的电沉积。在周期表的 70 多种金属元素中，约有30 多种金属可以在水溶液中电沉积。

金属离子还原析出是电沉积和获得镀层的首要条件，而要获得质量优良的镀层，还要有合理的镀液成分和适当的工艺控制过程。

以上金属电镀称为普通电镀，一般是常规的金属电镀，如镀 Cu、Ni、Cr、Sn 和 Zn 等 30 余种。金属镀层主要用于传统的防护、装饰、耐磨和导电等目的。

1. 金属电镀

镀铜　通常作为镀镍、金、银层的底层或中间层，以提高表面镀层与基体金属的结合力。对于需局部渗碳零件，常用镀铜层来保护不需要渗碳部位。在铁丝上镀一定厚度的铜层以代替纯铜导线，已在电力工业中应用。

镀铜层是一个重要的中间层。薄的预镀铜层可以改善基体与镀层的结合力，较厚的无孔隙的铜镀层可以提高耐蚀性。镀铜层经化学处理后变为棕色、黄色、黑色等，再经其他的表面精饰处理，可得到十分美丽的外观，常作为产品的表面装饰。它可做塑料件上电镀的中间层等。

镀镍　镍是银白微黄的金属。在空气中镍表面极易形成一层极薄的钝化膜，因而具有极高的化学稳定性。常温下，镍能很好地防止大气、水、碱液的浸蚀；在碱、盐和有机酸中稳定；在硫酸和盐酸中溶解缓慢，易溶于稀硝酸中。

镀镍层常与其他金属镀层组成多层组合体系，如 Cu/Ni/Cr、Ni/Cu/Ni/Cr 等。这些多层组合镀层被广泛用于日用五金、轻工、家电、机械等行业。

用于防止腐蚀、机械零件的修复(要求有高的硬度和耐磨性)与装饰镀的底层。镀镍可用作表面镀层，可也作为多层电镀的底层或中间层。一般镍镀层厚度可达 75μm。

镀铬　铬是带有青光或稍带蓝色的银白色金属。在碱、硝酸、硫化物及大多数的气体和有机酸中均很稳定，有优良的耐蚀性，常用作防护装饰性的表面镀层，即防护装饰性镀铬。镀铬层具有很高的硬度和很低的摩擦系数，常用于要求耐磨和润滑等特殊零件上。装饰性镀铬在轻工、仪表、机电等各个领域中都有很广泛的应用。

装饰镀铬是在光亮的底层镀上 0.25～2μm 的铬层。它用于仪器仪表、日用五金、家用电器、飞机、汽车、摩托车、自行车等外露零件上。镀硬铬层主要用于要求有高表面硬度从而提高其使用寿命，例如，各种测量卡、量规、切削工具和各种类型轴上。松孔铬(多孔铬)主要用于内燃机汽缸内腔、活塞环上，利用其微孔吸入的润滑油来提高零件的耐磨性。镀黑铬层则用于需要消光而又耐磨的零件上，如航空仪表、光学仪器、照相器材等。镀乳白铬主要用于各种量具等。

镀铬分为防护装饰性镀铬和耐磨镀铬两大类，前者是防止基体金属生锈和美化产品的

外观，后者是提高机械零件的硬度、耐磨、耐蚀和耐温等性能。

铬在大气中具有强烈的钝化能力，它有很高的硬度和优良的耐磨性，硬度为 1000HV 左右。镀铬层有良好的耐热性，在空气中加热到 500℃时，其外观和硬度仍无明显变化。镀层厚度 0.25μm 时，是微孔性的；厚度 0.5μm 时，镀层出现网状微裂纹；镀层厚度超过 20μm 时，对基体才有机械保护作用。

由于铬的强烈钝化性，在碱液、硝酸、硫酸、硫化物及许多有机酸中均不发生作用，但铬能溶于卤酸和热的浓硫酸中。

耐磨镀铬的应用非常广泛，如机械模具、塑料模具、玻璃模具、化工耐蚀阀门、发动机曲轴、汽车活塞和活塞环、光学刻度尺、印刷滚筒、纺织印花滚筒、造纸滚筒以及工具、量具、切削刃具等。还可以修复磨损零件和切削过度的工件，使这些零件重复使用。

镀锌　锌的埋藏量较丰富，而且提炼方便。在大气环境中，纯锌表面易形成一层致密的氧化物薄膜，可阻止内层锌的进一步氧化，使它在空气中的稳定性大大提高。镀锌层被广泛用于机械、五金、电子、仪器仪表和轻工等方面，是应用最为广泛的镀种之一，约占总电镀量的 60%以上。

镀锌层的防护能力与镀层厚度有关。镀层越厚，防护性越强。通常镀锌层分为三级，一级镀锌层的厚度在 25μm 以上，主要用于军工业；二级镀锌层的厚度为 15～20μm，主要用于机械、轻工等产品；三级镀锌层的厚度为 8～10μm，在五金、电子、仪器仪表等行业应用最为普遍。

镀锌主要用于钢铁等黑色金属的防腐，也可用于防护性镀层和防护装饰性镀层。汽车、农机以及国防工业中用的零件上常镀锌，一些紧固件，尤其是螺丝、螺帽等小零件常用镀锌，一些日用五金等零件，常采用镀锌然后钝化或染色的工艺达到耐蚀又美化的效果，而且价格也很便宜。

镀锡　常温下锡在空气中不发生化学反应，对潮湿、水溶性盐溶液和弱酸具有较好的耐蚀性，能耐有机酸。镀锡层有很好的延展性和抗蚀、抗暗性能。目前镀锡层主要用于制罐工业用马口铁薄板的防护层，对人体的毒性也很小。在空气中，镀锡层对于铁基体，当其厚度大于 15μm 时才能获得较好的防蚀效果。

对于电子和电力工业用的零件，镀锡能提高涂覆焊锡的效率及与基底的结合强度，但镀锡层上有的长出针状单晶，即有产生晶须的倾向，会造成精密电子回路的短路，需要对镀层进行特别处理。此外，一些厨房用品及日用五金零件也有采用镀锡的。目前，镀锡钢板主要用于制罐行业，美国饮料罐占 75%、食品罐占 20%，而日本饮料罐占 94%、食品罐占 6%。我国制罐行业近年来发展也非常迅速。

2. 合金电镀

两种或两种以上的元素共沉积所形成的镀层称为合金镀层。通常其最小组分应大于 1%，而某些镀层，合金含量虽少于 1%，但对镀层性能影响大，也称为合金镀层。合金镀层比单金属镀层有较高的硬度和致密性，较高的耐蚀、耐磨及耐高温性或有良好的磁性、钎焊性以及色泽丰富的美丽外观。但形成合金镀层的条件较高，必须有选择性好的配合剂、表面活性剂和良好的工艺条件。

一般来说，常温电沉积的合金镀层具有结晶细致、耐蚀性好、硬度高、韧性小等特点，表现出更优异的化学稳定性和物理机械性能，具有特殊的功能扩展潜力，是电镀应用的重要发展方向。如 Ni-P 非晶态镀层的发现，就开辟了电镀非晶态合金镀层的新领域。

合金电镀原理　实现电镀合金，除具备单金属离子电沉积条件外，还必须具备以下两个条件：

(1) 两种金属中至少有一种金属能从其盐类的水溶液中沉积出来。有些金属如 W、Mo 等虽不能从其盐的水溶液中沉积出来，但它可以与铁族金属一同共沉积。

(2) 两种金属的析出电位要十分接近，否则电位较正的金属会优先沉积，甚至完全排斥电位较负金属的析出。

为实现两种金属的共沉积，一般要在工艺上采取措施。

常见合金镀层的性能和应用如表 11-1 所示。

表 11-1　合金镀层的性能与应用

镀层类别	镀层组成	特　性　和　用　途
防护性合金镀层	Zn-Ni	镀层中 w(Ni)为 6%～14%，对钢铁基体属阳极性镀层；可进行白色、彩色、黑色多色调钝化，抗盐雾性较镀锌层提高 3～5 倍；镀层硬度高、二次加工性好；广泛用于汽车、航空航天、军工、矿山等领域，是锌、镉的理想替代镀层
	Sn-Zn	镀层具有极好的钎焊性和耐蚀性，广泛用于电信、电子零件、电缆接头和继电器组件及海洋性气候条件下的耐蚀零件
	Zn-Fe	镀层中 w(Fe)为 0.3%～0.5%，钝化后耐盐雾性为镀层的 2～3 倍，用于汽车、建筑五金、矿山机械等产品上
	Zn-Co	镀层中 w(Co)为 0.6%～1.0%，钝化后耐盐雾性为镀锌层的 2～3 倍，实际使用性能优于锌-镍、锌-铁合金，在汽车零部件上广泛采用
	Zn-Ti	镀层中 w(Ti)为 1.2%，结晶细致，耐蚀性显著高于镀锌层
	Zn-Mn	镀层中 w(Mn)＞20%，耐蚀性良好，用于电镀钢板上，具有优异的可涂饰性
	Zn-Cr	镀层中 w(Cr)＜1%，不钝化时耐蚀性与未钝化的锌镀层相同，钝化后耐蚀性明显高于镀锌层
	Cd-Ti	镀层中 w(Ti)＝0.1%～0.7%，与相同厚度的锌、镉镀层相比，耐盐雾腐蚀能力提高 2～3 倍，用于航空航天、军工、航海等产品
装饰性合金镀层	Sn-Ni	镀层中 w(Sn)＝65%，外观光亮带玫瑰色，对酸稳定，抗脆性好，硬度介于镍、铬之间，延展性好，内应力小，用于代替装饰性镀铬，在日用五金、轻工产品上使用普遍，一般以光亮镍作为底层
	Sn-Co	镀层中 w(Co)为 20%左右，硬度达 500HV，具有良好的抗变色性，外观似铬，用于日用五金的代铬
	Cu-Sn	分低锡(w(Sn)＝10%～15%)和高锡(w(Sn)＝40%～50%)两种。前者镀层孔隙少，耐蚀性好，易抛光，用作机械、轻工和日用五金件装饰性电镀的底层。后者耐弱酸弱碱、导电性和钎焊性好，但脆性大，用来代银、铬，作为反光镜、仪器仪表、日用五金、餐具、乐器等的防护-装饰性镀层
	Cu-Zn	镀层中 w(Cu)为 30%～90%，镀于轮胎钢丝上以提高金属与橡胶的粘合强度，作为仿金镀层用于室内装饰品、家具、首饰、建筑五金等。一般在光亮底层上电镀
	Cn-Sn-Zn	镀层中 w(Cu)＝60%～65%，w(Sn)＝20%～30%，w(Zn)＝8%～15%，外观色泽似 14～18K 金，作仿金镀层
	Ni-Fe	镀层中 w(Fe)＝15%～50%，硬度 550～650HV，用作装饰性电镀的中间层
	Au 合金	镀层中 w(Au)＝75%～80%(其余为 Ag、Ni 或 Cu 等)，色泽美观、持久，用于首饰等贵重产品

续表

镀层类别	镀层组成	特 性 和 用 途
功能性合金镀层	Sn-Pb	镀层中 w(Sn)约 60%，熔点低，钎焊性好，广泛用于电子元器件焊接点电镀
	Sn-Ce	镀层 w(Ce)<1%，可焊性、抗变色性良好，用于电器、电工产品
	Pb-Sn	镀层中 w(Pb)=90%，减摩、耐磨性好，用于发动机轴瓦、活塞环等产品上
	Pb-Sn-Cu	镀层中主要成分是 Pb 和 Sn，微量的铜使其减摩性较 Pb-Sn 合金显著提高，用于轴瓦等
	Ag-Pb-In	用于高速和高负荷轴承，其使用寿命比巴氏轴承合金高 30 倍，比铜、铅合金高 10 倍
	Ni-Co	镀层中 w(Co)=40%时为低磁性的，w(Co)=80%时为高磁性的，磁性范围广，用作录音带和电子计算机的磁性镀层等
	Ni-Fe	w(Fe)=20%的合金镀层适用于低矫顽力的磁性镀层。加入少量磷或其他元素，可用作高矫顽力镀层
	Ni-P	镀层中 w(P)>7%时为非晶态镀层；显微硬度一般为 500HV，热处理后硬度进一步提高，光泽性、耐磨性、耐蚀性良好
	Fe-Co-Ni	镀层中 w(Fe)=65%、w(Ni)=30%、w(Co)=5%，线膨胀系数非常小，用于精密波导管的铸造
	Pd-Ni	镀层中 w(Pd)=80%，硬度、抗硫化氢等性能优于硬金，可代替硬金
	Ni-Mo	镀层中 w(Mo)为 0.2%～25%，显微硬度一般为 1300HV，耐磨性好。w(Mo)=1%的合金镀层耐磨性为铬镀层的 2～7 倍
	Ni-W	镀层中 w(W)为 20%～30%；镀层硬度高，耐蚀性好，用于轴承、活塞、汽缸及石油工业特殊容器和零件的表面处理，作为代铬镀层

3. 复合电镀

复合电镀是在电解质溶液中加入一种或数种不溶性固体微粒子，与金属或合金共沉积，将不溶性固体微粒子均匀地夹杂到金属或合金镀层中的过程。镀层以基体金属或合金为连续相，而不溶性固体微粒子均匀分散地分布在基体中，故又称为分散相或弥散相。这种电镀也称分散镀或弥散镀。复合镀层是以不溶性固体颗粒为分散相的金属基复合材料。原则上，任何金属镀层都可以成为复合镀层的基体材料，但研究和应用较多的有 Ni、Cu、Fe、Co、Cr、Zn、Ag、Au-Pb、Ni-P、Ni-B、Ni-Fe、Al-Sn 和 Cu-Sn 等。固体微粒主要有金属氧化物、碳化物、硼化物、氮化物等无机化合物为分散剂，尼龙、聚四氟乙烯、聚氯乙烯等有机分散剂，石墨以及不溶于镀液的金属粉末都可作为分散剂。复合电镀是近 20 年才发展起来的新工艺。

(1) 复合电镀的基本条件　复合电镀除要求具备一般电镀条件外，对复合固体颗粒的性能有如下主要要求。

① 悬浮　要求固体颗粒能均匀地悬浮在镀液中(通常采用各种搅拌手段)，以保证获得颗粒均匀分散的复合镀层。

② 颗粒大小　在复合电镀溶液中，颗粒太细易结块，太大则难于均匀悬浮。通常固体颗粒粒径在 0.01～40μm 之间。

③ 固体颗粒性质　在镀液中应化学稳定、不溶、不污染镀液。

(2) 复合电镀的机理　关于复合电镀的机理目前尚无完善的理论解释，但总的规律如下。

① 在电场作用下悬浮于镀液中的带正电荷颗粒向阴极运动，并被阴极表面浮获。

② 在搅拌作用下，固体微颗粒被带到阴极表面，与阴极表面碰撞被阴极表面浮获。

③ 固体微粒子被阴极表面沉积的基体金属埋没而镀嵌在镀层中，形成金属/固体颗粒复合镀层。它是由金属离子和固体颗粒共沉积而实现的。

(3) 复合镀层的应用　复合镀层开发应用较多的主要有 Ni 基、Zn 基、Cu 基和 Ag 基等。按其用途可分为以下几种。

① 耐磨性镀层　将硬质颗粒加入到 Ni、Co、Cr、Co-Ni、Ni-P、Ni-B 等镀层中，可大幅度提高金属或合金镀层的耐磨性，例如 Ni-P-SiC 的耐磨性随 SiC 含量增加而迅速升高(即磨损量减少)，镀层的硬度随粒子含量和粒子硬度升高而升高。所以在耐磨性复合镀层中加入的粒子大多选用金刚石、WC、Al_2O_3、ZrO_2、TiC、Cr_3C_2 等粒子，这种耐磨性复合镀层在中、高温条件下更显示出其独特的耐磨性能。在航空、机械、汽车等工业中已被广泛应用。

Ni-SiC(质量分数为 2.3%～4.0%，粒径为 1～3μm)的复合镀层，其硬度大大提高，磨耗量显著降低。用于汽车发动机汽缸内壁，磨损量为铁套汽缸的 60%，比镀铬可降低成本 20%～30%。

② 减摩复合镀层　将剪切强度低、摩擦系数小的固体粒子加入到某些金属和合金中，可形成具有自润滑功能的减摩复合镀层。常用 Ni、Cu、Pb 等作基体金属，用石墨、氟化石墨、聚四氟乙烯(PTFE)、MoS_2 和六方氮化硼作分散剂。例如 PTFE 本身的摩擦系数仅为 0.05，加入到 Ni-P 镀层中形成 Ni-P/PTFE 复合镀层，与淬火钢配副对磨时，干摩擦系数为 0.36～0.40，明显低于 Ni-P 镀层的摩擦系数(0.6～0.63)；当这种复合镀层相互对磨时，干摩擦系数仅为 0.2。Ni-BN 在 800℃高温下仍有很低的摩擦系数，可用于钢厂的水平连铸机上。在宇航、真空和无油润滑的条件下，轴承和导轨等摩擦副是这类减摩复合镀层充分发挥其自润滑功能的地方。

③ 耐蚀复合镀层　耐蚀性复合镀层是工业上应用最早的复合镀层。为了改善 Cu/Ni/Cr 体系的防护性能，将非导电颗粒，如 TiO_2、SiO_2 等加入镀 Ni 溶液中，获得 Ni-TiO_2、Ni-SiO_2 复合镀层。继续镀铬，即获得微孔铬层，它使真实腐蚀电流密度大大下降，因而使体系的耐蚀性提高。

复合镀层由于它的特殊功能，大大扩大了镀层的应用范围和效果。复合镀层可用电镀法和化学镀法获得，两者各有特点，但目前以电镀法为多。

非金属电镀　近年来，塑料、玻璃、陶瓷和石膏等非金属材料的应用越来越广泛，它不仅能代替贵重的有色金属，还能节约机械加工工时，提高劳动生产率，减轻产品质量和降低成本。塑料电镀后具有装饰性的金属外观，且抗老化、耐磨、耐热、导电和导热性等均得到改善和提高。还可用钎焊与金属连接，它质量轻、易成形、成本低和易制得复杂的零件，且耐蚀性高和隔音性好。需要指出的是塑料施镀前要用化学方法对其表面进行金属化处理，即在不通电的条件下，在它的表面施镀一层导电的金属膜，使其具有一定的导电能力，然后再进行电镀。

玻璃和陶瓷等的电镀，多用在电子工业上，由于它们具有高介电常数特性，制成的电容器有体积小、质量轻、稳定性好、膨胀系数小等优点，因此得到广泛应用。当然也要进行金属化处理。

4. 电刷镀

电刷镀(ISO 2080—1981)技术是电镀技术的新发展，它具有设备轻便、工艺灵活、电镀沉积速度快、镀层种类多、结合强度高、适应范围广、环境污染小和省水省电等一系列优点，是机械零件修复和强化的有效手段，尤其适用于大型机械零件的不解体现场修理和野外抢修。

电刷镀原理　电刷镀也是一种金属沉积的过程，其基本原理同电镀。图 11-4 是电刷镀工作原理示意图。它采用专用的直流电源设备，直流电源正极与刷镀笔相连，负极与工件相连，刷镀笔通常采用高纯细石墨块作阳极材料，石墨块外面包裹上棉花和耐磨的涤棉套。刷镀时使浸满镀液的刷镀笔以一定的相对运动速度在工件表面上移动，并保持适当的压力，结果镀液中的金属离子在电场力的作用下扩散沉积到工件表面形成了镀层，随刷镀时间的增加镀层增厚。

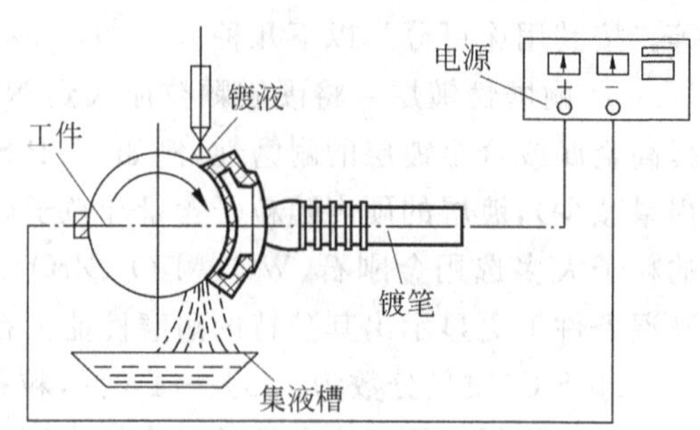

图 11-4　电刷镀工作原理示意图

电刷镀的特点如下。

(1) 镀层结合强度高，在 Ti、Al、Cu、Cr 高合金钢和石墨上也具有很好的结合强度。

(2) 设备简单、工艺灵活、操作方便，可以在现场作业。

(3) 可进行局部电镀，这有利于坏损零件的修复。

(4) 生产效率高，刷镀速度一般是槽镀的 10～15 倍，辅助时间少，且节约能源，耗电量是槽镀耗电量的几十分之一。

(5) 操作安全，对环境污染小。刷镀的溶液不含氰化物和剧毒药品，可循环使用，耗量小，不会因大量废液排放而造成污染。

电刷镀的应用如下。

(1) 电刷镀主要用于机械设备的维修，例如滚动轴承、轴颈、孔类零件、平面和键槽等的修理。用电刷镀恢复磨损零件的尺寸精度和几何精度是行之有效的方法。

(2) 根据需要来选择合适的电刷镀层，例如用于耐磨的表面，可选 Ni、Ni-W 和 Co-W 合金镀层；用于要求耐蚀的表面，可选用 Ni、Zn 和 Cu 等镀层；用于装饰的表面，可选用 Au、Ag、Cr 和半光亮 Ni 等镀层；用于减摩的表面，可选铟、锡和铟锡合金、巴氏合金等镀层；用于小摩擦和提高自润滑作用的可选用在 Ni 镀液中加入 MoS_2 和石墨等微粉。

(3) 电刷镀技术对提高接触疲劳性能，在非晶态镀层、复合镀层和稀土元素的应用等多方面很有意义，相信刷镀技术将有更为广泛的应用前景。当然刷镀技术的良好应用，必须有一定的工艺保证和镀后正确处理，使刷镀零件完好。

11.2.2　化学镀

化学镀是利用合适的还原剂被氧化而释放自由电子，把溶液中的金属离子还原为金属原子，并沉积在工件表面的过程。它是一种独立沉积金属的方法。在化学镀时还原金属离子所需电子是通过化学反应直接在溶液中产生的。被镀件浸入镀液中，溶液中的还原剂提供电子，使金属离子还原沉积在镀件的表面。其反应方程式为

$$M^{n+}+ne^{-}\longrightarrow M$$

化学镀主要是指这种还原沉积化学镀。

化学镀的特点如下。

(1) 镀层厚度均匀，即均镀能力好，形状复杂，有内孔、内腔的镀件均可获得均匀镀层，即不受零件形状的限制，任何形状零件都可进行。

(2) 孔隙率低，即针孔少。

(3) 可在金属、非金属和有机物上沉积镀层。缺点是成本高，镀液虽然能通过维护、调整可反复使用，但难度大，即溶液稳定性差。一般情况下，镀层脆性较大。

化学镀层一般具有良好的耐蚀性、耐磨性、钎焊性及其他特殊的电学或磁学性能。不同成分的镀层，其性能变化很大。化学镀在电子、石油化工、航空航天、核能、汽车、印刷、纺织和机械工业中广泛应用。

化学镀溶液由金属盐、还原剂、稳定剂和缓冲剂等组成。其中金属盐和还原剂是化学镀溶液中的主要成分，其他成分虽是次要的，但对化学镀工艺的完成和镀层性能的保证也是必不可少的。常用的化学镀有化学镀镍和化学镀铜两种。

1. 化学镀镍

化学镀镍是化学镀发现最早、应用时间最长和使用最广泛的方法。其镀液中的主要成分是金属盐，有氯化镍($NiCl_2\cdot 6H_2O$)和硫酸镍($NiSO_4\cdot 6H_2O$)，还原剂有次磷酸钠($NaH_2PO_2\cdot H_2O$)、焦磷酸钠($Na_4P_2O_7\cdot 10H_2O$)和硼氢化钠($NaBH_4$)等以及其他的一些附加成分。

镀镍层的结构和组织　镀镍层主要是 Ni-P 和 Ni-B 合金两种。

(1) Ni-P 合金镀层中含 P 量一般为 6%～12%。在镀态下，当含 P 量为 8.5%时呈非晶态，低于这一含量为微晶状态，晶体尺寸在 1.4～11.9nm 范围。镀层经热处理后，会发生结构和组织变化，220～260℃加热，Ni_3P 化合物开始析出，并存在 Ni_2P 和 Ni_5P_2 过渡相。对非晶态合金，250℃(1h)开始晶化，约在 320～400℃完成晶化过程，温度升高，镍晶体开始长大。

(2) Ni-B 合金镀层中硼含量一般为 0.2%～7%，在镀态下，它不能形成非晶态结构，只是镍硼化物的玻璃态和镍晶态组成的混合结构。在低于 250℃热处理时，形成 Ni_3B 颗粒，在 370～380℃热处理后，得到组织为 Ni-B 化合物的混合物(Ni_3B 和 Ni_2B)和镍晶体。

镀镍层的性能　具有较高的强度和弹性模数，但塑性差。镀态下 Ni-P 合金镀层的硬度为 500～600HV_{100}(49～52HRC)。经热处理后，其最高硬度可达 1000～1100HV_{100}(69～72HRC)。而镀态下，Ni-B 合金镀层的硬度为 665～750HV_{100}，经热处理后，最高硬度可达 1200HV_{100}，经特殊处理后，还可使硬度升高到 1700～2000HV_{100}。化学镀镍层具有优良的耐磨性，特别是粘着磨损条件下，耐磨性更为优越。在镀态下，若 Ni-P 镀层为非晶态结构，同时由于 P 的存在，提高了镀层的钝化能力，因而具有优良的耐腐蚀性能。Ni-B 镀层也有很好的耐蚀性，但在许多介质中显得比 Ni-P 镀层差。化学镀镍层可提高对基体材质抗应力腐蚀和抗疲劳腐蚀的能力。化学镀镍层几乎不受碱液、中性盐水、淡水和海水的腐蚀，在有

机溶剂、非氧化性酸中有很强的抗蚀能力，但在强氧化性介质（例如浓硝酸、浓硫酸及 $FeCl_3$ 等高价卤化物）中耐蚀性差。

化学镀镍主要用于电子、电器、石油、燃气、印刷、药品、汽车、工具、航空航天和机械零件等工业部门。

2. 化学镀铜

化学镀铜的主要目的是用于非导体材料的金属化处理，即在非导体材料表面上形成导电层。同时也广泛用于电镀前的底层。化学镀铜在化学镀中占有十分重要的地位。不同溶液镀出的铜层均为纯铜。

化学镀铜溶液中金属盐（主盐）常用的有硫酸铜，而还原剂最普遍的是甲醛。镀液使用一段时间后，反应速度减慢，镀层结合力变差，此时要对镀液进行维护处理，即对镀液进行过滤，排除固体颗粒，特别是沉淀的铜粉，保持镀液清洁。然后加入配制好的补充液，便于重新使用。化学镀铜要严格控制温度，例如常用的硫酸铜、甲醛和酒石酸钾钠等溶液的温度要控制在 25～32℃范围内。温度过高，镀速增快，镀层韧性好，内应力降低，但生成的 Cu_2O 增加，镀液稳定性差；温度过低，易析出硫酸钠，它影响铜沉积，使针孔率增大，并会生成绿色斑点。不同的化学镀铜溶液控制在不同温度。化学镀铜要进行搅拌，这有利于铜离子向镀件表面扩散，使镀液浓度均匀，保持均匀的沉积速率，排除镀件表面的气泡，使 Cu^+ 氧化 Cu^{2+}，抑制 Cu_2O 生成，提高镀液稳定性。搅拌方式可用机械搅拌和压缩空气搅拌。

化学镀铜目前主要用于印刷电路板以及电路连接孔对金属化的高要求上，化学镀铜能很好地满足此类要求，也用于电子仪器的电磁屏蔽层。它广泛用于非金属材料表面金属化电镀的底层，例如塑料表面电镀等常用化学镀铜作底层。

11.3 热喷涂

热喷涂是将熔融状态的喷涂材料，通过高速气流并使其雾化喷射到基体表面上，形成喷涂层的金属表面加工方法。

热喷涂技术的应用已由制备装饰性涂层发展为制备各种功能性涂层，例如耐磨、耐热、隔热、导电、绝缘、减摩、润滑、防辐射等涂层。热喷涂用于改善表面材质质量，比整体提高材质质量的办法要经济得多。热喷涂既可用于修复，又可用于制造。由于涂层材料是有针对的优异性，用其修复零件的寿命不仅能够达到新产品的寿命，而且对产品的质量还起到了改善的作用，因此在新产品设计时应考虑应用热喷涂技术。

热喷涂原理　热喷涂是利用热源将喷涂材料加热成熔化或半熔化状态，依靠热源本身的动力或外加的压缩空气流，将熔化的喷涂材料雾化成细粒或推动熔化的粒子以形成快速运动的粒子流喷射到基体表面形成喷涂层的过程。喷涂材料经过喷枪被加热、加速形成粒子流射到基体。它是由熔化、雾化和喷射三个过程完成。最终在冷基体表面热量被传走并迅速凝固和堆积而形成涂层。

涂层结构　喷涂层是由无数变形粒子相互交错，呈波浪式地堆积在一起的层状组织。颗粒和颗粒之间不可避免地存在一些孔隙或空洞，其孔隙率一般在 4%～20%之间。涂层中伴有氧化物和夹杂。由于涂层是层状结构，所以涂层的性能具有方向性。涂层经适当处理后结构会发生变化，如涂层经重熔处理，可消除涂层中氧化物夹杂和孔隙，层状结构变为均质结构。与基体表面的结合状态也发生了变化，一般是提高与基体的结合强度。

热喷涂技术的特点：

(1) 用材范围广 喷涂材料可以是金属、合金、陶瓷和塑料等。被喷涂材料也可以是金属、合金、陶瓷、玻璃、石膏、木材、布和纸等几乎所有固体材料。

(2) 工件受热温度较低，一般可控制在250℃以下从而可使工件不变形。

(3) 工件大小一般不受限制，既可对大型设备进行大面积喷涂，也可对工件局部，甚至小到10mm内孔等进行喷涂；既可喷涂零件，又可对制成后的结构件进行喷涂。

(4) 喷涂层厚度可调范围大，涂层厚度可从几十微米到几毫米。

(5) 对普通材料可以得到特殊的表面性能，例如，耐磨、耐蚀、密封、导电和绝缘等性能。可达到节约贵重材料、提高产品质量和降低生产成本，满足各种工程和尖端技术的需要。它可以把韧性好的金属材料和硬而脆的陶瓷材料复合在一起，形成表面复合材料。

(6) 成本低、经济效益显著

目前该技术正在发展过程中，还有许多问题有待解决，主要是结合力较低、孔隙率较高、均质性较差等。

热喷涂方法 热喷涂方法较多，根据热源来分，其基本方法有四种：火焰喷涂、电弧喷涂、等离子喷涂和特种喷涂。

11.3.1 火焰喷涂

火焰喷涂是以气体火焰为热源的热喷涂。目前，火焰喷涂按火焰喷射速度分为火焰喷涂、气体爆燃式喷涂(爆炸喷涂)及超音速火焰喷涂三种，但以火焰喷涂为最基本的，也是应用最早的方法。它是利用气体燃烧放出的热进行的热喷涂，由于具有投资少，操作简便等优点，被广泛应用。

燃料气体有乙炔(燃烧温度3260℃)、氢气(燃烧温度2871℃)、液化石油气(燃烧温度达2500℃)和丙烷(燃烧温度达3100℃)等。乙炔和氧结合能产生最高的火焰温度。氧-乙炔火焰喷涂可以喷涂各种线(丝)材、棒材和粉末材料。

1. 线材氧-乙炔火焰喷涂技术

以氧-乙炔作为加热金属线材的热源，使金属线端部连续被加热熔化，借助于压缩空气或惰性气体高速气流使金属线材端部液滴脱落并雾化成颗粒，在火焰和气流的共同推动下，喷射到基体表面形成"牢固"结合的涂层。图11-5为氧-乙炔火焰线材喷涂原理示意图。

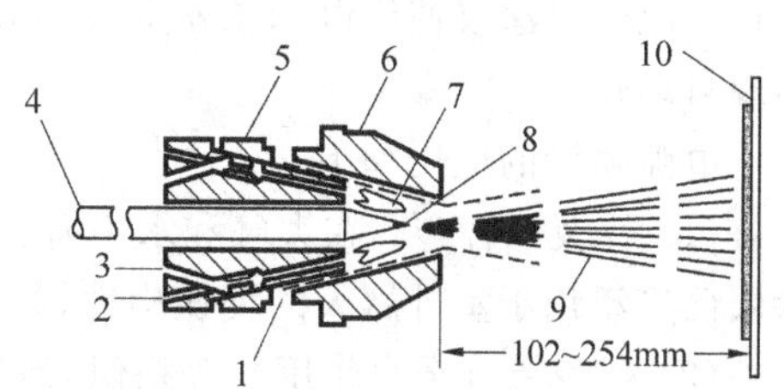

图11-5 现代线材火焰喷涂原理示意图

1—雾化器；2—燃料器；3—氧气；4—线材；5—气体喷嘴；6—空气帽；7—燃烧气体；8—熔融材料；9—喷涂束流；10—基体

线材氧-乙炔火焰喷涂的特点 装置简单、操作方便，容易实现连续均匀送料，喷涂质量稳定；喷涂效率高，耗能少；涂层氧化物夹杂少，气孔率低；对环境污染少。

2. 粉末氧-乙炔火焰喷涂技术

它与线材火焰喷涂的不同之处是喷涂材料不是线材而是粉末，同时不用压缩空气。喷涂粉末在气流的作用下，从喷嘴端部的燃烧火焰中喷出被加热、加速而成为熔融颗粒，喷射并沉积到基体表面形成“牢固”结合的涂层。

粉末氧-乙炔火焰喷涂具有设备简单、操作方便、适应性强、经济性好和噪声小等优点，因而是目前热喷涂技术中应用最广泛的一种。

火焰喷涂的应用　由于其成本低廉，使用方便，在许多场合下所得涂层能够满足性能要求，应尽量采用火焰喷涂。常用的有以下几方面：

(1) 用于防腐蚀　用线材火焰喷涂的 Zn、Al 和 Cd 等金属和合金涂层，常用于铁桥、铁塔、水闸、船体、储水器、管道、矿山货车、气体容器、船内浴室、水处理设备和钢制框架等多种钢结构件。

(2) 用于抗高温氧化　Al 涂层有良好的抗高温氧化性，可用于加热器、燃烧室和烟囱等易受高温氧化的钢铁件。

(3) 用于耐磨　粉末火焰喷涂层经过重熔处理可获得高结合力和高硬度的耐磨损的零件，例如，吸风机叶片、阀密封面、冲模及冲头、泥浆泵、输煤机中部槽板和印刷布辊等。

(4) 用于机件修复　可用来修复因磨损超差或腐蚀失效的机件，例如，回转轴、曲轴、往复柱塞、轴颈、液压压头、泵柱塞、衬套和机床导轨等。

11.3.2 电弧喷涂

电弧喷涂是以两电极之间的气体介质放电产生的电弧为热源，用高速气流将熔化金属的液滴从金属丝端部脱离、雾化和喷射到基体表面，形成涂层的工艺。它是以气体的导电和放电现象为基础，否则没有电弧，也更谈不上电弧喷涂。电弧喷涂原理是利用两根丝状金属喷涂材料通过送料装置的输送，喷涂开始前在金属丝端部瞬间短路产生电弧，在电弧和气流的作用下，使之熔化，产生熔滴、脱落和雾化，并以很高的速度喷射到基体表面，形成电弧涂层。

电弧喷涂的特点　结合强度高，一般比火焰喷涂层高 2.5 倍。效率高，通常为火焰喷涂的 2～6 倍，即在单位时间内喷涂金属质量大。节能效果显著，比其他喷涂办法可节约 50％左右。由于电能的价格低于氧气和乙炔，以及能源利用率高，它的费用一般为火焰喷涂的 1/10。电弧喷涂仅使用电和压缩空气，不用氧和乙炔等易燃气体，所以安全性高。同时容易实现自动化。

电弧喷涂的应用如下。

(1) 锌及锌合金　在大气和水中有良好的耐腐蚀性能。锌中加铝使耐蚀性更好。锌喷涂层已广泛用于室外露天的钢铁构件，如水门闸、桥梁、铁塔和容器等。

(2) 铝及铝合金　作用与锌相似，但比锌轻，价格低廉。在有二氧化硫的气体中耐蚀性比较好。铝及其合金加入稀土时可提高结合强度，同时降低孔隙率。

铝在高温下能在铁基体上发生作用，产生抗高温氧化的 Fe_3Al，从而提高了钢材的耐热性能。

铝喷涂层已广泛用于储水容器、食品储存器、燃烧室、船体、闸门和硫磺气体包围的钢铁构件等。

(3) 铜及其合金 纯铜主要用于电容开关和电子元件的导电喷涂层及塑像、工艺品和水泥等建筑表面的装饰喷涂层。黄铜喷涂层广泛用于修复磨损及加工超差的零件,修补铸造砂眼、气孔的黄铜铸件,也作装饰喷涂层使用。

铝青铜的结合强度高,抗海水腐蚀能力强,并有很好的耐腐蚀疲劳能力和耐磨性。主要用于修复水泵叶片、气闸阀门、活塞、轴瓦,也用于修复青铜铸件及装饰喷涂层。

(4) 镍铬合金 镍铬合金具有非常好的抗高温氧化性能,可在 880℃高温下使用,是应用最广泛的热阻材料。还可耐水蒸气、二氧化碳、一氧化碳、氨、醋酸及碱介质的腐蚀。被大量用作耐腐蚀和耐高温热喷涂层。不锈钢丝材电弧喷涂能够获得良好的耐磨防腐涂层。

(5) 钼 在喷涂中常作为过渡层使用,也可用作摩擦表面的减摩涂层,如活塞环、刹车片、铝合金汽缸等。

(6) 碳钢、低合金钢和铬钢具有强度高、耐磨性好、价格低廉等特点,但因碳易烧损,也造成涂层多孔和产生氧化物夹杂,使涂层性能下降。常采用高碳钢,以补碳元素的烧损。用 3Cr13、4Cr13 和 7Cr13 作喷涂材料具有良好的抗高温稳定性。

11.3.3 等离子喷涂

等离子喷涂是利用在阴极和阳极之间产生的直流电弧把气体电离后形成的等离子焰,将喷涂粉末加热、熔化、加速和喷射到基体表面形成喷涂层。

等离子喷涂的特点如下。

(1) 由于等离子焰流温度高,可以喷涂熔点高的难熔材料。如难熔金属、陶瓷和金属陶瓷等。

(2) 工艺稳定,可调节的因素较多,在很广的范围内稳定工作,可满足等离子工艺的要求,工艺参数易控制。

(3) 因使用惰性工作气体,喷涂粒子流速快,减少了氧化反应,所以获得的涂层质量高,涂层结合强度高,例如,等离子喷涂层法向结合强度通常为 40~70MPa,而氧-乙炔粉末喷涂层一般为 5~10MPa,气孔率少。

等离子喷涂的应用:等离子喷涂可用于耐磨、减摩和固体润滑涂层,动密封,造隙滑配涂层,耐蚀涂层,抗高温氧化、抗高温气流冲刷涂层,热障涂层,抗表面疲劳涂层,红外线辐射、太阳能吸收和其他光学薄膜涂层,导电、绝缘涂层,磁性涂层,超导涂层,催化用涂层,热中心吸收涂层,制造金属、陶瓷类高熔点复合材料。在机械制造、石油化工、航空航天、交通运输、能源及电子工业中得到广泛应用。但等离子喷涂效率较低,设备费用和流动资金高。工作中产生约 130dB 的噪声和发出各种射线,工作时应考虑这些因素。

还有爆炸喷涂和超音速喷涂等,各有特点。

11.4 气相沉积技术

气相沉积技术是用来制备特殊功能薄膜涂层和薄膜材料的技术。例如,气相沉积硬质镀层 TiN 已被广泛用于提高耐磨工模具的寿命。TiC 和 TiN 硬膜技术已大规模用于硬质合金刀片及 Cr12 系列模具钢。目前在发达国家，刀片的 70%～80%是带镀层使用的。

现在由于沉积和获得薄膜方法的多样化，可以得到金属膜、合金膜、各种化合物膜、非金属膜、半导体膜、陶瓷膜和塑料膜等。也可得到和应用磁性膜、绝缘膜、电介质膜、压电膜、光学膜、超导膜、传感器膜、自润滑膜、装饰膜和耐热、耐氧化、耐磨、耐蚀等功能薄膜。

在薄膜沉积方法上，化学气相沉积（CVD）法应用最早，但物理气相沉积（PVD）法发展最快，且都在多样化，推动了气相沉积技术的深入发展。但 PVD 和 CVD 两种方法是最基本的。

11.4.1 物理气相沉积法

蒸发镀膜、溅射镀膜和离子镀膜组成了物理气相沉积（PVD）技术，其中真空蒸发镀膜技术是发展最早、应用最广的一种。它相对于另两种技术具有设备简单、价格便宜、工艺易掌握等优点，还可大规模生产。

1. 真空蒸发镀膜

其原理是把镀膜材料和工件置于高真空室内，在真空环境中把镀膜材料通过加热和熔化，并使之气化蒸发，由于大量原子、分子离开熔体表面，凝结在被镀件基体（衬底、基片、基板）表面上形成镀膜。真空蒸发镀膜原理是利用镀膜材料在真空条件下的蒸发比在常压下容易得多，所需蒸发温度也大幅度下降。例如，铝在一个大气压下必须加热到 2400℃才能蒸发，而在 10^{-3}Pa 的真空条件下只需加热到 847℃就可以大量蒸发。大多数金属是达到熔点后从液相中蒸发，但某些金属材料，如铁、镉、锌、铬和硅等可以从固态直接升华到气态。在真空条件下大多数金属材料都要求在 1000～2000℃的温度下进行蒸发。目前，对低熔点镀膜材料多采用电阻加热蒸发，而对高熔点镀膜材料则需采用能量密度高的电子束和激光束做蒸发源。

真空蒸发镀膜的特点　可以蒸镀不良导体，如玻璃、陶瓷、有机合成材料、纤维、木材和纸等。沉积速度快。

蒸发镀膜的用途　用于结合强度要求不高的某些功能薄膜，例如，用作电极的导电膜、光学镜头用的增透膜等。

镀制纯金属时，蒸镀可表现出镀膜速率快的优势。在蒸镀纯金属膜中，90%是铝膜，铝膜有广泛的用途。目前在制镜工业中已推广采用蒸镀，以铝代银，可节约贵重金属。

集成电路要用镀铝进行金属化，然后再刻蚀出导线。在聚酯薄膜上镀铝具有多种用途，制造小体积的电容器，制作防止紫外线照射的食品软包装袋，经阳极氧化和着色后可得到色彩鲜艳的装饰膜。双面蒸镀铝的薄钢板可代替镀锡的马口铁制造罐头盒。

2. 溅射镀膜

在真空中利用荷能粒子（一般为离子）轰击靶材（镀膜材料）表面，通过粒子的动量传递打击靶材中的原子及其他粒子，并使其沉积在基体表面上形成薄膜。它依靠荷能粒子和靶材原子的动量交换作用，使靶材的原子、分子脱离表面进入气相，溅射出来的原子具有较高的能量，比蒸发镀膜原子大几十到几百倍，它沉积在基体表面后还有足够动能使之在表面上迁移，因此成膜质量较佳，且与基体结合牢固和镀膜密度高。由于动量大，对于高熔点材料也易进行溅射，几乎所有金属、化合物、介质均可作为靶材，并可实现大面积快速沉积，镀膜厚度均匀，因此溅射镀膜得到极广泛的应用。另外，也有利于对沟槽、台阶等进行镀膜。

溅射镀膜有两种，一种是在真空室中，利用离子束轰击靶面，使溅射出的粒子在基体表面上成膜。离子束因是由特制结构的离子源产生，所以价格昂贵。另一种是在真空室中，利用低压气体放电现象，使处于离子状态的离子轰击靶表面，而溅射出的原子在基体上形成镀膜。气体放电和离子溅射是溅射镀膜的基础。由于气体放电产生的阳离子在电场作用下高速冲向阴极(靶)，因此也称为阴极溅射镀膜。

阴极溅射镀膜的特点　任何物质均可溅射，且镀膜密度高、孔隙少、与基体结合强度高。不足的是设备和工艺操作复杂。

溅射镀膜的用途　用溅射法镀纯 Cr 的显微硬度为 425～840HV，CrN 为 1000～3500HV，不仅硬度高，而且摩擦系数小，可代替水溶液镀铬。

用 TiN、TiC 等超硬镀层涂覆刀具、模具等表面，摩擦系数小，化学稳定性好，具有良好的耐热、耐磨、抗氧化、耐冲击等性能。既可以提高刀具、模具的工作特性，又可以提高使用寿命，一般可使刀具寿命提高 3～10 倍。

因 TiN、TiC 和 Al_2O_3 等镀膜具有良好的化学稳定性，在许多介质中有优良的耐蚀性，可以作为基体材料的保护膜。

3. 离子镀膜

离子镀是在真空(10^{-3}～10^{-4}Pa)条件下充入氩气，并使压强维持在 10^{-2}～1Pa 范围内，靠直流电场(数百至数千伏的直流电压)引起氩气电离，形成低气压放电的等离子区。由于是在阴极和蒸发源之间，致使镀材蒸发原子在向阴极飞行的过程中与电子及离子化的或被激发的氩原子发生碰撞，部分被电离成正离子，被电离的镀材离子和气体离子一起受电场加速，以较高的能量轰击工件和镀层表面，这种轰击作用一直伴随着离子镀的全过程。

离子镀膜的特点　离子镀把辉光放电、等离子体技术与真空蒸发镀膜技术结合在一起，它除了兼有真空蒸镀和真空溅射镀的优点外，还有沉积速度快、膜层附着力强、绕射性好、可镀材料广泛的优点。它可以在金属和非金属(塑料、陶瓷等)上涂覆金属、化合物、各种复合材料及陶瓷材料。

离子镀的应用：

表 11-2 给出了离子镀和溅射镀的一些典型应用举例。

表 11-2　离子镀(包括溅射)镀膜的应用举例

应用	镀　　膜	基体(或组合)	应用举例
耐磨	TiC、TiN、Al_2O_3、HfN、WC、Cr	高速钢、硬质合金、模具钢、碳钢	刀具、模具、超硬工具、机械零件
	TiO_2、SiO_2、Si_3N_4	钢、塑料、半导体	表面保护强化
耐热	Al、W、Ti、Ta、Mo、Co-Cr-Al 系合金	钢、不锈钢、耐热合金、Co-Cr-Al-Y 系合金	排气管、耐火材料、发动机材料、航空航天器件
耐蚀	Al、Zn、Cd、Ta、Ti	普通钢、结构钢、不锈钢	飞机、船舶、汽车、管材、一般结构件

续表

应用	镀　　膜	基体(或组合)	应 用 举 例
润滑	Au、Ag、Pb、Cu-Au、Pb-Sn、MoS_2	高温合金、轴承钢	喷气发动机轴承、航空航天及高温旋转器件
装饰	Au、Ag、Ti、Al、TiN、TiC、CrC	钢、黄铜、铝、铜、不锈钢、玻璃、塑料	首饰、徽章、钟表、眼镜、彩色画、光泽、着色
电子工业集成电路	Re、Ta-N、Ta-Al、Ta-Si、Ni-Cr	陶瓷、塑料、玻璃	薄膜电阻、电阻器
	Au、Al、Cu、Ni	Au、Al、Ni/Si片	电极
	SiO_2、Al_2O_3	SiO_2、Al_2O_3/金属	电容、二极管
	Nb、氧化物	氧化物、Ag/石英	透镜
	SiO_2 陶瓷等	金属、印刷板、集成电路	表面绝缘保护膜
磁光记录	Gd-Co、Mn-Bi、Mn-Cu-Bi	合金膜/塑料	光盘
光导通信	TiO_2、ZnO、$BaTiO_3$、SnO_2、In_2O_3	塑料、玻璃、陶瓷	保护膜、反射膜、特殊透明膜等
塑料	Ni、Cu、Cr	塑料	汽车零件、电气零件
声学	ZnO、PZT、$BaTiO_3$、$LiNbO_3$	ZnO/石英、红宝石、金膜	压电膜、声表面波器件
能源	Si、GaAs、黑 Cr	太阳能收集器	太阳能电池、太阳能房
	Al、Au	Al/铀、Au/Cu套	反应堆、加速器
	TiC、Au、Mo	聚变反应容器内壁	聚变反应容器

11.4.2 化学气相沉积法

它是气态物质在一固体表面上进行化学反应，而在该固体表面生成固态沉积层的过程。它是把含有构成薄膜元素的一种或几种化合物、单质气体借助气相作用或在基体上进行化学反应生成要求的薄膜，同时又是通过加热等方法产生一个或多个化学反应而实现的。

常见 CVD 的化学反应有以下几种类型。

(1) 热分解反应，如

$$SiH_4 \xrightarrow{800\sim1000℃} Si+2H_2$$

$$CH_3SiCl_3 \xrightarrow{1400℃} SiC+3HCl$$

(2) 还原反应，如

$$SiCl_4+2H_2 \xrightarrow{1150\sim1200℃} Si+4HCl$$

$$WF_6+3H_2 \xrightarrow{300\sim500℃} W+6HF$$

(3) 氧化反应，如

$$SiCl_4+O_2 \longrightarrow SiO_2+2Cl_2$$

$$SiH_4+O_2 \longrightarrow SiO_2+2H_2$$

(4) 水解反应,如

$$2AlCl_3+3H_2O \longrightarrow Al_2O_3+6HCl$$
$$SiCl_4+2H_2O \longrightarrow SiO_2+4HCl$$

(5) 综合反应,有时包括上述两种或几种基本反应,例如,在沉积氮化物和碳化物时就包括热分解反应和还原反应。如

$$TiCl_4+CH_4 \longrightarrow TiC+4HCl$$
$$AlCl_3+NH_3 \longrightarrow AlN+3HCl$$

此外,还有等离子体激发、光和激光激发等反应,这些技术可显著地促进化学反应,使沉积能在较低温度下进行。

从上可以看出,参加的反应物全部为气态物质,而反应生成物必有固态物质,同时还有新生成的气态物质。

CVD的特点如下。

① 可控制镀层的密度和纯度。

② 绕镀性好,因此可在复杂形状基体上镀制。

③ 可以形成多种金属、合金、陶瓷和化合物镀层,并且镀层的化学成分可以改变,从而获得梯度沉积物或者得到混合镀层。

不足之处是,沉积镀层通常有柱状晶结构,不耐弯曲,但通过有关技术的控制,可得到细晶粒和等轴沉积层。

CVD的应用如下。

CVD镀层可用于要求耐磨、抗氧化、抗腐蚀以及有某些电学、光学和摩擦学性能的部件。

对于耐磨硬镀层一般采用难熔的硼化物、碳化物、氮化物和氧化物。在耐磨镀层中用于金属切削刀具占主导地位。镀层的重要性能包括硬度、化学稳定性、耐磨、减摩、高的导热性以及热稳定性,满足这些要求的镀层有TiC、TiN、Al_2O_3、TaC、HfN和TiB_2以及它们的组合,把这些镀层沉积在硬质合金的基体上使用。为了提高使用寿命,可在其表面沉积均匀的多层镀层。

CVD还用于泥浆传输设备、煤的气化设备和矿井设备等。在电镀镍枪筒的内壁CVD镀钨层后,其耐剥蚀性能约增加10倍。

CVD方法出现后又相继有金属有机化合物CVD、等离子辅助CVD和激光CVD等新技术出现,使CVD法的应用更加广阔且有着良好的发展前景。

11.5　高能束表面改性

由光子、电子和离子组成的激光束、电子束和离子束有一个共同的特点,就是可以通过特定的装置聚焦形成极高能量密度($10^3 \sim 10^{12}$ W/cm^2)的粒子束,也称高能束。它们的能量由于集中在一定的范围和深度,以及工件表面至内部温度梯度大,能够进行快速加热和冷却,所以可进行表面改性处理。高能速流技术对材料表面的改性是通过改变表面的成分、结构和组织实现的,其中成分的改变,包括表面合金化和熔覆,而结构和组织的改变要有相的变化才行,这就是高能束表面改性的依据。

激光束、电子束和离子束，即所谓三束，在材料表面改性技术中得到了广泛的应用，特别是激光表面改性技术应用最广，发展最快。

11.5.1 激光表面处理

激光具有相位一致、波长单一和方向性好的特点，能够获得很高的能量密度。金属表面吸收激光能量进行光-热转换时由于光子穿透金属的能力很差，只能使金属表面薄层的温度在 μs，甚至 ns 级的时间内达到相变或熔化温度，当热源离开后，金属表面的高温层将快速冷却，所以激光可以进行金属和合金的表面处理。

1. 激光表面淬火

激光表面淬火是将激光束照射到工件表面迅速升温(激光加热速度一般为 10^3～10^4℃/s，甚至高达 10^7～10^9℃/s)到钢的临界点以上，然后停止加热或移开激光束。由于金属传热性好，热量从工件表面向内部快速传导，表面得以急剧冷却(冷却速度可达 10^4℃/s，甚至 10^{10}℃/s)，可实现自冷淬火。

激火表面淬火的预先处理　由于一般钢铁零件是精加工后才进行强化处理的，此时表面光亮，对激光的反射率很高，吸收激光能量的能力很低，若为提高激光能量的利用率，必须对处理工件表面进行预处理，通常采用黑化处理，即在零件表面得到对光具有极高吸收率的黑色薄膜。磷化法：用磷酸锰或磷酸锌为主的溶液浸渍零件的表面得到深灰色的绒状薄膜，厚度为 10μm，此时 CO_2 激光的吸收率可由机加工表面 10%～15%提高到 70%～95%，这种黑化处理适用于低碳钢、中碳钢和铸铁。碳素法：用碳素墨汁或石墨-粘结剂涂于表面，可使涂层的激光吸收率达 90%，并有增碳作用。碳素法可用于任何材料，还可进行局部涂敷。

激光表面淬火的组织和性能　由于激光加热速度快，过热度大，奥氏体成核率很大。保温时间短，奥氏体晶粒来不及长大，晶粒很细，自淬火后马氏体的晶粒尺寸极小，因此得到的是超细化的马氏体。不同钢材激光淬火后从表面到中心的组织不同。

45 钢、40Cr 钢、42CrMo 钢等中碳结构钢　退火后进行激光表面淬火，组织依次为白亮色超细化马氏体→马氏体＋铁素体→珠光体＋铁素体。表层硬度可达 700～830HV，硬化层深度约为 0.3～0.5mm。

T12、CrWMn、GCr15 等高碳钢球化退火后经激光表面淬火由表向里的组织，依次为超细化马氏体→马氏体＋碳化物＋残余奥氏体→回火马氏体＋碳化物＋残余奥氏体。表层不含碳化物的原因是由于加热时碳化物已溶解。表面硬度约为 850～900HV。

W18Cr4V 钢　经淬火和三次回火后，再适当选择激光处理参数，可以得到深 0.17～0.25mm，宽 1.5～2.0mm 的淬硬层，其组织由表向里依次为白亮细马氏体＋碳化物＋残余奥氏体→马氏体＋回火马氏体＋碳化物＋残余奥氏体→回火马氏体＋碳化物→回火马氏体＋碳化物＋残余奥氏体。表层组织硬度很高，可达 1000～1100HV(70～72HRC)。

铸铁　组织为珠光体＋石墨或珠光体＋铁素体＋石墨时，经激光淬火后由于激光淬火加热时间短，石墨中的碳向奥氏体扩散难以进行，故激光淬火表层组织为马氏体＋石墨。表面硬度约为 600～750HV。

激光表面淬火的应用　在我国用50钢做的邮票打孔机上进行激光表面淬火后，孔刃部硬度可达60HRC，变形很小，使打孔机的寿命提高了20倍。美国通用汽车公司用CO_2激光器成功地完成了可锻铸铁动力转向机壳的激光表面处理，使耐磨性提高近10倍，现已大规模投入生产。

2. 激光表面合金化

激光表面合金化是把合金元素、陶瓷等粉末以一定方式添加到基体表面上，通过激光加热使其与基体表面共熔而混合形成表面合金层的方法。它既改变了材料表面的化学成分，又改变了表面的结构和组织，可使低价的基材获得良好的表面性能。向表面加合金粉末的方法有共沉积法和预沉积法。共沉积法是激光照射的同时送入粉末，需要精度较高的送粉装置和设备。预沉积法是预先在工件表面涂一层合金涂膜，然后用激光重熔。预涂方法主要有涂刷、喷涂、电镀、刷镀、化学镀和气相沉积等。

添加的元素可以是Cr、Ni、W、Ti、Mo、Mn、B、V和Co等。近年来发展了一种气流送粉方法，在激光束对基材表面预溶的同时，用气流把合金粉末喷涂到熔池内，可省去合金的预涂敷工序，而且可以精确控制合金成分。基材通常用碳钢、铸铁，也可用Al、Ti、Ni基合金。

激光表面合金化可提高碳钢和铸铁的耐磨性、耐蚀性，也能使非相变硬化材料，如Al、Cu和Ni等得到表面强化。20钢基体用Ni-Cr-B-Si-Mo合金粉末进行激光合金化处理后，表面硬度可达1600HV，既保持了工件的高韧性，又提高了耐磨性。

3. 激光表面熔覆

在金属基体表面预涂一层金属、合金或陶瓷粉末，在进行激光重熔时，控制能量输入参数，使添加层熔化，而基体表面层微熔，得到预涂成分基本不变的合金层，只是与基材结合处受到稀释。预涂层常用喷涂方法获得。

熔覆材料常用镍基自熔合金、钴基自熔合金及钴基碳化物合金粉末，以及SiC、WC、TiC、Al_2O_3和BN等非金属陶瓷材料粉末。基材主要用碳钢、合金钢、铸铁及铁基、镍基合金。

激光表面熔覆技术已在下列零件和工具上得到应用：柴油机铸铁阀座的衬套（不锈钢）表面熔覆Co基硬质合金，刀具和石油钻井用钻头表面熔覆WC层，聚乙烯造粒模具上熔覆Co，包WC或镍基自熔合金等。

4. 激光表面熔凝

激光熔凝是利用高能量密度激光照射使基体表面熔化，然后依靠自身快速冷却凝固的处理技术。当激光在金属和合金表面照射时使表层熔化。在激光束（光斑）离开后由于金属表层的液态向基体金属的导热能产生极高的冷却速度，所以在金属表层形成了一层液态金属的激冷组织，因为加热和冷却都异常迅速，所得组织非常细小，使性能得到改善。

激光功率密度越高，熔化区域深度越浅，温度梯度越大，冷却速度越大，表层获得组织越细，甚至可以得到非晶态组织。

激光表面熔凝层组织和性能　根据工艺参数的不同熔凝层组织一般是超细共晶、细树枝状晶体、固溶度大的固溶体和非晶态组织。

灰口铸铁经激光熔凝层的显微组织为树枝状结构，并有未完全溶解的石墨存在。树枝状结构内部为马氏体。铸铁经熔凝后，硬度可达900～1000HV，耐磨性大幅度提高。

45钢经激光熔凝后，表层为共晶组织，它是由于预涂层中碳向熔化区渗入的结果。共晶组织极为细密，内部主要是马氏体和渗碳体，硬度高达1050HV。

Cr12钢经激光熔凝后的表层组织，由表向里依次为共晶→枝晶→过渡区→原始组织(回火马氏体、碳化物和残余奥氏体)。表层共晶组织的硬度为1100HV。

Pb-Cu-Si合金(Cu的质量分数为4.2%，Si的质量分数为5.1%，其余为Pb)在功率密度为6×10^6 W/cm^2、时间为3×10^{-5} s的激光照射下表面获得了非晶态。它是由于激光功率密度高、照射时间短、只有极薄的表层被熔化，又靠着固体，冷却速度非常高，此时液态金属不形核长大，凝固后成为非晶态组织。

激光表面熔凝的应用　可锻铸铁的摩托车凸轮轴表面获得熔凝层厚度0.2mm，硬化层厚度0.7mm，宽3.4～3.6mm，表面硬度为895HV，得到耐磨性很好的熔凝层。对耐磨铸铁活塞环进行处理后寿命提高了一倍，且与汽缸的配副性良好。对珠光体+铁素体基的铸铁梳棉机梳板进行处理后，明显提高了耐磨性和抗崩裂性，且保持了低的表面粗糙度。

11.5.2　电子束表面处理

电子束是由电子枪产生的高速运动的电子流，也是一种高能量密度的热源。其能量密度非常集中，焦点细小。电子束以极高的速度冲击工作表面极小的面积，其能量大部分转变为热能。它是电子束的能量在瞬间转变为被击部位原子的热能，可获得高达10^9 W/cm^{2}左右的能量密度，如此高的能量密度可使被冲击的部位在很短的时间(1/3～1/5s)内热量来不及扩散，温度升高达到奥氏体状态，甚至熔化或气化。而没被击部位仍处于常温状态。当电子束迅速离开后，由于金属的传热，使表层的热量向冷态部位传递，若能获得大于V_K的冷却速度，可使工件表层完成“自冷却”淬火。因此电子束能够对金属工件进行表面加热淬火，也可用于对金属表面进行其他处理。

电子束表面处理的特点如下。

(1) 功率大，而且能量利用率高　电子束设备最高功率可达150kW，电-热转换率高，达到80%～90%，甚至可达99%。而激光设备最高功率只有15kW，而且光-热转换率仅有10%～15%。

(2) 能量透入深度　电子束常用60～150keV能量，对钢的透入深度为10～40μm，而激光束一般为0.1μm。

(3) 工件表面不需要特殊处理，而激光表面淬火时工件表面要进行“黑化”处理。

(4) 激光是在大气条件下进行，而电子束是在真空条件下进行，可防止氧化，但工件尺寸受限制。

(5) 设备运转和工艺成本低，设备每瓦投资成本是激光的1/4，而工艺成本每小时约为激光处理的1/2左右。

电子束表面改性的应用实例和效果如表11-3所示。

表 11-3 电子束表面改性应用实例与效果

名 称	材 料	工 艺	效 果
电子束表面相变硬化	铸铁	功率 2kW（温度为 1000～1050℃），冷却速度大于 2200℃/s	硬化层深 0.6mm，表面团絮状石墨熔解，碳扩散到奥氏体中，获得细粒状石墨包围的变形马氏体
	高碳、中碳钢	3.2kW 功率，冷却速度 3000～5000℃/s	获得隐针马氏体组织，T7 钢表面硬度 66HRC，45 钢表面硬度 62HRC
非晶化改性	镍金属	能量输入达 10^{-2}～$1J/cm^2$。当熔化厚度为 2.5×10^{-2} mm 时，冷却速度达 5×10^6°C/s	表层由晶态转为非晶态，其表层所生成的固体可以保留液体特有的微观均匀性
熔化、凝固与合金化改性	模具钢和碳钢	表面预先涂覆硼粉、WC、TiC 粉	可获得 Fe-B、Fe-WC 等合金层。Fe-B 层硬度 1266～1890HV；Fe-WC 层硬度 1000HV 左右
汽车离合器凸轮表面改性	SAE5060①	用 4kW，六工位电子束设备每次处理 3 个，耗时 42s	硬化层深度 1.5mm，硬化层硬度 58HRC
薄形三爪弹簧片改性处理	碳的质量分数为 0.7%的碳钢	当注入功率为 1.75kW、扫描频率为 50Hz 时，其加热时间为 0.5s	表面硬度为 800HV

注：① SAE5060 是美国结构钢，各成分的质量分数分别为：$w(C)=0.56\%\sim0.64\%$，$w(Si)=0.15\%\sim0.35\%$，$w(Mn)=0.75\%\sim1.00\%$，$w(P)=0.035\%$，$w(S)=0.040\%$，$w(Cr)=0.40\%\sim0.60\%$。

11.5.3 离子束表面处理

离子注入是将元素的原子电离成离子后，在高电场（几十至几百千伏）作用下被加速获得高能量和高速度射入工件表面的技术。注入是在高真空（10^{-4} Pa）和较低温度下进行的，基体不受污染，不引起热变形、退火和尺寸的变化。注入原子与基体金属间没有界面，注入层不存在剥落问题。

一定能量的离子注入金属后，与其中的原子核和电子发生碰撞，并与原子进行电荷交换，离子不断消耗能量并不断改变运动方向，当能量耗尽就停止下来。离子注入深度决定于离子能量和质量以及基体质量。

离子注入金属表面使注入层原子发生位移、换位、混合，产生密集的位错网络，注入原子与位错网络交互作用，使位错运动受阻。可使注入表面层原子排列从长程有序变为短程有序甚至变为非晶体状态。它们对位错产生钉扎作用，使表面层发生大幅度改变而得到强化。

在金属、陶瓷等材料的离子注入改性工艺中注入离子的剂量常要达到 10^{17} 离子/cm^2 以上，材料表层的组分组成、相结构和组织会发生显著的改变，当然表面层各种性能也是变化很大的。

有些元素注入后，会与金属形成化合物，例如 N、B 元素注入后可生成 Fe_4N、Fe_3N、CrN、TiN、Be_6B 和 Be_2B 等，它们构成弥散相，使基体强化。高能量和高速离子轰击基体，使表面层成为压缩状态，这种压缩应力起到填实表面裂纹和降低微粒从表面剥落的作用，从而提高抗磨损能力和疲劳的性能。离子注入到金属表层深度很浅，通常为 0.1μm。

离子注入技术的特点如下。

(1) 离子注入是一个非热平衡过程,注子离子的能量很高,离子注入可用任何所需元素向任何金属和合金注入,被注入元素至少不受合金系统的固溶度限制,例如,钨和铜在液态和固态很难互溶,但采用钨离子注入到铜中的方法就能得到钨在铜中的置换式固溶体。离子注入的浓度可以很大,且与扩散无关。如氮在钢中的溶解度很小,但用离子注入可达到很高浓度。

(2) 离子注入一般是在常温和真空条件下进行,而且是在高能量和高速运动下注入工件表面,因此加工后的工件表面无变形、无氧化,能保持工件原有的尺寸精度和表面光洁度,故适于零件和产品的最后表面处理,特别是适于精密部件的最后工艺。

(3) 离子注入层相对于基体材料没有边缘清晰的界面,因此表面不存在粘附破裂或脱落问题,与基体结合牢固。

(4) 离子注入技术设备昂贵、成本高,故目前主要用于重要的精密关键部件。同时不能用来处理具有复杂凹腔表面的零件。由于零件要在真空室中处理,所以受真空室尺寸的限制。

离子注入技术的应用如下。

(1) 耐磨性

氮离子注入使钢的表层硬度、耐磨性、耐腐蚀性和耐疲劳性等性能都得到明显提高。经氮离子处理过的工件,在磨去表层厚度超过注入层厚度之后应保持着高的耐磨性,并且在基体中找到氮的存在。

铜、铬、镍、一些轻元素及其合金,如铝和铝合金、镁和镁合金等在经氮等气体离子或金属离子注入后,表面显微硬度、耐磨性、抗氧化性及耐化学腐蚀能力都有提高。

一些通用的刀具和钻头、各种模具以及各行业的特殊工具和工件,如轧钢用的热轧辊、塑料工业的注塑螺杆、橡胶切刀等,经过氮离子注入后使用寿命都成倍甚至成数十倍地提高。

在金属和合金中注入 N^+、C^+、B^+ 和 Ar^+ 等能提高材料的表面硬度,从而提高抗磨损性能。

离子注入活塞环后,在发动机工作的不同转速下,都能有效提高其耐磨性,提高了活塞环的使用寿命。

N^+ 注入 Ti-6Al-4V 合金后使磨损率减小 500 倍。

C^+、Ti^+ 双重注入 H13① 钢可大幅度减少其表面的磨损率,耐磨性提高 3~4 倍。

在 304SS② 钢表面注入高浓度 N 离子或大量其他元素如 B、Ti+C、Ti+B 元素离子,在润滑条件下可使 416③SS 和 304SS 不锈钢摩擦副中 304SS 钢的滑动磨损减少 90%~99%。

(2) 耐蚀性

Y^+ 注入普通碳钢能改善在水溶液中的耐蚀性,注入剂量越高,效果越好。Y^+、Cr^+ 协

---

① 美国工具钢牌号,相当于我国 4Cr5MoSiVI 钢。

② 美国不锈钢牌号,相当于我国 OCr18Ni9 钢。

③ 美国不锈钢牌号,相当于我国 Y1Cr17 钢。

同注入表面呈现不锈钢性能。

在钢的表面注入 Cr,可提高钢的耐蚀性。

在铝、不锈钢中注入 He^+,铜中注入 B^+、He^+、Al^+ 和 Cr^+ 离子后,耐大气腐蚀性明显提高。

Mo 在 Al 中是不可溶的,但是在 20keV 条件下铝中注入 10^{17} Mo^+/cm^2 可得到单相固溶体,使纯 Al 的一般腐蚀性能和点蚀抗力有了较大的改善。

电厂烧油锅炉的喷油嘴的工作温度为 550℃,除受炉气的高温氧化作用外,还受到燃料的磨损作用。未经注入的喷油嘴,在使用 3000h 之后其孔径扩大了 100μm,而经 Ti^+ 和 B^+ 注入,工作 8000h 后,孔径增加仅为 30～50μm。

习题

1. 简述不同表面技术对固体材料的表面有什么不同要求。
2. 固体表面的吸附和扩散对表面技术具有什么样的意义？它们对表面技术的质量有什么作用?
3. 合金电镀和复合电镀都应具备什么条件才能实现？二者之间有什么异同点?
4. 电刷镀为什么在修复工艺中应用越来越广,它有什么优点?
5. 化学镀和电镀有什么不同？它主要应用在什么地方?
6. 热喷涂的原理是什么？它有什么特点?
7. 电弧喷涂的依据是什么？怎样实现？有哪些特点?
8. 气相沉积技术都有哪些应用？它的原理是什么？CVD 法和 PVD 法相比,其主要特点是什么?
9. 什么是三束？它们能够进行表面改性的依据是什么?
10. 激光表面淬火、表面合金化、表面熔覆和表面熔凝有什么区别?
11. 激光表面淬火为什么要进行预先处理？它的主要作用是什么？都有哪些方法?
12. 离子注入后金属表面都发生哪些变化？有哪些主要应用?

第12章 机械工程材料的选用

在机械制造设计中要保证机械零件在工作时具有良好的性能、高质量和经久耐用。在生产中要求材料要有较好的工艺性和经济性，以提高生产效率，降低成本等。为达到上述的预期效果，合理选择材料是一个重要因素。

要做到合理选用机械零件的材料，就必须全面分析机械零件的工作条件、受力状态、工作环境和零件失效等各种因素，提出能满足机器零件性能的要求，再选择合适的材料和相应的加工工艺过程。因此，机械零件材料的选用是一个很重要的工作，必须全面综合考虑。

12.1 选择材料的一般原则

机器零件材料的选择，应遵循以下原则：①首先是满足零件使用性能要求；②要有较好的工艺性能；③还要有较好的经济性。

12.1.1 使用性能

使用性能是指机器零件在工作条件下材料应具备的机械性能、物理性能和化学性能，它们是选材时考虑的最主要依据。对于机器零件和工程构件，最重要的是机械性能。一般是在分析机械零件工作条件的基础上，提出对机械性能要求的。

零件工作条件分析　零件工作条件包括以下 3 个方面。

(1) 受力状态

包括应力的种类(拉、压、弯、扭和剪切等)、大小、分布(均匀载荷或集中载荷)以及载荷的性质(静、动、交变和单调载荷等)。

(2) 使用环境

工件周围的环境，如温度(低温、室温、高温和交变温度等)、湿度(水中长期或间歇浸泡状态、露天雨淋状态以及冬天的干燥状态等)、介质条件(有无腐蚀介质，如海水、酸、碱和盐等)和摩擦条件(如，润滑剂、粉尘和磨粒等。)

(3) 特殊要求

主要是对导电性、导热性、热膨胀性、磁性、密度、外观和辐射等的要求。

受力状态是选择材料机械性能指标和数据的主要依据，机械性能指标是保证零件经久耐用的先决条件。同时应考虑环境因素和其他特殊要求。

常规机械数据，大部分是在拉、压、弯、扭的简单条件下测得的，特别是拉伸试验测得的机械性能指标：σ_b、σ_s、δ、ψ以及冲击载荷下所测得的a_k，使用最为普遍。而实际使用的零件工作部位受力比拉伸试验要复杂得多，例如零件中的台阶、键槽、螺纹、刀痕、裂纹和夹杂等部位易产生应力集中。它们的应力值比平均应力值高得多，容易产生变形和裂纹。因此，应用常规机械性能数据来设计零件和选材时，必须结合零件的实际条件加以修正。必要时要进行试验作为设计零件和选材的依据。

在零件设计和实际生产过程中，经常用硬度作为零件质量检验的标准。原因是硬度和强度有一定的关系，同时硬度检验方法简单，且基本不破坏零件。只要硬度达到了规定的要求，其他性能的要求也就基本上达到了。需要指出的是要注意零件各部位的实际硬度指标，即要注意“尺寸效应”对性能的影响。

对于特殊条件下所选择的强度指标，例如，高温强度、蠕变极限、疲劳极限和断裂韧性等，要根据零件的实际工作情况、受载状态和相关的力学分析，确定设计所需的强度指标，并进行零件设计和选材等工作。这是有相当难度的。

12.1.2 工艺性能

它是所选用材料能否保证顺利地加工制造成零件的关键因素。即使所选材料能够满足机械性能的要求，也可能无法加工成形或加工制造很困难、生产效率低和成本很高等，这些都是必须考虑的选材条件。要选用工艺简单、加工成形容易、能源消耗少、材料利用率高，同时又能保证产品质量的材料。

在金属材料、高分子材料和陶瓷材料三大类别中，金属材料的工艺性能最为复杂，现简述如下。

(1) 铸造性能

金属的铸造性能常用流动性、铸件收缩性和偏析倾向等来衡量。一般是要求具有好的流动性、低的收缩率和小的偏析倾向。通常是熔点低的金属和结晶温度范围小的合金有较好的铸造性能。金属材料中铸造性能较好的合金主要有各种铸铁、铸钢、铸造铝合金和铜合金，对它们可根据需要进行选择。

(2) 压力加工性能

它是指金属材料进行压力加工的能力，主要是用材料的塑性和变形抗力来衡量。压力加工分为热压力加工和冷压力加工。热压力加工有锻造、轧制和热挤压等，冷压力加工有冷冲压、冷镦和冷挤压等。金属材料的压力加工性能与加工方法有关。热压力加工性能主要是以材料在加工时的塑性、变形抗力和可加工温度范围三项指标来衡量；而冷压力加工性能是以材料的塑性、成形性、加工表面质量和产生裂纹倾向等来衡量。

一般地说，低碳钢比高碳钢、碳钢比合金钢的压力加工性能要好。铝合金虽可锻造成各种形状的锻件，但它的锻造温度范围小，所以可锻性不是很好，而铜合金的可锻性一般较好。

(3) 焊接性能

焊接性能是以焊接接头的机械性能的高低和焊接时形成裂纹与气孔的倾向来衡量。各种金属材料的焊接性能相差很大。焊接的主要对象是钢，低碳钢焊接性能最好，当含碳量大于0.4%时焊接性能下降。碳含量和合金钢中含合金元素越多,则焊接性能越差。铸铁由于含碳量多,焊接性能很差,只能用于铸铁件的焊补,而灰口铸铁基本上不能焊接。由于铜合金和铝合金有易氧化、导热性高等特点,焊接性能都很差,常用氩弧焊进行焊接。

(4) 机械加工性

机械加工性常用材料的切削性和切削后表面光洁度来衡量。在钢中,当然易削钢性能最好,其他钢则与其化学成分、组织和机械性能有关。钢的硬度在170～230HB时易削性能较好;硬度在250HB时,可提高切削表面光洁度,但对刀具磨损较严重。含碳量小于0.25%的钢可采用正火处理,以得到较多的细片状P,使硬度适当提高,可改善被加工表面光洁度;当含碳量在0.25%～0.4%时可采用正火或退火,以获得较好的表面光洁度;当含碳量在0.4%～0.6%时,由于碳量增加,钢的硬度提高,通常采用退火或调质处理,使硬度稍有降低,以改善钢的切削加工性;当含碳量大于0.6%时,采用球化退火得到球状P,可改善切削加工性能。高速钢和A不锈钢的切削加工性能差,铝、镁合金的切削性能较好。

(5) 热处理性能

对于大多数金属材料来说,热处理是保证零件最终性能的重要工艺手段,如果热处理工艺性能不好,容易产生严重的后果,甚至报废,造成极大的浪费和损失。热处理工艺性能包括淬硬性、淬透性、变形开裂倾向、氧化脱碳倾向、过热敏感性、回火脆性和回火稳定性等。这些性质与材料的化学成分有关,一般碳钢的淬透性差,适合制作尺寸较小、形状简单和强韧性要求不高的零件。而对于要求高强度、大截面和形状复杂的零件,要用合金钢,但合金钢的压力加工性和切削加工性不如碳钢。热处理工艺性能也与零件结构有关,例如,尖角和截面突变等,这些都应综合考虑。

12.1.3 经济性

在机械设计和生产过程中,一般在满足使用性能和工艺性能的条件下,经济性也是选材必须考虑的主要因素。选材的经济性是指选用的材料价格便宜,生产零件的总成本低,这里包括零件的自重、零件的加工费、试验研究费用、零件的寿命和维修费用等。在保证性能的前提下,尽量选用价格便宜的材料,以降低零件的成本。有时虽然价格较贵,但由于零件自重较轻,使用寿命延长,维修费用减少,反而是经济的。

另外,还要合理安排零件的生产过程,使材料消耗降低,生产工序尽量减少,以降低零件的制造费用。要从实际出发,全面考虑,做到加工成品率高、加工效率高、高产优质、少消耗和低成本。

12.2 机械零件的失效

掌握各种工程材料的特性,正确选择和使用材料是对从事机械设计和制造的工程技术人员的基本要求。目前即使选用最好的材料和最先进的工艺手段制造的机器零件,使用的期限也是有限的,发生失效是常事。失效是指零件失去正常工作应具有的效能,常见的失效有零件完全破坏,严重损伤和不能起到预期的作用。特别是那些没有明显预兆的失效,往往会带来严重的后果和巨大的损失,甚至导致重大的事故。因此要对零件的失效进行分析,找出失效的原因,提出预防措施,为提高产品质量、重新设计选材和改进工艺提供依据。

12.2.1 零件失效的类型

机械零件在使用过程中常见的失效形式主要有变形、断裂和表面损伤三种基本类型,其分类如下:

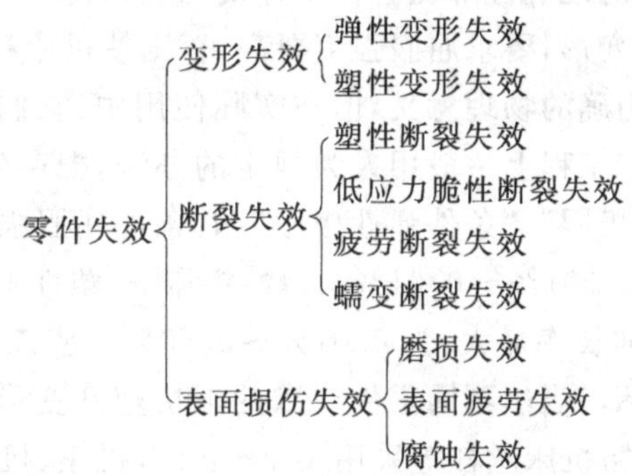

1. 变形失效

(1) 弹性变形失效

大多数机器零件在工作时都是处于弹性变形状态。一般零件在一定载荷下只允许一定的弹性变形,若发生过量的弹性变形就会造成零件失效,影响加工精度、加速磨损、降低承载能力和增加噪声等。

弹性变形的大小取决于零件的几何尺寸和材料的弹性模量。如果零件的几何尺寸已确定,若减少弹性变形量,其惟一的办法是选用弹性模量大的材料。各种类型材料的室温弹性模量 E 如表 12-1 所示。

表 12-1 常用材料的弹性模量

材料	$E/10^3$ MPa	材料	$E/10^3$ MPa
金刚石	1000	Cu	124
WC	450～650	Cu 合金	120～150
硬质合金	400～530	Ti 合金	80～130
Ti、Zr、Hf 的硼化物	500	黄铜及青铜	103～124
SiC	450	石英玻璃	94
W	406	Al	69
Al_2O_3	390	Al 合金	69～79
TiC	380	钠玻璃	69
Mo 及其合金	320～365	混凝土	45～50
Si_3N_4	289	玻璃纤维复合材料	7～45
MgO	250	木材(纵向)	9～16
Ni 合金	130～234	聚酯塑料	1～5
碳纤维复合材料	70～200	尼龙	2～4
铁及低碳钢	196	有机玻璃	3.4
铸铁	170～190	聚乙烯	0.2～0.7
低合金钢	200～207	橡胶	0.01～0.1
奥氏体不锈钢	190～200	聚氯乙烯	0.003～0.01

（2）塑性变形失效

绝大多数机器零件在使用过程中不允许产生塑性变形，但有时由于偶然的原因产生过载或材料抗塑性变形能力的降低，也会使零件产生塑性变形。当塑性变形超过允许量时零件就会失去其应有的效能。

在有的零件使用过程中，如炮筒，必须是在比例极限范围内，严格保持变形和应力之间的比例关系，否则炮弹弹道的准确性降低。再如弹簧，必须有高的弹性极限，否则弹力不够。另外如丝杠，不允许有塑性变形，要求屈服强度要高，否则使机床精度下降。虽然比例极限、弹性极限和屈服强度都有明确的物理意义，但在实际使用中，它们之间并无明显的分界线，很难测出它们的准确数值。工程上一般用人为规定的办法，把产生规定的微量塑性变形伸长率的应力作为“条件比例极限”、“条件弹性极限”和“条件屈服强度”。具体规定为比例极限 σ_p 塑性伸长率最小，为 0.001%～0.01%；弹性极限 σ_e 塑性伸长率次之，为 0.005%～0.05%；屈服强度 σ_s 塑性伸长率最大，为 0.01%～0.50%。应该说 σ_p、σ_e 和 σ_s 都是材料抵抗微量塑性变形的抗力指标。当然不同零件要求的抵抗塑性变形抗力不一样。例如炮弹、弹簧等采用 $\sigma_{0.001}$～$\sigma_{0.01}$，精密机床丝杠等采用 $\sigma_{0.01}$～$\sigma_{0.05}$，机座、机架、普通车轴等采用 $\sigma_{0.2}$，而桥梁、容器等则采用 $\sigma_{0.5}$，甚至 $\sigma_{1.0}$。

常用材料的屈服强度如表 12-2 所示。

表 12-2 常用材料的屈服强度

材料	屈服强度/MPa	材料	屈服强度/MPa
金刚石	50 000	铜	60
SiC	10 000	铜合金	60～960
Si_3N_4	8000	黄铜及青铜	70～640
石英玻璃	7200	铝	40
WC	6000	铝合金	120～627
Al_2O_3	5000	铁素体不锈钢	240～400
TiC	4000	碳纤维复合材料	640～670
钠玻璃	3600	钢筋混凝土	410
MgO	3000	低碳钢	220
低合金钢(淬-回火)	500～1980	玻璃纤维复合材料	100～300
压力容器钢	1500～1900	有机玻璃	60～110
奥氏体不锈钢	286～500	尼龙	52～90
镍合金	200～1600	聚苯乙烯	34～70
W	1000	木材(纵向)	35～55
Mo 及其合金	560～1450	聚碳酸酯	55
钛及其合金	180～1320	聚乙烯(高密度)	6～20
碳钢(淬-回火)	260～1300	天然橡胶	3
铸铁	220～1030	泡沫塑料	0.2～10

2. 断裂失效

断裂是指零件在工作过程中由于应力的作用完全分为两个或两个以上部分的现象，致使机器设备和零件无法工作。在人们对材料断裂过程深入了解中知道，断裂过程包括裂纹形成和扩展两个阶段。裂纹的形成是由外力作用下形成微裂纹和材料内部缺陷（例如微裂纹、空孔、杂质等)成为裂纹源,把这些微裂纹或裂纹源逐渐扩展至临界裂纹长度时零件立刻发生断裂。通常把裂纹自形成到扩展至临界裂纹长度的过程称为裂纹的扩展阶段。

在韧性断裂中裂纹形成后要经历很长的扩展阶段,并且是裂纹扩展和塑性变形同时进行,变形一旦停止,裂纹也停止扩展。若只增加外力,塑性变形和裂纹扩展一定同时发生,直至裂纹扩展到瞬时断裂。因此,韧性断裂前有明显的塑性变形。当塑性变形达到一定程度时,可预示人们要防止不良事故发生。

根据断裂方式可将其分为塑性断裂、低应力脆性断裂、疲劳断裂和蠕变断裂等。

1) 塑性断裂

塑性断裂是零件承载截面已进入塑性状态,产生塑性变形。材料所受应力高于屈服强度,最后导致断裂。塑性断裂在工程中的意义有限,因为断裂前已产生了较大的塑性变形,而使零件不能正常工作,这在很多零件中是不允许的。一般在断裂前已发生了塑性变形失效,而不是断裂失效。塑性断裂最典型的例子是光滑试样拉伸时缩颈发生后的断裂。

工程上零件的塑性断裂经常是以韧性断裂的形式出现,其危险性较小,因为韧性断裂在断裂前已发生明显的塑性变形,这就可以预先提醒人们注意,因此,一般不会造成严重事故。

2) 低应力脆性断裂

低应力脆性断裂是指零件应力低于甚至远低于屈服强度时发生的断裂。经常发生在有尖角、缺口或有裂纹的零件中,特别是当低温或受冲击载荷时,因材料的冲击韧性大大降低,而变为脆性断裂。这种断裂发生前没有可见的预兆,往往会带来灾难性的后果。因此在考虑材料断裂难易程度的指标时要依据冲击韧度、断裂韧度和韧脆转变温度等性能。

韧性是表示材料在塑性变形和断裂过程中吸收能量的能力,它是材料的强度和塑性的综合反映。评定材料韧性的力学性能是冲击韧性和断裂韧性。

冲击韧度 a_k 或冲击功 A_k 是衡量材料冲击韧性的力学性能指标。而断裂韧度 K_{Ic} 是评定材料抵抗脆性断裂的力学性能指标。

几种材料的冲击功或冲击韧度值如表 12-3 所示。

表 12-3 几种材料的冲击功或冲击韧度值

材料	冲击功/J	冲击韧度/$kJ \cdot m^{-2}$	试样
退火态工业纯铝	30		Charpy V 形试样
退火态黑心可锻铸铁	15		
灰口铸铁	3		
退火态奥氏体不锈钢	217		
热轧 0.2%碳钢	50		
高密度聚乙烯		30	缺口尖端半径 0.25mm,缺口深度 2.75mm
聚氯乙烯		3	
尼龙 66		5	
聚苯乙烯		2	
ABS 塑料		25	

生产上脆性断裂是零件最危险的失效方式。为防止脆性断裂必须清楚了解各种材料的冲击韧度 a_k 和断裂韧度 K_{Ic} 值。各种材料的冲击韧度 a_k 值也可用标准试样在冲击试验机上测得。而常用工程材料的断裂韧度 K_{Ic} 值如表 12-4 所示。

表 12-4　常见工程材料的断裂韧度 K_{Ic} 值

材　　料	$K_{Ic}/MN\cdot m^{-3/2}$	材　　料	$K_{Ic}/MN\cdot m^{-3/2}$
塑性纯金属(Cu、Ni、Al、Ag 等)	100～350	聚苯乙烯	2
转子钢(A533 等)	204～214	木材、裂纹平行纤维	0.5～1
压力容器钢(HY130)	170	聚碳酸酯	1.0～2.6
高强度钢	50～154	Co/WC 金属陶瓷	14～16
低碳钢	140	环氧树脂	0.3～0.5
钛合金(Ti6Al4V)	55～115	聚酯类	0.5
玻璃纤维(环氧树脂基体)	42～60	Si_3N_4	4～5
铝合金(高强度-低强度)	23～45	SiC	3
碳纤维增强的聚合物	32～45	铍	4
普通木材、裂纹和纤维垂直	11～13	MgO	3
硼纤维增强的环氧树脂	46	水泥/混凝土(未强化的)	0.2
中碳钢	51	方解石	0.9
聚丙烯	3	Al_2O_3	3～5
聚乙烯(低密度)	1	油页岩	0.6
聚乙烯(高密度)	2	苏打玻璃	0.7～0.8
尼龙	3	电瓷瓶	1
钢筋水泥	10～15	冰	0.2①
铸铁	6～20		

注：① 除冰外，其他均为室温值。

理论研究证明材料的韧性随温度而变化，其规律是韧性随温度降低而下降。每种材料都有韧脆转变温度 T_k，它是材料冲击吸收功(A_k)急剧变化的温度。显然材料的 A_k 越高和 T_k 越低，则冲击韧性越好。

脆性断裂的断口没有明显的塑性变形。断口一般比较平齐，有金属光泽，呈结晶状或瓷状。脆性断裂多数是穿晶断裂，断口沿一定结晶平面迅速发展，这个平面又叫解理面。脆性断裂也有沿晶断裂(晶间断裂)，晶界处存在裂纹，晶界过烧，形成脆性化合物薄膜或析出脆性化合物等均可出现晶间断裂。

3) 疲劳断裂

疲劳断裂是零件在交变循环应力多次作用后发生的断裂，它是在交变载荷作用下发生的。所谓交变载荷是指载荷的大小、方向随时间发生周期性变化的载荷。疲劳断裂的特点是：①引起疲劳断裂的应力很低，常低于静载荷下的屈服强度。②断裂时无明显的宏观塑性变形，并且无预兆而突然发生为脆性断裂。③疲劳断口能清楚地显示出裂纹的形成、扩展和最后断裂三个阶段，即在断口上可分为三个区域：发源区、扩展区和终断区。图 12-1 为疲劳断口的宏观示意图。从断口上看，它有许多弧形线，如贝壳状。

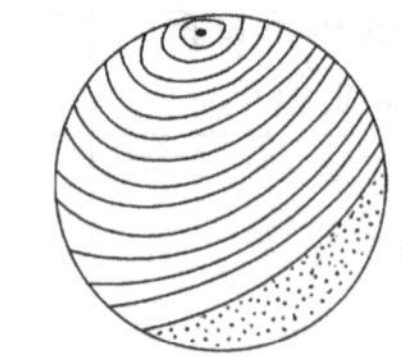

图 12-1　疲劳断口的宏观断口示意图

(1) 疲劳断口

(i) 疲劳裂纹发源区

由于材料的内部缺陷(夹杂、孔洞等)、加工缺陷(刀痕以及锻造、焊接、热处理和磨削裂纹等)或结构设计不合理(键槽、轴肩处圆角的大小)等原因，使零件局部区域造成应力集中，成为疲劳裂纹的发源地。在断口示意图上位于弧线凹的一方,类似弧线的放射中心,一般是位于表面或浅表面下。

(ii) 疲劳裂纹扩展区

疲劳裂纹形成后,在交变应力作用下继续扩展长大,由于载荷作用的间断或载荷大小的改变,裂纹经多次张开、闭合以及裂纹表面的相互摩擦,疲劳裂纹扩展区留下一条条光亮的弧线,称为疲劳线。这些弧线开始时比较密集,以后间距逐渐增大,形成了"贝壳状"花样,成为疲劳裂纹扩展区。

(iii) 最后断裂区

由于疲劳裂纹的不断扩展,使零件有效截面逐渐减小,因而应力增加,当应力超过材料的断裂强度时发生断裂,形成放射状的最后断裂区。

(2) 疲劳抗力指标及其影响因素

因为疲劳断裂前无明显预兆,具有很大的危险性。为了防止零件的疲劳断裂,设计时必须正确确定疲劳抗力指标。根据零件在疲劳前是否存在裂纹,将疲劳分为无裂纹零件疲劳和有裂纹零件疲劳。无裂纹疲劳过程要经历裂纹形成、扩展和断裂三个阶段,而有裂纹疲劳只经历裂纹扩展和断裂两个阶段。

(i) 无裂纹零件的疲劳抗力指标

一般机械中无裂纹零件设计时常用的疲劳抗力指标是疲劳极限和疲劳缺口敏感度值。

• 疲劳极限

在材料所承受的交变应力 σ 和相应的断裂循环次数 N 之间的关系曲线(也称疲劳曲线)上可知,σ 愈大,断裂循环次数 N 愈小;反之,σ 愈小,断裂循环次数 N 愈大。疲劳极限是表示材料经受无限多次应力循环而不断裂的最大应力,用 σ_{-1} 表示。在 $\sigma\sim N$ 疲劳曲线上用水平线段对应的应力表示。机械设计时大多数零件是按照疲劳强度进行设计的。

常用材料的疲劳强度如表12-5所示。

表12-5 常用材料的疲劳强度

材料	疲劳强度 σ_{-1}/MPa	材料	疲劳强度 σ_{-1}/MPa
25钢(正火)	176	Ti合金(Ti6Al4V)	627
45钢(正火)	274	LY12(时效)	137
30CrNi3(调质)	480	LC4(时效)	157
40CrNiMo(调质)	529	ZL102	137
35CrMo(调质)	470	ZL301	49
超高强钢(淬火回火)	784～882	电解铜	118
60弹簧钢	559	H68	147
GCr15	549	ZQSn10-1	274
18-8不锈钢	196	聚乙烯	12
1Cr13不锈钢	216	聚苯乙烯	10
HT450	49	聚碳酸酯	10～12
HT400	118	聚酯	16
QT400-17	196	尼龙66	14
QT500-5	176	缩醛树脂	26
QT700-2	196	玻璃纤维复合材料	88～147

• 疲劳缺口敏感度值

由于实际机器零件常常带有台阶、圆角和键槽等，不可避免地有应力集中存在，使零件在较低的应力或在较短的寿命下产生疲劳断裂，要考虑缺陷（缺口）的影响。常用疲劳缺口敏感度值 q 来衡量缺口对疲劳极限的影响。通常 q 在 0～1 之间，即 $0<q<1$。当 $q\to 0$ 时表示缺口不降低疲劳极限，即对缺口不敏感。当 $q\to 1$ 时表示缺口严重降低疲劳极限，即对缺口十分敏感。当然希望材料的 q 值愈小愈好。

(ii) 有裂纹零件的疲劳抗力指标

对于含有裂纹或缺陷的实际零件，裂纹扩展是决定疲劳寿命的重要因素。这就需要了解裂纹长度 a、应力和疲劳裂纹扩展速率之间的关系。它们是在飞机和飞船等设计中必须要考虑的问题。

(iii) 影响疲劳抗力的因素

• 材料

不同材料疲劳极限 σ_{-1} 和缺口敏感度值 q 不同。实验表明材料疲劳极限和抗拉强度有一定的经验关系：

低强度钢 $\sigma_{-1}=0.5\sigma_b$

灰口铸铁 $\sigma_{-1}=0.42\sigma_b$

球墨铸铁 $\sigma_{-1}=0.48\sigma_b$

铸造铜合金 $\sigma_{-1}=0.35\sim0.4\sigma_b$

高强度钢（$\sigma_b>1400$MPa）取 $\sigma_{-1}=700$MPa，这是由于高强度钢中的残余内应力促进裂纹萌生，破坏了疲劳极限和抗拉强度之间的关系。

材料不同，缺口敏感度值也不同，常见材料的缺口敏感度值 q 如下：

钢的 q 值是 0.6～0.8。

灰口铸铁的 q 值是 0～0.05。灰口铸铁 q 值低是由于其组织中的石墨片就是一种缺口，所以对试样表面缺口反而不敏感。

• 载荷种类

对于同一种材料，由于不同载荷，因受力状态不同，其疲劳极限也不同。同时因为疲劳极限 σ_{-1} 是在旋转弯曲疲劳条件下得到的，但实际零件所承受的交变载荷有不同类型。例如，扭转、拉-压、拉-拉等，这些载荷下的疲劳极限和 σ_{-1} 有一定的对应关系：

拉-压疲劳 铜 $\sigma_{-1p}=0.85\sigma_{-1}$

铸铁 $\sigma_{-1p}=0.65\sigma_{-1}$

扭转疲劳 $\tau_{-1}=0.55\sigma_{-1}$（钢及轻合金）

$\tau_{-1}=0.80\sigma_{-1}$（铸铁）

• 零件表面状态

零件在冷、热加工过程中所产生的缺陷（例如，脱碳、裂纹、刀痕、碰伤等）均使疲劳极限降低。材料强度越高，表面加工质量等对疲劳极限的影响愈大。

在实际使用的零件中，大多数承受交变弯曲或交变扭转载荷，零件表面应力最大，促使疲劳裂纹在表面形成。因此凡是使表面强化的一些处理都成为提高疲劳极限的有效途径。例如表面冷变形、喷丸、滚压、滚压加抛光和表面热处理、渗碳、渗氮、感应加热表面淬火和激光表面淬火等。

• 工作温度

高温使材料的屈服强度降低，疲劳裂纹易形成和扩展，故降低了疲劳极限、增加了疲劳裂纹扩展速率。相反，低温使材料的屈服强度增加，因而疲劳极限亦提高，但缺口敏感度值增加。

4) 蠕变断裂

蠕变是材料在高温下强度随温度升高而降低或高温下材料的强度随加载时间的延长而降低的现象。材料在长时间的恒温、恒应力作用下缓慢地产生塑性变形的现象称为蠕变。零件由于这种变形而引起的断裂称为蠕变断裂。一般情况下，金属材料当温度超过0.3～0.4T_m（T_m 是材料熔点，以K为单位）时才出现明显的蠕变。蠕变极限是高温长期载荷作用下材料对塑性变形的抗力指标。在耐热钢中已提到蠕变产生的条件是零件工作温度高于其再结晶温度或工作应力超过材料在该温度时的弹性极限。

蠕变与温度有关，研究结果表明材料熔点越高，蠕变的抗力越大，即蠕变发生的温度越高。蠕变失效比较容易判断，因为蠕变时有明显的塑性变形。

常用材料的熔点或软化温度如表12-6所示。

表12-6 常用材料的熔点或软化温度

材 料	T_m/K	材 料	T_m/K
金刚石	4000	Cu	1356
W	3680	Au	1336
Ta	3250	石英玻璃	1100
SiC	3110	Al	933
MgO	3073	钠玻璃	700～900
Mo	2880	Pb	600
Nb	2740	聚酯	450～480*
BeO	2700	聚碳酸酯	400*
Al_2O_3	2323	聚乙烯(高密度)	300*
Si_3N_4	2173	聚乙烯(低密度)	360*
Cr	2148	聚苯乙烯	370～380*
Pt	2042	尼龙	340～380*
Ti	1943	玻璃纤维复合材料	340*
Fe	1809	碳纤维复合材料	340*
Ni	1726	聚丙烯	330*

注：* 为软化温度。

3. 表面损伤失效

零件在工作过程中，由于机械的和化学的作用，使工作表面受到严重损伤，不能继续正常工作，这种失效称为表面损伤失效。

表面损伤失效大致分为磨损失效、表面疲劳失效和腐蚀失效三类。

(1) 磨损失效

在机械力的作用下，产生相对运动的零件表面之间都会发生摩擦，材料以细屑的形式逐渐消耗，使零件尺寸逐渐变小而失效，即称为磨损失效。零件表面变得粗糙，出现许多擦伤痕迹。

磨损种类很多，最常见的有磨粒磨损和黏着磨损两种。

① 磨粒磨损 它是在相对运动的物体作相对摩擦时，由于有硬颗粒嵌入金属表面的切

削作用而造成了沟槽，致使磨面材料逐渐耗损的一种磨损。是机械中普遍存在的一种磨损形式，磨损速度较大。例如，田间泥沙对农业机械的磨损，汽车、拖拉机汽缸套，因空气滤清器不良带入的尘埃或润滑油不清洁带入污物而发生的磨粒磨损等。

② 黏着磨损　它是由相对运动物体表面的微凸体，在摩擦热的作用下发生焊合或黏着，当相对运动物体继续运动时，两黏着表面发生分离，从而将部分表面物体撕去，造成表面严重损伤。黏着磨损又称咬合磨损。在金属材料中是指滑动摩擦时摩擦副接触面局部发生金属黏着，在随后相对滑动中黏着处的金属屑粒被从零件表面拉拽下来或零件表面被擦伤的一种磨损形式。由于摩擦副表面凹凸不平，当相互接触时，只有局部接触面积很小，接触压力很大，超过材料的屈服强度，而发生塑性变形，使润滑油膜和氧化油膜被挤破，摩擦副金属表面直接接触，发生黏着，屑粒被剪切磨损或工作表面被擦伤。黏着磨损在滑动摩擦条件下，磨损速度大，具有严重的破坏性。

为了解决磨损失效，降低磨粒磨损，要求材料的硬度提高。为减少黏着磨损，必须使摩擦系数减小，最好要有自润滑能力或有利于保存润滑剂或改善润滑条件。对表面进行强化处理(渗碳、氮化)来提高材料的耐磨性。对表面进行硫化处理和磷化处理，既可防腐，又可起减摩作用。

(2) 表面疲劳失效

在相对滚动接触的零件工作过程中，由于接触面作滚动或滚动加滑动摩擦和交变接触压应力的长期作用引起表面疲劳，而剥落破坏发生物质耗损的现象，称为表面疲劳失效。这种失效兼有疲劳破坏和磨损的特点。

表面疲劳失效首先表现在接触表面上出现许多凹坑，称为麻点。它使齿轮啮合情况恶化，噪声增加，振动加剧，产生较大附加冲击力，甚至引起齿根折断。麻点一般是一些细小的浅坑。第二，次表面麻点(浅层剥落)的疲劳裂纹不在表面，而在接近表面的皮下，约 $0.786b$ (b 为接触面半宽度)处，应力大，使裂纹向垂直或平行于表面方向发展，形成比较平直的凹坑。这种失效方式，常发生在夹杂物较多的地方。第三，硬化层剥落(深层剥落)的特点是形成大块剥落，剥块厚度大致为硬化层的深度。例如，表面淬火、化学热处理等零件上，是由于表面硬化层深度不够或心部强度不够，在硬化层和心部交界处产生裂纹，导致大块状剥落。

为了提高零件的抗表面接触疲劳能力，常采用提高零件表面硬度和强度的方法，如表面淬火、化学热处理，使表面硬化层有一定的深度。同时也可提高材料纯洁度，限制夹杂物数量和提高润滑剂的粘度等。

(3) 腐蚀失效

腐蚀失效是材料表面和周围介质发生化学或电化学反应引起表面损伤而造成的零件失效，称为腐蚀失效。它与材料的成分、结构和组织有关，当然与介质的性质也有关系。腐蚀失效较复杂，分类方法也很多。常见的有点腐蚀、裂缝腐蚀和应力腐蚀等。

① 点腐蚀

点腐蚀是在金属表面微小区域，因氧化膜破损或析出相和夹杂物剥落，引起该处电极电位降低，而出现小孔，并向深处发展的腐蚀，例如，埋在土壤中输送油、水、气的钢管，常因管壁小孔腐蚀而穿孔造成渗漏等。

② 裂缝(隙)腐蚀

裂缝(隙)腐蚀是指电解质进入零(构)件的缝隙中出现缝内金属加速腐蚀的现象，例如法兰连接面或铆钉、螺钉的压紧面，易产生裂隙腐蚀。

③ 应力腐蚀

应力腐蚀是指零(构)件在拉应力和特定的化学介质联合作用下所产生的腐蚀。它经常是在较小的拉应力和腐蚀性较弱的介质中发生。例如，大桥因钢梁在含有 H_2S 的大气中产生应力腐蚀断裂而塌陷；输油气钢管因在 H_2S 的介质中应力腐蚀而爆裂。

应当指出，同一个零件可能有几种失效形式，但往往不可能几种失效形式同时起作用。一个零件失效总是由一种形式起主导作用，很少有两种或两种以上失效形式同时出现。但它们可以组合为更复杂的失效形式，使失效分析难度增加。

12.2.2 零件失效的原因

有很多原因引起零件失效，一般从以下几个方面考虑：

(1) 设计不合理

最常见的是设计的零件几何结构和尺寸不合理，例如有尖角、尖锐切口和过小的过渡圆角等造成应力集中。其次是对零件的工作条件估计错误，如对零件在工作中可能的过载估计不足，造成零件的承载能力不够导致零件断裂。对环境的恶劣程度估计不足，造成零件实际工作能力的降低。因设计时计算错误造成零件失效，这种情况随科学水平的发展已大大减少。

(2) 选材不合理

首先是选材不当，设计人员只根据材料的常规性能指标判定，其选用的性能指标不能反映材料对实际零件的抗力。其次是选用的材料质量差，如含有过多的夹杂物和杂质元素或材料有夹层、折叠等宏观缺陷。因此，对原材料进行严格检验是避免零件失效的重要步骤。

(3) 加工工艺不当

零件在加工成形过程中，由于采用的工艺参数和工艺方法不正确，可造成各种缺陷。例如，冷加工中常出现的缺陷有：表面光洁度太低，存在较深的刀痕、磨削裂纹等。热成形过程中容易产生过热、过烧、带状组织等。热处理时工序的遗漏、淬火冷速不足、表面脱碳、淬火变形和开裂等。毛坯中有缺陷，如铸件中有气孔、夹杂，锻件中组织不均匀等。

(4) 安装使用不正确

零件在安装时配合过紧、过松、对中不良和固定不紧等都可造成失效。在使用过程中，由于操作不当，没有遵守操作规程和维护保养不好。有时在过载条件下使用等都可造成零件的失效。

以上只讨论了导致失效的四个主要原因，实际情况往往很复杂，一个零件的失效可能是多种因素造成的。要逐一考查分析设计、材料、加工和安装使用等各方面可能出现的问题，逐一排除各种可能失效的原因，找出真正起决定性作用的失效原因。

12.2.3 零件失效的一般分析方法

因为零件失效的原因很多，分析起来也相当复杂，涉及面很广，所以分析零件失效必须要有一个科学的方法和合理的工作程序。失效分析的基本步骤如下：

(1) 仔细收集失效零件的残骸，并拍照记录失效实况，确定重点分析的对象，找出失效的发源部位或反映失效性质、特点的地方,然后在该部位取样,这是最关键的一个步骤。需要时还要收集表面剥落物和腐蚀产物。

(2) 了解失效零件的有关资料,如设计图样、所用材料、实际加工工艺和使用情况等。特别是要详细分析零件的工作条件、受力状态和工作环境以及生产过程对零件和设备的维护等情况,做到深入了解和全面分析。

(3) 对失效零件所选用的试样进行宏观(用肉眼或低倍和立体显微镜)及微观(高倍光学或电子显微镜)断口观察和分析以及必要的金相剖面分析,确定失效的发源点及失效方式。

(4) 对所选试样进行成分、结构、组织和性能分析与测试,如成分是否符合要求,组织是否正常,有无内部和表面缺陷。测定与失效形式有关的各项性能指标及设计时所依据的性能指标数据。对一些主要和关键零部件,必要时还要进行断裂力学计算,以便于确定失效的原因。

通过上述一系列的科学分析和检验,作出判断,确定失效的原因,得出最后的正确结论,提出改进措施,写出分析报告。

12.3 典型机械零件的选材

机械中零件种类多,对性能要求各异,当然能满足性能要求的材料也不少。但在零件设计和工艺过程中选择比较正确和合理的材料,还必须要认真对待。

金属材料、高分子材料、陶瓷材料和复合材料是目前最主要的工程材料。因为它们各有其特性,所以也各有其最合适的用途。

高分子材料的强度和刚度(弹性模量)低,尺寸稳定性差,易老化,因此,目前在工程上还不能用于制作承受载荷较大的结构零件。但高分子材料具有弹性好,减振性、耐蚀性、耐磨性、减摩性、电绝缘性好和密度小的特点,因此,高分子材料在机械工程中常用于制造受力小的部件,如轻载传动齿轮、轴承、各种密封垫圈、壳体件和轮胎等。

陶瓷材料硬而脆,在外力作用下易脆断,所以不能用于制作重要的受力构件。但它具有高的硬度、热硬性好和很好的化学稳定性,因此可用于制造在高温下工作的零件和耐蚀、耐磨的零件,如切削刀具、燃烧器喷嘴和石油化工容器等。在国防尖端产品和航空工业中也占有重要位置。

复合材料综合了不同材料的优良性能,如比强度、比模量高,抗疲劳,减摩、耐磨、减振性好,隔热、隔音和化学稳定性好等特殊性能。但目前复合材料有的价格较贵,除重要的结构外,一般工业中应用有限,但应看到复合材料将有很大的发展和应用前景。

金属材料具有优良的综合力学性能,其强度、塑性和韧性均好,也具有一定的物理和化学性能,它可用于制造各种重要的机械零件和工程构件。目前金属材料仍然是机械工程中应用最主要的结构材料,尤其是钢铁材料更为普遍。以汽车用材的质量分数为例,钢约占65%,铸铁约占20%,有色金属约占3%,非金属材料约占12%。

12.3.1 轴类零件

轴是机械中重要和非常关键的零件,其作用是支承传动零件、承受着各种载荷、传递运动和动力。轴质量的好坏直接影响机器的精度和寿命。

1. 轴的一般工作条件和失效方式

(1) 轴的工作条件

① 承受交变扭转载荷、交变弯曲载荷或拉-压载荷。

② 局部承受磨损和摩擦,主要是轴颈或花键处应有较高的硬度和耐磨性。

③ 大多数轴要求承受一定的冲击载荷,在特殊条件下还要受温度和介质的作用。

(2) 轴的失效方式

① 疲劳断裂　由于交变载荷长期作用造成疲劳断裂。主要是扭转疲劳,也有弯曲疲劳,疲劳断裂是主要的失效方式,即占轴损坏的大部分。

② 断裂失效　由于大载荷和冲击载荷的作用,使轴发生断裂,其方式是折断或扭断。个别情况下,也可能发生过量的塑性变形。

③ 磨损失效　轴颈或花键处过度磨损失效。

2. 对轴材料性能的要求

(1) 应具有优良的综合力学性能,即要有足够的强度、塑性和一定的韧性,以承受过载和冲击载荷,防止过量变形和断裂。

(2) 当弯曲载荷很大、转速又很高时,轴要承受很高的疲劳应力。因此要求具有高的疲劳强度,以防疲劳断裂。

(3) 轴表面要具有高硬度和耐磨性。特别是与滑动轴承接触的轴颈部位,耐磨性要求高。轴转速愈高,耐磨性要求也愈高。

(4) 在特殊条件下,还要提高抗蠕变能力和抗腐蚀性能。

对轴进行选材时,还要将轴的受力状况进一步分析。

3. 按受力状况对轴的分类

(1) 受力不大,主要考虑刚度和耐磨性。如主要考虑刚度,可用碳钢或球墨铸铁制造。如要求轴颈有较高的耐磨性,则可选用中碳钢,并进行表面淬火,将硬度提高到52HRC以上。

(2) 主要受弯曲、扭转的轴,如变速箱传动轴、发动机主轴和机床主轴等。这类轴在整个截面上所受的应力分布不均匀,表面应力较大,心部应力较小。不需要用淬透性很高的钢种,如45钢、40Cr和40MnB等即可满足要求。

(3) 要求高精度、高尺寸稳定性及高耐磨性的轴,当轴由钢质轴承支承时,其轴颈必须具有更高的表面硬度。如镗床主轴,则选用38CrMoAlA钢,并进行调质处理和氮化处理。

(4) 承受弯曲(或扭转),同时承受拉-压载荷的轴,如船用推进器轴、锻锤锤杆等,这类轴的整个截面上应力均匀,心部受力也较大,选用的钢种应具有较高的淬透性。如40CrMnMo等。

轴类零件很多,主要有机床主轴、汽车半轴和内燃机曲轴等,其选材的原则和主要依据是由载荷大小、转速高低、精度和粗糙度的要求、有无冲击载荷和轴承类型等来决定的。

4. 机床主轴的选材

根据主轴受力要求,应具有优良的综合机械性能和良好的抗疲劳性能。这些性能可用材料的强度、塑性、韧性、喷丸处理和氮化处理等解决。同时还要考虑承受摩擦和磨损的性能，特别是轴颈部分，其磨损程度和轴承有密切关系。

在滚动轴承上摩擦转移给滚珠和套圈，轴颈部分没有耐磨要求，但适当的硬度可以改进装配工艺性和保证装配精度，轴的硬度在40～50HRC即可满足。在组合机床中，常因轴多而结构拥挤，多选用滚针轴承，以轴颈作内圈，要求高硬度、耐磨和高的疲劳强度，一般用20Cr钢渗碳淬火，硬度为59HRC即可。

在滑动轴承中，轴颈和轴瓦发生摩擦，耐磨性要求高，轴转数愈高，耐磨性要求也愈高。不同滑动轴承材料，对轴颈硬度要求不一样。巴氏轴承合金硬度不高，对主轴硬度要求不高；锡青铜轴承合金硬度高，对主轴硬度要求也高，一般不低于50HRC；若主轴是由铜质轴承支承，则主轴必须有高的硬度，例如镗床主轴由于与钢质套筒配合，因此，主轴要做氮化处理。

若主轴工作时与配件配合，且拆装频繁，例如，铣床主轴常换刀具、磨床砂轮主轴常换砂轮等，都易使主轴锥孔或外圆锥面拉毛，影响配件与主轴的接触配合，所以要求主轴的这些部位具有一定的耐磨性，硬度在45HRC以上时，工作中的拉毛现象可大大改善。

因此，机床主轴材料的选择，主要考虑主轴承受转速的高低；承受弯曲载荷或扭转力矩的大小；是否承受冲击载荷；与主轴轴承配合是滑动，还是滚动，有无直接磨损；主轴与其他配件有无频繁的拆装过程；对主轴精密度和表面粗糙度的要求等。

(1) 根据工作条件对机床主轴的分类

① 受轻级或中级载荷，磨损较轻，冲击不大。选用45钢经调质或正火处理，然后对轴颈及配件经常装拆部位进行表面淬火。

② 受轻级或中级载荷，但磨损严重，且受冲击。可选用20Cr钢渗碳淬火或选用40Cr钢、40MnVB钢调质或正火处理后，在需要高硬度部位进行表面淬火。

③ 受中级或重级载荷，磨损严重，且受冲击，但精度要求不高。可选用20CrMnTi钢渗碳淬火。

④ 受力小、要求精度和较细的粗糙度、变形小的精密机床主轴，可选用38CrMoAl钢氮化处理。

(2) 主轴的工艺路线和热处理的作用

① 主轴的工艺路线

(i) 中碳结构钢或合金结构钢制主轴工艺路线

下料→锻造→正火或退火→粗加工→调质→精加工→表面淬火→粗磨→低温人工时效→精磨。

(ii) 合金渗碳钢制主轴工艺路线

下料→锻造→正火→精车→渗碳→淬火→粗磨→低温人工时效→精磨。

(iii) 氮化主轴的工艺路线

下料→锻造→退火→粗车→调质→精车→除应力处理→粗磨→氮化→精磨。

② 主轴热处理的作用

(i) 正火或退火

降低硬度，改善切削加工性，消除锻造应力和组织不均匀性。

(ii) 调质处理

目的是提高主轴的综合机械性能，获得均匀的回火索氏体组织，以便在表面淬火时得到均匀的硬化层。回火索氏体的硬度应控制在 25～30HRC 左右。保证硬化层由表面至中心逐渐降低，防止主轴运转时表面硬化层脱落。

(iii) 去应力处理

为了消除机械加工中的切削应力，减少最终热处理的变形，一般安排在半精加工之后，最终热处理之前。

(iv) 表面淬火

为了使轴颈及磨损部位获得高硬度，提高耐磨性和疲劳强度。

(v) 人工时效

进一步稳定淬硬层组织和消除磨削应力，以减少主轴的变形。对要求很高的主轴，人工时效次数可适当增加。

(vi) 渗碳-淬火

使表面具有高的硬度和耐磨性，而心部仍保持一定强度和较高的塑性和韧性。

(vii) 氮化处理

提高表面硬度和耐磨性，以及提高疲劳强度和耐蚀性。为了保证氮化主轴心部具有良好的综合机械性能，在氮化前要进行调质处理。为了使氮化后弯曲变形量减少到最低限度，须在氮化前进行除应力处理。氮化后不再需要热处理，便具有很高的表面硬度、耐磨性、疲劳强度和耐蚀性。氮化处理变形小。

(3) 以 C616 车床主轴为例进行选材分析

该机床主轴受交变弯曲和扭转的复合应力，但载荷不大、转速不高、冲击作用力不大。由于在滚动轴承中工作，摩擦已转移给滚动体和套圈，其轴颈部位不需要特别高的硬度，工作条件较好，故具有一般的综合力学性能即可满足要求。但大端的内锥孔和外锥体与顶尖和卡盘在装卸过程中有相对摩擦，花键部位与齿轮有相对滑动，为防止这些部位表面划伤和磨损而影响配合精度，故要求这些部位有较高的硬度和耐磨性。

C616 车床主轴简图如图 12-2 所示。

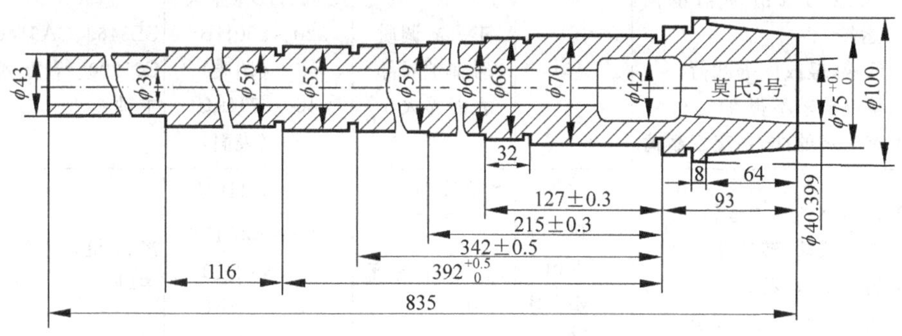

图 12-2　C616 车床主轴简图

根据上述分析，该主轴选用 45 钢即可满足要求。热处理工艺为整体调质处理，硬度要求为 220～250HB。内锥孔和外锥体局部淬火，硬度为 45～52HRC。具体加工工艺路线如下：

下料→锻造→正火→粗加工→调质→半精加工(除花键外)→局部淬火＋回火(内锥孔和外锥体)→粗磨(外圆、外锥体和内锥孔)→铣花键→花键高频淬火＋回火→精磨(外圆、外锥体和内锥孔)。

① 正火

消除锻造应力,并得到合适的硬度,便于切削加工。同时改善锻造组织,为调质处理做准备。

② 调质处理

使主轴得到较好的综合力学性能和疲劳强度。

③ 局部淬火

用盐浴快速加热局部淬火使内锥孔及外锥体经回火后达到所要求的硬度,保证装配精度和耐磨性。

④ 高频表面淬火、回火

在花键部位采用高频淬火、回火,以减少变形,并达到表面硬度的要求。

常用的机床主轴工作条件、选用材料、热处理工艺及应用举例详见表 12-7。

表 12-7 机床主轴的工作条件、选材、热处理及应用举例

序号	工作条件	选用钢号	热处理工艺	硬度要求	应用举例
1	(1) 在滚动轴承中运转 (2) 低速,轻或中等载荷 (3) 精度要求不高 (4) 稍有冲击载荷	45	调质	220~250HBS	一般简易机床主轴
2	(1) 在滚动轴承中运转 (2) 转速稍高,轻或中等载荷 (3) 精度要求不太高 (4) 冲击、交变载荷不大	45	整体淬硬	40~45HRC	龙门铣床、立式铣床、小型立式车床的主轴
			正火或调质+局部淬火	≤229HBS(正火) 220~250HBS(调质) 46~51HRC(局部)	
3	(1) 在滚动或滑动轴承内运转 (2) 低速,轻或中等载荷 (3) 精度要求不很高 (4) 有一定的冲击、交变载荷	45	正火或调质后轴颈局部表面淬火	≤229HBS(正火) 220~250HBS(调质) 46~57HRC(表面)	CB3463、CA6140、C61200 等重型车床主轴
4	(1) 在滚动轴承内运转 (2) 中等载荷,转速略高 (3) 精度要求较高 (4) 交变、冲击载荷较小	40Cr 40MnB 40MnVB	整体淬硬	40~45HRC	滚齿机,组合机床的主轴
			调质后局部淬硬	220~250HBS(调质) 46~51HRC(局部)	
5	(1) 在滑动轴承内运转 (2) 中或重载荷,转速略高 (3) 精度要求较高 (4) 有较高的交变、冲击载荷	40Cr 40MnB 40MnVB	调质后轴颈表面淬火	220~280HBS(调质) 46~55HRC(表面)	铣床、M7475B 磨床砂轮主轴
6	(1) 在滚动或滑动轴承内运转 (2) 轻、中载荷,转速较低	50Mn2	正火	≤241HBS	重型机床主轴

续表

序号	工作条件	选用钢号	热处理工艺	硬度要求	应用举例
7	(1) 在滑动轴承内运转 (2) 中等或重载荷 (3) 要求轴颈部分有更高的耐磨性 (4) 精度很高 (5) 交变应力较大,冲击载荷较小	65Mn	调质后轴颈和头部局部淬火	250～280HBS(调质) 56～61HRC(轴颈表面) 50～55HRC(头部)	M1450 磨床主轴
8	工作条件同上,但表面硬度要求更高	GCr15 9Mn2V	调质后轴颈和头部局部淬火	250～280HBS(调质) ≥59HRC(局部)	MQ1420、MB1432A 磨床砂轮主轴
9	(1) 在滑动轴承内运转 (2) 重载荷,转速很高 (3) 精度要求极高 (4) 有很高的交变、冲击载荷	38CrMoAl	调质后渗氮	≤260HBS(调质) ≥850HV(渗氮表面)	高精度磨床砂轮主轴、T68 镗杆、T4240A 坐标镗床主轴、C2150.6 多轴自动车床中心轴
10	(1) 在滑动轴承内运转 (2) 重载荷,转速很高 (3) 高的冲击载荷 (4) 很高的交变应力	20CrMnTi	渗碳淬火	≥59HRC(表面)	Y7163 齿轮磨床、CG1107 车床、SG8630 精密车床主轴

5. 汽车半轴的选材

汽车半轴是传递扭矩、直接驱动车轮转动的重要部件。承受反复弯曲疲劳和扭转应力的作用,工作应力较大,且受相当大的冲击载荷。要求材料有足够的抗弯强度、抗疲劳强度和较好的韧性。半轴是综合机械性能较高的零件,一般选用中碳调质合金钢制造。中小型汽车半轴选用 40Cr、40MnB 等制造,而大型载重汽车则用淬透性高的 40CrNi、40CrMnMo 和 40CrNiMo 制造。

130 载重汽车半轴简图如图 12-3 所示。

现以 130 载重汽车半轴为例进行选材分析。

根据技术条件,选用 40Cr 钢可满足要求,它的工艺路线为:下料→锻造→正火→机械加工→调质→盘部钻孔→磨削花键。

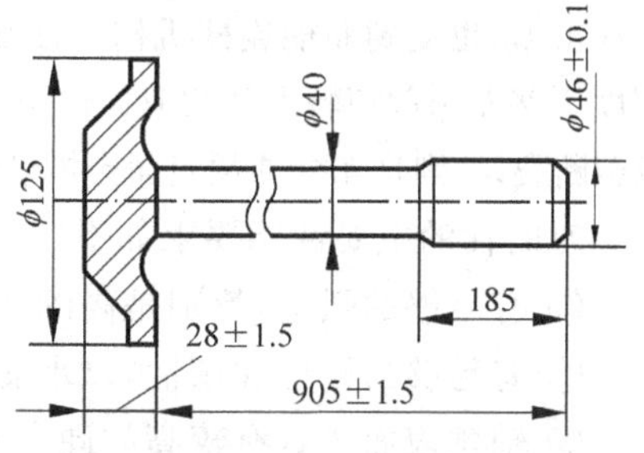

图 12-3 130 载重汽车半轴简图

① 正火

为预备热处理,改善锻造组织,细化晶粒,以利于切削加工,并为随后调质处理做组织准备。其硬度为 187～241HB。

② 调质

使半轴具有较高的综合机械性能。由于盘部和杆部要求不同的硬度。淬火采用整体加热后先将盘部油冷,一定时间后调过头将整体进行水冷,淬火后回火温度选用 420℃。回火后水冷，防止回火脆性，也有利于增加半轴表面的压应力，提高其疲劳强度。此时性能为杆部 37～44HRC，盘部外圆 24～34HRC。组织为 $S_{回}$ 或 $T_{回}$。

几种国产汽车半轴常用材料、技术要求列于表 12-8。

表 12-8 汽车半轴常用材料和技术要求

汽车类型	材料	预备热处理	整体调质硬度		感应淬火		渗碳淬火	
			杆部/HRC	法兰/HB	层深/mm	硬度/HRC	层深/mm	硬度/HRC
轿车和吉普	40Cr		25～40 37～44	≥249	2.5～5	45～58		
	40MnB		41～47	≥247				
	18CrMnTi	正火					1.5～1.8	58～63
	42CrMo	正火	28～32		5～7	54～58		
载重汽车	40Cr	正火			3～6	49～62		
	12CrNi4A	正火					1.2～1.6	58～63
	40MnB	正火 187～241HB			4～7	52～58		
	40MnB	正火 229～269HB			4～7	52～63		
重型汽车	40CrMnMo	退火≤ 255HB	37～44	≥247				
	40Cr	正火			7～10	50～55		
	40CrNi 47MnTi	退火			8～10 6.5～7	53～60 54～57		

注：只有在特殊情况下，可采用 12CrNi4A 钢制造进行渗碳处理，但必须控制残余奥氏体的数量，最后进行淬火处理。

6. 内燃机曲轴的选材

曲轴是内燃机的主要零件之一。在工作过程中将活塞连杆的往复运动变为曲轴的旋转运动。汽缸的周期性变化的气体爆发压力作用在活塞上，使曲轴承受很大的弯曲应力、扭转应力和冲击力，也受到曲柄连杆机构的往复惯性力的作用。在高速内燃机中有时还存在着因曲轴刚度不够而引起扭转振动的应力作用。在这样的工作条件下曲轴的主要失效方式是轴颈磨损和疲劳断裂，特别是连杆轴颈表面磨损最严重。疲劳断裂有弯曲疲劳和扭转疲劳断裂两种形式。

对曲轴的主要性能要求如下。

① 有足够的强度，特别是高的疲劳强度。

② 有足够的塑性和韧性，以承受较大的冲击载荷。

③ 轴颈表面要具有较高的硬度和韧性。

选择曲轴材料的依据是内燃机功率的大小、转速的高低和轴瓦材料等。同时也要考虑加工条件、生产批量、热处理工艺和制造成本等。但一般主要是按下列情况进行选择。

① 低速内燃机曲轴选用正火状态的中碳钢或球墨铸铁。例如，45 钢、QT600-3 等。

② 中速内燃机曲轴选用调质状态的中碳钢或中碳合金钢和球墨铸铁。例如，45 钢、40Cr 钢、45Mn2 钢、QT900-2 等。

③ 高速内燃机曲轴选用高强度合金调质钢。例如，35CrMo、42CrMo、50CrMoA 和 18Cr2Ni4WA 等。

在一般内燃机中，选用 45 钢锻造曲轴比较适合，从疲劳强度看，合金钢曲轴并不比 45 钢曲轴优越，因为合金钢对缺口敏感性较大，在热处理时易产生显微裂纹和回火脆性。

按照上述常用曲轴材料和所采用的加工工艺，可将其分为锻钢曲轴和铸造曲轴两种。

(1) 锻钢曲轴

用 45 钢锻造曲轴的工艺路线为：下料→模锻→正火→调质→切削加工→局部(轴颈)表面淬火→低温回火→精磨。

① 正火

消除锻造应力，使组织均匀化，并为淬火做组织准备。

② 调质

使整个截面获得均匀的 $S_{回}$ 组织，调质后硬度不太高，切削加工性能良好。

③ 局部表面淬火

使轴颈提高硬度和耐磨性，一般采用中频表面淬火，以获得较深的硬化层。

(2) 铸造曲轴

铸造曲轴主要由铸钢、球墨铸铁、珠光体可锻铸铁和合金铸铁等制造。例如，ZG230-450、QT600-2、QT700-2、KTZ450-5 和 KTZ500-4 等。

用 QT600-3 铸造曲轴的工艺路线：浇注→正火→去应力退火→切削加工→局部淬火或软氮化处理。

① 正火

用风冷强制冷却，细化 P 和增加 P 含量，以提高其强度、硬度和耐磨性。

② 去应力退火

为了消除风冷正火所造成的内应力。

③ 局部淬火或软氮化

使轴颈提高硬度、耐磨性和疲劳强度，其中以软氮化的效果为最好。软氮化层深在 0.01～0.02mm 之间，可提高疲劳强度 60%左右。

曲轴还可以采用喷丸、滚压强化，以提高疲劳强度。锻钢曲轴经喷丸处理可使弯曲疲劳强度提高 15%～25%。滚压强度是通过曲轴的圆角部分进行滚压，而形成塑性变形强化，也可改善圆角表面粗糙度、消除显微裂纹等。珠光体球墨铸铁曲轴圆角经过滚压后，弯曲疲劳强度可提高 30%～90%；铸钢曲轴圆角滚压后，弯曲疲劳可提高 20%～70%。

现以 175A 型农用柴油机曲轴为例进行选材分析。

175A 型柴油机为单缸四冲程柴油机，由于功率不大，曲轴承受弯曲、扭转和冲击载荷等不大。但由于轴颈在滑动轴承中工作，故要求轴颈部位要有较高的硬度和耐磨性。其具体性能要求为 $\sigma_b \geqslant 750$MPa，整体硬度 240～260HB，轴颈表面硬度≥625HV，$\delta \geqslant 2\%$，$a_{kU} \geqslant 150$kJ/m^2。175A 型柴油机曲轴简图如图 12-4 所示。

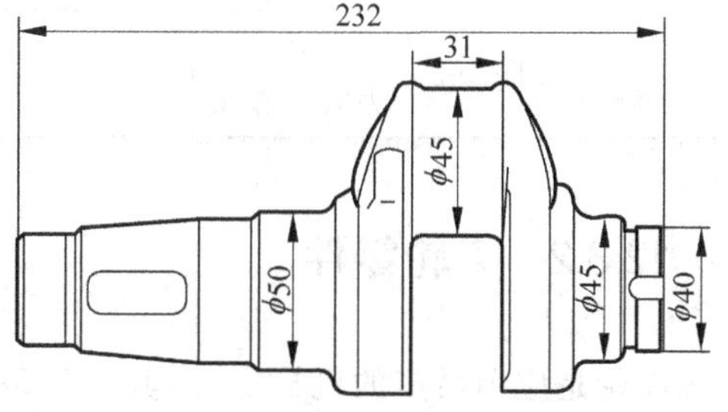

图 12-4 175A 型柴油机曲轴简图

根据上述要求，175A 柴油机曲轴材料选用 QT700-2，其工艺路线如下：浇注→正火→去应力退火→切削加工→轴颈气体氮化。

① 正火(950℃)

获得细 P 基体组织，以满足强度要求。

② 去应力退火(560℃)

消除正火后产生的内应力。

③ 氮化(570℃)

轴颈气体渗氮，提高硬度和耐磨性。

常见曲轴用材料的预备热处理和最终热处理工艺规范如表 12-9 所示。

表 12-9 常见曲轴用材料的预备热处理和最终热处理工艺规范

汽车类型	材料	预备热处理		热处理工艺规范		
		工艺	硬度/HBS	具体工艺	层深/mm	硬度HRC
轿车、轻型汽车	45	正火	170～228	感应淬火、低温回火	2～4.5	55～63
	50Mn	调质	217～277	氮碳共渗 570℃×180min	>0.5	≥500$HV_{0.1}$
	QT600-3	正火	229～300	氮碳共渗 560℃×180min	≥0.10	>650HV
载重汽车	QT600-3	正火	220～260	感应淬火、低温回火	2.9～3.5	46～58
	45	正火	163～196	感应淬火、低温回火	3～4.5	55～63
	45	调质	207～241	感应淬火、低温回火	≥3	≥55
重型载重汽车	45	正火	—	氮碳共渗 570℃×180min	0.9～1.2	≥300HV_{10}
	QT900-2	正火+去应力退火	280～321	—	—	—
	35CrMo	调质	216～269	感应淬火、低温回火	3～5	53～58
大功率柴油机汽车	QT600-3	正火+去应力退火	240～300	—	—	—
	35CrNi3Mo	调质	—	渗氮 490℃×60h	≥0.3	≥600HV
	35CrMo	调质	—	离子渗氮 515℃×40h	≥0.5	≥550$HV_{0.1}$
	QT600-3	正火+去应力退火	—	离子渗氮 510℃×120h	≥0.7	600HV

12.3.2 齿轮零件

齿轮是应用最广的机械零件，其工作条件主要是用来传递扭矩和动力，改变运动方向和运动速度，所有这些都是通过轮齿齿面的接触来完成的。一对齿轮副在工作中，两齿面相互啮合。在齿面接触处,既有滚动,又有滑动。同时又受到交变接触压应力和摩擦力的作用,而齿轮根部还受到交变弯曲应力的作用。当换挡、启动和齿面啮合不良时还要受到冲击力的作用。有时因瞬时过载、润滑油腐蚀和外部硬质颗粒的侵入等,使齿轮的工作条件更加恶化。

鉴于上述工作情况,齿轮的主要失效形式有:轮齿折断、齿面磨损、齿面点蚀、齿面咬合和齿面塑性变形等。

根据齿轮的工作条件和失效方式,对齿轮材料性能的要求如下。

① 高的抗弯曲疲劳强度,以防轮齿疲劳断裂。

② 足够高的齿心强度和韧性,防止轮齿过载和冲击断裂。

③ 足够高的齿面接触强度和高的硬度、耐磨性,以防止齿面损伤。

④ 较好的工艺性能,如切削加工性、热处理变形小或变形有一定规律、过热倾向小和有一定的淬透性等。

1. 机床齿轮的选材

机床齿轮的工作条件平稳,无强烈冲击,载荷不大,转速中等。对齿轮心部强度和韧性的要求不高。一般用中碳钢(或中碳合金钢)和渗碳钢两类,即可满足要求。

(1) 中碳钢或中碳合金钢

最常用的有45钢和40Cr钢。45钢用于中小载荷齿轮,如床头箱齿轮、溜板箱齿轮等,经高频淬火和回火后,硬度可选52～58HRC。40Cr钢用于中等载荷齿轮,如铣床工作台变速箱齿轮,经高频淬火和回火后,硬度可达52～58HRC。

(2) 渗碳钢

常用的有20Cr、20Mn2B和20CrMnTi等。20Cr和20Mn2B用于中等载荷、有冲击的齿轮,如六角车床变速箱齿轮。20CrMnTi用于重载荷和有较大冲击的齿轮,如C620机床给进箱摆移齿轮,经渗碳淬火后,硬度可达56～62HRC。

用45钢制造机床变速箱齿轮的加工工艺路线如下:

下料→锻造→正火→粗加工→调质→精加工→高频淬火和回火→精磨。

① 正火

使组织均匀并细化,消除锻造应力,便于切削加工。对于一般齿轮,也可作为高频淬火前的最终热处理。

② 调质

获得高的综合机械性能、提高齿轮心部的强度和韧性,使齿轮能承受较大的弯曲应力和冲击力,其组织为$S_{回}$。

③ 高频淬火和低温回火

提高齿轮表面硬度和耐磨性,并使齿轮表面有压应力,以提高疲劳强度。为了消除淬火应力,高频淬火后应进行低温回火(或自行回火),对防止研磨裂纹的产生和提高抗冲击能力是非常有利的。

表12-10列出不同工作条件的机床齿轮的选材、硬度要求和热处理工艺。

表 12-10　机床齿轮常用钢种及热处理工艺

序号	工作条件	钢号	热处理工艺	硬度要求
1	在低载荷下工作，要求耐磨性高的齿轮	15 (20)	900～950℃渗碳，直接淬冷，或780～800℃水淬，180～200℃回火	58～63HRC
2	低速(<0.1m/s)、低载荷下工作，不重要的变速箱齿轮和挂轮架齿轮	45	840～860℃正火	156～217HBS
3	低速(≤1m/s)、低载荷下工作的齿轮(如车床溜板上的齿轮)	45	820～840℃水淬，500～550℃回火	200～250HBS
4	中速、中载荷或大载荷下工作的齿轮(如车床变速箱中的次要齿轮)	45	860～900℃高频感应加热，水淬，350～370℃回火	40～45HRC
5	速度较大或中等载荷下工作的齿轮，齿部硬度要求较高(如钻床变速箱中的次要齿轮)	45	860～900℃高频感应加热，水淬，280～320℃回火	45～50HRC
6	高速、中等载荷，要求齿面硬度高的齿轮(如磨床砂轮箱齿轮)	45	860～900℃高频感应加热，水淬，180～200℃回火	52～58HRC
7	速度不大、中等载荷、断面较大的齿轮(如铣床工作台变速箱齿轮、立车齿轮)	40Cr 42SiMn	840～860℃油淬，600～650℃回火	200～230HBS
8	中等速度(2～4m/s)，中等载荷，不大的冲击下工作的高速机床进给箱、变速箱齿轮	40Cr 42SiMn	调质后860～880℃高频感应加热，乳化液冷却，280～320℃回火	45～50HRC
9	高速、高载荷、齿部要求高硬度的齿轮	40Cr 42SiMn	调质后860～880℃高频感应加热，乳化液冷却，180～200℃回火	50～55HRC
10	高速、中载荷、受冲击、模数<5mm的齿轮(如机床变速箱齿轮、龙门铣床的电动机齿轮)	20Cr 20CrMn	900～950℃渗碳，直接淬火或800～820℃再加热油淬，180～200℃回火	58～63HRC
11	高速、重载荷、受冲击、模数>6mm的齿轮(如立车上重要的弧齿锥齿轮)	20CrMnTi 20SiMnVB 12CrNi3	900～950℃渗碳，降温至820～850℃淬火，180～200℃回火	58～63HRC
12	高速、重载荷、形状复杂，要求热处理变形小的齿轮	38CrMoAl 38CrAl	正火或调质后510～550℃氮化	>850HV
13	在不高载荷下工作的大型齿轮	50Mn2 65Mn	820～840℃空冷	<241HBS
14	传动精度高，要求具有一定耐磨性的大齿轮	35CrMo	850～870℃空冷，600～650℃回火(热处理后精切齿形)	255～302HBS

2. 汽车、拖拉机齿轮的选材

汽车齿轮在变速箱中,通过齿轮改变发动机曲轴和主轴齿轮的速比;在差速器中,通过齿轮来增加扭转力矩,并调节左右两车轮的转速,通过齿轮将发动机的动力传到主动轮上,推动汽车运行。汽车齿轮的工作条件比机床齿轮的工作条件恶劣,受力较大,超载与启动、制动和变速时受冲击频繁,对耐磨性、疲劳强度、心部强度和冲击韧性等性能的要求均较高,用中碳钢和中碳合金钢经高频表面淬火已不能保证使用性能。选用合金渗碳钢 20CrMnTi、20CrMnMo 和 20MnVB 较为合适。这类钢经正火、渗碳淬火后表面硬度可达 58～62HRC,心部硬度可达 30～45HRC。

因为汽车齿轮生产的特点是批量大、产量高,在选用钢材时还必须考虑它的工艺性能,以便降低成本。

对于制造大模数、重载荷、高耐磨性和韧性的齿轮,可采用 12Cr2Ni4A 和 18Cr2Ni4WA 等高淬透性渗碳钢。

用 20CrMnTi 钢制造汽车后桥圆锥主动齿轮的加工工艺路线如下:

下料→锻压→正火→粗加工→局部镀 Cu→渗碳、淬火+低温回火→喷丸处理→精磨。

① 正火

消除锻造应力,均匀和细化组织,降低硬度,便于切削加工。

② 局部镀 Cu

对于轮盘、轮毂孔和工艺孔等进行局部镀 Cu、防渗处理。

③ 渗碳、淬火+低温回火

渗碳层深度 1.2～1.6mm,表面含碳量为 0.8%～1.05%,淬火后表面硬度为 58～62HRC。低温回火是为了消除淬火应力和降低脆性。

④ 喷丸处理

增加表面压应力,以提高疲劳强度,同时消除氧化铁皮,改善光洁度。齿面硬度可提高 1～2HRC,当然耐用性也提高了。

汽车、拖拉机齿轮常用材料及热处理技术要求见表 12-11。

表 12-11 汽车、拖拉机齿轮常用材料及热处理技术要求

序号	齿轮类型	常用钢种	热处理	
			工艺	技术要求
1	汽车变速箱和差速箱齿轮	20CrMnTi、20CrMo 等	渗碳	层深: m_n[①]<3mm 时,0.6～1.0mm 3<m_n<5mm 时,0.9～1.3mm m_n>5mm 时,1.1～1.5mm 齿面硬度:58～64HRC 心部硬度:m_n≤5mm 时,32～45HRC m_n>5mm 时,29～45HRC
		40Cr	(浅层)碳氮共渗	层深:>0.2mm 表面硬度:51～61HRC

续表

序号	齿轮类型	常用钢种	热处理	
			工艺	技术要求
2	汽车驱动桥主动及从动圆柱齿轮	20CrMnTi、20CrMo	渗碳	渗碳深度按图样要求，硬度要求同序号1中的渗碳工艺
	汽车驱动桥主动及从动圆锥齿轮	20CrMnTi、20CrMnMo	渗碳	层深： m_s[2]≤5mm时，0.9～1.3mm 5mm<m_s<8mm时，1.0～1.4mm m_s>8mm时，1.2～1.6mm 齿面硬度：58～64HRC 心部硬度：m_s≤8mm时，32～45HRC m_s>8mm时，29～45HRC
3	汽车驱动桥差速器行星及半轴齿轮	20CrMnTi、20CrMo、20CrMnMo	渗碳	同序号1中的渗碳工艺
4	汽车发动机凸轮轴齿轮	HT200		170～229HBS
5	汽车曲轴正时齿轮	35、40、45、40Cr	正火	149～179HBS
			调质	207～241HBS
6	汽车起动电动机齿轮	15Cr、20Cr、20CrMo、15CrMnMo、20CrMnTi	渗碳	层深：0.7～1.1mm 表面硬度：58～63HRC 心部硬度：33～43HRC
7	汽车里程表齿轮	20	（浅层）碳氮共渗	层深：0.2～0.35mm
8	拖拉机传动齿轮，动力传动装置中的圆柱齿轮及轴齿轮	20Cr、20CrMo、20CrMnMo、20CrMnTi 30CrMnTi	渗碳	层深：不小于模数的0.18倍(mm)，但不大于2.1mm 各种齿轮渗层深度的上下限差不大于0.5mm，硬度要求同序号1、2
9	拖拉机曲轴正时齿轮，凸轮轴齿轮，喷油泵驱动齿轮	45	正火	156～217HBS
			调质	217～255HB
		HT200		170～229HBS
10	汽车拖拉机油泵齿轮	40、45	调质	28～35HRC

注：① m_n—法向模数；② m_s—端面模数。

习题

1. 机械零件设计和选材时主要考虑哪些性能指标？
2. 怎样分析机械性能与零件尺寸和形状之间的关系？
3. 为什么抗拉强度 σ_b 指标在机械零件设计和选材中占有重要位置？它和哪些强度指

标有转换关系？

4. 零件在什么条件下发生断裂？韧性断裂分哪几个阶段？这种断裂有什么特点？
5. 脆性断裂常在什么条件下发生？为什么说脆性断裂是零件最危险的失效方式？
6. 什么是疲劳断裂？特点是什么？其断口形态是怎样的？
7. 表面损伤失效是在什么条件下发生的？分哪几种形式出现？
8. 简述零件失效的原因。
9. 零件失效分析的一般步骤是怎样的？有哪些主要环节是必须进行的？
10. 轴类零件的工作条件、失效方式和对轴类零件材料性能的要求是什么？
11. 选择机床主轴材料的主要依据是什么？
12. 对汽车、拖拉机齿轮选材的要求是什么？

附录 A　常用钢种的临界温度

钢　　号	临界温度(近似值)/℃				
	Ac_1	Ac_3	Ar_3	Ar_1	M_s
优质碳素结构钢					
08F,08	732	874	854	680	
10	724	876	850	682	
15	735	863	840	685	
20	735	855	835	680	
25	735	840	824	680	
30	732	813	796	677	380
35	724	802	774	680	
40	724	790	760	680	
45	724	780	751	682	
50	725	760	721	690	
60	727	766	743	690	
70	730	743	727	693	
85	725	737	695	—	220
15Mn	735	863	840	685	
20Mn	735	854	835	682	
30Mn	734	812	796	675	
40Mn	726	790	768	689	
50Mn	720	760	—	660	
普通低合金结构钢					
16Mn	736	849～867	—	—	
09Mn2V	736	849～867	—	—	
15MnTi	734	865	779	615	
15MnV	700～720	830～850	780	635	
18MnMoNb	736	850	756	646	
合金结构钢					
20Mn2	725	840	740	610	400
30Mn2	718	804	727	627	
40Mn2	713	766	704	627	340
45Mn2	715	770	720	640	320
25Mn2V	—	840	—	—	
42Mn2V	725	770	—	—	330
35SiMn	750	830	—	645	330
50SiMn	710	797	703	636	305
20Cr	766	838	799	702	
30Cr	740	815	—	670	

续表

钢号	临界温度(近似值)/℃				
	Ac_1	Ac_3	Ar_3	Ar_1	M_s
40Cr	743	782	730	693	355
45Cr	721	771	693	660	
50Cr	721	771	693	660	250
20CrV	768	840	704	782	
40CrV	755	790	745	700	218
38CrSi	763	810	755	680	
20CrMn	765	838	798	700	
30CrMnSi	760	830	705	670	
18CrMnTi	740	825	730	650	
30CrMnTi	765	790	740	660	
35CrMo	755	800	750	695	271
40CrMnMo	735	780	—	680	
38CrMoAl	800	940	—	730	
20CrNi	733	804	790	666	
40CrNi	731	769	702	660	
12CrNi3	715	830	—	670	
12Cr2Ni4	720	780	660	575	
20Cr2Ni4	720	780	660	575	
40CrNiMo	732	774	—	—	
20Mn2B	730	853	736	613	
20MnTiB	720	843	795	625	
20MnVB	720	840	770	635	
45B	725	770	720	690	
40MnB	735	780	700	650	
40MnVB	730	774	681	639	
弹簧钢					
65	727	752	730	696	
70	730	743	727	693	
85	723	737	695	—	220
65Mn	726	765	741	689	270
60Si2Mn	755	810	770	700	305
50CrMn	750	775	—	—	250
50CrVA	752	788	746	688	270
55SiMnMoVNb	744	775	656	550	
滚动轴承钢					
GCr9	730	887	721	690	
GCr15	745	—	—	700	
GCr15SiMn	770	872	—	708	

续表

钢号	临界温度(近似值)/℃				
	Ac_1	Ac_3	Ar_3	Ar_1	M_s
碳素工具钢					
T7	730	770	—	700	
T8	730	—	—	700	
T10	730	800	—	700	
T11	730	810	—	700	
T12	730	820	—	700	
合金工具钢					
6SiMnV	743	768	—	—	
5SiMnMoV	764	788	—	—	
9CrSi	770	870	—	730	
3Cr2W8V	820～830	1100	—	790	
CrWMn	750	940	—	710	
5CrNiMo	710	770	—	630	
MnSi	760	865	—	708	
W2	740	820	—	710	
高速工具钢					
W18Cr4V	820	1330	—		
W9Cr4V2	810	—	—		
W6Mo5Cr4V2Al	835	885	770	820	177
W6Mo5Cr4V2	835	885	770	820	177
W9Cr4V2Mo	810	—	—	760	
不锈、耐酸、耐热钢					
1Cr13	730	850	820	700	
2Cr13	820	950	—	780	
3Cr13	820	—	—	780	
4Cr13	820	1100	—	—	
Cr17	860	—	—	810	
9Cr18	830	—	—	810	145
Cr17Ni2	810	—	—	780	357
Cr6SiMo	850	890	790	765	

附录B　硬度换算表

黑色金属硬度及强度换算表(GB/T 1172—1999)

硬度							抗拉强度 σ_b /MPa(碳钢)
洛氏		表面洛氏			维氏	布氏($F/D^2=30$)	
HRC	HRA	HR15N	HR30N	HR45N	HV	HBW	
20.0	60.2	68.8	40.7	19.2	226	225	774
20.5	60.4	69.0	41.2	19.8	228	227	784
21.0	60.7	69.3	41.7	20.4	230	229	793
21.5	61.0	69.5	42.2	21.0	233	232	803
22.0	61.2	69.8	42.6	21.5	235	234	813
22.5	61.5	70.0	43.1	22.1	238	237	823
23.0	61.7	70.3	43.6	22.7	241	240	833
23.5	62.0	70.6	44.0	23.3	244	242	843
24.0	62.2	70.8	44.5	23.9	247	245	854
24.5	62.5	71.1	45.0	24.5	250	248	864
25.0	62.8	71.4	45.5	25.1	253	251	875
25.5	63.0	71.6	45.9	25.7	256	254	886
26.0	63.3	71.9	46.4	26.3	259	257	897
26.5	63.5	72.2	46.9	26.9	262	260	908
27.0	63.8	72.4	47.3	27.5	266	263	919
27.5	64.0	72.7	47.8	28.1	269	266	930
28.0	64.3	73.0	48.3	28.7	273	269	942
28.5	64.6	73.3	48.7	29.3	276	273	954
29.0	64.8	73.5	49.2	29.9	280	276	965
29.5	65.1	73.8	49.7	30.5	284	280	977
30.0	65.5	74.1	50.2	31.1	288	283	989
30.5	65.6	74.7	50.6	31.7	292	287	1002
31.0	65.8	74.7	51.1	32.3	296	291	1014
31.5	66.1	74.9	51.6	32.9	300	294	1027
32.0	66.4	75.2	52.0	33.5	304	298	1039
32.5	66.6	75.5	52.5	34.1	308	302	1052
33.0	66.9	75.8	53.0	34.7	313	306	1065
33.5	67.1	76.1	53.4	35.3	317	310	1078
34.0	67.4	76.4	53.9	35.9	321	314	1092
34.5	67.7	76.7	54.4	36.5	326	318	1105
35.0	67.9	77.0	54.8	37.0	331	323	1119
35.5	68.2	77.2	55.3	37.6	335	327	1133
36.0	68.4	77.5	55.8	38.2	340	332	1147
36.5	68.7	77.8	56.2	38.8	345	336	1162
37.0	69.0	78.1	56.7	39.4	350	341	1177

续表

硬度							抗拉强度 σ_b /MPa(碳钢)
洛氏		表面洛氏			维氏	布氏($F/D^2=30$)	
HRC	HRA	HR15N	HR30N	HR45N	HV	HBW	
37.5	69.2	78.4	57.2	40.0	355	345	1192
38.0	69.5	78.7	57.6	40.6	360	350	1207
38.5	69.7	79.0	58.1	41.2	365	355	1222
39.0	70.0	79.3	58.6	41.8	371	360	1238
39.5	70.3	79.6	59.0	42.4	376	365	1254
40.0	70.5	79.9	59.5	43.0	381	370	1271
40.5	70.8	80.2	60.0	43.6	387	375	1288
41.0	71.1	80.5	60.4	44.2	393	381	1305
41.5	71.3	80.8	60.9	44.8	398	386	1322
42.0	71.6	81.1	61.3	45.4	404	392	1340
42.5	71.8	81.4	61.8	45.9	410	397	1359
43.0	72.1	81.7	62.3	46.5	416	403	1378
43.5	72.4	82.0	62.7	47.1	422	409	1397
44.0	72.6	82.3	63.2	47.7	428	415	1417
44.5	72.9	82.6	63.6	48.3	435	422	1438
45.0	73.2	82.9	64.1	48.9	441	428	1459
45.5	73.4	83.2	64.6	49.5	448	435	1481
46.0	73.7	83.5	65.0	50.1	454	441	1503
46.5	73.9	83.7	65.5	50.7	461	448	1526
47.0	74.2	84.0	65.9	51.2	468	455	1550
47.5	74.5	84.3	66.4	51.8	475	463	1575
48.0	74.7	84.6	66.8	52.4	482	470	1600
48.5	75.0	84.9	67.3	53.0	489	478	1626
49.0	75.3	85.2	67.7	53.6	497	486	1653
49.5	75.5	85.5	68.2	54.2	504	494	1681
50.0	75.8	85.7	68.6	54.7	512	502	1710
50.5	76.1	86.0	69.1	55.3	520	510	
51.0	76.3	86.3	69.5	55.9	527	518	
51.5	76.6	86.6	70.0	56.5	535	527	
52.0	76.9	86.8	70.4	57.1	544	535	
52.5	77.1	87.1	70.9	57.6	552	544	
53.0	77.4	87.4	71.3	58.2	561	552	
53.5	77.7	87.6	71.8	58.8	569	561	
54.0	77.9	87.9	72.2	59.4	578	569	
54.5	78.2	88.1	72.6	59.9	587	577	
55.0	78.5	88.4	73.1	60.5	596	585	
55.5	78.7	88.6	73.5	61.1	606	593	
56.0	79.0	88.9	73.9	61.7	615	601	
56.5	79.3	89.1	74.4	62.2	625	608	
57.0	79.5	89.4	74.8	62.8	635	616	

续表

硬度							抗拉强度 σ_b /MPa(碳钢)
洛氏		表面洛氏			维氏	布氏($F/D^2=30$)	
HRC	HRA	HR15N	HR30N	HR45N	HV	HBW	
57.5	79.8	89.6	75.2	63.4	645	622	
58.0	80.1	89.8	75.6	63.9	655	628	
58.5	80.3	90.0	76.1	64.5	666	634	
59.0	80.6	90.2	76.5	65.1	676	639	
59.5	80.9	90.4	76.9	65.3	687	643	
60.0	81.2	90.6	77.3	66.2	698	647	
60.5	81.4	90.4	77.7	66.8	710	650	
61.0	81.7	91.0	78.1	67.3	721		
61.5	82.0	91.2	78.6	67.9	733		
62.0	82.2	91.4	79.0	68.4	745		
62.5	82.5	91.5	79.4	69.0	757		
63.0	82.8	91.7	79.8	69.5	770		
63.5	83.1	91.8	80.2	70.1	782		
64.0	83.3	91.9	80.6	70.6	795		
64.5	83.6	92.1	81.0	71.2	809		
65.0	83.9	92.2	81.3	71.7	822		
65.5	84.1				836		
66.0	84.4				850		
66.5	84.7				865		
60.0	80.4	56.1	30.4	105	102		375
60.5	80.5	56.4	30.9	105	102		377
61.0	80.7	56.7	31.4	106	103		379
61.5	80.8	57.1	31.9	107	103		381
62.0	80.9	57.4	32.4	108	104		382
62.5	81.1	57.7	32.9	108	104		384
63.0	81.2	58.0	33.5	109	105		386
63.5	81.4	58.3	34.0	110	105		388
64.0	81.5	58.7	34.5	110	106		390
64.5	81.6	59.0	35.0	111	106		393
65.0	81.8	59.3	35.5	112	107		395
65.5	81.9	59.6	36.1	113	107		397
66.0	82.1	59.9	36.6	114	108		399
66.5	82.2	60.3	37.1	115	108		402
67.0	82.3	60.6	37.6	115	109		404
67.5	82.5	60.9	38.1	116	110		407
68.0	82.6	61.2	38.6	117	110		409
68.5	82.7	61.5	39.2	118	111		412

续表

硬度							抗拉强度 σ_b /MPa(碳钢)
洛氏		表面洛氏			维氏	布氏($F/D^2=30$)	
HRC	HRA	HR15N	HR30N	HR45N	HV	HBW	
69.0	82.9	61.9	39.7	119	112		415
69.5	83.0	62.2	40.2	120	112		418
70.0	83.2	62.5	40.7	121	113		421
70.5	83.3	62.8	41.2	122	114		424
71.0	83.4	63.1	41.7	123	115		427
71.5	83.6	63.5	42.3	124	115		430
72.0	83.7	63.8	42.8	125	116		433
72.5	83.9	64.1	43.3	126	117		437
73.0	84.0	64.4	43.8	128	118		440
73.5	84.1	64.7	44.3	129	119		444
74.0	84.3	65.1	44.8	130	120		447
74.5	84.4	65.4	45.4	131	121		451
75.0	84.5	65.7	45.9	132	122		455
75.5	84.7	66.0	46.4	134	123		459
76.0	84.8	66.3	46.9	135	124		463
76.5	85.0	66.6	47.4	136	125		467
77.0	85.1	67.0	47.9	138	126		471
77.5	85.2	67.3	48.5	139	127		475
78.0	85.4	67.6	49.0	140	128		480
78.5	85.5	67.9	49.5	142	129		484
79.0	85.7	68.2	50.0	143	130		489
79.5	85.8	68.6	50.5	145	132		493
80.0	85.9	68.9	51.0	146	133		498
80.5	86.1	69.2	51.6	148	134		503
81.0	86.2	69.5	52.1	149	136		508
81.5	86.3	69.8	52.6	151	137		513
82.0	86.5	70.2	53.1	152	138		518
82.5	86.6	70.5	53.6	154	140		523
83.0	86.8	70.8	54.1	156		152	529
83.5	86.9	71.1	54.7	157		154	534
84.0	87.0	71.4	55.2	159		155	540
84.5	87.2	71.8	55.7	161		156	546
85.0	87.3	72.1	56.2	163		158	551

续表

硬　　度							抗拉强度 σ_b /MPa(碳钢)
洛　氏		表面洛氏			维氏	布氏($F/D^2=30$)	
HRC	HRA	HR15N	HR30N	HR45N	HV	HBW	
85.5	87.5	72.4	56.7	165		159	557
86.0	87.6	72.7	57.2	166		161	563
86.5	87.7	73.0	57.8	168		163	570
87.0	87.9	73.4	58.3	170		164	576
87.5	88.0	73.7	58.8	172		166	582
88.0	88.1	74.0	59.3	174		168	589
88.5	88.3	74.3	59.8	176		170	596
89.0	88.4	74.6	60.3	178		172	603
89.5	88.6	75.0	60.9	180		174	609
90.0	88.7	75.3	61.4	183		176	617
90.5	88.8	75.6	61.9	185		178	624
91.0	89.0	75.9	62.4	187		180	631
91.5	89.1	76.2	62.9	189		182	639
92.0	89.3	76.6	63.4	191		184	646
92.5	89.4	76.9	64.0	194		187	654
93.0	89.5	77.2	64.5	196		189	662
93.5	89.7	77.5	65.0	199		192	670
94.0	89.8	77.8	65.5	201		195	678
94.5	89.9	78.2	66.0	203		197	686
95.0	90.1	78.5	66.5	206		200	695
95.5	90.2	78.8	67.1	208		203	703
96.0	90.4	79.1	67.6	211		206	712
96.5	90.5	79.4	68.1	214		209	721
97.0	90.6	79.8	68.6	216		212	730
97.5	90.8	80.1	69.1	219		215	739
98.0	90.9	80.4	69.6	222		218	749
98.5	91.1	80.7	70.2	225		222	758
99.0	91.2	81.0	70.7	227		226	768
99.5	91.3	81.4	71.2	230		229	778
100	91.5	81.7	71.7	233		232	788

附录C 硬质合金新旧标准对照

表C1 切削工具用硬质合金新旧标准对照

GB/T 18376 · 1—2001	YS/T 400—1994 或 YB 849—1975
P01	YT30
P10	YT15
P20	YT14
P30	YT05
P40	～YT14
M10	YW1
M20	～YW2
M30	～YW3
M40	～YH1
K01	YG3X
K10	YG6X、YG6A
K20	YG6、～YG8N
K30	YG8N、～YG8
K40	～YG11C、～YG15

注：P类—长切削加工用硬质合金；
M类—长切削或短切削加工用硬质合金；
K类—短切削加工用硬质合金。

表C2 地质、矿山工具用硬质合金新旧标准对照

GB/T 18376 · 2—2001	YS/T 400—1994 或 YB 849—1975
G05	YG3、YG6
G10	YG8C
G20	～YG8N
G30	YG8C
G40	YG15
G50	YG15

注：G类—地质、矿山工具用硬质合金。

表C3 耐磨零件用硬质合金新旧标准对照

GB/T 18376 · 3—2001	YS/T 400—1994 或 YB 849—1975
LS10	YG3、YG4C
LS20	YG6、YG8C
LS30	YG8C、YG8、YG10C
LS40	YG15、YG11C
LT10	YG15

续表

GB/T 18376 · 3—2001	YS/T 400—1994 或 YB 849—1975
LT20	YG20C、YG20
LT30	YG25
LQ10	YG6
LQ20	YG6
LQ30	YG8C、YG10C、YG10H YG11C、YG15
LV10	YG15
LV20	YG20C
LV30	YG25、YG20
LV40	YG25

注：LS类—金属线、棒、管拉制用硬质合金；
LT类—冲压模具用硬质合金；
LQ类—高温高压构件用硬质合金；
LV类—线材轧制辊环用硬质合金。

附录 D 变形铝和铝合金新旧牌号对照表①

适用四位字符牌号	曾用牌号	适用四位字符牌号	曾用牌号	适用四位字符牌号	曾用牌号
1A99	LG5	2A21	214	5A66	LT66
1B99	—	2A23	—	5A70	—
1C99	—	2A24	—	5B70	—
1A97	LG4	2A25	225	5A71	—
1B97	—	2B25	—	5B71	—
1A95	—	2A39	—	5A90	—
1B95	—	2A40	—	6A01	6N01
1A93	LG3	2A49	149	6A02	LD2
1B93	—	2A50	LD5	6B02	LD2-1
1A90	LG2	2B50	LD6	6R05	—
1B90	—	2A70	LD7	6A10	—
1A85	LG1	2B70	LD7-1	6A51	651
1A80	—	2D70	—	6A60	—
1A80A	—	2A80	LD8	7A01	LB1
1A60	—	2A90	LD9	7A03	LC3
1A50	LB2	2A97	—	7A04	LC4
1R50	—	3A21	LF21	7B04	—
1R35	—	4A01	LT1	7C04	—
1A30	L4-1	4A11	LD11	7D04	—
1B30	—	4A13	LT13	7A05	705
2A01	LY1	4A17	LT17	7B05	7N01
2A02	LY2	4A91	491	7A09	LC9
2A04	LY4	5A01	2102、LF15	7A10	LC10
2A06	LY6	5A02	LF2	7A12	—
2B06	—	5B02	—	7A15	LC15、157
2A10	LY10	5A03	LF3	7A19	919、LC19
2A11	LY11	5A05	LF5	7A31	183-1
2B11	LY8	5B05	LF10	7A33	LB733
2A12	LY12	5A06	LF6	7B50	—
2B12	LY9	5B06	LF14	7A52	LC52、5210
2D12	—	5A12	LF12	7A55	—
2E12	—	5A13	LF13	7A68	—
2A13	LY13	5A25	—	7B68	—
2A14	LD10	5A30	2103、LF16	7D68	7A60
2A16	LY16	5A33	LF33	7A85	—
2B16	LY16-1	5A41	LT41	7A88	—
2A17	LY17	5A43	LF43	8A01	—
2A20	LY20	5A56	—	8A06	L6

注：① 变形铝和铝合金牌号(适用于四位字符牌号)为 GB/T 310～2008。

参考文献

1 史美堂.金属材料及热处理.上海：上海科学技术出版社，1980
2 郑明新.工程材料.北京：清华大学出版社，1983
3 郑明新.工程材料(第二版).北京：清华大学出版社，1991
4 沈莲.机械工程材料.北京：机械工业出版社，1990
5 朱荆璞，张德惠.机械工程材料学.北京：机械工业出版社，1988
6 王焕庭，李芋华.机械工程材料.大连：大连理工大学出版社，1988
7 吴维利，庄和铃.机械工程材料.上海：上海交通大学出版社，1988
8 王健安.金属学及热处理.北京：机械工业出版社，1980
9 王运炎.金属材料及热处理.北京：机械工业出版社，1984
10 陶岚琴，王道胤.机械工程材料简明教程.北京：北京理工大学出版社，1991
11 何世禹.机械工程材料.哈尔滨：哈尔滨工业大学出版社，1990
12 吴培英.金属材料学.北京：国防工业出版社，1987
13 卢光熙，侯增寿.金属学教程.上海：上海科学技术出版社，1985
14 大连工学院金属学及热处理编写小组.金属学及热处理.北京：科学出版社，1975
15 (日)高桥昇，浅田千秋，镰田重夫.金属材料学.森北出版株式会社，昭和46年3月10日(1961)
16 布瑞克 R.M，彭斯 A.W，戈登 R.B.工程材料的组织与性能.王健安等译.北京：机械工业出版社，1983
17 哈森 P.物理金属学.肖纪美，马如璋等译.柯俊校.北京：科学出版社，1984
18 任怀亮.金相实验技术.北京：冶金工业出版社，1986
19 李炯辉，施友方，高汉文.钢铁材料金相图谱.上海：上海科学技术出版社，1981
20 柴惠芬，石德珂.工程材料的性能、设计与选材.北京：机械工业出版社，1991
21 柯俊.钢铁及非铁金属合金相图片集.北京：科学出版社，1956
22 А.П.Гуляев. Металловедение. 4е переработанное издание. Москва：Издательство “Металлургия”，1966
23 戴技荣.工程材料.北京：高等教育出版社，1998
24 许德珠.机械工程材料.北京：高等教育出版社，1995
25 耿洪滨，吴宜勇.新编工程材料.哈尔滨：哈尔滨工业大学出版社，2000
26 钱苗根，姚寿山，张少宗.现代表面技术.北京：机械工业出版社，1999
27 赵文轸.材料表面工程导论.西安：西安交通大学出版社，1998
28 徐滨士，朱绍华等.表面工程的理论与技术.北京：国防工业出版社，1999
29 钱苗根.材料表面技术及其应用手册.北京：机械工业出版社，1998
30 刘江南.金属表面工程学.北京：兵器工业出版社，1995
31 曾晓雁，吴懿平.表面工程学.北京：机械工业出版社，2001
32 胡忠鲠.现代化学基础.北京：高等教育出版社，2001
33 赵钰琳，王连波，丁鑑.现代化学基础(第二版).北京：化学工业出版社，1988
34 科垂耳 A.H.理论金属学概论.(苏)肖纪美等译.北京：中国工业出版社，1961
35 曲保中，朱炳林，周继红.新大学化学.北京：科学出版社，2002
36 周继杨.铸铁彩色金相学.北京：机械工业出版社，2002
37 许并社.纳米材料及应用技术.北京：化学工业出版社，2004
38 顾宁.纳米技术及应用.北京：人民邮电出版社，2002

39 王永康.纳米材料科学与技术.杭州：浙江大学出版社，2002
40 白春礼.纳米科技现在与未来.成都：四川教育出版社，2001
41 张立德.奇妙的纳米世界.北京：化学工业出版社，2004
42 刘焕彬.纳米科学与技术导论.北京：化学工业出版社，2006
43 丁秉钧.纳米材料.北京：机械工业出版社，2004
44 相光伊.纳米科技.北京：机械工业出版社，2004
45 徐国财.纳米科技导论.北京：高等教育出版社，2005
46 袁哲俊.纳米科学与技术.哈尔滨：哈尔滨工业大学出版社，2005
47 章效锋.清晰的纳米世界.北京：清华大学出版社，2005
48 陈敬中.纳米材料科学导论.北京：高等教育出版社，2006